LUMINAIRE

光启

Bernsteinglanz
und
Perlen
des
Schwarzen
Drachen

Die Geschichte
der chinesischen
Weinkultur

琥珀光
与骊珠

中国葡萄酒史

[德] 柯彼德———著

王南南———译

上海人民出版社

LUMINAIRE BOOKS
光启书局

总　序

刘　东　刘迎胜

　　自石器时代人类散布于世界各地以来，由于地理和区隔的作用和自然禀赋的差异，不同人群沿着各自的社会轨迹运行，发展出不同的文明。

　　"丝绸之路"这个词背后所含的意义，主要是指近代以前各国、各民族间的跨文化交往。从地理上看，中国并非如其字面意义所表示的"天下之中"，而是僻处于旧大陆的东部，与世界其他主要文明中心，如环地中海地区与南亚次大陆相距非常遥远，在20世纪初人类发明航空器以前很长时期内，各国、各民族间的交往只有海陆两途。

　　讲起"丝绸之路"，很多读者也许会认为中国是当然的主人和中心。其实，有东就有西，既然讲交往，就有己方与对方之别，因此以"大秦"所代表的古希腊、罗马等东地中海世界，以印度所代表的佛教文明，以大食为代表的伊斯兰文明，在汉文语境中一直是古代东西远距离交流中主要的"西方"和"他者"。

　　"东方"与"西方"之间并非无人地带，沿陆路，若取道蒙古高原和欧亚草原，会途经各游牧部落和草原城镇，若择路沙漠绿洲，则须取径西域诸地、"胡"、"波斯"和"大食"等概念涵盖的中亚、西亚；而循走海路，则必航经南海、东南亚和北印度洋沿岸与海中名称各异的诸番国——它们不仅是东西交通的中继处，那里的人民本身也是跨文明交往的参与者。而东西交往的陆路（transcontinental routes）

和海路（maritime routes）研究，正是我们这套丛书的主题。

东西交往研究关注的不仅是丝路的起点与终点，同时也涉及陆海沿线与之相联系的地区与民族。自司马迁编《史记》时撰《匈奴传》《朝鲜传》与《西南夷》之始，古代中国的史学就形成了将周边地区纳入历史书写的传统。同时，由于历史上的中国作为一个亚洲大国，其疆域北界朔漠以远，南邻东南亚与印度次大陆，西接内陆亚洲，因而依我们的眼界而论，汉文与边疆民族文字史料对丝路沿线地域的记载，既是"他者"性质的描述，在某种程度上也是一种"在地化"的史料。而地中海世界的文明古国希腊和罗马，以及中世纪的欧洲也与东方有着密切的联系，因而欧洲古典文明研究中原本就包含了对古波斯、埃及、红海与北印度洋以及中世纪中近东交往的探索。"文艺复兴"与"大航海"以后，随着殖民主义的扩张，欧洲人与东方的联系更为密切，"东方学"（Oriental Studies）也因之兴起。

记录东西交往的史料，以东方的汉文世界与西方的希腊、罗马（古典时期）和伊斯兰（中世纪）为大宗，还包括居于东西之间的粟特、突厥和蒙古等文字材料。进入 20 世纪，丝路沿线地区发现与发掘了许多古遗址，出土了大量文物与古文书。新材料的发现为丝路研究注入了新动力。20 世纪后半叶以来，随着民族解放运动的发展，亚非国家学界对自身历史与文化研究的也发展起来，学者们通常将中国史料与西方史料视为"他者"视角的记载，在运用东、西史料时，则以"在地化"的视角加以解释。日本明治以后师法欧洲形成的"东洋学"，也是一种以"他者"视角为中心的学问，而与中国有所区别。所以从整体而言，东西交流史研究涉及地域广，时间跨度长，有关民族与语言各异，出版物众多，是其重要的特点。

20 世纪以来，在我国新史学形成的过程中，中西交流研究也有了长足的进步。有汇集汉文史料与将欧洲学者研究集中介绍入华者，

琥珀光与骊珠：中国葡萄酒史

如张星烺；有以译介欧洲汉学成果为主者，如冯承钧；有深入专题研究者，如向达。他们都是与西方学界有较密切关系的学者。而我国当代学界主流，迄今研究所据史料以汉文或边疆民族文献为主，受关注较多者基本为国内的遗址与文物，引述与参考的大致限于国内学术出版物的特点是明显的，换而言之，我们的话语多聚焦于东西交往的中国一端，对丝路沿线国家的史料、遗址、文物及研究团体和学者知之甚少，而对欧美日等发达国家同行的新近成果、研究进展以及学术动向也不够了解。这不仅与我国当今的国际地位不符，也不利于提升我国学术界在世界的话语权。因此东西文化交流的研究如欲进一步发展，就应花大气力填补知识盲点，不但要借鉴欧美日学术同行的成果，也需不断跟踪与了解丝路沿线国家的考古新发现与本地学者的研究。

我们希望通过这部丛书，逐步将国外与丝路研究有关的重要学术著述与史料引入国内，冀他山之石能化为探索未知和深化研究之利器，也相信将有助于我国学界拓宽视野，能促进新一代学人登上更高的台阶。

目 录

序：中国葡萄酒文化研究的权威之作

帕特里克·麦戈文

　　德国美因茨大学柯彼德教授的《琥珀光与骊珠：中国葡萄酒史》是中国葡萄酒文化研究领域的一部权威著作。从旧石器时代的迷雾到当代的蓬勃发展，这本书将葡萄酒在中国数千年来的兴衰变迁娓娓道来。尽管读者通常不会把中国与葡萄酒联系在一起，但如今的中国又像元朝时那样遍布郁郁葱葱的葡萄园，人们也随之开始关注这片土地上的葡萄酒业。

　　无论真品还是仿冒，法国葡萄酒或许仍是富人的宠儿，但正如柯彼德教授在最后一章中指出的，中国葡萄酒业迅速发展，随着技术的不断进步，中国也开始关注本土葡萄品种及其独特的风土条件。过去几十年里，中国的葡萄酒生产以每年 20%—30% 的速度增长，不仅在产量，而且在消费方面有望超过其他国家，这一点对于一个人口大国是可以预期的——在柯教授撰写本书时，中国仍是世界上人口最多的国家（超过 14 亿）。同时，中国的优质葡萄酒在国际市场上也将占据一席之地。

　　我对柯教授直呼"彼德"，我们相识于在中欧多地举办的葡萄酒及考古领域的学术会议，他工作和居住的格尔默斯海姆市（Germersheim）就是其中的一个举办地。该市位于法尔茨地区，是德国一个赫赫有名的古老葡萄酒产区。前不久我们还一起乘坐他的"丝绸之路巡洋舰"——一辆配有特别装备的标致牌房车，参观了德国巴伐利亚和弗兰肯地区的中世纪酿酒厂。彼德和妻子扎赫拉（Zahra）

曾驾驶着这辆久经考验的房车进行了为期五个月的冒险——他们勇敢地穿越了中亚,然后返回德国。没有多少西方人能完成这样的壮举,马可·波罗也会为他们感到骄傲!扎赫拉是土生土长的伊朗人,在西亚以及曾经通用波斯语的部分中亚地区,她在与当地人的沟通中发挥了重要作用,而彼德则拥有东亚语言方面的优势。

作为中国语言学和文化学教授,彼德精通汉语,能阅读古典文献并批判性地评估那些对理解中国古代葡萄酒有意义的内容。除了借他人之眼从文学和语言学的角度来审视中国古代葡萄酿酒史,彼德的中亚之行还使他得以目睹当地壮观的自然地理环境和多种"葡萄酒文化"——正是在这片广袤的土地上,人工栽培的欧亚葡萄(*Vitis vinifera sp vinifera*)走进了人类文明史,而那些历史上存在过的"葡萄酒文化"实现了野生葡萄的人工驯化,并将这些葡萄品种传播到了中国。

彼德和扎赫拉的中亚之行绝非普通的观光旅游。当然,他们在撒马尔罕和布哈拉等地欣赏了著名的绿洲美景,但与此同时,无论是在塔吉克斯坦的费尔干纳谷地,还是浩瀚凶险的塔克拉玛干(维吾尔语意为"有去无回之地")沙漠边缘较不为人所知的绿洲,他们不断寻找和古代葡萄酒有关的任何证据。郁郁葱葱的费尔干纳谷地在古代就以葡萄酒闻名,公元前2世纪时张骞将那里的葡萄树带回中国,种植在长安的皇宫旁。彼德和扎赫拉沿途也频频驻足考古遗址与博物馆,拜访项目负责人和参与发掘的工作人员,并与他们讨论这些发现是否可能为古代葡萄酒文化研究提供新的认识。他近距离观摩了许多考古发现,其中不少尚未公布。例如,令人神往的粟特文化是彼德关注的一个重点。粟特人在3—7世纪的中亚贸易中扮演着非常重要的角色,他们的文化似乎浸透了葡萄酒,并将葡萄酒带到了唐代中国。彼德还拜访了几位祆教祭司,他们至今仍在延续古粟特人的传统。简而言之，这次充满冒险的中亚之旅目的非常明确：尽可能多地了解欧亚葡萄酒如何传入中国及其对中国文化产生的影响。彼德满载着他对当地葡萄酒文化的新知离开，同时意识到还有许多埋藏在沙漠中的秘密吸引着未来的考古学家、历史学家和科学家们前来探索研究。

彼德的著作以一篇令人深思甚至是哲学性的前言开篇，探讨了古代人类如何开始制作发酵饮料（这些假说的名称十分引人注目，如"质的飞跃假说""醉猴假说"和"旧石器时代假说"）。接着，他讲述了世界上迄今为止最古老的酒精饮料的生物分子考古发现：来自具有革命性意义的河南贾湖遗址的化学和考古植物学证据。该遗址属于新石器时代早期，年代约为公元前 7000—前 5500 年。[1] 贾湖酒精饮料表明，新石器时代的中原先民已经在探索发酵工艺，使用本土野生葡萄制作出

---

[1] 《辞海》的说法是公元前 6680—前 6420 年。作者对中文版的特别说明：由于考古研究的进展，关于世界上最早的酒精饮料和葡萄酒的出现时间、地点，先后有过多种论断。就目前而言，我、麦戈文和其他专家都认为，迄今为止世界最古老的酒精饮料的痕迹是在中国贾湖发现的。它是混合型酒，麦戈文把它称作"Neolithic grog"，我把它叫作"Neolithic cocktail"。其酿造采用了一系列配料，如稻米、蜂蜜、野生葡萄等。野生葡萄的首要作用是促进发酵过程。

　　最近的国际基因组科研项目"葡萄全球遗传资源分析计划"（Grape 4K Genome Project），联合多个国家的 70 多位科学家，使用超大规模基因组数据和复杂的数据分析方式，经过三年时间，彻底解析了葡萄的起源和迁徙问题长达数百年的争议。相关研究成果以 Dual domestication and origin of traits in grapevine evolution 为题于 2023 年 3 月 2 日发表在《科学》（Science）期刊上。主要结论为：栽培葡萄起源的时间大约在距今 11 000 年前，远比此前认知的要早，这表明葡萄是最早被人类驯化的水果；栽培葡萄的驯化中心有两个，即高加索和西亚地区，这纠正了此前的单一起源中心理论，证明了酿酒葡萄和鲜食葡萄在不同区域同时起源。这篇文章另外强调，驯化葡萄在欧亚及非洲的传播是早在新石器时代就沿着民族迁徙和贸易路线进行的。总之，这个科研项目解决了葡萄研究领域的诸多问题。（见 https://www. science.org/doi/10.1126/science.add8655）不过，关于中国各地野生葡萄的研究和分析尚未完备，还需要进一步进行。本书的写作早于上述发现，且引用了不同时期的文献资料，正文中关于葡萄酒的起源可能有不符合上述发现的说法，请读者留意。

一种真正的"极致发酵的饮料",所使用的原料还包括蜂蜜和一些史上最早的驯化水稻。大约同一时期（约公元前 6000 年），在欧亚大陆另一端的南高加索及邻近山区，本土欧亚葡萄正在经历类似的进程。

这仅仅是彼德从更广阔的视角看待中国葡萄酒的一个例子，在他对数千年中国葡萄酒文化的阐述中，这种综合视角贯穿始终。继贾湖之后，彼德接着介绍了米家崖遗址（西安东郊秦始皇陵及兵马俑附近）大麦啤酒的科学证明，其年代测定约为公元前 3000 年。大麦是一种西亚谷物，最早在那里实现了人工栽培和驯化。早在史前时代，大麦就沿着当时的"丝绸之路"（彼德称之为"葡萄酒之路"）从伊朗出发，途经土库曼斯坦、乌兹别克斯坦、塔吉克斯坦和吉尔吉斯斯坦，穿越以塔克拉玛干沙漠为主要地貌的塔里木盆地，走过具有战略意义的甘肃河西走廊，到达中国中部山西省肥沃的黄土高原和冲积平原。正是借助这条直线距离长达五六千公里的通道，作物驯化和发酵饮料技术的"创意"才可能双向流动。敦煌、西安和安阳等重要聚落也正是在这条路线沿途建立起来的。随着贸易的繁荣，驯化作物、实物制品或技术革新的其他证据留存下来，静待考古学家的发现和解读。

彼德的这本著作并不局限于葡萄酒，也涉及中国独有的曲法酿造粮食酒。中国人使用各地不同生态环境中的微生物群，特别是真菌搭配秘制草药培育酒曲，将大米、小米和高粱的淀粉转化为可发酵的糖分。栖居于酒坊屋椽的酵母菌飘落到曲饼上，将糖转化为酒精和二氧化碳，完成剩下的发酵步骤。可能早在商朝和西周时期，也就是公元前两千纪早中期至公元前一千纪早期，中国人就已使用这种方法制作发酵饮料。

彼德还提到了另一项技术创新——蒸馏法，他认为此法源于 9—10 世纪的一位伊朗医生，后来从伊朗传到了蒙古人那里。作为北方草原上的一个骁勇善战的民族，蒙古人征服并统治了中原近 200 年。不过，鉴于许多其他中国事物都具有悠久的传统，我对这一假说持怀疑态度。我更倾向于相信蒙古蒸馏法是在公元 1000 年后的数百年间自中国独有的另一项发明改良而来，而不太可能是通过史前的"葡萄酒之路"从伊朗传入中国的。当然对此尚待更多的研究。

各种酒精饮料，包括葡萄美酒，在以音乐、舞蹈和诗歌助兴的庆祝筵席上都是必不可少的。彼德讲述了那些爱酒名士的传奇人生和饮酒诗人们的佳作，例如 3 世纪的"竹林七贤"。他们复兴了道家理想，将饮酒推向一个新的高度，与儒家礼教的束缚形成了鲜明对比。几个世纪后，唐朝（618—907）皇帝与"酒中八仙"等诗人一道为中国社会注入了新的活力和创造力，而葡萄美酒正是这些人的首选饮品。

彼德的著作满溢着他对葡萄酒及其他中国酒类文化的热忱和博识，我在此只是粗略地介绍了其中的些许内容。据我所知，这是第一本将葡萄酒置于从史前至今的中国历史和更广泛的东亚、西亚和中亚历史大背景中的著作。他的标志性成就值得尊敬和肯定，如同我在古代葡萄酒研究领域所获得的认可——我曾受邀在德国葡萄酒之都美因茨的古城堡上手植一株雷司令葡萄，与欧洲政界和葡萄酒业权威人士栽种的葡萄树并列。

彼德自己栽种的葡萄树应该是一个中国本土品种，也许可以栽种在山西太原以南的"葡萄与葡萄酒之乡"。我永远不会忘记与彼德一起在那里品尝黑鸡心葡萄酒时的激动心情，惊叹于它的美味和彼德对中国古代葡萄酒文化深刻且广泛的理解。他的专属葡萄树将结出累累果实，并恰如其分地成为他的学术纪念碑，正如这本《琥珀光与骊珠：中国葡萄酒史》。

干杯！

2019 年 5 月
于宾夕法尼亚大学考古学与人类学博物馆，美国费城

前　言

　　发酵是一种普遍存在、随处可见的自然现象，其最常见的终极产物的学名叫作乙醇，俗称酒精，化学分子式为 C_2H_5OH。乙醇可以作为液态或者气态存在，它不仅是我们小小地球上的一种重要的有机物，在浩瀚的宇宙中，它也在一些巨型星云中大量聚集。人类的血液中总能见到乙醇的踪迹，人类历史上和酒精饮料有关的传说也是数不胜数。所以，我们完全可以说，乙醇在人类进化与文明史中扮演着一个不可或缺的重要角色。几千年来，人类饮用发酵制成的酒精饮料来激发灵感和创造性，在醺醺然中与神明或祖先的亡灵沟通，酒也帮助人们获得身份认知，丰富社会文化生活。所有高度发展的欧亚文明的起源都与对野生果实自然发酵的人工利用密切相关。这些果实富含糖分和酵母，具有天然的发酵能力，其中最重要的当属野生葡萄。几百万年来，欧亚大陆几乎各个纬度上都大量生长着品种繁多的野生葡萄，人类也不断将其驯化。在《圣经》的创世故事中，人类的始祖亚当和夏娃住在伊甸园中，被"分别善恶树"的果子所吸引，禁不住诱惑，违背了上帝的命令吃了这禁果，于是他们的眼睛就明亮了，能够分辨善恶。有一种观点认为，这棵树上的果子是葡萄，并且已经发酵，所以才被上帝禁止。亚当与夏娃在伊甸园中吃到发酵的葡萄绝非偶然，因为伊甸园位于中东，正是史前葡萄酒文明的发祥地。总之，葡萄酒的历史也是一部欧亚民族的文明史。欧亚各民族之间的互通有无并不是在两千年前伴随着古丝绸之路的繁荣才开始的，实际上，早在石器时代早期，相距甚远的民族之间就有着商贸往来和思想交流。

世界上大概没有哪一种文化像中国文化那样深受酒精饮料的影响——酒的生产酿造、相关的宗教仪式以及酒所激发出的创造力在相当程度上塑造了中华文明。自古以来，中国人生活中的方方面面几乎都与酒文化与礼仪密切相关。所以，我们要关注的不仅仅是每一个单独的领域，更要跨学科、多视角地从整体上研究中国文化中的葡萄酒现象，包括考古学、人类学、历史学、社会学、政治、经济、文学艺术、宗教哲学、医疗营养、语言文字以及烹饪美食等多个角度。由于中国葡萄酒文化的数千年发展从来不是孤立进行的，而是深深植根于欧亚和全球的大环境，所以我会把中国葡萄酒文化与其他欧亚文明的平行性、共同点与可能的关联，以及各地酒文化的普遍特征作为本书的一个重点问题来探讨。

关于这本书的缘起，我要感谢美国宾夕法尼亚大学考古学与人类学博物馆（简称宾大博物馆）的麦戈文（Patrick E. McGovern）教授。他给了我最大的动力和最宝贵的启发。麦戈文教授在1993年发现于伊朗（距今约7 000年）和2017年发现于格鲁吉亚（距今约8 000年）的葡萄酒遗迹的生物分子鉴定中发挥了决定性的作用，而他更加引人注目的成就是在中国贾湖遗址（河南舞阳）鉴定出人类历史上最古老的酒精饮料（距今约9 000年）。他喜欢将其称之为"Neolithic grog"（"新石器时代的混合型酒"）。贾湖遗址发现的轰动性首先在于这种酒精饮料是利用野生葡萄的发酵能力酿造而成的；其次在于人们可以清楚地看到原始宗教仪式、酒精饮料与文明起源三者之间的关系。

此外，当代中国葡萄酒业令人惊异的迅猛发展和层出不穷的相关科研成果促使我于2007年秋天在德国美因茨大学翻译学、语言学与文化学学院（FTSK，位于Germersheim）举办了一场关于中国葡萄酒文化的跨学科国际研讨会，麦戈文教授应邀参加会议，并发挥了重要作用。此后我潜心研究了他的大量著作，尤其是分别于 2003 年和 2009 年出版的《古代葡萄酒：葡萄酒起源研究》(*Ancient Wine: The Search for the Origins of Viniculture*) 与《开瓶过去：探寻葡萄酒、啤酒和其他酒的旅程》(*Uncorking the Past: The Search for the Origins of Viniculture*)。这两本书堪称葡萄酒与酒文化历史研究的国际权威著作。此外我还与麦戈文教授不断有书信往来，在我们共同参加的很多国际研讨会和科学考察活动中，我也利用各种机会与他交流讨论，并且通过他结识了许多不同领域的专家学者。本书的很多思路、论证和结论都可以追溯到我与麦戈文教授及其他专家学者的交流。在此，我想首先感谢麦戈文教授，没有他的启发，这本书不可能形成这样的规模。另外，他很爽快地答应我为这本书作一篇英文版的序言，这也令我非常欣喜。

第一位获得葡萄与葡萄酒学博士学位（在法国波尔多第二大学）的中国人李华于 1994 年在陕西杨凌创办了西北农业大学（今西北农林科技大学）葡萄酒学院 ① 并出任院长，这是中国乃至亚洲的第一所葡萄栽培与酿酒学的科研与教学机构。我听到这个消息后致信李华教授，他随即邀请我前往杨凌参观访问，此后我们便一直保持着联系。这些年来，我多次访问西北农林科技大学，参加在那里举办的关于葡萄酒经济及葡萄酒文化的国际会议。西北农林科技大学早已成为中国首屈一指的葡萄栽培与酿酒业的产学研中心，并与世界各地的专家学者及从业人员保持着广泛的联系与合作。通过西北农林科技大学，我与中国其他高校的葡萄酒专家学者、葡萄酒业相关机构和协会，当然

---

① 该学院迄今已培养出数百位这方面的专业人士，在今天几乎中国所有的葡萄酒企业中担任领导职位。戎子酒庄也聘用了约 30 名来自该学院的毕业生。

也与中国各地大大小小的葡萄酒企业建立了宝贵的联系。在定期的中国行中，我一一拜访了这些葡萄酒企业，从而对改革开放以来中国社会的巨大转变有了直观的印象。作为中国最古老的酒文化的代表，葡萄酒如今在现代中国人的日常生活中也获得了越来越多的认可和越来越重要的地位，我一直密切关注着这一发展趋势。其实很早以前我就抱有这样一种信念：中国有一天会在葡萄酒的生产与消费方面达到世界顶尖水平，中国葡萄酒也会拥有优良的品质。我当年的想法如今已经大部分成为了现实。我相信，当代中国人对于葡萄酒的令人惊讶的热情并不只是因为他们对来自异域的新鲜事物与舶来品怀有浓厚的兴趣——比如啤酒：中国人的啤酒消费仅仅经历了短短的一个世纪就超过了世界上任何一个国家——还有一个重要原因是：深藏在中国人记忆深处的独特发酵工艺与数千年的酒文化传统被重新唤醒，中国的葡萄酒业实现了传统与现代的结合。

　　近年来，中国迅速成为全球最大的葡萄酒酿造及消费国之一，在当下的迅猛发展背后，我在更深入的研究中逐渐认识到，其实中华文明的起源和发展从一开始就是与"酒"（泛指各种酒精饮料）极其紧密地联系在一起的，实际上人类进化史的开端与欧亚大陆史前文明普遍深受酒精饮料的影响，相距甚远的不同地区在酒文化上表现出令人惊异的相似性。在我看来，对这种现象唯一的解释是：欧亚大陆的各民族最晚从新石器时期以来就开始跨越遥远的地理距离互通往来，不仅有货物的交换，更有思想的交流。从九千年前的甚至可能年代更久远的"新石器时代的混合型酒"到今日种类繁多的酒品——蒸馏酒、啤酒、葡萄酒等，中国的"酒"这个概念有着复杂而深厚的内涵与外延，涉及不同地区和时代的发展阶段、发酵技术、创新工艺、饮酒与祭酒礼仪等，是其他地区的酒文化所不能比拟的。通过进一步的观察可以看到，在中国酒文化的丰富且复杂的历史中，葡萄酒从一开始就在其中占据着重要的位置。中国几乎所有的地区都出产葡萄，中国拥有全球最丰富且最具多样性的葡萄属（*Vitis*）种类，这一点很早就成为普遍共识，后来也进一步得到了科学研究的证明。

　　毫无疑问，石器时代从事渔猎的史前人类就懂得采集葡萄酿酒，用于萨满教的神秘仪式中。在欧亚大陆两端，即高加索—近东与远东地区都发现了年代极其古老的葡萄酒与啤酒酿造的遗迹，这些遗迹在年代和形态上的相似性绝非偶然。较新的考古发现也提供了很多可以证明"丝绸之路"其实早在史前时代就初具雏形的证据，当时的欧亚大陆各民族通过这个商路网络进行商贸往来与技术交流，而丝绸之路在两千年前才第一次见诸文字记载，直到19世纪才正式得名。考古学家在美索不达米亚与中国中原地区都发现了酿造大麦啤酒的遗迹，这说明这两个文明在起始阶段分别发展出了趋向复杂化的发酵与酿造工艺。到目前为止，学界关于古代印欧民族在距今四五千年间向中国西部（新疆与甘肃）迁徙的研究还很不充分，不过在塔克拉玛干沙漠边缘地带的轰动性考古发现可以从多方面佐证这些迁徙活动，尤其是塔里木木乃伊清楚再现了当时中国与印欧民族互相接触和影响的情形。自有信史以来，欧亚大陆各民族间交流互鉴的证据就更清晰了，最值得注意的是中国人与波斯人之间的往来，对此葡萄酒文化恰恰是一个特别典型的例证。公元前一千年间，斯基泰人（塞迦人）是东西方文化交流的重要中间人，后来，东伊朗的粟特人接替斯基泰人继续扮演这个角色。波斯的葡萄酒文化主要通过粟特人在中国进一步传播。3—9世纪，也就是东汉到唐朝期间，波斯的葡萄酒文化在中国盛极一时。此后，葡萄栽培与葡萄酒贸易在疆土横跨欧亚大陆的蒙古大帝国（包括中国的元朝）经历了一次短暂的大规模复兴。尽管在接下来的几个世纪中，葡萄酒在中国似乎逐渐式微，但是在详细的考察中，我们也在若干地区发现了一些一直持续到近代的有趣的葡萄酿酒习俗。于是，阐释区域性的葡萄酒文化并将其进行地理与历史关联的归类也成为本书的一个重要目标。

为了更直观地认识过去几千年中民族迁徙与融合的规模，同时发掘葡萄酒文化的起源，我和我的太太扎赫拉数次踏上古丝绸之路进行实地考察：2008 年我们自驾房车从德国经东欧、土耳其、格鲁吉亚、亚美尼亚、伊朗、土库曼斯坦、乌兹别克斯坦、塔吉克斯坦、吉尔吉斯斯坦、哈萨克斯坦一直到达中国的西部边境，然后从那里开启回程，穿过辽阔的欧亚大草原和西伯利亚，经俄罗斯、乌克兰、摩尔多瓦、罗马尼亚和匈牙利返回德国，整个行程历时 5 个月。2012 年，我们从香港出发，首先到达古丝绸之路的东部起点开封、洛阳和西安，接着沿着丝绸之路的主干道前往山西、陕西、宁夏、甘肃、青海和新疆，环绕塔里木盆地一周，中间顺道进入帕米尔高原上的中国、塔吉克斯坦、阿富汗与巴基斯坦四国接壤区，全程历时 3 个月。2014 年，我们再次来到伊朗，勘探伊朗东南部的一条可以通往阿富汗、巴基斯坦和印度的古商路。这三段考察之旅全长 45 000 公里，我们一路观摩考古遗址，访问高校与科研机构，参观了将近 100 座博物馆，当然更少不了探访沿途所见的一个个葡萄种植区与葡萄酒庄，其中也包括古代葡萄园和酒庄的遗址。我在考察中获得的见闻与知识起初是碎片化的，后来在对相关文献的深入研究中，结合与许多专家学者的交流心得和在专业会议上获得的启发，数年间逐渐形成了关于中国葡萄酒文化的一幅整体画面，这使我萌生了一个大胆的想法，即对 9 000 年前到当代的中国葡萄酒和酒文化做一次全面的介绍与阐述。当然，我同时也非常清楚自己面临的两大困难：首先，对于酒文化的研究无论在西方还是中国都还很不充分；其次，关于葡萄酒在中国文化中的历史角色与地域特征还有很多空白亟待填补。不过，愿读者不要将这些空白当作本书的不足之处来看待——正相反，我希望能够通过本书抛砖引玉，促使葡萄酒文化的研究在不同学科不断持续和深入下去。从这个意义上说，如果这本书能够引发更多的讨论与研究，从而启发后来人得出有价值的甚至是令人惊艳的成果，那么我写作这本书的目的也就达到了。此外，我在书中提出的一些观点，特别是一些或许过于大胆的假说，当然需要得到检验，如有谬误，欢迎读者指正。

请原谅我无法一一列出所有给予我宝贵帮助和启发的人员与机构。首先我要感谢开头提到的同行和朋友麦戈文教授，如果没有他宝贵的研究成果和建议，我可能无法完成本书的写作。此外我还要对以下人员和机构表示衷心的感谢：

——西北农林科技大学葡萄酒学院，特别是该学院的李华教授、王华教授和沈忠勋教授。他们帮助我了解到中国葡萄酒业的方方面面，也为我牵线搭桥，建立起与众多业内人士的联系。

——中国其他葡萄酒研究中心的专家学者，特别是中国科学院微生物研究所的程光胜教授、中国农业大学农学与生物技术学院的罗国光与马会勤教授、北京农学院的葡萄栽培和酿酒专家及专业侍酒师李德美教授。

——南京大学刘迎胜教授，他是研究蒙元史、丝绸之路、东西方关系和伊斯兰文化的专家，为我在 2008 年和 2012 年的学术考察提出了很多建议，也在元朝的葡萄酒历史方面给予我很多宝贵意见。

——几乎遍布中国所有葡萄产区的大大小小的葡萄酒厂的企业家和员工，他们在过去的二十年间一次次热情接待我前去参观访问，给我留下了很多难忘的印象。在此仅举山西的戎子酒庄作为其中的代表。戎子酒庄位于山西省西南部，它努力将现代葡萄酒生产与当地拥有三千年历史的葡萄栽培传统结合起来，吸引我多次前往参观访问。

——在我学术考察之旅中给予热情接待和有力支持的高校和孔

子学院，其中特别要感谢国家汉办 / 孔子学院总部在我 2008 年和 2012 年的考察中所提供的组织协调方面的帮助。

——中国和中亚国家的很多地方性考古遗址、文化机构、博物馆及其负责人与工作人员，他们中的一些人专程陪同我前去考古发掘现场参观，为我提供了大量宝贵信息，并向我展示了较新的考古发现。

——当时任教于新疆财经大学的古丽尼沙（Gulnisa Jamal）女士，2012 年我在新疆游历期间，她特地申请了一个月的假期，在我们的考察之旅中充当组织者和向导，带领我们前往新疆各地参观历史古迹和考古遗址，在此我要特别对她表示诚挚的谢意。

——波恩大学汉学系的拉尔夫·考茨（Ralph Kauz）教授，他在奥地利科学院工作期间于 2010 年 9 月在维也纳举办了一场主题为"伊朗及其他地区的葡萄酒文化"（"Wine Culture in Iran and Beyond"）的国际研讨会。在这次研讨会上，与会者的很多精彩见解令我收获颇丰，此外我还与世界各地的专家学者建立了联系。2014 年与研讨会同名的论文集出版，其中也收录了我的一篇论文。

——德国美食文化学论坛的创始人和组织者阿洛伊斯·维尔拉赫教授（Alois Wierlacher），他的鼓励使我最终下定决心进行葡萄酒文化的研究。我主编的《中国的葡萄酒文化》（*Wine in Chinese Culture*，2010 年）以及我的另外几篇论文收入了他主编的《美食文化学术论坛》（*Wissenschaftsforum Kulinaristik*）系列丛书的第 2 卷。

——河南贾湖遗址重大考古研究项目的首席考古学家、中国科学技术大学（位于安徽合肥）科学史与科学考古系主任以及该校博物馆馆长张居中教授，2012 年夏天我们在中国科技大学访问时得到张教授的热情接待，随后我在同年秋天陪同他前往德国南部的史前遗址游览。2013 年，他邀请我参加了一场关于贾湖遗址研究的国际研讨会，会议期间还参观了发掘现场。

琥珀光与骊珠：中国葡萄酒史

——美国加利福尼亚大学戴维斯分校孔子学院，尤其要感谢该校葡萄栽培与酿酒学院院长安德鲁·沃特豪斯（Andrew L. Waterhouse）教授，2015 年 3 月我受邀参加"理解'酒'——中国酒精饮料的历史和文化"（"Understanding Jiu - The History and Culture of Alcoholic Beverages in China"）国际研讨会，这是世界上第一个关于中国酒文化的研讨会，给我带来很大启发。

——河南大学黄河文明与可持续发展研究中心的李玉洁教授，2017 年她邀请我到河南大学进行为期四周的研究，并开设了关于丝绸之路和欧亚酒文化的系列讲座，我与李教授和她的同事们进行了卓有成效的交流。

——德国葡萄酒历史学会，我起初和该协会的董事会一起草拟了一个编写一本关于中国葡萄酒历史的小册子的计划，作为他们系列出版物的一部分，但当时并没有预料到这个项目后来竟会扩展到如此规模。

——位于德国莱法州 Siebeldingen 的 Geilweilerhof 葡萄栽培研究所（隶属于 Julius Kühn 研究所，即德国联邦人工栽培植物研究所），我在那里学到了很多关于葡萄品种学、葡萄杂交和野生葡萄品种鉴定的知识，并提出了一些该研究所将来可能与中国相关机构开展合作的领域。

——当然还要感谢德国法尔茨地区的葡萄酒农，他们年复一年地酿造着在我看来世界上品种最丰富的优质葡萄酒。多年来我在他们的葡萄园和酒庄里获得了许多宝贵经验，他们还在直接的生产实践中向我展示了终身学习的意义。

此外，我还要特别感谢沃尔夫冈·勒夫勒（Wolfgang Loeffler）先生、伍尔夫·耶格尔（Ulf Jäger）博士（中亚地区前伊斯兰时代考古学和文化史专家）和朗宓榭（Michael Lackner）教授（埃尔朗根-

纽伦堡大学汉学系），他们仔细审阅了本书的文稿，提出了大量修改意见。

宾夕法尼亚大学汉学系的梅维恒（Victor H. Mair）教授提出了一个非常好的建议，将这本书的主要内容用英文写成摘要，使世界上其他国家的人也能读到，从而形成一个更大的国际读者群。梅教授关于欧亚历史和塔里木木乃伊的出版物以及我们之间的交流给了我很大的启发。这份约 50 页的摘要以《琥珀光与骊珠：中国葡萄酒史》（"Amber Shine and Black Dragon Pearls: The History of Chinese Wine Culture"）为题，收录在梅教授出版的在线论文集《中国柏拉图文集》（*Sino-Platonic Papers*，sino-platonic.org/complete/spp278_chinese_wine_culture_history.pdf）中，可免费获取。在此我要对梅教授表示感谢，同时也感谢该论文集的联合出版人宝拉·罗伯茨（Paula Roberts）女士的编辑工作和"最后的打磨"。

还有其他一些具体的专门致谢已写进书中的相关位置。

OSTASIEN 出版社迅速决定将本书纳入出版计划，此后数年里该社的管理层非常友好且耐心地为我提供专业协助，如果没有出版社方面的支持，这本书绝不可能问世。在此我要向马丁·汉克（Martin Hanke）、多罗特·沙布-汉克（Dorothee Schaab-Hanke）博士夫妇表示衷心的感谢。

德国科学基金会（DFG）对本书给予了充分肯定，认为本书是"原创性科研成就"，并提供了一笔可观的出版津贴，我也在此表示诚挚的感谢。

两年之久，德汉翻译专家及美因兹大学的王南南老师全心全意投身于本书的中文版翻译工作。她不懈努力，为完成这一艰巨的任务付出了大量时间和精力。她的译文也展现出丰富的创造力——这个项目绝不是简单的德汉翻译工作，而是要求译者在透彻把握德文原意的基础上，发挥针对中国读者的跨文化理解与移情能力，逐步对繁杂的多学科内容进行筛选和加工。我在此对王老师一丝不苟的工作态度表示热诚的钦佩和感激。

与此同时，上海光启书局十分重视这个项目，为解决编辑和出版中的许多问题提供了不可或缺的大力协助和宝贵建议。我们各方面的合作非常顺利且卓有成效。同时光启书局将我的著作归入"海路与陆路"丛书，对此我感到十分荣幸和激动。"丝绸之路"是我数年追随的主要研究课题，酒文化包括葡萄酒文化历史是丝绸之路极为重要的组成部分。而且丛书的两位主编刘迎胜教授和刘东教授都是研究丝绸之路和中西方交流的世界级学者。我借此机会向两位教授和光启书局的编辑表达由衷的感谢。

光阴荏苒，在编写和翻译这本书的漫长过程中，不但中国酒史以及有关的考古研究在大踏步前进，中国现代葡萄酒事业也在最近几年取得了可喜的长足发展。因此，书中的一些细节难免不尽符合最新的数据信息，也没有提及一些新的研究结果和著作，在此敬请读者谅解。

最后我尤其要感谢我的太太扎赫拉，我对她所有的付出怀有深深的感激。这些年来，她陪伴我一次次踏上考察之旅，我们一起经历了旅途中的种种艰难险阻，她也数十年如一日，始终默默支持我的研究工作。

尽管经过多次细致的审阅，仍难免百密一疏。书中如有错误和疏漏，都归于我个人写作中的不足之处。尤其是有一些插图质量和清晰度不佳，特此向读者致歉。我在丝绸之路沿途许多国家参观博物馆和考古遗址时抓住所有机会随手拍摄，但是因为我并非摄影专业人士，有一些照片在构图取景等方面质量不佳。在编辑中文版时，我们决定删除德文版的部分图片，只保留能够充分解释说明正文内容的重要图片。

　　本书德文版第二版结合较新的文献资料和考古发现进行了一系列订正、更新和补充。首先我要感谢斯坦福大学考古中心刘莉教授针对中国史前酒文化突破性发现与我进行的深入交流。此外，我还要特别感谢美国华盛顿的德力（Derek Sandhaus）先生，我们关于中国及欧亚地区蒸馏酒发展的谈话对我启发很大，他向我提供了很多专业信息。总之，世界范围内的反馈、大量积极评论、新闻报道以及本书仍然是唯一一本全面介绍中国—欧亚酒文化及葡萄酒文化历史的著作的事实，都激励着我修订新版本。当然，如果没有 OSTASIEN 出版社孜孜不倦的建设性支持，这一切都是不可能的，在此我再次向出版方表示衷心的感谢。

柯彼德

于德国莱法州林根菲尔德（Lingenfeld）

2024 年 12 月

第一章

酒文化与葡萄酒文化：
中华文明与人类进化史不可或缺的组成部分

人类文明史在很多方面就是一部葡萄酒文化史。最晚从新石器时代开始——很可能更早，人工酿造的葡萄酒就广泛存在于人类文明的方方面面：经济、宗教、社会、医学、政治等。遍布欧亚的葡萄最初起源于 7 000 年前的近东地区，在漫长的岁月里，欧亚各民族不断对其进行繁育、杂交和移植。所以，每当我们斟满一杯葡萄酒举杯畅饮时，我们品味的不仅仅是葡萄美酒的馥郁甘醇，更是一部跨越千万年的文明史。[①]

以上是美国著名考古学家麦戈文先生（任职于美国宾夕法尼亚大学考古学与人类学博物馆）多年研究世界各地的葡萄酒及其他酒文化后所作的结论，见于其 2003 年出版的《古代葡萄酒：葡萄酒起源研究》一书中。此外，麦戈文也在该书其他篇章中提及葡萄酒在人类文明进程和文化发源中所发挥的核心作用：

古代葡萄酒属于人类最重要的"发现"，具有深远的文化影响。考古遗迹里的古代葡萄酒得到复原后，我们可以看到它如何穿越时间的长河，实现从古至今的延续。在这一点上，葡萄酒为其他有机物料的复原和溯源提供了范例。[②]

---

① McGovern（2003 年）第 299 页。

② McGovern（2003 年）第 312 页。

以及：

　　每种文明都有着讲述其与葡萄和葡萄酒关系的故事，所有这些故事汇合成一部关于葡萄这种非凡的植物及其制成品的不同寻常的历史。世界各地的人类文明发展都是与葡萄缠绕交织在一起的。①

　　麦戈文是国际公认的全球两处古老葡萄酒遗迹的发现者，二者都属于新石器时代，分别发现于伊朗②与中国③。他在《古代葡萄酒：葡萄酒起源研究》及 2009 年出版的《开瓶过去：探寻葡萄酒、啤酒和其他酒的旅程》中对此有详细的阐述。目前已知最古老的葡萄酒遗迹可以追溯到 9 000 年前，即被称为**新石器革命**或新石器化的时代，当时产生了农业、畜牧业、仓储、厨房、烹饪、手工业（如制陶业）和定居生活。这些新石器时代遗址分布在从近东到中亚甚至远达中国的广大地区，其中的一部分近年来才得到发掘或深入研究，它们在时间和文化上展现出惊人的相似性，尤其体现在葡萄酒文化方面——有些地区相隔万水千山，却几乎同步发展出了葡萄酒文化。较新的研究成果与考古发现似乎能够证明，在史前时代的欧亚大陆上就已经出现了一个跨越巨大时空的物质文明与精神文明交流网络，参与交流的民族、文化、宗教、世界观、语言和文字的多样性是空前的。

　　19 世纪，德国地理学家与科学考察家李希霍芬（Ferdinand Freiherr von Richthofen）将这条由众多史前商路构成的交流网络命名为"丝绸

---

① McGovern（2003 年）第 315 页。

② McGovern et al.（1997 年）。

③ McGovern et al.（2004 年、2005 年、2010 年）。

之路"。然而，这个商路网络早在公元前数百年就已经十分兴旺，并见诸文字记录，流传于世。尽管一百多年来人们对丝绸之路进行了大量的深入研究，但对这个庞大的体系仍然仅能初窥堂奥而已。[①] 近年来，越来越多的考古发现及其带来的新知引发了一系列新的问题、联想和观点。不过很多线索都表明，欧亚大陆东西两端的民族迁徙与商贸文化交流并不像以前人们普遍认为的那样始于约 2 500 年前，而是可以追溯到人类文明开端之时，很可能从旧石器时代后期就开始了。大量新石器、青铜器与铁器时代的关于东西方早期文化交流的出土文物就是这方面的明证，除了各种石器、陶器、木器、首饰和衣料外，还有近年来多次在位于塔里木盆地的丝绸之路分支商道沿途地区发掘出的欧罗巴人种的木乃伊等。

中国西部丝绸之路沿途的博物馆和考古机构收藏有很多这类出土文物。陈列在展柜中的酒器常常贴有"酒器"的标签，但并没有详细说明是哪一种"酒"。这些酒器外形相似，但却来自相距甚远的不同地区。精确的生物分子鉴定完全有可能为我们揭开它们的秘密，但这类研究手段的应用少之又少，所以这些古老器皿当年曾盛有何种液体对我们来说仍是一个个谜团。在整个欧亚大陆都曾发掘出史前或古代用黏土烧制的陶瓶，或

图 1.1　陶罐（kvevri），格鲁吉亚的洞穴城 Uplistsikhe，自前 6 世纪起，当地成为丝绸之路途经地

----

① Kuzmina（2008 年）提供了关于新石器与青铜器时期以来欧亚商路的功能与重要性的最新研究成果与认识。

为圆锥尖底，或为平底，有些带有手柄，有些则没有，它们都在外形上展现出明显的相似性。格鲁吉亚和亚美尼亚人几千年来一直使用一种叫作 kvevri 的大型**陶罐**发酵葡萄汁，其罐身几乎全部埋在土中，只露出罐口。中国的中原和西北地区以及丝绸之路沿途的一些考古遗址中也发现了类似的陶罐，如位于今土库曼斯坦境内，特别是发现于 Gonur Depe、Togolok 和梅尔夫［Merv，历史上称为马尔季亚纳（Margiana）］[①] 附近的卡拉库姆沙漠中的绿洲文明。绿洲文明在公元前两三千年间的青铜器时期盛极一时，与埃及、美索不达米亚和印度河流域文明有交流往来。

图 1.2　陶制来通杯，河南新密裴李岗遗址，新石器时代，前 5600—前 4900 年

欧亚大陆不同地区葡萄酒文化之间互通有无的一个典型例证是**角杯**。角杯最初是用牛角制成的，发展到一定程度后得名**来通**，即古希腊语 rhyton 的音译。制作来通杯的材质有很多，如牛角、兽骨、木材、象牙、犀角、陶、

---

① 今天，在位于土库曼斯坦境内丝绸之路上的马雷（梅尔夫）博物馆里可以看到绿洲文明中用于制作和饮用苏摩／豪麻（甚至可能也包括葡萄酒）的陶制及滑石器皿、骨制吸管和器具。苏摩／豪麻是具有精神刺激作用的饮料，饮用时要遵守特定的礼仪（见 Sarianidi 2003 年中的图示）。大型陶器在绿洲文明中被称为 hum，可能与豪麻（Haoma）有词源上的关联。与此相关，克里特岛和希腊的米诺斯人也有使用大陶瓮（pithos）储存葡萄酒的传统，至少有 4 000 年的历史，见 McGovern（2003年）第 23 页等。然而，考古证据表明，格鲁吉亚人似乎更早就开始使用 kvevri（也叫 qvevri）进行葡萄酒的自然发酵和储存，可以追溯到公元前 6000 年（例如见 Giemsch/Hansen 2018 年第 259 页等介绍的展品）。使用 kvevri 酿造和储存葡萄酒的方法于 2013 年收入联合国教科文组织世界非物质文化遗产名录。

琥珀光与骊珠：中国葡萄酒史

玻璃、玉石、瓷、竹、青铜、银、金等；来通杯的形态也丰富多样，其中不乏能工巧匠的奇思妙想。来通杯通常用于宗教崇拜及祭祀礼仪。从新石器时代到中世纪再到近代，南北欧、希腊克里特岛、小亚细亚、高加索山脉（今天的格鲁吉亚人仍然喜欢在宴饮时使用来通杯作为酒器）、伊朗、欧亚大草原、西伯利亚、中亚和中国西南部的人们都曾使用来通杯，并且不同地区出土的来通杯展现出惊人的相似性——这一点可以强有力地说明，使用酒精饮料的各种礼

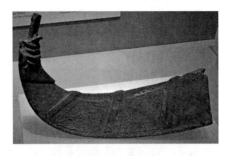

图 1.3　青铜来通杯，西周，前 11—前 8 世纪，镇江

图 1.4　兽首镶金玛瑙来通杯，唐朝时由西亚输入，西安何家村遗址

仪在东西方都得到广泛传播，并与人类文明起源密切相关。中国各地都曾出土来通杯，我在河南省考古所（位于郑州）观摩过中国中原地区最古老的来通杯，该杯为陶制，属于裴李岗文化。[①] 来通文化以一种特殊的方式揭示出欧亚大陆各地史前与古代饮酒礼仪体系的相互影

---

① 裴李岗文化分布在黄河中游今河南省的一个相当大的区域内，至今已发现 120 多个聚落遗址。这件牛角状来通杯的发现提出了一个值得探讨的问题：它是否早在裴李岗文化时期就作为来通的原型从中亚、西亚或高加索地区来到了中国？这是因为有考古发现可证的牛的人工驯化在中国北部和中原地区只能追溯到公元前两千多年，而史前丝绸之路在从西亚和中亚的"进口"方面发挥了重要作用。在后来的几千年中角杯广泛传播，葡萄酒是否在其中起到了关键性作用，可能永远不会得到证实。

图 1.5 玻璃来通杯，古
波斯阿契美尼德王朝，前
6—前 4 世纪（左图）

图 1.6 斯基泰人的银质镀
金来通杯，Aul Uljap，俄
罗斯南部，前 7—前 5 世
纪（右图）

响，这些礼仪在跨越广袤地域的移民与商贸通道沿线地区发挥着核心
性的社会与宗教意义。[①] 在接下来的篇章中我还将对来通现象进行具
体分析，很可能其他一系列饮器都是从来通杯发展出来的。[②]

　　特别值得一提的是丝绸之路沿途地区自新石器时期以来在不同

---

① 见 Jäger（2006 年）极具启发性的论文。关于伊朗-希腊来通杯的最全面丰富的著
　作当属 Manassero（2008 年）。McGovern（2003 年）第 272 页等阐述了来通杯在
　三四千年前的米诺斯和迈锡尼文化中的形制、意义和使用。他指出，来通杯的底端
　有一个狭窄的开口，显然也具有过滤啤酒或混合饮料的功能。在法国南部距离拉斯
　科洞窟不远的劳塞尔（多尔多涅省）发现的"劳塞尔的维纳斯"岩石浮雕表明，原
　始的角杯和相应的饮用仪式可能在两万五千年前就已经存在了。"劳塞尔的维纳斯"
　右手托着一只野牛角，牛角的阔口朝向维纳斯的嘴边。相关图片和说明见维基百科
　词条 "Venus_von_Laussel" 以及 donsmaps.com/lacornevenus.html。这种盛有"众神
　的琼浆玉液"的牛角必须依照规定的仪式使用，可能与西亚与中国南方神话中的公
　牛、水牛和公羊崇拜有关联。
② 中国酒文化中的一些陶器和青铜器的形制显示来通杯可能是它们的原型。卡菲尔人
　（阿富汗 / 巴基斯坦）使用的银质高柄杯的底座被称为"角"，这一点可以表明，高
　柄酒杯的产生可能与来通杯有某种关联。没有底座的普通饮器在当地被称为"无
　角"，见 Jettmar（1972 年）第 29 页。

琥珀光与骊珠：中国葡萄酒史

历史阶段都出现过的**高柄酒器**。从外
形来看，它们与近现代的葡萄酒杯已
经颇为相似。从材质来看，它们最初
为陶制，后来也出现了青铜杯和银杯，
其中部分与陶制高柄杯的形状相同。
它们在地中海地区、高加索、伊朗、
西亚和中亚的绿洲文化、犍陀罗古国
（今阿富汗和巴基斯坦）以及中国中西
部聚居地都被用作宗教仪式或者身份
地位的象征，尤其常见于墓穴随葬品。
丝绸之路沿途的博物馆中甚至可以看
到新石器时期的精美高柄酒器。通过
系统性对比发现，在后来的信史时期，
在不同地区出现的青铜、白银和黄金
酒器与这些新石器时期的石制或陶制
酒器形状相似，是以其为原型发展而
来的。在希腊-东南欧地区、伊朗以及
中国东部的龙山文化中都发现了精美
的古老高柄酒器，可以追溯到公元前
4000—前 2000 年。后来的中亚民族粟
特人制作的高柄陶杯和银杯在整个欧
亚大陆广受青睐，而高柄杯在他们的

图 1.7　唐朝瓷制来通杯

图 1.8　高柄酒杯，Hesar，塞姆
南，北伊朗丝绸之路，前 2000 年

酒文化中也扮演着一个特别的角色。粟特人曾长期控制古代丝绸之路
的贸易，从而将高柄酒杯传播到欧亚各地，直到他们在 7 世纪后逐渐
皈依伊斯兰教。

　　这方面的考古证据包括中亚及中国的粟特人聚居地遗址中发掘

图 1.9 连杯，苏萨（Susa），胡齐斯坦省（Khusestan），伊朗，前 3000 年

图 1.10 连杯，半坡遗址，中国陕西，前 4800—前 4200 年

图 1.11 连杯，齐家文化，中国甘肃，前 2100—前 1600 年

出的大量酒器、壁画和浮雕。直至今日，在阿富汗东部与巴基斯坦西北部之间的努里斯坦（旧称卡菲尔斯坦），人们仍然在使用与古代酒器外形相同的银质高柄杯。这种酒杯用于宗教仪式，十分贵重，当地语言称之为 *urei*。[①]

双联罐（或称**连杯**）是一种特别的礼仪酒器，与其他酒器一样也大量见于东欧、近东、中亚和东亚的史前文明遗址，可以充分证明人类文明诞生之初就产生了酒文化。绝大部分连杯的两杯之间是连通的，有些连杯有手柄，有些没有。连杯用于关系密切的两个人共饮。在中国各地都曾发掘出连杯，比如在丝绸之路沿途和中原地区的一些博物馆中可以看到新石器时代仰韶文化（前 5000—前 3000）与齐家文化的陶制连杯。此外还有一件青铜制的精美连杯，配有带马形手柄的杯盖，发现于内蒙古，属于公元

---

① 见 Jettmar（1972 年）和 Klimburg（2014 年）。最有名的是在粟特人建立的彭吉肯特城（Panjikent，塔吉克斯坦西部）中发现的壁画、在乌兹别克斯坦东南部发现的巴拉雷克土丘（Balalyk-Tepe）要塞以及在中国中原地区的粟特人墓葬中发现的浮雕（如山西省的虞弘墓）——这些壁画与浮雕均是公元 6 世纪的作品，其上可以看到盛大宴会上畅饮葡萄酒的场面。

琥珀光与骊珠：中国葡萄酒史

图 1.12　连杯（木制），中国台湾，鲁凯人

前 5 世纪前后的东胡族。今天的一些少数民族，如南岛语系的台湾
鲁凯人，还在使用连杯。鲁凯人的连杯是木制的，表面刻有精美的纹
饰，用于重要场合，如两个部落之间缔结和平、订立盟约、结成姻亲
等。双耳杯与连杯属于同类，其历史同样可以追溯到新石器时代，已
经出土的大量双耳杯的形状都是两侧各有一柄，用于两个人在重要场
合共饮。今天云南的少数民族独龙族人仍在使用双耳杯。[①]

　　另外一个较晚出现的泛欧亚酒文化的证据是古代草原民族遗留
的大量石偶和人形石像。这些草原民族散居在横亘黑海、哈萨克斯坦
北部、吉尔吉斯斯坦、中国西北和蒙古的广大地区。乌克兰、俄罗斯
圣彼得堡、吉尔吉斯斯坦首都比什凯克和中国的一些博物馆收藏有这
类石像。特别是在比什凯克附近的布拉纳（Burana）废墟遗址还能看
到露天的石像群。布拉纳曾经是贯穿吉尔吉斯斯坦的北丝绸之路上一
个重要的中心城市。

① 另见韩胜宝（2003 年）第 39 页、王克林（2015 年）第 7 页等。独龙族称此为"同
心酒"，在独龙族中有新娘和新郎或者主人和客人同时各从杯子的一侧饮酒，并把手臂
搭在对方肩膀上的风俗。中国各地都有"合卺"的传统婚俗：将葫芦一剖为二，两瓢用
线相连，瓢中盛酒，新婚夫妇在洞房中共饮。这种双瓢可能是连杯的变体。在今天中国
人的婚礼上，交杯酒取代了合卺。高加索地区发现的公元前三四千年的连杯与在近东、
中亚和中国发现的连杯有着惊人的相似性，见 Orjonikidze（2018 年）第 197 页图 2、
Giemsch/Hansen（2018 年）第 296 页图 127。

这些石像被称为 Bal-bal 或者 Bul-bul，人们对于其来龙去脉和功用有很多猜测。特别引人注意的是，差不多每个石像都手握一只葡萄酒杯。这些酒杯与随葬品具有相似的功能与象征意义，很明显是用于纪念重要人物的宗教仪式。有人推测，突厥人从斯基泰人和其后出现的粟特人那里学会了使用这种饮器及举行相关的宗教仪式。粟特人进一步发展了波斯的葡萄酒文化，并使其在欧亚大草原上广为传播。[1]

此外，在丝绸之路周边地区的很多地方都发现了古代的**葡萄压榨工坊**，带有通常为长方形的石制榨槽和位于出汁口下方的圆形收汁池。发现这类压榨设备的地点西起高加索山，如格鲁吉亚丝绸之路上的洞穴城 Uplistsikhe 和亚美尼亚的阿列尼（Areni），东至塔吉克斯坦的泽拉夫尚河河谷。几年前发现的阿列尼酿酒遗址藏身于一个山洞中，是一座拥有 6 000 年历史的保存完整的葡萄酒酿造工坊，它是迄今为止所发现的最古老的葡萄酒酿造遗址。在阿列尼以东的泽拉夫尚河河谷中的丝绸之路主干道上，在 4—8 世纪的粟特人聚居地彭吉肯特（Panjikent）遗址也有类似的考古发现。在阿富汗的东北部和巴基斯坦的西北部，人们直到近代还在使用配有收汁池的大

图 1.13　手持高柄酒杯的 Bal-bal 石像，丝绸之路，吉尔吉斯斯坦，八剌沙衮（布拉纳），1—10 世纪

---

[1]　关于 Bal-bal 石偶现象以及对其可能的解释见 Zieme（2005 年）第 66 页、Bayar（2005 年）第 72 页。Allsen（2018 年）第 2 页认为，石偶手中所持的同一风格的酒杯代表突厥民族共同的饮酒礼仪。

型长方形石槽，这些石槽很可能与在努尔斯坦地区延续数千年的葡萄酒礼仪和节庆活动有关联。努尔斯坦地区的葡萄酒文化可能拥有数千年的历史，但由于19世纪末以来强力推行的伊斯兰化再加上近现代的社会变迁，这种葡萄酒文化消亡了。从前野葡萄藤绕树丛生的景象消失不见，植根

图1.14　兴都库什卡菲尔人的高柄葡萄酒杯，努尔斯坦，阿富汗，19世纪或更早

于史前泛灵论-多神论传统、敬拜主神及酒神因陀罗的严格的宗教仪式也几乎失传了。不过，一部分金发碧眼的努尔斯坦人和相邻的属于印欧族群与语支的卡拉什人还是能够在相对封闭的兴都库什地区将他们独特的葡萄酒文化和原始宗教保存数千年之久。所以人们很容易猜想，这种葡萄酒文化的一些元素与后来出现的希腊-犍陀罗葡萄酒文化以及多神信仰，很明显也与古波斯祆教与古印度吠陀文化发生了融合。这也许可以解释关于酒神狄奥尼索斯在很久以前去过东方的传说。这一传说产生于亚历山大大帝及其追随者占领该地区的时期。希腊占领者发现，当地人懂得酿造葡萄酒，也喜欢在宴会上纵酒豪饮。总之，很多迹象表明，在公元前1000多年就已得名的犍陀罗古国在漫长的岁月中充当了文化中转站的角色，早在史前时代就发展出了葡萄酒文化，并且在佛教文明兴起及亚历山大时代到来之前，通过帕米尔高原这条便道将葡萄酒文化传播到了中国。[①]

---

① 见Klimburg（1999年）的详细研究报告。在有些地方，只有"纯洁的"、尚无性经验的年轻男子才允许使用这些以石头和黏土制成的设备压榨葡萄汁。上文提到的银质高柄杯以及一种木制酒器用于节日庆典。过去有人认为努里斯坦人（卡菲尔人）是亚历山大大帝及其随从留在此地的后裔，虽然这里后来确实受到（转下页）

可以支持葡萄酒及其他酒类文化在各地广泛发展假说的两个物证是酿酒时添加的**蜂蜜与树脂**。从新石器时代到古希腊罗马时代，在横跨欧亚大陆的各大葡萄酒产区，人们普遍利用这两种配料促进葡萄汁发酵，延长葡萄酒保质期。[①]在蜂蜜与树脂以外还有其他配料，如没药、苦艾、胡椒、番红花、刺山柑及各种药草。中亚人尤其喜欢在酿酒时加入麻黄，[②]麻黄可以刺激中枢神经，有发汗散寒、宣肺平喘、利水消肿等药用功效。在中国，考古学家也在史前时代的陶器，甚至在 3 000 多年前密封于青铜器中的酒精饮料中发现了上述配料的残留物。在后来的工艺发展中，蜂蜜和树脂也用于纯粮食酒的酿造——即啤酒的雏形。一个典型的特征是，"蜜"以及其衍生的"蜜酒"以

（接上页）希腊文化的影响，但这种观点已被证伪。时至今日，仍有一些努里斯坦人持守古老的传统，在葡萄采摘、榨汁和饮酒时严格遵照宗教戒律。在兴都库什山脉的一些山谷中有一些特别的本土野生葡萄品种，它们攀援橡树等树木生长，当地人用其酿造大量葡萄酒。专家确认其为遍布阿富汗的 *Vitis vinifera* 的自有亚种 *Vitis nuristanica*，相关内容另见 Klimburg（2014 年）。在犍陀罗葡萄酒文化的研究方面，Falk（2009 年）和 Jäger（2015 年）的著作贡献良多。Krochmal/Nawabi（1961 年）和 Galet（1969 年）是较老的著作，但今天仍有参考价值。这两本著作介绍了阿富汗数千年的葡萄种植历史及其境内生长的约 40 个红葡萄和白葡萄品种。

① 树脂与某些苦味药草可以防止酒精转化为醋，而蜂蜜既可以增加酒的甜味与芳香，又可以促进发酵，延长酒的保质期，见 McGovern（2003 年）第 309—310 页、McGovern（2009 年）第 13 页和第 16 页等。在葡萄酒之乡格鲁吉亚发现了公元前 6000 年的蜂蜜和蜜酒养殖的遗迹（Kvavadze，2018 年），这是世界上已发现的最古老的蜜蜂养殖。在格鲁吉亚，蜂蜡在传统上用于涂抹酒罐（kvevri）以防止液体渗漏。唯一一种流传至今的含有树脂的葡萄酒是希腊的 retsina。在小亚细亚（米达斯古墓，前 750—前 700）和北欧发现的一些青铜器和铁器时代的树皮器皿、木器和青铜器中残存的饮料沉淀物中，也鉴定出蜂蜜（蜂蜜酒）、麦芽、浆果、多种植物成分和酵母，甚至还有酒石酸，比如在苏格兰发现的具有三四千年历史的墓葬群、丹麦的 Egtved（前 1370）与 Juellinge（1 世纪）古墓。另见 McGovern（2009 年）第 129 页等关于弗里吉亚酒（Phrygian grog）与北欧酒（Nordic grog）以及 Fuchs（2015 年）关于"北欧人的酒精软饮料"的论述。

② 关于麻黄的更多内容见本书第六章。

类似的拼写方式广泛见于欧亚大陆各地区：印欧语 *medhu，芬兰 -
乌戈尔语 *mete，梵语 madhu，希腊语 μέθυ，德语 Met，英语 mead，
丹麦语 / 挪威语 mjød，法语 miel，立陶宛语 medus，俄语 мёд，吐火
罗语 mit，古波斯语 madu，现代波斯语 mei，匈牙利语 méz，汉语 mi
（蜜），古汉语的发音大约是 myet。①

假如我们能从高空俯瞰地球，就会清楚地看到一条存在了数千
年之久的宽阔的葡萄种植带横亘在欧亚大陆上：它西起欧洲多条河
流（如吉伦特河、卢瓦尔河、莱茵河、摩泽尔河、多瑙河等）的谷
地、地中海与黑海沿岸（如保加利亚、罗马尼亚、摩尔多瓦、克里米
亚）、高加索山脉（格鲁吉亚、亚美尼亚、阿塞拜疆）；中至伊朗西北
部②、土库曼斯坦与乌兹别克斯坦的绿洲（科佩特山脉、梅尔夫和撒
马尔罕）、塔吉克斯坦（泽拉夫尚河）与兴都库什山脉 [阿富汗、巴
克特里亚（中国古称大夏）] 的河谷地区、费尔干纳盆地（中国古称
大宛）、哈萨克斯坦东北部；东到中国西部（新疆、甘肃、宁夏）、中
原地区（陕西、山西、河北、河南、北京、天津、山东）和东北地区
（内蒙古东部、辽宁、吉林、黑龙江）。在所有这些地区，许许多多有
关葡萄酒文化的考古发现、历史记录、民间传说、神话故事和部分仍
然鲜活存在的葡萄酒礼仪都在指向至少存续了两千年，在部分地区甚

---

① 关于印欧和中亚语言中蜂蜜酒不同名称变体的共同语源的详细说明见 Bailey（1954
年）。Allsen（2018 年）第 21 页认为，蜂蜜酒在各种语言中的同一语源可以解释为，
蜂蜜自古以来就与蜂蜜酒或某种酒精饮料的生产有关，甚至人类采集蜂蜜的首要目
的即是为了酿造蜂蜜酒。Mallory（2015 年）第 8 页从这些借词中看到印欧语系的吐
火罗人已经与中国的商朝有了接触往来。过去在帕提亚地区，酒窖被称为 madustan
（字面意思为"葡萄酒之地"），今天中亚地区仍然保留着这一说法。梵文里可以指代
葡萄酒的 madhu 在中文里转写为"末陀"，见 Laufer（1919 年）第 241 页。

② 1979 年伊斯兰革命后，伊朗才得以在其历史上第一次推行彻底的禁酒令。政府只允
许种植鲜食葡萄和制作葡萄干，此外初步发酵的葡萄汁可以出口到土耳其、乌克兰
等邻国用于酿造"波斯葡萄酒"。

至可以追溯到史前时代的葡萄酒传统。

以下地区对于葡萄酒考古学和历史学具有重要意义：[①]

——高加索山脉 / 格鲁吉亚：新石器时期遗址 Gadachrili Gora 与 Shulaveris Gora 位于格鲁吉亚首都第比利斯以南 50 公里处，经最新考古化学分析鉴定，那里出土的陶罐碎片上的有机物残留为葡萄酒，从而证明这里拥有最古老的葡萄酒酿造历史，可以追溯到公元前 6000—前 5800 年；此外，在比 Gadachrili Gora 与 Shulaveris Gora 遗址晚数千年的其他遗址中发现了大量人工培育的葡萄品种 *Vitis vinifera ssp. vinifera* 的炭化籽粒以及各种葡萄酒酿造工具和酒器；高加索 / 格鲁吉亚地区拥有 500 多个本地葡萄品种，该地区葡萄品种之丰富为世界之最，许多品种与一些现代的欧洲葡萄品种有亲缘关系。[②]

---

① 这些地区及邻近地区的详细历史和考古发现主要见 McGovern（2009 年）。关于世界上最早的葡萄酒酿造的证据、葡萄的人工驯化和栽培以及葡萄酒贸易的迹象，另见 Neef（2018 年）第 94 页等。Neef 强调，格鲁吉亚在葡萄酒酿造、葡萄栽培和葡萄酒贸易方面拥有特殊地位和自新石器时代以来从未中断的延续性。

② 格鲁吉亚的许多新石器、青铜器时期和古代的考古遗址中发现了炭化葡萄籽，其中包括欧亚野生葡萄品种 *Vitis vinifera ssp. sylvestris* 和人工培育品种 *Vitis vinifera ssp.vinifera* 的葡萄籽，都是世界上最古老的，相关考古遗址如 Gadachrili Gora、Dangreuli Gora 和 Badaani（前 3000）、Kvatskhelebi（前 2800）、Khizanaant Gora（前 3000）、Dighomi（前 14—前 11 世纪）、Gienos（前 8—前 6 世纪）、Argeta（前 7—前 6 世纪）和 Tsikhia Gora（前 4—前 3 世纪）。值得注意的是，根据分析鉴定的结果，直到古希腊罗马时代，在人工培育的品种之外仍同时使用野生葡萄酿酒。有关葡萄籽考古发现的详细信息见 Rusishvili（2010 年），但这些信息并不能完全令人信服。早在发现炭化葡萄籽之前，在 Shulaveris 出土的距今 8 000 年的陶器中就已发现了酒石酸氢钾 / 酒石酸的痕迹，这些陶器容量最大的可达 300 升，见 McGovern（2009 年）第 80 页。根据目前的精密分析的结果，随着更多物质如葡萄花粉、淀粉和有机酸被检测出来，可以确认这是世界上最古老的葡萄酒遗存，见 McGovern et al.（2017 年）、Dönges（2017 年）、Lordkipanidze（2018 年 b）第 22—23 页、Hansen/Helwing（2018 年）第 33 页等、Neef（2018 年）第 94—95 页。与葡萄酒文化平行，高加索地区也发展出了制陶工艺。格鲁吉亚国家博物馆藏有相关文物，包括一个饰有葡萄图案的大陶罐（图示见 McGovern et al. 2017 第 3 页、Giemsch/（转下页）

　　　　　　　　　　琥珀光与骊珠：中国葡萄酒史

——伊朗西北部：在哈吉·菲鲁兹土丘（Hajji Firuz Tepe）和札格罗斯山脉发掘出的陶罐上鉴定出酒石酸与酒石酸氢钾。

　　——高加索山脉/亚美尼亚：迄今为止世界上最古老（前4100）的保存完整的葡萄酒酿造作坊，位于阿列尼1号洞，包括原始的榨酒池、发酵及储酒容器、葡萄籽、葡萄藤和压榨过的葡萄籽残迹、带有葡萄酒残留的陶器碎片、酒杯与角杯残片。这些器具显然与墓葬仪式有关。[1]

　　——美索不达米亚（约前3500—前3000）与巴勒斯坦/地中海东岸地区（约前3500）：考古学家在巴勒斯坦的杰里科（前3200）、以色列的Tel Kabri（近东地区最古老的葡萄酒窖，前1900—前1600）和埃及发现了古老的葡萄籽（最早在前3100—前2700年）；规模巨大的葡萄种植与葡萄酒酿造见诸史料记载，已经形成产业化，比如"医用鸡尾酒"。此外当地存在相当规模的葡萄酒贸易与使用葡萄酒的宗教仪式。[2]

　　——希腊/土耳其：马其顿的迪基利-塔什（Dikili Tash，前4300—4200年的葡萄籽与葡萄皮残迹以及陶器，已知欧洲境内最古老的葡

（接上页）Hansen 2018 年第 260 页），而其他一些新石器时代陶器表面的这种虬曲盘结状的装饰图案也被解释为葡萄，见 Hansen/Helwing（2018 年）第 35—36 页。关于 Gadachrili Gora 和周围新石器时代遗址的概述见 Hamon et al.（2018 年）。关于格鲁吉亚的葡萄酒历史另见维基百科词条"乔治亚葡萄酒"。迄今为止，关于格鲁吉亚葡萄品种多样性的最全面的记录见 Saldadze（2018 年）。目前，格鲁吉亚拥有 5 万公顷葡萄园，可出产 1 亿升葡萄，虽然是一个相对较小的葡萄酒生产国，但其销售的本土和国际葡萄品种多达 38 个，见 Neef（2018 年）第 88 页。

[1]　在发现葡萄酒酿造作坊之前，2010 年夏天在这个洞穴里已经出土了世界上最古老的皮革制成的鞋子。据称，那里发现的陶器碎片来自伊朗和南亚。关于 2010 与 2011 年之交发现的葡萄酒酿造作坊见 Barnard et al.（2011 年）、"Chemical Analysis Confirms Discovery of Oldest Wine-making Equipment ever Found"（sciencedaily.com/releases/2011/01/110111133236.htm）、维基百科词条"Areni-1 winery"、Fox/Simonian（2011 年）。

[2]　关于圣经时代地中海东岸地区的葡萄酒文化见 Zwickel（2015 年）。

萄酒酿造的证据可追溯到前印欧时代）；米诺斯文明的中心克里特岛（始于前2200）；赫梯帝国、安纳托利亚中部（前1600—前1200）、亚述帝国（前9世纪）、伯罗奔尼撒半岛（前2世纪）。

——伊特拉斯坎人和凯尔特人分别居住的地区以及古罗马帝国：前1世纪时，西欧和中欧地区也开始种植葡萄。[①]

近东地区葡萄酒酿造的考古证据在年代上要比高加索地区晚几个世纪，看来葡萄酒酿造与葡萄（*Vitis vinifera*）的人工栽培乃至整个葡萄酒文化的起源应该是在高加索山脉，而不是人们普遍认为的近东地区，格鲁吉亚人也一向强调这一点，他们的说法应该是可信的。另外一个证据是格鲁吉亚拥有至少8 000多年历史的葡萄酒传统，它深深植根于格鲁吉亚的民间社会，并一直延续至今。尽管关于葡萄酒的起源目前还没有一个最终的定论，但是近年来，越来越多的证据指向格鲁吉亚作为葡萄酒的发源地。例如，2016年6月，一个由格鲁吉亚和意大利专家组成的考古队在第比利斯以西100公里处的Aradetis Orgora遗址中发现了一件鸟形陶制饮器。它的外形总体像一只鸟，但有三足，无首，顶部有一个用于饮酒的开口，饮器的内部有葡萄酒残留痕迹。这件陶器产生于大约公元前3000年，是该地区与

图1.15 鸟形酒杯，杯中有葡萄酒残留痕迹（葡萄花粉等），Aradetis Orgora（Dedopliss Gora），格鲁吉亚，前3400—前2500年，第比利斯国家博物馆

[①] 关于前500—前400年法国葡萄种植发端时期的最新考古发现见"New Biomolecular Archaeological Evidence Points to the Beginnings of Viniculture in France"（sciencedaily. com/releases/2013/06/130603163802.htm，2013年6月3日）。

祭祀有关的葡萄酒饮用习俗的最
古老的证据。人们猜测这件陶器
用于当时影响广大高加索地区的
库拉-阿拉克斯文化（Kura-Araxes
culture）的献祭与酒宴礼仪。[1] 在
此可以看到与同时繁盛的地中海
东岸-埃及与美索不达米亚的葡萄
酒文化的联系。至于新石器时代
的高加索葡萄酒文化向东辐射的
范围以及如何通过史前丝绸之路

图 1.16　鸟形酒杯，良渚文化，中国浙江
省杭州市余杭区葡萄畈村，前 3300—前
2300 年，良渚博物院

传到中亚甚至中国，则有待以后的研究者去探讨了。[2]

　　以上列举的陶制酒器用于榨汁、发酵、贮酒、斟酒、饮酒和祭
酒，每一件都是同类酒器中具有代表意义的典型。它们出土自新石
器时代的不同文明遗址，分布于高加索山脉、地中海、近东、中亚与

---

①　"Wine used in Ritual Ceremonies 5 000 Years ago in Georgia, the Cradle of Viticulture"
　　（2016 年）、Giemsch/Hansen（2018 年）第 304—305 页图 142。在这个约有 5 000 年
　　历史的器皿中发现了大量保存完好的葡萄（Vitis vinifera）花粉。在中亚和中国也曾
　　发现过类似器皿。在中国东南的良渚文化遗址中发现了一件陶制三足鸟形器，并在
　　遗址博物馆展出。多伦多大学的 Peter Boisseau（2015 年）根据格鲁吉亚较新的考古
　　发现提出了一个假说：来自高加索地区的移民将葡萄酒酿造技术带到了新月沃土和
　　地中海地区，并促进了这些地区的繁荣。关于库拉-阿拉克斯文化，特别是农业和葡
　　萄种植在前 3100—前 2800 年从南高加索地区到整个近东的扩张和在这些地区的影
　　响，见 Palumbi（2018 年）第 105 页等。到目前为止，除了一些关于库拉-阿拉克斯
　　文化向南和向西传播的研究与考古发现外，尽管一些很有力的证据支持，但学界
　　基本上还未曾探讨过库拉-阿拉克斯文化究竟在何种程度上沿着史前贸易路线跨越中
　　亚传播到中国西部。塔里木盆地的印欧人族群（吐火罗人）的起源和大致同期的迁
　　移路线在很大程度上也仍不清楚。

②　在这方面可能永远无法通过葡萄品种的传播进行解释，除非对各个葡萄品种逐一进
　　行基因研究。关于这一难题见 Trombert（2001 年）第 293 页。

南亚以及中国西部与中原的广大地区，相互之间距离很远，但却呈现出令人惊讶的共性。只要将这些陶器做一个全面的系统化对比，就会很自然地作出推测：早在人类文明的起始阶段，各民族之间就已经存在接触和交流，特别是在酒精饮料的酿造和相关器具的制作方面，比如出土于希腊迪基利-塔什的陶罐与中国仰韶文化遗址中发现的距今 6 000 年的陶罐十分相似，这种相似性甚至在细节方面都有诸多体现。[1]

另外值得注意的是，7 世纪以来在上述地区推行的伊斯兰化并没有从根本上斩断当地的葡萄酒酿造与饮用传统，这些传统反而在接下来的几百年中融入了穆斯林文化，成为其不可分割的一部分。[2] 大约 800 年前，中亚的突厥民族如土库曼人、乌兹别克人、哈萨克人和中国西部的维吾尔人皈依了伊斯兰教，但直到近代一直保留着某些和葡萄酒有关的古老习俗与宗教仪式。中国新疆的维吾尔人以及其他突厥语系民族在皈依伊斯兰教以后继续酿造葡萄酒，他们在招待客人或举行节庆的筵席上饮用美酒助兴，也经常纵酒豪饮。

2008 年我在东欧、西亚和中亚进行长途考察，2012 年又前去中国访问。在这两次全长四万公里的旅程中，我获得了关于丝绸之路沿

---

[1]　另见王克林（2015 年）第 3 页等。甘肃和陕西省的仰韶文化遗址中发现了大约 6 000 年前的尖底陶瓶、陶壶和陶杯，部分陶器上绘有精美的图案。甘肃和陕西位于从中国去往西方的通道上。

[2]　Heine（1982 年）详细记录了葡萄酒在中世纪伊斯兰社会中发挥的核心作用。Kuhnen（2015 年）说明了伊斯兰教的传播如何导致古希腊罗马时代晚期葡萄酒文化在近东的衰落，但同时也阐释了葡萄酒文化在哈里发统治时期能够继续存在相当长时间的原因。Bazin et al.（1985/2011 年）也阐述了葡萄酒一直到近代在信奉伊斯兰教的伊朗社会、文学、艺术以及苏菲主义（伊斯兰教神秘主义派别）中所扮演的重要角色。值得注意的是，按照伊斯兰教教义，信徒在天堂里"有水河，水质不腐；有乳河，乳味不变；有酒河，饮者称快；有蜜河，蜜质纯洁"（《古兰经》47 章 15 节）。关于葡萄酒在早期伊斯兰教中的重要性和象征意义以及《古兰经》的相关解释，比如葡萄树被解释为真主的创造，见 Sachse-Weinert（2015 年）第 96 页等。

途地区史前及古代葡萄酒文化的许多新发现与新知识。2007年我在美因茨大学翻译学、语言学与文化学学院举办了一场关于中国葡萄酒文化的国际研讨会，后又在2009—2010年的冬季学期开设了关于丝绸之路的系列报告会。[①] 从这些学术考察和学术会议的研究成果中可以得出结论：在史前时代的欧亚大陆上，各地区不同民族间一定已经存在着密切的交流活动，当然也包括葡萄酒酿造、葡萄酒文化与酒精发酵工艺。这一结论进一步启发了包括考古学家、人类学家、历史学家、科学史家、葡萄栽培及酿酒专家和文学研究学者在内的与会专家们，他们提出一个大胆的假说：早在丝绸之路出现之前，东西方之间就有了某种联系，也许可以将其称之为**史前葡萄酒之路**，这些交流往来正可以解释为什么东西方之间相距遥远的地区在葡萄酒文化的发展方面却有很多非常明显的共性。

我在本书中称这个猜测为**欧亚假说**。一些较新的历史学研究方法主张摆脱沿袭已久的欧洲中心论或中国中心论的视角，转而将欧洲与中国视为地理上位于欧亚大陆两端但并非彼此隔绝发展的两个文明区域。[②] 如果我们将这种历史观投射到欧亚假说上，就能够开启过去未曾注意到的视角，从而看到拥有数千年历史的欧洲与中国各自的葡萄酒文化以及两者之间的关联。文化传播论认为，在同一历史阶段，相距遥远的不同地区的文明创新不是各自孤立地多点呈现，而是首先

---

① 研讨会论文集见 Kupfer（2010年）。

② 例如，英国历史学家约翰·达尔文（John Darwin）在其反响很大的著作《帖木儿之后：1405年以来的全球帝国史》（*After Tamerlane: The Rise and Fall of Global Empires, 1400-2000*，2007年）中提出了这种观点，不过他认为这一切是从帖木儿帝国建立以后才开始的。然而，在我看来，他的方法论也适用于整个有文字记载的历史和史前史。不管在欧洲还是在中国，传统史学总的来说都对史前社会的人口迁徙及随之带来的民族多样性视而不见。

在一个地区产生，继而通过文化接触与交流传播到其他地区。从这个意义上说，本书中的欧亚假说不但涉及发酵工艺与知识的发展，更重要的是与之相关的葡萄酒与酒文化之"思想史"的产生，此外欧亚假说也可以解释世界不同地区葡萄酒文化呈现出的明显的相似性。因此，这一假说首先对沿袭已久但明显带有片面性的"葡萄酒起源于近东并传播到地中海沿岸乃至整个欧洲"的理论构成了挑战。①

① 这个所谓的欧亚假说在较新的文献中也常被采用，它完全将中亚和东亚排除在外。关于欧亚假说可参考例如 Estreicher（2006 年）第 14 页等。"车轮没有发明两次"的常识也适用于发酵和酿造技术。当人类文明发展在交通运输、远途贸易、农业畜牧业生产、人口增长、城镇化、冶金和武器装备方面发生深刻变革，车轮和马车在短时间内迅速传遍整个欧亚大陆时（在乌拉尔山脉、高加索山脉、西亚和中国之间广大地区的早期青铜器文化遗址中发现了大量作为随葬品的车轮、马车和马车模型），与 5 000 多年前在黑海-里海草原上车轮和马车的发明类似（关于高加索地区和黑海北部地区最古老的车轮和马车的考古发现以及车辆制造技术在欧洲、近东甚至印度次大陆的迅速传播主要见 Kuzmina 2008 年第 34 页等、Klimscha 2018 年），酿造复杂的酒精饮料所需的知识和技术也可能作为一项重要的文明创新在相距遥远的地区间传播。欧亚草原带为游牧业、贸易以及远距离交流的拓展提供了最佳条件，车辆运输在欧亚大草原上毫无阻碍地以独特的方式发展起来。Kuzmina（2008 年）第 63—64 页认为，前 2000—前 1000 年草原游牧民族带着牧群迁徙的路线是后来欧亚贸易路线的先驱，在当时就已经将相距甚远的不同地区的青铜文化联络起来，特别是西伯利亚-中亚的安德罗诺沃文化和中国中原的安阳商文化。最近在被称为"欧亚枢纽"的高加索地区（格鲁吉亚、亚美尼亚、阿塞拜疆）的考古发现可以特别清楚地表明有哪些交流、运输和商贸网络向四面八方扩张并为当地文明发展带来了深远影响。在这些网络覆盖的地区，自公元前四五千年以来一直在进行金、铜、宝石等矿物资源的开采。此外也有采矿、冶金、陶器、车辆、珠宝、武器等工艺以及葡萄种植技术的交流，见 Stöllner（2018 年）第 121—122 页。根据 Stöllner（2018 年）第 131 页，到目前为止有两个方面被大大低估了：一方面是地理上广泛的"个别族群之间的知识转移"和"个别工匠的高度流动性"，根据 Stöllner/Gambashidze（2018 年 a）第 147 页，这与"公元前 3000 年左右相当大的社会变化"恰好同时发生，同时也是印欧民族（吐火罗人）迁移到今中国西部的时期；另一方面，一直以来人们严重忽略了一个事实：手工业和冶金活动（格鲁吉亚的采矿和黄金开采、中国商周的青铜加工）与节庆仪式和社会公共饮食仪式密切相关，从事手工业和冶金业的地点因此"被赋予社会和宗教色彩"，见 Stöllner/Gambashidze（2018 年 b）第 155 页。自阿尔戈英雄神话产生以来，黄金和葡萄酒一直是格鲁吉亚人最重要的身份象征，这绝非巧合。

琥珀光与骊珠：中国葡萄酒史

上文已经列举过，这一个个史前及其后形成的葡萄酒文化中心分布在连接地中海、东南欧、土耳其、格鲁吉亚、亚美尼亚、伊朗、土库曼斯坦、乌兹别克斯坦、塔吉克斯坦、阿富汗、哈萨克斯坦、吉尔吉斯斯坦、中国西部与中部地区的古老交通及商贸要道沿途，仿佛一颗颗明珠连缀而成的一条珠链。各地近年来的考古发现最早可追溯到新石器时代，展现出几乎同时高度发展的文明之间密不可分的联系。从这些考古发现中可以得出很多结论，推导出一系列假说。一个基本的问题是：不同地区的葡萄酒文化到底是土生土长独立发展的，还是从史前时代开始就已经存在接触交流，并从而互相促进发展的？对于这个问题，中华文明的历史进程很有参考价值。在中国广阔的领土上，几千年来王朝更替，尽管历朝历代都将中华文明继承下来，使其较具单一性和延续性，但实际上，中国不断受到来自周边地区其他文明的影响。很明显，无论是史前还是信史时代，葡萄酒文化的传播都是借助于商路进行的。一个典型的例子是，早在3 000多年前，腓尼基人就已经将葡萄栽培、葡萄酒酿造技术、陶制酒器以及添加树脂和药草的工艺传播到地中海沿岸甚至大西洋沿岸地区。此外，腓尼基文字的产生也与葡萄酒文化有关。[1] 类似的情形还出现在欧亚大陆的远途贸易中。我们可以认定，葡萄酒与其他酒精饮料是其中的重要货物，并且欧亚远途贸易早在真正意义上的丝绸之路兴起之前就已经产生了。[2]

---

[1] 关于迦南人和腓尼基人在早期葡萄酒酿造史中所扮演的重要的中间人角色，见 McGover（2003年）第201页等、McGovern（2009年）第174页等。迦南人和腓尼基人的航海贸易为远途葡萄酒运输和酿造技术的传播提供了便利。

[2] 美国进化生物学家贾雷德·戴蒙德（Jared Diamond1997/1999年）提出了一个有趣的理论，他认为欧亚大陆东西延伸的地理特性可以解释为什么在这片地区很早就产生了农业并能够人工驯化极其丰富多样的动植物种类。与欧亚大陆相反，非洲和南美洲呈南北走向，不同文化之间几乎无法进行相互交流，因而缺乏相应的文化多样性。在我看来，这一理论可以进一步为葡萄品种以及伴随着新石器革命（转下页）

从本章开头的引言出发，在这里我再阐述几种较新的与文明起源相关的基本假说：

旧石器时代假说认为，人类的祖先发现了几百万年来广泛分布于温带的欧亚野生葡萄（*Vitis vinifera ssp. sylvestris*），并通过最简单的方法制作出发酵酒精饮料。无论是在欧洲、地中海地区、近东，还是在拥有几十个野生葡萄品种的中国，在气候适宜的纬度，很有可能早在农业与谷物种植兴起之前，甚至早在旧石器时代就出现了葡萄酒的原型。葡萄酒的出现与葡萄这种植物本身的特性相关：葡萄果实的表皮带有天然酵母，果肉中含有大量糖分，在适宜的温度与存放状态下会发生自然发酵，几乎其他所有植物都不具备如此强大的天然发酵能力。旧石器时代假说关于葡萄酒的起源适用于所有温带地区以及欧亚大陆上的大部分早期文明发祥地。[①]

有一种观点认为，一些灵长目动物以及石器时代早期的人类早在几百万年前就开始采集含有乙醇的水果，他们可能在山洞里围坐于火旁，尽情享用"果酒"的美味，由此获得进化优势。这种说法依托于**醉猴假说**[②]，醉猴假说的证据则来自对动物行为的观察和相关的传说，特别是中国几百年来口头与书面流传的"猴酒"（亦称猿酒）故事。直至今天仍有中国媒体报道，在西南边陲的广西壮族自治区，住

（接上页）兴起的葡萄酒和发酵文化在欧亚大陆的广泛传播提供合理的论据，同时可以解释为何在非洲和美洲大陆从来没有产生过与之类似的文明进程。关于下面的假说和"史前丝绸之路"见柯彼德（2012 年、2015 年）、Kupfer（2007 年 a、2007 年 b、2013 年 a、2014 年 a、2015 年 a、2015 年 c）。

① 关于"旧石器时代假说"见 McGovern et al.（1997 年）、McGovern（2003 年）第 7 页等、McGovern（2010 年）第 11 页等、Curry（2017 年）第 3 页等。

② 2004 年，生物学家罗伯特·杜德利（Robert Dudley，加利福尼亚大学伯克利分校）提出了醉猴假说。见维基百科词条"Drunken_monkey_hypothesis"，文中列举了罗伯特·杜德利相关的研究成果和发表著作的链接。

在山中的壮族人会在节日筵席上以一种特别的饮品招待客人。这是一种酒精度不高的果酒，香醇味美，类似鸡尾酒。附近深林中的野猴采集野果藏在山洞中进行自然发酵，等到白天野猴离开山洞后，村民就悄悄进洞，取走已发酵的果汁带回家中，放置于大缸中继续发酵。为了不被野猴发现，村民们行动非常小心，并且每次只取少量果汁。发酵完成、滤除杂质后，便可与亲友共享这美味果酒。[1] 在斯堪的纳维亚也有类似的报道和描述，只不过故事的主角由野猴变成了狍子、野猪或驼鹿。这些动物吃了掉在地上业已发酵的果子，醉后摇摇晃晃走上马路，阻碍交通。此外，非洲象、蝴蝶、果蝇、甲虫和某些鸟类也嗜食发酵的果类，它们的身体里含有一种叫作醇脱氢酶（ADH4）的物质，可以分解酒精。借助醇脱氢酶，这些动物能够耐受与体重不相符的大量酒精。[2] 据报道，南非开普敦的葡萄酒庄在葡萄成熟甚至已经开始发酵的采摘季节要特别提防狒狒来偷食，它们也会偷饮酒窖里的葡萄酒。[3] 发酵的水果，特别是葡萄对灵长目等动物似乎有着特别的吸引力，可以令其大脑兴奋。由灵长目动物推及冰河期采摘野果的

---

① 青丝（2010 年）。1985 年媒体报道了一个类似的事件：有人在安徽黄山观察到猿猴采集花果放在石洼中，上面覆盖枝叶，"酿造"出芳香的果酒，见韩胜宝（2003 年）第 3 页。关于更古老的猴酒故事见本书第二章。

② 南非古人类学家李·伯杰（Lee R. Berger 2002 年）指出："非洲的许多动物特意觅食发酵水果以进入醉酒状态，而灵长类动物是这些动物里最爱酒的。"另见 Frank Wiens and Annette Zitzmann（2008 年）针对因食用发酵的棕榈花蜜而体内长期含有大量酒精的马来西亚笔尾树鼩（*Ptilocercus lowii*）的研究以及关于人类进化的结论。另见维基百科词条 "Pen-tailed_treeshrew"。同样，东南亚懒猴和几内亚黑猩猩也喜欢浓烈的棕榈酒，见 Wieloch（2017 年）第 61 页。由此可以得出以进化史视角分析人属物种饮酒行为的结论，也包括乙醇脱氢酶带来的酒精耐受性的南北基因差异——在热带地区，这种酒精耐受性表现不明显，但在温带地区，酒精耐受性则作为有利于越冬的自然选择优势得到了加强。十分之一以上的中国人和超过一半的太平洋人口有"亚洲红脸症"（Sandhaus 2019 年第 57 页）。

③ 此处来自 McGovern 的提示（2014 年 4 月 12 日的邮件通信），特此致谢。

原始人，我们"有理由相信，他们知道野果经发酵后会变成含有酒精的果汁，他们也有意识地利用这一点"。[①] 尽管不可能发现支撑远古人类热爱酒精这一说法的相关考古证据，不过有两点可以令我们相信原始人确实爱酒，一是醉猴假说，二是现代人与黑猩猩的基因相似度高达99%，与尼安德特人则几乎完全相同。可以认为，出于生存策略与自然选择的原因，人类普遍热爱饮酒。

生物学家马修·卡立甘（Matthew Carrigan）带领的团队（圣菲学院，美国佛罗里达州盖恩斯维尔市）所做的最新基因研究也可以证明醉猴假说：他们研究了19种现代灵长目动物的蛋白质，追踪其贯穿整个进化史的醇脱氢酶（ADH4）的基因形态及其分解酒精的能力。他们发现，人类、黑猩猩与大猩猩的共同祖先在大约1000万年前——比之前的预想早得多——进化出了一种酶，这种酶使身体的酒精代谢能力提高了40倍，为生存创造了有利条件。当时地球气候变冷，稀树草原的面积扩大，人类祖先不得不改变树居的生活方式，在草原上直立行走，取食掉在地上迅速发酵的野果。[②] 在进化的过程中，人类的大脑将醉酒的愉悦与获取食物的成就感联系在一起，从而形成了两种倾向：一种是认可酒的积极意义，认为它能带来人生乐趣，并且能够促进社会联系与文化创造；另一种则是破坏性的狂饮滥醉的倾向，与食物过剩和大吃大喝有关。[③] 鉴于葡萄分布如此之广，我们可以相信，生活在欧亚大陆温带地区的人类与猿猴的共同祖先已经享用过发酵的野葡萄。

---

① Reichholf（2008年）第244—245页。他在其开创性的著作中提出了以下假说：掌握发酵技术和饮用酒精饮料是农业与定居的前提和基础，而不是像之前普遍认为的先有农业后有酿酒。另见下文的详细阐述。

② Curry（2017年）第4页。

③ Williams（2014年）、"Der Rausch begann vor zehn Millionen Jahren"（2014年）。

琥珀光与骊珠：中国葡萄酒史

如果以上文讨论过的观点作为视角，从**欧亚假说**出发把葡萄酒作为人类共同的史前跨文化遗产来看待，那么就会得出结论：葡萄酒不是某几个民族、地区或文化的发明创造，而是一种广泛存在的现象。

与原始人学会生火和用火相似，原始人所发现并在千万年中不断改进的发酵工艺（**旧石器时代假说**）在之后的进化及文明史中带来了一个**质的飞跃**。自然界中随处可见的酒精发酵现象对饮料的生产制作、卫生消毒、营养价值与长久保存有诸多好处，这一点在需要储备食物的寒冷季节尤其重要。[①] 同样，火毫无疑问带来了一场饮食习惯与"厨房"的革命，这体现在烹饪技术的进步、家居的改善和男女的劳动分工上。经发酵或烹饪制成的饮食促进了自然选择的进程，为掌握这些技术的族群带来进化优势，使其更健康、营养状况更好，也发展出更高的智慧与创造性。[②] 引人注意但并不令人意外的是，无论是对自然发酵还是火的利用，都与大约距今一万年的所谓**新石器革命**同步。新石器革命导致四处迁徙的渔猎采集者向定居的农业社会转型，甚至产生了阶级分化的城邦。食物的加工与烹饪技术也得到改善，厨房成为住房与家庭生活的中心，手工业技艺出现新突破，人类历史上的首批精美艺术品随之诞生。

结合**质的飞跃假说**，从上文所作的分析出发，我们有理由相信，当时在气候适宜地区聚居的原始人类最初从容易操作的野生葡萄发酵开始，继而尝试酿造其他各种酒精饮料，而当粮食种植兴起以后，他们也开始酿造复杂的酒类，比如原始啤酒。令人惊讶的是，东西方在

---

① Allsen（2018 年）第 28 页："正如在许多前现代社会中，特别是在北方气候地区，通过大吃大喝来增加体重以应对不可避免的饥荒是一种古老的、非常成功的生存策略。"

② 新鲜的酵母菌发酵饮料也因富含蛋白质和维生素 B 而具有很高的营养价值。

这方面的发展高度同步：比如有证据证明，4 000 多年前生活在中国和近东的人类都曾种植大麦来酿造一种类似啤酒的酒精饮料，而且很可能酿酒是种植大麦的唯一目的。大麦（*Hordeum vulgare*，或人工培育的品种 *Hordeum distichum*）是最古老的人工培育粮食品种，至少有 12 500 年的历史，早于小麦（9 800 年）和大米（9 000 年）。众所周知，大麦适合酿造容易储存且营养价值高的酒精饮料——啤酒。[①] 德国进化生物学家约瑟夫·赖希霍夫（Josef H. Reichholf）在其著名的《历史最大谜团：人类为何选择定居？》（*Warum die Menschen sesshaft wurden: Das größte Rätsel unserer Geschichte*）一书中提出，大麦首先用于酿酒而不是制作面包或其他食品。[②] 一些证据可以支持这一观点：美索不达米亚一直到大约 6 500 年前才出现面包，比大麦的人工栽培晚了 6 000 年；而在中国，大麦从来就不是一种重要的食物。赖希霍夫在其著作中对**"啤酒先于面包"**以及**"先有啤酒后有定居和农业"**的理论进行了论证，一个强有力的论据是新石器时代的人类拥有丰富的肉类供应，他们在大快朵颐之际，自然渴望伴以开胃的酒精饮料佐餐。[③]

---

① 关于大麦及其他谷物的人工驯化另见 Meußdoerffer/Zarnkow（2016 年）第 18 页等。

② Reichholf（2008 年）。

③ Reichholf（2008 年）第 263 页等。关于古美索不达米亚和埃及啤酒酿造历史的较新的认知和对这个假说的论证见 Standage（2012 年）、Dietrich et al.（2012 年）、Meusdoerffer/Zarnkow（2016 年）第 17 页等、Curry（2017 年）、Wieloch（2017 年）。高加索南部地区新石器时代最早的农耕者耕种的作物是大麦，不过这些大麦并非用于制作面包，而是酿造啤酒的原料和动物饲料（Hansen/Helwing 2018 年第 33 页）。关于中国最古老啤酒生产的最新重大考古发现（见本书第二章），可以让人清楚地看到欧亚大陆两端在史前酒精发酵历史方面的一些相似之处以及文明发端与发酵文化的关联，其中"欧亚式"尖底瓶及代表这些器皿的图像符号能够体现出这种相似性。根据较新的发现，英国最古老的新石器聚落和奥克尼群岛主岛上的巨石阵是在 5 200 多年前由种植谷物的农耕者创造的，尽管学界对他们是否主要种植大麦（转下页）

琥珀光与骊珠：中国葡萄酒史

在赖希霍夫之前，在 20 世纪就已经有学者持有类似的观点：最早是中国考古学家与历史学家吴其昌在 1937 年提出，水稻与小米的栽培起初并不是为了满足对粮食的需求，而是为了制作发酵酒。[①] 1986 年，美国人类学家与营养生物学家所罗门·卡茨（Solomon Katz，宾夕法尼亚大学）提出了其轰动一时的理论：早在新石器时代人类就已经发现了野生大麦与小麦的自然发酵现象，并且利用这种现象酿造出了原始的"啤酒"。这种酒精饮料对于精神类疾病有疗效，也具有很高的营养价值，可以在生理与社会两方面带来进化优势。卡茨是这样论证的：

> 在很多文化中，……酒精饮料在社会与宗教生活中已经占据了核心地位，一旦出现任何供应不畅都会被视为一个严重的问题。……很可能正是为了保障酒精饮料的供应，当时的人类才由渔猎采集者转变成了农耕者。[②]

卡茨以近东及苏美尔人为例论证了"啤酒先于面包"假说，而

（接上页）（今天在当地仍是主要作物，是生产英式淡啤酒和威士忌的基本原料）来酿造萨满教仪式所需的发酵饮料仍然存疑，但无论如何，在那里发现了值得研究的陶器，它们与美索不达米亚和中国的陶器类似，可能可以作为种植大麦主要用于酿造啤酒的证据。有一种理论认为，在爱尔兰和不列颠群岛（包括奥克尼群岛）发现的数以千计的青铜器时代"窑丘"（fulacht fiadh）用于啤酒酿造，在上述背景下看来这一理论是可信的（见 Mullally 2012 年）。

① 何冰（2015 年）第 549 页引用历史学家吴其昌的观点："我们祖先最早种稻种黍的目的，是为酿酒而非做饭。吃饭实在是从饮酒中带出来的。"何冰还引用了 Katz 和其他学者的论点，也列举了中国新石器时代早期考古发现中令人信服的例证来支持"啤酒先于面包"假说。对此更早的论述见 McGovern/Fleming/Katz（2000 年）。同样，Sandhaus（2014 年）第 11 页、Sandhaus（2019 年）第 46 页等认为，中国的酒精生产先于农业产生，也因此先于文明发端，如："转向农耕的动机不是饥饿，而更可能是口渴。"（Sandhaus2019 年第 47 页）。

② Katz/Voigt（1986 年）、Stevens（1987 年）。

在中国发现的同期遗址及后来的历史记录也能够佐证这一假说，对此我还会进行更深入的探讨。

科学史家与古东方语言文化学家彼得·达梅洛夫（Peter Damerow）的遗作探讨了苏美尔啤酒的酿造技术，认为酿酒可能与新石器革命、农业的产生、城市经济、行政管理、商贸体系、宗教生活乃至早期文字等所有文化创造有着密切的关联。[①] 虽然有文字记录作为当时啤酒生产与销售集中管理的证据，但是这些文字记录并没有给出酿造工艺的技术细节，对这种啤酒也没有详细的说明。达姆洛夫在其著作中引用的"宁卡西赞歌"，[②] 即对苏美尔啤酒守护女神宁卡西（Ninkasi）的一首赞歌，是前 1800 年的古巴比伦酿酒技术最重要的史料来源。这首赞歌表明，制作和处理大麦芽以及所谓的"基础麦芽汁"是啤酒酿造的核心内容。达梅洛夫反驳了传统上认为古美索不达米亚人使用面包酿造啤酒的理论，从而将"啤酒先于面包"假说向前推进了一步。此外，这首赞歌中提到当时使用大缸进行啤酒发酵，并添加**蜂蜜**与**葡萄酒**。这可以作为最初使用葡萄为发酵剂以及"葡萄酒与啤酒之混合鸡尾酒"最早形态的证据。4 000 年到 5 000 年前，在整个欧亚大陆都已经出现了这种"鸡尾酒"。[③]

在"新月沃土"地带（地中海东岸、埃及和两河流域的新月形地带），多个促进人类文明发展的因素同时出现并非偶然：利用野葡萄与野生谷物制作发酵饮料、宗教集会活动、欢饮盛宴、阶级分化、最古老的聚居地、人工培育作物和家畜以及农业的兴起。

---

① Damerow（2012 年）。

② Damerow（2012 年）第 15 页。

③ McGovern（2003 年）第 308 页强调葡萄在大麦啤酒酿造中作为天然酵母源的作用。关于宁卡西赞美诗另见 Meußdoerffer/Zarnkow（2016 年）第 26 页。

琥珀光与骊珠：中国葡萄酒史

酿造啤酒而不是烘焙面包的需要，促使我们的渔猎采集者
祖先开始人工栽培谷物：野生谷物的产量渐渐无法满足酿造啤
酒的需要，人们需要稳定可靠的谷物供应，于是开始栽种野生
谷物，后来在漫长的岁月里选用优良品种培育出高产的大麦、小
麦等今日我们熟知的粮食作物。①

慕尼黑工业大学魏因施蒂芬（Weihenstephan）酿造与食品质量
研究中心主任马丁·曹恩科夫（Martin Zarnkow）表示：

啤酒酿造是人类最古老的生物技术……我们可以确定，啤
酒的产生要早于面包，因为啤酒比面包更容易制作。②

对当时的渔猎采集者来说，将野生谷物（一粒小麦、二粒小麦、
大麦等）磨碎并在水中泡软，然后利用酵母菌发酵制成的酒精饮料，
相较其他所有由野生谷物加工成的食物，不但更容易制作和被身体消
化吸收，也比当时的其他贫乏饮食含有更多的维生素，而营养的改善
最终促成和推动了文化的发展。③

同样，在中国也发现了使用大麦酿酒的考古证据：2016 年，考
古学家在陕西米家崖遗址中发现了最古老的啤酒作坊；位于山东日
照两城镇的中期龙山文化遗址（前 2400—前 2200）中也出土了保存
在陶器中的混合饮料，其含有大米、蜂蜜、果类（野生葡萄）、树脂
和多种药草成分，这很有可能是一种经发酵制成的酒精饮料。这两
处发现的饮料都是新石器时代的啤酒，很可能以野生葡萄作为发酵

---

① Curry（2017 年）第 7 页。

② Wieloch（2017 年）第 59 页。

③ Curry（2017 年）第 8—9 页。

剂。① 值得注意的是，在中国发现的啤酒遗址只比在美索不达米亚和埃及发现的世界上最早的啤酒酿造遗址略晚，但其酿造工艺也已达到了相当高的水平。这两个相距甚远的地区都产生了原始啤酒和"葡萄酒与啤酒的混合鸡尾酒"，且成分大致相同。中国与美索不达米亚都位于古老的欧亚商路上，或许出于偶然，或许有其必然性。总之，这些商路后来发展成了丝绸之路。这些关联都可以说明，葡萄发酵是不同文明中后来发展出的复杂发酵工艺的"启动者"。②

鉴于野生葡萄在欧亚大陆上跨越所有早期文明区域的广泛分布以及其强大的发酵能力早已被灵长类动物所认识与利用的事实，我们可以进一步得出"葡萄酒先于啤酒"的结论，也就是说，葡萄酒是人类酿酒工艺的发端，是人类最古老的文化饮料。③

从这一结论出发我们还可以进一步推断：对发酵的利用直接或间接促成了人类其他文明成果的诞生，包括人类物质生活条件的逐步改善，特别是陶器、家用器具、农具、衣物和首饰的制造。此外，酿酒工艺不断改进，饮酒逐渐仪式化，成为社会风俗习惯。酒精所激发出来的创造力在方方面面极大促进了人类文明的兴起。直到今日，我

---

① 关于米家崖遗址的考古发现见本书第二章。关于两城镇"中国鸡尾酒"的分析鉴定见麦戈文带领的中美联合考古队的报告、麦戈文等（2005 年）。根据 Liu/Chen（2012 年）第 94 页，中国北方最早的大麦遗存已经可以追溯到前 2600—前 2500 年之间。值得注意的是，在希腊米科诺斯岛上的 Ftelia 考古遗址（前 5000—前 4500）中，大麦是所发现的唯一的一种谷物。不过到目前为止还不清楚大麦的用途是什么——很可能也是主要用于酿造啤酒，因为从大麦中可提取的淀粉酶超过其他所有谷物，所以其麦芽糖含量也是最高的。

② McGovern（2005 年）第 132—133、186—187 页。根据 Damerow（2014 年）第 4 页，通过对 Tall Bazi（叙利亚北部）聚落遗址中发现的家用大型陶器的分析鉴定可以确认，这些陶器中盛放的酒精饮料中既有啤酒，也有葡萄酒的成分——这也是欧亚"葡萄酒–啤酒–混合酒"的又一证据。

③ 另见 Estreicher（2006 年）第 3—4 页、Berger（2006 年）。

们在格鲁吉亚与中国，也就是丝绸之路的两端，仍然能观察到明显和酒有关的习俗。这种**灵感假说**应该可以解释为何巫术仪式、宗教观念、文字、音乐、舞蹈、神话、文学等与文化发端有关的因素都是在葡萄酒及其他酒精饮料的作用下产生的。

南非金山大学（约翰内斯堡）古人类学家李贝格（Lee R. Berger）同样认为，"水果制成的饮料如葡萄酒是人类最早饮用的致醉饮品"，"人类文明的开端与葡萄发酵及酿造葡萄酒有着紧密的联系"。他在进一步的论证中甚至表示，葡萄酒并不仅仅导致了渔猎采集者的定居，还推动了商业的发展，即"为了方便葡萄酒交易而产生了大量商路"。[①] 这可能意味着，**史前葡萄酒之路**起初是专为买卖昂贵的葡萄酒而形成的，其客观上促进了人类文明成果的交流传播，而这一点或许可以解释为什么人类文明进程在大约一万年前突然出现了所谓"新石器革命"的巨变。

麦戈文与赖希霍夫提出了令人信服的证据，可以证明没有哪一种文化的产生与麻醉品的使用无关，而酒精（乙醇）则是最古老并且传播最广泛的麻醉品。[②] 乙醇比其他任何一种麻醉品都更加广泛地存在于自然界中，并且极易获得。人体中始终存在少量乙醇，所以人的机体对乙醇并不陌生。乙醇可以在恶劣的气候与生存条件下迅速为人类提供能量，且方便储存，还有杀菌消毒与镇痛的作用。自远古以来，酒就为人类带来兴奋和灵感，想必也能刺激性欲，促进生育。从已获得的知识可以推断，酒精作为一种麻醉品与人类文化的起源密不可分，这一点在世界各地酒文化呈现出的大量共同点中可见一斑。这些共同点促使麦戈文将开启文明时代的人种命名为**"饮酒智人"**

[①] Berger（2002年）。

[②] McGovern（2003年）、McGovern（2009年）、Reichholf（2008年）。几个明显的"无麻醉品文明"特例包括：爱斯基摩人、火地群岛的印第安人、澳大利亚原住民。

（*Homo imbibens*）。^①鉴于目前全球每年 200 亿升纯酒精与 270 亿升葡萄酒的消费量，这一称号可以说是实至名归。

美国人类学家米歇尔·迪特勒（Michael Dietler）把酒精在人类历史上的基础性地位作为其跨学科研究的焦点，他的理由是：

> 酒是内服物质文明（embodied material culture）的一种特殊形式，是世界上应用最广泛的精神活性剂。数千年来，酒一直是人类社会生活、经济活动、政治与宗教的基本要素。^②

酒精饮料种类繁多，制作工艺多种多样，不同地区的饮酒习俗也各具特色，迪特勒认为，酒绝非只是能对人产生生理影响的化学品或者在营养、医疗、卫生方面对人体有益的饮料。他认为，"酒是一类具有精神活性作用的特殊食物"，^③并且：

> 饮酒通常伴随着一系列的文化习俗以及信仰观念，酒比其他任何食物和饮料都更具情感色彩。^④

作为一种象征符号和社交手段，饮酒行为可以塑造、标记与限制多层次的社会与经济联系，实现集体与个体身份认同，尤其体现在节庆饮宴与待客之道中。

自从人类文明开端以来，酒即作为一种"液态物质文化"^⑤存在

---

① McGovern（2009 年）第 1 页等。

② Dietler/Herbich（2006 年）第 229 页。

③ Dietler/Herbich（2006 年）第 231 页。

④ Dietler/Herbich（2006 年）第 232 页。

⑤ "液态物质文化"（Liquid Material Culture）见 Dietler/Herbich（2006 年）。

于几乎所有人类社会中，其特别之处在于相关礼仪的"内服"，并随之引发对行政管理的要求，需要确保通过高度组织的生产与管理体系保证酒精饮料源源不断的供应。美索不达米亚、埃及、地中海地区、中欧、北欧、南美、非洲和中国在酒精饮料生产管理与物流方面都面临过巨大的挑战，仅仅啤酒等酒类的生产就需要巨量谷物与其他农业资源。此外，官营和私营酿酒作坊消耗的燃料数量也很可观，导致在一些聚居地可以观察到大片森林被砍伐。[①] 只有规模较大且集中管理的社群才能保证如此高的生产管理能力与原材料供应，从而将产量大且相对廉价的谷物转化为高价值的产品，即最早的啤酒以及后来出现的蒸馏酒。实现从普通粮食到酒精饮料的升华需要耗费大量人力和技术资源。在古代社会，这种生产活动只有宗教与社会层面的动机才能解释，明显与古人建造大型宗教崇拜场所的动机相仿，比如小亚细亚的哥贝克力石阵（Göbekli Tepe）、美索不达米亚的大塔庙、古埃及和拉丁美洲的金字塔、英国的巨石阵（Stonehenge）以及中国西安附近的古代皇陵等。

在这方面，早期酒文化涵盖的范围延伸至迄今为止对于古代日常生活尚未认识清楚的领域。与考古研究平行进行的，特别是与之合作的研究工作应当把跨学科和跨文化的酒文化研究作为目标，力求从社会经济现象的角度全面认知酒精饮料从生产到消费的全过程，以理解酒文化中复杂的宗教、社会与文化意义，并且总结出普遍性的特征与各个文化圈的独有特质。在此也有必要进行全面的酒器文化研究，尤其应当关注早期的陶器与青铜器。而在中国酒文化研究中，酒器研究的必要性尤为明显。此外，加强考古植物学与生物化学鉴定工作也

---

① Dietler（2006 年）第 238 页。Dietler 基于在非洲的研究推测，当地家庭将储存的大约 15%—30% 的谷物和 10%—50% 的木柴用于酒精酿造。在美索不达米亚，收获的大麦中有大约 40% 用于啤酒酿造，见 Meußdoerffer/Zarnkow（2016 年）第 28 页。

很有必要。研究人员在这方面已经取得了开拓性的成果，并且在过去几年中，技术手段与研究方法均有长足进步，接下来还会得到更广泛的应用。

首先我将在此列举酒文化的普遍特征，并重点介绍这些特征如何体现在中国的酒文化中：[①]

早在旧石器时代，人类就有意识地使用自然界中存在的**原生发酵剂**，即作为酵母和糖分供体的野果和遍及欧亚大陆各地的蜂蜜。野果尤以分布广泛的野葡萄为主，也有地区性果类如海枣等。此外，从史前时代到近现代都有利用人类唾液中含有的淀粉酶将谷物中的淀粉转化为糖分的做法。一个典型例证是拉美地区出产的一种以玉米为原料的"口水啤酒"，叫作奇恰酒（chicha）。很可能在史前时代的中国也有类似的做法，今天中国南方和台湾地区的一些少数民族仍保留着咀嚼谷物（小米）用于发酵的传统。[②]

[①] Dietler（2006 年）从普遍性角度得出的关于酒文化的一般性结论，以及 Dietler/Herbich（2006）针对今天仍可直接观察到的肯尼亚 250 万卢奥人的啤酒文化得出的具有普遍适用性的研究结果，对于下文列举的酒文化普遍特征很有参考价值。

[②] Meußdoerffer/Zarnkow（2016 年）第 21—22 页将其描述为最古老的糖化谷物淀粉的方法。Meußdoerffer/Zarnkow 不仅介绍了古代冰岛神话《埃达》中的相关传统和日本的大米啤酒生产，还提到今天在安第斯山脉地区仍然普遍存在这种做法。另见McGovern（2009 年）第 38—39 页。我在 2013 年访问中国台湾东海岸的一个阿美人部落时了解到，当地只剩下寥寥几位老年妇女还在咀嚼小米作为原料酿酒，并且她们还会加入某些药草以加快发酵过程。民族学家凌纯声几十年前就已经从普遍性角度提出了"咀嚼法"假说，见凌纯声（1958 年）第 883 页等。他认为，"咀嚼法"是最古老的将淀粉转化为糖（糖化）从而酿造酒精饮料（嚼酒）的方法，远远早于制作麦芽（蘗法）酿酒的工艺。并且咀嚼法早在数千年前就从东亚通过南岛-太平洋群岛传播到了南美洲，那里的许多地区直到今天还保留着嚼酒的传统。由于在所有这些采用咀嚼法酿酒的民族中，咀嚼谷物的工序全部都是由女性完成的，所以他认为"咀嚼法"来源于母亲将谷物嚼成米糊来给婴儿喂食的做法（第 892 页）。有趣的是，这一点反映在"酒釀"（即"酒酿"的繁体字）的另一种写法"酒嬢"上，即把"釀"的西字旁改为女字旁，代表"母亲"。

琥珀光与骊珠：中国葡萄酒史

发现并利用含有淀粉的谷物等植物酿造酒精饮料。遍布欧亚大陆的新石器时代"鸡尾酒"和早期的类啤酒饮料促使当时的人类逐步培育和栽培多种谷物，农业技术的进步系统性地提高了农作物产量，人类的饮食结构也发生改变，富含碳水化合物的食物成为基本营养来源。

　　酿造较为高级的酒精饮料及饮酒礼仪的产生促使**酒器的制作工艺越来越复杂，酒器的分类也越来越细化。**一类是日常用具，用于发酵、混合、加热、熟化、存放等生产工序以及斟酒和饮酒；另一类是礼器，用于各种礼仪或特定场合，并且因所使用酒的种类的不同，其器皿的形制也各不相同。在这些献祭仪式、宗教或世俗节庆中，不同社会地位（贵／贱）、年龄、性别、亲属关系、群体、宗教信仰和职业的人群使用不同的器皿。所有社会成员都必须严格遵守这些规定，绝对不能违背。中国上古文明中的陶器形制与墓葬品就已经清晰地体现出这一点，并在商朝和周朝的青铜器艺术中达到高峰。商周青铜器在陶制器皿原型的基础上发展而来，造型独特，精美华贵，其名称之繁多、品类之丰富，世所罕见[①]。我们在试图还原当时的礼仪时可以参考非洲等地区一些存留至今的类似传统。在这些传统中，酒器通常为陶制，并被严格分为两类：一类是日常用具，破损后即被丢弃，添换新件；另一类则是礼器，精美贵重，世代相传，因带有灵性力量而受人敬畏，只能在特定场合由有资格的人使用，器皿一旦破损会被视为不祥之兆。通过这些传统，我们也许可以推知商周时代的酒器与器皿文化的情况。商周青铜器都是礼器，部分甚至镌刻有铭文，早在铸造

---

① 相关内容见本书第四章。中国在两万年前就已经出现了最古老的陶器，其原因在于陶器制作与同样很早就发展出的酒精发酵工艺相关联。关于两者之间直接关联的研究见刘莉（2017 年）和 Liu Li et al.（2019 年 a）。总的来说，这方面的研究还很不充分。

时就被寄托了世代传承的愿景。

借助器皿形制的复杂性与相关考古发现及文字符号学方面的证据，同时参考在某些民族中流传至今的崇拜习俗，我们可以复原**饮酒礼仪不断丰富完善的发展过程**。迪特勒提出了饮酒行为的一般类型学，并在空间、时间、数量和行为方面对饮酒行为分门别类。[①] 这种分类法适用于中国古代礼学经典中记载的甚至部分传承到现代的饮酒礼仪与言谈举止的规矩，比如主客之位、尊卑之分、老幼之序、男女之别等。此外还会根据用途的不同，采用不同的配方和工艺来酿造不同名称的酒类。中国酒文化和酒器类型的多样性达到了世所罕见的程度。[②]

自古以来，各个民族都将酒精发酵视为一种神秘的、天启的、**受神灵护佑的物质转化过程**，同时也认为酒精对人的生理和心理的影响力是一种超自然的现象。麦戈文认为，对于石器时代的人来说，发

[①] Dietler/Herbich（2006 年）第 236 页。

[②] Dietler/Herbich（2006 年）第 400 页等描述了肯尼亚卢奥人在多种啤酒和饮酒礼器的生产与使用中的复杂礼仪规则。尽管这套礼仪规则比中国的酒礼规模要小得多，但二者之间绝对存在某种相似性。印加人和早期安第斯帝国的器皿文化相对精致一些，用于其盛大隆重的饮酒仪式，McGovern（2009 年）第 207 页将其与中国商朝的青铜器系统进行过比较。史前和古代高加索文化中的器皿也有类似的象征意义，精英阶层的墓葬中会放入贵金属制成的贵重酒器作为随葬品，以陪伴墓主进入永恒。"黄金和葡萄酒……与王权密不可分"（Lordkipanidze 2018 年 a 第 13 页），"格鲁吉亚人的民族身份显然是围绕着对葡萄酒的'崇拜'形成的"（Lordkipanidze 2018 年 b 第 20 页）。迄今为止，在宏伟的库尔干丘冢（前 3000—前 2000）中发现的精美金杯、银杯、铜杯、彩绘陶器和其他奢侈品中，尤以著名的 Trialeti 金杯最为引人注目，杯上镶嵌着各种宝石，是远至阿富汗（青金石）、伊朗（绿松石）和波罗的海（琥珀）贸易往来的明证，见 Lordkipanidze（2018 年 b）第 23 页图 5、Stöllner（2018 年）第 130—131 页、Makharadze（2018 年 b）第 189 页、Narimanishvili et al.（2018 年）第 218 页等。此外，精美的 Trialeti 银杯也非常重要，杯上镂刻着两组或更多浮雕，其中有表现饮酒仪式场景的图案，见 Narimanishvili et al.（2018 年）第 221 页图 1—2、Tchabashvili（2018 年）。与中国的陶器和青铜器文化类似，格鲁吉亚器皿文化的复杂性也能够鲜明地体现出酒／葡萄酒礼仪系统的核心社会意义。

琥珀光与骊珠：中国葡萄酒史

酵现象是某种神迹：

> 有一种更高的存在通过酒与我们对话。[①]

对于酒的自然科学研究最早始于 9 世纪的阿拉伯-波斯世界。不过，经过数百年的猜测与争论，一直到 19 世纪末，医生、化学家和生物学家才能够分析和解释与酒精、酵母及发酵相关的生物化学原理。[②] 在中国的道教与欧洲中世纪的炼金术中，发酵产生的药水仍被视为具有魔力的饮品。然而随着从古代就开始的酒类贸易的扩大，酒成为一种大宗商品，酒的生产酿造形成产业，酒的神秘性也就消失了。不过，在这个变迁过程中，人们对酒神奥西里斯或狄奥尼索斯／巴克斯的崇拜却延续了下来。[③]

掌握酒精饮料的生产工艺是几百年甚至数千年经验积累和专业化的结果。可能最初酒精饮料的配方和酿造工艺掌握在巫师和萨满手中，他们负责主持使用酒精饮料的崇拜仪式，懂得酒作为麻醉品和药物的功效。这些知识和技艺在萨满当中世代相传。自新石器时代以来，酿酒技术与工艺流程越来越复杂，随着人们对酒精饮料需求的增加，酿酒工坊随之产生，并出现了专门从事酿酒的职业。地方上也开始分工协作，共同进行酒精饮料的生产。这就在物流方面要求相距不

---

① Wieloch（2017 年）第 60 页。

② Meußdoerffer/Zarnkow（2016 年）第 122 页等。

③ Meußdoerffer/Zarnkow（2016 年）第 36—37 页指出，啤酒的发酵过程（酸化）在希腊、罗马和犹太传统中"被视为一种污染与腐化的过程"，但奇怪的是，对于葡萄酒的发酵过程却没有这种看法，尽管酿造葡萄酒与啤酒的发酵过程使用同样的酵母。分子生物学家 Raul Cano（美国加利福尼亚州州立理工大学）从一粒封在琥珀里的葡萄干中提取出 4300 万年前的远古酵母，并成功将其激活，甚至利用这种酵母酿造出了"侏罗纪"啤酒，见 Wieloch（2017 年）第 63 页。

远的可靠"供应商"来生产制作陶器与酿酒器具。对于啤酒的酿造还需要有专人从事谷物的种植、仓储、运输和加工（碾磨、制作麦芽和麦芽浆）。不光在生产方面，酒精饮料的消费同样需要动用较大的团体，向农忙时的耕作者和建筑工程的劳工以及在与农事和建筑工程相关的节庆中供应大量酒精饮料。[①] 很多考古发现表明，酒精饮料的生产过程非常复杂，鉴于这种复杂性，我们可以认为，早在史前时代，相距甚远的各文明区域之间就有着原材料和酿酒技术的交流，葡萄、谷物、蜂蜜和各种植物配料都是抢手的货物。[②]

纵观世界上绝大部分古老文明，我们可以看到，**酒精饮料的生产与供应几乎都是由女性完成的，直到今天在某些地区仍然如此**。除了大量神话传说，许多历史记录甚至近代的民族志报告都有这方面的内容。[③] 从古至今，世界上很多地区的"口水啤酒"生产始终有女性参与，据此可以推测，女性身体里的淀粉酶可能更有利于发酵。[④] 某

---

① Dietler/Herbich（2006 年）第 404 页。

② 古美索不达米亚和古埃及已经发展出了复杂的多级啤酒酿造工序。Meußdoerffer/Zarnkow（2016 年第 10 页等、第 20 页等）分析研究了完成这些工序所必须具备的知识和经验。

③ 关于酒文化中的性别问题讨论见 Dietler（2006 年）第 236 页、McGovern（2009 年）第 19 页。妇女可能已经作为萨满巫师参与了酿造过程和饮酒仪式，这使得她们通过在生产和供应酒精饮料中所担负的责任而获得了被男性饮酒者认可的地位，"劳塞尔的维纳斯"可以表明这一点。这个浮雕作品有 25 000 年历史，表现了一个手持牛角形酒杯的女神形象。根据 McGovern（2009 年）第 190 页，酿造希腊混合酒 kykeon 是妇女的职责，在日耳曼和凯尔特人的啤酒生产中也是如此。另见 Meußdoerffer/Zarnkow（2016 年）第 41 页。南美的奇恰酒、日本和中国台湾的"口水啤酒"以及非洲的高粱和小米啤酒也都由妇女负责整个酿造过程，见 Dietler/Herbich（2006 年）第 400 页，McGovern（2009 年）第 37—38、206—207、256 页。最后还应当关注的是慕尼黑啤酒节上的女招待——她们身穿尽显女性风情的服装，为客人端上大杯啤酒。在啤酒纯净法出台之前，德国人在酿造啤酒时会添加迷幻物质，这种做法有黑魔法的嫌疑，从而导致了主要针对女巫的迫害行动。

④ Wieloch（2017 年）第 62 页。过去印加人专门建造特别的房屋供妇女制作口水啤酒。

些工序，比如脚踏榨取葡萄汁甚至特别要求参与的女工应是纯洁的处女。近来有研究者提出，在多种文化中可以观察到女性更多参与酒精饮料制作的现象，这是因为女性皮肤表面的酵母菌群与男性相比更能促进发酵过程。①

有一点经常被忽略：**从古代至近代的大部分酒精饮料的保质期都不长，必须即酿即饮。**比如新石器时代和古代使用浆果、蜂蜜、谷物、药草和根茎酿造的混合酒，所有近东—欧洲地区出产的使用大麦、二粒小麦、一粒小麦、小麦、黑麦或燕麦酿造的啤酒，非洲很多地区出产的小米啤酒和高粱啤酒，南美安第斯山脉地区出产的玉米啤酒奇恰酒。出于这个原因，酿造工坊总是紧靠祭坛、王宫、谷仓和酒窖，以便为各种事由随时酿造酒精饮料。这一点也可以解释为何所有酒文化中见诸历史记载的盛大筵席总是持续多日：新酿的酒无法储存，必须全部喝完筵席才能结束。葡萄酒是古代唯一一种适合长期存放的酒精饮料，甚至可以在陶瓶中保存数年之久，一年四季随时可以取出饮用，而且运输也方便。所以葡萄酒成为地中海与近东地区贸易往来中最重要的文化饮料。这种情况一直持续到14世纪各地普遍开始使用啤酒花酿造啤酒，以及12世纪在中国、16—17世纪在欧洲出现蒸馏酒。啤酒与葡萄酒同样容易储存与运输，可以作为葡萄酒之外的其他选择。于是，这两种酒成为与葡萄酒并驾齐驱的重要贸易货品，而酒类贸易则进一步推动了远洋航行。②

---

① 2017年4月26日，我与麦戈文及啤酒专家马丁·曹恩科夫在德国魏因施蒂芬酿造与食品质量研究中心会面，曹恩科夫在仿制苏美尔啤酒的试验中提出这一假说，我们对此进行了讨论。

② Dietler（2006年）第238页，Meußdoerffer/Zarnkow（2016年）第9、64页等。本书接下来的篇章中多次提到，中国的古代典籍中一再强调葡萄酒保存时间长的特性——蒸馏酒出现于约一千年前，在此之前，与所有其他发酵饮料相比，葡萄酒的保存时间是最长的。另见Trombert（2001年）第308—309页。

在今后的中国酒文化研究中，在将中国酒文化与同时期的其他文明相比较时应参考以上列举的涉及考古学、人类学、民族学、历史学和社会学等学科的多个角度。一个例子：详细考察古代聚落，研究酿造工坊、原料库房、酒窖、陶器制作工坊、献祭地点、集会场所之间的布局关系，可以帮助我们了解当地的社会经济架构、政治与宗教观念，并将其与相距甚远的欧亚文明进行对比。

纵观世界各大主要宗教，酒精饮料——尤以美学和象征意义而成为酒精饮料代表的葡萄酒——除了具有多种社会、经济和政治功能之外，还有着激发灵性和社群凝聚的核心作用。[1] 各种宗教都宣扬的禁欲与斋戒——不管是长期性还是季节性的——可以刺激身体的内啡肽分泌，而适度饮酒能够进一步提高人体的内啡肽含量。在中世纪的欧洲基督教世界，修道院的僧侣与斋期的普通人身上都存在这种现象。基督教由此对中世纪欧洲的葡萄酒业与啤酒业发展做出了很大贡献。自然，葡萄酒从挪亚之后一直在《圣经》中扮演着重要的角色，也是犹太教的所有节庆活动的重中之重。[2] 可以在世界上最古老的以先知作为神与人之中介的一神论宗教——印度-伊朗的祆教中，很明显地找到葡萄酒在基督教与犹太教中的象征意义的原型。直到今天葡萄酒仍然是祆教崇拜仪式中的一个重要组成部分，而古代的祆教礼仪中使用的精神饮料苏摩／豪麻（Soma/Haoma）也很可能含有葡萄酒。[3]

---

① Dietler（2006 年）第 241—242 页不仅指出饮酒与宗教有非常久远和普遍的关联，也强调整个酒精饮料的酿造过程是与宗教紧密交织在一起的。

② 关于葡萄酒在犹太教和基督教中的核心意义见 Sachse-Weinert（2015 年）第 91 页等。

③ 信奉祆教的安息帝国（又称帕提亚帝国，前 3 世纪—后 3 世纪）的都城，即今土库曼斯坦首都阿什哈巴德以北的尼萨（Nisa）要塞遗址，紧靠丝绸之路主干道。在这个遗址中除了可以参观古代的火庙以外，还能看到一个大型酒窖（madustan），酒窖中有埋在地里的大陶罐，与格鲁吉亚和亚美尼亚修道院酒窖的情形类似。在尼萨遗址还发现了深受希腊风格影响的 40 个象牙来通杯以及大约 2 500 块刻有（转下页）

琥珀光与骊珠：中国葡萄酒史

祆教的历史也许可以追溯到人类文明发端时，其传播的区域主要在中亚，也曾远达中国，到目前为止，祆教与精神饮料的关系还没有得到充分研究。我在前文中曾略为提及，伊斯兰教的早期历史也离不开当时繁盛一时的葡萄酒文化的影响，对此两位生活在 11 世纪与 13 世纪之间的波斯诗人欧玛尔·海亚姆和哈菲兹就是现成的例子。他们都热爱葡萄酒，认为葡萄酒让人兴奋的能力与宗教奥义的深邃可以完美融合，二者并不矛盾，而是形成神秘的统一。在接下来的篇章中我们还将看到，即使是佛教也从未完全摒弃饮酒之乐，过去没有，现在也没有。酒也同样在佛教徒的精神层面发挥作用。

世界上两个最古老的基督教国家格鲁吉亚和亚美尼亚同时也是世界葡萄酒文化中传统最深厚、地位最重要的两个地区，这一点绝非偶然。格鲁吉亚与亚美尼亚的教堂、修道院、湿壁画和富有艺术性的十字架石碑（khachkar）以大量葡萄藤与葡萄果实图案为装饰，风格独特。直到今天，当地的修道院周围仍有大片丰饶的葡萄园，园中配备葡萄榨汁设备、酒窖和埋在土中的大陶罐（kvevri）。除水果以外，来教堂礼拜的信徒也会奉献瓶装葡萄酒。《圣经》中有 500 多处经文中出现酒精饮料，其中有 173 处是葡萄酒。[1] 葡萄酒、面包、葡

（接上页）阿拉米文字的泥板（即所谓 Ostrakon），泥板上详细记录着葡萄酒的供应商、供货日期、产地和交付数量，这些文物现藏于阿什哈巴德国家博物馆。——苏摩 / 豪麻中含有麻黄（见上文），麻黄的致幻作用被称为 mad，与上文提到的"蜜（酒）"（met）和"葡萄酒"相关联。后来在希腊语中也产生了词根 methi-，通用于描述醉酒的状态。Madhu 和 Soma 在梵语和梨俱吠陀中都是"神的饮品"的意思。Haoma 是其在祆教经典《波斯古经》（又译《阿维斯塔》）中的同义词，传统上认为《波斯古经》为祆教创始人琐罗亚斯德所著。关于苏摩 / 豪麻的更多内容见本书以下各章，以及 Chakrabarty（1994 年）、Kochbar（2001 年）、Sarianidi（2003 年）。

[1] 根据 Sachse-Weinert（2017 年）第 91 页，《圣经·旧约》中有 134 处提到葡萄酒，《伪经》中有 21 处，《圣经·新约》中有 18 处。在犹太教经典《塔纳赫》（即《旧约》）中，yayin（希伯来语中的"葡萄酒"）在出现频率最高的词中排在 （转下页）

萄和麦穗是圣餐的标志。基督教的起源在原型意义上就与葡萄酒密切相关。早在创世之初，亚当与夏娃吃了所谓"禁果"，即"分别善恶树上的果子"。这个禁果可能是在伊甸园中随处可见的葡萄，并且已经发酵。它们能令人兴奋，挑动欲望，由此为人类始祖亚当和他的后代带来了一系列后果："神说'那人已经与我们相似，能知道善恶'。"（《创世纪》第 3 章 22 节）此后人类认识到酒既能带来祝福，也能带来毁灭的两面性，同时不得不承担起"原罪"的后果。[1] 亚当与夏娃被逐出伊甸园之后，人类开始了艰难的文明发端。巴比伦的吉尔伽美什史诗中有类似的记载：在荒原中成长的野人恩奇杜被带入人类文明，由一名庙妓开化，学会享用面包和啤酒。在西非也流传着关于酿造高粱啤酒的创世故事。[2] 值得注意的是，在世界各地的神话传说以及宗教仪式中都有女性在酒精饮料酿造及奉酒礼仪中承担着重要分工。在这方面的研究中，性别视角成为一个关注焦点。[3]

　　大洪水之后，人类的拯救者挪亚开始栽种葡萄、酿造葡萄酒。他是《圣经》中记载的第一位酿酒师和醉酒者。挪亚之后，葡萄酒在

（接上页）第 298 位，远远高于很多其他核心词汇，如"光""能力""公义"等（见 Sachse-Weinert2017 年第 94 页）。根据 Zwickel（2015 年）第 39 页，*yayin* 在《旧约》中出现了 141 次，而希腊语中的 *oínos*（葡萄酒）（与 *yayin* 同根）在《新约》中出现了 26 次。

[1] 根据《巴比伦塔木德》的释义，亚当和夏娃被逐出伊甸园是因为享用了上帝禁止他们吃的葡萄。于是，对人类生存着重要意义的辨别善恶的能力由此可以追溯到葡萄树，见 Sachse-Weinert（2017 年）第 96 页。在基督教的传统中，"生命树"在圣像画里经常以葡萄树的形象出现，十字架也是如此。苏美尔语中的"葡萄"（*Geštin*）是由"树"（*geš*）和"生命"（*tin*）组成。传说中的圣徒修女尼诺在 4 世纪时将基督教带到格鲁吉亚，她一生行了无数神迹，生前手持一个用自己的头发捆扎葡萄藤做成的十字架，现在作为圣徒遗物保存在第比利斯的西奥尼大教堂。

[2] Meußdoerffer/Zarnkow（2016 年）第 25 页、McGovern（2009 年）第 257 页。

[3] Dietler/Herbich（2006 年）中描述了非洲社会中男性和女性在酒精饮料的生产和消费中界限分明的角色分工。关于中国神话中的性别问题见本书第三章。

社会生活中的地位越来越重要，在一些《圣经》人物的命运沉浮中也扮演了非常关键的角色。在《新约》中，耶稣将自己比作葡萄树，并以葡萄酒象征自己的血。他所行的第一个神迹就是把当时不太卫生的水变成葡萄酒。耶稣以水变酒时，中国正处于汉朝时期，当时有文字记载中亚地区大量种植葡萄，其良种葡萄株与葡萄酒出口到中国。有意思的是，在同一时期，佛教也从印度传入了中国。

　　与此相似的是，大约 2 000 年前，作为中国两大本土宗教-哲学体系的道教与儒家学说也对酒精的作用进行了探讨，我将在之后的篇章中多次对此进行详细论述。与其他世界性宗教或多或少类似，中国人的精神领域也有着德国哲学家尼采提出的古希腊太阳神阿波罗与酒神狄奥尼索斯那样的二元对立模式，一方面是理性自律与克己复礼，但另一方面则是尽情投入酒乡的迷醉狂喜。[1] 这种双重人格几乎持续不断地体现在历代中国名人的传记中，对此我在后文还会举例分析。从这个意义上说，酒在中国历史上具有典型的象征性意义，无论在古代还是当代，中华文化圈里没有人可以无视酒的这种重要地位。

　　在上文讨论的**灵感假说**的框架内还可以认定，语言的产生与麻醉品，特别是"精神饮料"密切相关。赖希霍夫依据群体遗传学家路易吉·路卡·卡瓦利-斯福扎（Luigi Luca Cavalli-Sforza）[2] 的研究，进

---

[1] 肖向东（2015 年）第 391 页认为，西方与中国都有"酒神精神"，而"酒神精神"对于诗歌和艺术是不可或缺的灵感源泉，在这方面，东西方传统有着巨大的相似之处。犹太教以二元辩证法看待葡萄酒，认为它既能让人快乐，同时也能带来祸患。所以，犹太教最终在祝福祈祷和饮食法框架内以仪式化的方式防止滥用葡萄酒。这些饮食规定极其细致地规范了犹太洁食酒（又称寇修酒）从葡萄种植、受到严密监督的酿酒流程直到最后获得拉比认证的整个生产过程，以保证所制成的葡萄酒符合犹太教教规，见 Sachse-Weinert（2015 年）第 95—96 页。

[2] Gavalli-Sforza（2001 年）。

一步指出语言在文明与文化起源中发挥的作用。语言在大约四万年前的产生与分化，在时间上与人类首批艺术作品、法国南部的岩画和洞穴画，最早的雕塑作品（Hohle Fels 的维纳斯小像）以及最古老的且仍然可以吹奏的乐器（发现于德国西南部施瓦本汝拉山脉的骨笛）几乎同时。[1] 此外，语言似乎也在某种程度上促使当时的人类选择定居生活。无论如何，语言使他们相对于同时存在的尼安德特人有着更多的进化优势。

种种迹象表明，这些文明现象是在冰河期之后直接和突然出现的。当时的自然界可以提供丰富的肉类、野生水果和浆果。这些食物的存在激发了人类对发酵饮料的需求，酒精饮料则提高了创造性和创作欲，促进了巫术-宗教与超验观念的产生以及礼仪的形成和发展，可能是人类历史上最古老的职业——萨满随之出现。萨满在麻醉品的作用下伴随着音乐和舞蹈进入恍恍惚惚或心醉神迷的狂喜状态，与死去的祖先或自然神灵对话。在这个过程中，萨满获得灵性体验，积累其神秘教义的知识，并将这些知识以某种秘密语言的方式传递下去。[2] 这种文化背景促进了"共同精神群体"的形成，彼此之间界限分明的不同语言的产生成为各个社会群体身份认同的根本要素。

---

[1] Reichholf（2008 年）第 154 页等。

[2] Reichholf（2008 年）第 236、238 页："自远古以来，萨满巫师就通过麻醉品的作用进入迷醉或恍惚状态，似乎可以借此脱离现实世界并进入另一个时空。他们被视为神父的原型……是人类群体的精神领袖。"并且："我的观点是，语言的发明是萨满巫师实践超验性活动的先决条件。借助语言，他们可以积累秘术并将其有针对性地传承给后人，也可以获得权力……"魔法师、萨满巫师和神父凭借其精神能力、神秘知识以及对语言和文字的掌握，从一开始就处于权力金字塔的顶端，地位高于世俗统治者，因为后者在获取知识和统治合法性方面要依赖这些精神领袖。在这方面，三千多年前就存在着跨越欧亚大陆的惊人的交叉关联，例如源自古伊朗语的 *maguš*（"魔法师"）一词及其在欧亚语言中的各种对应词和派生词，包括中文里的巫 wu（古汉语 *myag），见本书第四章中的进一步阐述。

语言在渔猎采集者的生活中很可能扮演着微不足道的角色，语言的产生其实和人类更高层次的精神需求有关，如与祖先的亡灵交流、在一个小群体内部互相沟通、追忆往事或预言未来、口头表达与后来的文字记录等。从一些史前文明遗址如小亚细亚南部的哥贝克力巨石阵（Göbekli Tepe）[1]和欧洲各种巨石文化中已经可以看到语言的工具化，语言成为文化精英的特权（"语言即权力"），同时用于社会分化的目的（"巴别塔效应"）。这些遗址被视为"神圣场所"，发挥着仪式化的身份认同以及构建、巩固和划分不同宗教-社会阶层的作用。在集会节庆中产生了集体记忆、神话、宗教观念、通过占卜预知未来以及记录过去使之流传后世的愿望——这就意味着人类首次有意识地去衡量时间，并且为创造图形符号、发明早期文字以及后来的文字记录、历史编纂和存档创造了前提。[2]这不仅导致了比较复杂的等级制度和政治精英阶层的产生，也从根本上促进了各个文化领域的繁荣，如宗教、神秘主义、哲学、意识形态、伦理、法律、文学、艺术、医学、营养学、自然科学，等等。信史时代的酒神狂欢庆祝活动

---

[1]　石制刻花礼器的发现、利用野生葡萄和野生二粒小麦的迹象以及与草酸盐证据相关的一粒小麦人工驯化的开始，表明在拥有 12 000 年历史的巨型崇拜场所安纳托利亚巨石阵中曾经酿造过最早的酒精饮料。哥贝克力石阵的例子表明，在耕作农业产生之前的几千年中就已经存在着高度复杂的神话、抽象的图像交流方式和社会分化，而其大型节日集会也具备独特的宗教意味，与崇拜密切相关，节庆的重点很可能是酿造和共享酒精饮料。相关的考古证据包括在附近的发掘现场发现的六个圆形石槽，每个容量达 160 升。见 McGovern（2009 年）第 68、79 页，Dietrich et al.（2012 年）、Meußdoerffer/Zarnkow（2016 年）第 19 页、Curry（2017 年）。2018 年 9 月，有消息称在以色列海法附近发现了据说世界上最古老的啤酒酿造工坊，距今 13 000 年，比哥贝克力石阵还要早大约 1 000 年，见 BBC（2018 年）。这两个遗址都表明饮料生产显然与节庆仪式有关。

[2]　在这些集会中也出现了与"巴别塔效应"正相反的可促进身份认同的"圣灵降临节效应"：被圣灵充满和被"新酒灌满"的布道者突然说起别处的方言，众人都能听懂。见《圣经·新约·使徒行传》第 2 章 11—13 节。

也伴随着歌舞美酒，是萨满教仪式的延续，并且接替萨满教发挥着促进身份认同的功能，从而或多或少在精神—宗教与政治-社会层面产生影响。①

即便我所列举的支持灵感假说的部分论据听起来仅仅是一种猜测，但延续数千年的中国历史确实能为我们提供很多证据。这几千年的历史，其中 3 000 年有文字可考，2 000 年有丰富详实贯通古今的史书与文学记录，这在全世界是独一无二的。欧洲视角的中国文化史研究几百年来常犯的一个错误是把其看作一种孤立的文化，某些极端的看法甚至认为中国文化存在于一个对立的世界中。不过，如果我们选择我在上文详细论证过的"欧亚"视角，那么在文化史研究中就会很容易发现不同文明发展的大量共性与普遍特征。这一点在中国葡萄酒文化与酒文化中体现得特别明显：在细致的研究中，结合考古学、历史学、语言学、哲学、文学，特别是自然科学方面的知识，我们可以清楚看到，中国葡萄酒文化是一部延续数千年，几乎没有任何断层的发展史，同时中国与其他文化的互通往来也是文化交流史上的

---

① 酒在世界历史进程中如何深刻地影响了帝国兴衰与治乱成败是一个绝对值得研究的题目，在此仅举几个欧亚历史上非常典型的例子：帖木儿（又称帖木儿兰）在向东亚扩张的道路上本来所向披靡，然而却在 1405 年远征中国的途中，在一场狂饮滥醉的宴会后死于奇姆肯特（今哈萨克斯坦境内）——显然当时已经存在酒精度很高的蒸馏酒。我们可以猜想，假如帖木儿当时没有贪杯，世界历史的走向会有多大的不同……另外一个例子是比帖木儿早 17 个世纪的亚历山大大帝，据说他在征战四方时总是一边与手下的将军们共饮从希腊运来的葡萄酒，一边讨论军国大事，一些具有灾难性后果的决策也是他们在醉醺醺的状态下做出的，例如在公元前 330 年焚毁宏伟壮丽的波斯波利斯城。最终，这位马其顿的英雄也因为纵酒无度在公元前 323 年英年早逝。自阿契美尼德王朝起，波斯的宫廷中不但经常举行奢华的酒宴，而且受袄教仪式的影响，统治阶级总是在醉酒的状态下讨论国家大事并制定决策，第二天酒醒后将前一天做出的决定正式批准，见 Laufer（1919 年）第 225 页。在德国南部的现代"啤酒帐篷文化"中，政党领袖在开怀畅饮的气氛中发表关系到未来前进方向的重要演说，与这种古波斯习俗异曲同工。

典范。[①]

　　从古至今，在中国出现过种类繁多的酒精饮料，中文里统称为"酒"。"酒文化"是一个较新的表达，泛指一切和酒精饮料有关的文化现象。"酒文化"在翻译成欧美文字时常常被错译为"wine culture"。但实际上酒文化涵盖的范围非常广，包括使用各种原料并运用各种工艺经发酵或蒸馏而成的所有酒精饮料，对此我在下面的篇章里会进行详细论述。我在用德语和英语写作时常常苦于找不到与中文里的"酒"直接对应的德文或英文词，所以只能换成"酒精饮料"一类的说法，或者在完全没有其他可能性的情况下直接使用"酒"字的拼音 jiǔ。[②] 酒文化自古以来就是中华文化的一部分，但对中国酒文化的学术研究近几十年来才真正兴起，酒文化这个概念也出现得很晚，据说是中国经济学家于光远在 1985 年提出来的。[③] 如今，中国的图书市场上出现了越来越多的酒文化专著，有些还是篇幅很长的大部头。但直到今天，在译成欧美语言时，"酒"在绝大部分的学术著作、翻译文章、文学译介中还是会被译为"wine""Wein"等。这种译法

---

① 美国专业书籍作家 Sandhaus（2014 年）第 11 页等强调酒自古以来在中国文化中的重要地位："酒是中华文明的血液。"张琰光 / 宋金龙（2015 年第 535 页）也有类似的观点："倘若我们把酒作为一种文化符号去阅读整部中国历史，就会发现，酒几乎无处不在，浸染在每时每刻的历史进程中。"

② Huang（2000 年）第 149—150 页探讨了"酒"的英文翻译问题，最终选择以英文的"wine"来翻译中文的"酒"。他的理由是，中国的传统粮食酒在特性和功能方面与欧洲的葡萄酒相当，因此不应与啤酒混淆。他指出，过去有一些到中国游历的欧洲人曾经阐述过"酒"在中国与葡萄酒在西方所分别扮演的类似的社会角色。2015 年 3 月，美国加利福尼亚大学戴维斯分校举办了一场研讨会，主办方特地在研讨会的主题名称"理解酒——中国酒精饮料的历史与文化"（"Understanding *jiu* – The History and Culture of Alcoholic Beverages in China"）中使用了 *jiu*。这是第一次有意识地将"酒"作为一个涉及中国酒文化方方面面的无法翻译的上义词来看待。Liu Junru（2011 年）第 126 页等也将"酒"翻译成"wine"，这种译法会引起误解。

③ 相关内容见张肖（2013 年）第 458 页。

会带来很多问题，令欧美读者产生错误的联想，不加思考地将欧美葡萄酒文化的固有观念投射到中国人的生活场景，从而忽视了中国其实早已发展出独立且拥有举世无双的深厚传统和鲜明特色的酿造文化和酒文化，其历史之悠久甚至可以追溯到最古老王朝的发端时期。

　　"酒"字在大约 3 000 多年前就已经出现，它的右侧是象形字"酉"，代表一个由上而下逐渐收缩成尖底的陶瓶。"酉"的现代发音为 yǒu，十分接近"酒"的古音。[①]"酒"字左侧的三点水是后来添加的。"酒"字的发音与意为长远的"久"和代表极致的数字"九"相同，因而获得了正面与吉利的象征意味。中国最古老的字典《说文解字》（121 年定稿）甚至以同音字"就"来解释"酒"字："酒，就也，所以就人性之善恶。"[②] 这个释义一方面突出了酒在中国文化史上作为"精神饮料"的符号意义，另一方面也体现出自古以来人们对酒的矛盾心理：酒能让人振奋，带给人灵感，提高创造力，但酒同时也可能带来不幸、破坏与灾难。

[①] 值得注意的是，"酉"字的最初形式与苏美尔酒瓶的图形符号非常相似。古代中国与苏美尔之间的接触和交流无法证实，只能进行推测，但较新的考古发现越来越支持这种可能性。同样也不能排除"酒" *jiu*（古代发音大致为 *geo* 或 *kiu*）与 *ghvino*（格鲁吉亚语）、*gini*（亚美尼亚语）、与之相近的 *gwin*（威尔士语）以及进一步为 *yayin*（希伯来语）、*wain*（阿拉伯语）、*oinos*（希腊语）、*vinum*（拉丁语）、*vino*（意大利语、西班牙语、俄语）、*vinho*（葡萄牙语）、*vin*（法语）、*wine*（英语）以及德语的 *Wein* 之间存在着共同词源。（关于各种语言中"葡萄酒"一词的词根见 McGovern 2003 年）第 34 页。另一条值得研究的线索隐藏于 *jiu* 可能源于印度—伊朗语的 **yaya*（"大麦"）的猜测，可比较波斯语 *jou*（发音 *dschō*，如 *āb-e jou* ="大麦之水"="啤酒"），梵语 *yáva*（"小麦" / "大麦"），立陶宛语 *javai*（"谷物"）等等。远在中国的"酒"产生之前，大麦在美索不达米亚就已经成为酿造啤酒的基本原料（该信息来源于我与 Victor Mair 的个人通信）。鉴于前 4000 年左右美索不达米亚已经发展出了高度发达的啤酒酿造技术，这些外来词汇伴随着酿酒技术通过印度—伊朗民族的传播来到东欧亚大陆似乎也不是不可能的。

[②] 引自应一民（1999 年）第 5 页。

在中国最古老的文字，即商朝的甲骨文中常常出现"酉"字的最初形态。"酉"可以指装满酒的尖底瓶，也可以指发酵而成的饮料，也就是后来的酒。从"酉"字的多种写法也可以看出酒精饮料在中国青铜器时期的重要功能。其中有一种写法是左右两条波浪形的竖线，中间一个形似尖底瓶的符号。这两条竖线通常被解读为水或液体，这个象形字也被认为是"酒"字的原始形态。但实际上，这两条竖线更可能代表站在酒瓶两边的两个人或者一个人用两只手举着酒瓶向神明献祭。①

❖ 甲骨文：

❖ 金文：

❖ 篆体：

图 1.17 "酒"字在不同时代的变体

---

① 关于这一观点另见杨荣新（1993 年）第 171 页。"酒"字的原始形态是：，在字形类推过程中发展出代表水或液体的三点水：。后来的金文通常还在使用简单的指代酒精饮料，这个符号代表一个装满饮料的陶瓶。

我们仅仅从语言史的角度就可以清楚看出酒文化自中华文明开端起就有着重要意义，在数千年的历史中也达到了其他文明所不能比拟的发展规模。与酿酒和祭酒仪式有关的术语数量很大，并且分类极细。它们见诸最古老的典籍，但今天绝大多数都早已退出日常使用，只具备史料价值，这其中包括 400 多个酉字旁的汉字。酉的本意是陶罐或陶瓶，酉字旁汉字的数量之多可以充分证明中国古代饮酒与饮酒礼仪在社会生活中所占的分量。[①] 其中有 60 多个汉字或定义酒精饮料的种类，如"醱"（新酒）、"醅" / "醪"（未过滤的浊酒）、"清酌" / "醥"（过滤后的清酒）；或指出产地；或说明所用器皿的不同，如用于储藏、献祭或饮酒仪式的不同酒器。[②] 在中国最早的典籍如《周礼》（约前 3 世纪）和《礼记》（约前 2 世纪）中记载了天子专门为酒的酿造、管理和贸易所设立的部门与官职。同样也是在周朝产生了大量和酿造工艺如"酿"（酿造）与"醨"（过滤）、饮酒仪式、酒精饮料的性状与对人体的作用相关的汉字，并且这些汉字在意义上的区分极细。和社会生活和礼仪有关的汉字如"醹"：为庆祝新皇登基而摆设的通常会持续数天的盛大筵席；"酬"：为某人举杯祝酒（现代汉语中"酬"则主要指为某人的工作支付酬金）；"酢"：客人向主人敬酒；"配"：搭配或婚配。但实际上很多这类汉字今天已经失去了其本来的用法，只能从字形中解读出其在古代酒文化中的含义。

---

① 《汉语大字典》第 6 卷（1989）第 3572—3605 页中有将近 400 个带酉字旁的汉字；Unihan 数据库中收录了 468 个。另见《汉语大词典》第 9 卷（1992）第 1369—1450 页。

② 关于中国在很早以前就发展出来的酒精饮料多样性见 Huang（2000 年）第 136—137 页以及胡山源（1939 年）第 73—74 页对《本草纲目》的引用。此外还有一系列用作酒精饮料名称但没有酉字旁的汉字，在这里没有计数在内。关于各种酒器详见本书第四章。

琥珀光与骊珠：中国葡萄酒史

也有很多字词在字形上直到今天仍能看出与酒有关的字源，但早已经历了转义过程，获得了更宽泛的含义，比如"酸"，指类似醋的气味或味道；"酷"，可以解为苦、程度极深或残酷，在当代的青少年语言中也用作英语 cool 的音译；"醇"，纯粹浓厚，在化学中指一大类包括乙醇（即酒精）在内的化合物；"奠"最初是一个象形字，代表一个尖底瓶放置在架子上，后来代指酒祭，今天"奠"的常用义则是"建立"。一系列繁体字还能或多或少体现与酒的关联，比如"醫"（医生、医药）和"醬"（酱汁）。和饮酒有关的多种状态如"酣""醉"和"醒"今天多用于转义："酣"意为畅快熟睡；"醉"指被某事物深深吸引，沉迷其中；"醒"则指睡眠状态结束。

"酒"还是一个姓氏，虽然它极其罕见而且令人感觉古怪，但确实见诸史册，至今仍存在于几乎中国各个地区。"酒"姓至少有 2 500 年的历史，源自当时宫廷中负责酿酒和酒礼的高级官员。"酋"在发音和字形方面都与"酒"相近，周朝时管理宫廷酒窖的官员被称为"酋"，[①] 后来"酋"这个字才获得了"部落首领"的引申义。在现代汉语中甚至使用"酋长"一词称呼阿拉伯国家的首领，尽管这些国家禁止饮酒。更有意思的是，佛教中用"醍醐灌顶"形容大彻大悟，"醍醐"二字都有西字旁，其字源与发酵有关。[②]

---

① 关于"酋"字上方的一点和一撇没有明确的解释。在我看来，这两个笔画可能代表一双手举起盛有祭祀饮料的尖底瓶献祭，"酋"就相应成为负责礼仪官员的高级官职的象征。

② "醍醐"可能是一个来自草原游牧民族语言的借词，最初是指用马乳和马乳酒经复杂的发酵过程制成的一种无水黄油，与印度的酥油类似。"醍醐"有比喻义如"澄明""大彻大悟"，也就是大约同时期传到中国的佛教教义所说的悟道的最高境界。见 Chang（1997 年）第 106—107 页。西藏的献祭仪式中也使用酥油，此外，酥油还是饮用苏摩 / 豪麻时的一种添加物（Arnold 1911 年第 44 页）。"醍"字在这之前就已经单独出现，意为"红色的酒"或"红葡萄酒"，详见本书第三章。

自古至今，酒在中国社会生活中始终占据着核心地位，这一点从中国各个时代的大量文学作品即可见一斑。这些文学作品提到了酒文化的历史、各地酒文化的多样性、酒精饮料酿造工艺与配方、酒对人体的作用等。[1] 我在接下来的相关篇章中还会对此具体进行阐述，在此仅列举一些中国古典小说中关于狂饮烂醉的表达：已在酒乡、发酒疯、酩酊大醉、酗淫等。今天的中国人仍在使用这些表达。此外还有一些带有"酒"字的复合词，从中可以看到酒精饮料可能出现的场合：酒食、酒肴、酒筹、酒赋、诗酒、酒歌、酒妓、酒色之徒等。很多这类词语对于欧洲人也并不陌生，在他们的文化传统里这些也是司空见惯之事。中国与欧洲语言在这些词语中体现出令人惊异的相似性，比如不管是 2 000 多年前的古罗马人还是中国人都有"酒入舌出"的说法。

　　中国自古以来一直有人对酒不以为然，常常劝告酒徒们不要因酒伤身误事，官府有时会对酒精饮料的消费进行监管，极偶尔的情况下甚至会发布广泛的禁酒令。在世界其他文明中也能观察到上文提及的对酒的矛盾心理，一方面合乎礼法的适度饮酒能促进精神活动，另一方面饮酒无度会带来很多问题，甚至酿出恶果。所以有时人们也会强调过度饮酒的害处，限制酒类的生产销售，在极少数情况下官方甚至会发布禁酒令。由于中国的酿酒业传统上主要采用粮食作为原料，需要消耗大量的小麦、大麦、高粱、小米、大米等谷物，直到今天仍会影响粮食供应安全。过去，酿酒业严重受制于粮食收成，在发生自然灾害的荒年，统治者不得不在受灾地区暂时禁止酒的制造与销售。至于因宗教原因戒酒，在中国则只局限于一小部分人群，如佛教僧尼

---

[1] Huang（2000 年）第 132 页等详细列举了和中国历代饮食文化有关的文献资料，其中一些农业和医疗养生方面的著作有大量篇幅和酒有关。

　　　　　　　　　　　　琥珀光与骊珠：中国葡萄酒史

和 2 000 多万穆斯林。①上文中我已经提到，名义上戒酒的穆斯林却并没有完全弃绝葡萄酒。中国历史上唯一一次严厉的禁酒发生在太平天国时期，这场带有基督教色彩的农民运动在 1851 年到 1864 年席卷了中原与南方的广大地区，出于意识形态的原因，太平天国严格禁止酒精消费，同时被禁的还有鸦片、烟草、赌博和娼妓。

除此以外，中国历史上基本上没有发生过禁酒事件。即使是在发生战乱、暴动、天灾、饥荒、革命和政治动乱的年代，酒精饮料消费也从来没有因为意识形态的原因受到限制，只是偶尔会受到经济形势的影响。正相反，从来不乏饮酒如仪甚至奢华盛宴的场景。即便在阶级斗争的年代，饮酒仍被视为正常，并未被扣上"资本主义"或者"腐朽的资产阶级"的帽子；与此同时，很多和美酒佳酿一样可以代表更高生活品质的事物却被大肆批判。"文革"时期的文学作品与电影中甚至出现过大量反映饮酒礼仪的场景，人们在共饮中处理人际关系，讨论政治与意识形态话题。在样板戏如《智取威虎山》和《红灯记》中，一起举杯畅饮的场面可以渲染剧中人物火热的爱国情怀与勇敢无畏的气概。白酒甚至一直在中国外交中发挥着重要的象征作用。1972 年 2 月美国总统尼克松历史性访华，周恩来总理举办国宴招待尼克松一行，名贵的茅台酒在这场宴会上大放异彩。

中文里有"无酒不成礼"的说法，体现出酒文化在延续数千年的中国社会和传统中的深厚根基，这在人类历史上是独一无二的。越是深入研究酒文化与中国社会的关系，就越容易得出下面的结论：

　　　研究社会文明史，不可不研究酒文化史，研究精神文明也

---

① 根据《中国保障宗教信仰自由的政策和实践》（2018 年），中国 10 个多数人信仰伊斯兰教的少数民族总人口为 2 000 多万人。

不可不研究酒文化。①

这一点也许也适用于世界其他地区的文明，但毫无疑问中国酒文化与中华文明的关系发展出其他文明中未曾有过的复杂体系，成为这方面的一个典型例证。中国哲学家肖向东甚至大胆推测，酒文化是中国一切物质文明与精神文明产生的土壤，对此他描绘了一幅非常形象的画面：

> 中国文化自其生发之始，就浸泡在酒里，中国文化是浸淫在酒缸里发酵出来的。②

最早的神话传说与文字记录都可以表明，发酵工艺与饮酒礼仪主导着中国人的宗教、宫廷与日常生活。直到今天，在全国性或地方性的节庆、国宴、商务与私人宴会上无不摆设丰盛筵席，佐以美酒助兴，席间觥筹交错，主宾饮酒如仪。此外，不管是祭祖、祭神、祭天还是各种民间节日和特色民俗，酒精饮料也必不可少。两千多年前就有文字资料记录了严格的宫廷酒礼，从选酒到奉酒都有专门的礼官按照规矩操办。激发灵感、追求天人合一的境界、寻找快乐、培养人际关系和显示热情好客都少不了酒精饮料。③当代中国经济的迅猛发展使得中国人在各种节日和家庭庆祝中有条件享用多种酒精饮料：春节饮屠苏酒；端午节饮雄黄酒；婚礼上，新郎新娘饮交杯酒，观礼的宾客喝喜酒；而举行葬礼和清明节扫墓时，在烧纸燃香供奉茶馔之外，

---

① 见张紫晨（1993 年）第 46 页。另见王克林（2015 年）第 50 页。王克林认为，酒是中国古代各民族间交流往来的推动力。

② 肖向东（2013 年）第 454 页。

③ 关于这个角度主要见 Liang（2012 年）。

琥珀光与骊珠：中国葡萄酒史

也有奠酒的仪式，祭扫者用手指蘸酒，弹在墓碑和待烧的纸钱上。在中国古代，王侯将相的墓中常常随葬大量盛满酒精饮料的容器与饮器，中国各地都有此类考古发现，甚至还偶尔出土过两三千年前的陈酿，酒液在容器中很好地保存了下来，出土时仍有酒香。此外，复杂的饮酒礼仪也体现在酒器形制举世无双的多样性上，不但制造酒器的材质多种多样，有陶器、青铜器、玉器、瓷器和漆器等，酒器的用途也分门别类，如用于酿造、储藏、献祭、斟酒和饮酒等。

中国广东多地都有一项很有意思的风俗——农历四月初八佛诞日跳"醉龙舞"：舞者均为男性，他们将一条木刻的龙夹在腋下，举步轻浮，东歪西倒。广东各地的醉龙舞大同小异，唯一差别在于舞者是假作醉态还是事先喝过米酒，确已醉意朦胧。醉龙舞有着数百年的历史，可能源自一种特殊的拳术：醉拳。其手、足和全身的动作模仿醉酒者的姿态，但各个招式的组合顺序实际上有着严格的章法。[①]

占中国人口大约10%的55个少数民族中，除了信仰伊斯兰教的族群，大部分民族都有着普遍性的以及独特的酒文化习俗。比如居住于重庆东部与蒙古族有亲缘关系的土家族有共同"咂酒"的习俗：数人围住一个盛有高粱酒或者大麦酒的大酒坛，每人用一根竹管从坛中吸酒。[②]

[①] 见维基百科词条"舞醉龙"。

[②] 这些习俗让人联想起美索不达米亚和埃及的类似饮酒仪式。公元前4000年以来的图像考古发现显示，当时的人们用长长的吸管从罐中吸出啤酒饮用，见McGovern（2003年）第155—156页，McGovern（2009年）第97、247页等，Meußdoerffer/Zarnkow（2016年）第27页。世界各地从古至今的很多文化中都有这种多人围住一个大容器，用芦苇或竹管一起从容器中吸酒的习俗，例如今天在中国西南地区的少数民族中（McGovern2009年第70—71页图4）以及在安第斯民族和非洲部落中（Dietler/Herbich2006年第399—400页）仍然能够观察到这种习俗。刘莉（2017年第29页等）专门研究了黄河中游仰韶文化尖底瓶的功能和瓶中的残留物，得出以下结论：（1）类啤酒饮料的基本原料是部分人工驯化的谷物，包括小麦、小米、稻米以及后来的大麦，谷物中也经常混合一些豆类、富含（转下页）

信奉佛教的藏族人以善酿青稞酒闻名，尽管佛教教义忌酒，但他们和一些北方民族如蒙古人一样善饮度数很高的酒。招待客人时，主人向客人奉上盛在大碗里的高度蒸馏酒，这是待客的礼数；客人不能推辞拒饮，则是做客的礼貌。西北的游牧民族如哈萨克族、吉尔吉斯族、乌兹别克族、塔吉克族和蒙古族人将马奶发酵制成马奶酒，并进一步将马奶酒加工成蒸馏酒。在中国的南部和西南部，几乎所有的少数民族的各种民间节日、四时节庆、生日、婚礼、葬礼和迎新礼中都少不了酒精饮料，筵席上，人们会载歌载舞开怀畅饮。

新疆地区有一个也许可以追溯到公元前 1000 年的有趣传统：新疆人本来信奉佛教，13 世纪皈依伊斯兰教，但当地的穆斯林，特别是主要信仰逊尼派的维吾尔族人仍然像皈依伊斯兰教前一样喜饮新疆各地出产的葡萄酒，而且他们还几百年来世代相传一种叫作穆塞莱斯（慕萨莱思）酒的家酿酒配方。酿造穆塞莱斯酒的传统尤其盛行于吐鲁番、和田和阿克苏等新疆西部地区。酒农用手将当地出产的葡萄挤出汁液，加水与糖煮沸、浓缩，再添加多种香料，置于陶罐中发酵 40 天，最后用纱布过滤后装瓶。每个家庭的配方都在工艺与添加的香料方面有自己的特色，使用的香料有药草、玫瑰花瓣、枸杞、藏红花和丁香等，有人甚至会添加鸽子血和烤羊肉。穆塞莱斯酒略显浑

（接上页）淀粉的块茎和根茎（薏米、山药、蛇瓜、姜、百合）共同发酵来酿造类啤酒饮料。（2）尖底瓶既是发酵和储存器皿，也是饮器，瓶口边缘的磨损痕迹表明人们用吸管（芦苇、秸秆、竹管等）一起饮酒。（3）通常在聚落的集会场所内举行的共同饮酒仪式（详见刘莉等人 2018 年）有助于在各自社群内建立身份认同和社会联系，但在公元前 3000 年左右，随着社会分化和精英阶层的形成，这种集体饮酒仪式消失了。此后，贵重器皿的种类不断增加，基于社会地位的个性化饮酒文化产生，并在商代的精英阶层主导的青铜器文化中达到顶峰。（4）各个史前社群之间很早就开始了交流往来，可能导致了酿造和饮用方法以及器皿文化在时间和技术上的平行发展。另见刘莉（2017 年）第 25 页等中的大量器皿和集体饮酒仪式的图示。

琥珀光与骊珠：中国葡萄酒史

浊，有水果甜味，酒精含量与普通葡萄酒相当，大概在 10 度与 16 度之间。它的保质期只有一年，通常被当作滋补的药酒饮用，当地人也会在节庆的筵席上以大桶装满穆塞莱斯酒招待客人。近年来新疆出现了工业化生产的瓶装穆塞莱斯酒，冠名 Merceles，但其实是一种添加了红葡萄酒（如赤霞珠和梅洛）的混合酒，远不如土法家酿的穆塞莱斯正宗。[1]

　　在中国和欧亚其他地区的各个民族有着自己独特的风俗，有些甚至可以追溯到史前时代。不过这些风俗也有一些古老的共性，比如每人手持一根长管共同从一个酒罐中吸酒（团圆酒）；[2] 新郎新娘以连杯共饮或者各执一杯交臂同饮（即交杯酒，中国婚俗）；苗族人以水牛角制成的酒杯款待客人，筵席上人们把酒杯从一个人传到另一个人手中依次饮酒（转转酒）；与苗族人同样生活在中国西南地区的彝族人也使用牛角杯饮酒。他们有在筵席上唱劝酒歌请客人喝酒的风俗（以歌劝酒）。通过共同饮酒来获得集体及个体身份认同的现象几乎在各个文化中都能观察到，今天世界各地的人们仍在举杯互祝健康，为

图 1.18　中国西南少数民族用吸管饮团圆酒的模拟展示

---

[1] 李德美（2013 年 d）。穆塞莱斯在多大程度上可以追溯到亚历山大大帝后代在公元前 4 世纪开启的酿酒传统，或者追溯到在中亚和犍陀罗（例如努里斯坦）的更古老起源，是一个很有趣的研究课题。穆塞莱斯酒的基本原料是两个欧亚人工培育葡萄品种喀什哈尔（"喀什"）和穆纳格（维吾尔语："晶莹剔透"），今天在一些海拔最高可达 1 300 米的新疆地区多有种植，是名贵的鲜食葡萄。这两个品种过去主要大量生长于塔里木盆地的西南边缘，其在西方的起源尚未探明。

[2] 这些场面已经见于苏美尔的滚筒印章和埃及壁画。

友谊干杯等。[①] 此外在一些宗教中也有共同饮酒的习俗，如基督教的圣餐礼和犹太教的逾越节都有传递酒杯每人各饮一口的环节。

自 2 000 年前的汉代以来，中国的历代文学艺术作品中"酒"的主题无所不在，不过文学家与艺术家们通常以隐喻或象征手法描写饮酒之乐与醉酒之境。另外，大量农书和医书详细记载了酒的种类、配方、酿造工艺和功效，其中也包括葡萄酒。诗歌与小说等文学作品中也处处可见酒的身影——喜庆道贺之际，愁绪满怀之时，十里长亭或他乡遇旧，烽火连天或太平盛世，酒适合各种生活场景和心境，酒也可以让人兴奋，给人安慰，甚至疗愈身心。酒还在民间道教及其炼丹术和食疗养生中扮演着非常重要的角色：今天仍有人按照中医理论使用药草或其他药材泡酒。药酒的种类繁多，如虎骨酒、人参酒等。最后，无论古今中外，酒都是日常生活中的社交媒介，中国人喜欢在饮酒时伴以一些助兴的小游戏，通称酒令。古代的文人墨客还有一种诗酒唱和的雅趣，叫作"曲水流觞"：在庭院中挖掘一条小溪，让酒

---

① 关于啤酒礼仪的核心社会功能见 Standage（2012 年）、Meußdoerffer/Zarnkow（2016 年）第 8—9 页、Dietler/Herbich（2006 年）第 397 页。在这些著述中，非洲人的饮酒行为被描述为一种"文化主题"。在德国的啤酒和葡萄酒文化中仍然偶尔可以看到人们围坐在餐桌上从一个大杯子里饮酒的习俗。格鲁吉亚人传递角杯（kantsi）饮酒的传统与之类似，不过这种饮酒仪式有着古老的源头和严格的规范。宴会的主人作为司仪（tamada）手持玻璃杯或角杯宣布宴会（supra）开始，并且根据举行宴会的事由做针对性的致辞。这种严格的程序与中国的传统饮酒仪式显示出惊人的相似性。中国少数民族有着令人惊叹的酒文化多样性，往往比汉族人的酒文化更古老，本书无法一一对其进行探讨。据我所知，目前在这方面仍然缺乏跨文化和文化比较角度的研究。关于中国此类仪式的例子见李争平（2007 年）第 4—5 页、李争平（2011 年）第 78 页、张肖（2013 年）第 462 页。值得研究的少数民族酒文化还包括属于通古斯族的女真人极其奢华的饮酒仪式，女真人在中国北方建立了疆域辽阔的金朝（1115—1234），其一年四季的各种节庆中无不体现着酒文化。此外，女真人的酒文化对中原的饮酒习俗有着持续性的影响，其中也包括蒸馏酒的传播。这些影响直到今天仍然能够看到。

琥珀光与骊珠：中国葡萄酒史

杯在溪水中漂浮，酒杯漂到谁的面前，谁就要赋诗一首，并可以饮酒一杯。

酒如此渗透进中国文化的方方面面，以至于我们可以大胆地下结论：没有酒，整个的中国文学与艺术便无从谈起，那些政治、军事、文学艺术方面的卓越人物的天才创造也简直是不可想象的。[①]

中国上古时代的神话传说也交织着大量与酿酒和饮酒有关的内容。在关于叛乱起义、战事征伐、王朝更替、帝王将相命运沉浮的记载中，不乏因奢靡无度、酒色荒淫而身死国灭的故事。自有信史记录的汉朝（前221—后220）以来，史书中就不断有宫廷中举办耗时数日的大型酒宴的记载，这些宴会名目多样，比如庆祝丰收、皇帝改元、大赦天下等。

事实上，中国历朝历代都或多或少将酒作为一种宏观的经济调控手段，国家垄断酒精产业进行调控并征收赋税，每年根据粮食收成的好坏调整生产[②]和销售。当然，在幅员辽阔的帝国中，各个地区的政策不尽相同。在战争时期政府会提高酒税以保证军队开支，从而导致酒精饮料的生产与消费萎缩。大约900年前，蒸馏酒技术迅速提高，形成了可观的市场规模，此后粮食酒的税赋波动也会影响到葡萄酒，因为酿造粮食酒需要消耗大量谷物，政府必须严加控制粮食酒的产量。于是，作为粮食酒的竞争对手，葡萄酒的市场份额会通过其他酒类的税赋波动而被人为增加或减少。

综上所述，前文列举的以及更多来自不同生活和文化领域的例证可以有力地证明中华文明的产生和发展在延续数千年的历史进程中

---

① 肖向东（2013年）第455页。

② 中国从古至今都有家庭小作坊、较大的"公司"以及官营"企业"进行传统的粮食酒生产，也有一些本身并不酿酒，只从事酒的销售。在封建时代，自汉朝以来政府一直垄断酿酒业，酿酒作坊听命于朝廷和官员，其生产或多或少受官府控制。

一直与酒密切相关。各个领域的专家学者一致认为还亟待进行更深入的研究。在研究中可以从跨学科和跨文化的视角出发，将大量和酒文化有关的文字记录和文学作品，尤其是近年来丰富的出土文物和风土民俗研究结合起来，融会贯通。我们从中取得的研究成果极有可能有一天会背离传统的进化论，得出与之相反的结论：酒才是中华文明兴起的决定性推动力。中国的例子也会促使学界对欧亚及世界其他地区的文明做出相应的推论。[①]

更大的研究空白在于葡萄种植与葡萄酒酿造在整个中国酒文化以及中国历史发展中的地位与作用。一直到 1999 年，中国才出现了第一本尝试阐述中国葡萄酒文化的发展历史及其对整个中华文明的影响，并将中国葡萄酒文化与欧洲葡萄酒文化进行对比的专著。[②] 总的来说，对于相关主题的研究专著少之又少，对中国葡萄酒的研究工作必须奋起直追。研究的困难在于，尽管两千年来中国的文学作品不断从各种角度谈及酒，但酒是一个包罗各种发酵及酒精饮料的集合概念，这些文字中并没有关于酒的类型的具体说明，我们不清楚宫廷的筵席在什么场合用什么酒，我们也不知道诗人举杯邀明月时喝的又是什么酒。所以有必要运用多种历史文献学和文学分析的手法来考察大量中文文献，从中找出明确的葡萄酒概念或分析对酒的描写与修辞手法，结合上下文排除其他酒精饮料类型。此外仍有大量近期的考古发现，尤其是陶器等陪葬品有待进行生物化学分析，以便确认其中是否有发酵葡萄的痕迹。

<hr>

① 张紫晨（1993 年）第 48 页："可以设想，如果真正把酒文化的研究广泛开展起来，必将引起对各种学术研究的推进，必将大大有助于科技史、文化史、民俗史的研究"。王克林（2015 年）第 2 页批评学界缺乏针对酒文化与其他学科如历史、社会学和医学之间相互依存关系的研究。

② 应一民（1999 年）。

此外，受到一些陈旧观念的桎梏，学界也无法客观地研究中国葡萄酒文化。很多中国人以及西方人仍然认为葡萄酒在中国自古至今都是舶来品，古时来自西亚，近代以来则来自欧洲。近年来中国在各个领域都出现了民族主义与复古主义的倾向，强化和固化了葡萄酒是舶来品的观念。而广告等市场营销手段如今也在其中起到了推波助澜的作用，许多国产红葡萄酒品牌的名称里带有类似法国酒庄的字样，听起来充满欧美风情。中国的大部分学者，特别是历史学家和考古学家深受"葡萄酒是舶来品"观念的影响，对中国的葡萄酒业和葡萄酒文化不感兴趣，更无意把葡萄酒作为中华文明的文化遗产看待。于是，一些较新的和葡萄酒有关的考古发现，将中国葡萄酒文化视为一种"有中国特色"的特殊的粮食酒文化的观点，很遗憾地遭到无视。尽管近年来有大量项目被收入中国物质及非物质遗产名录，但中国本土的葡萄酒文化却难以在这长长的名单中获得一席之地。

我写作本书的一大目的就是推动从欧亚整体大视角探讨中国葡萄酒文化，借助考古、民俗社会学、历史、文学和语言学等方面的知识对中国葡萄酒文化进行阐释，唤起人们对这一课题的研究热情。越来越多的新发现提醒我们，虽然葡萄酒在中国与在欧洲的发展道路不同，但中国葡萄酒的历史至少与欧洲葡萄酒的历史一样悠久，并且中国部分地区和某些时代的葡萄酒文化在中国酒文化中所占的重要地位是不可轻视的。今后在较长的一段时间内，这一论点应该唤起更多的研究兴趣，促使人们探讨普遍性酒文化与葡萄酒文化的特征及其与人类文明起源的内在关联。数千年来，欧亚大陆各个文明之间互通有无，表现为移民、商业、贸易、技术与思想交流、宗教与世界观的传播。我相信，在这方面我们必定会得出更多重要的新发现，并且借此开辟一个跨学科的研究领域，各个学科的研究成果在其中互相启发、互相促进。过去二三十年中对世界其他文明的研究成果表明，几乎没有任何一个领域能比酒和葡萄酒研究更适合发掘人类文明发展的共性。目前为止，人们还没有从该视角审视过的中华文化圈恰好可以成为这方面的一个理想研究案例，并能够为将来的研究提供大量跨学科与文化比较方面的课题。[1]

---

[1] Dietler（2006 年）和 Dietler/Herbich（2006 年）多次指出，考古学和跨文化民族社会学研究通过在物质文化、文本—图像阐释和对古代器皿内部残留物化学分析等方面获得的综合知识应互为促进补充，只有这样才能形成对酒文化复杂意义关联的完整画面。

第二章

中国亦然：太初有酒

我在第一章已经提到过，中文里的"酒"涵盖所有的酒精饮料，包括果酒、蜜酒、谷酒／粮食酒和奶酒／乳酒（北方游牧民族通常使用马奶酿酒，哈萨克语叫作 kumys，蒙古语叫作 airag，中文是马奶酒）。[1] 此外，有大量考古文献与文字记录可以证明，在史前时代的中国、欧洲和西亚都生产过用水果（如葡萄）和谷物（如大米、大麦、小麦、小米和高粱）共同发酵酿造的混合酒，通常还会加入多种香料、蜂蜜和树脂以增添风味。今天的专家学者已经取得广泛共识：通过野果自然发酵获得的酒精饮料要远早于粮食酒（"葡萄酒先于啤酒"），理由之一是我在本书第一章阐述过的**旧石器时代假说**，理由之二是旧石器时代以后酿酒工艺越来越复杂繁琐。这就意味着史前人类

---

[1]　蜂蜜酒的酿造和饮用文化在北欧传统中占据着重要地位，可以追溯到史前时代，见 Allsen（2018 年）第 19 页。Allsen 甚至认为蜂蜜酒是"人类制作的第一种酒精饮料"。不过，蜂蜜酒在中国的发酵史和相关文献资料中的角色无足轻重，仅见于陕西等个别地区（见麦戈文等 2005 年第 80 页）和最早在唐朝时期（7 世纪）出现的几处书面记载（见 Huang 2000 年第 246 页等）以及后来蒙古人饮用蜂蜜酒的记录（见本书第十章），因此本书不会深入探讨蜂蜜酒。当然，我在本书中多次提到蜂蜜在整个欧亚地区作为各种酒精饮料通用添加剂的功能，这一点在第一章里已经有所涉及。接下来的篇章中也不会探讨奶制酒精饮料或非酒精饮料，如 kumys、airag、kefir 等，或仅作捎带提及。因为这些饮料只限于在中国北部和西北边疆地区从事畜牧养殖和乳品加工的游牧民族中饮用。无论如何，大多数学者都认为，由于发酵工艺相对简单，奶酒比谷物酒的历史更悠久，见 Huang（2000 年）第 248 页。迄今为止最古老的 kumys 遗存是几年前在哈萨克斯坦博泰文化（Botai culture）遗址中的陶器碎片上发现的，距今约 5600 年，那里也是最早实现马的人工驯化的地区（见维基百科词条"Botai-culture"）。关于 kumys 和蜂蜜酒在欧亚大陆北部的传播历史，详见 Allsen（2018 年）第 13 页、第 19 页等。

较晚才开始尝试并改进用水果和谷物或者谷物和奶酿造"鸡尾酒"的工艺，不过可能仍然要早于新石器革命。葡萄的果实天然富含发酵所需要的酿酒酵母（*Saccharomyces cerevisiae*），所以，在合适的温度下，葡萄果肉中的糖分能迅速发酵，转化为酒精和二氧化碳，并且当酒精度达到 5 度时能够杀灭其他酵母菌和细菌群。因此我们可以顺理成章地推论：在农业和谷物种植产生之前，很可能早在旧石器时代，今中国中部和北部地区就已经存在使用极其简便的方法酿造"原始葡萄酒"的可能条件。[①]

中国古代的文学作品给出了很多支持**醉猴假说**的证据，我们据此可以得出结论：中国人的祖先，原则上北京猿人（*Homo pekinensis*）就已经有能力使用简单的工具和材料将发酵的野果酿造成一种芳香饮料。早在唐朝时就有史料记载，在中国南方有野猴采集花卉水果搬运到洞穴里，堆积在石坑中进行发酵。住在附近的村民闻香而来，尽情享用野猴所酿的美酒。唐朝以后的历朝历代也都有过在南部和中原地区发现"猴酒"的记载。[②]

较新的古植物学与考古植物学的研究成果表明，利用野生葡萄获得自然发酵的葡萄酒可以追溯到人类文明的最初阶段。专家早已证实，葡萄（*Vitis*）是地球上最古老与分支最丰富的植物之一，至今仍广泛生长于北美和欧亚大陆的温带地区。在今天中国的版图之内，最晚在第三纪时就已经存在至少 40 种野生葡萄，占全世界野生葡萄品种的一半还多，其中大约 30 种是中国独有的。[③] 它们

---

① Huang（2000 年）第 153 页、Estreicher（2006 年）第 3 页。

② 方心芳 / 方闻（1993 年）第 103 页、宇宏 / 唐怡（1993 年）第 233 页、韩胜宝（2003 年）第 1—4 页、罗国光（2010 年）第 57 页。

③ 根据迄今为止最新及最全面的研究，至少有 39 个葡萄品种原产于中国，包括 1 个亚种和 14 个变种，甚至也可能存在多达 68 个中国葡萄品种。不过学界承认，（转下页）

琥珀光与骊珠：中国葡萄酒史

的学名中常常带有中文名称，显示其发源地或地域分布，如：*Vitis bashanica*、*Vitis chunganensis*、*Vitis fengqinensis*、*Vitis heyneana*、*Vitis hui*、*Vitis jinggangensis*、*Vitis longquanensis*、*Vitis luochengensis*、*Vitis menghaiensis*、*Vitis mengziensis*、*Vitis ruyuanensis*、*Vitis shenxiensis*、*Vitis wenchouensis*、*Vitis wuhanensis*、*Vitis xunyangensis*、*Vitis yenshanensis*、*Vitis yunnanensis*、*Vitis zhejiang-adstricta* 等。此外 *Vitis amurensis*、*Vitis davidii*、*Vitis ficifolia*、*Vitis piasezkii*、*Vitis pseudoreticulata*、*Vitis quinquangularis*、*Vitis romanetii*、*Vitis thunbergii* 和 *Vitis wilsonae* 也明显是中国本土品种，对于葡萄属分类的基因研究很有意义。东亚地区独有的 *Vitis amurensis*（山葡萄）以中国与俄罗斯边境的黑龙江（黑龙江在俄语中叫作 *Амур*，转写成拉丁字母就是 *Amur*）命名，广泛生长于中国东北地区。直到今日，东北地区出产的葡萄酒，特别是吉林通化的红酒甚至冰酒，都只采用 *Vitis amurensis* 作为原料。*Vitis amurensis* 的优点是抗虫害（葡萄根瘤蚜）和耐寒（零下 40—50 摄氏度），所以很受葡萄培育者青睐，中国及世界各地的葡萄育种机构都

（接上页）其确切数量和分布地区仍有争议，而且长期以来尚未在这个领域开展系统性研究。见 Jiang et al.（2015 年），包括葡萄品种列表（第 160 页）和关于野生葡萄地理分布的详细地图资料。根据这些资料，江西和湖南这两个南方省份的葡萄属（*Vitis*）品种分布密度最高，各有 20 多个品种（第 157—158 页）。新疆自治区是唯一没有发现野生葡萄的省份（第 158 页）。与中国相比，北美东部只有大约十几个分布较广的野生葡萄品种，如 *V. rotundifolia*、*V. munsonioana*、*V. riparia*、*V. labrusca*、*V. rupestris* 和 *V. aestivalis*。这些品种部分直接用于酿造葡萄酒，部分与从欧洲引进的 *Vitis vinifera* 杂交，由此产生的新品种用于酿酒。详见 Estreicher（2006 年）第 107 页。目前，研究人员也在尝试将中国野生葡萄品种与美国野生葡萄品种杂交，前景显然令人看好。东亚葡萄属品种如此丰富的一个可能的原因是：在冰河期，很多葡萄品种在温暖的南部存活下来，并在冰河期结束后再次向北传播；而欧洲在冰河期只有野生葡萄亚种 *Vitis vinifera silvestris* 存活下来，而此后的大量人工培育品种都是从其而来。根据 Laufer（1919 年）第 226 页等，中国拥有大量已命名的野生葡萄品种，在 19 世纪时就已经为人所知。

图 2.1　山葡萄（*Vitis amurensis*）

熟知这一品种，常将其用作杂交。[①]其他中国野生葡萄品种绝大部分也都享有不同程度的知名度，它们普遍抗病虫害能力强，此外北方品种还耐低温，而南方品种则能耐受湿热气候。早在 20 世纪 50 年代，世界各地的研究中心就已经将葡萄品种杂交，培育出了一批鲜食葡萄与酿酒葡萄的新品种。[②]近年来，中国各地的葡萄研究所和大型葡萄种植园也致力于杂交育种并从事其他面向未来的研究课题。在中国民间，野生葡萄品种通常被称为山葡萄（特别是 *Vitis amurensis*）或野葡萄。也有一些带有历史性或地区性特征的名称常常会对品种的植物学

---

①　*Vitis amurensis* 有大量变种、混合种以及与 *Vitis vinifera* 的杂交种，这些品种主要是在中国东北地区培育出来的。详见 Plocher 等（2003 年）第 7 页。更多相关内容见本书第十二章和第十三章。

②　对中国野生葡萄及其变种的系统研究只有二三十年的历史，参见 Tso/Yuan（1986年）、Zhang et al.（1990 年）、Smart（1998 年）、Zhang Junke（2007 年）、Wan et al.（2008 年 a、2008 年 b）、Jiang et al.（2015 年）。日本人于 1937 年创建了通化酒厂，其生产的同名葡萄酒（Löwenstein 1991 年第 62—64 页）以 *Vitis amurensis* 为原料酿造，质量有时差强人意，特别是早期产品要添加大量糖分后才能入口。多年来，德国 Julius Kühn 研究所下设的 Geilweilerhof 葡萄栽培研究所（位于 Siebeldingen，莱法州）等机构对 *Vitis amurensis* 进行了育种试验。其新型品种经俄罗斯，并且很可能是随着最早的一批法国传教士传到了加拿大。在 *Vitis amurensis* 的基础上进一步培育出的耐寒品种 Michurinetz 和塞佛尼（Severny）用于酿造红葡萄酒。总之，业界认定，*Vitis amurensis* 具有巨大的酿酒潜力，也没有美国野葡萄那种典型的狐臭味。近年来甚至在中国南方的亚热带地区尝试用 *Vitis amurensis* 育种。除此以外，*Vitis davidii*、*Vitis heyneana* 和 *Vitis yenshanesis* 等品种也被认为大有发展前景。到目前为止，在中国野生葡萄品种的完整分类以及拉丁文与中文名称的对应方面仍然存在相当大的问题。详细的品种清单见 Wan et al.（2008 年 b）。

鉴定带来困难，如 *Vitis adstricta Hance* 在民间被称为猫眼睛或山红羊。

此外，中国北方，主要是河北、山西、陕西、甘肃、宁夏和新疆几个省级区域出产一系列"欧亚种"的葡萄品种，它们通常被视为本土品种，但也有可能属于两千多年前从中亚传入的 *Vitis vinifera*。学界对其发源地存在争议，高加索地区、伊朗、阿富汗与巴基斯坦北部地区都被认为是可能的选项。自远古以来，这些地区发展出了全世界品种最丰富、分布最密集的欧亚种葡萄产区，其中大部分种植区仍在出产葡萄。不难注意到，这些葡萄种植区或远或近都位于史前移民与贸易路线（即后来的丝绸之路）的沿途。早在久远的古代，人们就通过这些商路把当地的良种葡萄带到中国，这个时间远早于亚历山大远征和西汉遣使通西域。龙眼葡萄和马奶葡萄是中国北方分布较广的优良品种。龙眼葡萄被誉为"北国明珠"，颗粒很大，成熟后呈浅红色，可以鲜食，也可以用于酿造温和的白葡萄酒与香槟酒。[1] 马奶葡萄（或称牛奶葡萄）通常既可鲜食亦可酿酒，主要产于新疆吐鲁番地区，该地区曾经是丝绸之路上中国西北段的重要枢纽。不久前研究人员鉴定出，名贵的马奶葡萄源自亚美尼亚的葡萄品种 *Khusaine Belyi*，而 *Khusaine Belyi* 正是伊朗北部与阿富汗葡萄种植区的史前主要葡萄品种 *Hosseini safid*。[2]

---

[1] 李德美（2014 年 b）。

[2] 该信息来自我与 Geilweilerhof 葡萄栽培研究所的电子邮件通信。俄语的 *belyi* 和波斯语的 *safid/sefid* 一样都是"白色"的意思。根据 Galet（1969 年）第 120 页等，*Hosseini safid* 过去是一个很常见的品种，尤其多见于喀布尔、坎大哈和阿富汗北部昆都士附近的葡萄园。昆都士位于巴克特里亚（中国古称大夏）地区，自公元前 5 世纪起就有人类定居和垦殖，公元前 4 世纪被亚历山大大帝占领，相关内容见本书第六章。根据希腊历史学家和地理学家斯特拉波（前 63—后 23）的描述，除阿利亚（今赫拉特）以外，伊朗的 Hyrcania（今 Gorgān）和马尔吉亚纳（梅尔夫）地区亦遍布郁郁葱葱的葡萄园——这些地区恰恰位于古代丝绸之路的主干道上。见 Bazin et al.（1985 年 /2011 年）。马奶 / 马乳、牛奶 / 白牛奶（"白色的牛乳头"）和玛瑙似乎都是同一葡萄品种 *Hosseini safid*，只是在不同地区的叫法有所不同（见郭会生 2010 年第 91 页）。

这一点恰好可以清楚地表明，数千年前在中国中原腹地土生土长的野生葡萄品种和来自欧亚大陆西南部邻近地区的优良品种同时存在。新疆地区一直以来都生长着十几种显然非常古老的欧亚葡萄品种，它们现今通常作为名贵的鲜食葡萄或被制成葡萄干在市场上销售，但在古代也用于酿造葡萄酒（见图2.2、图2.3）。^①

最新的基因研究成果可以证明中国中原地区是"世界上主要的葡萄原产地之一"，^②此外一些考古发现和文学作品也可以对此予以

图 2.2　龙眼葡萄　　　　图 2.3　马奶葡萄

① 在百度百科词条"新疆葡萄"中，可以看到葡萄和葡萄酒生产最早在4 000多年前从中亚传播到今新疆地区的假说。但我们可能永远无法最终确认几千年前就已经在高加索、波斯地区、美索不达米亚、埃及和希腊人工栽培种植的葡萄（*Vitis vinifera*）是何时通过中亚传播到远东的。另见 Trombert（2001 年）第 293 页。

② Jing et al.（2013 年）第 1963 页。西北农林科技大学（陕西杨凌）的三位学者确认中国境内的四个地区拥有特别丰富多样的葡萄属品种：东北的长白山和小兴安岭山脉、中部的秦岭地区、长江中游地区和广西地区。在 Laufer（1919 年第 228 页等）的著作中列出了一系列包括新疆在内的中国各地区出产的葡萄品种及其名称。这些名称或来自历史资料，或是当时的普遍叫法。其中大多数葡萄品种用于鲜食或制作葡萄干。

佐证。《诗经》中至少提到了两种中国本土野生葡萄：葛藟（*Vitis flexuosa Thunbergii*）和蘡薁（*Vitis bryoniifolia*，也叫 *Vitis adstricta Hance*）。葛藟产于南方，缠绕在树上生长，蘡薁则生长于中原地区北部（见图 2.4、图 2.5）。[①] 这两个野生葡萄品种今天仍可以在中国半数以上的省份见到，包括南方的亚热带地区、海拔 100 米到 2 500 米之间的山区密林和山谷。它们的果实很小，味酸，夏末和秋天成熟时果皮的颜色呈现暗红色或蓝黑色。一些传统医书，包括几部有几百年历史的古医书收录了葛藟和蘡薁，认为其根、叶、茎皆可入药，可内服亦可外用，有多种疗效，能够治疗风湿、关节炎、痢疾、癫痫、膀胱功能障碍、湿疹和溃疡，也有杀菌消毒与止血的功效。部分医书收录有详细的药方，也提到葛藟和蘡薁的果实可以用于酿酒。葛藟因为其攀缘植物的特性，在《诗经》中成为远方游子在孤独寂寞中思念故土、眷恋亲人的意象。但在《诗经》中并没有出现和饮用葡萄酒有关的线索。葛藟也被称为董氏葡萄，向东传到了日本和朝鲜半岛。[②]

---

① 应一民（1999 年）第 35、37、84 页，郭会生（2010 年）第 4—5 页。张振文（2000 年）第 50 页等将蘡薁认定为 *Vitis thunbergii Sieb et Zucc*。Laufer（1919 年）第 227 页错误地把它等同于北美的野生葡萄品种 *Vitis labrusca*，但指出蘡薁在中国北方和南方是不同的物种。此外，他认为德裔美国汉学家夏德（Friedrich Hirth，1845—1927）的理论是不可接受的，即蘡薁是新波斯语 *angur*（"葡萄"）的译名。由于中国与波斯世界的联系至少可以追溯到三千年前，而且蘡薁这个词无论在语音还是字形上都有借用的特征，可能古汉语中的蘡薁发音更像 *angur*，所以我认为夏德所反对的这种可能性是不能排除的。

② 在后来的百科全书、药典和史书中可以看到蘡薁的其他说法，如薁、燕薁和蘡舌。燕薁和蘡舌都是双音节，有可能是从波斯语的 *angur* 演变而来。在山西有一个民间的说法叫婴舌，字面意思是"婴儿的舌头"，与蘡舌同音，但二者之间的关系还有待研究（见本书第三章）。葛藟葡萄也有其他说法，如简单的藟或千岁藟。蘡薁和葛藟也俗称为**野葡萄**或**山葡萄**。著名的《诗经》训诂学家郭璞（276—324）在他所处的时代已经注意到来自西方的葡萄和中国本土蘡薁之间的相似性，并认为两者都适合酿酒："蒲陶似燕薁，可酿酒也。"关于这一点另见 Trombert（2001 年）第 291—292 页等。

图 2.4　野生葡萄葛藟（*Vitis flexuosa Thunbergii*）　图 2.5　野生葡萄蘡薁（*Vitis bryoniifolia, 也叫 Vitis adstricta Hance*）

2004 年末，考古学家在中国河南贾湖新石器时代遗址发现了世界上最古老的酒精饮料，这个消息经过专业期刊、大众传媒、广播电视和网络论坛迅速传播，轰动了全世界。宾夕法尼亚大学博物馆的中美联合团队在化学考古学家及酒类专家麦戈文的带领下，运用最先进的技术（色谱法、质谱分析、红外光谱分析、同位素分析），提取 9 000 年前陶器碎片上的有机物残留对其进行了化学分析。分析结果表明，这些有机物残留来自一种使用大米、蜂蜜和野果发酵制成的酒精饮料。

鉴于化学分析中发现了酒石酸和单宁，同时考虑到当时的地理与气候条件，我们可以推知，作为酿酒原料的野果基本上只有两种可能性：山楂（*Crataegus pinnatifida*）或野生葡萄。[1]

---

① Bower（2004 年）、Bahnsen（2004 年）、CIIC（2004 年）、ORF（2004 年）、McGovern et al.（2004 年）、McGovern et al.（2005 年）、"9,000-year History of Chinese Fermented Beverages Confirmed"（2004 年 b）、McGovern（2009 年）第 29 页等、McGovern（2010 年）、Liu/Chen（2012 年）第 147 页、Kupfer（2013 年 a）、Wieloch（2017 年）第 59—60 页、McGovern et al.（2017 年）第 9 页、Sandhaus（2019 年）第 43 页等。刘莉（2017 年第 27 页）指出，大米不是贾湖先民的主食，种植稻米很可能完全是出于酿酒的需要。

琥珀光与骊珠：中国葡萄酒史

麦戈文团队的这一发现不仅彻底推翻了"中国人在公元前6世纪才开始酿酒"的传统看法，也颠覆了一直以来被学界普遍接受的观点：葡萄酒文化起源于近东，后来传播到欧洲、亚洲和北非（**挪亚假说**）。麦戈文早在1994年就在伊朗北部的哈吉·菲鲁兹土丘（Hajji Firuz Tepe）遗址发现了当时已知世界上最早的葡萄酒酿造遗迹（前5400）。表

图2.6　麦戈文手持最古老酒精饮料的有机物残留样本

面看来，这一发现能够佐证近东起源说。然而，贾湖遗址的发现使我们可以推断中国人利用葡萄发酵的历史远早于埃及（约前3500—前3000）、美索不达米亚（约前3500—前3000）和克里特岛（约前2200），并且也可能与后来在高加索地区（格鲁吉亚、亚美尼亚）[①] 发现的距今约8 000年的葡萄酒酿造遗迹形成时间线上的关联。此外，贾湖遗址的发现还对"葡萄和酿酒技术直到汉朝才由张骞从中亚引入中国中原地区"的传统认知构成了挑战，当然中国社会中一直以来占主导地位的"葡萄酒是西方舶来品"以及"中国完全没有酿造葡萄酒传统"的错误观念也就更加需要修正了。

贾湖遗址位于河南舞阳县，地处黄河、淮河与长江之间的平原地带。河南省人口超过1亿，是中国人口数量最多、人口密度也位居前列的省份。同时，河南地区也是中华文明的摇篮，拥有其他任何一

---

① McGovern（1997年）第5页等、McGovern（2003年）第14—15页、McGovern et al.（2004年）、Dönges（2017年）、McGovern et al.（2017年）。

个省份都无法与之相提并论的大量考古与历史发现，这些发现最早可以追溯到石器时代。贾湖距离河南省省会郑州仅 140 公里，而郑州在中国历史上第一个有文字记载流存至今的朝代——商朝时就是一个重要的枢纽城市。今天在郑州仍然能看到拥有 3 000 多年历史的气势恢宏的古城墙。郑州坐落于黄河平原，中国绝大部分史前聚落遗址都是在这个地区发现的，目前还有更多遗址仍在陆续发掘中。河南另一大型考古发掘地点——安阳殷墟王陵遗址位于郑州东北约 160 公里处。安阳是商朝后期的都城，今天人们可以在殷墟宫殿宗庙区的博物馆里看到商朝出土文物，包括几千件刻有中国最古老文字的龟甲和牛骨、精美的青铜器和带有丰富随葬品的墓葬等。

贾湖遗址得名于旁边的贾湖村，而村名里的"贾湖"就是附近的一个湖。该地区土壤肥沃，河流纵横，气候湿润，自古以来人们就在此精耕细作，发展出繁荣的农业经济。八九千年前，当地的自然环境比现在还要优越，气候温暖，植被茂盛，鸟兽成群。早在 1961 年时贾湖遗址就已经被发现，只是当时没有人意识到这个发现具有多么重大的意义。直到改革开放以后，人们才逐渐开始重视这个新石器聚落在中华文明起源研究中的关键角色。80 年代，考古学家张居中（中国科技大学，安徽合肥）率领团队首次对贾湖遗址进行系统性发掘，并发表了一系列报告。2000 年，贾湖遗址入选"中国 20 世纪100 项考古大发现"；2001 年，贾湖遗址被列为全国重点文物保护单位，并随即再次开启了大规模的发掘工作，越来越多的珍贵文物得见天日，引起了巨大轰动，其中就包括世界上最古老的酿酒遗迹。

由于贾湖遗址周围地区土壤肥沃适宜耕种，至少在公元前7000—前 5800 年一直有人类在此垦殖居住。贾湖遗址总占地约 5 公顷，但直到近期也才仅仅发掘出大约十分之一。发掘工作非常复杂繁琐，一个重要原因是遗址内的聚落属于不同历史时期，呈现层层叠压的形态，此外，遗址中的文物数量实在太大，并且常有惊人发现。我相信将来还会有更多珍品现身。在本书成书时，贾湖遗址共发现地面以下的五十多处房基、十几个陶窑和四百多个灰坑。灰坑中含有大量有机物残留，其中绝大部分已经得到分析鉴定，此外还有许多墓穴，内有极具研究价值的随葬品。专家推测，这里当时居住着大约180到240名贾湖先民。

尽管贾湖遗址有其独特性，一些学者仍将其归入早期裴李岗文化。裴李岗文化分布在黄河中游和河南省，迄今为止共认定120多个大大小小的聚落，出土了具有典型意义的陶器和石制工具。对出土器皿及其表面有机物残留的分析鉴定清楚表明，裴李岗文化展现出从新石器时代早期到中期过渡阶段的典型形态，也就是所谓"新石器革命"，即渔猎采集者转变为定居农耕者的漫长历史进程，也正是人类文明发端的时代。有证据表明，不仅在裴李岗文化的各个部落之间有交流往来，而且部分部落与该地区以外的其他族群也互通有无，甚至彼此杂居融合。不过裴李岗先民的人种归属仍然是一个学界尚未解决的难题。这些考古发现当然非常契合中国的传统说法"上下五千年光辉灿烂的历史"，并且考古界还在继续追寻中华文明更古老的源头，以更多考古发现来证明其自古至今的延续性。然而，人们在贾湖遗址中却惊讶地发现：通过测量墓葬中的遗骨可以推知，贾湖先民的身高在1.7米到1.9米之间，这就不能不让人联想到新疆地区出土的身形也相当高大的印欧人种木乃伊。也许将来我们可以通过DNA检测揭开贾湖先民的人种之谜。

贾湖遗址究竟有何独特之处？尽管发掘工作远未结束，但目前取得的成果已经能让我们对人类文明的最早发端、与之相关的各种作用因素和它们之间的关系获得相当多的了解，在这方面，贾湖遗址是一个典型范例。除了上文提到的从13到16件陶器的碎片上鉴定出人

图 2.7　配有塞子的陶壶，贾湖遗址

类最早的酒精饮料以外，贾湖遗址中还有更多惊人的发现。

贾湖遗址中的陶窑属于世界上最古老的制陶作坊之一，其中发掘出的陶器不但数量很大，而且具备令人惊异的艺术性。很明显可以看出，这些陶器不仅用于储存和烹饪食物（三足鼎），还特别用于酿造、存放和饮用酒精饮料，比如与古希腊双耳瓶类似的大腹陶瓶、与现代水罐类似的细颈陶罐，部分还配有陶制的塞子。有证据表明，在其后的历史时期中，人们仍在使用这种瓶塞，形状也与贾湖瓶塞基本相同（见图 2.7）。大量贾湖墓葬中也发现了作为随葬品的陶器，这让人联想到几千年后以盛有酒精饮料的陶器和青铜器随葬的葬丧仪式——人们相信，这些随葬品可以帮助死者顺利到达阴间，同时还能够维系生者与死者之间的感情。

贾湖遗址的几处墓葬中出土了 30 余件骨笛，是中国最古老的乐器（见图 2.8）。它们仍然可以奏乐，能够吹奏出五声音阶。这些骨笛是使用今天已经濒临灭绝的丹顶鹤（*Grus japonensis*）的翼骨制成的。丹顶鹤在中国和日本的神话传说及传统艺术中有着重要的象征意义，甚至被赋予了某种神圣性，人们将其称为

图 2.8　骨笛，中国最古老的乐器，贾湖遗址，河南考古研究院，郑州

琥珀光与骊珠：中国葡萄酒史

"仙鹤"。丹顶鹤以善舞闻名,在交尾期会作出独特复杂的舞蹈动作来求偶。可以推测,贾湖先民已经将丹顶鹤作为一种神鸟来崇拜,丹顶鹤的交尾舞、用骨笛演奏的音乐和萨满巫术仪式密切相关,而骨笛也正是在萨满墓中发现的。我们还可以进一步联想到,旧石器时代的欧洲奥瑞纳文化(Aurignacian)也有类似的骨笛,特别是发现于德国施瓦本汝拉山脉洞穴(Geißenklösterle、Hohle Fels、Vogelherdhöhle)的骨笛。它们是用西域兀鹫和大天鹅的骨头制作的,距今约四万年。[1]不过,我们可能永远无法确证,原始人类在创作这些世界上最古老的乐器和同时出现的小雕像(Venus of Hohle Fels)、洞穴壁画和岩刻(法国南部)等艺术品时,是否因为饮用了用野果制成的发酵饮料而获得灵感;我们也无从知晓,这些乐器和艺术品是否与当时的萨满巫术仪式有关联。与此相反,贾湖遗址则在这方面体现出明显的关联性。

贾湖遗址中出土的大量龟甲也毫无疑问是重要的仪式用品。这些龟甲里装有小卵石,可能是为了在摇动时发出响声。有部分龟甲埋在房基下面,这也许可以表明龟在中国和亚洲文化的宇宙起源观念和神话传说中扮演的角色。这也再次体现出东西方文化令人惊异的平行性:在以色列(Hilazon Tachtit,以色列北部)和德国(Bad Dürrenberg,萨克森州)也发现了萨满墓中随葬的龟甲,分别距今约12 000年和9 000年。

过去很长一段时间内,几乎没有人关注过贾湖龟甲及兽骨上所刻的符号,其实这是贾湖文化的重要成就之一。今天学界已经取得普

---

[1] 另见 McGovern(2009年)第17页。从"言"字的字源可以看出四千多年前中国文字出现时巫术与音乐及语言之间的密切关系。"言"的意思是"语言,说话",其原始形态可以解释为一笛置于嘴边。

遍共识：即便无法弄清楚这些符号的具体含义，但至少可以确认其为中国文字的最初形态，个别符号与年代远在其后的史前时代的一些符号有相似之处。再后来，商朝出现了中国最古老的文字——甲骨文，而甲骨文也是刻在龟甲或兽骨上的，且大量用于占卜。无论如何，贾湖符号与商代甲骨文都刻在龟甲或兽骨上这一事实可以说明，汉字的起源和发展与当时社会中存在的萨满巫术仪式与萨满巫师的社会功能密切相关。在贾湖遗址北面不远的地方，到商代以前平行发展出了人类最复杂的酒文化不是偶然的，这种酒文化所关联的多神与祖先崇拜以及墓葬仪式的精细程度也是独一无二的。不过，所有这些领域在从贾湖到商代之间五千年的发展历程对我们来说基本上仍是一团迷雾。虽然近年来一些地方多次发现象形符号，尤见于陶器纹饰，但专家学者仅仅破译了其中的一小部分。①

此外，贾湖遗址中也发现了最早的人工驯化狗与猪的证据，其中猪的驯化显然是全世界最早的。此外还有证据表明，贾湖先民有狗殉的传统。狗殉一直持续到商代中期，在商代晚期和西周时，马才逐渐取代狗成为殉葬的家畜。狗殉现象体现出贾湖先民对这种动物的珍爱。按照芬兰科学家的最新基因分析结果，中国的狗是从欧洲"进口"来的。②

---

① 关于贾湖符号见桂娟（2011年）、Rincon（2013年）。距离河南贾湖遗址约400公里的安徽蚌埠双墩遗址（距今7 300年）中发掘出带有600多个象形符号的陶器，其中一些比贾湖符号的结构更为复杂。蚌埠双墩符号很可能代表了中国文字发展的下一个阶段。另见吕春瑾 / 王吉怀（2015年）。

② Podbregar（2013）。古汉语中的犬字（古汉语 k'iwen，日语 ken）借用了印欧语（*kwon，希腊语 kyōn，拉丁语 canis），从这种借用中也可以看出狗在中国的起源。一个有趣的问题值得探讨：石器时代对狗的崇拜是否直接被祆教吸收保留，因为古代的祆教徒就把狗当作神圣的动物崇拜，直到今天仍是如此。

琥珀光与骊珠：中国葡萄酒史

2016 年底，贾湖遗址又有了一个轰动性的发现：研究人员借助精密的质谱分析法，在三座有 8 500 年历史的墓葬中鉴定出丝纤维的生物分子遗迹。由于同时还发现了简单的纺织工具和骨针，贾湖遗址被确认为最早制造丝织品的新石器时代聚落，从而一举把人类制丝的历史提前了 4 000 年。[1]

此外，仍在发掘和鉴定中的灰坑有机物残留可以证明，贾湖周边地区温暖的湿地保证了持续数千年的充足食物供应，发掘出的证据包括炭化稻米、菱角、橡子和山核桃等坚果、野生大豆、食用块茎和块根、莲子、莲藕、草籽和数量极多的鱼骨。大量鱼骨的存在可以证明捕鱼是主要食物来源之一。这方面的发掘和鉴定工作还在继续进行中。从出土的炭化食物的数量和大量石磨盘与磨棒上的残留物可以推测，橡子、菱角和莲藕是当时的主食。虽然有证据表明，贾湖遗址中的水稻（*Oryza sativa*）人工驯化已开始起步，但同时也可以断定，稻米在当时还只是一个很小的营养来源。所以我们不能排除，在当时的过渡历史时期，稻米首先用于为酿造贾湖"鸡尾酒"提供淀粉源。后来人们可能由于酿酒需求增大而大规模种植水稻——恰好与近东的"啤酒先于面包"现象形成参照（见图2.9）。此外贾湖遗址中也出土了大量石镰、石刀、石铲和用猪肩胛骨制成的犁头，这可以证明当时农业生产已经开始发

图 2.9　炭化稻米粒——全世界最古老的稻米，贾湖遗址，河南考古研究院，郑州

---

① 见 Gong et al.（2016 年）、Shi/Qi（2016 年）以及其他媒体来源。

端，不过日常生活中仍以渔猎采集为主。[1]

　　本书所关注的重点是贾湖遗址中出土的 110 粒炭化葡萄籽（见图 2.10），其数量之多超过了中国其他任何一个史前遗址。[2] 上文提到酿造贾湖"鸡尾酒"的野果只有两种可能：山楂或葡萄，但在贾湖遗址中并没有发现山楂的痕迹。于是，之前那些中国考古学家所提出的贾湖"鸡尾酒"是以中国独有的山楂所酿造的观点就站不住脚了。现在学者们谨慎地认为，可能葡萄与山楂都参与了发酵过程。河南省至少拥有 17 个本土野生葡萄品种，从而具备使用葡萄酿酒的天然优势。此外近期有专家学者承认，大量炭化葡萄籽的发现可以表明，不管是直接食用还是用于酿酒，葡萄都在贾湖先民的饮食中扮演着非同一般

图 2.10　9 000 年历史的葡萄籽，贾湖遗址

① 赵志军 / 张居中（2009 年）介绍了贾湖遗址中较新考古发现的详细信息。值得注意的是，黎凡特地区的纳图夫文化（Natufian culture，约前 12000—前 9000）中也有类似发现，如墓葬中的橡子、野生谷物、石磨盘、石镰、石刀、石锄、龟甲和狗骨等，并且那里也存在一种类似贾湖先民的生活方式。纳图夫先民酿造的原始啤酒因其营养和精神药理作用成为礼仪和社会生活中不可或缺的一部分。见 Katz/Voigt（1986 年）第 26 页等。在美索不达米亚也发现了公元前一万年左右的石镰和石磨盘，用于收割和加工野生谷物，也用于酿造啤酒，见 Standage（2006 年）第 3 页。

② 20 世纪 90 年代以来，考古学家对玉蟾岩洞穴遗址进行了系统发掘。该遗址位于今湖南省南部，距今约一万年，属于新石器时代。遗址中发现了四十多种植物遗存，如猕猴桃和李子，也有野生葡萄（Vitis sp.）的葡萄籽，不过还未发现任何有关酒精发酵的证据。出土的陶器也仅限于一些粗糙的碎片，不过，考古学家将这些碎片拼接还原，成功修复了一个锥状饮杯等。此外，这里还发现了最古老的稻作农业的雏形。见吕庆峰 / 张波（2013 年）、《湖南玉蟾岩遗址》（2010 年 b）。2016 年初，考古学家在江苏西北部发现了超过 8 000 年历史的稻田，这是迄今为止世界上最古老的此类发现，见《湖南玉蟾岩遗址》（2016 年 b）。

　　　　　　　　　琥珀光与骊珠：中国葡萄酒史

的角色，类似的情形在近东地区也可以看到。正如麦戈文所强调的，他对贾湖陶器表面"鸡尾酒"残留物所做的生物分子鉴定已经彻底排除了葡萄以外的果类作为发酵原料的可能性。[①]

著名的中国酿造及食品史专家黄兴宗提出了一个很有启发性的关于"贾湖鸡尾酒为纯葡萄酒假说"的另类解释：很可能当时的陶器属于贵重器皿，会被反复使用，比如一次用于盛放稻米酿造的饮料，另一次用于酿造和盛放葡萄酒。这意味着在贾湖遗址可能产生了中国最早的纯葡萄酒，醉猴传说以及很多进化生物学家的观点也可以支持这一点。[②] 黄兴宗给出的结论是：

然而我们可以确定地说，中国在公元前 7000 年到公元前 2000 年出现了果酒，可能就是葡萄酒。[③]

---

① McGovern（2009 年）第 37 页。

② 不过，如果有人认为贾湖酒是整个人类最早的纯葡萄酒，那就是很大的误会，因为贾湖酒是混合型酒而非纯粹的葡萄酒。我要强调的是，贾湖混合型酒与稍晚在近中东、波斯、埃及等欧亚史前社会差不多同步出现的混合型酒非常类似，都是利用葡萄作为发酵剂，再配以粮食、蜂蜜、药草等。中国几百万年以来拥有 40 多种土生土长的野生葡萄种类（Vitis），占世界各大洲野生葡萄种类的三分之二。原始人早已发现和利用了葡萄容易发酵的特性，全欧亚如此，中国更是如此。不过，由于中国很早就发展了粮食文化，所以酿造混合型酒（包括使用稻米、粟、高粱、大麦等）在中国各地很常见。

从考古的角度来看，最早酿造纯葡萄酒的地方是至少 8 000 年前的高加索山区（格鲁吉亚、亚美尼亚），而且那里已经开始出现被驯化和人工栽培的葡萄（Vitis vinifera ssp. vinifera）。由于中国的野生葡萄品种特别丰富，因此中国的原始人自然而然地在石器时代就已经开始利用野生葡萄逐渐完善酿酒技术。自古至今在一些地区——如山西、广西，农民在山林中采集野生葡萄，在家里用很简单的方式酿造葡萄酒，这好像已经成为几百年甚至几千年以来的传统。我认为欧亚大陆很早就有各民族之间的迁移和交流，包括酿酒的知识。总之，酿酒包括酿葡萄酒不可能有单一的发源地。

③ 见 Huang（2010 年）第 52 页，另见应一民（1999 年）第 172 页。应一民也认为葡萄酒在中国有着 6 000—7 000 年的历史，是中国最古老的酒精饮料。

从全球视角来看，贾湖遗址具有独一无二的代表性意义：一方面是它象征人类发酵文化起始阶段的意义，另一方面是其对于人类进化史和文明史的重要性——酒精发酵的发现和利用与最早的魔法、萨满巫术仪式和宗教活动以及几乎所有其他文化创造都密切相关。

2013 年 11 月初，离贾湖不远的河南漯河市举办了纪念贾湖遗址发掘 30 周年的国际研讨会，来自中国和世界其他地区的专家学者在会上展示了关于贾湖遗址及中国其他新石器时代聚落的最新发现和研究成果。一位中国顶尖考古学家经鉴定确认，贾湖遗址中发现的葡萄籽出自蘡薁（*Vitis adstricta Hance* 及 *Vitis bryoniifolia*），从而为这种见载于《诗经》的中国本土葡萄品种的存在和广泛传播提供了证据支持。

在这次研讨会上有几位学者提出，贾湖遗址发现的最古老的稻米人工栽培遗存表明，稻作农业是从长江河谷发端，继而传播到其他地区的。而在远早于贾湖遗址的两万年前，黍类就已经从中国北方地区传到南方了，起初为野生，后来被人工驯化，主要分为粟（*Setaria italica*，俗称小米）和黍/稷（*Panicum miliaceum*）两种。河南及中原其他地区的几个考古发掘地点中曾出土粟或黍，但其在新石器时代的饮食中几乎没有任何地位。[①] 而中国南方在新石器时代的主要食物是

---

① Liu/Chen（2012 年）第 82 页等。辽宁省沈阳市北郊的新乐遗址是发现人工驯化黍的最古老的村落遗址之一。在中国西部地区，在一些年代晚于新乐文化的遗址中也发现了黍，特别是位于塔里木盆地东部、属于青铜器时代的小河墓地中还同时发现了小麦干粒，这表明，在当时东西方的农产品交换中，小麦和大麦是从西方进入东方，而黍则正相反，是从东方传入西方，当然迄今为止学界对这些交换路径的研究还很少。关于新疆小河墓地中发现的小麦和黍见 C. Li et al.（2011 年）、C. Li et al.（2016 年）。除了大米，小米也在中国的发酵历史中扮演着一个重要角色，在一些地区还被用来制作所谓的"口水啤酒"，也就是说，在长时间的咀嚼过程中，唾液淀粉酶将淀粉转化为糖，从而促进发酵。这种做法也存在于世界上其他一些地区的文化中，例如南美人咀嚼玉米酿制奇恰啤酒。见 McGovern（2009 年）第 38—39 页、第 206—207 页。一个特别典型的例子是中国台湾的南岛语系 （转下页）

琥珀光与骊珠：中国葡萄酒史

植物块茎，如山药、芋头、莲藕、慈姑等，大米后来才成为主食。[①]

发酵工艺发端于贾湖文化，繁荣于商代，这中间有着长达五千多年的时间跨度，关于发酵工艺后续发展的直接证据还很不充分，这使得我们对这段漫长的历史时期缺乏足够的了解。直到几年前，专家学者们才开始关注酒文化这个对中华文明发展进程具有重要意义的专业领域，也开始对考古遗迹进行化学分析，正如贾湖遗址中正在进行的一系列工作。

当然，在陶器领域，专家学者已经做了很多工作，对分布在今天中国境内各地的新石器遗址出土的大量陶器进行了细致和系统化的研究。有些陶器拥有一万年的历史，贾湖遗址中出土的陶器已经具备了相当程度的艺术性。裴李岗文化和贾湖文化都分布在黄河以南的中原地区，继裴李岗文化之后出现了多处较大的新石器文化：浙江北部的河姆渡文化、河北的磁山文化（前5400—前5100）、黄河下游地区的北辛文化（前5400—前4400）、黄河中游地区的仰韶文化、山东及苏皖豫部分地区的大汶口文化（约前4500—前2500）、黄河中下游的龙山文化（前2600—前2000）和浙江北部杭州一带的良渚文化。这些新石器文化遗址中发掘出的陶器展现出越来越丰富多样的形制。它

（接上页）人群，其制作口水啤酒的历史很长，一直到近代仍然保留着妇女将咀嚼后的小米渣吐在大缸里，进而加工为"小米啤酒"的工艺。公元前5世纪的日本绳文文化中也有类似的做法，见 Huang（2000年）第154页。关于小米及其不同亚种对西伯利亚和欧亚大陆北部的斯基泰人、突厥人和蒙古人酿造酒精饮料的重要性见 Allsen（2018年）第10页等。

① 在台湾东南部的兰屿，芋头和山药仍然是当地达悟人的主食。水稻种植在东南亚地区的推广也比较晚。俞为洁（2003年）非常详细地阐述了在人工驯化水稻和引进较新的蔬菜品种之前，各种蓼科植物（*Polygonacceae*）作为中国南方史前先民主要食物的历史和食用方式，特别是其在酒精酿造中的作用——蓼草专门用于制备一种植物发酵剂，即蓼草草曲。有趣的是，根据俞为洁（2003年）第77页的说法，今天在大多数绍兴米酒的酿造工艺中仍然使用蓼草草曲作为发酵剂。

们有的形状相似，有的甚至完全相同，中文中有一套传统术语对其进行分类。这些术语适用于商代至西周器皿的复杂类型系统及其各自使用的汉字（见本书第四章）。借助这个或可追溯到三千年前的分类系统，我们可以对这些陶器在新石器时代的用途做一些合理推测。[①] 鉴于商代和西周各种青铜器的用途都有详实的记录，我们可以认为，相同形制陶器在更早以前就已经用作同样的目的。总之，参照青铜器可以分辨出，大约所有的陶器种类中有一半以上用于酿酒、储酒、斟

[①] 在中国的新石器文化遗址中，最令人惊异的是浙江北部的两个史前聚落，即宁波以西约 30 公里处的河姆渡文化和杭州以西约 70 公里处的良渚文化，直到今日，研究人员仍远未能揭开其神秘的面纱。虽然两个遗址之间的直线距离还不到 150 公里，但这两种文化却显示出重大的差异。因此，不能像过去的传统观点那样认为良渚文化是河姆渡文化的继承与发展。河姆渡文化遗址离海边不远，房屋多为木结构干栏式，遗址中发现了关于最古老的湿稻种植、稻米烹饪、长屋建筑、纺织品加工、水牛、猪和狗的人工驯化的考古证据。除了大量农耕、捕鱼、狩猎、建筑和编织工具外，还发现了种类极其丰富也颇具艺术性的器皿，包括部分带有纹饰的黑陶以及中国最古老的漆器。这些器皿很可能用于饮酒仪式。显然，水稻收获的富余部分被用于制作酒精饮料。与贾湖一样，在河姆渡也发现了骨笛，但目前对其用途仍一无所知。木制船桨和陶质独木舟模型器的发现表明海上航行可能在河姆渡人的生活中扮演着某种角色，他们甚至可能与东南方的太平洋岛民有一些联系。另一方面，根据最新的研究成果，晚期良渚文化具有广泛的影响力，甚至远达中国中部和西北部，因此不能排除良渚先民与同时期生活在塔里木盆地和河西走廊上的印欧移民有接触往来。良渚文化的最大特色是玉雕艺术，玉器以代表宗教政治权力的玉琮、玉璧和玉钺为主。这些玉器数量很多，可能用于崇拜一个独一的神，这也就意味着良渚先民信奉某种一神教。此外，目前考古人员正在良渚古城（分为宫殿、内城和外城三部分）附近发掘一个巨大的水利工程遗址，这可能是世界上同一历史时期最大的水利工程。良渚文化和河姆渡文化遗址中都修建了现代化的博物馆，可以让人们对 5 000—9 000 年前人类的生活方式获得非常难得的直观印象。我在 2016 年 10 月参观了这两座博物馆，在此衷心感谢良渚博物馆馆长马东峰先生、河姆渡博物馆馆长姚小强先生和现场的考古学家为我所作的导览，我们还进行了很有启发性的讨论。遗憾的是，除了丰富的器皿发现和葡萄籽的个别证据（见下文）之外，由于缺乏相关的分析鉴定，对于酒文化和酒文化相关礼仪以及河姆渡文化与良渚文化的亲缘关系仍然没有明确的认识。良渚文化已在 2019 年被收入联合国教科文组织世界文化遗产名录。

酒、饮酒和祭酒。[1] 在有些考古遗址中可以直接分辨出陶器的用途，比如 1979 年在山东大汶口文化晚期的一处墓葬中发掘出大量陶器，其中有一整套器皿用于制作酒精饮料，包括发酵所需的大陶罐、滤酒的漏缸、贮酒的陶瓮、煮熟物料所用的陶质三足鼎，此外还有百余件饮器。其中一件随葬陶缸上的图案表现过滤酒精饮料的场景，可以推测墓主是一位"酿酒官"，在当时的社会中享有很高的地位。在后来的龙山文化遗址中还发现了更多酿酒和饮酒器具。研究人员对新石器早期的细颈器皿（部分配有塞子）内壁表面的残留物进行了化学分析，发现这些器皿很可能是用于储存酒精饮料的。在贾湖遗址的墓葬中就有这类陶器。

仰韶文化中特别引人注意的是尖底小口双耳陶瓶，发现于著名的半坡村遗址，位于今西安市附近。同样形状的陶瓶不但在地中海葡萄酒贸易、埃及和美索不达米亚为人所熟知，在公元前 2200—前 1700 年的中亚绿洲文明[2]中也属常见。河南仰韶遗址最早的考古发掘始于 1914 年，由瑞典地理学家、考古学家约翰·古纳·安特生（Johan Gunnar Anderson）主持，他甚至主张文化传播论，即仰韶遗址中发现的陶器明显与位于丝绸之路上的新石器聚落阿瑙（Anau，今土库曼斯坦境内）和东欧的特里波利耶文化（Tripolye culture）表现出高度的关联性。[3]黄兴宗也认为，这些尖底小口双耳陶瓶在公元

---

[1] 值得注意的是显然存在于所有欧亚文化中的三足鼎。这种器皿首先用于加热酒精饮料，进入新石器时代以后也用于献祭仪式，贾湖遗址中也出土了这种三足鼎。有意思的是，公元前 1700 年的希腊克里特文化也有形状相近的陶制三足鼎，显然是用于加热一种含有树脂的葡萄酒饮料。见 McGovern（2003 年）第 260—261 页。

[2] 也称为奥克苏斯文明（奥克苏斯是阿姆河的古称），或在专业英语中叫作 *Bactria-Margiana Archaeological Complex*（BMAC）。

[3] Liu/Chen（2012 年）第 4—5 页。

前5000—前3000年不是从西方传到了东方，就是从东方传到了西方，同时还伴随着啤酒与葡萄酒酿造工艺的传播。[①] 苏美尔文化与中国商代文化中都有一个象形字，看起来像一个尖底陶瓶，代表发酵制成的酒精饮料，可以作为东西方贸易往来的证据。[②] 仔细考察中国境内丝绸之路沿线的考古遗址，特别是甘肃大地湾文化（前5800—前5300）、马家窑文化（前3800—前2000）和齐家文化遗址中发掘出的纹饰精美的新石器晚期陶器，我们就会更加清楚地看到史前交流的迹象。在发酵工艺方面这些迹象体现得尤为明显，而葡萄酒在整个酒精酿造中所扮演的角色是绝不可小觑的（见图2.11、图2.12）。[③]

---

① Huang（2000年）第275页等。

② 关于中文象形字"酉"见本书第一章的相关内容。双耳尖底瓶在大汶口文化和龙山文化将近末期时消失了，见Huang（2000年）第277页。关于苏美尔文化中指代啤酒的象形符号（前3200年起）见Standage（2006年）第13页等。

③ 在本书接下来的篇章中可以一再清楚地看到，几千年来，山西省、陕西省以及黄河中游地区一直在中国的葡萄酒和其他酒精饮料酿造中占据着关键性地位。越来越多的陶器陆续发掘出来，尤为典型的是在这些地区的大量遗址中已经发现或仍在陆续发掘中的尖底瓶。依据这些考古发现我们可以推测，早在新石器时代就有一条从中亚经中国西部，沿河西走廊通往陕西、河南和山西的路线。直到最近几年斯坦福大学考古中心的考古学家刘莉和她的团队才通过更详细的研究确凿无疑地证明了仰韶文化的尖底瓶和其他各种陶器（如标志性的带流壶）用于酿造酒精饮料以及复杂的饮酒仪式，这种饮酒文化极大地塑造了当时的史前社会。对来自10个仰韶遗址的62个尖底瓶中的残留物进行的生化分析表明，可能有两种以谷物为基础的发酵方法：（1）将粟或黍以及野麦制成麦芽，然后借助酿酒酵母（*Saccharomyces cerevisiae*）将糖分发酵成酒精；（2）首次尝试使用酒曲同时进行糖化和发酵。在不完全驯化的稻米中多次检测到典型的微生物痕迹（霉菌和酵母菌，特别是曲霉、根霉和毛霉），指向技术水平较高的第二种发酵方法，并首次表明，东亚特有的曲法发酵很可能比现在已知的要早得多。更多详细阐述见刘莉（2017年）、Liu/Wang/Liu（2020年）、Liu/Li/Hou（2020年）、刘莉等（2017年）、Liu et al.（2019年a）、Liu et al.（2019年b）。与这些发现相关联，刘莉（2017年）第32页、刘莉等（2017年）第28页和Liu et al.（2019年a，含补充资料）中探讨了陕西北部榆林地区一个显然可以追溯到仰韶遗址时期并流传至今的传统，即用麦芽（玉米）、（转下页）

图 2.11　尖底双耳陶瓶，马家窑
文化，前 3300—前 2100 年，兰
州市博物馆，甘肃（左图）

图 2.12　马厂类型人头形器口彩
陶瓶，马家窑文化，前 2400—
前 2100 年，兰州市博物馆，甘肃
（右图）

　　近几十年来，青海柳湾遗址出土了大量带有纹饰的彩陶，其造
型之独特、数量之大，在中国，甚至在整个欧亚地区都是首屈一指
的。柳湾遗址位于河西走廊上青海省最东部的海东市乐都区，[①]与甘肃
省接壤。到本书成书时，柳湾遗址中共发掘墓葬 1 700 座，出土珍贵
随葬品 35 000 余件，其中约有 15 000 件为彩绘陶器，所属年代在公
元前 2500—前 1100 年之间。柳湾遗址群包含多个文化层，分布在青
海东部和甘肃东部的不同地区。可以推测，这些聚落在史前丝绸之路
沿线的东西方交流中扮演着重要角色。并且，除了制陶技术以外，谷

　　（接上页）小米粉和酿酒酵母（*Saccharomyces cerevisiae*）制作一种叫作"浑酒"的
啤酒，在一些重要的节庆时饮用。刘莉等人认为这种啤酒起源于中国中原地带。位
于河西走廊和黄河上游地区的大地湾、马家窑、齐家等新石器时代和青铜时代早期
文化在东西方交往中发挥了特殊作用，见 Liu/Chen（2012 年）第 150、232、322 页
等。在这个意义上，需要对格鲁吉亚 Trialeti 文化的大量彩绘陶器进行更细致的比
较研究，因为它们明显与中国河西走廊地区发掘出的基本属于同一历史时期的陶
器有很大的相似之处，显然这些陶器与葡萄酒的生产和储存有关；Narimanishvili et
al.（2018 年）第 213 页等对此有图示说明和描述。

①　位于湟水河河谷地区。

物栽培（小麦、大麦、燕麦）、青铜器工艺和其他文明成果也都通过史前丝绸之路从西亚和中亚传到了中国。[1] 柳湾遗址出土的陶器不仅造型极其丰富，而且表面带有精美繁复的纹饰，与中国东部地区出土的同一历史时期的陶器形成了鲜明对比。除了大量几何图形、圆圈和蛙纹，人脸和人身造型也特别引人注意，比如有一只明显是酒器的陶罐表面带有人体浮雕，呈现出同时具有乳房和阴茎的两性合体造型。柳湾遗址的发现可以提供多方面的证据。首先，柳湾陶器与主要在伊朗北部发现的同期及更早的陶器在造型方面的相似性非常明显，很难被忽视。[2] 其次，已经达到相当发展水平的农业和手工业（如纺织技术）与作为随葬品的相关器具，以及其他指向精耕细作的谷物种植的证据都表明了柳湾文化与西域的联系。一个可能的结论就是：制作酒精饮料的发酵工艺与技术也是通过史前丝绸之路经河西走廊传入中国的。这一点与另一个明显的迹象相吻合，即墓葬中的陶器及其他随葬品明显具有灵性-礼仪方面的重要性。较晚时期的墓葬在随葬品的大小、数量和类型方面体现出明显的社会阶层分化。精英阶层的葬丧仪式显然要隆重得多，他们的墓中不仅有大量器皿随葬，还有象征权力的石斧、首饰和陶鼓。[3]

---

[1] 柳湾遗址中的几种亚文化位于大型墓葬群的不同位置，是源自不同历史时期的聚落，它们之间并没有明显的差异，大致都可以归为马家窑文化。详细来说可以分为以下几种亚文化：半山类型、马厂类型、齐家文化和辛店文化。1974 年，人们在开挖水渠时意外发现了柳湾墓葬群，其规模之大在中国的同类原始墓葬中首屈一指。柳湾遗址中的彩陶博物馆自 2004 年起向公众开放。关于柳湾遗址考古发掘的更多细节及其独一无二的重要性见 Liu/Chen（2012 年）第 233—234 页、何聪 / 王梅（2016 年）等。

[2] 例如德黑兰国家博物馆的一些展品可以体现出这种相似性。

[3] 柳湾墓葬群中常见的绿松石可能来自伊朗呼罗珊地区的大型矿床 Ali-Mersai，呼罗珊地区正是丝绸之路中段所经之地。另一方面，珍珠和珍珠贝母首饰则表明柳湾与遥远的中国东海海滨地区有着交流往来，所以也不能排除柳湾与对其他地区有着广泛影响力的良渚文化的联系。

我们现在将目光转向年代上更早一些的距今约 5300—4300 年的良渚文化。学界对于良渚文化的研究仍在进行，可能还会持续数年甚至数十年。目前在长江三角洲南部、太湖流域和杭州一带发掘出的百余个遗址都被认定为属于良渚文化。那里出土陶器的数量之多、工艺水平之高超令人赞叹。可以清楚看出，这些陶器与中国西北地区、中亚和波斯出土的陶器有明显关联，如高柄杯、无柄饮器、耳壶、耳杯和可能用于制作发酵饮料的过滤器皿等。近来在多个遗址，也包括良渚当地的遗址中发现了大量有机物残留，其中也有葡萄籽，

不过目前还不能确认其所属葡萄的种类，也不清楚这些葡萄是食用还是用于酿造酒精饮料。不过，依据我们对远早于良渚文化的贾湖文化、与良渚文化几乎同期的其他文化及其制陶工艺的了解，可以推断良渚文化中发现的野生葡萄是用于酒精发酵的。[1]（见图 2.13）

图 2.13　良渚文化陶器：陶壶及过滤器皿，前 3300—前 2300 年，良渚博物院，杭州

中原地区的发酵史从贾湖遗址到商代存在着几乎长达 6 000 年的断层，而陵阳河遗址与两城镇遗址可以对填补这个空白提供很有价值的线索。这两个遗址都位于山东省，相距仅一小时车程。山东半岛在中原以东，中原地区则位于黄河中游，是华夏文明发端的核心地区。

①　关于良渚文化四个发掘地点发现的葡萄籽见郭会生 / 王计平（2015 年）第 98—99 页。浙江省嘉兴市附近的庄桥坟遗址中发现的陶器和玉盘上有一些符号，学界认为它们是一千年后才趋于成熟的商代甲骨文的前身，它们因此成为贾湖龟甲上最古老的符号与后来中国文字发展之间的重要一环。此外，良渚遗址中也发掘出越来越多的农业、丝麻纺织业和各种手工业高度发达的考古证据。

传说中山东最早的居民是东夷部族。一方面，从东夷部族中产生了多位对中华文明贡献良多的首领，如大约生活在 5 000 年前的上古君主太昊。太昊实际上与神话传说中发明八卦的伏羲为同一人，尽管伏羲的故里在甘肃。[①] 此外，神话传说与考古发现都支持山东是汉字的发源地，考古发掘出的大量骨刻文和陶刻纹可以证明这一点。在一千年后的商代，也就是中国文字的成熟阶段，骨刻文和陶刻纹融汇成甲骨文。另一方面，对周围其他民族抱有优越心态的华夏族后来形成了排斥东夷民族的史学传统，仅从"夷"这个名称（象形字"夷"代表一个身材高大的人手持弓箭）就能看出，东夷民族与南蛮（虫字旁）、北狄（反犬旁）和西羌（羊字旁）被划为同类。商朝的统治者甚至不断出兵征伐这些"蛮夷"之族。考古发现从各个方面都证实了东夷族同时与一种高度发展的酒精文化的繁荣有关，所以从发酵与酒类研究的角度来说，对神话和历史记录、考古与语言学的证据及理论进行比较分析和跟踪研究是非常值得的。这些证据和理论表明，印欧-伊朗语系的民族和语言对西部、北部，可能也已进入山东的中原原始文明形成了"包围圈"[②]——后来在前 1000 年左右，伊朗的斯基泰人也形成了一个类似的影响区域，甚至远达中国南方。[③]

---

① 关于伏羲的更多内容见本书第三章。

② Mallory/Mair（2000 年）第 126 页等。包括欧亚大陆北部草原地带最古老的印度-伊朗文化：阿凡纳谢沃文化（Afanasievo culture，前 3300—前 2500）、奥库涅夫文化（Okunev culture，前 2500—前 1800）和安德罗诺沃文化（Andronovo culture，前 1700—前 1500），有学者认为这些古老民族可能是生活在塔里木盆地的吐火罗人的祖先，见 Mallory（2015 年）第 36 页等。马的驯化、马车的发明和青铜冶炼也通过这些文化传到中国，山东的墓葬发掘尤其可以在这方面提供很多有利的证据。

③ 北方民族戎和狄可能属于印度-伊朗语系，关于这两个民族及其葡萄酒文化见本书第三章，关于斯基泰人的广泛影响见本书第四章。

陵阳河遗址比两城镇遗址年代略早，位于今山东省日照市莒县境内。1957 年，遗址因洪水冲刷暴露于地表而被偶然发现。这里发掘出的史前聚落属于大汶口文化中晚期，不过也具备了一些龙山文化的特征。直到前不久还有很多中国媒体报道称，前 2800 年的陵阳河文化是中国啤酒酿造的源头，所以中国的啤酒酿造已经拥有 5 000 年历史，比埃及和美索不达米亚还要早。陵阳河遗址中的两处墓葬各发现了一套完整的陶制酿酒器，包括滤器、漏斗、瓮、献祭器皿、盆和盏等，这是首次发现全套的酿酒器皿。考古学家认为，此处酿造的是一种基于麦芽发酵的谷物酒，显然与啤酒的酿造方法相同。此外，陶器中还有酒壶、耳杯、高柄杯和其他酒器，部分已经与两城镇遗址出土的典型的精美黑陶有类似之处。陶器之外的另一重要发现是一些上古符号，很明显可以归入汉字发展的预备阶段。特别值得关注的是，在部落首领的墓葬中发现了一只陶质牛角号，其形状与牛角类似，这是中国考古遗址中首次，也是大汶口文化中唯一一次发现陶制号角。考古学家猜测这是一只用于发号施令的号角，因而它也是部落首领权力的象征。今天在莒县可以看到一座部落首领手持牛角号的雕塑。[①]

---

① 没有具体说明哪种谷物被用于制作麦芽。古美索不达米亚人种植大麦比陵阳河先民早数千年，而且很可能首先将大麦用于酿造啤酒（见本书第一章），因此，啤酒是中国的另一项发明的假说似乎无法成立。大麦和小麦大约在 4 500—5 000 年前从西亚和中亚经新疆、甘肃和山西传入中原和东部沿海地区，从只比陵阳河遗址晚几个世纪的两城镇、陶寺和米家崖遗址（见下文）的考古发现也可以推断出这一点，其中米家崖遗址中发掘出了中国迄今为止最古老的大麦遗存。更多相关阐述见下文及 Liu/Chen（2012 年）第 92 页等。因此，更大的可能性是：（1）陵阳河先民酿造出了中国最早的史前啤酒之一，而酿造技术是与大麦一起从西亚和中亚经过漫长的旅途来到此地；（2）陵阳河先民利用野葡萄本身带有的酵母菌进行发酵，并加入大麦芽作为糖源，酿造出新石器时代的"鸡尾酒"，这是两城镇和其他欧亚早期文化的典型做法（见下文）。这种饮料可能是商代常见的醴或者是醴的前身，（转下页）

中国第一代考古学家早在1934年就发现了位于今日照市东港区的两城镇遗址。日照地处山东东南沿海，离山东省另一重要海滨城市青岛不远，在青岛偏南方向。始于德国殖民地时代的青岛啤酒（Tsingtau）至今仍蜚声国际。两城镇是东亚最重要、也是最大的龙山文化史前聚落。此外，山东省境内还有几百座龙山文化遗址，都出土了大量精美文物，它们是当时高超手工技艺的明证。除了玉石首饰以外，两城镇遗址最独特也最具代表性的发现当属蛋壳黑陶。这些器皿基本上都发现于墓葬中，表面乌黑发亮，胎薄如蛋壳，其中最引人注意的是黑陶高柄酒杯，其制作之精美、外形之优雅，以今天的眼光来看也并不过时。毫无疑问，这些高柄酒杯可以证明四五千年前两城镇先民的精英阶层中已经流行着一种高度发展的饮酒文化。

1999—2001年，在一个中美专家团队的共同发掘工作中，麦戈文接受委托对出自不同陶器（酒杯、酒盏、釜、耳罐、炊具和滤器）的27个酒精饮料残留物样本进行化学分析。这些陶器均属于龙山文化中期，同类陶器共出土200余件，全部都可以认定为后来出现的青铜器的原型。化学分析的结果令人惊讶——麦戈文鉴定出一种与"贾湖鸡尾酒"极为相似的混合型酒精饮料，它以大米、蜂蜜和野果制成，用于随葬和祭祀，也是生活中的享受品。鉴于其中酒石酸和酒石酸氢钾的含量很高，酿造原料中的野果很可能是葡萄。这一推测符合当地的自然条件——山东省至今仍拥有至少十个野生葡萄

（接上页）并与黄帝5 000年前利用麦芽（蘖）发明醴的神话相吻合（见本书第四章）。然而，目前这方面的研究还很不充分。此外，陶质牛角号是否应首先被诠释为饮酒文化的象征可能也是一个值得探讨的话题。关于两城镇和陵阳河的发掘情况，刘莉（2017年）第29页进行了很有参考价值的探索：在大小和规格各异的陵阳河墓葬中一共发现了663个高柄杯，它们是中国东部大汶口文化社会精英的饮酒仪式中所使用的典型酒器。与此相反，在西北部的仰韶文化中，饮酒仪式表现为多人各用一根吸管共同从一个陶瓶中吸酒，那里的考古发掘中几乎没有发现过饮杯。

琥珀光与骊珠：中国葡萄酒史

品种，是中国几个葡萄原产地之一。此外在用于制作食物的器皿中也发现了葡萄酒残留物，考古学家据此推测，新石器晚期的人类可能已经掌握了在烹饪中以酒调味的技术。尽管贾湖与两城镇之间相隔700公里，但自古以来人们就可以通过黄河中下游水道来往两地，所以早在史前时代两地先民之间就有接触往来，这一点也有确凿证据可以证明。①

　　化学鉴定的结果还带来更多值得关注的问题：在所有样本中都发现了树脂和药草作为辅料的痕迹。一方面，与蜂蜜类似，树脂也是整个欧亚大陆上常见的香料与防腐剂，主要用于葡萄酒，对此我在第一章里已经做过论述。这一点很容易让人推测当时的中国可能已经与近东和地中海沿岸地区在酒文化方面有着技术交流。酿酒时添加药草可能是中国先民独立发展出来的配方，也可能是借鉴西来文化的成果。无论如何，值得注意的是，从前3150年开始，古埃及人也在酿造葡萄酒时添加药草，比如具有抗癌功效的中亚苦蒿（别名洋艾、苦艾，*Artemisia absinthium*）。在中国的一种"鸡尾酒"中也发现了中亚苦蒿的成分。这说明，中国人和埃及人都有意识地制作与巫术仪式密切相关的药剂。此外，在中国和埃及发现的5 000多年前的陶瓶和其他酒器有着令人惊异的相似性，② 晚期乌鲁克（前3200—前3000）和Tall Bazi（前1400—前1200，叙利亚北部）等美索不达米亚考古遗

---

① 关于两城镇遗址的发掘与分析鉴定工作见麦戈文等（2005年）、McGovern（2009年）第54页等、Liu/Chen（2012年）第217页等、《中国人酿造葡萄酒有近5000年历史》（2008年），以及维基百科词条"Wine in China"。

② 关于古埃及葡萄酒-鸡尾酒的发现和分析鉴定见McGovern et al.（2009年）、Avril（2009年）。某些药草在以谷物为原料制作酒精饮料时可以加快糖化和发酵的速度。例如，台湾至今仍然有按照传统配方搭配某些野生药草用于酿造小米酒的习俗。

址中也发现了类似的陶器和大麦啤酒和葡萄酒的残留物。[①] 极有可能，两城镇的酒精饮料是一千多年后产生的一种叫作"鬯"的"药酒"的过渡阶段。商代的甲骨文对鬯有所记载。

绝大多数两城镇遗址陶器样本表面还鉴定出了大麦（*Hordeum vulgare*）的痕迹，这引起了轰动。虽然在遗址中并没有发现大麦籽粒的痕迹，但这可以用湿润的海滨气候使得大麦迅速腐烂来解释。同样，在进行化学鉴定之前，遗址中也只找到三粒葡萄籽。大麦的人工栽培最早始于一万年前的近东，在前 6000—前 5000 年传到俾路支斯坦（伊朗东部 / 阿富汗南部 / 巴基斯坦西部），在前 4000—前 3000 年沿着后来的丝绸之路传到中亚、中国西北和中原地区。在龙山文化后期遗址以及年代在前 1000 年以后的韩国和日本考古遗址中也偶尔发现过大麦。我们可以认为，这些大麦是从山东半岛通过海路进入韩国和日本的。同时，关于大麦非常适合制作麦芽和酿造啤酒的知识似乎已经从美索不达米亚传到了东亚，很可能大麦在东亚也专门用于酿酒，正如我们在陵阳河与两城镇遗址所看到的情形。然而，麦戈文的分析结果可以证明，不管是用大米还是用大麦，在两城镇发现的酒精饮料显然不是利用麦芽的糖化作用酿造的（如啤酒酿造）。由此可以得出结论，野生葡萄才是其酿造过程中的发酵剂。

位于印度河谷以西、今巴基斯坦西南部的新石器时代聚落梅赫尔格尔（Mehrgarh）与贾湖遗址大致属于同一年代，其最早阶段可追溯到前 7000—前 5500 年，是南亚地区有证据表明最早开始农业和人工栽培小麦（一粒小麦、二粒小麦）、大麦以及养殖绵羊、山羊和

[①] Damerow（2012 年）第 4—5 页。在叙利亚北部的 Tall Bazi 遗址的 50 余座房屋中发现了多个较大的器皿，根据 Martin Zarnkow 在魏因施蒂芬（Weihenstephan）研究中心实验室所作的分析鉴定结果，器皿表面残存草酸盐，说明这些器皿是用于储存啤酒的。见 Curry（2017 年）第 8 页、Wieloch（2017 年）第 61 页。

琥珀光与骊珠：中国葡萄酒史

牛的地方。晚期梅赫尔格尔聚落中发现的高柄陶杯（约前 4000）和葡萄树残枝（约前 2500）可以证明该地区的葡萄种植已有近 6 000 年的历史。[①] 与伊朗东南部的被焚之城（Shahr-e Sukhteh）、吉罗夫特（Jiroft）和泰佩亚赫亚（Tepe Yahya）等新石器聚落一样，梅赫尔格尔遗址也位于美索不达米亚和印度北部的商路上，并且是将这些文化圈联络起来的重要一环。根据目前已知的所有考古发现，梅赫尔格尔通过一个非常广大的贸易网络与所有这些地区联结在一起，这个网络甚至远达中亚的绿洲文明。[②] 尽管仍然缺乏明确的证据，但如果说一

---

① 根据 McGovern（2009 年）第 128 页，虽然迄今为止还没有对梅赫尔格尔（Mehrgarh）遗址发现的器皿进行分析鉴定，但麦戈文认为这些器皿肯定是用于酒精饮料。伊朗东南部和绿洲文明的遗址中也发现了高柄酒杯，有些制作得相当精美。学界尚未将这些遗址与中国境内丝绸之路沿途直到两城镇遗址的同类发现进行系统性比较。更多关于印度河谷和犍陀罗葡萄酒文化的阐述见本书第四章。

② 另一个至少可以追溯到前 7000 年的聚落是 20 世纪 50 年代发现于土库曼斯坦西南部的 Jeitun 遗址，它位于阿什哈巴德西北 25 公里处，离新石器时代的阿瑙文化遗址不远。Jeitun 遗址中发掘出了中亚最古老的农耕文明的证据，包括小麦和大麦种植、绵羊、山羊与牛的人工养殖。有证据表明，谷物和牲畜的人工驯化是通过西亚先民的垦殖传播到那里的，见 Kuzmina（2008 年）第 22 页、Harris（1997 年）。石镰的发现与谷物种植的发端有关，同样的情形也见于贾湖遗址。Jeitun 代表绿洲文明的起始阶段。前 4000—前 3000 年，绿洲文明广泛分布于今土库曼斯坦、乌兹别克斯坦和塔吉克斯坦的西部地区，并与美索不达米亚以及伊朗东南部和印度西北部保持着交流往来。前 2000 年左右，绿洲文明衰落，第一批印欧移民来到塔里木盆地定居下来。在著名的萨拉子目古城遗址（塔吉克斯坦西北部，前 4000—前 3000）和其他绿洲文明的发掘现场，考古学家发现了带有火坛的大型祭祀场所（en.wikipedia.or/wik/Sarasm），这可能指向原始袄教仪式，并可以解释为什么塔里木盆地木乃伊的身上挂有麻黄枝。萨拉子目距离后来粟特人在泽拉夫尚河谷中兴建的大型古城彭吉肯特只有几公里，当地可能已经有三四千年的葡萄种植史，至今仍有大片葡萄园。绿洲文明以南的巴克特里亚（大夏）地区也是如此，该地区至少从前 5000 年起就有人居住。大量考古发现可以证明，新石器时代和青铜时代的长途贸易网络横跨欧亚大陆南部的大部分地区。不过，直到现在学界仍对以下方面的研究兴趣不大：（1）绿洲文明与中国早期文明的联系；（2）葡萄种植和葡萄酒文化的传播，包括其在原始袄教中扮演的角色。

直到前 3000 年仍然没有开通一条前往中国西部的商路，葡萄栽培的技术也还没有传播到那里，这是不太说得通的。

无论如何值得注意的是，在两城镇遗址发现的混合饮料让人联想起苏美尔人的"啤酒-葡萄酒"和荷马史诗里提到的"希腊混合酒"（kykeon）。米诺斯和迈锡尼文化都掌握了酿造 kykeon 的工艺，这是一种由葡萄酒、大麦啤酒和蜂蜜混合而成的酒，并添加了树脂和药草[1]——这种配方几乎同时在欧亚大陆两端流行，这是巧合还是偶然？

珍贵的两城镇蛋壳黑陶从墓葬中出土时完好无损，特别是其中的高柄杯更是看起来崭新如初，贾湖墓葬器皿也保存得非常好。随葬品保存完好显示出精英阶层的墓葬仪式十分严谨细致，同时我们也可以从中看出发酵饮料在社会和宗教生活中日益增长的重要性。[2] 这种情形与商代以来复杂得多的祖先和神灵崇拜仪式完美契合。在这个体系中，萨满巫师和"酿酒官"位于社会等级制度的顶端，通过祈天问卜的方式决定国家与民众的命运。

---

[1] McGovern（2003 年）第 186 页等。位于小亚细亚中部、年代更晚一些（前 700）的米达斯古墓中发现了几乎相同的鸡尾酒，是葡萄酒、大麦酒和蜜酒的混合酒。见 McGovern（2003 年）第 279 页等，他将这种混合酒称为"弗里吉亚酒"（Phrygian grog）。

[2] 珍贵的两城镇黑陶高柄杯与迈锡尼文化的金质"涅斯托尔杯"之间还有一个惊人的相似性：涅斯托尔杯也用于饮用"希腊酒"，见 McGovern（2003 年）第 277 页。德黑兰国家博物馆展出过一个类似的黑陶高柄杯，年代属于前 2000 年，发现于伊朗北部塞姆南省的 Hesar，正好位于古老的贸易路线，即后来的丝绸之路上。高加索地区的库尔干丘家中也发现了大量类似的细陶器，表面乌黑发亮，有金属光泽，年代在前 2500—前 2000 年之间，除双耳锅和饮杯外也有高柄杯。见 Makharadze（2018 年 a）第 170—171 页；Giemsch/Hansen（2018 年）第 295 页图示 125、图示 127—129，第 318—319 页图示 174—178；Orjonikidze（2018 年）第 197 页图示 1—4。比其年代更早的中国良渚文化遗址中已经发掘出一些黑陶高柄杯。良渚文化的影响可能远达中亚东部。很难想象这些黑陶高柄杯都是在各自区域内独立发展出来的。

关于中国前4000—前2000年的发酵、祭祀和饮酒文化的发展，仍然存在亟须填补的空白，此外还需要以考古学证据来证实或驳斥神话传说中关于其起源的说法，这些都是未来的研究者应当努力解决的难题，尤其是在夏朝研究方面。中国的文化传统对夏朝的存在确信无疑，但学术界还未能对此提供确凿的证据。传统上认为夏朝存在于前21—前16世纪间。传说中的夏朝统治者的命运与人类历史上延续时间最长、内涵最丰富的酒文化的创造是密切联系在一起的。一般认为，夏朝的统治中心位于今天的二里头遗址。二里头文化大约始于前19世纪，属于从新石器文化向青铜器文化的过渡阶段。二里头遗址首次发现于1959年，此后逐步得到发掘。它位于黄河中游，河南洛阳城以南，距离贾湖遗址仅有200公里。洛阳是后来丝绸之路的东部起点之一。针对中国早期高度发展的发酵文化，今后还必须关注二里头及其周边地区的考古研究，相关考古发现还在不断增加。

山西夏县①东下冯遗址对于探讨发酵文化与二里头文化的关联可能也很有研究价值。夏县位于与河南省接壤的山西省西南部。东下冯遗址首次发现于1974年，年代也在前1900—前1500年左右，属于二里头文化。东下冯先民制造的陶器中有典型的用于盛放酒精饮料的礼器，后来在商代出现了用青铜制造的同样形制的器皿，比如爵②。此外也有其他类型的饮杯、酒盏、高柄杯、酒瓮和酒壶。最引人注意的是在该地区考古发现中常见的蛋形三足大瓮和明显用于过滤酿制饮料的澄滤器皿。在聚落遗址中还发现了窑洞式或半地穴式的房屋以及陶窑。陶窑里烧制的陶器绝大多数是褐陶，也有少数灰陶，陶器表面饰有绳纹、带纹或其他图案。

---

① 值得注意的是，夏县地名中的"夏"即夏朝的"夏"。夏县对于考古研究有重要意义。
② 一种酒器，形状高挑，前有倾酒的流槽，下有三足。见本书第四章中的器皿介绍。

关于四坝文化的最新发现有可能为**欧亚假说**提供进一步的证明和论据。四坝文化位于丝绸之路沿途，河西走廊中西部，部分遗址2013 年才开始发掘，其考古发现尚未得到深入研究和详细记录。除了石器、金银首饰、玉器以及精美的陶器外，聚落废墟和墓葬中还发现了中国最早（约前2000）的金属加工和青铜器制作的证据，器皿已经呈现出相当高超的工艺水准。参与发掘的学者根据青铜器工艺水平，同时也结合金属合金的分析结果认为青铜文化是从西亚和中亚经甘肃传入中国中原地区的。尽管河南与甘肃相距较远，但二里头和商代后期文化都在青铜器方面显示出四坝文化的影响。[①] 四坝发掘现场发现了较多炭化小麦和大麦，这也是与西方接触交流的证据，并可以支持陵阳河和两城镇遗址的研究结果。接下来对四坝文化的进一步研究有可能提供更多证据，证明至少在 4 000 年前就已经存在一条通往西域的"丝绸之路"，它使东西方的先民可以进行密切的精神文明与物质文明交流，当然也包括兴旺繁盛的陶器与青铜器艺术以及不断进步的发酵工艺。上文提到过的甘肃省其他几个新石器晚期聚落遗址，如大地湾、马家窑和齐家文化，也可以在这方面提供相关的证据。[②]

山西省西南部的考古发掘与甘肃新石器遗址相关联，同样值得关注，其部分发掘工作已经取得了丰硕成果。该地区在历史上和考古学上拥有关于中国葡萄酒和发酵文化的最古老与最丰富的证据，相信以后还会有更大规模的发现，我在下面的章节里还会对此进行详细阐

---

① Liu/Chen（2012 年）第 271、333 页等。

② 甘肃东南部天水市的大地湾考古现场发掘出前 5800—前 5300 年的聚落遗迹。该地是史前和古代丝绸之路主干道上最古老的枢纽之一，其文明发展具有很强的连续性，最远可以追溯到石器时代早期。天水以西、河西走廊上的张掖市附近近年来也有重要考古发现，是对之前若干年间这一带更大区域内考古成果的补充，并入选 2013 年中国六大考古发现。见《2013 年中国考古六大发现新鲜出炉》（2013 年 b）、张学明（2014 年）、赖睿（2014 年）。

琥珀光与骊珠：中国葡萄酒史

述。特别是在自古以来一直享有"酒乡"美誉的杏花村①及其周边地区近年来发现了 5 000—6 000 年前的聚落，它们与邻近省份发现的 5 000 多个遗址一起被归入上文提到的仰韶文化，但杏花村遗址也有自己的特点，它显示出与西域文化有着更密切的联系。尤其引人注意的是其中发现的尖底陶瓶，与在遥远的西域所使用的尖底陶瓶在外形上有着惊人的相似性。除了杏花村以外，半坡村等其他仰韶文化遗址中也出土了类似的陶瓶，但在其后的中华文明进程中，这种陶瓶再也没有出现过。②

杏花村遗址以南 150 公里处陶寺遗址的新发现很可能带来重大成果，但到目前为止还没有得到深入详尽的研究。陶寺遗址地处临汾盆地，位于山西临汾县陶寺乡，也在山西省西南部。尽管从 1978 年开始陶寺遗址就得到逐步发掘，但直到最近几年才显示出其庞大规模和作为华夏文明奠基石的重要意义——此地在前 2500—前 1900 年是黄河中游地区最复杂的政治、经济和宗教中心，并且具备一些独一无二的特征，如城镇化和社会分化的开始；大量石制、木制、陶制和玉制祭器以及中国最早的青铜器（钟）——其中绝大部分都是巨型墓葬区中的随葬品；一个由 13 根石柱和测量装置组成的用于天文历

---

① 关于杏花村的更多内容见本书其他篇章。

② 这种陶瓶的中文名称叫作小口尖底瓮。汾酒博物馆保存有一件小口尖底瓮珍品。关于小口尖底瓮和杏花村的源头及早期历史见《国家名酒评论》（2015 年）第 65 页等、张琰光 / 宋金龙（2015 年）。自从 2000 年以来，山西省西南部的考古工作进一步推进，包括对一些旧石器晚期和新石器早期遗址的发掘，特别是在吉县柿子滩遗址获得了丰富的考古发现。2017 年山西运城附近的酒务头村发现了商代晚期贵族大墓，入选 2018 年中国十大考古发现。这些墓葬虽然部分遭到盗掘，但考古人员仍在其中发现了精美的青铜器。我们从而可以确定，在商代，一直到其西部边境的整个版图内，酒文化都在社会生活中扮演着重要角色。从这一点可以推测，在这一地区的移民与垦殖的历史可能比一直以来普遍认为的要悠久得多，并且当地的酒文化可能也经历了更长的发展历程。

图 2.14 复原的陶寺遗址古观象台，山西省南部，约前 2100 年

算及巫术仪式的观象台（见图 2.14）等。陶寺遗址是迄今为止中国境内发现的同类遗址中最古老的，与英国的英格兰巨石阵几乎同期，比苏格兰奥克尼群岛巨石圈稍晚。人们已经能够通过这座古观象台，对日月星辰的轨道、春夏秋冬的划分以及一个自然年的长度进行精确计算。2015 年，有考古学家依据这些发现得出结论：陶寺是中国中原地区国家建构的初始原型，可能是传说中的上古君主尧的都城，因此处于夏朝以前的过渡时代，但比二里头早五个世纪。两个绘在扁壶碎片上的符号被认为是中国文字的开始，其中一个是"文"，是对统治者的某种带有尊敬意味的称呼，另一个是"尧"，被视为陶寺作为尧的都城的进一步证据。① 城址的外围是巨大的夯土堡垒，其后期的规模达到了东西长 1 800 米、南北宽 1 500 米，里面居住的人口在三万到八万之间。据推断，"中国"的概念即源自这个城邦。早期王墓中出土的彩绘龙盘被认为是龙图腾与中央王权统治相关联的最早证据。

---

① 根据传说，尧的第一个都城位于山西清徐县的尧城村，该村至今仍以他的名字命名，每年 9 月尧城村都会举办纪念尧帝的活动。据说，尧后来与他的部落一起南迁至平阳（今山西临汾市）。他在那里"历象日月星辰，敬授民时"，指导人们按照农时进行耕种。位于临汾以南仅几公里处的陶寺遗址可以证实这一传说是可信的，见郭会生 / 王计平（2015 年）第 162—163 页。值得注意的是，尧和他的族人最初来自北京以西的怀涿盆地，并从那里迁徙到清徐。怀涿与清徐这两个地区都以拥有数千年历史的葡萄酒传统而闻名（关于怀涿盆地见本书第三章和第八章）。

琥珀光与骊珠：中国葡萄酒史

陶寺遗址中发现了大量乐器（石磬、陶鼓、陶埙、铜铃等）和陶器，如陶瓮、扁壶、单耳杯、无耳杯等，还有一个一人多高的大腹平底小口陶瓶。很多陶器的形制是空前绝后的孤例。然而，对于这些乐器和陶器在多大程度上运用在萨满巫术的饮酒与献祭仪式中，学界迄今为止还缺乏足够的认识。但无论如何，在其后的中华文明历史中，乐器与陶器都是宗教崇拜中使用的典型礼器。在陶寺遗址中一个储藏粮食的窖穴里发现了当时中原地区已知最古老的大麦遗迹。前3000—前2500年，大麦与小麦逐渐从中亚传入中国，极有可能同时还伴随着相关酿酒技术的输入。此外也有证据表明，牛羊的人工饲养也是从西方传入的。据此我们可以认为，来自西方的文明通过河西走廊进入中国，并影响了中国的文明进程，当时定居在塔里木盆地的印欧移民（原始吐火罗人）很可能充当了东西方交流的中间人。然而，陶寺文化在前1900年左右突然中断，大约同一时期，"欧亚式"陶瓶亦随之消失，当时究竟发生了何种变故，时至今日仍然是一个谜。[①]

2016年5月，一支中美联合考古队发布了一个轰动性的消息：他们在陕西米家崖新石器遗址中发现了中国最早的啤酒酿造的明确证据，这就为陶寺和山西西南部其他新石器文化可能具备的酒祭和饮酒仪式提供了重要线索。瑞典地理学家与考古学家安德森早在1923年就发现了位于陕西省西安市东郊的米家崖遗址，但一直到2004—2006年，这个新石器遗址才得到系统发掘。它位于陶寺遗址西南300公里处，被誉为"中华文明的摇篮"。米家崖遗址的两个窖穴中发掘出约5000年前的器皿和酿造用具，属于仰韶文化，其中包括陶鼎、

[①] 关于陶寺遗址的概述见 Liu/Chen（2012年）第222页等；关于在陶寺遗址及甘肃省发现的大麦遗迹见 Liu/Chen（2012年）第94页。较新的相关信息见刘亮明（2016年）等，另有我于2017年10月在当地访问时获得的第一手资料。

陶釜、陶漏斗、滤器、两个用于加热麦芽浆的灶台和在其他遗址中也多次发现过的尖底瓶。最新的研究进展和对器皿上淡黄色沉淀物的离子色谱分析的结果证实了前文所提到的这些器皿是用于酿造啤酒的猜测。

令人惊讶的是在米家崖遗址中发现了大麦（*Hordeum vulgare*）。在这个发现之前的已知最古老的大麦遗存是在陶寺，而米家崖遗址中的大麦早在陶寺文化几百年前就作为"舶来品"从西亚来到了中国。大麦是生产啤酒的基本原料，种种迹象表明，啤酒酿造技术也同时从美索不达米亚传入了中国。与苏美尔和巴比伦的情形类似，"啤酒先于面包"假说同样适用于中国——大麦被带到东方，专门用于酿造啤酒，并且啤酒的礼仪功能也与精神文明的产生与社会分化，包括精英阶层的形成密切相关——这种关联清晰地体现在近两千年后的商代文化中。仰韶啤酒中鉴定出的其他成分也很有启发性：黍（*Panicum miliaceum*）、小麦（*Triticum*）、薏苡（*Croix lacryma-jobi*）以及山药（*Dioscorea*）和其他植物块茎，它们既为发酵过程提供淀粉，又具有风味载体的功能。据推测，这种啤酒的酒精含量约为3%—4%，使用天然酵母作为发酵剂，发酵的周期较长，整个酿造过程在专业人士的人工控制下进行，但没有任何证据可以证实天然酵母的来源。由于米家崖遗址周边地区自古以来生长着大量野生葡萄，我们也许可以合理地假设，正如在贾湖遗址和两城镇遗址，米家崖先民也使用野生葡萄作为啤酒酿造中的天然酵母。[①] 无论如何，在米家崖遗址发掘出的

---

① 从"宁卡西赞美诗"可以看出，苏美尔人的啤酒酿造工艺中可能也包括使用葡萄作为发酵剂（见本书第一章）。然而，对米家崖器皿表面残留物所作的生化分析中没有鉴定出酒石酸和酒石酸氢钾，所以无法确证米家崖先民也使用野生葡萄作为发酵剂（该信息来自我与相关考古项目负责人、斯坦福大学刘莉教授2017年3月21日的通信）。

酿酒器具可以证明当时的人们已经掌握了水平很高的工艺，能够依照设定的工序，在精确的温度条件下完成制作麦芽、制作麦芽浆、过滤和窖藏酒液的酿造过程。实际上，同样的原理与技术也应用于现代啤酒生产。由于在中国中原地区的任何地方都没有发现米家崖啤酒的前身，所以这些技术不太可能是在中国本土产生的。正相反，它是从遥远的西域传来的——大约在同一时期，建立在更悠久传统之上的美索不达米亚与埃及啤酒酿造业正盛极一时。①

因此，在今伊朗西部古苏美尔人的戈丁土丘（Godin Tepe）遗址中发现的世界上最古老的大麦啤酒遗存比米家崖遗址早五百年似乎就不是一个巧合了。在上埃及王朝的希拉孔波利斯（Hierakonpolis）发现的大型酿造工坊拥有 5 700 年历史，也只略早于米家崖。② 在此，时间和地理上的联系是不言而喻的：戈丁土丘史前聚落位于扎格罗斯山脉中部，是美索不达米亚低地的一个重要行政、商业和军事中心，也是"呼罗珊大道"上的一个重要枢纽。呼罗珊大道后来成为丝绸之

---

① 参与的考古学家总结说："我们认为，大麦最初更可能是作为一种酿造酒精饮料的原料，而不是作为食物传入中国中原地区的。"见 Wang Jialing et al.（2016 年）第 6447 页。慕尼黑考古学家 Adelheid Otto 说："原材料传播到哪里，相应的技术也随之来到哪里。"见 Wieloch（2017 年）第 61 页。关于米家崖考古发现的更多信息见 Newitz（2016 年）、Metcalfe（2016 年）、Mühlbauer（2016 年）、《五千年前的米家崖遗址发现中国最早夯土建筑》（2016 年 d）、Wieloch（2017 年）第 60—61 页。刘莉反复强调，比米家崖早几个世纪的仰韶器皿中没有发现大麦的痕迹，这就意味着米家崖遗址是目前已知大麦从西亚传入中国的最早证据（刘莉等 2017 年第 29 页、刘莉等 2018 年第 33 页、刘莉等 2017 年第 30 页）。有文章提到，麦戈文在一次采访中论证了这一发现的重要意义，他认为，当时啤酒酿造作坊的设施规模以及在凉爽的地下建筑里酿造和储存啤酒的做法是可信的，见 "Ancient Chinese Pottery Shows 5,000-year Old Beer Brew"（2016 年 e）、Santini（2016 年）。麦戈文团队将对陶器碎片进行进一步的分析，以确定其他可能存在的典型成分，如水果、蜂蜜和药草（2017 年 4 月 25 日我与麦戈文的个人通信）。

② McGovern（2009 年）第 241 页等、Wieloch（2017 年）第 63 页等。

路西部的主干道。戈丁土丘文明与遥远东方的联系可以追溯到新石器时代，所发现的来自阿富汗北部的青金石就是一个很好的例证。与两河流域炎热潮湿的气候相比，戈丁土丘遗址周围的高地更适合种植葡萄和生产葡萄酒。通过对出土大陶罐内的不同沉积物进行化学分析，麦戈文团队不仅能够确认当地存在着大规模的葡萄酒生产和贮存，而且还在稍后提出了最古老（约前3500）的啤酒生产的明确证据。在此之前，麦戈文团队已经在戈丁土丘遗址以北的哈吉·菲鲁兹土丘（Hajji Firuz Tepe）遗址发现了比戈丁土丘更古老的葡萄酒遗存。

　　啤酒和葡萄酒深受美索不达米亚各个城邦居民的喜爱。二者相比，啤酒更多用于日常饮用。戈丁土丘遗址是高超的啤酒酿造工艺中熟练运用酿酒酵母（Saccharomyces cerevisiae）作为发酵剂的典型例证；它同时表明，在当时的条件下，如果不使用葡萄以及蜂蜜，仅靠大麦产生的麦芽是不可能进行专业啤酒生产的。令人惊讶的是，那时的啤酒已经发展出不同种类，有浅色的清淡型，也有深色的厚重型。大约两千年后产生的苏美尔人的"宁卡西赞美诗"（见本书第一章）中有一个配方，显示出葡萄酒在啤酒酿造中的作用。关于这一点，有朝一日我们可能也会在米家崖遗址中发现确凿的证据。①

　　米家崖和后来建立的古都长安（西安）一带是关中平原上依山

---

① 关于戈丁土丘遗址见 McGovern（2003年）第40、148页等；McGovern（2009年）第61页等。McGovern（2003年）第105页还指出，在美索不达米亚，人工培养的酿酒酵母（Saccharomyces cerevisiae）不仅用于酿造葡萄酒和啤酒，同时酵母也是制作面包必不可少的原料。关于葡萄酒和啤酒文化之间密切的区域历史联系甚至还可以在格鲁吉亚找到一个很好的例证，而格鲁吉亚被普遍认为是葡萄酒发源地。直到最近几年，人们才注意到高加索地区山地部落（如 Khevsurians）的献祭仪式，这些仪式从公元前一直流传至今。他们在一种特别的山间小屋中用大锅酿造"神圣"的啤酒。在节日庆典中，一位神龛祭司（khevisberi）主持复杂的献祭仪式，在花岗岩制成的祭坛（khati）上将啤酒和宰杀的绵羊一起奉献给上帝和圣徒，并将啤酒倒入山羊角（kantsi）中，分给参与庆典的众人享用。见 Dunbar（2015年）。

　　　　　　　　　　　　　　　　琥珀光与骊珠：中国葡萄酒史

临水的一片沃土，自史前时代以来一直是一个重要的垦殖定居中心区和多种民族与文化的交汇区。在该地区发掘出不同历史时期的大量考古文物，其中最古老的是 75 万—80 万年前的蓝田猿人遗址。仰韶文化聚落半坡村遗址距离米家崖仅三四公里远，年代比其稍早，具有重要的历史研究价值，现已成为一个热门景点。在半坡村发现的"欧亚式"尖底瓶很可能可以进一步证明啤酒酿造技术从近东传入此地并继续发展。手工艺如陶器、石器、骨雕、皮革、纺织品、工具、猎具、珠宝等的生产制作同样达到了相当高的水平。这些工艺是不是也受到中亚文化的启发或至少部分受其影响是值得探讨的。仰韶文化的先民似乎与青海高原上的原始藏民有联系，大麦在青海高原出现得更早。此外，在米家崖发现的最古老的中国特有的夯土建筑也很引人注意。①

米家崖聚落的年代在前 3400—前 2900 年，大约存在了五百年。研究人员对米家崖先民遗骸的头骨和其他骨骼进行了检测，得出的结果令人困惑——米家崖先民的相貌特征看起来很不同寻常，与半坡村和该地区其他仰韶文化先民的相貌特征不同：鼻梁高而窄，眼睛的位置较高，额头也比较窄，头骨呈现上下前后长而左右窄的形态。这会立刻让人联想起塔里木盆地的印欧移民（吐火罗人或原始吐火罗人）。然而，通过测量米家崖先民骨骸发现，男性的平均身高为 1.586 米，女性为 1.496 米，这就不符合塔里木盆地印欧移民的特征。由于没有在米家崖遗址发现墓葬，只找到埋有遗骸的骨灰坑，我们可以推测米家崖聚落中实行了火葬或人祭。

总结迄今为止的考古发现与认识，看来至少在五千年前就存在着一条新石器时代的移民和贸易路线，其西起西亚和中亚，经河西走廊进入今天的陕西、山西和河南三省，到达河北和山东。在这条线路

---

① 《五千年前的米家崖遗址发现中国最早夯土建筑》（2016 年 d）。

上双向流通的不仅有物质产品，也有技术发明和思想观念。发酵工艺、葡萄酒和啤酒文化以及相关礼仪在这些交流中所扮演的角色虽然迄今为止少有人关注，但有许多迹象表明，这绝不是一个边缘性的角色，而是与中国境内出现的第一批文明中心密切相关。

尽管专家学者们已经对大量考古发现进行了详细的研究和论述，本书也列举了其中一部分，但正如两城镇发掘工作负责人及山东大学考古研究中心主任栾丰实所批评的：学界对中国古代酒精饮料的发酵、生产和相关礼仪的研究是远远不够的。迄今为止，中国考古学家仅能根据所发现的器皿的形状来判断酒类消费的规模，无法提供证据证明哪些器皿确实用于盛放酒精饮料，而这一点只有通过对器皿内壁的残留物进行化学分析才能得出确切结论，如在两城镇和米家崖遗址所作的相关工作。① 几乎所有中国博物馆和考古档案馆都将史前、商、周的陶器和青铜器极其模糊笼统地标识为中文"酒器"和英文"wine vessel"，可见在器皿鉴定领域仍然存在着很大的研究空白。

---

① 见《中国人酿造葡萄酒有近 5000 年历史》（2008 年）。另见张肖（南京大学考古学家）2013 年的著述，他呼吁应尽快对中国酒文化进行深入的跨学科研究。

第三章

传说、神话和传奇：
中国上古时代的饮酒文化

正如我在第一章里关于**醉猴假说**的阐述，中国自古以来就有山区"猴酒"传奇故事的书面记载，甚至一直到近现代还能看到相关报道。由于制作方法极其简单，与智人（*Homo sapiens*）亲缘关系最近的灵长类动物也懂得利用水果的自然发酵特性来"酿酒"，并且水果吸引了生活在附近的人类前来偷食享用。明朝官员与文人李日华（1565—1635）在他的作品中生动地记载了一个发生在安徽黄山的"猴酒"故事：

> 黄山多猿猱，春夏采杂花果于石注中，酝酿成酒，香气溢发，闻数百步。野樵深入者或得偷饮之，不可多，多即减酒痕，觉之，众猱伺得人，必嗛死之。①

中国两千多年的文字记录中屡屡出现这类故事，也有人类与猴子争抢"猴酒"、醉酒的猴子可以让人轻而易举捉到等情节。今天，一些中国学者以这些故事作为依据，论证人类的祖先已经拥有酿造果酒的动机和技术，这也标志着酒文化在中国的发端。中国很多地方流传着利用野果酿酒的故事，有些也见于书面记载。在这些故事中，古

---

① 出自《紫桃轩又缀》。另见 Huang（2000 年）第 245 页、维基百科词条"中国酒文化"。凌纯声（1958 年）第 883 页等系统性地收录了涉及"猴酒"的文献资料和各种出现在历史记录中的与酒有关的传奇故事。

人收集野生葡萄等野果，将其放置于一处进行自然发酵，从而获得酒精饮料。收集和分析评估这些故事将是未来一项很有意义的研究任务。这些民间传说有的非常古老，也有相关考古发现的支持，山西的戎子酒庄对此提供了一个十分生动的示例，我将在下文中进行具体说明。

首先，让我们去探索神话传说中的中国酒文化源头。它以一种非常典型的方式与关于中华文化与农业文明起源的创世神话密切关联。"三皇五帝"的故事以及中国人对"上下五千年历史传承"与生俱来的信念，自两千多年前产生第一批文字记载并形成正典时起一直延续至今，在古代便作为中国文化记忆的神圣根基，起着促使中国人形成身份认同的作用，今天仍然如此。前2世纪，西汉王朝确立了儒家的国家和社会意识形态，其后不断完善，形成一个哲学-世界观和政治建构的包罗万象的体系。尽管儒家在20世纪的历史进程中受到批评，很多行为规范被废除，但直到今天依然在对社会生活发挥影响，例如在学校等教育领域以及媒体中能够清楚地看到儒家思想的回归。今天，中国人欣然重温众多的神话故事，并将其作为中国人不可或缺的共同精神财富而大力宣传普及。近年来，许多地区为这些神话人物修建了庙宇和纪念馆，在节庆时举行纪念仪式，甚至常有中央或地方政府的参与。如今人们重新按照古代的礼节举行复杂的仪式，在祭坛上奠酒来纪念那些拥有类神地位的君王或创世神话人物，例如在位于陕西省的黄帝陵，每年重阳节都会举办隆重的仪式来祭拜这位传说中的上古君主，仪式中也包括奠酒的环节，参加者有数千人之多。近来，这类活动也邀请中国台湾和海外的华人名流与媒体参加，唤起了海峡两岸及世界各地华人的亲情联系，具有额外的意义。

通常，中国人并不会对神话传说中的人物、地点和事件深究其历史真实性，一个主要原因是，它们作为中国文化与中华文明起源的基石，在两千多年的历史传统中基本上是确定无疑的存在，既载于历朝历代官方修订的正史中，也见诸"非官方"的民间野史与文学记录。与世界上的其他文化圈不同，中国考古学十分依赖这种史学传统。令人一再感到惊讶的是，直到现代，大量考古发掘，包括一些重大发现是以精确可靠的历史资料为依据的，甚至数千年前的记载也可以为考古工作提供线索。即使无法以任何方式证明史书中反复记载和被中国人崇拜的创世神话人物与上古君王的存在，但他们的事迹和功绩以典型的方式展现出中华文明的发展进程，这些发展往往与考古和历史发现惊人地一致，只不过人们常常对此后知后觉。

从狭义上讲，这一点也适用于我们在此探讨的话题。我在本书第二章里提到过，位于今天中国境内的新石器文化与青铜器文化之间存在历史断层，希望将来的研究人员能够逐步填补这些空白。不过新石器文化与青铜器文化的过渡阶段仍然越来越清晰地体现出中国数千年发酵文化的起源和发展。一方面，我们在贾湖文化中可以看到世界上最古老的酒精酿造的证据、中国最早的稻作农业与猪的人工驯化、令人赞叹的陶器文化和以原始文字符号及音乐占卜仪式为标志的巫术崇拜系统的发端；另一方面，商朝是中国历史上第一个有文字记载可证的王朝，它以发酵和青铜器文化、礼仪和社会制度、农业和行政管理以及其他精神与物质文明成果造就了中国历史上第一个经济、政治和文化发展的高峰。然而，从贾湖到商朝之间横亘着五千年的岁月。存在于两者之间的一些相对有据可查的文化，如两城镇遗址，拥有比贾湖规模更大、城镇化程度更高的聚落，更复杂的行政和社会架构，更密集型的农业和畜牧业，一定程度上可以填补从贾湖到商朝过渡期的部分空白。

前2500—前2000年，在世代传颂的明君尧与舜的时代出现了后稷的身影，他被尊为"稷神"，乃至"谷神"与"农神"。通常认为，后稷是三皇五帝之一帝喾的儿子，是黄帝的玄孙。相传，帝喾的妻子姜嫄踏入了巨人的足迹，感孕而生后稷。据说他在谷物种植和农耕方面表现出非凡的才能，被尧和舜任命为"农官"，成为中国历史上第一位"农业部长"。总之，后稷的传说象征着中华文明以农耕发端，而不像其他文化的起源中充满军事色彩。《诗经·大雅·生民》中详细地记载了后稷的事迹。[1] 在这首颂歌中，天已经作为宇宙中最高的神性存在成为祭祀的对象，后世产生的丰收祭天的传统可以追溯到后稷。后稷被认为是周的祖先也不是偶然的：周朝之前的夏朝和商朝分别于前 16 世纪和前 11 世纪灭亡，这两个王朝的最后一任国君分别是夏桀与商纣，他们酒色荒淫，暴虐无道，国灭身死，被钉在了历史的耻辱柱上。周朝灭商以后，统治中国 800 年（至前 3 世纪），为中国文化中的大一统国家和中央集权观念打下了基础。

后稷极其擅长种植各种粮食作物，年年获得丰收，此外他还观测天象，计算出农时来安排农业生产。他教导民众耕种稼穑，一丝不苟地主持祭祀仪式求得上天的悦纳，从而为自己赢得了千古不朽的名望。

周朝通过其祖先后稷与中原夏商王室的血缘关系而获得接替商朝的法统。周人显然来自西北地区，起初定居在今陕西和山西省境内。重要的是，传说中后稷生活的年代大概在前 3000—前 2000 年之间，这正是人工驯化的小麦和大麦从西域经甘肃传播到中原，进而传播到山东半岛的时期。[2] 正如我们在两城镇遗址所看到的，大麦和小麦的传播不仅为中国的密集型农业传统奠定了基础，而且也为具有复杂礼仪系统的高度发达的酒文化创造了前提条件。酒文化在商代得到

---

[1] 见 Arnold（1911 年）第 47—48 页中关于中国古代不同小米品种的内容。他认为 *Panicum miliaceum*（黍）是最早用于制作食品和饮料（小米啤酒）的谷物。

[2] 陶寺和米家崖遗址的考古发现可以提供相关证据，详见本书第二章。

进一步发展，并在周朝时趋于完善。时至今日，后稷在山东地区仍然受到特别的尊崇，这不是没有原因的。有人根据后稷的神话猜测，从西域"进口"粮食或者至少人工驯化粮食品种是周人的作为。此外，他们的优势和最终能够战胜商朝也要归功于更为先进的武器，而先进的武器则来自高超的金属和青铜工艺。我在第二章里曾经提到过这些先进技术，它们可能是在后稷生活的时代里从西域经甘肃地区传入中原的，其中包括战车等精良军备。战车通常被认为是安德罗诺沃文化（Andronovo culture）的成果，它与对马的崇拜一起向西和向东传播。战车成为商朝以后决定战争胜负的关键因素。

后稷名字中的"稷"出现的时代远早于他本人。中国北方一些遗址，特别是新乐文化（前5500—前4800）和磁山文化的考古发现表明，在中国，小米的人工驯化可以追溯到七八千年前。从关于小米的最古老的描述和名称中可以看到一系列不同品种，如《诗经》中出现的"秬"（黑黍）、"秠"（一种一壳双粒的黍）、"穈"（一种苗色发红的黍）和"芑"（一种苗色微白的高粱）。[1] 今天用于指代小米的汉字主要有："稷"、"黍"（Panicum miliaceum）、"粟"（Setaria italica），以及原产非洲、很晚才传入中国的"秫"（俗称"高粱"，Sorghum bicolor）。[2] 从古至今，中国大部分小米品种都用于制作高度白酒，例如金门岛出产的享有盛誉的高粱酒（金门高粱），当然最具代表性的还是中国的国酒"贵州茅台"。

起初，中文里的"麦"是一个集合名词，几乎可以指代所有这类谷物，如大麦、小麦、燕麦、黑麦和荞麦，这种在名称上缺乏精确分类的现象表明麦类谷物较晚才从西亚和中亚传入中国。而后稷

---

[1] 见 Liu/Chen（2012年）第82页等，另见 Arnold（1911年）第47—48页。

[2] 中国各地对小米品种的说法有差异，也有一些口语表达。

据说也栽培了各种麦类，并因此为中国发酵文化起到了间接的推动作用。①

值得注意的是，在和"谷神"后稷有关的传说中没有出现稻米，而在贾湖和两城镇遗址中都可见稻作农业的发端，两地发现的"鸡尾酒"中也鉴定出了大米的成分。很显然，大米当时在中国北方先民的饮食中并没有扮演重要的角色，它后来才成为中国人的主食。从这个角度来看，后稷可以被解读为西亚与东亚之间农业文化传播的中介，并且也因此在"啤酒文化"的传播中发挥了重要作用，从而成为四五千年前西亚与东亚之间物质和技术交流的铺路人。此外，当时的气候变化也起到了一定的作用：最迟到西周时期，中国北方的气候变得凉爽干燥，有利于小麦和大麦的种植，水稻种植却被迫南移。这一变化深刻地改变了后来的中国农业与发酵历史的走向，其影响一直持续到现在。从五行学说出发，后来的文化传统中演化出"五谷"的概念，五谷指五类最重要的粮食作物，通常包括稻、黍、稷、麦和豆/菽。在复杂的中国酿酒工艺的发展过程中，这些谷物基本上也都成为酿酒的原料。

现在让我们在这个大背景下顺便提一下酒泉这个城市。它位于河西走廊最狭窄的隘口处，而河西走廊正是丝绸之路的一段主干道。

---

① "麦"字由同韵的"来"字演化而来，"来"最初是一个象形字，意指麦穗。麦是一系列"进口"谷物的统称，这说明"麦"是来自印欧语系的借词，与德语的 *mahlen*（磨面）、*Mehl*（面粉）和 *Malz*（麦芽，在古高地德语和中古高地德语中也是 *Malz*，英语和瑞典语是 *malt*）有关联，指向一种浸泡而成的柔软糊状物，用于啤酒生产。另可比较拉丁语的 *molere*、哥特语的 *malan*、海地特语的 *mallai* 以及 Mallory（2015年）第 19 页关于吐火罗语（B）的 *mely* 的释义"磨碎、压碎"。此外，"麦"显然与磨（去声，如"磨面""磨坊""磨盘"）、磨（阳平，如"打磨"）和摩（阳平，如"摩擦"）有某种关联。更多信息见 Victor Mair 发起的讨论：languagelog.ldc.upenn.edu//nll/?p=26756。

"酒泉"这个名字源自两千多年前的北方游牧民族匈奴人，他们在当地挖井，发现"城下有泉，其水若酒"。[1] 这一切可能与当地兴旺发达的葡萄种植业有关，自古以来这里就是重要的葡萄产区。近年来，酒泉不仅以附近的卫星发射中心和巨型风电场闻名于世，它更是连接中国新疆和中亚的高铁、高速公路、石油管道与电力线路的枢纽城市。

正如《圣经》里的挪亚、苏美尔人的啤酒守护女神宁卡西、埃及的冥神与农神欧西里斯、希腊酒神狄奥尼索斯、罗马酒神巴克斯、亚美尼亚人的始祖哈伊克和纳巴泰人的主神杜沙拉，中国神话传说中也有葡萄酒和其他酒精饮料的创造者，只不过他们最初并不是以神的形象出现的。两千多年来，神话人物仪狄和杜康反复见诸历史记载和文学作品。他们象征着来源于上天和上古明君的中国饮酒文化，有时也直接用于指代高级酒精饮料。这两个名字今天都成为品牌名称，也出现在高级白酒的广告中。不过，早在四千多年前，在"酒"这个说法很可能已经存在的时候，"酒"到底是何物？这个问题人们自古至今有着各种猜测，值得专家学者们去进一步研究。

关于仪狄的最早记载见于吕不韦主持编撰、前239年成书的《吕氏春秋》，书中列举了一系列神话传说中的"发明家"，其中也有一句关于仪狄的简单介绍：

仪狄造酒。[2]

西汉时成书的《战国策》是一部史料汇编，记载了前5—前3世

---

[1] 出自唐代李吉甫《元和郡县图志》："肃州，以城下有泉，其味若酒，故名酒泉。"

[2] 另见 Arnold（1911年）第46—47页中对《资治通鉴》的引用。

纪之间的大量政治事件、逸闻趣事和计谋韬略等。书中记载了仪狄的事迹：

> 昔者，帝女令仪狄作酒而美，进之禹，禹饮而甘之，遂疏仪狄，绝旨酒，曰："后世必有以酒亡其国者。"①

禹被尊称为大禹，也被视为笼罩在历史迷雾之中的夏朝的创立者和第一位国君。大禹一生孜孜不倦地治理黄河水患，筑造堤坝，兴修水利，灌溉农田，促使农业蓬勃发展。来自这一时期及更早历史时期的陶器考古发现表明，在禹的时代已经产生了相当先进的发酵工艺。在这方面，仪狄显然象征着高级酒精饮料生产质量的飞跃。同时，禹作为一位明君也睿智地提出了应该警惕滥饮的灾难性后果。事实证明，酒后来确实在夏朝和商朝的灭亡中起到了作用。

前2世纪的另一部史书《世本》对仪狄所造的酒提供了稍微具体一些的信息：

> 仪狄始作酒醪。②

这里的"醪"是一个很有意思的概念，它指一种发酵中的果汁，含有酵母菌和果渣。中国最古老的字书《说文解字》（2世纪）将醪定义为"汁滓酒"。总之，醪是一种未经过滤的浑浊饮料。不过，这

---

① 《战国策·魏二》。

② 见维基文库"世本"。此处及下文中引用的古文见于多种来源：中国哲学书电子化计划（ctext.org）、维基文库（zh.wikisource-org）、国学网（www.guoxue.com）、古诗文网（www.gushiwen.org）。

些史书中没有说明醪是以果汁（如葡萄汁）还是以谷物麦芽浆制成的。此外，酒与醪之间的关系也存在矛盾。酒醪或者理解为"酒与醪"，或者作为一个复合词理解为"已发酵的果汁"。不过无论如何，仪狄都代表着一种系统利用酵母菌进行发酵的新型酿酒工艺的产生。3 世纪的《古史考》有更加明确的说法：

> 古有醴酪，禹时仪狄作酒。①

在现代汉语中已经难得一见的"醴"和"酪"（luo 或 lu）属于早已过时的概念。我在第四章中还会对其进行探讨。简单来说，醴是用大米或小米制成的甜味酒精饮料，②酪则如《说文解字》的定义，在字源上与发酵的奶制品有关，如现代汉语中的"奶酪"。然而，黄兴宗从其他文献资料中得出结论，酪（luo）在史前发酵文化中是果酒（某些文献资料中写作"果酪"）或葡萄酒，③也就是猿猴与原始人使用最简单的方法制成的酒精饮料。④

在这一大背景下，下面的这个民间传说很值得一提，它可能是根据《战国策》的记载添枝加叶发展而来的，虽然史学价值不大，但对于理解仪狄这个神话人物的传统解读很有启发意义：

---

① 见维基文库"古史考"。另见 Huang（2010 年）第 41 页、张紫晨（1993 年）第 43 页、Huang（2000 年）第 155 页等、韩胜宝（2003 年）第 7 页等。

② 不能排除的一种可能性是："醴"这个概念源自史前时代使用大麦酿造的原始啤酒。后来形成了"醴"字，其右侧部首表明醴是一种祭祀饮品，可能是用大米或小米制成的。

③ Huang（2010 年）第 44—45 页。

④ 根据 Chang（1977 年）第 106 页，酪（luo）在上古可能最初是一种使用野果制成的饮料。

大禹忙于兴修水利和处理国政，积劳成疾。他的女儿看到父亲吃不下饭睡不着觉，十分担忧，于是命令负责供应膳食的仪狄去想个办法。仪狄来到树林中寻觅美味的食物，突然看到一只猴子从树洞里取出一些液体喝了下去，接着它便疯疯癫癫地蹦来跳去，最后倒地昏睡不起。仪狄尝了一口，发现这是一种发酵的果汁。他很快感觉到一股暖意涌遍全身，而且精神为之一振。他忘却了所有的烦恼，不由得又接连喝了好几口，最后沉沉地睡着了。仪狄醒来后认定这是一种神仙所赐的灵药，马上把它带回到王宫中献给禹品尝。禹闻到它诱人的香味心中喜悦，就尝了一小口。他立刻感觉身上有了活力，于是又喝了一些，最后恢复了健康。仪狄受到鼓舞，决定尝试制作更多这种饮料。经过多次努力，终于取得了成功。禹十分喜爱这种新型饮料，就在"酉"（陶瓶）字的旁边加上三点水，创造了"酒"字来为其命名。作为奖赏，禹把女儿嫁给仪狄做妻子，并且任命他为"酒官"。后来，禹从战场上凯旋归来，命令仪狄连夜酿酒，与将士们一起欢饮达旦，直到所有人都喝得酩酊大醉，昏睡过去。禹足足睡了三天三夜才醒来，他在宿醉的痛苦中醒悟自己因酒误事，耽搁了朝政。他下定决心，此后滴酒不沾。仪狄则开设了一家酒肆，并且将酿酒工艺传给后世，于是被人们尊崇为"酒祖"。

禹一生不沾酒的决心以及他对后世国君的告诫得到了周王室的重视。周朝时，酒精饮料的生产与使用都被限制在一套严格规范的礼仪体系内进行。

至于故事中那种神奇的果酒到底是用什么果子酿成的，这是一个非常值得探讨的问题。有些观点认为是桃子——桃子在中国的神话体系中是长寿和长生不老的象征，经常出现在文学作品中。不过，在仪狄生活的时代，山区的密林中到处生长着野生葡萄，利用其酿造

"新石器葡萄酒"的气候和地理条件已经具备。[1]

至今人们还存在关于仪狄的性别的争议。仪狄是男是女，从历史记载中不得而知。在上面的故事里，仪狄是男性，在很多绘画和雕塑作品中仪狄也以男性的形象出现。然而，有些学者认为仪狄是女性，[2] 一个证据是《周礼》中的记载。《周礼》以一种枯燥的公文体风格记录了前 4—前 3 世纪时周朝的社会管理与礼仪规范制度。其中也有关于酒精饮料生产者的规定："奄十人，女酒三十人，奚三百人。"[3] 这就意味着酿酒是妇女的专职工作，在世界其他地区的古代文化里以及今天中国南方一些地区的少数民族中也是如此。从这个角度出发，仪狄与大约同时期的苏美尔人的啤酒守护女神宁卡西有一些相通之处（见本书第一章）。

在我看来，仪狄中的"狄"字值得一提：首先，希腊酒神狄奥尼索斯（或译狄俄尼索斯）这个译名使用"狄"字是有考量的；其次，狄是三皇五帝统治时期北方一个骁勇善战的游牧民族，"狄"有时也写作同音字"翟"。[4] "狄"字的左边是反犬旁，右边是火字旁，这两个偏旁的组合可能是为了表达对"未开化蛮族"的轻视意味，或

---

[1] 也许"桃"与"葡萄"的关联在这里起到了某种作用。在古汉语中，"葡萄"写作"蒲桃"，"桃"有时甚至被用作"蒲桃"的缩写。在这里无需追根究底也可以看到，"桃"作为一类水果的总称也出现在"樱桃"中，并且很可能"樱"与"蘡"（蘡薁，见本书第二章）这两个同音字之间存在着词源方面的关联，二者的声旁相同，区别在于形旁："樱"是木字旁，而"蘡"则是草字头。

[2] 马会勤（2010 年）第 213—214 页、韩胜宝（2003 年）第 8 页、王悦（1993 年）第 281—282 页给出了富有说服力的论证：在中国史前时代的母系氏族社会中，女性在酒精饮料的制作和献祭仪式中发挥了主导作用，也行使萨满的职责。在汉朝的瓦当纹饰中能看到有女性参与的酿酒场景。

[3] 《周礼·天官冢宰》，引自中国哲学书电子化计划；引自林琳（2014 年）第 97 页。

[4] "翟"字读作 zhai 时是一个姓氏。它起初读作 di，后来翟（di）曾用作对 3 世纪以后定居中国的粟特人姓氏的音译，见下文及第七章。

者也可以理解为袄教中的两大核心象征元素狗与火。"翟"字的上部是"翅膀",下部是古书中提到的一种"短尾鸟",二者结合代表"长尾鸟",可能与当时已经流行于草原民族的驯鹰习俗有关。"狄"与"翟"二字主要是作为音译字存在的。泛指北方民族的"狄"有另外的写法:丁零、丁令或丁灵。[1] 狄 / 丁零甚至也隐藏在"祁连山"[2]这个名字中。祁连山构成了河西走廊的南部边界,"祁连"可能源自两千多年前的北方游牧民族匈奴,在匈奴语中,"祁连"是"天"的意思;不过,"祁连"也有可能来自定居于塔里木盆地的印欧民族吐火罗人的语言。[3] 两千年前,横亘中国新疆北部、吉尔吉斯斯坦、哈萨克斯坦、乌兹别克斯坦、塔吉克斯坦的山脉也被称为"祁连山",今天叫作天山,维吾尔语中的名称是 *Tengri Tagh*。[4] 有学者提出了非常有趣的假说:*di(ngling)* 与蒙古-突厥语族的 *tengri*(天神)/*tenger*(天)以及汉语中的 *tian*(天),甚至苏美尔语的 *dingir* 相互关联。中文里的 *di*(帝)早在商朝时就已经出现在甲骨文中,最初是"天神",后来很晚才被用于统治者的称号。此外,*tian*(天)进一步与 *di*(帝)、印欧语族中的相应词汇、吠陀梵语中的 *dyaus*、希腊语的 *zeus*、拉丁语的 *deus*、北欧语系的 *tiwas/tyr* 相关联的问题也随之产生,不过

---

[1] 这些概念见《汉语大词典》第 1 卷第 25—26 页、第 5 卷第 146 页。

[2] 过去祁连山在西方也被称为"李希霍芬山"。李希霍芬是 19 世纪德国地理学家,他提出了"丝绸之路"的概念。祁连山恰好位于大禹统治时期四坝青铜文化兴盛的地区(见本书第二章),而四坝青铜文化对夏朝和商朝的器皿文化有着决定性影响。此外,关于大禹和仪狄的传说与美索不达米亚史诗《吉尔伽美什》中的场景相似,英雄恩基杜也是通过一个年轻女子认识了酒文化(见本书第一章)。

[3] 吐火罗语中的"天"是 *klyom*,可能与拉丁语的 *caelum* 有关联。祁连山一带是说吐火罗语的月氏人的发源地。前 2 世纪时月氏人被匈奴人驱赶至塔里木盆地西南方向,见本书第六章。

[4] 乌鲁木齐以北的天池位于天山山脉中,海拔 2 000 米,是神话传说中的西王母的居所。天池岸边有一座西王母祖庙。

本书不会对此做进一步的探讨。

　　中国中原地区很早以来就与北方民族常年争战，不过同时与这些民族也有着密切的物质和文化交流。中国的史书中大量记载了北方民族的自然神论宇宙观和萨满教的崇拜仪式，他们将"天"作为宇宙中的最高主宰来崇拜。直到今天，蒙古、西伯利亚和中亚的一些族群中仍存在这种腾格里信仰，并且近年来甚至作为突厥民族的原始宗教和象征而重获新生。腾格里信仰与萨满教仪式紧密结合在一起，酒精饮料在其中不可或缺，今天人们则通常在崇拜仪式中使用瓶装伏特加酒。[1] "天"这个词最初在甲骨文中是"头"的意思，在来自西北地区的周人的观念中，"天"的意思发生了转变，获得了作为最高自然法则主宰的含义，并成为后来的儒家、道家以及整个帝国的信仰，这种转变可能并不是巧合。由"天"衍生出"天子"和"天命"的概念：人间的最高统治者是天之子，他从上天获得授权来统治民众。前 11 世纪周灭商后，开国君主周武王统一了各个狄人部落，将中国北部和中部的土地分封给他们，并通过联姻等方式使他们融入周朝正统，因此，狄姓在这些地区一直延续至今。武王统治时期，对天的崇拜成为周代礼制和根植其中的酒文化系统的首要基石。这个复杂的酒文化系统在人类历史上是绝无仅有的，配备有专门的官方机构负责酿酒工艺、质量监控、祭祀仪式、宴客和饮酒礼仪，确保相关规定得到严格遵守。[2]

---

[1]　腾格里信仰在保加利亚帝国一直延续到 9 世纪。13—14 世纪时，蒙古帝国四大汗国之一的钦察汗国再次将腾格里信仰带到欧洲部分地区，见维基百科词条"腾格里信仰"。在 5—8 世纪的古突厥帝国及其后的蒙古帝国中，祆教、佛教、摩尼教、基督教聂斯脱里教派的观念与腾格里-萨满教的信仰与神话传说以一种独特的方式混杂在一起。在这个信仰混合体中即或有一些禁欲的教规，但饮酒礼仪始终扮演着某些角色，见 Zieme（2005 年）第 63 页等。

[2]　相关细节见林琳（2014 年）。

在蒙古族和其他一些少数民族中，直到今天仍然普遍存在这样一个习俗：在向客人敬酒和自己饮酒之前，先要向上、下和水平方向洒酒以祭奠天、地和祖先。例如，生活在台湾南部、属南岛语系的排湾人就有这种习俗。此外，他们的住宅里都有一个供奉祖先的神龛，里面长年摆放着三只盛满"小米酒"的杯子。

多次出现在历史记载中的杜康被公认为男性，然而，围绕他的传说中有一些是相互矛盾的，使得我们对他生活的历史时期和来历出身并不十分清楚。即便有一个传说提到他是黄帝统治时期负责管理粮食和烹饪的大臣，但他的生活年代似乎晚于仪狄。《说文解字》则认定杜康就是夏朝的第六位皇帝少康，生活在约前2000—前1500年之间，是大禹的后裔。偶尔可见一些文献将杜康描述为像仪狄一样的"酒祖"，这里的"酒"泛指各种酒精饮料。但相当多的资料把杜康与仪狄区分开来，杜康只是秫酒的始创者。"秫"是高粱，秫酒可能是一种"小米啤酒"。可以想象，杜康象征着一种更先进的系统化糖化的酿造工艺，即把高粱所富含的淀粉转化为糖，再通过酵母菌发酵进一步转化为酒精，从而在通往商周复杂发酵文化的道路上又前进了一步。

有一个传说讲的是杜康在山中找到中空的桑树，将多余的粮食储藏在树洞里。过了一段时间他前去查看，发现森林里的动物如山羊、野猪和野兔正在贪婪地舔舐桑树的树干，舔完后摇摇晃晃地蹒跚而去。他走近一看，发现一种芳香的液体正从桑树树皮的缝隙中渗出。出于好奇，他自己也品尝了一下，感觉欲罢不能，禁不住一口接一口地喝下去，直到醉倒在地，昏昏睡去。醒来后，他将这种饮料满满地装了一大瓶，带回到黄帝的宫中。黄帝对这种饮料非常喜爱，命令他的大臣仓颉（传说中的汉字发明者）专门为其造一个字，于是仓颉就造了"酒"字。

杜康在这些传说和围绕中国酒文化的隐喻中扮演着一个核心角

琥珀光与骊珠：中国葡萄酒史

色。他作为一个母题在整个中国文学史上一再出现，并成为美酒佳酿的代名词。和杜康有关的最著名的诗句出自军事家、政治家和诗人曹操（155—220）：

何以解忧？唯有杜康！ ①

后来，很多人在人生的灰暗时刻听从了这个建议，以酒解忧的主题也被文人骚客们反复书写吟咏。

因此，杜康在历史上一直被尊为"酒祖"和"酒圣"，他能让人忘却烦恼，给人带来幸福。8世纪时，中国的发酵文化传播到日本，并在那里发展出了一种精致的本土特有的酿酒传统，使用大米酿造日本酒（日语里的 sake 即汉字的"酒"）。每个日本酒的酿酒机构中都有一个最高负责人，被尊称为杜氏（Tōji），这个称号即源自杜康。杜氏们受过学术教育，享有很高的社会地位，类似于音乐家或艺术家。

根据一项统计，在整个中国文学史上有二十多部重要作品记载了杜康的生平事迹，一百多首诗作以"杜康"指代能让人忘却烦恼的好酒，此外杜康还出现在几百个民间传说中。②

关于杜康的故乡也有几种传说，按照其中最流行的说法，杜康的原籍在陕西中部的白水县。白水县有一个以他的名字命名的镇——杜康镇，据说当地有杜康的"酿酒作坊"，还有杜康河和杜康泉，这眼泉水充满传奇色彩，当地居民称其有酒香。杜康泉附近有杜康庙和杜康墓，目前尚存一块石碑。这座寺庙最初建于东汉时期，此后历朝历代不断得到修缮，但在"文革"期间被毁。该地区位于中国最早的

---

① 陈廷湘（1993 年）第 251 页。

② 同上。

文明和王朝的发源地可能不是偶然的。汉字的创造者仓颉的庙宇和坟墓同样位于白水县。在邻近的河南省也有一个以杜康命名的地方，即汝阳县杜康村。村里有一座"酒祖殿"[①]和一棵古老的桑树，传说杜康就是在这里酿酒的。1972 年，根据周恩来总理"复兴杜康，为国争光"的指示，杜康酒厂在河南成立。20 世纪 80 年代，该厂实现了成功转型，此后蓬勃发展，杜康酒也成为知名品牌，为酒祖杜康的千年美名再添光彩。[②]

距离白水县西北仅约 50 公里处，巨大的黄帝陵依山而建，被誉为"天下第一陵"。这个陵园的起源可以追溯到中国第一个大一统王朝——秦朝（前 221—前 206）。在接下来的两千年间，该建筑群和周围环绕的绿地不断得到扩建，历朝历代都在这里举行盛大的黄帝纪念仪式。在这些仪式中，酒祭始终发挥着核心作用。陵园中有一棵柏树，据说是黄帝亲手种植的，树龄超过五千年。附近的山中还有一口充满传奇色彩的泉水，名叫"拐角井"。这个名字与我在第一章里介绍过的几千年前的角杯和来通杯有一些有趣的关联。关于拐角井有这样一个传说：有一天，黄帝在这里大摆筵席，席上美酒飘香，引来了一条巨龙从天而降。美酒的醇香是如此诱人，龙不由得垂涎三尺，龙涎正好滴到了这眼泉水中。于是泉水变得特别甘甜，此后便专门用于酿酒。这个故事在当地民间流传下来，今天也被一家白酒企业用于酿造"轩辕酒"。这个品牌的名称来自黄帝，"轩辕"是黄帝部落的称号。[③] 黄帝陵中重新恢复的传统纪念活动表明今天仍然鲜活地存在着

---

① 杜康被尊为酒祖，见应一民（1999 年）附录彩图第 15 页。

② 关于现代杜康酒见 Sandhaus（2014 年）第 110 页。

③ 这家酒企始创于 1942 年，2007 年更名为陕西轩辕圣地酒业有限公司。该公司挖掘了其品牌与黄帝及相关神话传说的历史渊源，公司所在地黄陵正是被视为中国酒文化发源地的黄帝故里。"轩辕酒"之前的产品名叫"龙涎酒"。

琥珀光与骊珠：中国葡萄酒史

与黄帝及酒文化相关的文化记忆。2012 年 9 月 21 日在北京国宾馆举行的"轩辕文化与酒文化的传承与发展"国际高峰论坛也正体现出这一点。①

　　根据另一个传说，黄帝的出生地和故乡是甘肃东南部的清水县，这里是狭长的河西走廊的入口处。河西走廊是连接西部与中国中原地区的主要通道。清水县的地貌为典型的黄土地，黄帝的称号可能因此得名。清水县每年都会举办鼓乐舞盛会来纪念黄帝。黄帝又称轩辕，轩是马车，而辕是车前部用于驾牲畜的直木。这个名字表明黄帝被视为车轮和马车的发明者，实际上二者都是从欧亚大草原西部地区传入中国的。② 在安徽省南部的黄山山麓，当地人每年都会举行"轩辕车会"来纪念黄帝。纪念活动以滚车表演为主，表演者推着巨大的彩色木制车轮走遍大街小巷，以示降福驱邪。值得注意的是，《易经》八卦的发明者、与神农氏同为"三皇"之一的伏羲也来自甘肃。他的故乡在天水市，距离清水县仅 50 公里。天水有中国境内最重要的伏羲庙，每年都会在这里举行盛大的纪念仪式。天水是丝绸之路上极其重

---

① 黄新（2012 年）。黄帝陵的祭祀典礼近年间越来越盛大隆重，每年举行三次。

② 按照 Mallory/Mair（2000 年）第 324 页等以及 Mallory（2015 年）第 20 页的阐释，*wagon* 及 *wheel* 的中文对应词汇是来自印欧语言的借词：现代汉语的"车"*che* 经溯源重构推测出其在商代的发音是 *klyag，吐火罗语 A/B 分别是 *kukäl/kokale*，类似希腊语的 *kyklos* 和拉丁语的 *cyclus*。同理，"马"（*ma*）也是来自印欧语言的借词，可比较德语的 *Mähre* 和英语的 *mare*。Lubotsky（1998 年）的论文对此有详细阐述，很有参考价值。目前为止已经有很多考古发现，特别是甘肃马家窑文化和齐家文化的陶器能够清楚体现出与中亚文化的关联，这两个遗址都属于高度发达的新石器及青铜器文化。Mallory（2015 年）第 15 页等认为可以在齐家文化中找到吐火罗人的起源。此外，从新石器 / 青铜器时期直到公元前 1000 年，一些流传下来的吐火罗语（印欧语系）的农业、冶金、建筑和科技术语被吸纳进了汉语词汇中。迄今为止，学界还缺乏对发酵和酒精饮料术语的相关比较研究，将来这类研究肯定可以取得很有价值的成果。

要的一站，当地的麦积山佛教石窟也非常有名。据说清水也是秦人的发源地，商代和西周时期，秦人在此养马，几百年后建立了中国历史上第一个大一统的帝国。[1]

　　除了关于仪狄和杜康的传说以外，还有两个神话故事也提及精神饮料是上古明君的遗泽或上天的恩赐。"三皇"之中，除黄帝外还有一个传说中的部落首领，即炎帝。他还有另外一个为人熟知的称号——"神农"。据说他在五千年前就教导民众耕种稼穑和采集草药治病。有意思的是，据说神农也是陶器的发明者，而陶器是生产和储存酒精饮料的前提条件。在以神农命名的最古老的药书《神农本草经》中已经提及多种不同类型的酒及其口味。据说药酒的发明也和神农有关。根据后世的文献资料，神农认为葡萄酒和葡萄叶都可以入药。[2]历史上曾被反复修订补充的《黄帝内经》阐释了一种比较复杂的酿酒工艺，即加热大米和动物乳汁将其加工成甜酒。[3]关于神农的来历，有一种说法认为他来自陕西省西南部，那里位于河西走廊以东，深受中亚文化的影响。在中国各地都有供奉神农的庙宇，他常常被描绘为身材魁梧、头顶两只牛角的形象，有学者提出，这一点也能够表明印度—伊朗文化对中华文明的影响。

　　综上所述，这些传说、假说和事实表明印欧人与中国人很早就开始接触交流，甚至可以说，中国文化吸收了部分西域文化，一些上古君王和最早的几个王朝与西域有某种渊源。不过，出于维护民族身份认同的需要，后世历朝历代的官方历史观对此断然否认。非常可能的是，本章中所列举的传说可以追溯到发酵技术在中国文明史上已经

----

[1] 清水县后来也成为一个带有象征意义的地方：1227 年成吉思汗在入侵西夏的战争中于此地坠马身亡。见 Chuluun（2005 年）第 17 页。

[2] 郭会生（2010 年）第 3 页。

[3] 可能表明发酵过程中有乳酸菌参与。

达到相当发展水平的时代，而且这些神话传说的主人公即便是真实存在的历史人物，也不能被视为酒精发酵本身的"发明者"，他们只是发酵工艺发展历程中的开拓者。

"酒星"和"天"的起源故事并不指向一个具体的神话人物，而是带有宇宙论和超自然的色彩。"天"与"地"在辩证统一的互动中创造了给人类带来福祉的酒。东汉末年的官员和诗人孔融（153—208）便如此驳斥曹操的禁酒令：

> 故天垂酒星之耀，地列酒泉之郡，人著旨酒之德。[①]

"酒星"的概念也与中国早期历史上复杂的天文观测有关，在这里不对此展开讨论。在整个中国文学史上有很多作品中都用到"酒星"的比喻，[②] 比如中国最著名的诗人李白（701—762）在他的名作《月下独酌》中就提到酒星：

> 天若不爱酒，酒星不在天。[③]

西周时期，在对"天"的崇拜和《易经》推演出的宇宙二元论确立的过程中，可能随之产生了将酒视为"天赐"的神话观念。从这种哲学思想的角度看来，酒精发酵可以理解为在对立的自然原则相互作用下的一个典型的变化过程。

十六国时期的前秦（350—394）人赵整所著《酒德歌》可以说是对上述各种神话传说的一种综合性总结：

---

① 孔融《难曹操禁酒书》，引自维基文库。

② 李争平（2007年）第 3 页。

③ 出自李白《月下独酌·其二》。

地列酒泉，天垂酒池，杜康妙识，仪狄先知。

这种说法想表达的是，酒精是一种普遍存在的自然现象，只有人类才能认识它，从上天和神灵那里得到它，并利用它。[1]

成书于前 2 世纪的《淮南子》是一部哲学思想汇编，书中将酒精饮料的获取简单地归为农业生产的结果：

清酼之美，始于耒耜。[2]

生活在 300 年前后的江统在《酒诰》一书中记载了多种不同的酿造工艺，他也表达了对和酒有关的神话传说的质疑：

酒之所兴，肇自上皇。五帝不过，上溯三王。或云仪狄，一曰杜康。……有饭不尽，委余空桑。郁积生味，久蓄气芳。本出于此，不由奇方。

在江统看来，发酵本是一种很自然的生物化学过程，不是什么神话人物的发明。在北宋（960—1127）人窦苹所作的《酒谱》中对这些神话故事有更直接的批评：

皆不足以考据，而多其赘说也。[3]

---

① 埃及和美索不达米亚也有类似的神话传说，讲述神灵创造了发酵工艺并赐予人类，酒精饮料能让人类获得超自然能力。见 Standage（2012 年）第 6—7 页。

② 出自《淮南子·说林训》，引自中国哲学书电子化计划。

③ 原始引文见李争平（2007 年）第 1 页。

地区性的民间传说，特别是有关中国古代葡萄酒的传说仍然是一个很少涉及的研究领域。在详细的调查中，研究人员恰恰在中华文明的发源地，包括中原地区、北方草原地带、西部河西走廊一带发现了这类故事传说，有一些至今仍在民众当中流传。近年来，我访问了山西省的几家葡萄酒厂，它们给我留下了深刻的印象。山西省位于黄河鄂尔多斯"几"字弯以东，离神话中的上古明君和杜康所生活的地点以及夏、商、周和后来大部分大一统王朝的文明中心都不远。这些访问更新了我对中国葡萄酒文化的历史维度和延续性的认知，其中不乏令人惊讶的发现。

长城、王朝、张裕等大型葡萄酒制造商以及中国几乎所有其他现代葡萄酒企业基本上都在广告和市场营销活动中着力强调他们的产品追求法国品质，从而强化了葡萄酒是西方的，并且主要是法国文化遗产的刻板印象。与这类企业不同，我所访问的山西葡萄酒厂全都非常明确地将葡萄酒生产与本地区的神话、历史传说以及考古发现联系起来。很明显，山西及其周边地区至少在两三千年前就形成了自己的葡萄酒传统，因此，葡萄酒是中国本土文化遗产的组成部分。山西的葡萄专家在进口的葡萄品种之外，也在生产和育种研究中有意识地采用该地区自古以来就存在的大量原生葡萄品种，结合当地有利的地质和气候条件，创造中国自己的带有鲜明乡土特色的葡萄酒文化。山西省大部分地区位于黄土高原上，土质非常肥沃，雨水丰沛，阳光充足，温度适宜。此外，对自身传统的尊重也表现在这些酒厂的建筑上，它们在建筑风格上着力回归中国传统，而不是追随时下的潮流，像在其他很多地方那样花费巨资在葡萄园中仿建波尔多酒庄或迪斯尼风格的南欧葡萄酒小镇。

2001年我首次访问山西省清徐县，后来在2015年和2017年分别到访过一次。清徐县位于太原盆地的边缘，沿汾河而建，在省会太原以南约 30 公里。^①该县目前人口约 34 万，面积超过 600 平方公里，下辖的 100 多个村庄的总葡萄种植面积为 3 300 公顷，自古以来享有"中国葡萄之乡"的美誉，历史上一直是一个葡萄种植和葡萄酒生产中心。^②

有证据表明，山西省的山区数百万年来一直生长着大量野生葡萄，^③而且自史前时代以来，山西一直是中华文明南部和东部的发源地，同时也是北方和西方众多游牧部落或帝国之间的枢纽，因此，这里能够发展出悠久而独特的葡萄酒传统也就不足为奇了。山西的葡萄酒传统既有来自欧洲、中亚地区的影响，也体现出本土特征，自 20 世纪以来还引进了欧洲的葡萄新苗和葡萄酒酿造工艺，但直到如今仍保持着本土特色。近年来，该地区不断增多的考古发现提供了越来越多关于最早可以追溯到旧石器时代的东西方交流的证据。尤其值得注意的是在葡萄园中一再发现的石器和陶器碎片。在清徐的周边地区，迄今为止已发掘出多个新石器时代的聚落遗址，从中出土了许多不

---

① 所有关于清徐县、马峪乡和清徐葡萄酒产业的信息主要来自我们在清徐葡萄酒公司得到的口头和书面资料、郭会生（2010 年）与郭会生／王计平（2015 年）撰写的两本内容详实、图文并茂的著作。在此我要特别感谢清徐葡萄酒公司总经理王计平先生，他热情接待我们来访，安排数小时时间为我们导览，也为我们提供了很多宝贵信息。他在厂区设立了一个令人赞叹的葡萄酒文化博物馆，展品从史前时代到现代不一而足。他仍在不断收集该地区最新的考古发现和历史文件，并定期告知我相关信息。该地区的考古遗址中一再出现的仰韶文化和龙山文化的陶制饮器尤为重要。鉴于清徐及周边地区近年来发现了八处新石器时代遗址，王计平确信，中国的葡萄酒文化起源在此地甚至可以追溯到更久远的年代。

② 除此以外，清徐县的葡萄种植也入选了山西省非物质文化遗产。

③ 山西西部的山中，清徐附近地区应该还有十几个本地葡萄品种，如山葡萄、蘡薁、葛藟、刺葡萄、毛葡萄、秋葡萄和紫葛等，见郭会生（2010 年）第 1 页、郭会生／王计平（2015 年）第 191—192 页。仅仅在山西与陕西两省南部的秦岭山区中就确认了 18 个葡萄（*Vitis*）品种，其中 4 个是该地区所独有的，见 Wan et al.（2008 年a）第 78 页。

同类型的器皿，以灰陶和红陶为主，可以推测当时已经存在着丰富的酒文化。[①]山西的多个遗址中出土了尖底瓶，在地中海地区、中东和中国中西部的若干地方也发现了形状类似的器皿。这些相似度惊人的器皿无声地见证着欧亚地区共同的发酵和饮酒文化。自有史以来，

图 3.1 清徐郊区的葡萄园（葡峰），山西省

山西独特的葡萄酒文化便时常见诸诗人墨客的笔端，成为他们歌颂的对象。尤其在唐代，不光诗人，连帝王都对这一地区的葡萄酒赞不绝口，甚至兴致勃勃地亲自动手栽培葡萄。元朝时期（1271—1368），蒙古统治者大力推动规模化的葡萄种植，马可·波罗在他的游记中曾经提到过山西地区郁郁葱葱的葡萄园。[②]

　　虽然地处太原盆地，清徐县城的海拔却高达 800 米。驱车从清徐向西行驶几公里就进入了最高处达海拔 1 800 多米的吕梁山区。那里风景如画，目之所及，向阳的山坡上全是大片的葡萄园，园中点缀着一个个葡萄农庄院。这些农家还为游客提供民宿服务，这促进了生态旅游业和乡村度假业的发展。在一座高峰上矗立着葡萄酒文化中心

---

①　关于清徐的新石器时期考古发现见郭会生／王计平（2015 年）第 160 页等。山西西南部沿汾河河谷向北的通道在远古时代就是一条移民迁徙路线，相关考古发现包括 1954 年以来在襄汾县丁村附近的汾河岸边发现的儿童牙齿、头骨残片、石器和动物化石等。丁村人距今约 10 万—12 万年。有迹象表明，丁村人靠渔猎采集为生，食物供应充足，其中也包括该地区一直以来大量生长的野生葡萄。太原的山西博物院和丁村的一个小型展览中有相关展品。

②　更多相关内容见本书第八章和第十章。元朝时由于蒙古统治者推动葡萄种植，山西省的种植面积也大幅增加。

"葡峰山庄",那里视野开阔,四周的美景一览无余。山庄除经营近700公顷的有机葡萄园外,还提供有关葡萄种植的资讯。此外每年秋季还会举办清徐葡萄酒采摘节和各种文化活动,比如隆重的酿酒季开幕仪式、葡萄酒品酒会和交易会等。该地的地貌得天独厚,山谷中的坡地向阳避风,土壤肥沃,气候适宜,形成了优于周边区域的微气候(见图3.1),令人联想到意大利的托斯卡纳。13世纪末,马可·波罗在他的游记中描绘了太原附近的自然环境和大片葡萄园,说的应该就是清徐:

> ……太原府国的都城,其名也叫太原府,……那里有好多葡萄园,制造很多的酒,这里是契丹省唯一产酒的地方,酒是从这里贩运到全省各地。[1]

在吕梁山区,目前人们仍然采用当地特有的棚架栽培方式种植葡萄,种植面积近1 200公顷。葡萄在清徐县的水果生产中占比最高,其中绝大部分是本地葡萄品种"龙眼",果实颜色偏红,颗粒很大,味道十分可口,很受欢迎。今天龙眼葡萄主要作为鲜食葡萄销往其他省份,甚至出口到日本。在一些偏远的地方还能偶尔看到一些巨型葡萄树,尽管据说树龄已逾300年,每到秋天依然能结出累累硕果。令人遗憾的是,由于这些老葡萄树体积庞大,不易管理,20世纪90年代之前几乎被砍伐殆尽,其中包括一株"黑鸡心"品种的葡萄树,号称"葡萄之王",其葡萄藤长约30米,主干粗达36厘米,整株重500多公斤。老葡萄树不易管理的一个主要原因是需要每年秋季将葡萄藤埋进土中,春季挖出并重新上架,这些工作非常费时费

---

[1] 应一民(1999年)第152页;另见本书第十章。

琥珀光与骊珠:中国葡萄酒史

力。不过也有报告称，在一些偏远的葡萄园里还保存有几株非常罕见的巨型葡萄树。[①]

在吕梁山的山坡上建有千年以上历史的佛教寺院和石窟，人们将其选址于此并非偶然，这正显示出佛教和葡萄酒之间的密切联系。这种联系不仅反映在寺庙花园中种植葡萄的古老传统，而且也体现在众多传说中。在这些神话故事中，葡萄藤和葡萄果实可以为人们带来好运或平安，也有多子多福的象征意义。在清徐一带，人们可以在寺庙建筑或者一些古老民宅的门楣、家具和墙沿缘饰上见到镌刻的葡萄藤图案。此外，葡萄图案也出现在墙饰、瓷绘、玉石首饰、传统剪影和刺绣艺术中。那里的基督教教堂也采用葡萄图案进行装饰。偶尔还可以看到这些纹饰旁边刻有或写有谐音祝福语，如岁岁（穗穗）升高、岁岁（穗穗）福满门、多子（籽）多福多寿、葡萄百子（籽）、岁岁（穗穗）平安和平安葡萄等。松鼠戏葡萄的绘画主题也很受欢迎。在有些地方葡萄被叫作酒农的"泪蛋蛋"，因为葡萄虽美，但过去种植葡萄的劳作极其艰辛，将葡萄树埋土越冬的工作尤其费时费力，即使在今天依然如此。[②]

每年农历七月二十九，清徐县马峪乡各村都在建于1190年的香严寺举行庙会，同时开办大型葡萄集市，吸引了众多远道而来的游客和买家。这些活动体现出佛教节日与葡萄收获季节的结合。[③]

在清徐县发现的史前聚落所在地古称清源，当地及周边地区丰

---

① 郭会生（2010年）第44—45页，郭会生／王计平（2015年）第90、165页等。其中有数株巨型葡萄树的照片。另有老照片和巨型葡萄树标本在清徐葡萄酒文化博物馆中展出。

② 郭会生（2010年）第49页等，郭会生／王计平（2015年）第94、168—169页等收录的大量关于葡萄纹饰和象征符号的照片。其中甚至有葡萄枝叶环绕的佛祖像和佛教四大名山五台山（山西东北部）的一座装饰有葡萄藤图案的佛寺。

③ 郭会生（2010年）第128—129页，详见其中关于山庄葡萄采摘节的描述。

富的考古发现可以证明，清源至少拥有七八千年的历史。按照历史传说，这里的葡萄栽培可以追溯到两千多年前。据说汉代时，清源有一位姓王的皮货商人从西北地区贩运货物到本地出售，他行走的路线有可能就是丝绸之路，货物中也有葡萄树。清徐的葡萄种植规模不断扩大，并根据当地制醋的经验将收获的葡萄加工成葡萄酒。随着时间的推移，清徐葡萄酒的生产和贸易日趋完善，最终在整个帝国获得一流的声誉，这种盛况一直持续到近代早期。

清徐葡萄酒不但见诸历朝历代的正史和地方志，也在民间享有很好的口碑，并出现在很多文学作品中。三国时魏国的开国皇帝魏文帝曹丕（187—226）也是一位著名诗人，他所统治的疆域在三国当中的最北边，其中也包括今天的山西。他曾经写道，葡萄是中国最珍贵的水果之一，与用谷物发酵制成的酒相比，葡萄酒口味甜美，醉酒的感觉非常愉悦，并且也更容易醒酒。大唐开国皇帝、英名赫赫的唐高祖李渊（618—626年在位）和他的儿子唐太宗李世民（626—649年在位）作为文化发展的重要推动者被载入史册。他们来自太原，一生热爱清徐葡萄酒，当时的宫廷宴会上也以清徐葡萄酒招待来宾。据说唐太宗曾亲自用当地的龙眼葡萄酿酒，所以今天那里有一家酒厂以他的姓氏命名为"李氏酒坊"。元朝时期，清徐的葡萄园规模在全国数一数二。随后的明清两代，葡萄种植普遍衰落，粮食酒和蒸馏酒盛行，但即使在这样的大背景下，清徐的葡萄酒传统也没有中断。据说清朝皇室对龙眼葡萄情有独钟，不管是鲜食葡萄、葡萄干还是使用龙眼葡萄酿造的葡萄酒，都很受宫廷喜爱，因此清徐被赐予"中国葡萄之乡"的称号。

然而，19、20世纪的动荡与战乱使这条历史悠久且在中国腹地绝无仅有的葡萄酒传承脉络几乎湮灭。20世纪20年代，清徐人试图重振葡萄酒生产，可惜不太成功。直到中华人民共和国成立后，尤其是自80年代开启现代化建设以来才重新扬帆起航。在此背景下，在山西省，特别是在清徐地区，这些年来不断发现曾经兴盛数百年的酒文化的印迹，这些考古发现也在新建的葡萄酒文化博物馆里得到精心呈现。

清徐地区也以盛产香绵的老陈醋而闻名，有几家醋厂的历史可以追溯到 14 世纪。清徐陈醋由多种谷物（主要是大麦、高粱、豌豆，有时也会添加燕麦和大米）制成，通常会在大陶缸里放置数年缓慢熟成。除了"葡萄之乡"的称号以外，清徐还有"醋都"的美誉。①相传五帝之一的尧最早在此制醋，古称"苦酒"。还有一个传说则描述了醋是如何发明出来的，同时还给出了今天使用的"醋"字的民间词源解释：有一次在酿造酒精饮料时发酵时间延长了 21 天，人们发现最后产生了一种带有芳香的酸味灵药，有积极的药用效果。因此，"醋"这个字由两部分组成：左侧是酉字旁，右侧是一个代表"二十一日"的字符。明代时清徐开始大规模生产陈醋，今天的一些醋厂中仍能看到明代的建筑。但据说早在唐代时清徐的制醋产业就已经有所发展，再继续回溯，其源头甚至可以追寻到西周。无论如何，在今天的"醋都"清徐，没有哪个菜肴不放醋，正合当地的俗语："家家有醋缸，人人当醋匠。"

帝尧统治的时代恰逢大麦等谷物以及啤酒酿造技术从中亚传入中国北方。鉴于这种闻名全国的醋恰好来自中国传统最深厚的葡萄产区，而且当地的葡萄酒农今天仍会偶尔使用葡萄酒酿醋，而不是像中国各地普遍地使用粮食制醋的做法，我们可以猜测，最初先有了简便易行的葡萄酒酿醋法，然后才产生了用谷物制醋的复杂工艺。这一点

---

① 优质清徐醋以精美的瓷瓶包装，称为"老陈醋"，在当地方言中则叫作"老西儿"。其中的"西"是"醯"的简化，这两个字同音，"醯"是过去对于醋的一种说法，现在已不多见。"醯"字左侧有代表酒精的酉字旁。可能古汉语中"醋"与"醯"的读音相同，意义相同，只是写法不同。以上信息是 2015 年 10 月我在清徐参观两家附设有博物馆的醋厂时获得的。

也可以从上文提到的"苦酒"（通常指自然发酵的葡萄酒）和清徐的别名"醋都葡乡"中推知。[1]

2001 年我第一次到清徐，在清徐葡萄酒庄品尝了用龙眼和白羽（*Rkatsiteli*）这两个葡萄品种酿造的葡萄酒。白羽从格鲁吉亚经俄罗斯和中亚传到了中国，是一个有着 5 000 年历史的古老品种。当时的酒厂经理告诉我，清徐周围山区里生长着年深岁久的野葡萄树，在附近的一些农户家中偶尔还能看到酿酒设备。在我离开之前，他特地向我介绍了酒厂入口处的巨幅壁画，上面绘有葡萄树的老藤，象征着传统的复兴和新时代的开启。[2]

这次访问唤起了我对这个地区的兴趣，促使我在 2015 年和 2017 年再次来到清徐，并参观了新成立的大型酒厂——清徐葡萄酒有限公司。公司位于清徐县城和马峪乡之间。马峪乡依傍群山，有着得天独厚的气候和地理条件。实际上马峪才是真正的葡萄酒文化中心，只有它才当得起"中国葡萄之乡"的称号。无论如何，清徐县葡萄种植面积的 55% 集中在马峪乡，当地人称：

马峪有葡萄，相传自汉朝。
三晋第一沟，葡萄甲天下。[3]

---

[1] 我在清徐访问期间了解到一个无法证实真伪的传说：在使用粮食酿醋之前，醋是用梅子制成的。梅（*Prunus mume*）在中国文化中具有重要的象征意义，腌渍醋梅和酿造梅酒的传统一直延续至今。此外，梅酒（umeshu）在日本也很常见。杏花村的历史也表明，在山西西部，李属植物（如梅、杏、扁桃等）与包括葡萄酒在内的酿酒传统之间似乎存在着某种神秘的联系。

[2] 清徐葡萄酒厂因经营不善于 2004 年彻底重组改制。其后成立的清徐葡萄酒有限公司推出了品牌"马峪"，本书第十三章中对此有相关描述。

[3] 前 453 年韩、赵、魏三家分晋，"三晋"即这三个国家，其统治区域基本上就是今天的山西省。

琥珀光与骊珠：中国葡萄酒史

针对这些说法，有一个和汉文帝及其生母薄太后有关的故事。汉文帝刘恒是西汉第五位皇帝，生于前202年，前180—前157年在位。这个故事说，刘恒出生时，母亲薄姬居住在清徐。刘恒长大后在清徐附近的山中养马，这就是地名"马峪"的由来。后来薄姬生了重病，当地一位名医从马峪一处不为人知的山泉中取来泉水为她酿制了一种酒精饮料，她喝下去很快就康复了。这个消息不胫而走，"马峪御药"从此声名鹊起。其实不难猜想，这个故事中所谓神秘的泉水其实就是用当时遍布马峪山谷中的葡萄所酿的美酒。

清徐县历史悠久的葡萄种植传统在中国内陆地区是独一无二的，当地也充分利用这一资源大力发展葡萄酒业和旅游业。除了上文提到的距离清徐县城只有三公里远的葡峰山庄，城郊还开辟了一个集展示葡萄栽培、园林设计和生态农业于一体的"葡萄酒公园"。在中国古代，马峪一直是全国各地鲜食葡萄、红白葡萄酒、葡萄汁和葡萄干的主要供应来源，也作为宫廷贡品运往京城。近年来，通过引进外来品种，该地区包括鲜食葡萄在内的葡萄品种更加丰富，已经增加到160多个。其中的50多个品种有时也用于生产红、白及桃红葡萄酒。龙眼是当地最重要的葡萄品种，占总种植面积的85%。近代以来从法国引进并在中国广泛种植的赤霞珠、品丽珠与来自格鲁吉亚的白羽在清徐也有一定的种植规模，此外一些野生葡萄品种偶尔也用于酿酒。清徐还有十几个本土葡萄品种，直到今天仍然主要用于酿造葡萄酒。这些品种的名称生动传神，如黑鸡心、黑玛瑙、瓶儿葡萄、紫玫瑰、零蛋葡萄、籽儿葡萄、破黄葡萄、牛奶、驴奶、洋葡萄、夏白葡萄、脆葡萄、西营葡萄、秋白葡萄、白鸡心和白玛瑙等。[①]

---

① 其中的部分品种收入了刘崇怀等所著的《中国葡萄品种》（2014年出版，带插图，是一本较新的关于中国葡萄品种的资源图鉴类工具书），并被归类于（转下页）

和龙眼葡萄一样，清徐的很多葡萄品种都是几百甚至几千年前从中亚经丝绸之路传到中国中原地区的。已经得到证实的至少有三个本土品种："野葡萄""掌裂草葡萄"和"三裂叶蛇葡萄"。它们生长在清徐山区的峰顶或山谷中，果实较小，有药用价值，自古以来就是一味中药。这三个品种也有着良好的抗病虫害和抗寒特性，非常适合用于培育杂交品种。清徐地区葡萄品种的多样性在全国独一无二，很可惜在"文革"时期由于管理不善、过度施肥和病虫害失去了很多品种，葡萄的品质也大不如从前。只有黑鸡心因为产量很高且生命力顽强而基本上没有受到太大的影响，今天还在当地的鲜食葡萄和红葡萄酒生产中占据着一定份额，但比从前的占比要小得多。（见图3.2）

图3.2　黑鸡心葡萄

　　在历史的长河中，清徐方言里产生了对这些葡萄品种丰富且独特的命名方式，有时对同一个葡萄品种的命名在村与村之间也不尽相同。许多历史名称表明，在这里葡萄被视为特别珍贵和稀有的水果，例如"龙珠""龙眼""玛瑙""水晶""婴舌""珍果""珍奇"等。第二章和本章上文中提到的长条形的葡萄叫作"马奶"或"牛奶"，还有一些能够体现葡萄果实形状的叫法，如"零

（接上页）"欧亚葡萄"（*Vitis vinifera*）。然而根据 Wan et al.（2008 年 a、2008 年 b），中国野生及人工驯化葡萄品种在多样性、地理分布和品种鉴定方面都还没有得到充分的研究，所以在大多数情况下无法确认其在葡萄品种命名方面的生物遗传特征，也不容易归类于国际拉丁文科学名称。对主要品种的描述和图示见郭会生（2010年）第 88 页等、郭会生／王计平（2015 年）第 191 页等。另见新成立的清徐葡萄酒博物馆中的生动展示。该地区的葡萄品种多样性是中国及东亚地区所独有的。

　　　　　　　　　　　　　　　　琥珀光与骊珠：中国葡萄酒史

蛋""瓶儿""鸡心""鱼鳞""籽儿"等。有的名称如"夏白"和"秋白"则反映果实成熟的时间。表明果实颜色的名称上文已经提到一些，这里还有更多的例子，如"红破黄""黑破黄""红瓶儿""黑瓶儿""紫光"等。听起来令人费解的"提子"是民间的叫法，有时也被称为"美国葡萄"。提子又细分为"红提子""青提子"和"黑提子"三种。来自日本的品种被冠以带有比喻义的名称，如"美人指""金手指"和"婴儿指"。①

清徐葡萄酒庄的前身是清源益华酿酒股份有限公司，其始创于1921 年，当时是一家民营企业，直到 40 年代一直运营良好，1949 年收归国有，经历了一系列动荡和集体化运动后，从 80 年代初开始抓住改革开放的机遇扩大生产规模，同时进行了现代化改造。因为连年亏损，1998 年酒厂停产，2004 年改制为有限责任公司。②该公司自 20 世纪 50 年代以来一直大力扩展葡萄园的面积，2010 年重新恢复使用传统的酿造方法。今天这家酒庄共生产 50 多种产品，首先是"炼白酒"，即使用龙眼葡萄按照传统方法酿造的白葡萄酒。③此外还有现代葡萄酒以及葡萄汁、含葡萄酒的饮料、清醇型白酒和草药利口酒。这些产品以"马峪"作为品牌名称，体现出与当地传统和历史传

---

① 郭会生（2010 年）第 73 页、郭会生 / 王计平（2015 年）第 136 页等。"葡萄"这个外来词已经在中文里存在了两千多年，不过，山西方言中关于葡萄的词汇十分丰富，所以"葡萄"在山西话中就显得无足轻重了。而山西方言中的多种葡萄名称和在不同地区的叫法也很难与葡萄品种一一对应起来。关于"提子"的由来，有人认为是某个美国葡萄品种的中文音译，也有人认为"提子"是长柄大汤勺的意思。我个人更倾向于"提"与同音的"醍"和"缇"这两个关于葡萄酒的传统概念之间存在古老的关联。

② 公司全称为"山西省清徐葡萄酒有限公司"。更多关于清徐及山西省现当代葡萄酒业的内容见本书第十二章和第十三章。

③ 更多内容见本书第十二章。

说的结合。此外，从其酒厂的风貌也可以明显看出清徐酒庄在这方面的追求。与中国的许多其他酒庄不同，它并不模仿充满欧洲风情的精致法式酒庄，正相反，它的老旧酒窖和生产厂房更会让人联想起国营工厂和人民公社的时代。酒厂博物馆内陈列的黑白照片展示着 20 世纪 50—70 年代时葡萄收获与酿酒的集体生产场景。那时，葡萄酒被降格为平平无奇的大众商品。所幸的是，清徐葡萄酒庄坚守住了数百年的本地酿酒传统。到目前为止，它从未聘请过波尔多的著名酿酒师担任顾问及充当优质红葡萄酒的招牌。

2015 年秋季，我再次访问清徐酒庄，这次我与麦戈文教授同行。我们看到拖拉机满载着刚刚收获的龙眼葡萄开进厂区，葡萄散发着诱人的浓郁香气。接着，工人们在厂房里用老式的压榨机将葡萄榨汁。酒厂的管理人员并非受过专业培训的酿酒师，而是本地酒农家庭的子弟，他们所掌握的酿酒知识完全来自家族中一代又一代人的口耳相传。酒厂当时在一座附属建筑物里布置了一个展厅，展出传统酿酒器具、关于当地葡萄品种的说明和样本以及一些古代的历史文件等。在走遍整个厂区并参观完这个展览之后，酒厂管理层邀请我们来到一个陈设简朴的品酒室。第一杯是一款口味平平的干型赤霞珠，接着主人为我们奉上一瓶龙眼葡萄酿造的桃红色葡萄酒，它有着令人惊讶的芳香和果味，百分百手工酿造，味道类似德国的逐粒精选酒。酒瓶上贴有"50 年"的标签，一方面指葡萄树的年龄，另一方面也象征着一度中断的本地酿酒工艺的重新恢复。针对我们提出的 60 年代特别是"文革"期间清徐县葡萄酒生产是否受到影响的问题，酒庄经理表示，即便在那个动荡的年代，民间的风俗习惯也没有多大的改变。酒厂里陈列的老照片和一排排酒瓶上发黄的酒标似乎能印证这一点。在这里，获得过多个奖项的优质葡萄酒与弥漫在厂区的怀旧氛围体现出清徐人延续数百年传统的努力和对当地独特文化遗产的重温，这些遗产毫无疑问需要人们的精心维护。

　　清徐及其郊区的葡萄园位于去往东北方向的古道上。这条通道在元朝时是丝绸之路上重要的北部延伸路段，也是马可·波罗曾经走过的交通要道，一直通往忽必烈建立的新兴政治中心元大都（今北京）。距离清徐600公里之外的河北古城宣化也位于这条古道沿途，现在是张家口市的一个区，距北京约150公里。宣化古城周围生长着"千年葡萄树"，据史料记载，其历史至少可追溯到唐僖宗（873—888年在位）年间，按照一些历史传说甚至可以追溯到前2世纪张骞通西域。张家口、宣化、怀来和涿鹿所处的盆地气候适宜，几个世纪以前就盛产风味极佳的"牛奶"鲜食葡萄。目前，当地的牛奶葡萄种植面积达200多公顷，从前的皇家贡品今天已经走进了千家万户，在全国各地广受欢迎。宣化最古老的葡萄树枝干粗壮，至今仍能结出累累硕果，据说拥有几百年的树龄。宣化也有着世界上独一无二的方形棚架漏斗式葡萄种植法。2013年，宣化葡萄园被联合国粮农组织列为世界农业遗产，受到特别的保护。这些葡萄园是北京西北方向上至山西一带数百年葡萄种植传统的明证。那里不仅大规模种植一流的鲜食葡萄，也酿造优质葡萄酒。值得注意的是，由于其独特的历史遗产，该地区主要使用本地白葡萄品种酿酒，而不是像中国其他葡萄产区那样以红葡萄酒为主，这一点与清徐相似。[①]（见图3.3）

图3.3　"千年葡萄"（漏斗式葡萄种植），河北宣化

----

① 关于宣化和怀涿盆地这两个历史上的葡萄产区见本书第八章。

此外特别值得一提的还有充满传奇色彩的"杏花村"。今天的杏花村是一个小县城，距离太原大约 1 小时车程，在太原西南方向，途中经过清徐。杏花村的历史始于唐代，当时那里有大量酒肆，并发展成酒都和饮酒诗人的朝圣地。这一类诗人在山西特别多，其中不乏资深葡萄酒迷。今天的杏花村以出产汾酒闻名。汾酒是中国最古老的白酒，拥有 1 500 多年的传统，唐朝时杏花村已经发展出了高超的曲法谷物发酵工艺。著名的汾酒公司如今在杏花村形成了一个专属区域，拥有巨大的厂区和库房。库房中有数千个埋在土中的陶缸，用于存放汾酒。传统的蒸馏工坊和酒窖被改建为博物馆，展出古老的酿酒工具和设备，当然也有关于酒文化的考古证据与文献记录。相关的历史故事与民间传说可以追溯到上古时期，值得进一步研究，例如有关当地独特泉水的故事让人联想起上文提到的马峪传说，汾酒无与伦比的品质也和这里的"神泉水"有密切的关系。在这个地区找到发酵历史的开端并非巧合，山西西部地区自古以来遍布茂盛的野生葡萄树，从史前时代起，多种欧亚文化也在这里相遇交汇。可能中国最古老的葡萄酒文化就是在这里发展起来的。

2007 年创立的戎子酒庄位于山西西南部的乡宁县，我在 2012 年、2015 年和 2017 年曾三次前往访问。乡宁县地处黄土高原，距离杏花村三小时车程。（见图 3.4）

图 3.4　戎子酒庄，乡宁县，山西西南部

黄河构成了山西与陕西两省的天然分界线。戎子酒庄距离黄河及其壮观的壶口瀑布只有几公里。公司的创立者是原本在当地从事煤炭和运输行

业的两兄弟，他们怀着远大的理想，在县政府和省政府的支持下转而从事葡萄种植业和酒庄旅游业。[1] 我第一次前去访问的主要原因是，我从西北农林科技大学葡萄酒学院的沈忠勋教授那里得知，戎子酒庄特意选址于一个极具历史研究意义的地区，那里流传着很多民间传说，此外还有丰富的地方志记录、历史遗迹和考古发现可以证明这里孕育出了中国中部地区最古老的葡萄酒文化。戎子酒庄目前正致力于和山西省的历史学家及考古学家一道整理并研究山西的葡萄酒文化史。[2]

戎子酒庄占地广大，气势非凡地矗立在一马平川的高原上。酒庄的建筑仿照宋代风格，入口处的门楼古朴典雅，坡道气势恢宏，办公大楼、生产厂房、酒窖、实验室和培训教室等功能区域一应俱全。酒窖内设有展厅，展示着酒庄的历史与文化。酒店和餐厅采用四合院风格，环境宁静舒适。此外，酒庄还设有会议室、博物馆、书院和一座坐落在园林中的庙宇，为宾客提供丰富的文化体验。酒庄海拔1 300米，在那里可以极目远眺，周围壮美的山景和占地350公顷的葡萄园一览无余。在我前去参观访问时，该酒庄拥有300名员工，正计划将葡萄园的种植面积扩大到600公顷，并使用酒庄在附近河谷中修建的水库灌溉。在戎子酒庄之前，这片高原基本上没有用于农业生产，附近也从未有过葡萄种植。但其实当地恰恰有着得天独厚的自然条件：雨水调匀，昼夜温差适中，200米厚的黄土层富含矿物质，在这样肥沃的土壤中，葡萄树每年可以长出一米长的新根。酒庄中种植的葡萄品种中有十几个是进口的，大部分来自法国，如赤霞珠、品丽

---

① 截至2015年已向酒庄投入7亿元资金，并计划追加投资3亿元。

② 相关信息主要见阎金铸等人编纂的三卷本丛书（2009年）。在此我要感谢当地的两位考古学家及丛书作者阎金铸和阎玉明，他们赠予我的著作及对相关话题的口头介绍对我很有启发。下文中的绝大部分细节都来源于这些资料和谈话。关于戎子酒庄的详细信息另见王庆伟（2015年）。

珠、霞多丽、贵人香和一个玫瑰麝香品种。当然，这里也有正在试验栽培的本土葡萄株，计划将来使用这些本土葡萄酿造出更多具有典型中国风味的葡萄酒。2011 年，戎子酒庄已经生产了 5 000 升葡萄酒，一位法国顾问在其中发挥了重要作用。我们在 2012 年第一次访问戎子酒庄时参观了中式风格的品酒室，并品尝了好几款颇具潜力的样酒。在 2015 年的"柏林葡萄酒大奖赛"上，戎子葡萄酒一举斩获三金一银。这里还有全世界独一无二的窑洞酒窖：按照黄土高原传统窑洞的方式挖掘而成的 24 条长约 75 米的地道，每条地道的入口处都装饰有象征二十四节气的浮雕和富有当地特色的剪纸窗花。窑洞酒窖的优点在于无需配备空调设施，常年保持 10—15 摄氏度的恒温，这意味着酒庄同时也实现了在生态农业方面的追求。2015 年 10 月，我们第二次访问戎子酒庄，时值赤霞珠收获季的最后几天，一个拖拉机车队不停地将熟透的葡萄运到榨汁车间。这一次我们品尝了好几种样酒，能明显感觉到几年间戎子葡萄酒的品质有了显著提高。

戎子酒庄在两方面有很高的追求，既力求达到国际认可的顶尖品质，同时也深深植根于该地区的历史传统。一方面，酒庄投入大量资金配备包括一个大型实验室在内的技术设备，努力使戎子葡萄酒的品质达到世界一流水平；另一方面则通过视频、3D 动画和有关葡萄酒生产的展览以及令人印象深刻的考古发现来展现当地的葡萄酒文化传承，部分展品甚至拥有数千年的历史。

戎子酒庄的特别之处在于它可以追溯到一个两千多年前的历史故事，远比清徐传说古老得多，直到今天这个故事仍然在当地乡间鲜活地流传着，并且以民谣的形式记载了下来。故事发生在前 7 世纪的东周中期，也就是春秋时期。当时，中国分为许多诸侯国，其中最强盛的五个被称为"五霸"。他们大多以周王室宗族的身份获得封地和"公"的爵位。晋国曾经是五霸之一，其霸业维持了很长时间，直到今天,"晋"仍然是山西省的传统名称。前11世纪,西周第二代君主周成王将山西西南部赐给弟弟,后来这块封地得名"晋"。前6—前5世纪期间,晋国将都城迁到汾河下游今侯马市附近。1956年以来,考古学家在这一带的多个地点进行发掘,出土了大量珍贵文物。[①]

2 700多年前,戎子酒庄所在地区是周朝与西北和北方游牧民族戎与狄的交界地带。一些学者猜测,戎很可能就是伊朗的草原游牧民族塞迦人(中国古籍里所说的塞人),在希腊传统中也被称为斯基泰人。众所周知,塞迦人将中亚的葡萄酒文化传播到其他地区,这也许可以作为戎子传说真实性的一个证据。狄和仪狄的传说有关,我在上文中已经有所提及。[②]

狄族的一个首领名叫狐突,就生活在戎子酒庄所处的地区。[③] 他

---

① 即著名的侯马晋国遗址,属于全国重点文物保护单位。当时晋国的都城叫作新田。遗址中最重大的发现是5 000余件石刻和玉刻的盟约文件,被称为"侯马盟书",为研究晋国历史和晋国与其他国家的外交关系提供了独一无二的重要史料。那里发现的大量青铜器皿基本上都是随葬品,可以表明当时已经形成了高度发达的酒祭体系和饮酒礼仪。

② 中国与波斯早期联系的考古证据如在侯马市附近的晋侯墓中发现的红玛瑙饰品。侯马遗址位于山西西南的古老商路上,在戎子酒庄东南方向仅50公里处。这里发现的红玛瑙与伊朗高原墓葬中出土的玛瑙相同,见张庆捷(2010年)第31页。晋侯墓出土的一件鹿形玉雕则明显体现出斯基泰人的影响。这件玉雕以黄褐色玉石雕成,鹿角大而粗壮,现藏于太原的山西博物院,是其最珍贵的馆藏之一。该馆展出的商朝和西周青铜器皿以及在戎子酒庄附近地区发现的更多这类文物展出古代波斯的风格特征,与早期中华文明在中原腹地南部产生的器皿明显不同,见本书第二章。山西西南部的大量地名里含有与游牧经济活动有关的词汇,如马、牛、羊等,见阎金铸等(2009年)第2卷第78页。此外,今天仍在当地农村流传的传说故事和保留至今的习俗可以为该地区与中亚民族的史前交流提供丰富的素材,只是这些素材迄今为止还未得到充分利用。见阎金铸等(2009年)第2卷第11页等、阎金铸等(2009年)第3卷。

③ 作为一个杰出的游牧民族首领,狐突至今仍活在民间传说和山西的几个村庄的名字里。山西人将狐突作为狐仙或狐神供奉最晚始于唐朝,他们或者在家中设立神龛,或者专门为狐突立庙祭祀。位于山西中部、享有"醋都葡乡"美誉的清徐(转下页)

有两个女儿，都被称为"戎子"。有一年的初秋时节，姐妹俩上山采集野生葛藟葡萄。一串串葡萄黑里透红，味道甜美。有一天她们采的葡萄特别多，重得没法扛回家去。当时天色已晚，姐妹俩决定先在地上挖一个深坑，把装有葡萄的皮囊藏在里面。她们用一块大石头和一些土把坑重新填好就回家去了，直到葡萄的收获季节结束以后才想起来埋在坑里的葡萄，于是赶快上山找到藏葡萄的位置。挖开土坑后，一股令人陶醉的芳香扑面而来。她们品尝了皮囊里面发酵的葡萄汁，觉得它味道酸甜适口，十分美味，就马上把皮囊扛回去让族人一起品尝。后来，戎子姐妹和她们的族人慢慢掌握了酿造葡萄酒的工艺，他们把这种美妙的葡萄汁称为"缇齐"。缇齐的名声不胫而走，酿造缇齐的技术也传播到周围地区。这个故事带有几分自豪地暗示戎子姐妹完成了中国最早的葡萄酒酿造。[①]

作为一种和平外交的策略，狐突将他的两个女儿都嫁给了晋献公。"大戎子"，即狐突的大女儿生了一个儿子，就是后来的晋文公。他在外流亡了将近 20 年后归国，于前 636 年成为晋国的第 24 代国

（接上页）也有一座规模较大的狐突庙，始建于 1190 年，如今是文物保护单位。其他的狐突庙毁于"破四旧"，不过其中一部分得到秘密重建，戎子酒庄附近就有一座矮小简陋的狐突庙。不知道狐突庙来历的人误以为这里供奉的是中国神话传说中的妖怪"狐狸精"。其实"狐"是一个常见于伊朗—塞迦游牧民族，但已经中国化的姓氏。它与泛指非中原人的"胡"字同音，二者可能有某种联系。山西的狐突崇拜往往与对晋文公的崇拜结合在一起，见阎金铸等（2009 年）第 2 卷第 67 页等。

[①] 关于戎子姐妹发现如何酿造葡萄酒的民谣至今仍在山西西南部的乡村中流传，如《合藟上坑》《戎子造酒》和《合藟造酒》等。甚至有传说提到，大戎子，即狐突的大女儿、晋文公的生母，为她的儿子和晋国操劳一生，最后在酿酒时精疲力竭而死，见阎金铸等（2009 年）第 2 卷第 51—52 页。出现在这些民谣中的"合藟"可能与同时期的《诗经》中记载的"葛藟"是同音异体字。"藟"这个字的上面是草字头，下面的"畾"是声旁，读作 lei。"畾"也与其他偏旁组合构成同音字，并都蕴含"累积、堆叠"或"攀援"的意思，如礌、壘、纍等。至于"藟"字中的"畾"可能代表葡萄藤的攀援特性，也可能表现葡萄果实簇生的状态。

琥珀光与骊珠：中国葡萄酒史

君。他在前 628 年去世，尽管在位只有九年，但他精兵简政，治国有方，在本国、周王室和戎狄游牧民族中都享有很高的声望，他的谋臣中也有来自狐突部族的。晋文公富有远见的和平外交策略差不多延续了一个世纪，这使他名垂青史，他的本名"重耳"也为人所熟知。晋文公在位期间采取了有力的措施促进民生，发展经济，与戎和狄结成和平同盟，开展商贸往来，从而使晋国走上富国强兵之路。他发展经济的措施也包括积极推动葡萄酒业和葡萄酒贸易。当时的葡萄酒贸易已经远远超越晋国的边界，向其他地区扩展。于是晋国（位置在后来的山西省）"葡萄酒之乡"的美誉便世代相传下来。在晋国宫廷中，葡萄酒不仅是用于招待贵宾和祭天的礼仪饮品，还是献给周王室的贡品，使周天子也成为葡萄酒爱好者。为了方便葡萄酒贸易，晋文公特地下令修建了一条贯通全国的道路。总之，葡萄酒在当时的内政外交与和平事业方面扮演了一个重要的角色。晋文公的母亲以"葡萄酒女神"的身份在历史长河中留下了自己的足迹，关于她的传说完全值得收入中国非物质文化遗产名录。①

　　沿着两旁都是葡萄园的大道进入戎子酒庄，一尊巨大的波斯-中国风格的来通石雕映入眼帘。门楼上方刻有取自历史传说、带有象征意义的"合蘱坊"字样，左右两侧墙壁上端的浮雕缘饰展现出春秋时期葡萄收获与榨汁的场面。酒窖的展厅中播放动画电影和 3D 演示，介绍戎子传说、现代葡萄酒生产与一些葡萄品种，当然也少不了公司

---

① 晋文公是中国历史上第一个被尊称为龙的君主。关于他的生平事迹和雄才伟略，历史上产生了很多传说、谚语和节日习俗，有些记载在古代典籍中，有些则在民间流传。这些传说中的部分人名明显是从外文音译成中文的，很可能来自中亚文化，不过其源头已不可考。晋文公的陵墓位于侯马市东南方，是一座 40 米高的土丘，墓旁的祠庙至今仍有香火供奉。离此不远的曲沃县 2014 年建成了一座规模宏大的博物馆，展出文公墓中的珍贵随葬品和其他晋国国君的墓葬，其中有十几辆作为随葬品的马车。

的自我展示，令人印象深刻。此外在酒庄里还能看到该地区发现的考古文物，主要是新石器时代和青铜时代的多种陶制和青铜酒器。这些器皿显示出当地拥有非常厚重的历史底蕴。展出的器皿中有一件仰韶文化的双耳尖底瓶。这种陶瓶在该地区和邻近的陕西省多有发现，象形字"酉"就是从其而来。埃及人大约在同一时期用于储存和运输葡萄酒的陶瓶与仰韶尖底瓶有着惊人的相似性。[1] 我还看到当地新近挖掘出的一个大腹三足陶罐的碎片，发掘时在罐足处发现了葡萄籽。在场的两位考古学家和戎子酒庄的负责人估计这件陶器出自春秋时期。然而，在那几周里，我在中国中原地区和丝绸之路沿线的许多博物馆和考古机构里见到过与之非常相似的器皿，大多发现于新石器时代的聚落遗址中，年代远早于春秋时期（见图 3.5、图 3.6）。酒庄附近发

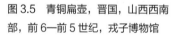

图 3.5　青铜扁壶，晋国，山西西南部，前 6—前 5 世纪，戎子博物馆

图 3.6　三足陶罐，西周，前 11—前 8 世纪，陕西历史博物馆，西安

---

[1] 根据王克林（2015 年）第 12—19 页的阐述，尖底陶瓶绝不是如常见的说法那样用于汲水，而是和古埃及与美索不达米亚的同类陶器一样用于酿造、储存和运输酒精饮料。恰恰在"葡萄酒之乡"清徐和杏花村附近的仰韶文化遗址中也发现了同样的尖底瓶。

琥珀光与骊珠：中国葡萄酒史

现的磨盘（马鞍磨）和磨棒与贾湖的考古发现非常相似，应该是来自史前时代。[1]

展品中有一件叫作"合蘁床子"的很特别的工具，是一个长条形的木架，一端装有一个杠杆压榨器，据说是在附近地区与其他 2 500 年前的葡萄酒酿造工具一起发现的。然而，我所看到的这个床子显然来自一两百年之前。根据流传的说法，葡萄酒酿造工艺在明清两代逐渐被遗忘，而使用小米、小麦和大米发酵而成的酒以及各种面食在该地区流行起来。在这一发展过程中，葡萄榨汁机被改造成了轧面机。在今天的中国北方，人们仍在大量使用现代轧面机。有趣的是，当地的面条比较特别，通常以荞麦面为原料，制作时先用工具将荞面面团挤压成长条状，然后直接下入沸水锅中，叫作"饸饹"，[2] 而这种工具则被称为"饸饹床子"，可能是由历史上的"合蘁床子"转音而来。

2017 年，戎子酒庄博物馆已经基本完工。博物馆的风格和规模与北京天坛相仿，展厅面积达 38 400 平方米，用于举办有关葡萄酒考古学、葡萄酒历史和山西历史传说的展览。

戎子酒庄后山上坐落着文公庙建筑群。相传晋文公去世后不久人们就在此立庙祭祀。根据当地方志记载，唐朝时文公庙就确已存在。但今天文公庙的主体部分是在宋朝时建造的，18 世纪时经历了

---

[1] Liu/Chen（2012 年）第 312 页等阐述了在离戎子酒庄西北方向仅几百公里的朱开沟文化遗址中出土的三足陶瓮（前 2000—前 1500），它与在戎子酒庄附近发现的三足陶罐完全相同。朱开沟文化受到河西走廊西部的齐家文化的影响，而齐家文化的先民与欧亚草原民族有交流往来。

[2] "饸饹"的另一种写法是"河漏"。"河漏"与"饸饹"这两个词本身并没有特定含义。"河漏"的"漏"字轻读，可见这个词明显是音译。相关百科词典中没有给出"河漏"的词源，只将其定义为北方常见食品。在古汉语中"葛""饸""合"以及"河"的发音相似，都有软腭音 g 或 k 作为声母。

一次扩建，近年来戎子酒庄进行了彻底的翻新和修复。从文公庙可以俯瞰戎子酒庄，远眺周围的山景。庙宇主殿中安放着晋文公的塑像，周围簇拥着他的猛士重臣。殿内的墙上绘有戎子传说和 2 700 年前葡萄收获和加工的场景，画面极富艺术的想象力。文公庙中也藏有当地的考古发现，如春秋战国时代及更早的葡萄酒器皿。在 2008 年修复文公庙期间发现了一些汉朝及唐朝时期的墙砖和屋瓦，为与其历史年代相关的书面及口头传说提供了证据。这些圆形瓦当上的纹样很有研究价值，其中一个是龙符。晋文公是历史上第一个使用龙符的君王，而后世的龙符只能用于皇家建筑。还有两种纹样是圆眼长鼻的人脸图案，其中一个人脸的额头处放射出九道太阳光，这是太阳的象征，可以表明其来自草原游牧民族或中亚地区。①

2012 年我们在戎子酒庄做客时，曾跟随主人去附近的山中游览。除了葛藟（*Vitis flexuosa Thunbergii*）以外，那里还生长着大约六七种野生葡萄。我们徒步登上一座人迹罕至的山峰去勘察一个数年前发现的考古遗址。各种迹象表明其年代非常古老，但迄今为止尚未得到详细研究。这个遗址的形状非常特别：上部呈正方形，深约一米，边长约一米半，而下部是一个深度在一米半到两米之间的圆形袋状空洞，洞壁陡峭。由于它与戎子的传说非常吻合，而戎子当年就在这一带的山中酿酒，所以当地人一向认为这个坑是储存葡萄的窖子——从运

---

① 文公庙过去也称为白马天神庙，体现出游牧民族的传统，让人联想起许多关于"天马"（象征来自西域的名贵马匹）和"白马"的传说（佛教传入中国、成吉思汗等）。周朝时对天的崇拜明显与游牧民族的太阳崇拜有关。值得注意的是当地有一个保留至今的古老习俗：用白色黏土在孩童的额头上涂写十字以消灾解厄。距离戎子酒庄 5 公里处就有一个叫作"白额村"的村庄。历史上记载的游牧民族"白狄"也与这个村名有关，见阎金铸等（2009 年）第 2 卷第 82 页等。一直到今天，每到晋文公的冥诞农历七月二十五都会举办相关的庆祝活动。关于文公庙的历史和修缮见阎金铸等（2009 年）第 1 卷第 1、3 页等。

　　　　　　　　　　　　　　　琥珀光与骊珠：中国葡萄酒史

输成本的角度来看，也许不太合理，不过由于这里海拔较高，冬暖夏凉，气候条件有利于储存葡萄，所以这种说法又是说得通的。总之，至今当地人仍把这个坑洞称为"戎子井"。附近的山中也曾发现过几处类似的遗址。

2015 年 10 月中旬，我和麦戈文教授一起访问了戎子酒庄。在访问的最后一天，我们与几位考古学家进行了深入讨论，并一起游览了乡宁县。最后还有一个意外收获：一位住在 30 公里外的农民带来了他在山谷中采集的满满两箱野葡萄和葡萄藤。这些葡萄的颗粒远小于人工培育品种，果皮为深红色，葡萄籽很大，味酸但香气浓郁。[①] 他将这些野生葡萄叫作"山葡萄"，但接着又告诉我们当地的方言中其实将其称之为"牛葡萄"。他说，附近的山谷中一共有三个野葡萄品种，口味不同，叶片有毛或无毛，葡萄藤长达数米，攀缘着树木生长。秋天，附近的村民采集野葡萄制作家酿葡萄酒。他们用手将葡萄捏碎放入大玻璃瓶中，添加水和糖——甚至蜂蜜！然后将玻璃瓶放置在一个温暖明亮的地方发酵两三个月。这位酒农介绍说，在当地农村，很多人家都会采集这种野葡萄酿酒，每家大约有 10 到 20 升的产量，很显然这种做法已经有数百年的历史。他回想起祖辈使用大大小小的瓷罐进行发酵，每个罐子都配有特制的瓷盖，发酵产生的气体可以通过瓷盖逸出。村民们会在特定的场合饮用这种家酿葡萄酒。为了确认它的口味，我们给这位酒农摆上戎子酒庄出产的多种葡萄

---

① 我将这种野葡萄带回德国，送至 Geilweilerhof 葡萄栽培研究所（隶属于 Julius Kühn 研究所）进行品种鉴定和生物遗传比较分析。鉴定的结果表明这是野生葡萄品种 *Vitis ficifolia Bunge*，全称是 *Vitis pentagona Diels et Gilg*，属于中国原生种，从中国大陆中部传播到东部，并到达朝鲜半岛、日本列岛和台湾岛，甚至可能远至中国大陆南方、越南北部和老挝。在此向 Julius Kühn 研究所的 Erika Maul 博士所做的鉴定工作和指导意见表示感谢。

图 3.7　为我们带来乡宁县（山西省西南部）野生葡萄的酒农（中）、麦戈文教授（右）和本书作者（左）

酒请他品尝，最后他认定家酿葡萄酒的味道最接近一种较甜的玫瑰麝香酒，二者的酒精含量也基本相当。（见图 3.7）[1]

这次巧遇最终为主要存在于山西西部地区的历史悠久的葡萄酒文化提供了具体的线索。该地区在历史传说中被称为"葡萄酒之乡"，位于古代通往北方和西方的商路沿途，北方游牧民族戎与狄曾经在这里与中原地区的定居者接触交流。这位农民向我们确认，戎子传说在这一带的农村地区世代口耳相传，至今人们仍在讲述着这些古老的故事。

根据史书记载，生活在同一地区的游牧民族戎与狄以善于饲养良马而闻名，这也为相邻的晋国带来了安全和繁荣。再往西，在河西走廊的入口处，秦国于春秋时期崛起，后来将版图不断向东扩展，并于前 221 年建立了第一个大一统帝国。[2] 由于拥有大量马匹、先进战车和武器，秦国在军事上强于对手。[3] 很可能在戎子传说的背后隐藏

---

[1]　山西农村的家酿葡萄酒令人联想起新疆人酿造穆塞莱斯葡萄酒的古老传统，见本书第一章。

[2]　这便是关于 China 一词的由来的一种说法。

[3]　约前 2000 年时，欧亚草原上首次出现了马拉战车，并在前 1500 年左右传播到东亚（中国商朝）、西亚、埃及、欧洲和印度。欧亚草原各地产生了代表车的象形符号，它们之间相似度很大，很可能有着共同的源头，其中也包括中文里"车"字的几种原型文字。它们可能是来自印欧语系的借词，与希腊语的 kýklos 和拉丁语的 cyclus 为同一词源。关于最古老战车的重大考古证据如乌拉尔山脉东南 Sintashta 草原文化的墓葬与中国河南安阳殷墟（前 14—前 11 世纪），见 Mallory/Mair（2000 年）第 324 页等、Kuzmina（2008 年）第 49、163 页。

琥珀光与骊珠：中国葡萄酒史

着来自中亚和西亚的早期文化影响，在这个过程中，酿酒技术也同时传到了东方。

上文提到，"缇齐"就是"红葡萄酒"。关于缇齐的研究很有启发意义：缇齐是古代的五类酒精饮料之一，在《周礼》中也被解释为发酵过程五个阶段（五齐）[①]的其中之一；"缇"的意思是"红色"，这里显然是指这种酒的颜色。在梵文文献中，除了指葡萄酒的一般性术语 madhu 之外，还有表示深（红）色浆果的专门术语 drākṣā。[②]鉴于在印度河文明、犍陀罗和巴克特里亚（中国古称大夏）文化中发现了早期葡萄栽培的迹象，似乎并不能排除这样一种可能性：中国西部和西北部以游牧民族为主的各民族从这些文化获得了有关葡萄酒的知识以及"缇齐"这个借词。令人费解的是，中国的古代典籍中也出现了"缇""齐"二字颠倒的写法，即"齐醍"，其中的第二个字"醍"虽然与"缇"发音相同，但"醍"的左侧是酉字旁，代表酒精饮料，而"缇"的左侧是代表丝绸/纺织品的绞丝旁，意为红色。[③]在《礼记》（约前2世纪）和后来的《隋书》（7世纪）中，"齐醍"是所有酒类中最珍贵的，是皇家和王公贵族的专属饮品，也用于寺庙中的献祭仪式，被供奉于祭坛之上以向神明和祖先的在天之灵祈求降福和护佑。这两本典籍将齐醍描述为一种滋补养生的红色饮料，并且是人类酿造的最古老的酒精饮料。

在关于齐醍的传说中，后稷扮演了重要角色。后稷被尊为农神和谷神，是周王室的先祖，他也最早开创了敬天的观念。按照齐醍

[①] "齐"此处念 ji，见林琳（2014年）。

[②] Falk（2009年）第65页。

[③] 《说文解字》（121年成书）、《玉篇》（543年成书）和《广韵》（1008年成书）等古代辞书将"醍"定义为一种红色的较清的酒精饮料，并阐释了"醍"从"缇"（意为红色）的演化。

传说，后稷不仅是酒精发酵的发明者，也亲自酿造出神秘的齐醍。所以，周人为了纪念其先祖后稷，最初将这种饮料按照后稷的本名命名为"弃"。[①] 在周朝早期，出于避讳的需要，"弃"逐渐转化为"醍"。"醍"来源于同音字"缇"，而"缇"本身即含有红色的意思。按照齐醍传说，周朝在建立之初就确立了敬天之礼，与商代的拜鬼习俗进行切割，齐醍取代了商代以谷物酿成的酒，成为最重要和最贵重的祭祀饮品。然而，随着时间的流逝，关于齐醍的知识逐渐失传，祭祀仪式中也不再使用这种酒。齐醍在之后的两千多年几乎从未见诸文献资料。自汉代已降，特别是近代以来，中国人一直以为（红）葡萄酒是来自西方的舶来品。

直到 2012 年，一个轰动性的考古发现才揭开了齐醍神秘面纱的一角，为这个传说的可靠性提供了一些具体的证据支持。

陕西省西部的宝鸡市周围地区以及通往西部的河西走廊入口处，通常被认为是周朝和后来的秦朝的发源地，这一带多次发现过商代和西周过渡时期（约前 11 世纪）的青铜器皿和青铜工具，其做工之精美与出土次数之多极不寻常。这就是为什么这片土地也被称为"青铜之乡"的原因。自 2012—2013 年以来，考古学家在该地区的石鼓山墓地进行了系统发掘，从中小型墓葬群中出土了丰富的青铜、石、玉和贝壳随葬品。2012 年夏天，考古学家在一个摆放青铜器皿的侧壁龛中发现了一个用盖子封住的青铜卣，其中盛有液体。经鉴定，这些液体是一种"红酒"——研究人员最终认定这就是周朝初期的礼仪用酒"齐醍"，在此之前，齐醍只在最古老的典籍中出现过。相关研究报告明确指出，这一地区及正在进行的考古发掘为周人和戎族之间的交流往来提供了新的认识，很可能来自印欧语族的文明也在这些交往

---

① 后稷姓姬，名弃。周朝君主也是姬姓。

中发挥了影响。值得注意的是，相关专家学者认为，这一发现可以证明"红酒"在中国源远流长，绝不是从国外进口的文化产品，这与此前普遍接受的观念刚好相反。[1]

　　无论现在和将来如何评估这一发现，它都为这个由神话、民间故事、历史传说和不断增加的考古发现所组成的复杂整体图景又增添了一块拼图。根据这个图景，自新石器时代和青铜时代以来，中国文明中心的形成在相当程度上取决于欧亚文化的深远影响以及二者的密切接触。当时在欧亚大陆西端广泛传播的葡萄酒文化不可避免地也进入中国的土地，在那里的史前社会中扎根生长。

　　还有更多资料和迹象表明，周朝疆域和中亚之间的交流大概始于前1000年。281年，有人在一个战国时期的墓葬中发现了一批竹简，其中有一部名为《穆天子传》，讲述了周朝第五代国君周穆王（？—前922）西巡昆仑山、西藏高原和塔里木盆地的一段奇妙旅程。其他的历史资料中也能找到一些相关的信息，但大多含糊其词。周穆王冒险西巡的一个动机可能是为了平定戎族，而当时已经在西部崛起的秦人有可能在其中扮演了调停人的角色。[2]

---

[1]　关于宝鸡石鼓山西周墓，见张晓（2013年）第459页、郭会生／王计平（2015年）第99—100页、《宝鸡西周墓出土中国最早的"年份酒"和"酒器"》（2012年a）、《宝鸡西周墓出土神秘液体有学者推测为红酒》（2012b）、《宝鸡石鼓山西周墓地再次出土大量青铜器（组图）》（2013a）。根据中国科学院微生物学家程光胜提供的第一手信息，关于这种所谓"红酒"的分析结果还没有公布（2020年9月26日的个人通信）。而斯坦福大学考古学家刘莉根据她对仰韶文化陶罐有机物残留的分析，猜测这种饮料的红色可能来自红曲霉（*Monascus purpureus*）发酵（2020年9月19日的个人通信）。自古以来，红曲霉主要在中国南方用于制作酒精饮料，也用于烹饪和医药，并且只与大米结合使用，直到今天仍然如此。然而，程光胜对此提出反对意见，理由是红曲霉在前3世纪之前还没有出现，并且在其后的文献中也鲜少提及。见Huang（2000年）第192页等关于"红曲和红酒"的详细阐释和图解。关于红曲霉的特性和中国南方的"红酒"另见Sandhaus（2019年）第122页。

[2]　关于这个传说见Franke（1965年）第1卷第147—148页、吕庆峰／张波（2013年）。

20 世纪末以来，在今天的新疆塔里木盆地周围多次发现了年代可追溯到前 2000—前 1000 年的墓葬，可以表明印欧民族曾在此定居，并把他们的文化也带到了遥远的东方。在干燥的气候下保存完好的木乃伊显示出欧罗巴人种的特征，他们的服装中有一部分是用凯尔特文明中常见的格子图案纺织品做成的，此外，陶器和木器展现出中亚甚至欧洲的风格。相关发现令人猜测，此地在这个时期已经存在着广泛传播的葡萄酒文化。例如，2003 年在吐鲁番盆地边缘发现的距今约 2 500 年的洋海墓中不仅有黍、大麦和小麦的痕迹，还发掘出中国西部地区最古老的葡萄藤，从而将当地葡萄栽培的历史溯源又向前推进了一大步。此后，当地的葡萄栽培多次见诸历史记载，至今仍在蓬勃发展、名扬天下。在发现于塔克拉玛干沙漠南缘且末县附近的拥有三千年历史的扎滚鲁克古墓群中，除了木乃伊、纺织品、珠宝（来自中亚的玻璃）和各种日常用品外，还出土了饮杯、高柄杯和角杯。据说周穆王曾到过“西王母”居住的昆仑山。昆仑山是一座充满传奇色彩的神山，关于这座山有很多神话传说，“西王母”直到今天仍是民间信仰中的一位女神。周穆王应该在那里接触过这些印欧人和他们的文化。也许正是通过这些早期的接触，昆仑山才产生了大量关于西方神秘世界的神话和民间故事，后来表现在道教和佛教的教义以及文学作品中，并且以独特的方式与葡萄及珍贵玉石的象征意义产生了某种联系。[①]

在中亚，伊朗民族在前 2000 年后迁移到波斯高原，于前 6 世纪建立了疆土辽阔的阿契美尼德帝国，其统治延续了近 300 年，帝国东部边境接近周朝势力范围的边缘地带。当时波斯与东方的贸易兴起，

---

① 另有一种观点认为，新疆北部天山山脉中的天池是西王母的居所，周穆王和西王母在天池有过奇妙的相遇。天池距离丝绸之路北线一带的古老葡萄种植区要近得多，这些地带今天仍在种植葡萄。

逐渐形成了一个商路网络，即丝绸之路。尽管与后世相比，关于那一时期的历史考古证据稀少，但我们可以推测，周人与其边境以外的其他民族以及版图包括希腊、西亚、高加索和埃及在内的阿契美尼德帝国之间活跃的物质和文化交流，应当不可能不涉及酒文化，因为酒文化在这些地区已经发展到相当的水平，并深深植根于当地的宗教传统中。毕竟，在波斯萨珊王朝（226—651）灭亡和开始伊斯兰化之前，祆教一直是波斯人的国教，并传播到了中国。祆教与葡萄酒文化紧密结合在一起，是葡萄酒传播中的一个决定性因素。①

---

① 唐朝时，在都城长安和其他地区都有一些祆教徒社区，社区内建有火庙。新疆塔吉克自治县塔什库尔干镇（"石头城"）位于中国与塔吉克斯坦、阿富汗和巴基斯坦四国接壤处，也在跨越帕米尔高原进入印度河谷的海拔 3 300 米的通道上，那里也有一座火庙遗址，据说拥有 3 000 多年的历史。种种迹象表明，定居在塔里木盆地的印欧移民的祖先很可能是从伊朗东南部沿着这条路线迁移过来的。路线沿途直到今天仍有祆教徒的聚居中心（今伊朗东南部的亚兹德市和克尔曼市），当地很多人体格魁梧，身高超过 1.8 米，身材与在新疆发现的部分木乃伊类似。伊朗东南部的大量史前聚落如"被焚之城"（Shahr-e Sukhteh），迄今为止只进行了部分发掘。在那里出土的极其精美的陶器与在河西走廊发现的陶器非常相似，可能都与祆教中不可或缺的葡萄酒文化存在关联。

第四章

夏商周：举世无双的
发酵与酒礼文化

现有的考古学和历史学证据与文献表明，中国在几千年前与美索不达米亚、高加索地区、小亚细亚、克里特岛和埃及平行发展出了通过系统性发酵技术生产酒精饮料的复杂工艺。而且，从原始社会到商朝和西周时期，酒精饮料始终在宗教和社会生活中发挥着主导作用。这一点仅仅通过近几十年来的考古发现就可以得到充分证明。这些出土文物品类丰富，其中不乏轰动性的重大发现，尤其是各种青铜礼器的多样性和艺术性，世所罕见。专家推测，其中至少有一半是用于祭祀和庆典的酒器，[①] 器皿上还带有一些专用名称和文字，部分今天几乎已无人能识。正如我在本书第二章中的阐释，所有迹象都表明，早在商代之前，也就是新石器时代晚期和青铜时代中期之间，酒礼系统发生了趋向复杂化的演变，同时伴随着人类文明早期特征的出现，如精英阶层的形成和社会的等级分化、社会经济结构的产生（采矿、冶金、手工业、农业）、设有墓葬区的固定聚落的建立、大型公共建筑项目、统治者居住的宫室和宗教设施等特别场所的建设等。在这方面特别值得研究的是前5000—前2000年在黄河中下游的中原地区和长江下游一带平行发展或前后传承的新石器时代文化，包括在本书前三章中部分提到的仰韶文化、龙山文化、大汶口文化、屈家岭-石家河文化和良渚文化。在已确认归属的数百个聚落中，我们不仅可以观察到这些兼具共同与个别特征的文明萌芽，以及这些文化中心之间或

---

① 韩胜宝（2003年）第29页。

多或少的联系，还可以观察到宗教—社会结构的演变，这种结构与繁荣于商代的礼仪性酒文化的发展紧密相关。

近年来，细致的考古工作在许多方面不断填补一个个认知空白，成功地揭示出上述文化与其后续时期之间的连续性。这一后续时期在中国的史学传统中被称为夏朝（传统上认为夏朝存在于前21—前16世纪）。史书记载的夏王室谱系中共有17代君主，开国之君就是上文中已经提过的大禹，他也被尊为酒与发酵文化的祖先。虽然中国的史学正统坚持夏朝的存在，但以考古发现为首要依据的学术界对此持保留态度，并提出了反对观点。普遍接受的观念是，前14世纪，商朝进入迁殷后的时期（前14—前11世纪），其都城和文化中心位于今河南安阳附近，被称为"殷墟"。在殷商之前，中国并未产生后世那种真正意义上的统一的中央帝国，没有组织严密的行政机构，也没有具备政治-经济与宗教-文化功能的中心城市、工商业体系和文字记录。所有这些标志性元素在殷商时期才确凿无疑地见诸文字记载，也正是在那时开启了建立在单一中心的国家结构基础之上的连续的中华文明。成千上万件刻有文字的兽骨和龟甲以及带有鲜明的政治-宗教色彩的辉煌灿烂的青铜器文化是殷商的典型特征。殷商青铜文化在世界历史上的独特性同时也直接证明了作为中华文明不可或缺的组成部分的中国酒文化的独创性。殷商之后的1 000多年，修史制度确立，夏朝以及随后的商朝早期（前16—前15世纪）被归入正史，由此产生了"五千年华夏文化"的观念，并将传说中"三皇五帝"的时代定于夏商周之前。正如我在第三章的阐述，从商代起，历代王朝开始在史书中记录统治者的生平事迹，他们的命运与人类历史上持续时间最长、最全面的酒文化的演变紧密相连。

后世以儒家思想为宗旨的官方史书往往将中国古代王朝的崩溃解释为该朝最后一位统治者的荒淫无道和纵酒无度，由于其腐朽堕落的生活方式，上天收回了之前授予他们的统治权，王朝便不可避免地走向灭亡。如果说夏朝睿智的创立者大禹已经警告过酒会给国家带来灾难，那么五个世纪后他的预言果然成真——夏朝的最后一位统治者桀穷奢极欲，对百姓敲骨吸髓，残暴苛酷，沉溺酒色，成为历史上臭名昭著的暴君和用于警示历代君主的反面教材。汤战胜桀，建立了商朝，但六百年以后，商朝的统治也终结于一位可耻的暴君之手——商纣的暴虐与夏桀相比有过之而无不及：

> 好酒淫乐，嬖于妇人。……以酒为池，悬肉为林，使男女裸相逐其间，为长夜之饮。[①]

当周朝的创立者周武王攻占商朝的都城时，纣王焚烧王宫，自己也随之葬身火海。

周朝存续了大约八百年，但周人将其世代传承追溯到后稷，即传说中的谷神。后稷和周人都来自西部地区。早在夏朝与商朝之前，后稷就促成了中国源远流长的谷物型发酵文化的发端。与此同时，人工栽培的小麦和大麦、人工驯化的马与车辆制造技术从西方和北方传入中国并得到广泛传播，这并非时间上的巧合。一些较新的假说认为，位于德涅斯特河、乌拉尔山脉南部和西伯利亚西南部之间的黑海-里海大草原上的早期青铜器文化发展出了车辆运输，带来了一场长途运输和远程贸易的革命，这些假说已经被出土的古墓随葬品所证实。运输革命随之为一个西至埃及、东到东亚的史前交通道路网络的产生创造了前提条件，在此基础上，两千年后形成了丝绸之路。总

[①] 《史记·殷本纪》，中国哲学书电子化计划。从这个记载中产生了后世常用的成语"酒池肉林"（也作"酒海肉林"），该成语形容穷奢极欲的生活方式。

之，我们可以认为，中国中原地区早期文明的兴盛应归功于来自西方的物质与技术的重要推动。[1]

周朝的历史虽然漫长，但从未有过大一统的政权，统治的连续性也不强。不过在周朝时逐渐产生了中央集权和统一管理的观念。周王室与分封的诸侯国之间始终关系紧张。这些诸侯国数量众多，有大有小，受制于中央王权的程度不同，有些已经相对独立。前771年，由于北方戎族的入侵，周王室将都城从今陕西西安附近迁到河南洛阳，此后的周朝史称"东周"（前770—前221），之前的阶段则称"西周"（前1046—前771）。东周时期，中央王权进一步衰落，在连年争战中，大量小诸侯国被吞并，几个大诸侯国则不断增强国力。东周又分为"春秋"（前770—前476）和"战国"（前475—前221）两个阶段。公元前841年，中国开始有了确切纪年，自此以后，东周的国事被记录下来，成为官方正史。不断争战的诸侯国最终只剩下战国七雄，其中的秦国从前9世纪起一直在稳步增强实力和影响力，并于前221年灭六国，建立了中国历史上第一个幅员辽阔的中央集权大帝国，秦国国君自封为"始皇帝"（前259—前210），是中国第一个称"皇帝"的君主。[2]

秦国的发源地位于偏远的西部，一般认为在河西走廊一带。通

---

[1] Kuzmina（2008年）第34页等。David W. Anthony（2007年）在关于这个主题的经典著作中将印欧民族语言的起源与马的人工驯化和将马作为坐骑的使用、马车的发明及其从欧亚草原向东西两个方向的传播联系在一起。一些学者将穿越欧亚大陆北部的岔路称为"草原之路"，以区别于在其以南的"丝绸之路"。关于从早期库尔干文化（前2500—前2000）开始兴起的新型墓葬风俗——巨型高冢墓以及高加索地区贵族墓葬中作为随葬品的四轮马车见 Makharadze（2018年a）和 Klimsha（2018年）。

[2] 西方语言中的"China"是从"Qin"（秦）演化而来的。而中国人对自己国家的称号"中国"意思是"中央之国"，这个名称早在周朝时就已出现，并沿用至今。

向西方的商路主干道从这里经过，后来得名"丝绸之路"。秦人的人种问题尚未厘清，不过可以肯定的是，他们与中亚和北方草原以游牧为主的各民族有着很多交流往来。周朝统治者命令他们守卫边境，抵挡时常威胁周朝领土的游牧部落并充当边境冲突的调停人。经过几个世纪的发展，秦人在外交、军事战略、行政管理和物质文明领域逐渐取得了优势，最终得以建立中国历史上第一个皇权专制的大帝国，其领土规模和统一性是前所未有的。

由于文字和考古资料稀少，学界一直对秦人在多大程度上是中亚民族后裔的问题争论不休。[1] 有观点认为，他们源自近年来发现的甘肃齐家文化和四坝文化，也有人认为秦人的祖先是后来定居于甘肃的月氏人，[2] 而月氏可能是吐火罗人的一支。21 世纪以来，考古学家在甘肃省东南部的大堡子山遗址进行了有关早期秦文化的最重要的考古发掘。该发掘现场位于距离天水市西南方向 70 公里处的礼县，地处自古以来被公认为秦文化摇篮的西汉水上游一带。[3] 大堡子山遗址与墓葬群在 20 世纪 90 年代被发现之后曾遭到劫掠和破坏。2000 年以来，它们得到了保护和系统性研究，有了一些轰动性的发现，从而为秦人的起源带来了新的认识。数年前，礼县建成了一座专门的秦文化博物馆，藏品展现出一种迄今为止鲜为人知的文化。2006 年，大堡子山遗址附近发掘出多座西戎首领墓葬。西戎是来自西方的游牧民

---

[1] 关于月氏和吐火罗人见本书第六章。Mallory（2015 年）讨论了一些考古学和语言学方面的线索，表明齐家及四坝文化与欧罗巴人种的古吐火罗人及后来的月氏人的文化相近。

[2] 在中国的考古学家和历史学家中，关于秦人的起源基本上分为两派，一派持"西来说"，一派持"东来说"。当前流行的新传统主义思潮将秦文化的开端解释为中华文明的独立起源，"东来说"自然得到了更多公众认可。

[3] 甘肃礼县大堡子山位于西汉水沿岸。关于甘肃省东南部早期秦文化的考古发现见刘晓芳（2016 年）。

族，很可能是伊朗或斯基泰人 / 塞迦人的后代。① 这两处遗址相距不远，应该不是巧合。

秦始皇陵陶俑形象各异，个性鲜明，其造型也体现出来自西方的影响，近年来学界有一些这方面的讨论。无论如何值得注意的是，秦始皇陵兵马俑的风格在中国的艺术史上前无古人后无来者，按照一些专家的论证，具有同时代位于帕米尔高原以西的希腊-巴克特里亚帝国的希腊艺术的特征。考古学家对秦始皇陵旁埋葬的工匠遗骸进行了 DNA 鉴定，发现其中有伊朗人，也有欧洲人。秦始皇在世时就开始修建巨大的陵寝，当时有一百多万人参与这项工程。②

这些在丝绸之路中心轴线沿途发现的关于东西方交流的考古证据其实并不令人惊讶。新疆塔里木盆地发掘出的 4 000 年前的印欧人木乃伊和随葬品清楚表明，早在史前和青铜器时代欧亚大陆两端之间就存在着民族迁徙。公元前数百年间的神话传说与文字记录，如周穆王西游中亚的故事和稍晚产生的与西域存在关联的道教神秘起源传说，为商、周、秦及之前的历史阶段中东西方民族的联系和血缘关系提供了更多支持。越来越多的考古发现表明，这条被称为"丝绸之路"的远途交通线早在前 1000 年，甚至可能更早时就已经是一条非常繁忙的商路。

在印度河河谷哈拉帕文化（前 2600—前 1800）和克什米尔地区的布尔扎霍姆文化（前 3000—前 1000）遗址中发现的炭化葡萄藤和葡萄籽的残迹似乎可以证明，早在亚历山大远征之前，该地区就已经存在人工栽培的欧亚葡萄（*Vitis vinifera*）了。本书第一章中提到的

---

① 发掘地点：甘肃张家川马家塬战国西戎贵族墓地。关于西戎见本书第三章。

② archive.archaeology.org/online/interviews/mair.html（Victor Mair 访谈录，2006 年 7 月 10 日）、Nickel（2006—2007 年）。

兴都库什山谷的努里斯坦人（卡菲尔人）的原始印欧葡萄酒文化有可能追溯到这个起源。最终我们可以推导出这样的结论：在这个后来被称为犍陀罗的地区，葡萄种植、葡萄酒酿造和葡萄酒崇拜可以远远追溯到史前时期;[①] 而当时居住在中国西部喀喇昆仑山口以北的先民，特别是迁移到此定居的古吐火罗人，想必不可能对葡萄酒一无所知。

2012 年，在陕西西部一个周初墓葬中发掘出一种盛放在密封青铜壶里的饮料，它被称为"红酒"，对此我在第三章里有相关论述。其发掘地点正好位于去往甘肃和中亚的通道上，也就是传统上被认为是周人发源地的地区。这一考古发现可以作为一个独特的线索，与下文将要讨论的其他证据共同表明，至少在三千年前中国就受到了来自印度和波斯的印欧文化的影响。

目前已有足够的证据表明，中国在周朝时与波斯阿契美尼德帝国（前 6—前 4 世纪）有贸易往来。相关考古发现包括玻璃、银碗、在珠宝和器皿上镶嵌银、金和绿松石的工艺。其中最具代表性的是南越王墓。南越是秦朝和汉朝早期时存在于中国南部（广东）的一个独立王国。墓中不仅出土了可能直接从波斯进口的最古老的玻璃首饰，还出土了阿契美尼德风格的玉来通杯、完全按照波斯式样仿制的具有代表性花冠纹的银盒、同样属于阿契美尼德风格的青铜"蒜头壶"以

---

① Falk（2009 年）。此外，亚历山大率领的希腊军队观察到的一些现象也可以证实这一点：他们发现犍陀罗地区存在一种葡萄酒文化，酒神狄奥尼索斯向东迁移以及巴克斯的后裔在印度定居的传说就是从中发展出来的。延续了几个历史时期的布尔扎霍姆文化与印度河文化及整个印度次大陆、中亚、塔里木盆地直到中国北部都有广泛的联系。其新石器时代的黑陶表现出与伊朗北部的 Hesar 和山东两城镇遗址的关联，见本书第二章。关于布尔扎霍姆文化的考古发现见维基百科词条"Burzahom_archaeological_site"、崔连仲（2008 年）。在那里发现的葡萄籽、大麦、小麦和大米与石器及陶器的结合使用，以及普遍存在的带有宗教象征符号的墓葬和巨石文化，都让人猜测那里已经产生了一套仪式化的饮酒制度，当然对此还需要进一步研究。

及各种储藏器。[1] 从汉代开始，酒器以金银为贵，金质酒器当然比银质酒器更为贵重。直到帝制末期，金银酒器一直受到宫廷和权贵阶层的推崇。玉作为"拥有魔力之石"在史前时代就被加工制作成器物，在商朝时尤其盛行，而玻璃制成的酒器则是后来在波斯人的影响下才开始流行起来。

图 4.1　波斯–阿契美尼德风格的玉来通，约前 200 年，南越王墓，南越王博物院，广州

据史料记载，西汉开国皇帝汉高祖（前 202—前 195 年在位）曾经向南越王赠送四幅织有葡萄藤蔓和果实图案的锦缎作为礼物。这可以证明，葡萄这种植物以及用葡萄制作的饮料在当时早已为人所知，并受到人们的喜爱。[2]（见图 4.1、图 4.2）

1990 年在杭州附近出土的战国水晶杯与南越王墓随葬品的波斯风格存在关联，在此值得一提：[3] 这件水晶制成的贵重饮器是中国迄今为止同类考古发现中最古老且最珍贵的，属于国宝级文物，也是杭州博物馆的重要藏品。它产生于战国时代，形状类似现代白啤酒杯，杯底厚实，杯壁斜直，呈喇叭状，杯身通体透明，

---

① 相关文物现藏于南越王博物院王墓展区（原称西汉南越王博物馆）。另见内容丰富的展品目录 Prüch（1998 年）。在安徽、山东和云南等省份发现的前 2 世纪汉墓中也出土了类似的波斯式花冠纹银盒，轰动一时。同类器皿曾广泛发现于前 9—前 6 世纪的波斯、弗里吉亚和斯基泰墓葬，见北京大学考古学家林梅村（2003 年）的极具参考价值的论文。虽然专家们未曾发现中国古代制作玻璃的证据，但早在新石器时代中国就开始加工使用玉石，在商代及商代之前，部分玉石从塔里木盆地南部的于阗（和田）远道进入中原。

② Trombert（2001 年）第 299—300 页。

③ 出土地点：杭州半山镇石桥村。

　　　　　　　　琥珀光与骊珠：中国葡萄酒史

略带淡琥珀色，风格简洁质朴，除了一些自然结晶纹路外，没有任何纹饰。当时的杭州一带属于越国，在文化上受到西邻楚国的影响，并由此间接获得了一些波斯元素。战国水晶杯就体现出了一些波斯风格。

图 4.2　波斯–阿契美尼德风格的花冠纹银盒，约前 200 年，南越王墓，南越王博物院，广州

1983 年在广州发现的南越王墓和另外几个同类考古发现展现出波斯宫廷奢华生活的影响力。很明显，周朝、秦朝和南越的精英阶层非常喜爱这种异国情调，不但直接从波斯进口艺术品，还对其进行仿制。如同上文的玉来通杯，大量器皿（瓮、罐、壶）明显是酒器。不过除了在一件器皿中发现了据说是小米啤酒的残留物，学界对这些器皿基本上还没有进行分析鉴定。尽管没有确凿的证据，但看来似乎有可能在周朝和秦朝时，阿契美尼德人所喜爱的葡萄酒连同葡萄栽培一并传入了中国。有证据表明，亚历山大大帝征服波斯以后，他的后人从前 4 世纪开始将古希腊的葡萄酒文化传播到印度北部和中亚，直到中国版图的边界。最晚到汉代时，中国的史书中出现了关于中国人接触希腊葡萄酒的记载。

此处有必要在上文构筑的大框架里插入一句语言学方面的题外话，它可以支持中华文化圈在商周时期甚至可能更早就广泛与外界接触的假说。最受关注的词语是源自古伊朗语的 *maguš*，它与印欧语系的 *magh* 相关联，意为"力量"或"能够"，并被吸收进希腊语（*mágos*，复数 *magoi*）、拉丁语（*magus*），后来的英语 [magician（魔法师）/magic（魔法）]、德语 [*Magier*（魔法师）/*Magie*（魔法）] 以及包括汉藏语系在内的许多其他欧亚语言。在波斯语中，*maguš* 指袄教的祭司和阿契美尼德宫廷的宗教权威人士，从其衍生的 *mobed* 一词是祆教精神领袖的头衔。

"巫"（现代汉语：巫师，即魔法师、萨满）经过语音溯源重建后，可知其在古汉语中的发音是 *myag*，这一研究成果引发了对三千多年前欧亚大陆上各民族交流往来的多方面讨论，这些欧亚联系也已经被考古发现证实。"巫"字的原型是两个正在跳舞的萨满，可能九千年前的贾湖巫师就懂得借助"鸡尾酒"进入心醉神迷的状态，然后伴随着鹤骨笛和龟甲摇铃奏出的音乐手舞足蹈。"巫"在商代后期的甲骨文中出现了几十次，其后也有三百多次见诸周代的典籍。从这些文字记录可以推断，"巫"（*myag*）起初指祭司阶层，既有男性也有女性，他们是人与灵界或天与地之间的媒介，负责占卜、驱魔、疗愈、占星、解梦和求雨。根据甲骨文可以推测，夏、商统治者本身就担负这些职责，周朝将这一传统延续了下去。只有周王才有资格向上天献祭并与之交流。不过，"巫"在周朝时失去了政治核心影响力，世俗权力崛起，"巫"充其量只能充当王权之下的臣宰。

对于了解当时的灵性世界很有启发意义的是一些和"巫"在字形和语音方面有关联的字，如"诬"（意为诽谤、污蔑；左侧是言字旁，右侧是"巫"，取"魔法"的负面意义）、"筮"（用于占卜的蓍草，上有竹字头）、"觋"（男性萨满，右侧是见字旁）、"灵／靈"（灵魂，繁体字的写法上方是雨字头，中间有三口，和萨满的求雨仪式有关）[1]；再比如和"卜"（预言）字在发音上同源的"舞"（舞蹈）和"无／無"（道教的基本观念）。此外，"医"这个字也很值得探讨：

---

[1] 此外还有一种带酉字旁的写法"醽"，也读作 ling。醽是一种特别贵重的酒精饮料，呈绿色，传说是用湖南醽县附近的一口神龙护佑的山泉水酿造的。1994 年，醽县更名为炎陵，因为那里有上古明君炎帝也就是神农的墓。除了农业知识以外，神农也教导人们酿酒（见本书第三章）。

"医"的繁体字"醫"下方是代表酒精饮料的酉字（酉本意是盛放酒精饮料的尖底瓶），"醫"字还有一个更古老的写法："毉"，下方是巫字，而不是酉字。这些都为萨满教与借助酒精饮料达到灵魂附体的崇拜仪式之间的关联提供了线索。

　　根据学者对"巫"字的字源所作的猜测，"巫"字在商代文字中的形态是四个丁字交叉而成的十字（十），而在陕西省中部发现的周初（前8世纪）欧罗巴风格人偶的头上也带有这个符号，它作为魔法师的象征可能源自印欧文化。从这些角度来看，祆教的 maguš 及 mobed 与中国古代的巫（*myag）之间互相关联，可能他们都利用酒精饮料以及葡萄酒来获得精神力量。此外，不能否认的是，犹太教与基督教的一些象征符号也来自酒文化／葡萄酒文化的影响。[①]

　　相传为屈原所作的《楚辞》提供了另外一个关于中国周朝与波斯祆教的巫师制度之间存在关联的证据：在迎神女巫唱给大司命（一位掌管人类寿夭的神明）的祭歌《九歌·大司命》中出现了一种叫作"疏麻"的植物，字面的意思大概是"疏剪后的大麻"，后人所作的注疏中将其解释为"神麻"。我们可以推测，这首祭歌暗示了大麻

---

① 关于语言学关联的重要线索主要来自 Victor H. Mair（1990年）的权威著作。另见维基百科词条"巫（萨满）"、Magi。*myag 的语音重建得到了"巫"的日语同形字的训读发音 miko 的支持。Mágos 这一官职的概念在小亚细亚、埃及和埃塞俄比亚的广泛传播主要归因于希腊人（前6世纪的赫拉克利特、前5世纪的希罗多德和前4世纪的色诺芬）对它的欣赏和采纳，当然这种采纳中也有批判的一面。后来，mágos 还有了"江湖骗子、神棍"的贬义。根据传统说法，琐罗亚斯德（查拉图斯特拉）的生活年代大约在周代早期，他偶尔会被描述为魔法师阶层的创立者。Magoi 也作为"来自东方的博士"出现在圣经新约的马太福音中。在商代的等级制度中，女巫因其宗教职能和魔法力量享有很高的权威，但也会被当作燔祭献给神灵，以平息其愤怒或向其求雨，之后女巫会被追封为圣，见 Schwermann/Wang（2015）。根据一则铭文，这些女巫并非来自商族，而是"周取巫于垂"（同上，第66、81页）——垂可能是一个中亚民族（？）。关于十字可能是太阳崇拜和天体崇拜的起源以及在山西西南地区流传至今的相习习俗，同见本书第三章。

图 4.3 苗族人的来通，贵州，茅台博物馆

具有致幻作用，"疏麻"与苏摩（Soma）/豪麻（Haoma）在语音上的相似性也不是偶然的。很可能正是祆教巫师将他们的神圣饮料苏摩 / 豪麻带到了周朝的宫廷。[1]（见图 4.3）

秦始皇是道教思想、方术和鬼神迷信的狂热追随者与推动者，他一生都在不断派人四处寻找

---

[1] 关于苏摩 / 豪麻这种用于宗教崇拜的饮料见本书第一章的注释和第六章的进一步阐释。关于"疏麻"与"苏摩"之间关联的最详细的研究见 H. Zhang（2011 年）。这个研究揭示，二者有一个共同的可以追溯到前 1000 年以前的原印度-伊朗起源；此外，整个西周和东周时期，在今中国南方不断扩张的楚国盛行独特的与拜火有关的萨满教仪式，并体现在《楚辞》的巫歌中。Zhang 论证楚文化受到来自西方如中亚和印度的影响；《楚辞》中还有另外一些类似"疏麻"的来自印度—伊朗语系的外来借词，在其他古代典籍中从未出现过，如楚国官名"莫敖"（古汉语大约为 *mâkngâu）是古伊朗语 maguš 的音译，与进入中国北部语言的 *myag（巫）相对应。最后，"莫"可能用来称呼古代"南方野蛮民族"的"蛮"，甚至与今天的少数民族"苗"存在语言方面的关联。苗族人生活在当年的楚国境内，有些苗族方言族群自称"莫"或"蒙"，他们至今仍保留着拜火的习俗，使用带有纹饰的银质角杯饮酒。苗族人的拜火祭司也被称为 man-ao 或 mao-ao。根据一系列语言学和考古学方面的其他证据，Zhang 得出结论，至少楚国的统治精英阶层拥有伊朗血统并举行祆教的崇拜仪式。因此，最晚从波斯阿契美尼德帝国以及遍布欧亚大陆北部的斯基泰 / 塞迦人的时代开始，葡萄酒文化也在楚国扎下了根，并且很可能与苏摩 / 豪麻礼仪有关。关于疏麻与苏摩的关联另见 Anderson（2014 年）第 88 页。在这方面还缺乏进一步的研究。产于中国南方的蛇麻（Humulus cordifolius Makino）同样属于大麻科，它是否与疏麻 / 苏摩存在某种关联似乎也是一个值得探讨的问题。蛇麻在中国南方自古以来就用于酿酒，和现代啤酒酿造中使用的忽布 / 啤酒花（Humulus lupulus L.）作用类似（见俞为洁 2003 年第 78 页）。值得注意的是，云南也有一种本地特有的蛇麻草（Humulus yunnanensis），见维基百科词条"Humulus"。另外还应特别关注"魔"（妖魔、魔鬼、魔法）、"巫"/*myag 与疏麻 / 神麻 / 蛇麻中的"麻"在音位方面的关联。

琥珀光与骊珠：中国葡萄酒史

"长生不老药"。至于他本人在多大程度上参与了萨满巫师在迷醉状态下进行的崇拜仪式就不得而知了。不过他的死因基本上可以确认为长期过量服用汞。方士们用汞为秦始皇炼制仙丹，原本期望他服用后能长生不老，然而"仙丹"却导致了他在49岁时英年早逝。无论如何，秦始皇虽然也被正统史观斥为暴君，但他并不像之前的夏桀、商纣那样死于纵酒无度。[①]

夏商时期农业兴盛，粮食过剩刺激了酒精饮料的生产，粮食酒的品质更精良，酿造工艺进一步提高，也使得酒精饮料在宗教仪式和社会生活中的应用达到了前所未有的规模。从贮酒器和饮酒器的尺寸来看，同时依据相关的文字记录可以推知，当时的粮食酒酒精度并不高。不过尽管如此，过度饮酒仍然成为一个政治问题。

随着前11世纪周朝的建立，酒精消费进入了一个新时代。鉴于夏商两朝的最后一任国君都荒淫无道、自取灭亡，周朝对酒精消费进行了严格的限制和控制，并根据社会等级制定了一套精细严密的礼仪制度。在根本性改革礼制的同时，也开启了国家垄断酒精饮料生产与销售并征收酒税的政策，基本上后来的每个朝代都将这些政策延续了下来，只是课税的宽严程度有所不同。《书经》中的《酒诰》篇[②]是这类最高行政规定的汇编，其中一些文件可以追溯到公元前一千年，但后来经过了系统化整理，并进行了补充和修正。在2世纪的汉朝时，《书经》被列为五经之一，从而成为后世文人撰写历史-哲学类文章的最核心的参考依据。在《酒诰》中，周公旦为后来形成的儒家社会提供了处理酒的基本准则。周公旦是周朝第二任国君周成王的叔叔，

---

① 关于中国神话如道教神秘主义代表人物列子的著作中提到的"长生不老药"有一种解释，认为它就是从印度传到中国的苏摩，见 Arnold（1911 年）第 48—49 页。

② Legge（1935 年）第 3 卷第 399 页将《酒诰》篇的标题翻译为 "The Announcement about Drunkenness"，他也对这种译法做了解释。

在成王年幼时摄政。他同时也是新兴周王朝的意识形态与政治制度的设计师，颁布了针对朝廷、各诸侯国、各级官员以及帝国全境平民的法度和禁令。《酒诰》的历史可达三千年，自汉代以来不断按照官方认可的儒家思想进行重新修订和解释，为酒在中华文明史和中国社会中的地位与功能制定了大体上一直存续到现代的基本准则。我将在下一章中针对《酒诰》的内容，结合其与儒家思想的关系进行讨论。此处应当指出，在全国范围内禁止在世俗场合饮酒和纵酒无度也意味着将酒升格为上天赐下的饮料，或者说是一种"神圣"的饮料。伴随着祭天祀祖的宗教仪式的形成以及周朝统治者作为"天子"，即作为天人中介的新角色的确立，酒也在社会生活中获得了新的核心重要性。由此，酒的起源神话被重新提起，酒被视为上天对人类的恩赐，具有超自然的力量——在这个意义上，酒也是自然界的一种特殊现象，是在依赖自然条件和四季轮回的农业活动中所产生的精华。[1]

商代和西周之间的重大政治文化转折恰恰体现在国家控制的酒类生产和消费开始制度化，以及与之相关的官员礼仪与国家祭祀仪式的规范化。据说西周的建立者周武王就已经在宫廷中专门设立了"酒正"（又称"大酋"）一职。[2] 在后来的历朝历代中，这个职位不仅被保留下来，而且以中央机构的形式得到扩充。该机构负责采购原材料，为用于不同场合的酒精饮料制定精细的生产流程、合理分配与经销机制，当然最重要的是规范酒精饮料在祭祀仪式中的使用。三千年前酒正这个官职的产生导致在中国形成了一个相对连续的、在人类历史上绝无仅有的酒类政策传统，后来在官方儒家思想的框架内获得了

---

[1] 见第三章中的相关神话传说。Sterckx（2015 年）第 15 页引用《汉书》中关于酒的说法：酒是"天之美禄"，因而在各种礼仪活动中"非酒不行"。

[2] 关于周朝宫廷中负责酿酒事宜及酒礼制度的官职和机构，见林琳（2014 年）。

额外的意识形态合法性。在周朝之后的各个朝代中，这一官职仍然享有崇高的地位，从"国子监祭酒"①这个官衔即可见一斑：国子监是中国古代的最高学府和中央教育管理机构，西晋时始设，自隋朝以后历朝历代都设有这一部门。其最高主管官员被称为"国子监祭酒"，这个头衔表明他在祭祀仪式中行使司仪的重要职责，代表民众向天地祖宗敬献美酒。总之，直到19世纪时，国子监祭酒一直拥有相当于教育部长的崇高地位。②

此外，周代有为即将上战场的士兵分发壮行酒的传统，这也值得注意。对此一些史书间或有提及，后世中也有过类似的做法。古代欧洲人也懂得用酒来激发士兵的斗志。③从商代开始出现了政府组织开展的大型建筑工程，管理者是否给在其中工作的奴隶和服徭役的平民配发酒精饮料以提高他们的工作意愿，仍有待研究。不过，鉴于埃及和中美洲人以啤酒犒劳修筑金字塔的工人，似乎很难想象中国没有过类似的激励措施。④

本章中概述的夏商周三代跨越了将近两千年的漫长岁月，这个历史阶段的特征表现为从中国中原腹地及周边地区的数百个史前聚

---

① 古礼祭祀宴飨时，由最年长的尊者举酒以祭于地。后来"祭酒"引申为一个尊称，指同辈或同官中年高望众者，也用于官职名称，指首席或主管。

② 隋唐时期的宫廷内设有"良酝署"，有两位主管官员，一位负责酿酒流程，一位负责饮酒礼仪的相关事项。

③ 中国古代的军事力量已相当可观。在周灭商的决定性战役牧野之战中，周朝及其同盟集结了一支四万五千人的大军。而在二战时，日军的神风特攻队飞行员在执行自杀式攻击任务前都会得到一杯"神酒"，他们认为自己是为天皇和祖国而死。

④ 这一观点来自麦戈文（2014年12月4日的电子邮件通信），在此致谢。我本人没有找到有关中国古代在修建宫室、陵墓、城市建筑工程、边境防御墙和运河时采取类似措施的证据，不过我们完全可以作出这种推测。埃及莎草纸文献记载，埃及前2600年左右建造胡夫金字塔时，每个工人每天可以得到4—5升啤酒的配给（见Wieloch 2017年第62—63页）。

落中逐步产生了一种共同的文明；同时，来自欧亚大陆西端的其他文化和民族的影响也不容忽视，交通运输的发展为文化传播提供了前提条件。秦朝通过严刑峻法维持一个庞大帝国的统一，建立了一套专制的军政机构来控制和管理社会。秦朝的统治只持续了短短 14 年，但它为大一统帝国的延续打下了基础。紧随其后的汉朝持续了大约四个世纪，通过重新解释儒家学说和确立儒家著作的正统地位，构建了帝国的意识形态，重建了史书编纂体系，将历史传承追溯到神话中的上古明君，实现了中国人的身份认同。秦朝和疆域更广的汉朝都大力垦荒殖民，将国境向南方和西方大幅扩张，并强化农业，农业人口得以积累财富。在秦汉时期发展出的具有新型组织形态的社会中，长途贸易（丝绸之路）蓬勃兴起，工业与基础设施建设取得了很多成就，如采矿冶金、交通运输和大型建筑工程（皇陵、宫殿、运河、长途公路网、桥梁、边境防御工事）等。不过农业才是立国之本，当时的社会深深植根于繁荣的农业经济。兴盛的农业为水平空前的发酵文化和以大米、小米、高粱、小麦和大麦为原料的酒精饮料生产提供了物质前提，推动其迅速发展——酿酒工艺日趋复杂精细，最终促使独特的中国酒文化和饮酒礼仪走上了一条特别的发展道路。然而，从本书第三章介绍的周代传说故事中可以看到，夏商周时粮食酒的发展绝不能掩盖部分地区如山西的葡萄酒文化的兴起，它最迟到汉代以后在与西域的接触交流中进一步扩大影响范围，对此我会在后面的篇章中进行阐述。

在研究"中国特色"发酵文化的发展之前，让我们先探讨一下关于史前与信史时代过渡阶段的物质文化的一些事实，其中一部分属于比较新的认知。

夏朝的存在一直以来缺乏考古证据的支持。1959 年，中国考古学家在寻找夏朝都城的过程中在河南省西北部的二里头发现了一个

琥珀光与骊珠：中国葡萄酒史

青铜器时期的大型聚落，发掘出庞大的宫殿与寺庙群夯土地基，占地约 300 公顷。此后，考古学家继续逐步发掘该遗址，并进行了复原工作。显然二里头在前 1900—前 1500 年在该地区的聚落中拥有支配地位，首次显示出国家形成之初的迹象，在发展水平上达到了前所未见的高度，并与黄河中游中原地区的两百多个相邻聚落彼此联络。它标志着从新石器到青铜器文化的过渡，并无缝衔接商代早期。[①] 二里头位于洛河（黄河中游支流）以南，距离洛阳仅有几公里，后来的东周便定都洛阳。二里头与洛阳毗邻似乎并不令人惊讶：该地区不仅能为农业发展提供得天独厚的自然条件，而且矿产资源丰富（铜、铅、锡、盐）。这里也是后来丝绸之路的东部起点之一，史前时期的交通要道就从此处经过，随着来自欧亚大草原的人工驯化马匹[②]和马车的引进，这条交通线对长途贸易越来越重要。这一点可以从殷墟出土的大量贵重随葬品中得到证明，如马车、来自塔里木盆地南部的于阗（和田）的玉器、来自南方地区的宝螺和象牙。有证据表明，这一时期中国中部地区的人口增长也表明了人口流动性增强和移民增多。尽管到目前为止，学者们的兴趣集中在中国腹地各个文明萌芽之间的相互影响上，但未来的研究必须越来越多地关注与之大致同期的西部文化——如河西走廊一带的大地湾、马家窑、齐家和四坝文化，以及与其相关联的新疆地区的印欧人聚落和西伯利亚-中亚的安德罗诺沃文化，以便找出在畜牧和农业经济、运输和战车、制陶工艺、冶金和其他物质文明交流方面的交叉联系。

伴随着一种新的政治、社会与宗教秩序的产生，发酵型礼仪饮

---

① Liu/Chen（2012 年）第 253 页等详细论述了关于夏朝和二里头遗址的较新发现和学术观点，并探讨了前 2000 年在中国中原地区首次建立国家的问题。

② 关于马在欧亚草原、中亚和中国的人工驯化以及商朝引进马匹和马车见 Liu/Chen（2012 年）第 111 页等、第 386 页等。

料的生产与传播成为上述物质文明交流中特别重要的组成部分。它表现为欧亚商路沿途各地虽有差异但也存在很多类似之处的器皿文化。这些器皿起初均为陶制，从前2000年后开始出现青铜器。二里头遗址出土陶器上刻绘的24个象征符号已经得到辨识，它们很可能是商代甲骨文的前身，也许还是贾湖等新石器时代遗址中发现的一些符号的进一步演化。无论如何，它们都主要用于占卜，并与酒祭和饮酒仪式结合使用。所以二里头遗址与比其早5 000年的贾湖遗址相距仅200公里并不令人惊讶。位于二里头东南方向上的贾湖标志着包括器皿文化和酒文化在内的中华文明发展的发端。在贾湖遗址和山东黄海之滨的两城镇遗址（属于龙山文化）都发现了葡萄的酵母菌发酵的证据，这一事实可以使我们得出两个结论：第一，葡萄自然发酵工艺在从贾湖到二里头的四千年间隔中得到进一步发展和改进；第二，"贾湖鸡尾酒"与"两城镇鸡尾酒"配方从前2000年起开始被使用，贯穿了二里头（夏）、商甚至周代，尽管它逐渐被更丰富和更成熟的谷物发酵技术所取代。

二里头聚落的平均总人口数量为两万四千，按照当时的标准是一个相当大的数字。特别值得注意的是，宫殿建筑群的北面发现了一个祭祀场所，附近还发掘出大型陶器（部分为使用高岭土制作的白陶，是瓷的一种原型）、青铜器和绿松石工场，这已经可以表明青铜生产主要被精英阶层所垄断，青铜艺术成为政治-宗教的专属工具，这一点在商代表现得非常明显。在工场中发现了最古老的用于制造合金的铸造泥模和附件。除了各种木质、石质、骨质以及后期产生的初级青铜制作的工具和武器，还发现了作为随葬品的青铜和玉质的仪式用武器、绿松石首饰，以及使用石材、木材、粘土和皮革制成的乐器。总而言之，这些考古发现显示二里头文化已经在手工业—科技与分工—物流方面具备了很高的水准，商朝得以在此基础上进一步发展。

研究发现，最古老的青铜器是礼仪性饮器，按照已有陶器的式样制作，如爵、斝和盉。爵有三足，形状高挑，有细长的倾酒流槽，有些在杯口处有两柱；斝也有三足，但腹大，并常常呈现为动物造型；盉是一种壶状器皿，下有三足或四足，配有盖子，壶嘴的形状类似男性生殖器。在二里头遗址也发现了白陶制作的这类器皿，其源头也可以追溯到新石器时代文化。这些考古发现直接指向一种日益活跃和复杂化的祭酒礼仪，其产生远早于二里头文化，并最终获得了国家和权力象征的意义。[①]

　　墓葬中发现的青铜器还包括种类繁多的各式器皿，包括祭祀食器、盛水器、洗涤器、乐器、武器、工具、车马具、最古老的钱币和其他器物。与主要发展武器生产的西亚和中亚不同，中国青铜器时期的特征表现为拥有很高技术和艺术水准并达到相当产业规模的礼器生产，而在这一发展的同时，酒文化的重要性和复杂性也在提高。

　　二里头与殷墟之间的过渡时期在中国的历史记载中被归入商朝早期，根据较新的考古发现，这一时期以二里岗文化（前18—前16世纪）为典型特征，它的两个权力中心偃师和郑州分别位于二里头以东6公里及80公里处，都通过军事或殖民手段成功进行了地域扩张。这两个聚落已经表现出后世都城所具备的城市规划特征，分为内城和外城，内城中建有宫室，聚落外围筑有巨大的夯土墙。郑州聚落的总面积达18平方公里，居民数量超过十万，可能是当时的世界之最。

[①] 新石器时代的陶器中鉴定出了发酵饮料的痕迹，其后很晚才产生的青铜器与这些陶器的形制相仿。从这种明显的相似性可以推断，青铜器和陶器一样主要用于盛放酒精饮料，商朝时的祭酒礼仪发挥着重要的社会和宗教功能，见 McGovern（2005年）第74、82页。他还指出，应注意这类考古发现在中国的地域分布，这就在时间维度以外增加了一个地理维度。不过，他也认为，这方面的认知还很不够，还需要进行更多的研究。

在农业发展的同时，手工业继续迅速发展，青铜器制造业尤为兴盛。工艺高超的巨大铸造泥模、作为祭祀用品的武器和尺寸逐渐增大的祭祀食器等出土文物就是这方面的明证，如四面带有繁复纹饰的最古老的方鼎和圆形铜簋。在郑州的相关考古发现尤为丰富。如前所述，青铜器艺术作为权力的象征和精英统治阶层的仪式工具，在商代后期达到了顶峰，其器物尺寸奇大，装饰精美，常常带有神话传说中的怪物饕餮或艺术化的龙的图案，它们不仅仅来源于丰富的想象力与创造力，很可能也是酒精饮料或其他致幻剂影响下的产物。贵族的墓中有各种作为随葬品的器皿，有时甚至会放入整套青铜器，器皿中盛满食物和饮料，供墓主在阴间享用，而随葬器皿的数量和种类是根据墓主的爵位在其生前就已经确定的。在这些考古发现中可以清楚地看到食器与饮器的区分，它们已经能够反映出宫廷礼仪生活中食物和饮料之间精心设计的比例关系，以及对食物和饮料享用顺序的细致规范，这一切在周初时期得到了进一步的细化和发展。

而青铜器制造与相关礼仪制度的发展规模相对小一些，并且基本上以比较朴素的风格延续到周代，部分甚至延续到西汉时期。最早的青铜器上带有制造者或所有者本人或者其氏族的徽章，通常还有祭祀的祷文和家族传承"千秋万代"的祝辞。从西周时期开始出现了越来越多带有历史记录性质的长篇铭文，内容包括纪念重要事件、分封领地、法律案件的判决和记录等。无论如何，礼器获得了精神物品的地位，超越时空，象征着上天对统治者的护佑。[①] 在后来的世代中，

---

① 最重要的礼器是三足圆鼎和四足方鼎，用于制作食用或献祭用的肉食。最著名的鼎是 1939 年发现于殷墟遗址的司母戊鼎，高 112 厘米，重 833 公斤，是世界上最大的青铜器，也是中国国宝之一。

直到今天，青铜器一直是贵重的古文物，被视为国家象征，并出现在很多文献记录中，最早见诸商代甲骨文和青铜器铭文，其中就已经记载了最古老的器皿类型名称，这些器皿我将在下文中一一列出。直到西周时期，作为随葬品的青铜器的数量和摆放顺序都是根据死者的身份等级严格规定的。因此，商代和周初时，青铜制造业享有崇高的地位，相关工艺在城市聚落从事青铜器制造的家族中世代相传。

在二里头、二里岗和殷商墓葬，除了青铜器和其他礼仪用品外，还发现了人殉、祭牲、人骨、兽骨、马和战车。[①]直到商代后期才出现成千上万用于占卜的牛羊肩胛骨和龟甲，商人将其放在火中炙烤，根据产生的裂纹预测未来，并在甲骨上刻下用于占卜和记录重要事件的字符。考古学家一共发现了大约 5 000 个这种高度成熟的字符，它们是汉字最直接的前身，迄今已破译了大约三分之二。这些文字是前 2000 年时中国酒文化的礼仪意义和多样性的直接证据。这一点单从"酒"（酉）这个字即可见一斑，它是甲骨文中出现频率最高的字之一，也见于青铜器铭文。正如贾湖龟甲上最早的象征符号一样，甲骨文也展现出萨满教仪式、饮酒礼仪和中国文字起源之间的神秘联系。

如前所述，商代以前及商周的几十种器皿最初为陶制，后来改为青铜铸造，它们当中至少有一半用于祭酒，而在墓葬中发现的专门用于酒礼的器皿数量比例甚至更高。[②]尽管酒器的重要性、多样性和艺术性在商代达到顶峰后逐渐下降，但其独特的形制始终是后世沿袭

---

① 关于二里岗文化见 Liu/Chen（2012 年）第 278 页等。雄伟的郑州古城墙今天仍在这座现代化的大都市里巍然屹立。

② 杨荣新（1993 年）第 172 页对商周器皿进行过统计，发现 50 种器皿中有 24 种用于酒精饮料。王明德／王子辉（1988 年）第 236 页等和韩胜宝（2003 年）第 26 页分别选取史前时代、夏商周及后世产生的不同类型和材质的器皿进行了说明。

的经典范式，并发展出具有时代特色的变体。青铜器文化在西周时期就已经开始衰落，这一趋势在东周时期更加明显，越来越多其他材料被用于制作器皿，如漆、玉、竹、瓷、银、金，以及后来的景泰蓝、水晶和玻璃等。[①] 然而，器皿生产通常仍然依据商周时代的模式，在某些时期也或多或少受到西亚风格，特别是波斯阿契美尼德帝国的影响。

商周时期的陶制以及青铜酒器可以分为以下四类，我在每个类型和名称之下将分别列举常见示例，以展示商周器皿无与伦比的风格多样性与其术语的复杂性。不过，由于每种类型之下还有特殊的亚类型或者变体，我在本书中无法将其一一列出：[②]

饮酒器

爵：最古老与最常见的饮酒器，存在于约前 17—前 8 世纪，有陶器原型。"爵"字由一个描绘这种器皿的象形符号发展而来。爵是一种礼器，只有贵族可以使用，所以"爵"字获得了"贵族封号等

[①] 瓷质饮器的生产后来主要在唐宋时期趋于完善，并达到了很高的产业规模，产品也大量出口。此外，中国的器皿制造还展现出丰富的想象力，工匠用不寻常的材料，如动物颅骨、木头、树根、荷叶、女鞋、骆驼的膝盖皮等制作出造型奇趣的酒器。竹筒主要在南方少数民族中用于盛放饮料和食物，见韩胜宝（2003 年）第 26 页等。前 600 年左右，铁开始被用于制造武器和农具。

[②] 比较详细的描述和插图见 Huang（2000 年）第 98 页等、Huang（2008 年）第 98 页等、李争平（2007 年）第 128 页等、ChinaKnowledge.de 网站（http://www.chinaknowledge.de/）、UF Digital Collections 网站（https://ufdc.ufl.edu/）。不过这些资料中都有缺漏，也不完全准确。关于酒器文化的史前起源见王克林（2015 年）。除了此处提到的术语，还有许多古文字变体和已经"绝迹"的汉字曾经用于酒器名称。直到宋代，一些学者们才开创了这种包括专业术语在内的分类方法，此后得到了普遍应用，如中国和世界各地博物馆就使用这套方法标记展品，但所使用的术语过于笼统，也不够精确。在这里无法讨论同样种类繁多的用于食品和献祭食物的器皿和用具。到了周代后期，酒器的比例急剧下降，而用于食物的器皿则大量增多。

　　　　　　　　　　　　　琥珀光与骊珠：中国葡萄酒史

图 4.4　青铜饮酒器类型：爵。　图 4.5　青铜饮酒器类型：角。
西周，晋国博物馆，山西　　商朝，中国国家博物馆，北京

级"的引申义。爵中盛放药酒，爵底部的烟熏痕迹说明人们曾将其放
在火上加热。爵身外壁有纹饰，下部有三尖足，上部呈船形，前有流
（倾酒的狭长流槽），后有尾；爵中部有两个小手柄。较晚出现的爵在
口沿上添加了两个蘑菇状的小柱。关于这两个小柱的用途，有一种说
法认为它们可以在饮酒时挡住胡须，也有说法认为可以提醒饮酒者不
要贪杯。不过，无论如何可以肯定的是，加热爵中的酒时，这两个小
柱可以让人方便提拿。

　　角：角在爵的基础上演变而来，二者的读音相同，不过也有可
能是先有角，后有爵。"角"字更常见的读音是 jiǎo，如"牛角"和
"角杯"。后来为了便于放置或在底部加热，人们给角杯加上三个尖
足。角也是礼器，不过使用者只是受封的低阶贵族。角的口沿上没有
小柱，但通常配有带小手柄的盖子。通常认为，爵和下面五种器皿都
是在角的基础上发展而来的。此外，角还是古代的一个计量单位，并
一直应用到近代。

　　斝：用于饮酒和盛酒的礼器，和爵一样也是三足，但腹部为圆
形，顶部的开口更宽，口沿上也常常带有两个小柱，后面有手柄。斝

的陶制原型有粗大的圆腿。商代时斝是商王的专属饮器。斝的使用持续到周初。偶尔可见四方形的四足斝，也曾发现过动物造型的作为玩器的斝。"斝"字由这种器皿的象形符号发展而来。

觚：一种带纹饰的高柄杯，杯身呈圆柱状，高且细，喇叭形口，高圈足。只限贵族和特殊的饮酒节庆活动上使用。觚常常与斝一起用作随葬品，是墓主威望和权力的象征。觚也是最古老的饮器类型之一，其陶制原型几千年前就已存在，在其他早期欧亚文化中也有与之明显相似的同类器皿。

觥：饮酒器和盛酒器，器身长条形，呈现艺术设计的动物造型（牛、公羊、犀牛、象、虎、猫头鹰、龙等），觥盖为兽首连接兽背的部分，兽头的阔口用于倒酒，有四足或圈足，手柄也是动物形状。觥一直使用到西周时期，较少用于祭祀，大多用于社交饮酒——例如客人按照礼仪向主人敬酒，并将觥中的酒一饮而尽。觥很容易让人联想到在伊朗发现的动物造型的史前酒器。它们通常风格奇趣，可能最初是用犀牛角制作的（见下文）。

图 4.6　青铜饮酒器类型：斝。商朝，晋国博物馆，山西

图 4.7　青铜饮酒器类型：觚。西周，开封博物馆，河南

图 4.8　兽形青铜饮酒器类型：觥（形状为一种传说中的动物）。商朝，山西博物院，太原

图 4.9 兽形青铜饮酒器类型：觥（龙形）。 图 4.10 青铜饮酒器类型：
商朝，山西博物院，太原 觯。商朝，山西博物院，太原

觯：花瓶状，有些为扁圆形，有些为瘦长形，大多配有盖子，器口阔大。除青铜器以外也发现了陶制、木制和牛角制的觯。觯一直使用到周朝中期。

觞：最初对觞的解释是"觯中盛满酒"，后来在诗歌中获得了"满杯待饮"的比喻义。

杯：无耳（手柄）、单耳或双耳，有高柄或无高柄（高柄杯又称高脚杯），有时为造型优雅的椭圆形带耳小碗，类似希腊的基里克斯杯（kylix），后来通常以精美的漆碗出现，大小不一，在汉朝时是贵族们钟爱的酒器。"杯"在现代汉语中成为各种材质制作的有耳或无耳饮器的通称。

盅：无耳小杯（也用于饮茶）。

盏：漏斗形小杯（后来通常用于饮用白酒）。

瓯：圆形小碗（也用于饮茶），部分配有盖子。

碗：形状多样，有些也用于盛放食品。"碗"字左侧为石字旁，新石器时代的遗址中就已经发现过碗。

盂：一种扁平敞口的器具（也用于盛放其他液体，后来亦作为

"痰盂"使用）。

舟：椭圆形小碗。

盛酒器（部分也可用作贮酒器）

图 4.11　青铜器类型：盉。人面盉，殷墟（安阳），前 14—前 11 世纪，茅台博物馆，贵州

图 4.12　青铜器类型：尊。蛇蛙纹铜樽，广西西部，前 8—前 5 世纪，国家博物馆，北京

罍：见上文。

盉：形状类似咖啡壶，有三足或四足，有盖，壶嘴处不同程度上进行过艺术加工。后部有手柄，盉盖与手柄之间有环索相连。盉通常装饰繁复，其原型早在新石器时期就已出现。在中亚和伊朗也发现过类似的器皿。

尊（樽、鐏）：大中型盛酒器，圆腹或方腹，器口圆阔。尊有多种形制，也有互相之间差别很大的亚类型：商代时呈朴素的罐形或花瓶形，到了商朝晚期，特别是周朝时则主要为动物造型（双羊、象、公牛、犀牛等）或带有繁复的纹饰（如龙纹等），但器口较小，也配有盖子（与觥形成对比，见上文）。"尊"这个字的上部是"酉"，即负责酒礼的官员，下面部分则是从古字形里的两只手演化而来，代表双手捧着盛满酒的器皿在祭坛前献祭或者向客人敬酒。由此引申出"尊敬、尊重"的动词义。"樽"与"鐏"是"尊"的另外两种写法，其木字旁和缶字旁说明尊最初为木制或陶制。

　　　　　　　　　　　琥珀光与骊珠：中国葡萄酒史

图 4.13　青铜器类型：尊。猪尊，西周，前　　图 4.14　青铜器类型：尊。
11—前 8 世纪，晋国博物馆，山西　　　　　　晋侯鸟尊，西周，前 11—
　　　　　　　　　　　　　　　　　　　　　前 8 世纪，山西博物院，
　　　　　　　　　　　　　　　　　　　　　太原

　　彝：大型祭器，纹饰繁复，器身为长方体，形似房子或棺椁，有多种亚类型。和"尊"字一样，"彝"字下方的部首也是从古字形里的两只手演化而来。"彝"字中间左侧的部分代表大米或谷物，表示器皿内所盛饮料的制作原料；右侧部分代表用来盖住器皿的丝绸或巾帕。"彝"字的上方是一个代表猪头的偏旁，象征用于祭祀的祭牲。值得注意的是，"彝"也是中国西南一个少数民族。彝族是中国人口最多的少数民族之一，酒在彝族的文化中扮演着非常重要的角色。

　　觚：见上文。

　　罍：体量略小于彝，最初为方形，后来也出现了圆形和花瓶形。两耳为兽形，耳中套圆环，器口厚方唇，有些配有盖子。外壁带有龙纹、饕餮纹等象征图案。东周以后的罍有些镶嵌绿松石。罍在祭祀仪式中发挥着核心作用。"罍"字下方的缶字旁表明这种器皿的原型是陶器。更古老的写法是"欙"，其木字旁意味着这种器皿最初为木制。

图 4.15　青铜器类型：罍。商代后期到西周初期，前12—前9世纪，故宫博物院，北京

图 4.16　青铜器类型：卣。商代，前16—前11世纪，南宁博物馆，广西

卣：带有纹饰的圆形或椭圆形壶状器皿，提梁粗大，两端分别固定于器身两侧。卣有瘦高型和敦实型，后来也出现了动物造型（虎、怪兽、鸟等）。"卣"字是从代表这种器皿的象形字符演化而来的。历史文献中有时也可见到"卣"写作同音字"酉"。

卮：带有纹饰的圆柱形器皿，常常带有手柄，底部有小足，也有玉石制作的卮。卮的容积很大，可盛4升酒。卮一直沿用到9世纪。

壶：有圆形、扁圆形、葫芦形等多种变体，有耳或侧柄，也用于盛水。商代和周朝时的壶表现出与波斯器皿类似的特征。[1] 直到今

---

① 如具有典型波斯风格的战国"蒜头壶"。位于陕西西安以西、丝绸之路沿途的西北农林科技大学（杨凌）的博物馆中收藏有一件蒜头壶，出土时壶中尚存深色酒液。另有两件战国时期的具有明显波斯-中亚风格的壶，一件是壶身为弧形的鸟盖瓠壶，另一件为扁壶。1974年在河北省发现的中山王大墓中出土了两件前4世纪的扁壶，分别盛有浅绿色和深绿色的酒液（见本书第三章）。中山是一个由北方游牧民族戎狄统治的小国（见本书第三章）。据我所知，酒液中除鉴定出乙醇、乳酸、丁酸和氮等成分之外，至今没有进行更为详细的化学分析。见应一民（1999年）彩图附录第16页、张晓（2013年）第459页。

　　　　　　　　　　　　　　　　琥珀光与骊珠：中国葡萄酒史

图 4.17 青铜器类型：觯。周代回纹觯，前 8—前 5 世纪，山西博物院，太原

图 4.18 青铜器类型：壶。西周，前 11—前 8 世纪，晋国博物馆，山西

图 4.19 青铜器类型：扁壶。东周，前 8—前 3 世纪，皇家安大略博物馆，加拿大多伦多

天，"壶"仍是盛水、冲泡茶或咖啡的常见用具。

瓶：与壶形状相似，盛水或酒。"瓶"字的右侧是瓦字旁，表明瓶最初是陶器，常常以尖底瓶的形状出现。后来的瓶基本上都是瓷器，今天的瓶仍是广泛使用的器皿，如花瓶、玻璃瓶等。

煮酒器

最重要的煮酒器在上文中都已经提及，尤以爵、斝和盉为代表。它们的史前原型可能是大腹三足的陶器鬶。大汶口、龙山和二里头文化遗址中都曾经发现过鬶。鬶的器身较高，有朝天鸟喙形引流和手柄。"鬶"字可能与"爵"和"斝"在音韵方面有共同的源头，都来自"角"（jiǎo）。

贮酒器

瓿：大型酒器，腹大，纹饰繁复，很多带有手柄，有些配有盖子，也用于贮水。最早出现在新石器时期。

缶：圆形或方形礼器，有盖，常有耳有足。新石器时代就已经出现了陶缶。尺寸更大的方形青铜缶被用作传统仪式中的打击乐器。"缶"字由象形字符演化而来，上面是一个用来敲击的杵，下面是一个瓦器。目前所发现的最古老的缶为陶制。

罐：造型简单的圆形器皿，也用于存放水、油和其他食物。史前的罐最初为石制，后来基本上都为陶制。"罐"字今天用在"罐子""罐头"等词语中。

图 4.20 青铜器类型：瓿。饕餮纹瓿，商代，前 16—前 12 世纪，武汉博物馆，湖北

图 4.21 青铜器类型：缶。战国栾书缶，楚国，前 4—前 3 世纪，中国国家博物馆，北京

图 4.22 青铜器类型：罐。商代后期，前 14—前 11 世纪，安阳博物馆，河南

瓮：体型较大的罐，通常为陶制。

缸：圆形大容器，通常为陶器和瓷器，除贮酒外也有其他用途。

坛：类似于大罐，通常为陶器，也用于盛放水、醋、酱油等。"坛"字的本意是祭坛。

在周代严格的礼仪体系内，一些饮酒器和盛酒器也被赋予计量单位的功能，如爵为 1 升，觚为 2 升，觯为 3 升，角为 4 升，斝为 5 升，壶为 6 升，周代的 1 升大约相当于现代的 200 毫升。后来，角

琥珀光与骊珠：中国葡萄酒史

（约为现代的 300 毫升）成为酒家常用的量酒单位。仅从这套计量单位的精确程度就可以看出当时的酒文化已经发展到了何种高度。

山西省，特别是太原以南及该省西南部在中国酒文化与葡萄酒传统中占据重要地位，在那里自然也出土了丰富多样的史前陶器（见本书第三章）。其中最重要的是下部呈圆锥形的尖底瓶，它们通常有两个手柄用于握持，瓶口较小，在仰韶、龙山和夏文化中均有发现。商代甲骨文中代表尖底瓶的象形符号就是"酉"字的原型。中国的尖底瓶与同时期在埃及和美索不达米亚用于发酵、储存和运输葡萄酒的陶瓶或陶罐几乎完全相同。同样，在山西也发现了用于放置尖底瓶的陶制支架。在埃及的墓室壁画中能够清楚看到尖底瓶在葡萄酒生产和运输中的使用。我们据此可以猜测在中国北部和中部发现的大量尖底瓶也有类似的功用。[1]

1978 年，考古学家在湖北省发现了前 5 世纪初的战国早期的曾侯乙墓，引起巨大轰动。曾侯乙墓不仅保存极其完整，而且出土了大量艺术水准很高的随葬品，包括两套完好无损的青铜编钟和编磬。玻璃珠和一些不寻常的青铜器，如西亚风格的酒壶和中国最古老的"铜冰鉴"，则展现出来自西亚和同时期的波斯阿契美尼德帝国的影响。铜冰鉴由一个方鉴和一个置于其中的方尊缶组成，纹饰繁复。在鉴中装满冰块就可以在炎炎夏日享用到清凉的饮品。铜冰鉴非常特别，它的功能让人联想起波斯和希腊的类似器皿（如蘑菇状的陶器 psykter），而非典型的中国酒器，因为中国人自古以来就喜欢喝热饮，当然也包括酒精饮料，从上文中提到的那些三足或四足的煮酒器即可见一斑。然而，我们从铜冰鉴可以看出，除了艺术风格上的影响外，

---

[1] 考古学家王克林（2015 年）第 12 页等将中国与古埃及的尖底瓶进行了比较，推测杏花村等地（见本书第三章）出土的尖底瓶也有类似用途。

来自波斯的饮食文化，如冰镇葡萄酒，完全有可能早在两千五百年前就流行于中国的贵族阶层中。

上文列举的一些器皿的名称中带有瓦字旁，表明它们最初是陶器，其悠久的历史可以追溯到新石器时代。为了便于制作和使用，最古老的石器和陶器通常是圆形的，后来随着青铜铸造工艺的兴起，也产生了方形或长方形的器皿变体，这些器皿的名称相应地会在前面加上"方"字，被视为精英阶层的专属标志。此外，器皿名称里的木字旁、缶字旁和金字旁等偏旁也表明了这些器皿产生时是用何种材质制作的。竹器在史前和商周时期当然也很普遍，就像今天在中国南方一样，是常见的器皿。然而，在中原地区却几乎没有出土过竹器，其他用易朽材料制作的普通人使用的饮器也没有保存下来。只有在中国西部干燥的沙漠地区发掘出了木制或皮革器皿，饮杯尤为多见。其中一些已经有数千年的历史，而且往往在出土时仍然保持着令人惊讶的完好状态。

结合对中国器皿文化的系统研究，我们可以从这种汉字分析中直接推断出同样悠久的酒类生产、祭祀和饮用的传统。贾湖和两城镇的"鸡尾酒"表明，起初葡萄发酵开启了酒类生产，但在进一步的发展中，随着粮食生产的逐渐强化和在农业经济中占据主导地位，葡萄发酵被更复杂和水平更高的粮食发酵工艺所取代。

通过跨学科研究，即结合语言学、文字学、考古学和文化历史学的各个角度，学者们获得了关于在中国这片土地上传承数千年的高超发酵与酿造工艺的独特见解。此外，事实证明，从整个欧亚大陆史前时代就已存在的文化接触、民族迁徙和相互影响的前提出发，认定和研究发酵文化之间的共同起源和相互联系非常有必要，相关研究也一定会取得丰硕成果。关于东周时期受到波斯-阿契美尼德文化影响的证据包括前 400 年左右开始在青铜器皿上镶嵌银和绿松石的工艺。

绝非偶然的是，丝绸之路主干道经过的伊朗东北部呼罗珊地区的绿松石产量最大，品质也最好。几千年来绿松石在波斯文化中一直被视为民族瑰宝。

自 20 世纪 80 年代末以来，四川省成都市附近的三星堆遗址陆续出土的青铜器引发了关注，这些器皿也显示出外来文化的影响。三星堆文化与商朝平行存在，尽管二者存在明显差异，但目前在中国，人们更倾向于将其解释为商朝文化的一个分支。三星堆文化也常常被认定为拥有几千年历史的西南巴蜀文化与后来的巴蜀文化与楚国和滇国文化的融合。楚滇文化显示出波斯-阿契美尼德和斯基泰／塞迦文化的印记，也可能受到带有祆教神秘主义色彩的苏摩礼仪的影响。然而，也有一些学者提出了有说服力的假说，认为三星堆是由来自西方的印度-伊朗移民建立的，它在接近前 1000 年的一段时间内，即商朝后期与西周初期时，展现出一个独立的先进文明，至少可以与中国中原地区的商文化相提并论。三星堆的考古发现带有一系列与商代社会及其居民不相符的特征，首先表现在奇特的青铜人像和头像上：长脸、圆眼、高鼻、浓须、冠冕和长袍显示出与波斯文化圈和后来的阿契美尼德帝国的艺术造型——特别是波斯波利斯浮雕（前 6—前 5 世纪）的相似性。其他的非中国元素，如类似图腾的鹰头和青铜生命树也支持这一假设。大量象牙与贝壳则说明了三星堆与印度次大陆的联系。在三星堆也出土了陶制和青铜饮酒礼器，其中一些器物带有繁复的动物形象纹饰（鸟、牛、羊等），很难归入商代器皿。例如，一套陶制"酒器"更多表现出来自中亚的影响。四川盆地自古以来就有天府之国的称号，是中国的"粮仓"。据此可以推测，3 000—4 000 年前，在文化相对独立的中国西南地区，一方面，中亚和印度的葡萄酒文化传播到这里，另一方面，四川盆地有利的气候条件促使当地较早产生了类似啤酒的醴，并随之发展出了曲法发酵。①

对上述大部分饮酒器皿名称的分析为语言学考古研究提供了一种很有意义的方法。这些器皿名称显示出其与"角"之间有着明显的字源关联。象形符号"角"（jue/jiao）代表牛角，它也作为表义的偏旁部首出现在其他字形组合中。还有一些由象形符号演变而来的器皿名称如"爵"和"斝"，显示出与"角"在语音上的关联。这些器皿的形状也表明，它们都起源于角，给角装配底座或足便可以放置在台面上或置于火上加热。《说文解字》甚至将"觯"定义为"乡饮酒角也"。甚至史前时代欧亚大陆各地都存在过的形状相似的各种"觚"，可能本质上也是一种带有底座的"角"——很有必要从这个角度对古希腊酒杯的发展历史进行考察。同样，众多具有不同艺术造型的觥的背后，也都隐藏着通常带有底座的侧立角杯的形态。觥的丰富多样的动物造型让人联想起具有几千年历史的波斯陶制来通杯。它们制作工艺精湛，具有鸟、公羊、公牛、狮、豹、鹿等动物的形状。②

在欧洲（米诺斯人、凯尔特人、希腊人）、西亚和中亚、中国南

---

① 张晖（2003年）根据这些证据详细论证了三星堆与印度-伊朗文化的密切联系，并认为三星堆具有游牧文化的特征，与农业型的商代文明截然不同。他的切入点是一个传说，根据这个传说，印度-雅利安人在迁徙过程中迷了路，误入中国西南部，一段时间后又离开了那里。可以支持这个传说的事实是，三星堆文化看来只存在了两三个世纪，而且在该地区既没有祖先也没有后人。关于巴蜀酒文化见杨荣新（1993年）第173页等。他甚至认为醴是一种巴蜀酒。在他看来，"果酒"也产生于发酵历史的初期，而曲法发酵直到前5—前3世纪才出现。对此值得关注的是1980年在四川发现的一个西周时期的双柄铜壶，可能属于蜀国王室所有，带有印度-伊朗风格的大象纹饰，现藏于成都的四川博物馆。

② 在被誉为"葡萄酒之乡"的山西省也发现了商代和西周时期的鸟、猫头鹰、牛、猪、龙和葫芦形的贵重青铜器皿，现藏于太原的山西博物院。这些青铜器让人联想起波斯器皿的纹饰。

琥珀光与骊珠：中国葡萄酒史

方少数民族和东南亚民族的文化中存在着对公牛或水牛的神话崇拜，简单的角杯或艺术造型的来通杯与这种崇拜的关联也值得研究。格鲁吉亚人似乎在这方面能够为我们提供一个生动的例证——他们对来通杯的喜爱始于至少八千年前，并持续至今，来通杯早已成为格鲁吉亚酒文化中不可或缺的饮器。

在中国最古老的文献中，有一个术语表明犀牛角用于制作一种叫作"兕觥"的珍贵上古酒器。"兕"（sì）是一个极其罕见的字，早已退出日常使用。商代的甲骨文和青铜器铭文中已经出现了"兕"字，是一个代表雌性犀牛的象形符号。至于上文提到的觥，透过其纹饰华丽丰富多变的动物造型也可以清楚地识别出角杯的形态。并且，"觥"字很有可能是犀牛来通杯的最初名称。[1]兕觥首次出现于《诗经》（约前 11—前 6 世纪）中的记述是这样：

我姑酌彼兕觥，维以不永伤。

在这里已经出现了中国文学中常见的"一醉解千愁"的母题：这首哀歌的主人公是一位贵族女子，她思念远征在外的丈夫，只能在酒中排解愁绪。在另外一首诗中，"兕觥"则出现在对主君的颂词中："称彼兕觥，万寿无疆。""万寿无疆"时至今日仍在类似的场合用于敬酒的祝词。这个诗句出自一首长篇叙事诗，约前 500 年产生于周朝的发源地，即今陕西省西部地区。诗中描写了一年四季的农业生产活动，其中也有以稻米酿酒并在节庆上享用美酒的情节。还有一首诗赞美了兕觥优雅的造型、其中所盛美酒的口味以及人们共饮美酒时的和悦氛围："兕觥其觩，旨酒思柔。彼交匪敖，万福来求。"这里流露出

---

① Huang（2000 年）第 102 页。

了适度节制以达到饮酒之最高境界的儒家信条。[①]

商代和西周青铜器的多样性在世界历史上是无与伦比的，它也反映出当时酒精饮料生产的规模、丰富性以及酒在宗教、政治和社会生活中的核心礼仪作用，这些都是空前绝后的。正如我们所见，令人陶醉的饮品除了在崇拜神灵和祖先的祭祀仪式中起着搭建通向彼岸的精神桥梁的作用，也是宫廷盛宴的组成部分，并且还决定着伟大帝国与王朝的命运。

近年来，相关的考古发现屡屡见诸新闻媒体和专业报告，其中也包括中原地区商、周、秦、汉贵族墓葬中发现的盛放于青铜器中的酒液。锈蚀的盖子使得器皿保持密封状态，这些本来用于墓主在阴间享用的酒精饮料保存良好，器皿打开后还能散发出酒香，其中一部分甚至酒精含量高达 10%。1980 年，在河南省南部距离贾湖遗址仅100 余公里的罗山县的一座商代末期（约前 12 世纪）墓葬中发现了可能现存最古老的人工酿造物，它盛放在一件青铜卣中，是 3 000 多年前经发酵制成的，并且经过了过滤。制作的原料包括大米或小米、多种草根和防腐剂，如草药、花朵和树脂，很容易让人联想起"两城

---

① Legge（1935 年）第 4 卷第 9、233、387 页；《诗经·卷耳》《诗经·七月》《诗经·桑扈》，见中国哲学书电子化计划。冰河期过后，犀牛的生存地区扩展到欧亚大陆北部，但今天只有亚洲南部和东南部还生活着犀牛。亚洲犀牛与非洲犀牛的区别在于前者只有一只角，主要发现于中国南方的犀牛化石也只有一只角。在古代中国人充满丰富想象的传说中，犀牛被描绘为一种十分可怕的神兽，样子仿佛长有独角的蓝黑色公牛。这些故事可能与古印度的独角兽神话有某种联系，独角兽在希腊-欧洲以及美索不达米亚-波斯世界中也是人们熟知的神话动物。在我看来，不能完全排除"兕"与梵文中的 *shringa*（兽角）的语源学关联，此外还可以比较巴利文中的 *singam* 和普拉克里特文中的 *singa*。犀牛角是中医的一味药品，这显然表明，人们仍然相信独角兽的神力，当然现代法律禁止将犀牛角入药。从上述引文中可以推测，在周代，犀牛角作为酒精饮料的饮器可能被赋予了某种神秘魔力。

　　　　　　　　　　　　　　琥珀光与骊珠：中国葡萄酒史

镇鸡尾酒"的配方。北京大学的学者对这种混合酒液进行了化学分析，发现其中也含有葡萄酒的成分，由此这成为中国最古老葡萄酒的直接证据！1994 年，在山东西南部滕州市薛国故城遗址的一个商代后期贵族墓葬中发掘出三个带柄的青铜卣，器皿密封良好，里面盛有清澈的酒液。遗憾的是，当时似乎没有人提出对这种拥有三千年历史的古老酒精饮料进行详细的分析鉴定，所以至今没有取得可靠数据。几乎与此同时，考古学家在陕西西部位于丝绸之路主干道上的宝鸡市发现了一个西周时期的大型贵族墓葬群，从中发掘出礼仪饮器和其他器具。2012 年在此出土了一个密封的青铜卣，里面盛有一种名为齐醍的红色液体——关于齐醍我在前文中已经多次提及。学界对这些液体并没有进行详细研究，而是匆忙宣布其为"中国最古老的酒精饮料"以及一种"红酒"。在同一地区人们还发现了一件秦朝时的青铜扁壶，里面所盛的液体只被简单地称为"含乙醇饮料"。陕西省西安市北郊发现的 26 升绿色酒液也引起了轰动。这些液体盛放在一件带有纹饰的青铜器皿中，源自西汉时期。[1]（见图 4.23）

---

[1] Huang（2000 年）第 153 页、Bower（2004 年）、McGovern et al.（2004 年）第 17597 页、李争平（2007 年）第 23 页、何冰（2015 年）第 550 页、吕庆峰/张波（2013 年，转引自牛立新 1987 年第 14 页）。中国社会科学院（北京）的一位考古学家在 2013 年底向我透露，上述的"商代鸡尾酒"在那里的档案馆中保存了很长时间后，突然被草草"处理"了。上文提到，西北农林科技大学博物馆展出一种战国时期的深色酒液，盛放在一只玻璃瓶中，旁边摆放着一件青铜器。根据博物馆提供的信息，至今尚未有人对该酒液的成分进行分析。关于西汉时期的饮料另见本书第六章。最新的相关考古发现来自 2021 年 3 月在山西西南部发掘出的垣曲北白鹅贵族墓葬群，年代为西周与东周之间的过渡时期：在一个青铜壶中盛有大约 7 升较清的酒精饮料，底部有沉淀物。初步的生化分析表明，这是一种大约 2700 年前酿造的纯果酒，是目前为止在中国和东亚发现的最古老的果酒，见《山西北白鹅墓地出土酒类遗存 填补先秦果酒研究空白》，中国新闻网 2021.3。今后如能进行更详细的分析鉴定，这种果酒也许可以成为关于该地区周代葡萄酒种植和贸易的历史传说的首个物证（见本书第三章）。

图 4.23　波斯风格的蒜头瓶和其中所盛放的酒液，东周，前 5—前 3 世纪，杨凌博物馆，陕西

这些报告只使用了"酒"这个宽泛的概念，没有详细说明是哪一种酒，并且在翻译成英文时总是错误地译作"wine"。考古学家、历史学家和文字学家基本上都对发酵饮料的制作历史、工艺、性质和分类缺乏研究兴趣。[①]古典文献中对各种酒精饮料的描述比较模糊，关于它们的生产过程、特性和名称至今仍然存在着很大的混乱和分歧。从一开始人们就轻易地下结论，认为在商代甚至商代以前就已经完全使用谷物来酿造酒精饮料。这种向史前时代的溯源体现出爱国主义情结，其背后隐藏着将独立的中国传统之链条进一步拉长的观念。不仅中文的文献资料有这种倾向，一些不加鉴别就采用这些中文资料的西方人的著作也是如此。

　　一个与此相关的考古发现值得注意：位于河北石家庄东郊台西村的藁城台西商代遗址中发现了一个几乎完整的商代中期（前 14 世纪）的"酒窖"，该遗址位于商朝后期统治中心安阳殷墟以北仅 200 公里处，从中出土了数量极多的商代文物。台西村地下埋藏有史前聚落和古老青铜器遗迹早已为人所知，1973—1974 年，考古工作者在此开启了一系列系统发掘，许多房基、炉灶、井台和 112 座带有牲祭和人殉的墓葬重见天日，此外还发现了石器、漆器、陶器、原始瓷器、青铜器、武器、各种工具、用于占卜的兽骨和龟甲、玉石器以及

---

① Damerow（2012 年）第 18 页强烈呼吁对苏美尔啤酒文化进行跨学科研究。实际上这一倡议也适用于中国的酒文化研究——在此几乎看不到跨学科的交流合作，考古学家、历史学家和语言学家仍然只各自关注完全不同的研究领域。

琥珀光与骊珠：中国葡萄酒史

蚌贝器等。该遗址的考古发现中出现了几个"之最"：陶器上的文字符号、中国最古老的亚麻织品与养蚕缫丝的证据、最早的针灸石针和医疗手术器械（石质手术刀），以及最古老的铁器加工证据——在中亚也发现了几乎处于同一时期的冶铁遗迹。然而台西遗址中最具轰动性的发现当属保存完好的商代酿酒工坊。除了一整套大小和形状不同的陶器外，还出土了一个大陶瓮，内有厚厚一层灰白色物质，经鉴定确认为重达8.5公斤的酵母渣。很显然，这只陶瓮是用于发酵的器皿。此外还发现了一只过滤漏斗和一个被称为"将军盔"的器皿，形状类似倒置的尖顶头盔，用于蒸煮酿酒原料。在一系列小陶罐中发现的桃核、李核、枣核以及大麻籽、茉莉花种子和草木樨种子也具有重要研究价值。1985年，考古学家在邻近的一个发掘坑里又发现了一个较大的粮库，其中储存的小米已经炭化，这可以被视为台西发酵饮料以小米作为原料的证据。[①]

1997年，考古学家在河南省东部的鹿邑县偶然发现了长子口大型贵族墓葬群，其位于贾湖遗址以东将近200公里处。该墓葬群建于前11世纪，属于商周之间的过渡时期。除了包括人殉和狗殉在内的种类繁多、数量惊人的随葬品以外，还发现了117件陶制和85件青铜礼器，几乎囊括了所有的礼器类型。研究人员提取密封良好的青铜器表面的残留物进行了分析，鉴定出一种以大米和葡萄为原料酿造的芳香饮料（发现了酒石酸和酒石酸氢钾的痕迹），它以多种成分调味，

[①] Huang（2000年）第151页等（包括插图）、McGovern et al.（2004年）第17597页、Liu/Chen（2012年）第361页等、吕庆峰／张波（2013年）。研究人员迄今为止只用显微镜粗略检查过这8.5公斤残渣，认为可能是"酵母"，此外没有进行过更详细的分析。有迹象表明可能该容器中酿造过一种类似啤酒的饮料（2020年12月14日与斯坦福大学刘莉的个人通信）。王震中（2006年）提出过猜测，这可能已经是人工培养的酵母，而从中发掘出这些器皿和有机物遗迹的建筑群也许是一个专门生产酒精饮料的家庭作坊。

如花朵、自古以来广泛用于中医的艾草等草药，显然也有树脂！[①]

上文提到的在陕西省西部地区发现的拥有 3 000 年历史的周初"红酒"也是类似的情况。中国学者倾向于将其解释为独立的中国葡萄种植传统的证据，这种传统曾经存在过，但后来消失了。然而，像这里提到的其他发现一样，这种"红酒"也可能表明中国与印度-伊朗葡萄酒文化的早期联系。

从这些考古发现中可以得出什么结论？首先，它们与最古老的文字记录几乎同时证明，发酵饮料的工艺、制作方法及流程在 3 000 多年前就已经达到了很高的发展水平，与当时盛极一时的青铜器制造工艺相仿。尽管在台西遗址中没有发现葡萄籽，但无论如何，当时的人们已经使用水果，特别是富含糖分和酵母菌的枣子酿造酒精饮料（参照近东文化中的"枣酒"）。就长子口遗址而言，研究结果表明，在众多的成分中，葡萄酒可能起到了发酵启动剂的作用。

结合现有的文献证据、本书第三章中引述的神话传说和迄今为止的考古发现，我们似乎可以合理推断，只使用谷物（小麦、大麦、小米、水稻）的高度发达的发酵技术直到前 10 世纪至前 5 世纪之间，也就是西周时期才发展起来，当时的气候变得凉爽干燥，促进了以谷物为原料的酒精饮料生产。然而直到那时仍在普遍使用水果，特别是野葡萄进行酵母菌发酵。我在第二章中引用了《诗经》中创作于西周时期的关于葛藟和蘡薁的诗句。今天这两种野生葡萄仍广泛分布于中国境内，专家学者也已对其进行了植物学鉴定。从这些诗句中可以看出葛藟和蘡薁被赋予的文学象征意义，以及这两种植物在当时日常生

[①] McGovern et al.（2004 年）第 17597—17598 页、McGovern et al.（2009 年）第 49 页等、Wieloch（2017 年）第 63 页。由于其展示的分析结果从未见于他处，在中国的文献资料中也几乎没有任何可靠的相关信息，所以只能寄希望于将来应用最先进的方法去获得系统性研究结果。

琥珀光与骊珠：中国葡萄酒史

活中所扮演的重要角色。我们也可以推测，葛蘽和蘡薁因其容易发酵成酒精饮料的特性，在西周时期是一种深受人们喜爱的果品。

从中国最早的文字即商代甲骨文到周代的古典文献中，都可以一再看到关于酒精饮料的记载，它通常与祭祀仪式、宴客和一般性的食物供应有关，在享用肉食并有音乐助兴的欢乐节庆中，当然更少不了它。然而，从这些文字资料中我们只能获得关于酒精饮料的成分和制作方法的极其有限的信息，并且还是从上下文间接推测得知，很难得出定论。基本上我们可以列出五种早在史前时代就已经存在的酒精饮料类型：[①]

第一种是我在前面几章里已经多次提及的**酒**："酒"字源于代表尖底瓶的象形符号"酉"，其原始形态与苏美尔文字中的相应符号惊人相似。"酉"字最早出现在甲骨文中，从一开始就同时可以指代盛酒的器皿和器皿中的酒精饮料。除此以外，它还获得了相关的附带意义如"成熟的，老的"，并且也用于干支计时——农历八月也称酉月，是人们收获小米后开始酿酒的季节。为了与指代器皿的含义区分开来，人们后来在"酉"的旁边加上三点水，起初三点水在右边，后

[①] 结合大量史料做出的关于中国发酵历史和酒精饮料类型的详细研究见 Huang（2000年）第149页等、黄兴宗（2008年）第118页等、Huang（2010年）。凌纯声（1958年）第884页等收录了大量包括商代甲骨文在内的古代文献中关于酒、酪、醴、醪和鬯这五种原初饮料类型的记载，并结合东亚–太平洋地区的类似情形对每一种饮料类型进行了详细分析和阐释。凌还研究了中国台湾制作饮用一种类似醪的饮料的古老传统，在他们的语言中仍然有 lao 这个口语说法，指的是一种按照专门配方用发酵的大米或小米制作的带渣滓的浑浊酒精饮料（第893页等）。他还指出，"果酪"即果酒，是旧石器时期的人类如同中国南方的猴子采集野生梨子、杏子和葡萄等水果通过简单的自然发酵制成的（第889页）。新石器时期的先民以蘖法发酵使用谷物和酵母菌酿造成口味清甜的醴，类似于啤酒。醴在甲骨文中被提及的次数最多，在商代社会中扮演着重要角色。商以后醴继续存在了两千多年，最终被遗忘（第889—890页）。与此同时，唯独在东亚地区发展出了以多种微生物为基础的更复杂的曲法发酵（第905—906页）。

来统一规范为左边三点水，右边酉字旁。这就是为什么**酒**能够成为今天所有酒精饮料总称的原因。在商周时期，**酒**的涵盖范围要窄得多，专门指主要以谷物为原料、按照特定工艺生产的饮料，例如在古典文献中出现的复合词"秫酒"，即小米酒 / 啤酒。如本书第三章所述，"酒"或"秫酒"的发明归功于神话人物仪狄。酒类生产从一开始就与宗教观念和祭祀仪式联系在一起，这一点也体现在古代经典中偶尔出现的"酒"的动词用法中，即向神灵 / 祖先献上酒精饮料作为祭品。

第二种是醴。"向神灵 / 祖先献酒为祭"的含义也反映在"醴"（lǐ）这个概念中。醴是商代后期（殷商）专门为祭祀仪式酿造和使用的酒精饮料，类似啤酒而味甜，因发酵时间短，酒精含量较低。[1]据说，商朝人的祖先在祭神祀祖的仪式中使用特殊的水——类似于基督教中的圣水。后来低度酒精饮料取代了这种"圣水"，专门用于祭祀仪式。[2]"醴"字的右半部分"豊"与"醴"同音，是一个在甲骨文中就已经出现的象形符号，其含义是一种叫做豆的有盖和柄的圆形礼器盛满了饮食摆在祭坛上。在这一基本含义的基础上添加酉字旁就是酒精饮料"醴"，添加示字旁则是"禮"（"礼"的繁体字），指崇拜活动或献祭仪式。"豐"（"丰"的繁体字）也与"豊"密切相关，它代表一个盛满饮食的祭祀器皿，并由此引申出"茂盛、肥沃"的意思，在古代等同于"豊"字，读音则为 feng。此外，带有三点水的"澧"字也带有重要信息，在古代文献中，"澧"有时与"醴"混用，"澧"同时也是两个地理名称：一是河南省中部的澧河，[3]流经曾发掘出世界

---

① 关于这个汉字另见《汉语大字典》第 6 卷（1989 年）第 3536 页。
② 基督教圣餐礼仪中的老面种面包和葡萄酒（"生命之水"）与之形成类比。
③ 张居中 / 蓝万里（2010 年）第 74 页。

琥珀光与骊珠：中国葡萄酒史

上最古老酒精饮料遗存的贾湖遗址；二是泰山东部的一口带有神话色彩的泉水——澧泉。传说神灵利用这口泉水来检验人心，只有心地纯良的人才能喝到其中的甘甜泉水，如果良心有愧的人靠近，泉水会立刻干涸。最后还必须提到读音不同，但右半部分也是"豊"的"體"（"体"的繁体字）字，它的左侧是骨字旁，最初指祭牲，今天则指身体。作为祭牲的"體"与"神的饮品"一起被用于献祭仪式中。

在上文引用的《书经》中有一条关于酒和醴的制作方法的介绍，非常简短，指导意义也不大。不过仍被业界视为了解古代酿酒工艺的关键，并且引发了专家们的讨论：

若作酒醴，尔惟曲蘖。[①]

根据周代的其他文献资料，这句话可以作解释为：

酒是通过一种叫作"麴"（"曲"的繁体字）的特殊发酵剂发酵而成，并且似乎在整个发酵工艺的发展过程中出现较晚。我在第三章中提到的古代文献中关于神话人物仪狄和杜康的传说表明，"曲"代表了发酵工艺的更高阶段，其产生发展大约始于 4 000 年前的夏代。我将在下文中对这一点进行进一步论证。

醴是由麦芽制成的。在商代甲骨文中已经出现的"蘖"字显示其泛指使用各种谷物制成的麦芽，如小米、小麦或大麦，也包括大米。麦芽加工后提取出的麦芽糖（古称"饴"）是酒精发酵的重要原料。这表明醴最初的酿造工艺与啤酒类似，无论是关于醴味甜且酒体浑浊的描述还是"醴"字的字源，都显示出醴是献给神灵的祭祀用

---

① 出自《书经·说命下》，见中国哲学书电子化计划。另见 Legge（1935 年）第 3 卷第 260 页。Legge 对这句话的英文翻译不准确，我在此不作讨论。关于这句话的解释见 Huang（2000 年）第 157 页等。

酒。因此，使用麦芽和水解谷物制成的醴可能是通过人工控制发酵所生产的最古老的饮料。综上所述，在中国发酵工艺发展之初，至少是在偏北方地区，发酵主要是由野生葡萄所含的酵母菌引发的，并由此产生了贾湖和两城镇遗址的"鸡尾酒"。在这方面必须再次指出：至少4 000年前大麦从西亚向中国的传播及其在中国的使用可以为大麦种植专门用于生产原始啤酒的假说提供典型例证：除了少数例外，新石器时代饮料中鉴定出的大麦证明，在从那时以来的中国历史上，大麦除酿酒以外从未被用于制作其他食品。①

第三种酒精饮料叫作醪（láo）。我们已经清楚知道，醪可以指一种使用麦芽浆制作的糊状物，也可以指一种未经过滤的低度酒精饮料，其中混有酵母、原料渣滓和沉淀物，类似德国的葡萄新酒"羽毛白"（一种初期发酵中的葡萄汁）。不过后来的醪只限使用大米或小米为原料制作。②用糯米发酵而成的醪糟今天尤其在中国南方仍然是深受人们喜爱的夏季清凉饮料，其酒体浑浊，酒精含量很低，可能是古代制醪传统的延续。台湾的文化在某些方面显示出与大陆最古老文明的关联，在那里也有一种历史悠久的饮料，按照他们的口头流传也叫作 lao。

第四种酒精饮料酪（luò）是最具矛盾性和争议性的，"酪"字本身就有三种不同的读法和含义：除了 luò 这个古音，"酪"还有一个发音是 lào，在现代汉语中"酪"则只读 lào，通常结合（马、牛、

---

① 中国最重要的中医药著作《本草纲目》（16世纪）只描述了大麦的药用疗效。日本人和韩国人喜欢以烘烤过的大麦粒冲泡大麦茶。尽管中国是遥遥领先的世界第一大小麦生产国，但其大麦产量与小麦相比则显得微不足道。中国种植的大麦主要用于生产啤酒。与欧洲啤酒相比，中国啤酒通常添加大米，酒精度较低。中国人偏爱饮用常温啤酒，可能是延续了史前先祖的饮酒习惯。顺便在此一提，近年来在啤酒生产和消费方面，中国早已超过了世界上其他国家。

② 《汉语大字典》第6卷（1989年）第3597页。

羊）"奶"或"乳"构成复合词"奶酪"或"乳酪"。另一个古音 lǚ 指"用马奶制成的能致醉的酒精饮料",即 kumys（哈萨克语）或 airag（蒙古语），可能是欧亚草原民族在驯化和饲养牲畜时"发明"的，因此远早于使用发酵谷物酿造的酒精饮料，今天仍然广泛存在于中国北方、西伯利亚、哈萨克斯坦和蒙古。①

关于"酪"（luò）字最古老的释义，我在第三章中引用过《古史考》的相关内容："古有醴酪，禹时仪狄作酒"。

根据另外一个传说，醴、醪和酪的发明早于仪狄，其始创者是被尊奉为农业和医药之神的神农氏。② 这一点可以再次支持已得到考古证据支持的假说：首先，醴和酪分别代表新石器时代酒精饮料发展史早期的两类产品，对此《礼记》中也有相关佐证（醴酪）；其次，前 21 世纪，在传说中的夏朝的第一任君主统治时期，酒的制作工艺有了质的飞跃。

此外，我们在对最古老的文献进行比较研究时注意到，"醴"和"酉"（酒）字出现在商代甲骨文和《诗经》中，而"酪"则出现在《礼记》中。《礼记》还有这样的描述：夏朝时的祭祀仪式仍然使用清水（"圣水"）；殷商时则使用醴，可能是一种以麦芽（蘖）酿造的"啤酒"；而周人的祭品是基于曲法发酵制成的酒。③ 就这方面而言，发酵文化的不同发展阶段直接反映在夏商周三代的历史与政治分野中。

---

① 《汉语大字典》第 6 卷（1989 年）第 3581 页。马奶酒的酒精度较低，只有 3 度左右，味酸，原因在于酒精发酵的同时还有乳酸发酵。

② 见本书第三章。

③ 出自《礼记·明堂位》："夏后氏尚明水，殷尚醴，周尚酒。"见中国哲学书电子化计划。Huang（2010 年）第 43 页指出，使用麦芽酿酒的工艺从汉代开始经朝鲜传到日本，直到中古时代（日语中的"醴"为 rai，"蘖"为 getsu），日本人都在使用这种方法酿酒。此后，从中国引入的曲法发酵取代了蘖法。

生物化学家和科学史家黄兴宗曾论证过，很晚才在关于北方游牧民族的记载中出现的发酵奶制品酪（lù 或 lào）与古老的酪（luò）绝不可能是一回事。鉴于酪（luò）没有出现在商代甲骨文中，所以它一定是这里提到的酒精饮料中最古老的。[1] 黄兴宗与其他中国现代科学史家得出了相同的结论：酪（luò）应当解释为"果酒"（果酪），在史前中国，繁茂的野生葡萄为借助自然发酵酿造酒精饮料提供了最佳条件，这一点从"猴酒"传说即可见一斑。[2] 因此，酪（luò）很可能指向在贾湖和两城镇遗址鉴定出的最古老的葡萄酒，由此也许可以将醴酪（lǐ-luò）解释为在这两地发现的混合饮料（"贾湖鸡尾酒"）。后来，自汉代起，特别是汉代以后到唐朝的漫长历史时期以及元朝时，随着游牧民族对中国北方的统治，马奶酒和不含酒精的酸牛奶、脱脂乳、酸奶、奶酪等奶制品流行起来。奶制品的兴起可以很好地解释为何"酪"字作为"果酒"的本义逐渐被人们遗忘。[3]

最后一种古老的酒精饮料叫作鬯（chàng），是用黑小米（可能是 *Panicum miliaceum*）并按照特定的配方添加草药和香料制作而成，用于祭祀仪式和宫廷宴客。相关的文献注释中一再提到，姜科植物姜黄是鬯的重要成分。姜黄早在 4 000 年前就在印度的阿育吠陀医学中发挥着重要作用，很可能姜黄正是与阿育吠陀理念一起从印度传播到了中国南方。[4] 无论在中国还是印度，鬯同样被描绘为具有

① Huang（2000 年）第 250 页、Huang（2010 年）第 43 页等。

② 见本书第三章。

③ 关于马奶及驴奶发酵制品的各种生产方法和产品类型的历史见 Huang（2000 年）第 248 页等，其中详细列举了相关术语并进行了阐释。马奶酒在南北朝时期的北方王朝统治地区特别流行。

④ 阿育吠陀理念认为，适当饮酒（包括葡萄酒）有利健康，和芳香草药的疗效相仿。姜黄的干燥块根叫作"郁金"，"郁"的繁体字"鬱"左下方为"鬯"，这表明鬯酒从一开始就和姜黄有关。

药用效果和特殊香气。在历史上出现的大约 60 个酒类名称中，"鬯"是一个例外，因为这个字里缺少其他酒类名称中普遍具备的酉字旁。"鬯"字的原始象形符号显示一口放有谷物和草药的锅，锅的下方有一把勺子。《易经》《诗经》等周代的典籍中就已经出现了"鬯"字，并且总是与向神灵献祭及祭祀时上达神灵的醉人香气有关。后来的中医著作中描述了类似的草药酒，它们可能都起源于鬯。中国台湾也有一个古老的、现已几乎被遗忘的传统，即用小米添加多种特殊草药的混合物制作一种发酵饮料。显然，这与中国南方少数民族传承数千年的相关配方存在关联。这些配方与商周时期的鬯的关系值得探讨。无论如何，药学文献中对将具有药用价值的草药、花朵（主要是菊花）、水果、根茎以及动物成分浸泡在酒中的做法有过大量描述，这种传统一直延续到今天。在现代，一些红葡萄酒也被用于泡制药酒。[①]

除了上述酒类外，史前和夏商周之前的历史时期中还出现了其他一些酒精饮料。不过，相关研究目前仍处于起步阶段。迄今为止，对保存在商周青铜器中的酒液及陶制和青铜器表面酒精饮料残留物的研究在很大程度上要么被忽视，要么存在漏洞。这方面的研究将来可以在很大程度上为有关中国发酵饮料的生产、成分、功能和应用等大量问题提供答案。对这些酒精饮料的生物化学分析可以揭示更多关于

---

① Huang（2000 年）第 232 页详细描述了鬯酒和"药酒"在中国的发展历史和配方。民族学家凌纯声（1958 年）和农业历史学家俞为洁（2003 年）对一种原始发酵方法进行了非常详细的描述，也引述了作为佐证的相关历史文献资料。中国台湾和大陆南方的一些少数民族将这种发酵方法部分传承了下来，即把煮熟的大米或小米放置于温暖处——通常放在悬挂的篮子里——直到米饭开始发霉，然后加入某些草药和植物，制作出一种特别的发酵剂，称为"草曲"。添加的药草种类在各个地区不尽相同。使用草曲酿造的酒精饮料有不同的风味和药用价值，其源头可能来自史前的祭祀饮料鬯。另见 Liu et al.（2019 年 a）第 12772 页。

新石器时代以来酒精饮料的发展历程，特别是它们与欧亚大陆上其他酒文化的联系。这些跨越广大地理区域的相互联系和影响已经被较新的考古研究成果所证明，包括有关陶器和青铜器制造、经济作物和家畜的人工驯化、车轮和马车的发明、武器技术和战术战略等方面的考古发现。不同酒文化间的相互联系和影响不仅体现在酒精饮料生产的知识和技术方面，合乎逻辑的是，其中也必然包含与之相关的思想观念和崇拜仪式。关于西亚和地中海地区葡萄酒文化之间的关系早已产生了很多宝贵的研究成果。就中国文化区而言，倾向于将其视为一个封闭系统的中外学者仍是主流。比如，当发现新石器聚落时，人们往往从一开始就认定，在那里，无论是普遍意义上的文化还是专门的葡萄酒文化，都是在与世界其他地区隔绝状态下发展起来的。以贾湖聚落为例：贾湖先民在墓葬中放入盛有酒精饮料的陶器作为随葬品。研究者从一开始就假定，这种新石器时期的酒精饮料是以谷物为原料，采用曲法发酵工艺酿造的。但实际上曲法发酵直到几千年后才产生。除了少数例外，学者们至今都忽略了这一事实：在最晚始于贾湖并显然一直持续到周代的历史时期中，葡萄发酵也在中国酒精饮料的生产过程中起着至关重要的作用。①

为此，今后应当对包括地方性史料在内的相关口头流传和书面记载进行有针对性的研究，我在第三章中已经列举了这方面的几个例子。周朝第五代君主周穆王的西巡可能远至中亚，中国西部较新的考古发现和有关周朝与西方文化联系的认知可以支持周穆王西巡故事的真实性。据此可以推测，人工培育的葡萄品种 *Vitis vinifera ssp.*

① 这些少数例外包括：McGovern（2003 年）、McGovern（2009 年）、Zhang/Luo/Gu（1989 年）、应一民（1999 年）、李华（2004 年）、Wan et al.（2008 年 a）、Wan et al（2008 年 b）、罗国光（2010 年）、卫斯（2010 年）、吕庆峰/张波（2013 年）。其中Zhang/Luo/Gu 的著作在这个领域具有开创性意义。

vinifera 在 3 000 年前就已经传入中国中原地区。成书于前 3 世纪的《周礼》和 2 世纪的《周礼注疏》描述了周朝宫廷如何管理茂盛的果园和瓜园，园中就栽种着当时非常珍贵的葡萄树。在这些记载中引用的外来借词"蒲桃"（现代写法：葡萄）表明，葡萄可能确实是来自西方的 *Vitis vinifera*。[1] 相关的考古证据如我在第三章中提到的洋海墓中发现的现存最古老的距今将近 2 500 年的葡萄藤、前 5—前 3 世纪的苏贝希墓葬中的葡萄籽以及在塔克拉玛干沙漠南缘且末县扎滚鲁克墓葬中出土的距今将近 3 000 年的高柄杯和角杯，其年代比周穆王的传奇性西巡稍晚。

曲法发酵完全有理由被尊为"中国第五大发明"。[2] "曲"字的繁体字为"麴"，除此以外，还有一种传统写法为"麯"，左侧是代表谷物的麦字旁。按照目前掌握的知识，早在商代之前，在人工栽培谷物获得丰收的年岁里，人们就已经开始了曲法发酵。

更古老的在商代占主导地位的酿酒工艺类似现代啤酒生产，整个过程分为两步，第一步是使用古代文献中经常提到的谷物（小米、小麦、大麦、大米）制作和加工麦芽（蘗），通过酶（淀粉酶）将麦芽中的淀粉转化为糖（麦芽糖，古称"饴"），然后进行烘干和制浆（其产物似乎是醴）；第二步就是发酵的过程——正如新石器时代的考古发现所示，这一过程很可能是通过多种酿酒酵母菌（主要为

---

[1] 吕庆峰／张波（2013 年）。

[2] 指在造纸术、印刷术、火药和指南针以外的第五大发明，见程光胜（2010 年）第 79 页。Huang（2000 年）第 167 页认为，酒曲的发明是"中国酒精发酵历史上的里程碑"。下列著作中有关于酒曲历史和特征的比较详细的阐释，值得参考：凌纯声（1958 年）第 891 页等、Huang（2000 年）第 154 页等、俞为洁（2003 年）、Huang（2010 年）第 46 页等、程光胜（2010 年）、《饮酒文化篇》、Liu et al.（2019 年 a）、Liu/Li/Hou（2020 年）。酒曲有时候也被称为"酒药"。许赣荣／包通法（2014 年）系统概述了曲法发酵和蒸馏法的复杂发展历史。

Saccharomyces cerevisiae）实现的。得到的产品是一种通常只经过短暂发酵的低度浑浊甜酒，也就是醴。可以肯定的是，除了最基本的献祭功能外，醴也是日常享用的饮料。它让人联想到一种未经过滤的清淡型苏美尔啤酒，可能是苏美尔人在同一历史时期或更早以前以类似工艺酿造的。[①]

酒类生产的革命性飞跃可能在商代就已经开启，但在周代才得以完全实现。周朝的建立带来了政治-意识形态、文化与物质等多方面的根本性变化。可以说，当时已经形成了酿酒产业，其结构越来越复杂精细，并在汉朝时臻于完善。然而，实际上，我们可以认为更古老、更简单的发酵技术并没有戛然而止，而是又存续了几个世纪。一些历史记载可以证明这一点。例如，醴和制蘖工艺仍然出现在很晚以后的文献资料中，并在公元后的一千年间得到广泛传播，甚至远至韩国和日本。在西汉时期仍有"麦芽酒"或者"蘖酒"的记载。此外，麦芽如同丝绸被西汉作为贡品献给北方游牧民族匈奴，并且极受匈奴人欢迎——这就可以证明当时仍然存在着醴和蘖酒的大规模生产和消费。

我们已经看到，果酒和葡萄酒的生产在丝绸之路沿线的中国北部和西北部的某些地区尤为兴盛，绝没有被中国南部和中部独立发展出来的复杂的曲法发酵工艺所取代，迄今为止发现的各种证据也能够证明这一点。同理，北方少数民族至今也仍然保留着延续千年的发酵马奶酿造马奶酒（哈萨克语 kumys/ 蒙古语 airag）的传统。如果只将汉初以来官方史料中关于葡萄酒的记载作为依据，就会产生误导，显

---

① 关于商代啤酒（醴）、麦芽制作（蘖法）和提取麦芽糖（饴糖）的工艺见李争平（2007 年）第 21—22 页。他认为，从蘖法发酵发展出了更复杂的曲法发酵。苏美尔人的麦芽制作和啤酒生产与中国的蘖法发酵有类似之处，见 Damerow（2012 年）、Meußdoerffer/Zarnkow（2016 年）第 24 页等。

然这种误解经常发生。[①] 虽然汉朝进行了大规模的版图扩张,尤其是在西北方向远达中亚地区,因而获得了大帝国的定位,但远未实现统一的周朝同样也与周边地区的文化有着丰富的联系,绝不是表现为史书中经常描述的那种基本孤立的文明发展状态。因此,我们可以认为在中国存在着一个不间断的葡萄酒文化,虽然它并没有形成主流,而是只有区域性表现,但仍然与主流酒文化持续平行存在,因此酿造和饮用葡萄酒并非在汉代才作为一种补充性的外来生活方式出现。

曲法发酵将两个过程整合在一起:(1)通过酶水解将谷物淀粉转化为糖;(2)利用特定的霉菌发酵,将糖转化为乙醇。[②] 酒曲中含有几十种互相精确协调的微生物,它们共同作用,确保整个发酵过程的顺利实现。酒曲的基本原料是磨碎后煮熟或蒸熟的混合谷物。不同地区有着不同的传统工艺,使用大米(使用糯米制作的酒曲品质更优)和米糠制成的酒曲称为"小曲",使用小米/高粱、小麦、大麦以及不同组合和比例的麦麸、豌豆、黄豆制成的酒曲叫作"大曲",部分品种还会添加植物及草药成分。这些谷物中混合或"接种"共生的霉菌培养物(米曲霉 *Aspergillus oryzae*、根霉属 *Rhizopus*、紫红曲霉 *Monascus purpureus* 等)、酵母属(*Saccharomyces*)和细菌培养物(芽孢杆菌 *Bacillus*)。这样一个高度复杂的生态系统中凝聚着数千年来中国人积累的关于麦芽制作、淀粉酶利用、简单的酵母发酵、人工控制的谷物霉菌发酵、精选草药添加剂的作用、精确温度控制、合适的湿度、化学反应的时间以及后期处理(过滤、灭菌等)和储存等方面的知识。酒曲是中国特产,经过两千多年的独立发展,后来只传播到了朝鲜、日本和东南亚,但从未传到西方,在西方也从未发现过曲

---

① 见本书第六章。

② 关于酒曲的制作、不同类型以及配料见 Sandhaus(2014 年)第 26 页等的详细说明。

法发酵工艺。[1] 于是，在西方语言中也就没有和"酒曲"完全对应的译名。不过日语中有一个叫作 kōji 的专业术语，源自"曲子"在中国南方方言的发音。酒曲传到日本后进一步独立发展，今天的 kōji 与中国的酒曲已经有较大差异。[2]Kōji 在日本用于发酵某些大米品种以酿造清酒或发酵豆制品制作调味品（酱油、味噌）。酒曲则在中国 3 000年来的不同历史时期和不同地区中因气候和农业条件（南方产稻米，北方产小麦，南方北方均产高粱）的差异发展出大量的不同类型。[3]

图 4.24 饼曲，黄酒博物馆，绍兴

今天，这些不同类型的酒曲经常被奉为各地白酒特殊风味的底蕴，其配方常常作为秘方世代相传。（见图 4.24）

除了制作本身，酒曲的养护和储存也需要专业知识。酒曲放置在单独的储藏室（曲房）中保管，必须符合特定的环境条件，

---

[1] 本书第一章中提到的源自前 1800 年（即中国夏朝时期）的"宁卡西赞美诗"（宁卡西是苏美尔人的啤酒守护神和酒神）中的配方与早期发展阶段的曲法发酵有多大的相似度绝对值得我们研究。"宁卡西赞美诗"中提到和浸泡麦芽有关的"啤酒面包"和"面团"。这种叫作 bappir 的啤酒面包可能是后来的中国饼状酒曲的原型，酒曲起初可能就是在使用浸软和压干的大麦和 / 或小麦麦芽的过程中发展出来的。见Standage（2012 年）第 5 页。在我看来，这也许可以成为发酵文化历史比较研究的又一个重要切入点。

[2] 关于中国的"曲"与日本 kōji 的不同发展路线详见坂口（Sakaguchi 1993 年）与菅间（Sugama 1993 年）。

[3] 关于各种发酵工艺和酒曲的历史、配方和多样性见陈骒声（1993 年）、方心芳 / 方闻一（1993 年）、程光胜（2010 年）、Sandhaus（2014 年）第 22 页等。这些资料可以帮助人们深入直观地了解中国酒文化独一无二的复杂性。当然，前 3000—前 2000年在埃及和美索不达米亚也产生了丰富多样的啤酒品种和充满诗意的啤酒名称，见Standage（2012 年）第 4 页。

如温度、湿度等，这些专业知识都是在悠久的生产实践中积累出来的。自汉代以来，人们一直将酒曲经干燥和压榨后保存，通常制成饼块（饼曲），有时也做成颗粒（散曲），需要时随时取用。尽管存在着地区差异，自周朝以来，中国传统的酒精饮料生产工艺（不包括大约1 000年前才产生的蒸馏酒）基本上都分为以下步骤：①

（1）将酒曲捣碎并在优质泉水中泡开。②古人普遍认为深秋或冬季时泉水最为纯净，因此往往在秋冬时开启酿酒流程，到春季时发酵成熟。如果在温暖的季节浸泡酒曲，则必须事先将泉水煮沸。为使微生物尽量发育，在酒曲和泉水的比例、温度和酸度方面都有严格的规定。③

（2）过滤出酒曲浸泡物中的固体渣滓。

（3）将谷物煮或蒸至软烂。

（4）谷物冷却后"接种"泡软并已激活的酒曲，倒入大陶缸中，此时应密切注意混合比例、温度、pH值和无菌条件（早在周代时对此就有具体规定）。

（5）陶缸加盖后在严格管控的温度条件下进行发酵。《周礼》中定义了从"泛齐"（发酵）、"醴齐"（浓稠）、"盎齐"（芳香）、"缇齐"（泛红）到"沉齐"（发酵结束和滤清）的五个成熟阶段，即"五齐"。在这五个阶段中会产生三种不同品质的酒精饮料，即"三酒"："事酒"（新鲜的酒）、"昔酒"（储存过一段时间的酒）和"清酒"（陈酿

---

① 《礼记·月令》中记载了君王要求负责酿酒事宜的主管官员必须严格遵守的六个命令："乃命大酋，秫稻必齐，曲糵必时，湛炽必洁，水泉必香，陶器必良，火齐必得，兼用六物。大酋监之，毋有差贷。"见中国哲学书电子化计划。

② 酿酒用水决定着酒的品质好坏，这一点充分体现在"水为酒之血"的民谚中，见Sandhaus（2014年）第24页，其中还说："……曲为酒之骨，粮为酒之肉。"

③ 日本清酒的质量取决于酿酒用水的矿物质成分组合，在中国古代显然也是如此。

清酒），分别用于特定的献祭仪式。[1]

（6）取出酒液过滤，分装于较小的容器如酒瓶中。

如今按照这套工艺流程制作出的最终产品泛称"米酒"或黄酒，因为其通常是以大米为原料酿造的。近代以来，小麦和高粱基本上只用于生产白酒。最有名的黄酒是浙江的绍兴酒，按照传统工艺使用优质糯米（富含直链淀粉）酿造，颜色介乎橙黄色与深棕色之间，酒精含量约为16%—18%。今天，绍兴黄酒已成为原产地保护产品，共有十几个分属不同口味和等级的品种。每个品种的制作过程都极其复杂，并各有世代传承的秘方。绍兴黄酒广泛应用于烹饪和中医，其风味类似干型或甜型雪利酒，具有多种口味。很多人喜欢将绍兴黄酒与葡萄酒作类比，认为其在中国就仿佛葡萄酒在欧洲的地位。特级绍兴黄酒需要在陶罐中储存至多数十年，然后以精美的手绘瓷瓶或细炻瓶包装出售。[2]

在绍兴，自周代流传至今的多次发酵工艺也用于酿造特级黄酒。在这种工艺中，谷物被反复接种酒曲，发酵时间更长，因此酿出的黄酒酒精含量更高，酒液也获得了更为清亮的外观。古代文献中曾经提到一种经三重过滤澄清的酒，它有一个特殊的名称叫"酎酒"，不但用于祭祀仪式，也用于以音乐和舞蹈助兴的重要节庆。

1972年，湖南长沙市附近发现了马王堆汉墓（前2世纪），引起巨大轰动。墓中也出土了最古老的"黄酒"原始配方，基本上可以印证上文所列的一直延续至今的整套工艺流程，也包括使用当时已经达到相当水准的酒曲培养物进行的多次发酵。此外，在拥有3 000多年

---

[1] 《周礼·天官冢宰》，见中国哲学书电子化计划。另见 Huang（2000年）第165页、林琳（2014年）、《饮酒文化篇》。

[2] 关于绍兴酒的历史、品种、酿造和化学成分的详细阐释以及更多参考资料见胡普信（2015年）、维基百科词条"绍兴酒"等。关于黄酒见 Sandhaus（2014年）第162页等。更多相关内容见本书第十一章。

历史的河南长子口墓中除了酒石酸和酒石酸氢钾外也鉴定出了大米酒曲的痕迹，显然标志着商周之间的历史时期经历了从天然酵母发酵到复杂曲法发酵的过渡。

为何曲法发酵技术和工艺恰好起源于中国中原地带，而且从未通过当时蓬勃发展的丝绸之路传到西方？对此人们已经有了诸多猜测。有一种观点也许同时也可以间接解释，为什么中国拥有丰富的野生葡萄资源，其葡萄酒文化却没有得到更大规模的传播。我在前面几章中已经提到，这种本土发展的一个可以确定的主要原因是，商周时期粮食经济长足发展，在一些丰产年份产生了粮食盈余，这使得已经在某种程度上实现国营化和制度化的酒精饮料生产进一步扩大产业规模。另外一个重要原因是，从 5 000 年前到 3 000 年前的这段历史时期内，中国中原地区的年平均气温比现在高两度，气候也更加湿润，因此吃剩的大米饭和小米饭就更容易受到霉菌的侵害，人们从中发现了米曲霉（*Aspergillus oryzae*）的积极作用，也学会了利用其酿酒，我在第三章引述的几个神话传说故事中就包含类似的情节。在近代的中国台湾仍然能够观察到这种古老的霉菌发酵方法，他们将吃剩的大米饭或小米饭与草药混合后放在一个透气的篮子里，悬挂三四天后就可以得到一种发酵培养物，这是一种简单的酒曲。[1]

最后以关于黄色的一些有趣的观察作为本章的结尾：黄色是米曲霉孢子和酒曲的基本色。在《礼记》中，"天子"祭祀祖先时所穿袍子的黄色与黄色的菊花（黄花）都叫作"鞠"。[2] "鞠"字的左侧为

---

[1] 见程光胜（2010 年）第 77 页、Huang（2010 年）第 48 页。

[2] 见《礼记·月令》《礼记·杂记上》，中国哲学书电子化计划。方心芳 / 方闻一（1993 年）第 104 页认为"鞠"是"麹"的原始写法，意为将发酵的小米存放于毛皮中。后来这种方法被废弃，人们开始使用陶器，"鞠"演变为"麹"。"鞠"见于"鞠躬"一词，今天鞠躬礼仍然见于纪念黄帝的典礼和祭拜祖先的仪式中（行三鞠躬礼）。

革字旁，指毛皮或皮革；右半部分与"麴"（"曲"的繁体字）相同。我们可以想象，在古代，人们用米曲霉的孢子为天子专用的袍服染色，而天子正是穿着这种黄袍在祭坛前献上发酵饮料。[①]"黄"已经出现在神话传说中的上古明君"黄帝"的名字中，后来成为帝国最高统治者的专用服色，也是作为皇权象征及幸运与成功标志的金龙的颜色。这里值得注意的是，米曲霉的发现和利用以及酒曲的发明很可能在黄色的象征意义中扮演了某种角色。

在这个背景下，菊花在中国文化中的意象值得注意：它是中国最古老的国花，也是吉祥长寿的象征。[②]"菊"字与"鞠"和"麴"的读音相同或相仿，其下半部分与后二字的右半部分相同，上半部分则为代表植物的草字头。按照古代典籍的记载，菊花的本色一直是黄色，也被视为一种传统的药用植物，早在古代时人们就将菊花浸泡于酒精饮料中制作药酒。从这一角度来看，"菊"字显然与"麴"字相关联。"菊"还象征性地代表发音近似的数字九和农历九月，也就是菊花盛开以及开始酿酒的秋季。此外"菊"与寓意"永恒、长寿"的"久"发音也很接近。我在第一章中已经提到，泛指精神饮料的"酒"也属于这一类词语。值得注意的是，在著名诗人陶渊明（365—427）的诗歌中，菊与酒是反复出现的核心主题。今天仍然有很多中国人在农历九月初九重阳节登高赏秋，饮菊花酒，因为据说菊花酒有延年益寿的功效。这些习俗也与陶渊明有关。[③]

---

① Huang（2000 年）第 165 页。

② 菊花见于《诗经》等最古老的文献中，而且总是与黄色联系在一起。然而，6 世纪起黄色才成为皇帝朝服的专用服色。在此之前的朝代中，君王的朝服为白色（商朝）、红色（周朝、汉朝）和黑色（秦朝），见 Eberhard（1983 年）第 104—105、245—246、260—261 页。

③ Rohrer（2010 年）。更多相关内容见本书第七章。

琥珀光与骊珠：中国葡萄酒史

第五章

适度与节制：
作为社会行为规范的儒家思想之酒礼

我在本书的第一章中用中文谚语"无酒不成礼"来概括发酵历史与中国文化及文明自其诞生以来即存在的深刻而持久的紧密联系。下面还有几个谚语可以作为"无酒不成礼"的补充:"礼以酒成""无酒不成俗""无酒不成宴""无酒不成欢"和"无酒不成敬"。今天这些观念仍然普遍存在于中国人的头脑中,这表明酒不但最终影响到中国社会生活的所有领域,成为社会平稳运行的"润滑剂",而且还带有伦理与道德意义。"礼"是从"酒"升华出来的理念,它的本义是"仪式"或"风俗"。在西周社会中,"礼"被确立为一种等级分明的秩序和行为规范,每个人都要根据其地位、职分、年龄和性别遵守"礼"的规定。"天子"位于这套等级制度的顶端。周人引入了对"天"的崇拜,相信君王的统治是受命于天。同时,从天命信仰出发,周人认为酒也来源于上天(见本书第三章),从而固化了酒是一种具有一系列仪式功能的宇宙灵药的观念,而在周朝之前的世代中,人们就已经大量使用发酵饮料,也出现了关于其起源的一些玄妙神秘的传说。酒在社会生活中的"神圣化"可能与曲法发酵的兴起有关,这种酿酒工艺全程在人工控制下进行,其技术水平也在持续提升。一代又一代人将曲法发酵的工艺传承下来,其神奇的生化反应过程被解释为出自某种魔法的力量。

在新的世界观产生和夏商两朝末代国君酗淫亡国的背景下,这种关于酒是"上天的恩赐"的理念促使周人采取有力措施,将政治、社会和经济生活置于严格的礼制规范之下。本书第四章已经提到,周朝开创者之一以及"首席思想家"周公旦颁布了对后世影响深远的《酒诰》，收录在《书经》中。《酒诰》开宗明义，说文王"朝夕"告诫诸侯王和各级官员，除了祭祀以外不应饮酒。如果上天降下惩罚，那一定是因为民众陷入混乱，丧失了道德，而这些丧德败行都是酗酒造成的。那些灭亡的大国小国也无一不是由于饮酒无度而招致祸患。《酒诰》还要求官员不应该经常饮酒，只有在祭祀的时候才允许饮酒，并且饮酒时必须有礼有节，不能狂饮滥醉。只有在向官长父母尽忠尽孝，使他们心情舒畅时，自己才可以通过饮酒来净化心灵和强壮身体。也就是说官员在始终保持自我克制的前提下，并且履行了所有道德和礼仪的义务之后方能参与节庆活动，吃饱喝足。商朝的创始人汤王从来不敢纵酒狂饮，在这方面他成为后世的楷模。他的大臣与属下也没有一个酒徒，一个重要原因在于他们全心全意地为国家和君王效力而无暇享乐。只有商朝的最后一位统治者和他的整个宫廷沉溺酒色，荒废朝政，失去了上天的眷顾，可见殷商的灭亡是咎由自取。因此，周公呼吁吸取商代亡国的教训，下令拘捕那些继续聚众豪饮的前商朝官员并将其处决。当然，也应该给那些真心悔悟并归顺周朝的官员一个改过自新的机会，而那些确实冥顽不化者应被毫不留情地处死。如果官员们不能为民众树立榜样，民众也就永远不会停止酗酒。[①]

周公推行的包括《酒诰》在内的系列政令在五百年后成为孔子（前551—前479）学说的根基，也成为后来的官方意志中关于孔子思

① 援引《酒诰》时我将紧贴原文而不关注无关的历史细节。见 Legge（1935年）第399—412页中的原文、英文翻译及注释。他的《酒诰》英译本备受赞誉，今天仍被认为是重要的参考依据，但其中也有一些值得商榷的地方，如 Legge 将中文的"酒"翻译成"spirits"，会让人产生中国人几千年来一直饮用高度蒸馏酒的刻板印象。但实际上，在蒸馏酒问世前的两千年中，中国基本上只存在酒精含量很低的酿造酒。关于《酒诰》及周朝的酒精消费另见 Sterckx（2015年）第17页等。他称《酒诰》是"中国历史上第一份区分世俗饮酒与祭祀用酒并谴责前者的文书"。

想阐释的重要依据。从这篇最古老的关于酒的经典文献中发展出以下四条基本的伦理原则，它们规范了儒家社会体系中的饮酒行为——尽管在不同时代有不同的解释，这些原则一直到现代都保持了惊人的连续性和影响力：[①]

酒首先用于祭祀祖先和神灵的宗教仪式。夏朝和商朝的祭祀仪式分别使用圣水（《礼记》中称为"玄酒"）和甜酒（醴），周人在祭祀中使用工艺更复杂的曲法发酵酒。

酒不是日常饮品，只有需要以"酒肉"滋补身体的老人和病人才有资格饮酒。这一限制也有其经济背景：频繁歉收常常导致粮荒，因此人民的福祉和国家的命运很多时候取决于统治者是否能够推行明智的财政政策。

要严明法纪以防止出现聚众滥饮的事件，对此统治者要为民众做出道德表率，这也就意味着禁止公职人员醉酒。

最高的戒律就是饮酒时有礼有节，乐而不醉。

在儒家思想中，《酒诰》是维护公序良俗和在社会生活中规范饮酒活动的准绳。为达到《酒诰》的要求，同时也出于上述的经济原因，从西汉时（前98）开始实行国家对酒类经营的垄断，当然，这种垄断在后世时有中断，也有不同的推行方式。

周朝开国之君周武王在宫廷中专门设立了一个管理酒政的部门，体现出周朝统治者极其重视酒类政策的制定和实施。酒政的《周礼》中规定了该部门负责的事务和任职的官员。其中地位最高者称为"酒正"，也叫"大酋"，负责安排和监管原料的采购、"五品三类"酒精饮料的加工酿造、酒祭仪式和宫廷招待会与宴会上的饮酒与奉酒礼

[①] 王炎（1993年）第51页。周朝时也使用名贵的齐缇作为献祭用酒，考古学家认为在宝鸡发现的"红酒"就是齐缇。见本书第三章、郭会生／王计平（2015年）第99—100页。

仪。周朝的酒祭仪式非常复杂，有各种不同的形式，所使用的青铜器也都有严格的规定。酒正的下属包括官员和所谓"酒人"。酒人负责酒精饮料的生产与储存，也参与饮酒与祭酒礼仪。酒人包括 10 名主管太监、30 名通晓酿酒的女奴和 300 名役使女奴。[1]

鉴于夏商亡于其纵酒无度的末代君王，新兴的周朝推行限制性的酒类政策，此后的中国历史上便一再出现关于酒的争论，体现出人们对酒的矛盾心态。这方面的一个经典案例是东汉末年曹操与孔融（153—208，孔子第二十代孙）针对禁酒令的公开书信辩论：尽管曹操自己曾写下"何以解忧？唯有杜康！"的千古名句[2]，但当庄稼歉收时他便颁布命令，暂时禁止酒的生产和消费。孔融对此的观点是，从上古明君尧和舜起，"酒之为德久矣"，酒是上天的恩赐，在国家的建立、治理和维持和平方面发挥着建设性作用，扮演着不可或缺的角色。他甚至认为，他的祖先孔子如果没有豪饮"百觚"就不可能成为圣人。总之，酒在社会政治生活中起着非常重要的作用。此外，孔融根本不认同因为夏商灭亡就应当禁酒的观念，在他看来，既然沉迷美色至少和酗酒一样都是导致夏桀与商纣身死国灭的原因，那么禁酒的同时还应当禁止婚姻。[3] 孔融触怒了曹操，在 208 年被处死，家人也遭到株连。220 年，东汉末帝被迫退位，魏蜀吴三足鼎立的局面正式形成。

几乎与此同时，经学大师王肃（195—256）非常精准地概括了酒的好处和危害，后世也出现了很多类似的说法：

夫酒，所以行礼，养性命，欢乐也。过则为患，不可不慎。[4]

---

[1] 见本书第三章、林琳（2014 年）。

[2] 见本书第三章。

[3] 王炎（1993 年）第 49 页、应一民（1999 年）第 64 页等。

[4] 出自王肃《家诫》。《家诫》收入《艺文类聚·鉴戒》，见中国哲学书电子化计划。

一千年后，出自施耐庵《水浒传》的诗句"酒不醉人人自醉"①成为一个民间俗语。

前8世纪，西周早期占主导地位的朴素的天命信仰不仅被自然灾害、游牧民族入侵、内部权力斗争、人口增长和新兴社会结构所动摇，还受到新的宇宙观和自然观的冲击。在这个过程中，人和人在社会中的位置逐渐成为人们关注的焦点。大约在前500年左右，中国进入了百家争鸣的时代，涌现出道家、儒家、法家、墨家、阴阳家、名家、农家等不同学派。孔子的学说在吸收其他学派的元素后进一步发展，最终获得了压倒性的优势。自前2世纪的汉朝以来，孔子的学说成为在对内集权和对外扩张的帝国中长久维护国家权威的意识形态基础。孔子的学说侧重于处理个人在一个等级社会中与其他人的各种关系。在这个设定的框架内，每个人都有义务培养自己的品格，坚持不懈地努力成为一个理想的"君子"。从这个意义上说，周人最初为权力精英设计的"礼"被重新阐释为社会上每个人无论出身贵贱都应当遵守的行为准则或责任伦理。于是，"仁"的理念获得了突出的地位，并由孟子学派进一步发展，又增添了"义"的内容，即共情与区分善恶的能力。

除了由弟子记录整理孔子言行编纂而成的《论语》之外，还有几部可以追溯到周代的典籍与研究酒在儒家思想中的作用有关，据说这些作品经过孔子的编辑或收集整理，自汉代以来一直被尊为儒家"正典"，如《诗经》《书经》和《礼记》。②

---

① 出自《水浒传》第二十一回。

② 儒家之外的其他学派对酒的态度也值得我们做一个全面的分析，从初步的表面观察来看与儒家并没有严重的偏差。一个例外是东汉以来发展出的民间道教，在那里酒被赋予了一种神秘的魔力（见本书第七章）。Sterckx（2015年）第13页在其详细的历史文献分析中记录了"中国早期围绕着酒精消费的道德模糊性"，也讨论了酒类政策与王朝统治合法性或衰亡的关联。

《礼记》是除上文提到的《书经》和《周礼》之外最古老且最重要的关于酒类生产与使用规范的文献。《礼记》中频繁出现的与使用酒精饮料有关的术语，几乎见于所有章节，仅"酒"字就出现了88次之多，可见酒这一主题在《礼记》中的重要地位。[①]《礼记》总结了儒家饮酒文化的所有重要方面，实际上《酒诰》对此已经做出了一些规范，只是内容比较简略而要求更为严格。这套规范特别强调饮酒要本着"仁义"的精神，节制适度，符合道德，合乎礼仪和场合。这一切可以浓缩在"酒德"二字中，即"既醉以酒，既饱以德"，[②]并且：

　　　　醉酒饱德，人有士君子之行焉。[③]

　　这就意味着，只要饮酒不逾矩，酒就可以促进个人成长完善。"酒德"这个概念表明了一种道德价值取向，而后者则需要通过"酒礼"的具体实施来体现其必要的外在形式。按照儒家的理念，也就是孔子提出的处理一切社会关系运作的指导原则"克己复礼"，来坚持不懈地进行自我教育和自我塑造。[④]经过这种自省与自我约束，人们在面对酒时便可以自动产生一种端正严明的负责任的态度。
　　《礼记》中"夫礼之初，始诸饮食"的核心陈述非常重要，[⑤]书中

---

① 《礼记》，见中国哲学书电子化计划。

② 出自《诗经·大雅·既醉》，见维基文库、Legge（1935 年）第 4 卷第 475 页；《孟子·告子上》也引用了这个诗句，见中国哲学书电子化计划。另见王炎（1993 年）第 49—50 页。"醉"在这首诗中带有正面的意味，类似于现代汉语中的引申义"陶醉、欣喜"。

③ 出自《诗经·大雅·既醉·毛诗序》，见维基文库、Legge（1935 年）第 4 卷小序第 75 页。

④ 出自《论语·颜渊第十二》，见中国哲学书电子化计划。

⑤ 出自《礼记·礼运》，见中国哲学书电子化计划。

的大量规定与之有关。酒精饮料与食物（通常搭配肉类）的使用在各种事务中都有详细的规定，如祭祀神灵和祖先，求亲、订亲及成亲，举办葬礼与守孝，照顾老弱病残，宴请宾客和庆祝节日等。"孝"作为儒家的基本价值观被赋予了绝对的优先权，它在礼节上表现为年轻人对老年人、下级对上级的绝对尊重。[①] 最重要的是，臣民要为国君效力，儿子要侍奉父母，弟弟要敬爱兄长，妻子要服侍丈夫，最后还应特别强调，主人要招待客人，满足他的需求，当然这里的主客关系是一种特殊的角色分配方式。此外，弱者和病人也会受到特别的优待。通常要按照年龄，依据详细的规范为不同的人分别准备所需的食物和饮品，并以合适的分量摆放在各人的面前。上酒上菜的人应穿着规定的服装，表现出合宜的面部表情和恭敬的态度。[②] 此外，对于共同进餐时年轻人或下级何时可以抬眼、说话或奏乐也有具体的规定。只有人们一丝不苟、严肃认真地遵守礼仪规范，天地、国家、社区、宗族和家庭之内才能和谐安宁。

饮酒仪式的规定体现出一套特别严格的礼仪体系。[③] 在等级秩序的顶端是天子主持的祭祀上天、神灵和祖先的仪式，其中的时间、地点、用具、人员组织、行动步骤乃至献祭之前的酒精饮料的酿造过

[①] 直到今天，向长辈和上司赠送包装精美的好酒以表示敬意仍是常见的做法，并且赠送者常常会在奉上礼物时说出"酒为寿"的祝福，因为"酒"与"久"同音，象征长寿（见 Chiao 1994 年第 7 页）。

[②] 古代的中国人在地上铺上垫子席地而坐，座次同样有固定的规范。值得注意的是，给老年人的食物数量按照年龄分成不同等级：六旬者三豆（一种圆盘状的食器），七旬者四豆，八旬者五豆，九旬者六豆（出自《礼记·乡饮酒义》，见中国哲学书电子化计划）。《礼记·杂记下》也规定要用酒和肉奉养七旬老人，使他们能够延年益寿（见中国哲学书电子化计划）。

[③] 关于酒礼与酒德另见王炎（1993 年）、陈廷湘（1993 年）第 249—250 页、韩胜宝（2003 年）第 41 页等、Z. Li（2011 年）第 68 页等。

程、酒类的选择和器皿的动用都由酒正做出详细的安排。对于诸侯、地方官长和族长的规定则相对简略一些。整个祭祀仪式分为四个步骤：首先天子念诵祷文，然后从供奉的器皿中取出不同类型的酒精饮料洒在地上，以示对生命之土的感谢，接着主祭者以感恩的姿态小口啜饮，最后举起饮器将酒一饮而尽。

上述原则也适用于节庆和宴客。位尊者、老人或病人首先互相寒暄问候一番，然后各自坐到指定的座位上，接着有人奉上饮品和食物（肉类），按照年龄和品级的不同盛放饮食的器皿不仅在数量上有差异，献食的礼节也不同。之后，位卑者和年龄较低者才能够得到一只酒杯，只有年长者示意后他们才能饮酒，并且要先略待片刻再向尊长稽首以示恭敬，还要祝其健康长寿，然后才可以饮酒和享用为他们提供的食物。只要年长者尚未饮尽杯中之酒，出于尊重，晚辈就不能先行饮酒。所谓"三爵礼"的饮酒礼节也适用于招待客人，[①] 意思是饮酒只限三杯——饮第一杯时态度要庄重，第二杯时面色和悦，第三杯时即正色敛容，三杯喝完，位卑者或客人便要恭敬地告退。对于倒酒和饮酒的动作也有具体规定，其中部分规定至少在官方场合一直沿用到今天，例如，酒壶的壶口不可正对客人，酒杯不能斟满，不得劝酒或在他人正在进食时向其敬酒。

自中国文明发端以来，这些待客之礼便在社会生活中扮演着重要的角色，这种重要性可以在专门为其创造的术语中得到体现，如

---

① 也称为"初献、亚献、终献"，见王炎（1993 年）第 54 页。有意思的是，古希腊的座谈会上也有类似的礼仪：当时所用的酒是用水稀释过的葡萄酒，盛在一种叫作 krater 的双耳阔口圈足酒罐中。主人向男性客人敬酒三杯，第一杯祝客人健康长寿，第二杯祝快乐开杯，第三杯祝好梦安眠。对此公元前 4 世纪的古希腊诗人欧布洛斯警告说："第四杯不再属于我们，而是属于暴力；第五杯使人喧哗吵闹；第六杯让人酩酊大醉；第七杯带来黑眼圈；第八杯招来治安官；第九杯后开始胆大妄为；第十杯后进入乱打乱砸的疯狂之境。"见 Curry（2017 年）第 11 页。

琥珀光与骊珠：中国葡萄酒史

"酬"（主人向客人敬酒）与"酢"（客人回敬主人），以及可以与酬和酢结合使用的"为寿"（祝主人长寿）、"避席"（从坐席上站起来）和"行酒"（依次向每一位客人敬酒）等。①

　　上述及其他饮酒规范按照儒家的严谨精神一一收录在《礼记》中，通过这些规范，饮酒简化为正式的礼仪行为，其唯一目的是维系社会关系，增进人际交往，促进人与人之间的和谐相处。为实现这些目的还有一些额外的规定，它们指导人们在特定场合何时以及如何使用酒精饮料，如节日、婴儿出生及满月、婚礼、周年庆典、葬礼和（基本上要求戒酒的）守孝期。即使《礼记》等典籍的字里行间不时流露出酒带给人的享受以及与亲朋共饮的乐趣，然而饮酒的礼节还是将这些乐趣限制在了一个狭小的范围之内。孔子自己在《论语》中也承认，酒会诱使人们寻欢作乐和纵欲无度。②总之，最关键的是，不能因饮酒不当而使外在的举止不符合应有的礼数，内心也失去孝义仁爱的精神，而是否可以避免这些问题取决于个人的道德操守、良心抉择以及品性修养。《礼记》有一处对此表达得相当明确：

　　　　则酒之流生祸也。是故先王因为酒礼，一献之礼，宾主百拜，终日饮酒而不得醉焉。③

　　孔子之后的另一位伟大的儒家学说代表人物孟子相信人类本性的善良和与生俱来的良知，他警告说："乐酒无厌谓之亡。"④他的反

---

① 在今天的大型招待宴会上，主人会走到每一桌客人面前一一向其敬酒。
② 出自《论语》第二章，见中国哲学书电子化计划。
③ 出自《礼记·乐记》，见中国哲学书电子化计划。
④ 出自《孟子·梁惠王下》，见中国哲学书电子化计划。

对者韩非子（约前280—前233）则以人性本恶为出发点，将严刑峻法视为治国的根基。作为法家思想的集大成者和大一统秦帝国专制集权理念的创立者，韩非子认为礼的应用没有意义。不过对于纵酒无度的人，他也同样提出了严厉批评："常酒者，天子失天下，匹夫失其身。"①

《礼记》和其他涉及饮食礼仪的古代典籍主要用以规范繁琐复杂的宫廷礼仪，但也在个别章节中补充了关于"在乡间"饮酒需要遵守的礼节。这就意味着，上述儒家基本价值观具有普遍的有效性，通行于帝国的低级行政区域，并要求普通民众遵守。无论是传统节庆、祭祀神灵和祖先的典礼、庆生贺寿婚丧嫁娶还是感恩丰收或禳灾祈福，抑或建筑工程顺利完工后的祭祀典礼，在这一切的活动中都要恪守"孝道"，即下级对上级、年幼者对年长者的服从与尊敬。只有当这些价值观在社会基层持续得到贯彻执行后才会出现国泰民安天地祥和的局面。②

以上是儒家经典中关于饮酒的严谨理论论证和指导准则。不过，我们完全可以认为，从两千多年前直到今天，大部分中国老百姓对酒精饮料的态度并非如此严肃，而是更倾向于追求饮酒之乐。在这方面《诗经》可以提供一些证据：《诗经》是中国最早的诗歌总集，收录大约前11—前6世纪的共305篇诗歌，其中绝大部分是民歌，据说是孔子出于教化民众的目的从三千多篇诗歌中挑选出来并整理编纂而成的。尽管儒家通常从道德教化的角度阐释《诗经》，但在这些诗歌中可以反复看到人们在节庆中伴随着音乐和舞蹈畅饮美酒的欢乐场面，

---

① 出自《韩非子·说林上》，见中国哲学书电子化计划。

② 孟子认为不孝的最严重的五种表现之一是沉迷赌博和酗酒，因为如此一来就会忽略对父母的奉养。出自《孟子·离娄下》，见中国哲学书电子化计划。

琥珀光与骊珠：中国葡萄酒史

其中甚至有 30 首以酒为主题。有些诗歌显然年代非常久远，带有萨满崇拜的色彩。这表明，一种可以追溯到贾湖原始社会的古老传统一直延续到孔子生活的时代。

总之，儒家经典中没有一处提到禁酒或戒酒，[①] 相反，酒是仪式化的宫廷及日常生活不可缺少的组成部分，因此也是个人美德的体现，即"酒德"。孔子很清楚酒的两面性，从而指出饮酒时必须适度节制。为保证饮酒有礼有节及避免各种放纵行为，必须始终遵守礼仪规范并经常操练——在此也包括作为"酒礼"一部分的节庆音乐。[②] "故礼之于人，犹酒之有蘖也"——这个比喻形象地说明礼乐与酒之间的正面和密切的关系。[③]

《礼记》等两千多年前的古代典籍在许多方面传达了今天中国社会仍然存在的餐桌礼仪和饮酒习俗。除了啤酒和白酒之外，葡萄酒近年来在各种节庆场合也被越来越多的人接受并成为社交场合用酒。

尽管周人追求将饮酒行为严格制度化和仪式化，但在这个表象之下，古代典籍中的一些说法也显露出一种明显的肯定世俗甚至享乐主义的态度：

饮食男女，人之大欲存焉；死亡贫苦，人之大恶存焉。[④]

上文中提到的《礼记》中"夫礼之初，始诸饮食"的引文也可以从这种享乐主义的角度来解释。这一传统的延续可以从今天在中国

---

① 一个例外：守丧期内须戒酒。

② 关于饮宴与饮酒礼仪中助兴音乐的重要性见 Liang（2012 年）第 18 页等。

③ 出自《礼记·礼运》，见中国哲学书电子化计划。

④ 出自《礼记·礼运》，见中国哲学书电子化计划。

经常可以听到的"民以食为天"的俗语得到证明。[①]从哲学角度解释，自周代以来，精美的食物和酒精饮料一直是最高的普遍存在，即"上天"所赐予的人类生活的基础。

一方面强调自我克制与自我约束，另一方面又要求盛情款待客人的儒家辩证法今天仍体现在宴会礼仪中。不设宴会的官方及私人访问、政治会面或商业谈判是无法想象的。尽管在不同时期发生了种种变化，这套礼仪体系的核心部分仍在约 3 000 年的历史中流传了下来。周朝时，人们席地跽坐，面前摆放一张小桌。"筵席"在现代汉语中意为"宴会"，但最初二者都是指放在地上的坐垫。直到后来才出现了圆桌，并形成了一套饮宴的规则，主人和客人围桌而坐，主有主位，客有客位，客人的座次则依据其与主人的亲疏远近而定。菜肴的数量和上菜的顺序也有严格的规定，并具有象征意义。饮宴中的仪式性举止旨在营造融洽和谐的氛围，使与座者都能够愉快地享受美酒佳肴。圆桌的形状本身即有助于此，圆桌象征着天穹，应合了上文提到的"民以食为天"的俗语。待客之道要求总是选择最精致和最珍贵的食物。最重要的是，宴席的菜肴要求种类均衡数量可观，其丰盛的程度应远远超出宾客的食量。[②]自古以来，以下四个因素在中国的宴会中起着关键作用：精、美、情、礼。"精"即"精致"或"精选"，是对食材选择、烹饪艺术、用餐地点的布置和环境氛围提出的要求。"美"涉及所有感官方面的享受，包括菜肴的艺术造型、色泽、芳香、

---

① "民以食为天"出自《汉书·郦食其传》，后来成为日常生活中常用的俗语。

② 不管政局和社会如何变化，在现代中国的高级外交场合仍然可以看到严格延续的古代宴客仪式的礼仪规范。一个带有象征意义的典型例子是 1972 年 2 月 21 日欢迎美国总统尼克松访华的招待会，会场设在北京人民大会堂，由周恩来总理亲自主持。席间双方以精心挑选的祝酒词祝愿中美友谊长存。中国近年来对官方招待会的规格进行了更严格限制，这也影响到酒品的选择——相对于昂贵的进口洋酒，招待方更倾向于使用国产的红、白葡萄酒。

口味以及是否方便用筷子夹取，这些最终都关系到宾客用餐时是否尽兴和满意。"情"是指共同进餐的主要目的在于营造一种愉快的氛围，宾客之间和谐融洽，相互信任，彼此友好。围坐在圆桌旁的共同用餐将与座者从日常生活的压力中解放出来，使他们可以非常放松地分享个人观点、经验、好恶和感受，表达对彼此的好感，在这个过程中酒当然是必不可少的。这种饮宴有助于建立长期的合作伙伴关系，在商业活动中比任何银行担保和书面合同都更可靠。最后，"礼"代表"礼貌"和"礼仪"，是对主客等级、座位安排、餐桌布置、敬酒、进餐和主宾各自角色行为的整套规定。[①]

从"无酒不成礼"的精神出发，最初经严格规范，但在后世千百年中多次演变的饮酒礼仪发展为决定性的因素。一种基本的思想存留至今，即在礼的概念背后隐藏着一种人际关系的秩序观念，叫作仁。这种秩序来自上天，也就是说，它是普遍适用和永恒有效的，而作为对全球化挑战的回应，中国人目前正在重新寻求这种秩序。正如上文所说，中国人的待客之道几千年来已经被牢固地礼仪化，并在儒家经典中得到详细规范和合理化，其核心是作为宇宙万物和人类社会秩序基本要素的饮食。酒精饮料在中国的待客传统中一直扮演着重要的中介角色，并和食物一样应符合精、美、情、礼四个要素的要求，并且酒与食物之间还要经过精心的搭配。因此，在古代帝王的宫廷中，每一个仪式场合都会使用不同器皿盛放不同的饮料。不少于六成的宫廷服务人员负责食品和饮料的供应，这些人员当中超过四分之一专门负责酿酒、选酒和奉酒。[②] 此外还有经过专门培训的司仪和助手

---

① 关于中国人好客的文化历史背景见 Kupfer（2011 年 b）、Liang（2012 年）。关于当代中国的饮酒礼仪另见 Sandhaus（2014 年）第 60 页等。

② Chang（1977 年）第 11 页。

负责监督所有礼仪活动中各项规范是否得到严格遵守。在古代，不守规矩和纵酒无度的客人会被驱逐，如果是在军事—外交宴会上，情节特别严重的甚至会被斩首。

基于儒家的饮酒适度、举止合宜与不断自我约束原则而产生的一套饮酒规范在不同程度上一直沿用至今，包括三项禁令、五条戒律和七件应避免的事项。[①]三条禁令是指：禁止早晨饮酒，因为会损害健康；禁止赌酒，小赌怡情尚可接受，大赌狂饮则绝不允许；禁止一天之内赴多场酒宴。

五条戒律规定：

（1）不可空腹饮酒，应边饮边用餐。肉食尤其可以保护肠胃。

（2）应慢饮，并充分享受饮酒之乐。不可整杯灌下。

（3）饮酒时应坐好坐稳，不可一直将酒杯握在手中乱晃。

（4）酒须正品，来历不明的酒不可饮。

（5）饮酒应始终节制适度。

下面还有七件应当尽可能避免的事项：

（1）饮冷酒。

（2）生气时饮酒。

（3）饮混合酒。

（4）勉强他人饮高度酒。

（5）酒后沐浴。

（6）孕期饮酒。

（7）受孕期内的酒后性行为。

此外，酒德也要求不得强迫任何人违背个人意愿饮酒，并应顾及他人的酒量。尽管直到现代社会仍然能够观察到人们对这些古老

---

① 关于饮酒的禁忌与戒律见 Z. Li（2011 年）第 73—74 页。

　　　　　　　　　　琥珀光与骊珠：中国葡萄酒史

饮酒礼仪拥有普遍共识，人们在正式场合中也相当程度地遵守这些礼仪，但从古至今都不乏违背规范的情况，通常发生在饮酒群体共同纵情狂呼、忘乎所以的氛围中，例如成功完成一项商业交易后的庆祝会。啤酒和白酒直到前不久还是中国人酒宴的主要用酒，不过，葡萄酒的兴起使越来越多的中国人开始改变想法，甚至也许有一天中国人会完全回归古老的儒家价值观，追求一种在和谐的氛围内有节制地享受美酒的乐趣，并在饮酒过程中使上述的五个戒律完全发挥其约束作用。

礼仪典籍中描述的祭祀、待客和孝亲仪式中的"三爵礼"仍然大体上应用于今天的接待活动：主人在宴会开启前站起来向客人敬酒，客人也必须起立为主人的健康干杯——在官方的外事接待中，邀请方先要发表欢迎词，被邀请方也要致辞表示感谢。[①] 主宾继续互相敬酒两次，由主人提出"干杯"。一饮而尽后，酒杯会以一个夸张的动作被翻转过来，显示杯子已空。即使饮用上等葡萄酒也不例外，葡萄酒如同白酒一样以小杯奉上，主宾举杯一饮而尽，显示出这一古老传统的延续。中国的葡萄酒专家和侍酒师在宴会上也遵循这种古老的礼仪——在这样的场合中专业品酒没有可发挥的空间。近年来，在不太正式的宴会上，现代交流模式大大简化了餐桌礼仪，比如主人和客人无需起立，只需用酒杯碰一下圆桌中间的转盘，然后齐声说"上网！"，就完成了一轮敬酒。

在气氛逐渐放松的招待宴会上，当然更多的是在私人庆祝活动中，宾主互致祝酒词之后往往会进入以诗歌和音乐助兴的环节，这是中国文学艺术传统的体现。从孔子的时代起就产生了一系列用于饮酒

---

① 外交招待宴会上绝对不可缺少举杯祝酒的仪式，这一点体现在俗语"一国之政观于酒"中。见韩胜宝（2003年）第43页。

助兴的文学体裁，统称为"酒令"，有些还配有音乐和歌曲。酒令有雅有俗，也有使用竹、木、象牙等材料制成的酒筹按照一定规则进行的酒令游戏。雅致的酒令见于文人墨客的圈子，要求参与者能诗能文并精研经史，因有些酒令要求单独或轮流即兴赋诗，需脱口成诗或挥毫立就；有时需要参与者背诵四书五经中的名句；有些酒令是拆文解字的游戏，比如通过组合或拆分汉字来证明对文字的了解，或将文字与某些术语（如"酒"）进行组合或用历史人物的名字猜谜等。通俗的酒令包括花样繁多的骰子、数字、谜语和益智游戏等，在这些游戏中非常容易因行错酒令而被罚酒。[①] 此外，各个时代都有脍炙人口的祝酒词、酒联、酒谣，当然更少不了大量关于饮酒的俗语和成语，直到今天仍广泛应用于礼节性场合中的祝酒环节。[②]

《诗经》中关于饮酒之趣或在酒中寻找慰藉的主题贯穿整个中国文学史，并一直延续到今天。尽管有悖儒家传统规范，但各个时代的史书中都不乏关于往往持续数日的宫廷奢华酒宴的记载。这类宴会被称为"酺"，其缘由包括皇帝登基、庆祝生日或战事胜利等，宴会上美酒珍馐应有尽有，也会出现一些淫乱的行为，正如荒淫无度的商纣王"以酒为池，悬肉为林，使男女裸，相逐期间"。[③] 据多种文献记载，传说中的上古明君尧和舜甚至能千杯不醉，而孔子本人也有百杯的酒量。[④] 这些夸张的说法基本上都是后人的杜撰，并体现在文学传

---

① 关于赌酒游戏的历史文化见韩胜宝（2003 年）第 210 页等的详细介绍、李争平（2007 年）第 171 页等、Z. Li（2011 年）第 74 页等。现存一套有 322 种赌酒游戏的清代酒令，见李争平（2007 年）第 171 页。

② 见韩胜宝（2003 年）第 255 页等、李争平（2007 年）第 231 页等。

③ 出自《史记·殷本纪》。关于这句引言见本书第四章。

④ 出自《孔丛子·儒服》："尧舜千盅，孔子百觚"，张力（1993 年）第 89 页。值得注意的是，位于孔子故乡山东曲阜的孔府家酒业有限公司为其品牌"孔府家酒"所作的广告中就引用了这句话。

琥珀光与骊珠：中国葡萄酒史

统中，特别是 10 世纪前的诗歌以及明清时期的长篇小说。一些著名的唐代诗人被尊为"酒仙"或"酒圣"，其中首推李白。李白创作的大量诗歌和关于他的趣闻轶事流传至今，这可以证明"酒仙"的称号实至名归。[1] 他卓越的文学创造力被归功于过量饮酒："李白斗酒诗百篇。"[2] 而性情怪诞的魏晋名士刘伶（221—300）也是著名的酒徒，他对自己的酒量有个不太令人信服的说法：

> 一饮一斛，五斗解酲。[3]

此外，还有一句谚语以热烈浓厚的情感描述了真挚友情与饮酒之乐之间密不可分的联系，那就是"酒逢知己千杯少"[4]。

描述饮酒时或饮酒后状态最常见的说法是"醉"，尤其见于各个时代的文学作品中。在中国最古老的字典《说文解字》中，"醉"被解释为"酉"与"卒"的组合。"卒"在这里是声旁，也有"结束、足够"以及"在产生混乱前达到上限"的意思，它既有表音也有表义功能。一个更进一步的解释是，"醉"等同于与之读音相似的"溃"。"溃"的本义是堤坝溃决，在清代的一个注释中被引申为"困惑、混乱"。[5]

---

[1] 见本书第七章和第八章。

[2] 出自杜甫《饮中八仙歌》："李白一斗诗百篇。"见维基文库"饮中八仙歌"；张力（1993 年）第 89 页。当时的"斗"相当于今天的六升左右，一斗也就是十瓶啤酒的量。考虑到中国啤酒酒精度较低，并且基于对一些酒馆里饮酒场面的观察，我们可以认为所谓"一斗"其实并不是非常出格的酒量。更多关于李白的内容见第八章。

[3] 出自《晋书·刘伶传》，见应一民（1999 年）第 80 页。当时的一斛等于十斗，相当于今天的六十升，这个酒量绝对是古代最著名的酒豪也无法企及的，显然带有文学的夸张。关于刘伶见本书第七章。

[4] 出自欧阳修《遥思故人》。

[5] 《汉语大字典》第 6 卷（1989 年）第 3587—3588 页："醉，卒也。卒其量度，不至于乱也。/ 醉，溃也。/ 溃者乱也。"

"醉"的这两个定义都清楚地反映出两千年前汉代儒家思想刚刚确立为官方意识形态时的社会现实，同时也符合《说文解字》的作者许慎（？—120）的个人背景。许慎既是一位经学大师，也是杰出的语言和文字学家。在上述关于"醉"的解释中可以清楚看到一个典型的达到酒量极限的醉汉的形象。自古至今，"醉"的语义一直充满矛盾性：一方面，"醉"有"微醺、略有醉意"的正面含义，并从中衍生出"从某种事物中获得灵感"或"被某种事物深深吸引"的引申义；另一方面，"醉"也有失去自我控制或行为不合宜的负面意味。从许慎对"醉"字的解释可以看出，适用于所有生活领域的儒家礼仪在达到与跨过合理界限之间设置了一条狭窄的界限——跨过界限便意味着"决堤"，并导致"混乱"，所以古代典籍中不断使用夏商两朝亡国之君的反面例子来警诫世人。此外也应特别强调的是，适度原则也隐含着一个戒律，即人们在所有的行为中必须始终注意保持宇宙万物间的阴阳平衡。

对此，《诗经》中的长诗"宾之初筵"是一篇非常值得探讨的作品。[①] 它以朗朗上口的诗句对饮宴中的行为举止进行了道德规范，但同时也表明，众人一起欢饮宴乐时不越过"醉"的界限是多么困难。很显然，即使是在需要遵守各种繁文缛节的古代，清醒时非常端庄的人在狂饮滥醉之后也会失态，大声喧哗，擅自离席，手舞足蹈，丑态百出。这首诗的最后一节总结道，在所有的酒宴上都会出现一部分人喝醉而其他人保持清醒的情形，而清醒的人会替醉酒者感到难为情，所以有必要在筵席上设立监酒官来监督宾客是否饮酒过量。

然而，在中国古典诗文中却不乏饮宴和醉酒的情节，知交雅集

---

① 《诗经·小雅》第 220 首，见中国哲学书电子化计划。因篇幅过长，在此不引用原诗全文。

开怀畅饮的场面成为中国文学中反复出现的主题。对这些场面的描写字里行间流露出兴奋和狂喜，甚至带有一种宗教性的情感，而这些诗人和学者明明自幼熟读儒家经史——对于这种现象该如何解释？此外，中国古典小说中的主人公几乎个个喜欢夸耀自己的"海量"，并且动辄纵情豪饮。除了上文提到的"酒圣""酒仙"外，中国历史上一些有名的思想家和文学家也喜欢自称"醉圣""醉士""醉吟先生"或"醉翁"等。[1]然而，无论是这些人自己的说法还是历史记载都表明，他们中的很多人其实酒量很小。

这一事实促使我们进行冷静的观察：首先，尽管酒文化在中国历史和社会中根深蒂固，但也无法掩盖饮酒行为的人口差距——北方人通常善饮，而有些南方人由于体内缺乏分解酒精的酶，酒精耐受力较弱，甚至小饮即醉。所以我们可以相信，大多数文学作品中的所谓"海量"和"豪饮"只是一种象征性的描写，是带有文学色彩的夸张。其次，根据更详细的研究，即使在尚酒的时代，真实的酒精饮料消费量也是有限的。今天人们在考虑这个问题时往往忽略了一个事实：直到 10 世纪末，蒸馏酒才进入市场并流行起来。现代中国人使用很小的酒盅饮用高度白酒，倘若以此来推断古人的酒量便会得到一幅失真的画面——鉴于古代饮酒器的尺寸与量器的规格，如果古人饮用的是今天常见的白酒，那么他们的酒量将是非常惊人的。然而，在古代，以谷物为原料经曲法发酵酿造的酒精饮料和现代米酒（黄酒）一样，基于发酵时间、强度、发酵过程重复次数以及储存方法的不同，其酒精含量约在 10% 到 20% 之间，最高不超过 20%，与葡萄酒的度数相当。另外，想要精确地了解古人的酒量和酒精消费量还会面临这样一个问题：在前 3 世纪秦始皇建立统一的中央帝国之前，由于周朝的分

---

[1] 另见韩胜宝（2003 年）第 247 页。

封国各自为政，不同时期和不同地区存在着不同的度量衡，今天人们并不清楚这些计量单位之间的换算比例。①

一个不应忘记的重要视角是饮食与从阴阳五行学说衍生出的医疗保健观念之间不可分割的关联。这些观念不仅可以追溯到孔子、他的门徒以及同时代的人，更和道家的食疗养生哲学密不可分，它们对中国人的生活方式产生了持久而深远的影响，直到今天仍是如此。下面经常被人们引用的说法就可以体现出这种影响：

药食同源，寓医于食。②

又如：

食物入口，等于药之治病同为一理。③

在现代中国人的日常生活中，人们也对包括葡萄酒在内的酒精饮料抱有养生方面的期待。在商代和西周时期，巫师不仅负责宫廷中的祭祀仪式，而且还充当疗愈师或医生（"医"的繁体字"醫"下面是酉字旁），并且无论是祭祀还是医疗都离不开上天赐予的酒精饮料。据称，新石器时代的"鸡尾酒"和商朝人偏爱的原始啤酒（醴）中恰恰就添加了药草。从汉代开始，魔法、自然哲学、疗愈法、炼丹术和酒的结合在道教神秘主义中达到了顶峰，由此出现了以人间仙境、世外桃源、长生不老与饮酒之乐为题材的文学作品。饮酒后产生的从微

---

① 关于这个主题见张力（1993 年）。

② 中医传统理论。

③ 出自 1769 年问世的黄宫绣《本草求真·卷七 / 食物》。见中国哲学书电子化计划。

　　　　　　　　　琥珀光与骊珠：中国葡萄酒史

醺的愉悦到出神入化的不同状态，通常被用"醉"的概念加以描述和理想化。但即使从这个角度来看也必须严格遵守道德规范所要求的适度原则，避免破坏个人身心以及天地万物中的阴阳平衡，从而使得酒精饮料发挥出强身健体和心灵拓展的积极作用。[①]

关于"酒"的双重性质的哲学探讨可以追溯到大约 3 000 年前，特别表现为一种辩证法模式，也就是中国最古老的典籍《易经》的指导思想。《易经》是一本卜辞、预言和箴言的合集，构筑了直到近代以来中国所有哲学思潮的基础。后人补充的六十四卦及其解读被追溯到周初的统治者周文王和周公旦，而其注释甚至被认为是孔子所作。所以，"酒"就成为一个对立面不断交替互补的典型例子。二元对立首先体现在阴（女性、阴暗、柔弱等）与阳（男性、光明、强壮等）的关系中，继而扩展到柔与刚、动与静、冷与热等。[②]酒的两面性也体现它同时拥有五行中的水和火两种。水火本来相克，但在酒中却神奇地结合在一起，单是"酒"字的字形就可以体现出这一点：酒字的左侧是三点水，而右侧的酉字旁代表以火烧制的陶瓶。因此，饮酒时一定要注意平衡和适度，绝不能让酒的一个方面的特质压倒另一个方面。

中国现代诗的开拓者艾青（1910—1996）在《酒》一诗中描绘了酒的这种双重性格。值得注意的是，他笔下的酒是以一个女性的形象出现的：

她是可爱的 / 具有火的性格 / 水的外形 / 她是欢乐的精灵 / 哪儿有喜庆 / 就有她光临 / 她真是会逗 / 能让你说真话 / 掏出你的心 / 她会使你 / 忘掉痛苦 / 喜气盈盈 / 喝吧，为了胜利 / 喝吧，为了友谊 / 喝

---

① 相关内容见本书第七章。

② 关于酒的辩证法见肖向东（2013 年）第 455 页等从哲学–语文角度所作的探讨。

吧，为了爱情 / 你可要当心 / 在你高兴的时候 / 她会偷走你的理性 / 不要以为她是水 / 能扑灭你的烦忧 / 她是倒在火上的油 / 会使聪明的更聪明 / 会使愚蠢的更愚蠢。[①]

在大量的带有酉字旁的汉字的含义中也不时可以看到酒的矛盾特性。[②]"丑陋"的"丑"字繁体写作"醜"，右边是"鬼"旁，表示纵酒无度的人会成为令人厌恶的"酒鬼"。意为狂饮滥醉的"酗"字由左侧的酉字旁和右侧的"凶"组成，"凶"意味着灾难和不幸。相反，有节制地饮酒，即从杯中小口啜饮，则被描述为"小酌"，意思是"小心翼翼地倒酒"。"酌"字的右边是"勺"，代表用一把小勺子从器皿中舀出适量的酒。对于适度饮酒后的理想状态有一个优雅的表达叫作"微醺"。"醺"字中右侧的"熏"指"熏香"或"使具芳香气味"，也有"温和"的意思。正如上文所提到的，"醉"的状态，无论是"微醺"还是"醉醺醺"，都指向不可跨越的适度饮酒的界限。

《说文解字》中关于"酒"的解释也包含了儒家的道德观念：

酒，就也，所以就人性之善恶。

而饮酒是否能够合乎规矩法度，完全掌握在人的手中。[③]

从饮酒之乐所激发的生活方式在道家的核心观念"无为"中获得了哲学意义。"无为"即"不作为"或"不干预"事物的自然发展过程。这种人生态度应被理解为对儒家所规范的政治-社会秩序的反

---

① 肖向东（2013年）第455页。
② 肖向东（2013年）第456页。
③ 应一民（1999年）第5页、肖向东（2013年）第456页。原始引文见本书第一章。

叛，以及远离尘嚣、回归自然、隐居田园的渴望，同时也是对随心所欲的自由和摆脱所有外部羁绊的追求——自古以来，各个时代都有著名的嗜酒诗人和艺术家将这种渴望付诸行动，而在此之前他们往往已经体验过或长或短的官宦生涯。他们有意识地将自己从正统的生活方式中抽离出来，并一步步回归"天然"与"自性"，即一种不追求权势地位和荣华富贵，无欲无求、淡泊无为的存在。正是在这种与自然和谐相处的存在主义倾向中，在对当下分秒时光的体悟和感知中，酒得以发挥出其真实的、象征性的效用，使饮酒者获得最彻底的"释放"，并大大激发出他们的创造力。在中国历史上的无数诗歌和艺术作品中都可以看到酒的这种效用。这方面突出的例子是"竹林七贤"和陶渊明，在他们的作品中，个人在酒精作用下的率性而为是最重要的主题。①

德国哲学和精神病学家卡尔·雅斯贝尔斯（Karl Jaspers, 1883—1969）将人类历史上产生过多位伟大思想家的启蒙时期称为"轴心时代"，这一概念引发过广泛讨论。孔子生活的年代即属于"轴心时代"。除孔子以外，老子、琐罗亚斯德、佛陀、以色列的先知和古希腊哲学家也位列其中。正如上文反复提到的，大约在前 500 年左右，欧亚大陆不同文化之间的移民、贸易往来和思想交流全面展开并逐步加强。表现为天命信仰的西周时期的旧秩序僵化，由此产生了重构道德观的需要，多种新型世界观问世并彼此展开广泛竞争，从而开启了在中国历史上称为"百家争鸣"的时代。周游列国的商人和学者使得新思想广泛传播、相互影响并交叉融合。也正是在那个时代，人们开启了越过当时已知世界的边界的发现之旅，并记录下了旅行见闻。

---

① 关于"无为"的哲学观念与酒文化密不可分的关系见肖向东（2013 年）第 456—457 页。他在另外一本著作（2015 年）第 393—394 页中探讨了中国的诗酒文化，认为中国文人具有"诗心酒性"。关于竹林七贤和陶渊明见本书第七章。

在黑海、阿尔泰和鄂尔多斯地区之间的广袤草原上，斯基泰人和塞迦人是思想的传播者和货物的运输者。在南方，几个高度发达的文明区域如埃及、美索不达米亚、印度河流域、中亚绿洲聚落和中国之间也早已有接触往来。前6世纪，庞大的波斯阿契美尼德王朝在希腊、北非、印度北部和周朝西部边境之间的广大地区扩张，直到前4世纪被亚历山大大帝及其几个继承人建立的希腊色彩的王朝征服。无论波斯还是希腊帝国的影响力都远达塔里木盆地和中国中原地区，并在那里持续性地留下印记，中华大地上从北到南的众多考古发现可以证明这些影响的存在，当然相关研究还很不充分。在祆教及希腊-东方宗教观念的加持下，阿契美尼德王朝、亚历山大及其继承人的帝国将葡萄酒文化推向顶峰。本书第三章引述的历史传说以及考古发掘出的酒器都表明波斯和希腊的葡萄酒文化已经传播到周朝的统治区域。阿契美尼德人制作的精美来通杯直到公元后的几个世纪中仍然受到中国人的喜爱，也出现了很多仿制品。尽管可以追溯到周代的典籍很少提及希腊-波斯葡萄酒文化在中国的传播，但我们完全可以认为，得到当时的中国贵族——特别是宫廷人士推崇的不仅仅是这些异域风格的别致酒器，还有与之相关的葡萄酒。欧亚"轴心时代"各思想流派的共同特点是：对天和神灵的直接崇拜退居幕后，而人则登上舞台的中心。新兴的祆教和一神崇拜的犹太教/基督教也要求个人对自然界和人类社会承担起伦理和道德义务。儒家学说特别强烈地体现出这种人本主义的世界观。在周初逐渐固化为贵族和宫廷文化习俗的礼被重新解释为所有人都应当遵守的道德规范，无论其出身如何。从此礼与仁形成了一对互相依赖的道德因子。仁是内化于个人心中的道德态度，同时对外表现为在生活中遵守社会惯例。出于一种被不断强化的伦理责任观念，个人担负起在一个等级森严的社会中所必须承担的义务，并对国君、上级和长辈尽忠尽孝。然而，仁也为个人带来一种新的自主性，允许个人根据自己的良心做出道德判断以及相应行事。自此，普通民众也被赋予了从前只有上天拥有的权力：当统治者不再遵守道德规范，民众就可以剥夺其统治权。这种民贵君轻的思想反映在后世的众多起义运动中。孔子的实用主义和着眼于社会规范的哲学没有为形而上学的探讨留下任何空间，尽管他并不拒绝，甚至在有限的范围内赞成庙宇中的祭祀仪式。当时的其他学派大体也是如此，只有自然哲学家和道家是例外。于是，和"轴心时代"其他高度发达的文明一样，无神论和唯物论的观念也盛行于中国。

在这个背景下，从周代晚期之后逐渐产生了一种新的饮酒文化，人们不再把酒首先视为上天所赐的灵药，酒也不再像商朝和周代早期时主要用于祭祀仪式。人们也认识到，酒精发酵只是一种自然现象，并没有神灵的参与。从那时起，酒便主要作为一种社会媒介存在。借助酒，人们可以培养个性、协调人际关系、行使道德义务。在此也可以看到儒家伦理的普遍性和跨文化的要求。一方面，饮酒行为受到礼仪规范的约束；另一方面，个人也拥有相当的自主权，于是产生了关于人的自主性与个人道德责任的新认知，对此，《论语》中有一个非常贴切的表达：饮酒达到何种乐趣以及是否超过酒量的界限完全取决于饮酒者个人。此处以一句引文描述孔子如何严格遵守饮食的质与量，并为弟子做出表率。在谈及孔子的饮酒行为时，《论语》中是这样记载的：

> 惟酒无量，不及乱。[①]

[①] 出自《论语·乡党》，见中国哲学书电子化计划。此处的"乱"指失去自我控制，其后更进一步便会带来政治上和天地万物间的"混乱"。另见肖向东（2015 年）第 391—392 页。

古老典籍中制定的礼仪规范可能在东周时期已经深入人心，并在接下来的 2 500 年里成为社会各阶层饮酒行为的标准规范，这一点表现在大量和饮酒有关的指导性文字中。这些作品几乎历朝历代都有，并或多或少获得官方意识形态的背书。它们是以《礼记》和其他儒家经典为依据撰写的，但同时结合时代精神做了一些调整，也常常给出实用的建议。明朝学者吴彬的《酒政六则》就是一个极佳的例子，他在其中言简意赅地总结了理想饮酒体验的六个要点：

> 饮人：高雅、豪侠、真率、忘机、知己、故交、玉人、可儿。
> 饮地：花下、竹林、高阁、画舫、幽馆、曲涧、平畴、荷亭。
> 饮候：春郊、花时、清秋、新绿、雨霁、积雪、新月、晚凉。
> 饮趣：清谈、妙令、联吟、焚香、传花、度曲、返棹、围炉。
> 饮禁：华筵、连宵、苦劝、争执、避酒、恶谑、喷哕、佯醉。
> 饮阑：散步、欹枕、踞石、分韵、垂钓、岸巾、煮泉、投壶。[1]

与不同时代的其他著作一样，《酒政六则》一方面表达了人们对人与人、人与自然和谐相处的渴望，另一方面也呼吁饮酒应合乎礼仪并节制适度，将这两个方面密切结合起来。最终，"酒礼"和"酒德"的作用一直持续到现代。1949 年，中国共产党在七届二中全会上提出"六条规定"，其中就有"少敬酒"的要求。但在后来的数十年中，随着经济的高速增长，社会中不免出现了奢侈铺张的不良现象。近年来，党和国家提出不忘初心，强调勤俭节约，并打击腐败。但在此之外，我们也可以清楚地看到，无论时代如何变迁，政治风云如何变

---

[1] 见中国哲学书电子化计划、应一民（1999 年）第 52 页等。

幻，即便最严厉的禁酒措施也不曾撼动酒作为中国文化核心遗产的地位。不管是天子、朝臣、外交官还是领导人都会庄严地举起酒杯，按照古老的礼仪向他们的客人献上祝福。

第六章

丝路美酒：
汉朝与西方的接触交流

虽然我们可以认为,最迟在前5世纪左右,今中国西部以及北方和中原的某些地区就已经在种植鲜食葡萄和酿酒葡萄,但最早的文献证据只能追溯到前2世纪的汉朝初期。汉朝在中国短暂的第一个大一统帝国秦朝的基础上进一步扩张领土,其所开辟的疆域和控制的范围是空前的。汉朝尤其致力于向西扩张,从而开启了与其他民族的接触和贸易,甚至远至波斯和罗马帝国。在这些新的历史条件下,在遥远的史前时代就存在的移民路线沿途形成了一个远程交通网络,并在19世纪被赋予"丝绸之路"这个耀眼的名称。①

我在前面几章中已经介绍了第一个大一统王朝——秦朝的一些主要特征,西方人对中国的称呼"China"就和"秦"有关。早在前9世纪,秦人就被周朝分封于秦邑,即今甘肃东部一带。秦国人口大概是之前从西部和西北部地区迁移过来的,并带来了中亚游牧民族的影响,如养马和灵活机动的战争艺术,这就注定了他们将发挥抵御北方"蛮族"长期威胁以及调解边境冲突的作用。来自欧亚大草原的战车、骑兵和步兵,以及同样从西方引进的弩弓为秦国带来战略和军事技术上的优势,秦于前256年灭周,此后又经过数场重大战役,前221年最终灭六国一统天下。

登基建政后的秦始皇在几年之内就以铁腕推行了一系列措施:

---

① 关于汉朝的疆域和丝绸之路,参见谭其骧主编《中国历史地图集》、交通部中国公路交通史编审委员会《中国丝绸之路交通史》等资料。

对统一的大帝国进行行政和军事重组、建立严格管控的吏治制度、推行中央人口登记和税收制度、统一货币和度量衡、车同轨书同文、从根本上改革农业经济、通过人口迁移计划对南方进行垦殖、开展巨型基础设施建设（长城、道路和运河网、陵墓和宫殿）、征发民众服兵役和徭役。实际上，早在周朝时就有统一全国、建立中央集权机构和形成中国人身份认同的动机和意识形态的准备，但直到秦始皇统治时期才以空前的速度完成了这些庞大的任务。秦朝因此奠定了未来帝国的基础——最终也为现代中国打下了根基。然而，由于秦朝专注于巩固内政和开发南方地区，它对西部边疆其他民族和文化的注意力被分散。通过河西走廊进入西域的通道被以匈奴人为主的北部和西部好战的游牧部落扼阻。[①] 此外，重农抑商政策也限制了商业活动。最终秦朝确立了以抵御帝国边界威胁为主的对外政策，并将北方燕、赵等诸侯国早期修建的防御工事扩展为 3 000 多公里长的空前绝后的屏障要

---

① 匈奴不是一个统一的民族，而是由多个部落联盟组成，这些部落联盟中可能有突厥人、蒙古人、伊朗—塞迦人等。商周时的历史记录中出现了北方游牧民族的多种名称，据推测他们基本上就是后来的匈奴人，如商代甲骨文中提到的"鬼方"，以及后来产生的与"匈奴"发音相近的"荤鬻""獯育/鬻""猃狁""犬戎""绲戎""混夷"，有时也只用单字"昆""犬"或"戎""允"。见 H. Zhang（2011 年）第 11 页等，关于戎参见本书第三章中的葡萄酒传说。有趣的是，这些名称或直接用到"犬"字，或含有带犬字旁的汉字。犬是人类最早的家畜，起源于欧洲。"犬"在古汉语中的发音约为 *k'iwen，很明显是来源于印欧语 *kwon 的借词，可比较吐火罗语 A/B 的 ku（Mallory 2015 年第 17 页），与希腊语的 kyōn 和拉丁语的 canis，甚至德语里的 Hund 为同一词源。自汉代以来，中国西部和西北部文化被模糊地通称为"胡"（类似于希腊语中的 bárbaros，即"野蛮人"）。"胡"也有"胡须"的意思，也就是说，从中国人的角度来看，浓密的胡须或许是异族人最重要的特征，这一点从青铜时代的塔里木木乃伊和汉代至唐代的陶俑中都有体现。近期，一个中德专家团队对发现于内蒙古的阿拉伯战马岩画（约前 210）进行了分析，发现了很有价值的线索。匈奴人和斯基泰人在军事行动中使用了这种阿拉伯马。这些岩画表明，早在前 1000 年就存在着跨越北方草原进入亚述帝国和美索不达米亚的广泛商贸之路。见于嘉（2017 年）。

琥珀光与骊珠：中国葡萄酒史

塞，即长城的前身。

我在第四章阐述过的秦始皇陵兵马俑和几乎同时在中国南方修建的南越王墓表明，关于秦文明与世隔绝的独立发展以及很少与外界接触的传统观念正被越来越多的最新考古发现所动摇。没有迹象表明秦始皇的严刑峻法阻止了贵族阶层享用来自强大的波斯帝国（阿契美尼德王朝及之后的亚历山大帝国时期）的异域奢侈品。即便没有明显的确证，我们似乎也很难想象秦朝的精英阶层从未见识过波斯和中亚地区（希腊-巴克特里亚王国）繁荣的葡萄酒文化，也没有被葡萄美酒所倾倒——毕竟短短几个世纪后，葡萄酒就成为中国上层人士生活乐趣的重心。

汉朝延续了四个多世纪，其间仅因篡位者王莽及其建立的新朝（8—23）而短暂中断，并因此被分为前汉（前206—后9）与后汉（23—220）两段。汉朝沿用了秦国创建的基本架构，并通过将修正过的儒家学说奉为正典而建立了帝国的意识形态基础。然而，从印度北部传入中国的佛教也被吸收纳入中华文化的正统，在这种压力下，道教逐渐转变为一种"民间宗教"，并一直发挥着潜在的精神力量，信徒通过养生修炼、炼丹术、药物等追求延年益寿甚至长生不老，道教也对统治精英的个人生活有着重要影响，秦始皇就是这方面的一个明显的例子，而汉朝的开国君主汉高祖刘邦及其后继者也是如此。据说，汉高祖本人即好酒善饮，并推动了汉朝酒文化的发展。

与秦朝相反，汉朝的政策从一开始就注重外来民族的融入以及在西域地区的外交、军事战略和经济活动。最主要的诱因来自匈奴，他们在前3世纪就已经在不断增强实力，扩张势力范围，一度能够控制或压迫塔里木盆地周围的小国。汉朝第六任皇帝汉武帝（前141—前87年在位）明智的对外政策使西域地区摆脱了匈奴的控制，汉朝与西域各族建立了跨欧亚的联盟和贸易战略合作关系，在西域设立都护，驻军屯田，保障前往西方的通道畅通无阻。①

周朝和汉朝时期，西域各国主要是印欧-伊朗民族建立的，拥有4 000年历史的塔里木盆地欧罗巴人种木乃伊就是一个明证。这些国家往往由不同的部落联盟组成，② 其中最重要的是中国古代典籍中经常提到的月氏，他们最初生活在甘肃西部和塔里木盆地北部之间的地带，在此居住到前5世纪。也就是说，他们肯定已经与邻近的周人和秦人有了接触往来。这一地区恰恰就是传统的葡萄酒产区，今天仍在种植葡萄和酿酒，其起源可以追溯到史前时代，有石器时代晚期的饮酒器皿和尖底陶瓶等考古发现为证。③ 有学者认为月氏人是伊朗人种的马萨革泰人的一个分支，或者是吐火罗人。今天学术界基本上普遍倾向于认为月氏人使用了吐火罗语的一种早期形式，而吐火罗语一直到公元1000年末还具有活力。吐火罗人自己没有留下文字记录。学者根据后来在塔里木盆地北部发现的以佛教典籍为主的文献资料分析认为，月氏人的语言是印欧语言的早期分支，带有西欧特征。④ 大约

---

① 1世纪末，匈奴再次暂时控制了塔里木盆地。汉朝起初没有建立军事联盟组织进攻，而是通过贸易外交和输绢纳贡一度成功消除了来自北方的威胁，但同时也给国家财政带来了沉重的负担。深受匈奴人喜爱的商品有丝绸、大米、麦芽（见本书第四章）和酒精饮料。有关中国邻国的详细论述以及西域和中亚历史概况见 Mallory/Mair（2000 年）。

② Laufer（1919 年）第 185 页认识到公元前一千年到公元后一千年之间伊朗民族在几乎横跨整个欧亚大陆的文化交流中的重要性，而这种重要性直到今天还常常被低估："伊朗民族是东西方之间的伟大中介人，他们向中亚和东亚传递希腊思想遗产，向地中海地区输送中国的奇花异草和贵重货物。他们的活动具有世界历史意义……。"直到今天，无论是希腊中心史学还是中国中心史学都忽略了这一基本事实。

③ 见本书第二章。

④ 较早的塔里木木乃伊具备所有欧罗巴人种的特征，在中文史料中也有相关描述：深目、高鼻、金发或棕发、胡须茂密、眼睛为蓝色或绿色。这些木乃伊与欧洲人的祖先凯尔特人有血缘关系，这也可以解释塔里木墓穴中发现的带有典型"苏格兰格子纹"的纺织品与凯尔特人纺织技术的相似之处。见纺织品考古学家 Elizabeth Wayland Barber 的著作（1999 年）以及 Mallory/Mair（2000 年）第 217 页等。（转下页）

　　　　　　　　　　· 琥珀光与骊珠：中国葡萄酒史

在前 2 世纪中期，月氏人被匈奴联盟制服，并被驱赶至西南方，其中的一部分月氏人持续迁移，最终在巴克特里亚和犍陀罗建立了贵霜帝国。（见图 6.1、图 6.2）

早在汉代以前，从事农业和畜牧养殖的乌孙人就在月氏人起源地以西定居。乌孙族可能就是古希腊历史学家希罗多德描述过的伊塞顿人（Issedones）。他们生活的区域在今新疆西北部和东哈萨克草原一带，在天山以北部分肥美的高山地区和伊犁河谷地带建立定居点。[①]

图 6.1 "楼兰美女"，塔里木木乃伊，约前 1800 年，若羌楼兰博物馆，新疆

图 6.2 彩色格子纹羊毛织物（"苏格兰格子纹"），哈密墓葬中的随葬品，约前 8/前 7 世纪，哈密市文博院博物馆，新疆

（接上页）吐火罗语有两种变体（A、B），在龟兹王国（见下文）和塔里木盆地的丝绸之路北线一带一直沿用到 12 世纪，后来随着维吾尔语和伊斯兰教日益占据主导地位而逐渐消失。

① 据猜测，乌孙人在西周时期起源于河西走廊和宁夏南部。值得注意的是，他们之前被称为"昆"或"昆戎"，可能就是本书第三章中提到的与中国北方葡萄栽培传说有关的"戎"（也称严戎或犬戎——在古汉语中"犬戎"发音与"昆戎"相似），或者与"戎"有血缘关系。见注释 1 中关于北方民族名称发音相似的阐述。另见 Mallory/Mair（2000 年）第 91—92 页；维基百科词条"乌孙"。阿拉木图（"苹果城"）周围及向东直至伊犁河谷的肥沃地区也被称为"七河地区"，当地的水果和葡萄种植拥有 2000 多年历史，据说始于乌孙人，近年来再度兴盛起来。丝绸之路北线从这里穿过，它同时也是一条史前时代的草原之路，沿途发现了许多库尔干丘冢，如著名的"伊塞克金人"墓。

乌孙人一度是西域地区最强大的势力，因此成为汉朝联合抗击匈奴的首选盟友。据说，是乌孙人最早将汉人渴求的西域"天马"作为贡品和其部落首领与汉朝公主联姻的回报送给汉朝。无论如何，乌孙人和月氏人一样都被描述为生有绿色圆眼睛和红色须发，基本上属于欧罗巴人种，对其遗骸的头骨解剖研究也证实了这一点。后汉以后，随着蒙古-突厥部落的突进，乌孙人逐渐消失了。对此学者们提出了多种说法，如他们后来迁移到帕米尔高原并在那里被同化；也有观点认为他们迁移到俄罗斯南部和高加索地区，与那里讲伊朗语的阿兰人／奥塞梯人存在血缘关系。[①]

　　继月氏人和匈奴人之后，乌孙人也驱逐了散布于整个欧亚大陆北部的古伊朗游牧民族斯基泰人／塞迦人[②]。学界普遍认为，斯基泰人／塞迦人被认为是前9世纪后开辟欧亚草原路线的先驱者，这条路线将东欧和东亚连接起来，早在新石器时代就是一条民族迁徙之路。在从黑海经乌拉尔山脉、西伯利亚、吉尔吉斯斯坦、阿尔泰、蒙古到黄河沿岸鄂尔多斯地区的广阔地带，斯基泰人留下了许多痕迹，尤其见于库尔干丘冢，其精美的青铜、金、银工艺品以及纺织品和地毯都见证着这个民族的高超手工技艺，[③] 如主要发现于黑海北部地区的来通杯。

---

① 如同在格鲁吉亚，葡萄种植也是南奥赛梯的主要传统经济活动之一。

② "斯基泰"来自希腊语（*skythos*），"塞迦"来自波斯语（*saka*）。中国史书中将其音译为"塞"。2017年3月，德国美因茨大学古遗传学研究小组发表了关于欧亚大草原东部和西部游牧民族基因混合与相似性的研究成果，引起很大反响，它有助于解释物质与精神文明在广阔地理区域内的流通转移。见 Unterländer（2017年）。

③ 位于俄罗斯-西伯利亚阿尔泰地区的巴泽雷克（Pazyryk）王陵建于前500—前300年左右，保存在永久冻土中，陵墓非常壮观。这里发现的随葬品与塔里木盆地的墓葬有许多相似之处，因此可以推测巴泽雷克文化与塔里木盆地甚至中国南方的接触比现在已知的时间更早。见 Mallory/Mair（2000年）第203页等、H. Zhang（2011年）第18—19页。Zhang 还指出，另外在这些墓葬中发现了具有楚国风格的丝绸，对此下文中有相关详细介绍。

　　　　　　　　　　　　　　　　　琥珀光与骊珠：中国葡萄酒史

这些器皿的年代在前 500 年左右，其式样模仿阿契美尼德风格，可以佐证古希腊文献资料中对斯基泰人热爱饮酒的描述。

　　甚至有证据表明斯基泰人 / 塞迦人曾远至中国南部，就是神秘的古滇国所在的今云南昆明周边及滇池一带。关于这个古国今天仍有很多谜团有待解开。在被西汉并入以前，它发展出了一种有别于中原文明的文化。自 20 世纪 50 年代以来，古滇国王墓中出土了大量的艺术性很高的青铜器。动物造型的青铜雕塑铸工十分精细，如经常呈现与虎或豹搏斗姿态的神牛、张开鹿角的鹿和充当坐骑的马，显示出中亚和草原文化的影响。人物造型也显然具有非中国人的特征，如圆眼、高鼻和窄脸。表现音乐和舞蹈场景的青铜雕塑同样非常引人注目，从中明显可以看到波斯风格的影响。在这些考古发现中有一件大腹青铜"葡萄酒瓶"（wine flask），瓶盖上有一个公牛造型的青铜雕塑作为手柄。此外还发现了角杯，就是斯基泰人曾经使用过的饮器，至今居住在云南的少数民族仍然在充满兄弟情谊的饮酒场合使用这种角杯。①我在第四章中提到四件来自几乎与古滇国同时存在的南越国（今广州附近）的来通杯和银盒等宫廷物品，带有波斯风格，可以佐证四处迁移的斯基泰人 / 塞迦人将阿契美尼德王朝的艺术和葡萄酒文化传播到了中国南部，甚至越南北部。该地区与古滇国和南越国 ② 的文化关系密切，后来成为西汉的益州郡。③

---

① 关于塞迦人在中国南方的影响另见 Mallory/Mair（2000 年）第 128 页等。

② 将"南越"二字倒过来就是"越南"。

③ 滇国可能是从受印度-伊朗-祆教影响的楚文化中产生的，或者楚文化在滇国占据主导地位。楚国在周朝时期控制着今天的整个中国南方地区，楚人的宗教中有拜火和苏摩 / 豪麻崇拜仪式。H. Zhang（2011 年）引用了许多历史、考古和语言实据，阐明：一方面，楚国的统治者源自斯基泰-塞迦人，有着与塔里木和阿尔泰民族相似的萨满崇拜习俗；另一方面，他们甚至在中国历史传统中被描述为传说中的五帝之颛顼和黄帝的后裔。这可能将进一步表明中国早期王朝的祖先起源于（转下页）

在欧亚大陆上四处迁徙的斯基泰人参与葡萄酒贸易的一个证据是他们在前 6 世纪时使用了来自希腊罗得岛的陶制葡萄酒罐（oinochoe）。在西方，斯基泰人与希腊人保持着贸易关系，希腊人甚至出于各种需要招纳能征善战的斯基泰战士加入他们的军队。根据古代文献如希罗多德的历史著作，斯基泰人曾长途奔袭至多瑙河流域、近东、埃及和美索不达米亚进行劫掠，恶名远播。在中亚，他们被称为塞迦人，深受语言相近的阿契美尼德人影响。后来他们迁移到帕提亚（中国古称安息）的东南部，并在 1 世纪被贵霜帝国驱赶到遥远的印度西北部，在那里建立了短暂的印度-斯基泰王国。在塔里木盆地的南部边缘，很可能翻越喀喇昆仑山来到此地的塞迦人建立了佛教古国于阗。它是丝绸之路南段上最重要的枢纽，并在汉武帝时与汉朝建立了外交关系。考古学家在那里发掘出大量遗迹，其中有以婆罗米文书写的于阗塞语文献，而且于阗和塔克拉玛干沙漠周围其他水草肥美的绿洲一样，从约前 500 年起就开始种植葡萄和酿造葡萄酒。[①] 总之，前 1000 年以来，斯基泰人 / 塞迦人在从黑海经中亚草原带直到中国西部、北部、南部乃至印度北部的广大地域留下了痕迹，显示出他们扮演了希腊-阿契美尼德-帕提亚葡萄酒和饮酒文化传播者的角色，尽管他们在其中所发挥的作用尚未得到学界的重视。根据历史记载，斯基泰人以

（接上页）西域并与（原始）拜火教和苏摩 / 豪麻宗教仪式存在关联。在《史记·楚世家》中提到了负责定期主持火祭仪式的高级官员"火正"。见 H. Zhang（2011 年）第 22—23 页；另见本书第四章中的阐述。

[①] 更多内容见下文。关于中国南方的《楚辞》与印度吠陀文学之间的相似之处见 H. Zhang（2011 年）第 8 页等，后者被认为起源于印度河流域（犍陀罗，见下文）的印度-雅利安人。Kuzmina（2008 年）第 163 页指出了《梨俱吠陀》文本与前 2000 年左右乌拉尔东部及哈萨克斯坦北部的辛塔什塔和安德罗诺沃文化墓葬中最古老的战车图形之间更早的关联——这就为中国南方与原始印度-伊朗草原文化在青铜器时代存在关联提供了又一证据。

其纵酒狂欢的宴会而闻名,在这样的宴会上人们一连数日通宵达旦地饮酒作乐。①

亚历山大大帝征服阿契美尼德帝国后,他的继承者们建立的希腊-巴克特里亚王国从前3世纪中叶起持续扩张,占领了中亚南部的阿姆河中游流域以及今阿富汗、塔吉克斯坦、乌兹别克斯坦和土库曼斯坦境内地区,在前180年左右疆域达到了最大规模。②然而,几十年后,月氏人就征服了希腊-巴克特里亚王国,在那里建立了贵霜帝国③。这是一个多民族多文化的大帝国,控制着咸海和印度北部之间的广大区域,其国力的强盛一直持续到3世纪。在这里汇聚了来自四面八方的不同文化,如希腊、巴克特里亚、波斯、塞迦和印度文明,希腊、祆教、佛教和印度教的元素发生了奇妙的融合。贵霜帝国在2世纪初迦腻色迦一世统治时期达到了顶峰,他是祆教信徒,④但同时也大力支持佛教的发展。在他的推动下,佛教跨越喀喇昆仑山传播到了塔里木盆地和中国。

巴克特里亚在历史文献中被称为"千城之国",农业繁荣,民众生活富裕。根据同时期人的记录和后来的考古发现,阿姆河河谷一带

---

① Laufer(1919年)第224—225页。

② 1964—1978年,在阿富汗东北部阿姆河上游发掘出希腊—巴克特里亚古城 Ai-Khanoum 的遗址,遗址中有阿契美尼德-希腊风格的宫殿、希腊剧院、体育馆、大型墓地、阿契美尼德火庙、其他圣迹、希腊神像和英雄雕像等,年代在前3—公元2世纪。在最重要的希腊宗教建筑之一,即亚历山大在阿姆河北岸(今塔吉克斯坦和阿富汗的交界处)建造的奥克苏斯神庙中发现了葡萄酒文化的痕迹,尤其值得关注的是一件杯口为猫科动物头部造型的象牙来通杯(图示见 Hansen et al. 2009年第355页)。

③ "贵霜"是中国史书对该地区的古称,如同巴克特里亚在中国古代被称为大夏。

④ 据说琐罗亚斯德在前6世纪的某个时期曾在巴克特里亚一带活动过。贵霜帝国铸造的钱币是宗教融合和多元文化开放的典型例证,例如有一枚金币上的图案为祆教拜火仪式中的迦腻色迦一世像,但金币的正面也有希腊文,反面铸有佛像。

的葡萄酒业极其兴盛。在古希腊地理学家斯特拉波的笔下，该地区是一片肥美与兴旺的沃土。古罗马历史学家及亚历山大大帝传记作者昆图斯·库尔提乌斯·鲁福斯（Quintus Curtius Rufus，1 世纪）也有类似的描述：

> 巴克特里亚拥有一些自然环境高度多样化的地区。有的地方遍布林木和葡萄园，出产大量美味的葡萄和葡萄酒。[①]

毫无疑问，公元前 2 世纪到公元 3 世纪之间，贵霜帝国作为南方丝绸之路网络中最重要的枢纽，在大乘佛教的演变及其向中国汉朝和其后的魏国的传播中起到了催化作用。有学者甚至将贵霜帝国视为当时的"四大帝国"之一。[②]总的来说，这里是西欧和远东之间贸易的交叉点，一方面罗马和波斯的贵重货品来到了中国，如亚麻、羊毛和锦缎织物、石棉、香料、宝石、玻璃、金银制品[③]，当然也包括葡萄酒；另一方面中国的精美丝绸、漆器和铜镜等进入西方。[④]1 世纪开

---

① 见 Leriche（2009 年）第 155 页；另见 Laufer（1919 年）第 223 页。

② 贵霜与罗马、波斯（安息／萨珊王朝）和中国并称为当时的"四大帝国"，见 Jäger（2015 年）第 104 页。

③ 2015 年 12 月在江西南昌附近的西汉海昏侯墓中发现了史上数量最大的黄金随葬品，截至报告时总计约 100 公斤。海昏侯墓创造了多项考古纪录，被认为是近几十年来最重大的考古发现之一。据专家介绍，墓穴中的珍宝表明当时存在着从罗马帝国出发直到远东的大规模黄金贸易。但由于某种未知的原因，黄金贸易到东汉时便终止了。海昏侯墓中发掘出的一些金器上还镶嵌有玻璃，玻璃在当时的价值超过玉石，也是汉朝从西方进口货物的实证。见 2015 年底以来中国媒体和中文互联网上的大量相关报道。关于欧亚间的玻璃贸易见 Zorn/Hilgner（2010 年）的研讨会论文集。

④ 汉朝到唐朝期间中国铜镜的传播和仿制本身就是一个值得研究的课题。从中亚、近东、西伯利亚到东欧（克里米亚），甚至远至朝鲜和日本，在整个丝绸之路网络沿途都能找到相关迹象。镜子的神秘象征力量也反映在印度佛教艺术中，（转下页）

琥珀光与骊珠：中国葡萄酒史

辟的经过印度的海上航线也促进了东西方间接的商贸往来。此外，来自中国西南部的货物通过喜马拉雅山脉和西藏的贸易路线运往其他地方。这其中最重要的一条路线后来在唐朝时被称为"茶马古道"。丝绸成为深受罗马贵族喜爱的奢侈品，但丝绸衣饰也被批评为奢靡腐化。通过丝绸，罗马人得知在遥远的东方有一个超出所有想象的神秘国度，他们将其称为"丝绸之国"[1]。我在第四章中提到的在汉代大规模生产的漆碗（"双耳杯"）[2]易于运输且十分贵重，也作为一种出口货物从"丝绸之国"来到罗马。当时一些古罗马人会在酒宴上摆放中国漆碗以营造异国情调。

　　贵霜帝国的特殊地位体现在其多元文化和宗教宽容上。在全方位的移民和贸易活动的背景下，希腊-巴克特里亚、阿契美尼德-祆教、帕提亚和印度的崇拜仪式、语言、文字、宗教思想、神话思想观念以及艺术风格混合在一起，形成历史上前所未有的共生关系。所有这些文化元素，比如第一批佛像与希腊-波斯-巴克特里亚的葡萄酒文化同时越过喀喇昆仑山和帕米尔隘口来到塔里木盆地的一个个小国，

（接上页）如佛像头顶光环和佛教仪式。铜镜与祆教圣像头顶或身体周围的光环（圣火）、古希腊与古罗马神话（太阳光晕及月桂花环）、佛教（开悟者的标志）和基督教（圣徒头顶的圆光）之间可能存在的联系值得研究。商贸活动大大促进了钱币铸造，恰恰是贵霜帝国典型的多元文化象征图案在这种神圣光环向四面八方的传播中起到了特别重要的作用。值得注意的是，有些铜镜背面带有葡萄藤装饰图案，尤其多见于唐初，苏振兴（2010 年）第 169 页指出这是来自东罗马帝国的影响。有关漆器、丝绸和铜镜的更多信息见 Werning（2009 年）。

[1] "丝绸之国"的拉丁文原文是 Serica，源自希腊文 serikon（σηρικόν），而 serikon 转写自中文的"丝"si。"中国"的另一个古希腊名称是 Sina，如见于古罗马学者托勒密（2 世纪）的著作中，显然源自"秦"。Sina 至今仍见于欧洲语言中，如德语的 Apfelsine（甜橙，直译为"中国苹果"）和 Sinologie（汉学）。

[2] 汉代漆碗与古希腊的基里克斯杯（kylix）有相似之处，只不过后者是圆形的，通常为陶制。

并最终进入中原王朝。①

贵霜帝国在西部与敌对的安息帝国接壤。后者是伊朗民族大约在前 3 世纪中期建立的国家，他们从北部草原入侵希腊塞琉古帝国，于 3 世纪初推翻了其统治，并控制了整个近东地区。也就是说，安息帝国大约与中国汉朝同时存在。东起中国、中亚和印度，西至小亚细亚、希腊和罗马帝国的丝绸之路主干道被安息帝国掌控，安息人也主导外交使节往来事宜和贸易活动。今天，学者将这一点视为汉人和罗马人之间几乎没有任何直接外交和经济联系的原因。双方基本上都只能从第三方那里得知对方的情况；然而，汉人还是把罗马帝国视为平等的存在，称其为"大秦"。也正是出于这个原因，罗马葡萄酒向东方的出口受到了限制。而只有在此之前的一个世纪中情况有所不同，当时亚历山大大帝在远征途中设法保证了来自希腊的葡萄酒和葡萄苗的稳定供应。此后，随着海岸线航路的开辟，从阿拉伯半岛和波斯湾到印度次大陆的海上贸易兴起。

安息帝国的国势在前 1 世纪达到了顶峰。前 53 年的卡莱战役中，罗马军队在其指挥官克拉苏的带领下遭遇了毁灭性的失败，大部分罗马军队被击溃，大约一万名士兵被安息俘虏，部分被带到远至马尔吉亚纳（梅尔夫）的东部地区。据说有一小队人马甚至来到中国甘肃定居下来。②

---

① 与大夏和犍陀罗一样，贵霜帝国多元文化的一个外部特征是钱币种类繁多，上面有希腊语和巴列维语的文字、历任国王的头像和希腊风格的各种神祇。这些钱币也沿着丝绸之路来到了中国。

② 根据罗马和中国的历史记载，这些士兵于前 36 年被汉军俘虏，并按照皇帝的命令被安置在甘肃走廊中部、祁连山脚下的者来寨。当地至今仍能看到城寨废墟遗址和一些金发碧眼的居民。附近的永昌县城有一座年代较新的纪念碑和雕像，代表中国与罗马的友好交往。这个罗马人聚居地古代叫作"骊靬"（中国历史记载中也将古罗马帝国称为"梨轩"或"犁鞬"），当时的发音为"Ligan"，源自拉丁语的 legio（军团）。

安息是中国汉文古籍对帕提亚帝国的称呼。帕提亚帝国的疆域从美索不达米亚和波斯高原一直延伸到东部地区，远至今天的土库曼斯坦和乌兹别克斯坦，并且由于定期互通使节和商贸往来而为中国人所熟知。中国史书将帕提亚描述为一个拥有几百个城市的大国。帕提亚人驾驶马车进行长途贸易，以善于经商而知名。"安息"这个名称来自第一位国王阿尔沙克一世的音译。他们一方面延续阿契美尼德帝国的传统及其祆教宫廷文化，另一方面也追随与模仿希腊艺术和生活方式，因此，不管是在宗教崇拜仪式还是社会生活中，葡萄酒文化都在安息帝国经历了一个全盛时期。米特里达梯一世和二世时期的第一个皇家住所尼萨古城的考古发现就是一个很好的例证：尼萨位于今土库曼首都阿什哈巴德以北，离丝绸之路主干道不远，城中的五角形堡垒建筑带有巨大的围墙。堡垒中有宫殿、柱廊、庭院、仓房和藏宝室。希腊风格的赤陶与大理石雕像同时也含有伊朗元素。一座规模相当可观的圆形火庙残存有墙基，此外还有很多遗迹见证着一种丰裕奢华的葡萄酒文化。其中包括 40 件极其精美的带有希腊装饰风格的象牙来通杯[①] 和大约 2 500 块刻有文字的泥板（ostracon），它们独特地用阿拉姆文字记录了葡萄酒生产和贸易的账目，包括供应商、日期、产地和交货数量等精确数据。这些象牙来通杯与泥板现藏于阿什哈巴德的国家博物馆。[②] 此外，尼萨遗址中还发现了一个巨大酒窖（madustan）的遗迹，其中还有半埋在土中的陶罐（hum），这不禁让人联想到爱琴海沿岸和地中海东岸的类似遗址以及更古老的高加索地区（格鲁吉亚和亚美尼亚）的酒窖，从基督教时代开始当地的修道院就修建这种酒窖。值得注意的是，

---

① 象牙是从印度经大夏运往安息的贵重货物。

② 图示见 Hansen et al.（2009 年）第 336 页等；该书第 339 页中引用了一段泥板文字："该容器来自 Barsmetan 的 *uzbari* 葡萄园，内有十七 *mari* 的葡萄酒。207 年（阿萨息斯纪年，即前 40 年，作者注）交付，由 Barsmetan 的酿酒师 Ogtanuk 送达。"

图 6.3 尼萨的象牙来通杯，安息帝国，前 3—后 3 世纪，国家博物馆，阿什哈巴德，土库曼斯坦

位于尼萨和阿什哈巴德正后方的科佩特山脉边缘地带至今仍有葡萄园，只是沙漠气候导致葡萄品质不高。这些葡萄园是 2 000 多年传统的延续——顺便提一下，此地仍在种植一种非常古老的红葡萄品种，叫作 Saperavi（晚红蜜），起源于格鲁吉亚。

内乱削弱了帕提亚（安息）帝国，使其最终被波斯第二帝国即萨珊王朝所取代。萨珊王朝的统治区域从埃及和小亚细亚延伸到印度以及中国势力范围的西部边缘地带。唐朝前期，中国与萨珊王朝的外交和经贸往来尤为密集，中国文化因吸收波斯的宗教、文学、艺术、音乐和科学思想及成就而更加丰富，这在历史上是前所未有的，丝绸之路也随之进入全盛时期。萨珊王朝时，波斯葡萄酒文化很快影响了整个大唐帝国，不仅让宫廷人士和学术精英为之倾倒，更重要的是为几代诗人、文学家和艺术家带来了灵感的源泉，正是他们开创了中国文学和艺术史上最具创造性的时代。

在月氏人建立贵霜帝国之前，犍陀罗就已经是波斯阿契美尼德王朝的一个行省，位于印度河流域上游河谷及其支流斯瓦特河和喀布尔河① 流经地区（今阿富汗东部和巴基斯坦北部）。古希腊人早在前 5

---

① 古希腊语中称为 kōphēn，中文音译为"罽宾"，是一个葡萄种植业发达的西域国家，见于汉代史料记载。邻近的难兜王国位于今天的克什米尔地区，同样以兴盛的葡萄种植见诸史料。根据 Laufer（1919 年）第 222、239 页，汉朝人已经知晓克什米尔地区种植葡萄和酿酒。中国历史上有过多种"Gandhara"的音译和意译名称，其中以"犍陀罗"最为常见。

琥珀光与骊珠：中国葡萄酒史

世纪就通过克忒西阿斯和希罗多德这两位历史学家的精彩描述了解了这片神秘的土地。前 326 年，亚历山大大帝征服了犍陀罗国的都城塔克西拉（今巴基斯坦首都伊斯兰堡附近）。此后，这里开始推行希腊文化，并与当地大量的印度-伊朗-斯基泰元素融合。从前 3 世纪开始，犍陀罗成为阿育王（？—前 232）崇佛的重地，出现了第一批佛祖的画像、浮雕和雕像，以及供奉舍利子的佛塔。犍陀罗国中也兴修了数百座佛教寺院，在历史上和世界范围内都是佛寺分布密度最高的，法显（约 337—约 422）和玄奘（602 或 600—664）等中国僧侣的游记中有这方面的生动记载。然而，4—5 世纪时，嚈哒人（又称白匈奴）入侵印度北部，终结了佛教在犍陀罗的迅速发展，此后佛教在中国经历了本土化演变。

犍陀罗这个独特的多元文化和多种宗教的集合体孕育了影响力远达中国的佛教-犍陀罗艺术，也发展出无与伦比的葡萄酒文化。二者的相互促进体现在那个时代的历史遗迹中。成对饮酒的浮雕人像、银质酒杯、精美的彩绘玻璃杯、双耳瓶、古希腊酒罐（Krater）以及青铜或黄金打造的葡萄叶及葡萄藤等展现出宫廷中的饮酒之乐和纵酒狂欢的酒神崇拜场景。希腊、印度和佛教的神灵融合在一起，夜叉（Yaksha）是拿着酒罐和葡萄酒皮袋（山羊皮）的大腹便便的饮酒者的形象，男女守护神手持葡萄酒杯和装满葡萄的角杯，女神诃利帝母（显然是希腊命运女神堤喀和巴克特里亚-祆教女神阿尔多索的结合体）也是葡萄与葡萄酒杯不离手。[1]

---

[1] Gandhara（2008 年）第 81、99、120、126、128、156—157 页等。展品主要陈列在塔克西拉、白沙瓦、拉合尔、Chakdara、纽约（大都会）和巴黎（吉美）的博物馆中。目前还不清楚印度祆教的精神饮料苏摩 / 豪麻在多大程度上与葡萄酒存在共生关系。在此值得回顾本书第一章中提到的位于阿富汗和巴基斯坦边境的卡菲尔斯坦（努里斯坦）的葡萄酒崇拜，它可能是早期犍陀罗葡萄酒文化的残余，甚至可能更为古老。丰满的夜叉像可能是后来产生的中国佛造像中象征富裕和财运的大肚弥勒佛的原型。

特别值得一提的是一块在灰色板岩上凿刻出的犍陀罗浮雕：[1]它可能原本是某个寺院中方形佛塔基座的一个立面，描绘男男女女伴随着音乐尽情舞蹈的场景，其舞姿是典型的中亚风格，服装却是类似希腊式的，所用的乐器也来自不同欧亚地区[2]——类似浮雕见于中国中原地区的几个佛寺，[3]也在中国西部（库车／克孜尔、敦煌等）的佛教石窟壁画中得到了延续。仔细观察就会发现，这幅浮雕表现的是一种崇拜仪式。在浮雕的正中有一个身材肥胖的老者将皮袋中的葡萄酒倾倒进酒罐。这让人联想到希腊的酒神节，在那里，人们用音乐、舞蹈和饮酒来表达对酒神的崇拜、对生活的热爱和对人生至乐之境的向往。这块犍陀罗浮雕无疑受到了希腊酒神庆典的启发。浮雕表现的场景也与古老的传说相吻合，即狄奥尼索斯出生在印度，并在亚历山大

图 6.4　犍陀罗某个佛寺中的浮雕：人们在酒神崇拜仪式中饮酒、舞蹈和奏乐，2—3 世纪

大帝到来之前很久就征服了印度。（见图 6.4）

其他在犍陀罗地区发现的浮雕（部分收藏于拉合尔和塔克西拉博物馆中）、酒罐碎片和大石盆可以为了解该地区的葡萄酒生产提供有价值的线索。这些酒罐上绘有莲花和葡萄藤图案，也带有铭文。人们站在大石盆中用脚踩踏葡萄，

① 一块浮雕属于瑞士 Florence Gottet 收藏品，详细描述见 Jäger（2015 年）。

② 其中有一件沙漏鼓，发现于一个巴泽雷克文化（前 4 世纪）的丘冢中。

③ 如北京西南云居寺的大佛塔上就有这种人物造型。

榨出葡萄汁，这种做法与努里斯坦的记载类似。这种石盆也经常出现在浮雕作品中。[①] 石盆旁边的架子上放置的物品被认定为一个过滤袋，其下有一个收汁器皿。葡萄汁倒入皮袋或大盆中发酵，有时只需要几天时间就能得到一种"乳状液体"，类似德国的"羽毛白"葡萄新酒（发酵中的葡萄汁），已经可以用于崇拜仪式。此外，巴克特里亚及其他中亚地区的铸币、绘画和雕塑艺术中也有很多体现酒神狄奥尼索斯崇拜的因素。然而，犍陀罗的酒坛不具备典型的希腊形状，既没有底座也没有手柄，呈现敦实的扁圆形，而且是用石头制成的，外壁往往雕刻成作为佛教早期象征的莲花造型。这些有 2 000 年历史的考古证据表明，犍陀罗与兴都库什地区的努里斯坦人（卡菲尔人）的古老葡萄酒崇拜有直接联系。努里斯坦人到 20 世纪初一直使用类似的压榨、过滤、发酵和混合容器，这就为下面的假设提供了支持：早在阿契美尼德王朝之前这个地区就存在葡萄酒仪式，而并非由亚历山大大帝通过其声名狼藉的"座谈酒会"将葡萄酒带到犍陀罗。在印度河流域发现了哈拉帕文化（前 2500）时期人工培育的葡萄（*Vitis vinifera*），梵语、吠陀和波斯古经（《阿维斯塔》）等古文献中经常提及葡萄酒（madhu）和苏摩 / 豪麻，这些都与上面列举的事实互相印证。[②]

原本混合了努里斯坦、波斯-祆教、印度-印度教和希腊文化的犍陀罗葡萄酒文化早在 1 世纪前就开始越来越多地受到佛教的影响。早期阶段的佛教在这种跨宗教的环境中发展，并与几乎整个欧亚大陆的各

---

① 一些石盆上刻有希腊文献辞，纪念赞助商或祝福饮酒者拥有财富、幸福和健康。见 Falk（2009 年）第 68—74 页，附图示。

② Falk（2009 年）。关于 4 000—5 000 年前印度河流域与苏摩 / 豪麻崇拜仪式有关的葡萄酒文化以及考古发现可证的印度河流域向西与美索不达米亚（埃兰古国）、伊朗东南部（Shahr-e Sukhteh、Jiroft 文化等）和中亚（Gonur Depe 等）早期文化，向北与塔里木盆地的交流往来仍有待进行更深入的研究。我认为将来很有可能会在那里的 3 000—4 000 年前的古墓中发掘出相关考古证据。

种各样的思潮接触，这使得它在适应犍陀罗传统的同时也向其他信仰和神灵崇拜系统开放。阿育王和迦腻色迦王都大力倡导和平与宽容的政策。在这个背景下，正如上文中的浮雕作品所示，葡萄酒礼仪和酒神庆典进入了佛教徒的圣地和寺院，这些地方原则上对广大公众开放，因此也邀请人们参加并不总是符合佛教教义的传统崇拜和仪式活动。这最终导致了僧侣们热心参与组织酒神崇拜仪式和节庆活动，甚至在佛寺里竖起了和这些活动有关的前佛教时代的神像，尤其是上文提到的诃利帝母（又称鬼子母）和她的丈夫般阇迦，二神手持酒杯和葡萄，旁边就是或坐或卧的释迦牟尼像——这是最早的佛祖像，还带有强烈的希腊风格。[1]佛祖塑像与画像、佛塔、相关的众神神话，以及所有宗教艺术风格和崇拜形式稍后传到中国西部，并且如我们所知，酒神的象征元素、与葡萄酒相关的感官享受、葡萄种植和葡萄酒贸易，也通过沿途广建佛寺和石窟群的丝绸之路传到了中国。不能排除佛教中的怛特罗密教是吸收了包括性行为在内的酒神崇拜仪式发展出来的，[2]但据我所知，在中国，除了作为一个特殊佛教宗派的喇嘛教，此外可能在晚期道教有一些间接体现外，几乎没有证据可以表明酒神崇拜的存在。最后我们可以断言，至少在某些寺院里，僧侣们除了参与葡萄酒生产和贸易外，自身也尽情享受葡萄酒之乐，这一点与欧洲中世纪的修道院文化并无二致。[3]

---

[1] 另见 Falk（2009 年）第 75 页。诃利帝母和般阇迦作为神祇进入了大乘佛教神话。犍陀罗浮雕侧旁的海怪和涅瑞伊得斯（海仙女）形象体现出从祆教信仰和希腊神话到佛教思想的过渡。到达彼岸和天堂的象征最初是祆教性质的，后来带有酒神崇拜的色彩，最后成为佛教式的，而葡萄酒和音乐仪式在其中发挥了核心作用。见 Jäger（2015 年）第 114 页。

[2] Falk（2009 年）第 76 页。

[3] 一个证据是在塔克西拉附近发现的青铜酒筛与罗马人使用的酒筛相同。它为一个佛教团体所有，可能表明僧侣们至少将掺有草药的葡萄酒用于医疗目的。此外，在斯瓦特的寺院旁还发现了用作葡萄压榨工场的石洞，这清楚地表明僧侣直接参与了葡萄酒的生产、分配和消费仪式。见 Falk（2009 年）第 74 页。

在中国中原地区最早的佛教寺庙中也发现了葡萄酒象征元素。成书于 547 年的《洛阳伽蓝记》中有关于白马寺的描写。这座充满传奇色彩的佛寺始建于 68 年，位于东汉都城郊外，是中国最古老的佛寺。据记载，白马寺内的佛塔前生长着茂盛的葡萄，葡萄颗粒很大，味道特别好，胜过洛阳所有的水果，甚至皇帝都亲自前去采摘，赏赐给妃嫔和皇亲国戚。[①] 这可能就是今天仍广受人们喜爱的"马乳"葡萄，也叫"马奶"（见本书第八章等），它果粒精致，晶莹剔透，既可以鲜食，也可以用于酿酒。

与犍陀罗葡萄酒文化相关的是蓬勃发展的西域葡萄酒文化的另外两个突出例子：一个是东伊朗粟特人建立的国家，中文古籍中称为康居，在希腊语中是 Kangar；另一个是亚历山大军队后裔建立的带有希腊色彩的大宛（Da-Yuan/Da-Wan）。对于汉朝来说，这两个位于遥远西部的国家因其异域文化具有吸引力，同时也是得力的盟友和贸易伙伴。[②]

粟特人最早居住在咸海与天山山脉、阿姆河与锡尔河之间的广大地区，基本上就是希腊人所描述的河中地区（Transoxiana），即巴克特里亚以北以游牧为主的中亚地区，不过在斯基泰人、塞迦人和马萨革泰人控制的草原带以南。毗邻康居并在西南部与大宛接壤的地区在中国古籍中被称为粟弋，其古代发音 Suk-yok 表明其与粟特人直接相关。[③] 粟弋位于重要的欧亚商路的交叉点上，于前 6 世纪首次见诸

---

① 出自《洛阳伽蓝记·卷五》，见国学网。另见刘树琪（2016 年）。

② 关于中国史料中对西域各国（特别是大宛和粟特）的葡萄种植以及张骞通西域的记载另见 Laufer（1919 年）第 221—222 页。

③ 关于粟特人在丝绸之路沿线与吐鲁番和敦煌的葡萄酒贸易中所扮演的特殊角色，以及奥莱尔·斯坦因爵士 1907 年在敦煌发现的 4 世纪初粟特商人的葡萄酒贸易信件，见 Trombert（2001 年）第 307 页、Trombert（2002 年）第 550 页等。（转下页）

史料，当时它与巴克特里亚一起被波斯阿契美尼德王朝吞并。[①] 经过长期的鏖战，亚历山大大帝击败了劲敌——信奉祆教的粟特武将斯比塔玛尼，在前 327 年征服了整个粟特国家。他娶了一位名叫罗克珊娜的粟特首领之女为妻，并在接下来的远征中将她带在身边。粟特人于是被希腊化，这就进一步刺激了他们本身就有的与祆教仪式密切相关的葡萄酒文化的发展。粟特人与月氏人及其建立的贵霜帝国保持着良好的睦邻关系。

粟特在它的整个历史上都不是一个统一的帝国，而是由一系列分散的城邦组成，主要集中在泽拉夫尚河的河谷和绿洲中。粟特在亚历山大时代就已经形成了几个中心城市，如马拉坎达（即撒马尔罕，后来在那里修建了巨型堡垒 Afrasiab）、丝绸之路主干道上的布哈拉（乌兹别克斯坦东部）和彭吉肯特（塔吉克斯坦西部）。在种族和语言上，粟特人属于伊朗东北部的分支。他们采用了波斯阿契美尼德人的阿拉姆文字，并将其进一步发展为自己的粟特文。粟特人以教育程度高和文化发达著称。贸易和外交上的特权地位带来了城市的富裕繁荣。汉代以后，粟特人成为丝绸之路上最重要的商人、手工业者和活动家。6—9 世纪，他们主导了丝绸之路沿途远达中国中原地区最重要的市场。在中国，他们是国际化的跨语言与跨文化的中介者，有些甚至担任高阶官员和武将。粟特语是这一时期丝绸之路上的通用

（接上页）在吐鲁番和敦煌发现的文献记录可以证明许多粟特人家庭也在当地定居，从事农业和葡萄栽培，并参与葡萄酒和啤酒的生产和贸易。在古波斯语中有 *Suguda* 和 *Sugda* 两个词语。今塔吉克斯坦西北部有一个州叫作 Sughd（索格特州），古城彭吉肯特位于该州。另见维基百科词条"Sogdia"等。有关粟特人的更多信息见本书第八章。

① 以骁勇善战著称的粟特人也参与了希波战争中的马拉松战役（前 490）和萨拉米斯战役（前 480）。

　　　　　　　　　　　　琥珀光与骊珠：中国葡萄酒史

语言。^① 粟特人在很多方面影响了作为世界性帝国的唐朝的生活方式和时尚，引导唐人培养出一种强调感官享受的葡萄酒文化。然而，从8世纪中叶开始，粟特人和其他来自西域的外族人一样，由于卷入中国内部的叛乱而失去了朝廷的恩宠，并在强制同化中失去了自己的身份认知。在中亚，由于伊斯兰教的征服和突厥人的推进，到10世纪，粟特人的生活方式就湮灭无闻了。今天，只有废墟、坟墓、浮雕和壁画（葡萄酒宴上的音乐和舞蹈场景是其中的一个表现题材）以及大量考古发现，特别是精致的葡萄酒杯见证着发达的粟特文化的存在。^②他们将饮酒文化传给了在北方逐渐强大起来的突厥人，如希腊-波斯风格的饮酒器皿。更明显的证据是遍布欧亚草原各地的 Bal-bal 石像，通常这些石像的手里都有一只葡萄酒杯。

　　对于汉朝与西域邻国的首次接触最值得关注的是中国古籍中描述的大宛（*Da-Wan*，更古老的发音是 *Da-Yuan*）国，这个古国对本书所探讨的主题也特别重要。早在汉朝之前大宛就存在于费尔干纳河谷，并一直存续到3或4世纪。它被高山环绕，相对来说比较隐蔽，但仍有贸易路线连接，一方面与西部的粟特和南部的巴克特里亚相连，另一方面则通过帕米尔高原与中国西部和塔里木盆地相连。大宛国所处的盆地位于今乌兹别克斯坦的最东部以及吉尔吉斯斯坦和塔吉克斯坦的边缘地带，锡尔河（即亚克萨提斯河）流经这个盆地，这

---

① 克里米亚半岛东部的苏达克（Sudak）是一座盛产葡萄酒和香槟酒的港口城市，也是古代丝绸之路的终点站。从 *Sudak* 这个名字（古希腊语的 *Sugdeja*）即可见粟特人在西方的影响范围有多广。

② Afrasiab 堡垒出土的葡萄酒杯见 Hansen et al.（2009 年）第 141 页图示。粟特文字是维吾尔文和蒙古文的前身。中国丝绸之路沿途发现了大量粟特文献。粟特语已经基本消失，只有在杜尚别（塔吉克斯坦）以北的 Yaghnob 河谷和塔里木盆地南缘还有少量说粟特语的人。有关唐朝及之前的粟特葡萄酒文化的更多信息见本书第八章。

里自古以来就是一片沃土。前329年，亚历山大大帝征服此地，兴建了在他所占领的土地上最东北端的城市亚历山大-埃沙特（今塔吉克斯坦的苦盏），并留下了军队中较弱的一支队伍驻守。此后亚历山大踏上了他人生中的最后一次征战之旅，目标是印度。大约在前2世纪中期，在匈奴的逼迫下逃亡的月氏人穿过费尔干纳河谷来到巴克特里亚，最终在那里建立了贵霜帝国。在这个过程中，他们从大宛吸收了希腊化的生活方式，包括希腊文字和葡萄酒文化。

"大宛"这个名称本身就指出了其居民的希腊来源：虽然"大"只是一个形容词，就如同中国人对罗马帝国的称呼"大秦"，但"宛"（Yuan）是"伊奥尼亚"（Ionia，古希腊主要民族之一）的音译。在丝绸之路沿途地区的几种语言中，过去和现在都以Ionia的变体来称呼希腊人，如波斯语、阿拉伯语和突厥语中的Yunan。

关于大宛和其他西域民族的最早可信记录出自中国外交家和探险家张骞（？—前114）。汉武帝派遣他出使西域，目的是帮助该地区脱离匈奴的控制，并与当地各民族建立战略联盟关系。前139年，张骞率领百余人出发，穿过河西走廊后被匈奴囚禁十年。成功逃脱后，张骞继续西行，到达了塔里木盆地、大宛、粟特、贵霜等地。在归途中张骞再次被匈奴人俘虏，不过他带着匈奴妻子和两个随从侥幸逃脱，最终不辱使命，于前128年平安返回都城长安。前119—前115年，张骞进行了一次规模更大、装备更充足的远征，随行约300人，还携带了大批赠送给西域盟友的礼物，包括大群牛羊、广受欢迎的丝织品、漆器和青铜器。张骞成功与居住在伊犁河谷的乌孙等西域民族结成外交同盟，持续地削弱了匈奴的力量，从而开辟了与西域和中亚地区，甚至远至安息和罗马帝国的交流和贸易。张骞甚至派出使者前往美索不达米亚，还收集了大量他没有亲自到访过的国家的信息。张骞被奉为丝绸之路贸易路线的伟大开拓者与开放型外交路线的

　　　　　　　琥珀光与骊珠：中国葡萄酒史

设计师，他的英雄事迹在中国流传至今。[1]

张骞之后，汉朝继续频繁遣使通西域，有时派出多达数百人的使团。前104年，汉朝大将李广利（前? —前88）率大军进攻大宛，以迫使其交出三千匹良马。据说李广利也同时带回了葡萄。[2] 在奥古斯都皇帝统治期间（前27—公元14），甚至有"丝绸之国"的使节带着贵重的礼物出现在罗马。1世纪末，东汉大将班超对不断进逼的匈奴发起进攻，征服了塔里木盆地周围的大部分王国，汉朝在此设立西域都护，并由此确保了通往罗马的商路的安全。从1世纪起，从中国南方经过印度去往西方的海上贸易成为这条商路的补充。有史料记载，2世纪和3世纪时，有罗马使节和商人到过中国。丝绸服装在罗马成为极受欢迎的奢侈品，但也被一些罗马人视为奢侈腐化的象征而遭到抵制。汉朝向西方派遣外交使节的一个主要目标是获取产自费尔干纳和伊犁河谷的珍贵"天马"，也称"汗血宝马"[3]。为了获取这些良马，汉朝皇帝有时不惜采取大型军事行动。与此同时，大量西域土产也进入中原，如苜蓿（马匹饲料）、石榴、西瓜、黄瓜、菠菜、洋葱、茴香、核桃、香菜（芫荽）、棉花，当然还有葡萄树和葡萄。[4]

---

① 今西安城西部的公路干线上，在古代丝绸之路的起点矗立着一座气势恢宏的雕塑，上面雕刻着张骞和他的随行队伍。在天津王朝葡萄酒有限公司的正门入口处也有一座张骞通西域的塑像，碑上可见张骞左右两边各有一位波斯公主为他奉上葡萄和葡萄酒。

② 关于汉朝人在西域的军事外交活动以及葡萄酒文化向中国的传播另见 Laufer（1919年）第228页以及 Trombert（2001年）第293页等。

③ 汗血宝马的耐力非常强。对于"汗血"的一个解释是，这些马的皮下组织有寄生虫，大量运动时马匹体温升高，寄生虫受到刺激便噬咬毛细血管，导致汗水中混有血液，将马皮染成红色。

④ 此处列举的及更多在东西方之间交换传播的农产品的历史见 Laufer（1919年）第208页等，其中也有对"grape-vine"（葡萄）的介绍（第220页等）。关于罗马长途贸易的最新研究见 McLaughlin（2014年）、McLaughlin（2016年）。

在去往西方的通道上实现了"突破"之后，前2世纪，中国开始大规模栽培葡萄（*Vitis vinifera*）和生产葡萄酒。从汉代起，葡萄酒成为一种极受重视的名贵饮品。[1] 据说张骞从大宛出使西域时带回了葡萄苗或葡萄核，并奉诏在长安皇宫附近大规模种植，葡萄由此传遍中国中部地区。北京西北约150公里处的河北省宣化县境内有古老的葡萄园，据传其历史可追溯到张骞时代。在那里，几百年树龄的葡萄藤缠绕在全世界独一无二的巨型漏斗状棚架上生长。在与西域的交往中，据说大宛的酿酒师甚至被招募到长安传授酿酒技术。[2]

汉代时开启了官方修史，为后人留下了与其他来源互相印证的可用信息。对周边民族的地理、人口、文化以及与汉朝关系的描述是其中重要的组成部分。然而，和古希腊人一样，中国的历史记载也是从自身文化优越性的主观立场出发，以一种相当概括的方式来描述外来文化。因此，类似于希腊人口中的"野蛮人"，不管是不同民族还是从异域引进的新式乐器、水果或蔬菜品种，外来事物通常都被冠以"胡"这个模糊的术语，因此往往无法对其进行细致的区分。此外，西部和西北部一些民族和地区的汉化名称也不能总是与其他来源中的名称明确对应。尽管如此，汉代以来还是留下了很多文字证据，可以为我们提供一些颇具启发性的信息。在葡萄酒文化方面也是如此——从汉代起，葡萄酒文化反复见诸史书、农书和医书，当然更是文学作品中常见的题材。

作为中国正史开山之作和典范的《史记》约成书于前2世纪末到前1世纪初。汉武帝时的太史令司马谈为编写《史记》做了大量准

---

[1] 曾纵野（1980年）第100页、Löwenstein（1991年）第16—17页、应一民（1999年）第39—40页、Huang（2000年）第137页、郭会生（2010年）第7页。

[2] 是否巧合：与此同时，罗马帝国的葡萄酒文化传播到了阿尔卑斯山以北气候适宜的河谷地区。

备工作，收集了很多资料，后来，他的儿子司马迁完成了他未竟的事业。《史记》记录了从上古神话时代到汉初的漫长历史。1世纪下半叶完成的《汉书》是《史记》的延续，《汉书》将前汉（西汉）视为一个整体，并首次将其作为一个单独的历史时期来处理。[1] 在《汉书》中第一次出现了关于西域诸国的详细描述，后世历朝历代史书关于西域的记载都承袭了《汉书》的叙事模式。

据《史记》记载，大宛距长安万里之遥，由大大小小的70个城池组成，土地肥沃。城市人口有数十万，妇女与男子平等。大宛人弓马娴熟，能征善战。他们从事农业，栽种谷物和稻米，也在茂盛的牧场上饲养大群令汉人垂涎的"汗血宝马"。他们还拥有规模很大的葡萄园，很明显在汉朝前数百年就开始种植葡萄（"蒲陶"）了。在大宛，葡萄酒是老百姓的日常饮品。富人大量储存葡萄酒，存放多年也不会变质。以下是《史记》中的相关记载：

> 宛左右以蒲陶为酒，富人藏酒至万余石，久者数十岁不败。俗嗜酒，马嗜苜蓿。汉使取其宝来，于是天子始种苜蓿、蒲陶肥饶地。[2]

《汉书》中也有一段相关记载，并提供了更多信息：汉朝皇宫的周围有一大片苜蓿（*Medicago sativa*）草场，用于饲养大群"天马"，也有

---

[1] 早在西周的宫廷中就已经设立"太史"一职。"太"是"大"或"最高"的意思，"史"是一个古老的汉字，最初指在一块板上（可能是甲骨）上钻孔或刻字的占卜者，和巫师的崇拜仪式有关。不仅在商代，巫师很可能在新石器时代的贾湖社会中就已经在"精神饮料"作用下主持崇拜仪式，并拥有很高的地位。

[2] 出自《史记·大宛列传》。见中国哲学书电子化计划。另见李争平（2007年）第23页、陈习刚（2010年）第153页、苏振兴（2010年）第166页、刘树琪（2016年）。Trombert（2001年）第293页等引用和分析了《史记》等其他古籍中关于西域葡萄酒文化的历史记载。

占地广大的葡萄园。随着越来越多的商队从西域带来葡萄苗，葡萄园的面积也不断增大，达到了"一望无垠"的规模。这表明，到东汉时，中国中原地区的葡萄种植无论在数量、质量还是葡萄品种的多样性方面都有了相当可观的发展。[①]

张骞还报告了他访问过或听说过的其他国家（尤其是安息帝国）的葡萄栽培和葡萄酒生产情况。直到 5 世纪才完成的《后汉书》中有一卷专门用很大的篇幅详细介绍西域。在所列举的众多西域特产中尤其重点提到了粟特（大宛邻国）葡萄种植的繁荣和葡萄酒业的声誉。此外还描述了散布在塔里木盆地周围绿洲中的 36 个大大小小的王国。这些国家之间时而结盟，时而交战，一度被匈奴或汉朝统治，但与中亚和印度保持着密切的贸易往来和文化交流。不管是丝绸之路北线沿途各国，尤其是伊吾（哈密、库木尔）、车师（姑师）以及后来的高昌（吐鲁番盆地）和焉耆，还是以龟兹（屈支、库车）为主，也包括楼兰、且末（恰尔羌）、精绝（尼雅，民丰县附近）、于阗（和田）、疏勒（喀什）在内的南线和西线沿途的绿洲王国，在汉代张骞"正式开通"丝绸之路之前，葡萄酒文化显然早已非常兴盛。[②]塔里木绿洲自古以来被视为水草丰美之地，发源自天山、帕米尔高原及昆仑山的河流滋润着这片土地。此外，公元前一千年间从波斯引入的沙漠地下灌溉系统（汉语：坎儿井，阿拉伯语：qanat）也为这里带来了充沛

---

① 见吕庆峰 / 张波（2013 年）对《汉书·西域传》的引用；另见中国哲学书电子化计划。Laufer（1919 年）第 190 页基于当时的知识水平指出："……苜蓿和葡萄这两种原产于伊朗的植物是落户汉地的第一批外来客。"

② 关于西汉以来西域葡萄种植区的情况见苏振兴（2010 年）第 166 页等。在这些及更多绿洲地区中存在着一直以来兴旺茂盛的葡萄园，其中的一部分甚至有着非常古老的历史。到 13 世纪时全部皈依伊斯兰教的维吾尔人也并未改变该地区的葡萄种植传统。除了鲜食葡萄以外，当地的葡萄干也享有盛誉。在沙漠边缘地带，近年来也重新开始生产优质葡萄酒。

琥珀光与骊珠：中国葡萄酒史

的水源。[1] 由于塔克拉玛干边缘气候的急剧变化，3—4世纪，灌溉水量急剧下降，史料中记载的36个绿洲王国（实际的数目估计在50上下）的大量定居点被遗弃，如今这些定居点的遗址被埋藏在人迹罕至的沙漠中，其中也有葡萄园，仍能辨识出成排的葡萄树。[2]

位于塔里木盆地西北边缘的龟兹国[3]是西域诸国中国土面积最大、实力最强的。它位于丝绸之路的南北连接线上，介于北线与交通枢纽疏勒之间，拥有重要的战略地位。在西北方，龟兹紧靠天山，山后是乌孙人居住的地方。从龟兹向西越过高山就到了费尔干纳谷地中的大宛国。《后汉书》记载，龟兹的势力范围远至塔里木盆地南部。绿洲城市库车是龟兹的统治中心，这里外有城墙环绕，内有宏伟的王宫，今天坐落于此的城市仍叫库车。龟兹人属吐火罗人，可能是所谓小月氏人的一支，但学界对此有争议。龟兹国的人口超过81 000人，远远超过其他西域国家。尽管从前1世纪起龟兹就与汉朝建立了早期的外交、行政和军事联系，而汉朝一度在此设都护府并驻扎军队，但龟兹一再通过巧妙的策略保持了相对独立，并在数百年间培育和发展出灿烂而独特的文明。来自中亚和印度的各种文化潮流为其提供了养料。因此，除了吐火罗人和汉人，粟特人、印度人、羌人（藏人）、

---

[1] 仅在吐鲁番地区，直到今天仍有超过3 000公里需要不断进行维护的地下运河网络将水从天山输送到绿洲地带。

[2] 当时塔里木东南边缘有一个名叫小宛的千人王国，可能是大宛国的附属国。

[3] 历史上的龟兹国所在地在今新疆库车市。龟兹国还有一个名字是屈支（*Juzhi*）。有一个合理的假设："月氏"（更古老的发音为 *Rouzhi*）在语音上与"库车""屈支"及"龟兹"相关，也可能包括后来的"贵霜"，相关内容见 Mallory（2015年）第11—12页，他认为月氏人是生活在公元前一千年间的原始吐火罗人，他们的语言是原始吐火罗语，在后来的几个世纪中以留下相对较多文字资料的吐火罗语A、B、C变体的形式在塔里木盆地一带传播。关于月氏的历史见 M. Liu（1969年）、Benjamin（2007年）。

波斯人、叙利亚人，可能还有希腊人，都聚集在这个塔里木盆地中一度最重要的贸易中心。商贸的繁荣带来了富裕的生活，同时，精耕细作的农业、发达的畜牧业以及珍贵矿产资源的开采也有助于龟兹人积累财富。养马业和葡萄种植业属于最重要的经济分支。据史料记载，龟兹人在家中储存大量葡萄酒，保质期可达十年。王宫中有一个巨大的酒窖，类似于大宛的酒窖。据传，383—384 年，前秦将军吕光率领的西征军队被龟兹的奢华与美酒所倾倒，他们恣意流连于葡萄酒窖，甚至想在那里安营扎寨。①2005 年，考古学家在今库车市西南发现了一个拥有 1 500 年历史的唐代葡萄园，占地面积超过 13 公顷，葡萄藤暴露在沙漠表面以上的部分长 30 到 60 公分。根据分析鉴定的结果，这些葡萄是今天依然很受欢迎的本地品种"沙玉"。②

从 1 世纪开始，龟兹在佛教教义与艺术风格传入中国的过程中发挥了决定性作用，这里既有教义的传播也有艺术风格的传播。龟兹都城和周边地区广建佛寺，供奉圣迹，僧侣数以千计。佛教艺术的代表作如中国最古老，至今仍令人震撼的石窟群（克孜尔、库木吐喇、森木塞姆等），内有数千幅风格独特的波斯和印度-希腊式壁画，生动地描绘了佛祖传说和宫廷生活的生动场景；此外还有宏伟的苏巴什古城寺庙群，中国古代典籍中称其为昭怙厘大寺。中国最重要的弘法高僧及译经家之一鸠摩罗什（Kumarajiva，344—413）也来自龟兹，他是一位印度僧人和龟兹公主的儿子。但也有信仰其他宗教的人来到龟兹，如祆教、摩尼教和景教信徒等，在此和平共处。龟兹的语言交流

---

① 见 Trombert（2001 年）第 306 页对《十六国春秋》中一段文字（《太平御览》第 125 卷）的引述。

② 《新疆发现唐代葡萄园遗址》（2005 年）。关于龟兹地区的考古还在继续。考古学家在那里的沙漠之下发现了保存完好的葡萄园、田地、定居点、粮仓、陶器碎片等，葡萄园中有长达数米的葡萄藤。

琥珀光与骊珠：中国葡萄酒史

同样非常多样化，双语或多语是很普遍的现象：汉语为官方语言，日常生活中使用吐火罗语（B），在贸易和商业活动中首选粟特语，宗教事务中则使用古印度中部方言或梵语。在该地区已发现许多北印度婆罗米文佛经的吐火罗语译本残片。

　　龟兹文化在唐朝时达到了顶峰。7世纪中叶，版图远至中亚的大唐帝国在龟兹建立了安西都护府。波斯生活方式通过龟兹传播到中国，长安宫廷和精英阶层竞相模仿。龟兹音乐备受推崇，管弦乐团和舞蹈团的整套班子受邀来到长安。这些异国情调的影响至今仍存在于中国音乐中，当时从中亚引入的乐器也使用至今。对龟兹文化的兴趣与欣赏使葡萄酒的声誉在中国得到进一步提升，它成为一代代宫廷贵族和文人墨客歌颂吟咏的主题。[①] 9世纪时，操突厥语族语言的回鹘人征服了龟兹，驱逐了吐火罗人。11世纪后，这一地区皈依了伊斯兰教，龟兹文化最终彻底消失了。

　　汉朝去往西方的通道打开之后，中国不仅从中东、近东和印度输入了大量产品，也引进了很多外来词。汉语中沿用至今的"葡萄"一词借用自古波斯语的 *bāda*（巴列维语 *bādak*），*bāda* 在新波斯语中叫作 *bāde*。[②] 在《史记》《汉书》及汉朝之后几个世纪的文献中屡屡

----

① 更多关于龟兹在唐朝时的影响见本书第八章。

② Clinton（1988/2011年）。另见 Bailey（1954年）第10—11页、Norman（1988年）第19页。关于借词"葡萄"见 Laufer（1919年）第225—226页，他认为"葡萄"与《波斯古经》中的 *maḍau*（浆果酒）之间存在词源联系是可能的。在学术文献中可以常常看到"葡萄"是希腊语 *botrys* 的借词的说法，但二者在发音上差异太大，同时考虑到中国与葡萄酒原产国波斯的更早接触，这种说法无法令人信服。关于这一点另见 Trombert（2001年）第298—299页，他也根据历史记载和早在汉代之前中国与西方的接触得出结论："葡萄"一词一定是在张骞通西域之前——很可能在与阿契美尼德帝国（前6—前4世纪）和安息帝国（前3—后3世纪）的交往中就为中国人所知并在口语中使用。

可见与"葡萄"语音相同或相近但使用其他汉字的写法，例如"蒲陶""蒲萄""蒲桃"或"葡桃"。"putao"首次见诸文字记录是在前2世纪，写法是"蒲陶"，出自著名文学家司马相如（约前179—前118）所作的《上林赋》，他在这首长篇散文诗中描述了皇家狩猎场里的花草树木，其中就有"蒲陶"。[①]

这几种写法中所用的汉字可以引发有趣的联想："桃"是史前时代的中国先民就非常喜爱的一种水果。桃子象征长寿，也用来形容面容姣好的女性。[②]"陶"则指向陶器——几千年前人们就用陶器存放葡萄酒。在中国古代，"putao"同时也可以指代葡萄酒，而在现代汉语中则添加"酒"字来加以区分。[③]这种双重含义表明，当时来自西亚的葡萄从一开始就与葡萄酒酿造相关联。自汉代起，葡萄种植和葡萄酒酿造与佛教同时经西域和中原地区传入朝鲜和日本，葡萄酒在朝鲜语和日语中分别叫作 podoju 和 bodōshu。[④]

中国药典之首《本草纲目》（1590 年付印）的作者李时珍（1518—

---

① 见维基文库"上林赋"。另见郭会生（2010 年）第 6 页、刘树琪（2016 年）。司马相如为"putao"的译名选择了"蒲"与"陶"这两个发音相同且为人熟知的字。唐代常见的写法是"蒲桃"，在吐鲁番写文书中尤其多见。"葡萄"出现在 10—11 世纪，并取代了其他较老的写法，见 Trombert（2001 年）第 299 页。

② 桃子的拉丁文学名 Prunus persica 具有误导性：其字面意思为"波斯李"，但桃子并非原产波斯，而是中国——两千多年前桃子沿着欧亚贸易路线从中国经波斯到达罗马帝国，因此得名"波斯李" Prunus persica。

③ 曾纵野（1980 年）第 100 页、Fei（1987 年）第 36 页、Löwenstein（1991 年）第 16 页、应一民（1999 年）第 39—41 页。

④ 传说日本高僧行基（668—749）种了一种通过丝绸之路来到中国的 Vitis vinifera 属葡萄以作药用，这使得葡萄在日本也传播开来。他首先在富士山脚下的山梨县胜沼种植了一个和龙眼葡萄相近的品种，并修建了供奉"酒佛"的大善寺。该地区至今仍是日本最重要的葡萄种植区。这个传说表明佛教与葡萄酒文化的传播存在着明显关联，而且也体现在术语上：日语里的 bodō（葡萄）与佛陀（Buddha）的发音非常接近。见 Robinson（2015 年）第 390—391 页。

1593）曾对葡萄的词源提出了一个很有独创性但并不符合史实的解释。他在其著作中也对葡萄这种植物进行了描述，并附有插图：

> 葡萄……可以造酒，人酺饮之，则酶然而醉，故有是名。[1]

下文中我将列举一些塔克拉玛干沙漠周边绿洲居住区发现的汉代葡萄栽培和葡萄酒生产的考古证据。它们有些是近现代的发现，有些则在更早的时代便为人所知，这些考古证据都证实了古代游记中对葡萄栽培和葡萄酒生产的描述，[2]其中绝大部分是随葬品，它们如同距今四千年的塔里木木乃伊和纺织品等其他物品一样，在极端干燥的气候和盐碱地中以令人惊异的完好状态保存了下来。为了阐明文化—地理、考古学和宗教—意识形态之间的广泛关系并强化其作为汉代（中国自汉代开始官修史书）以来历史的关注重点，同时也为了开辟葡萄酒和酒文化研究的未来领域，我们将在时间和空间两个维度上作更深入的阐述。其必要性还在于，官方修史带有政治动机，正史给人的印象是中国与西域和中亚的接触和交流在张骞通西域之后才开始进行，而事实是汉人很早就知道葡萄等西域物产的存在，汉朝与西域之间也早就存在这些货物的贸易。这一事实尽管几乎很少见诸文字记载，但却在大量考古发现中得到了证实。此外，中国官方史书支持一种片面的观点，即葡萄酒文化是从西域，从费尔干纳谷地传到中原地

---

[1] 出自《本草纲目》第 33 卷，见维基文库"本草纲目（四库全书本）"卷 33；另见应一民（1999 年）第 86、162 页。Laufer（1919 年）第 225 页注释 4 认为李时珍的解释只是一种笑谈。

[2] 重点参考卫斯（2010 年）。考古学家对墓葬及其中的木乃伊和随葬品进行了详细的检查和记录，但几乎没有人关注和葡萄酒文化有关的线索，只有极少数学者如卫斯致力于研究这一意义重大的课题。

带的，这样一来便忽略了印度河流域、犍陀罗和巴克特里亚的更古老的葡萄栽培和葡萄酒文化通过帕米尔高原和喀喇昆仑山向塔里木盆地及中国中部地区的传播。[1]

在本书第三章和第四章中，我已经提到已知最古老的葡萄藤和葡萄籽遗存，分别发现于 2003 年出土的洋海墓和邻近的苏贝希墓。这两处墓葬群都位于吐鲁番盆地北部边缘的火焰山脚下。洋海墓葡萄藤长 1.15 米，分为多节。[2] 根据新疆考古学家的研究，这应该是一种结有粉红色圆形果实的葡萄。此外还发现了数件陶制葡萄藤工艺品、

葡萄藤图案的纺织品以及一件边缘带有葡萄图案的保存完好的木制器皿，这件器皿的用途显然和葡萄酒有关。[3] 这些发现明显可以反驳流传至今并仍被广泛接受的关于张骞于前 2 世纪从大宛引进并首次栽培葡萄的传统说法，同时也证明早在亚历山大远征之前西域地区就

图 6.5　带有动物和葡萄纹饰的木杯，洋海墓群，前 1000—前 500 年，吐鲁番博物馆，新疆

---

[1]　见 Trombert 的评论（2001 年）第 301 页等，他在此回顾了约前 1000 年的周穆王西巡传说（见本书第三章）、前 500 年左右时就拥有繁荣的葡萄酒文化的两个印度北部古国罽宾和难兜（见上文）的中介者角色，此外还有希罗多德和斯特拉波的地理报告，它们证明了早在亚历山大之前中亚和印度北部就存在着并非从希腊传入的葡萄酒酿造业。Trombert（2001 年）第 303 页也进行了令人信服的论证，得出葡萄酒文化在这些地区向中国的传播一定是通过多条路线并在较长时间内分阶段进行的结论。

[2]　关于洋海墓与苏贝希墓的考古发掘见 Mallory/Mair（2000 年）第 195 页等；Wieczorek/Lind（2007 年）第 150 页等、第 174 页等；H. Jiang et al.（2009 年）；卫斯（2010年）第 91 页；"Oldest Grapevine Discovered in Turpan"（2004 年 a）；Hirst（2017 年）。

[3]　现藏于吐鲁番博物馆。但这些葡萄图案被错误地解释为"草籽"。

　　　　琥珀光与骊珠：中国葡萄酒史

已经存在葡萄栽培，所以不能将其追溯为希腊的影响。相反，葡萄藤和葡萄籽的年代以及一部分更古老的能够表明葡萄酒生产和消费的器皿显示，很可能中国早就与嗜酒成风的阿契美尼德帝国，甚至更古老的犍陀罗葡萄酒文化建立了联系。[1]

洋海墓中还发现了一些有机物质，如炖煮绵羊与山羊肉菜肴的残余、小米、小米烘焙食品、小米面制作的面条、大麦和小麦等。在一具约 40 岁男子的木乃伊头部旁边摆放着一只皮革做成的储物篮，里面有大麻的种子、幼苗和叶片。据推测，该名男子是萨满巫师或祭司，他所从事的巫术活动很可能与伊朗祆教的崇拜仪式及苏摩 / 豪麻饮料的制作有关。[2] 苏贝希墓葬群中出土了三具被称为"巫婆"的女性木乃伊，她们都头戴独特的长达 60 公分的黑毡尖顶高帽，专家鉴定认为她们是来自波斯文化的女祭司。[3]

苏摩是印度教中的神圣饮料，用于祭祀仪式，能够致醉。印度教经典《梨俱吠陀》中有很多歌颂苏摩的神曲。而祆教圣书《波斯古经》（又称《阿维斯塔》）中有一种与苏摩完全对应的饮料，叫作豪麻。与希腊神话中的"仙馔密酒"（ambrosia）和"琼浆玉液"（nectar）一样，苏摩 / 豪麻被描述为上天赐予的长生不老灵药，它本身有时甚至被当作神灵崇拜。众神之首因陀罗（Indra）的创世神力

---

[1] 根据希罗多德对波斯人的描述："他们非常嗜酒，但在别人面前呕吐或小解是不合宜的。"见 Strohm（2015 年）第 289 页。

[2] 相关内容见 H. Jiang et al.（2006 年）。此外在几乎同期的巴泽雷克文化（俄罗斯阿尔泰地区）以及在草原地带其他斯基泰-塞迦人墓葬中发现了在宗教仪式中使用大麻的证据。

[3] Mallory/Mair（2000 年）第 220 页等讨论了与"苏贝希女巫"有关的更多考古、历史和语言证据，可以表明在公元前两千年间，伊朗文化和祆教的影响进入了塔里木盆地。还应提到的是，在对斯基泰人 / 塞迦人的描述中，他们总是以胡须浓密和头戴尖顶帽的形象出现。

来自苏摩，其他诸神也将它视为珍宝。人们认为，除了长寿和健康外，苏摩还能带来好运、子嗣、勇气、力量、胜利、智慧和创造力等。苏摩的直接作用是消除疲劳，使人保持警觉和集中注意力。据宗教典籍记载，这种汁液是从一种只在某些山区生长的神奇植物的茎秆中榨取的，由于其味苦，饮用时通常会混合其他成分，如水、牛奶、凝乳、大麦、酥油和蜂蜜。大约两个世纪以来，印度学家、宗教学者、历史学家、考古学家和植物学家一直在研究苏摩/豪麻的起源和性状。科查尔（Kochhar）在《制作苏摩的植物》（The Rgvedic Soma Plant）一文中对在他之前的所有观点进行了批判性总结，并通过令人信服的论证得出结论：苏摩的基本原料只可能是产于印度北部、巴基斯坦、阿富汗、喜马拉雅山区、西藏和云南的麻黄属植物 *Ephedra gerardiana*。[①] 这就与神话传说相吻合，即这种植物必须采摘自山区，或由一只老鹰送来，也因此而特别珍贵。此外也有一些相关线索指向锡金，在那里，藏缅山区的绒族（Lepcha）有一种与印度-伊朗的苏摩/豪麻崇拜仪式非常相似的宗教传统，他们将一种"非常苦的药用植物"发酵制成神药 Chi 和 Dyo。在西藏，至今仍有一种焚烧酥油的祭礼叫作"Homa"，可能源自伊朗语的"Haoma"，与祆教拜火仪式的象征意义有关。[②]

一个令人意外的线索引向在塔里木盆地发现的青铜时代的木乃伊。这些木乃伊身上捆绑着无叶有鳞的麻黄枝条。麻黄（*Ephedra*）

[①] Kochhar（2001 年）。

[②] Chakrabarty（1994 年）。有关以 20 世纪初的角度对 Soma/Haoma 作为古代"雅利安人"饮料的讨论另见 Arnold（1911 年）第 43—44 页。居住在西藏东南部喜马拉雅山谷中的土著少数民族门巴族显然有着吟唱"萨玛（Sama）酒歌"的古老诗歌传统，见 www.57tibet.com/customs-in-lhokha/2355.html。Sama 是否与苏摩有着相同的源头值得研究。

是生长在欧亚大陆上的一种外表很不起眼的植物，有二十几个品种，主要见于干燥多石的地区。中国人通常所说的"麻黄"其实是产于中国西北部和蒙古的亚种 *Ephedra sinica*。[①] 一般来说，麻黄在各种文化中都用作药材，可治疗哮喘等多种疾病。麻黄中也含有麻黄碱等多种生物碱，所以也具有刺激中枢神经的作用。在中国，麻黄最晚从汉代开始就已经入药。[②] 麻黄可与其他镇静类毒品搭配使用，吸食者会产生幻觉，获得迷醉恍惚的宗教体验。在早期的苏摩／豪麻崇拜中同时用到麻黄与大麻。在某些地区，人们将麻黄与鸦片（罂粟）搭配使用，很可能还额外添加葡萄酒或其他酒精饮料。

自 20 世纪 70 年代以来，俄罗斯考古学家在梅尔夫（土库曼斯坦）北部卡拉库姆沙漠的史前绿洲聚落 Gonur Depe 和 Togolok 发现了三座宏伟的寺庙建筑群，在以石灰浆粉刷成白色的礼拜室里有几件带有纹饰的石制和陶制祭祀器皿，器皿里盛有麻黄、大麻和罂粟的

---

① 在和阗塞迦语中，大麻是 *kamha*，H. Zhang（2011 年）第 27 页由此猜测 *kamha* 可能与苏摩／豪麻以及哈萨克—乌兹别克语中表示"萨满"的术语 *kam*（在突厥语中的变体是 *gam* 和 *ham*）有关联。在我看来，中文的"麻"也源自 *kamha* 似乎并非不可能。麻黄应该是来自草原地区，并随着斯基泰人／塞迦人的迁徙广泛传播。有关麻黄的一性性介绍见维基百科词条"麻黄"。

② 麻黄还有其他中文名称，如草麻黄、龙沙、狗骨、卑相、卑盐。在公元前几百年间成书的哲学神话古籍如《淮南子》和《山海经》都提到南方（即楚国）有一种"不死之药／草"，如果把它放在死者身上，三天后就会复活。无论如何有证据表明，不管是否巧合，汉代的术士们将麻黄视为一种长生不老药。根据 H. Zhang（2011 年）第 17—18 页的说法，楚国的巫师显然也使用麻黄，表明楚国与喜马拉雅地区和西藏有联系。很可能正是出于希冀死者复活的动机，塔里木木乃伊身上放有麻黄束，这在 Mallory（2015 年第 47 页）看来是公元前 2000 年以后塔里木盆地存在伊朗文化的另一个重要迹象。从麻黄茎中提取的浓缩物在西方也被用于合成"草药毒品"（麻黄碱是冰毒的主要成分）。中国法律自 2013 年起禁止采摘、销售和食用麻黄，或仅限于某些药用用途——这不仅是出于自然保护的原因，更重要的是防止人们服用麻黄成瘾以及在体育运动中滥用麻黄作为兴奋剂。

残留。此外还发现了用于制作、祭献和分发苏摩/豪麻的仪式性用具，如研钵、榨汁器、滤筛和收汁盆。在这些寺庙中显然有过宗教精英借助苏摩/豪麻进入彼岸世界的崇拜活动。[①] 前 3000 年末至前 2000 年初期的绿洲文化被探险家称为巴克特里亚-马尔吉亚纳文明体（BMAC），显然是一个与埃及、埃兰和印度河流域国家（哈拉帕、摩亨佐-达罗）平行存在并与其有交流往来的印度-伊朗文明，其居民就是古文献中提到的从西方移民而来的吠陀教雅利安人。这些出土文物清楚地表明了苏摩/豪麻崇拜仪式在宗教生活中所发挥的主导作用。此外，在这些寺庙中还确认了火坛的位置，可以证明早期拜火仪式的存在。

今天人们可以在马雷博物馆（位于梅尔夫废墟遗址附近）看到上述考古发现和崇拜物品。2008 年参观马雷博物馆时，一位俄罗斯考古学家向我们解释了苏摩/豪麻的制作过程，包括浸泡、压榨、过滤，根据《波斯古经》和《梨俱吠陀》的记载，还需要加入大麦、（酸化）牛奶和水并"发酵"数天。[②] 发酵完成后，人们在随后的共饮仪式中使用刻有精美花纹的骨制吸管一起饮用苏摩/豪麻饮料。考古学家在这些吸管中鉴定出了含有生物碱的植物残留。这种仪式是这位俄罗斯考古学家所说的"原拜火教"的基本要素，年代在传说中的祆教创始人琐罗亚斯德之前。据说他生活在前 1000 年左右或更晚的时期，改革了当时的早期信仰，创立了世界上第一个一神教。从前 6 世纪之后的一千年间一直到波斯人皈依伊斯兰教，祆教始终是波斯帝国的立国之本。与祆教密不可分的葡萄酒文化在此期间蓬勃发展。从周

---

① Sarianidi（2003）。在该书出版前不久，在德国举办了以"马尔吉亚纳——土库曼斯坦的青铜时代王国"为题的展览，并出版了同名展品目录，这是首次在土库曼斯坦境外举办关于该考古发现的展览。

② 鉴于大麦的使用，当时甚至可能已经存在某种啤酒，Kochhar（2001 年）第 731 页中讨论了这种可能性。

朝开始，波斯葡萄酒文化与魔法巫术崇拜一起传播到了中国。我们可以推测，葡萄酒在中亚绿洲文化，尤其是在巴克特里亚用于浸泡和发酵制作苏摩／豪麻的原料，并进而发展成崇拜仪式中的主导元素。但葡萄酒在何种程度上被用于苏摩／豪麻的制作，目前尚不清楚。[①]

在塔里木墓葬中发掘出的麻黄和葡萄酒残留，以及未来在中国西部地区的更多考古发现可以为我们进一步提供关于祆教魔法和苏摩／豪玛崇拜仪式从中亚向东方传播的线索。伊丽莎白·巴伯（Elisabeth W. Barber）通过令人信服的证据成功地证明了印欧木乃伊的祖先从前 2000 年起很可能经过不同的路线从巴克特里亚-马尔吉亚纳绿洲文化进入塔里木盆地。[②]关于苏摩／豪麻，她有如下看法：

> 这种仪式性饮料如此重要……以至于整个宗教都围绕着它展开，它的饮用构成了全部仪式的核心。[③]

这样一来，探讨葡萄酒在中国西部的礼仪功能问题时就应当把目光投向比亚历山大东征和张骞通西域更早的历史时期。

根据美国科学家的研究，苏摩／豪麻仪式最初是基于一种广泛分布于西亚、中亚和印度北部的更古老的致幻植物，叫作骆驼蓬（*Peganum harmala*，也叫野芸香）。骆驼蓬生物碱主要存在于其种子中，至今仍被用于制药，而自古以来就在萨满崇拜仪式中与大麻等其他精神拓展药物结合使用，可以增强其效果。[④]和本书主题相关的是，据报道，在埃及、美索不达米亚和欧洲部分地区，麻黄与葡萄酒、啤

---

① 上文和本书第四章已经讨论过楚国苏摩／豪麻和拜火仪式的可能表现形式。
② Barber（1999 年）第 153 页等。
③ Barber（1999 年）第 163 页。
④ Kochhar（2001 年）第 734 页。

酒或蜂蜜酒等酒类结合可以作为有效的致幻剂使用。这可以解释史前中亚和中国西部绿洲聚落的（原始）祆教、麻黄（可能也包括骆驼蓬）的使用与葡萄种植及葡萄酒酿造同时存在并且密切相关。正如阿契美尼德王朝、安息帝国（以上文提到的都城尼萨为主）以及后来的萨珊王朝时代的详细记载，在以祆教作为国教的时期，葡萄酒文化经历了空前绝后的繁荣。

因此，葡萄酒文化作为萨满教崇拜的一部分向塔里木盆地和中国腹地的辐射也许比目前普遍认为的要早得多。相关的证据如：商代的巫（*myag*）术崇拜可能来自波斯，*myag* 源自波斯语中的祭司职位与称号 *maguš*；此外，根据传说，西周宫廷中曾经有过波斯巫师。[①] 总之，无论在波斯还是商周文化中，"巫师"或萨满都拥有相当高的社会地位，行使重要职能，他们不仅是天文学家和占星家、医生和疗愈师、先知和求雨祭司，而且首先是人类与彼岸及神界之间的中介者——这一点在古波斯和史前中国都是通过服用"精神饮料"来实现的。塔里木盆地较早的考古发现、欧亚大草原上和斯基泰人／塞迦人有关的出土文物以及他们在中国南方（楚国）留下的遗迹可能为关于中国王朝开端的历史研究提供宝贵的地理和时间联系。

葡萄酒在苏摩／豪麻酿造中是否以及在多大程度上发挥作用，目前尚无明确的研究成果。迄今为止只能通过原始祆教与繁荣的葡萄酒文化之间明显的共存关系来间接推知。这种共存不仅见于阿契美尼德王朝和安息帝国时期，甚至可以追溯到今土库曼斯坦境内的青铜时代绿洲文化以及犍陀罗和巴克特里亚。如果说葡萄酒文化、致幻灵药苏摩／豪麻和原始祆教的奇特共生在这些文明中心存在了大约两千年的漫长岁月，那么也可以说在早期塔里木文化中同样出现了类似迹象。

---

① 相关内容见本书第四章。

迄今为止，学界很少注意到塔里木墓葬中更多可能指向祆教影响的证据。至少在祆教后期的葬丧仪式中，死者不能接触神圣元素火和土，尸体被放置于露天平台（"沉默之塔"）上，任由秃鹫啄食。在洋海和苏贝希墓葬群中，尸体更多被安放在有四足的榻上，这与一千年后中国中原地区信奉祆教的粟特人下葬时所使用的石床类似，可能指向死者尸身不能接触土的葬丧习俗。在洋海墓群的一个墓穴中发现了两具穿着白色棉布袍的女性和男性木乃伊，据我所知，还没有人研究发现过这两件白袍与今天在祆教徒中仍然常见的白色寿衣、祭司袍服或叫作 sudre 的仪式用斗篷有关——在祆教中，白色象征纯洁。这两具木乃伊上系在腰间的毛线编织绳或系裙绳是否为祆教仪式中的白色羊毛绳 kusti 的前身也有待考证。[①]

从洋海、苏贝希和其他塔里木墓葬群的随葬品中也可以看出中国与西亚和中亚的联系。首先，在其中一座萨满墓中发现了中国最古老的箜篌。箜篌也叫竖琴，是来自西亚和中亚的乐器。"箜篌"是一个古老的借词，据说源于波斯语中的 čank 一词。此外，位于丝绸之路南线沿途且末县（Cherchen）附近的扎滚鲁克（Zaghunluq，约前 1000—前 600）墓葬群[②]中发掘出各种用于饮酒的无耳杯、高脚杯、耳杯、壶、罐以及牛角制成的角杯。一个关于饮酒（极有可能是葡萄酒）礼仪的可靠证据是我在第一章里提到的双连杯。从新石器时代开始，双连杯传遍了横跨欧亚大陆的广大地区。在洋海墓和扎滚鲁克墓也发现了前 500 年左右的双连杯，分别为陶制和杨木制。在于阗附近的山普拉（前 2—公元 4 世纪）大型墓葬群中甚至发现了希腊罗马风

---

① 关于 sudre 与 kusti 在祆教崇拜仪式中的历史和宗教象征意义的阐释见 www.avesta. org/ritual/navjote.htm#part3。

② 关于扎滚鲁克墓葬群见 Mallory/Mair（2000 年）第 189 页等、Wieczorek/Lind（2007年）第 182 页等。在扎滚鲁克墓葬中也出土了箜篌。

格的葡萄藤蔓织物图案。最后还必须指出的是，前面几章中提到的南越王墓考古发现，尤其是来通杯和银盒可以证明两千多年前整个中国就与波斯阿契美尼德王朝存在广泛接触，波斯的艺术风格和生活方式也深深吸引了中国人。（见图 6.6、图 6.7）

图 6.6 扎滚鲁克的角杯，新疆南部，前 800 年，新疆博物馆，乌鲁木齐 图 6.7 鸭形陶壶，包孜东，新疆西部，汉代，新疆博物馆，乌鲁木齐

1985 年，吐鲁番盆地火焰山山麓一座汉代墓葬中也发现了葡萄藤蔓遗存。这些葡萄残枝放置在一具棺木中的下层。

被沙漠掩埋了 1 500 多年的尼雅古城遗址是塔克拉玛干南缘地带繁荣的葡萄酒经济的最有代表性的标志。该遗址位于民丰县以北约 150 公里处，从民丰出发向北穿过沙漠的公路全长 520 公里，1995 年竣工，是世界上造价最高的公路。尼雅古城已被确认为精绝国的都城。精绝国是西域三十六国中最强盛的国家之一，疆域约 150 平方公里，其绝大部分国土如今都掩埋在黄沙之下。由于当时发生了剧烈的气候变化，尼雅河及其所滋润的绿洲变得干涸，4 世纪初，仅存的 3 000 名居民离开了尼雅。1901 年，英国探险家奥莱尔·斯坦因爵士（Sir Aurel Stein）发现了这座古城的踪迹。1959 年，中国考古学家着

琥珀光与骊珠：中国葡萄酒史

手对尼雅遗址进行初步发掘。后来直到 20 世纪 90 年代，一支中日联合考古队才开启了系统性发掘。由于气候条件所限，考古队只能在每年 10 月份的短短几周里开展工作。[①] 尽管从那时以来已经取得了不少研究成果，其中不乏轰动性的考古发现，但据参与的一位资深考古学家估计，还需要一个世纪的时间才能基本完成对尼雅古城的详细研究。无论如何，尼雅已经被认定为塔里木盆地中保存最完好的城市遗址，如今媒体甚至称其为"丝绸之路上的庞贝古城"。在遗址的不同区域都发现了住宅的房基和断垣残壁，今天仍能看到没有被黄沙掩埋的木柱。除住宅外还发掘出佛塔、牲畜棚圈、仓房和作坊。考古学家在多种多样的家具和家居用品中找到了一些写有文字的木板，其上既有中文也有古印度土语佉卢文文本。这些史料可以帮助我们了解当时的宗教（佛教）及日常生活。所发掘出的绘画艺术作品中，除佛教外也有希腊神话的内容。考古学家共发掘出八座墓葬，里面埋藏着欧罗巴人种的木乃伊，其中有一对身着华丽绸缎衣服的夫妇。随葬品中还有食物，主要有羊肉、梨、葫芦和葡萄。在各个聚落之间发现了保存良好的果园和葡萄园的遗迹，沙漠气候使得一排排的葡萄树今天仍清晰可辨，可以让人们想象当年园中的繁盛景象。在佉卢文记录中发现了有关葡萄园购买、租赁、继承和征税的合同，可以证明寺院和僧侣也参与了葡萄种植，同时也让我们看到，最晚自西汉以来葡萄种植已经在当地的社会经济生活中占据重要地位。[②]（见图 6.8）

2012 年夏天，我们成功前行到塔克拉玛干最后一个维吾尔族聚居地喀帕克阿干（Kapakaskan）村。这个村庄位于民丰县以北 100 多

---

① 即使在这短短几周内，考古学家也要面对白天 30 度以上的炙热和夜间零下 20 度的酷寒，此外，一再侵袭该地区的沙尘暴也可能为研究人员带来生命危险。

② 民丰县一座东汉墓葬中发现的壁毯上除了人与动物图案外也可见葡萄藤。关于尼雅遗址的考古发现另见卫斯（2010 年）第 96 页等。

图 6.8　葡萄纹羊毛布，尼雅古城，汉代，新疆博物馆，乌鲁木齐

公里处。在这里，与外地连接的狭窄道路终止在高高的沙丘和一片胡杨林与柽柳林前。喀帕克阿干村距离尼雅遗址只有 30 公里，但在荒芜的沙漠中既没有道路也没有定向设备。从这里前往尼雅遗址需要一支装备齐全的骆驼队，路上要行走多日，我们显然不具备成行的条件。

然而，我们的遗憾得到了充分补偿——那位开着吉普车带我们来到此地的维吾尔族考古学家为我们介绍了这个聚居地的情况。它就像一个露天博物馆，只有据说是古尼雅后裔的寥寥几家人还在这里生活。他们的祖先在 1 600 多年前离开尼雅，在今天的绿洲地带定居下来，并延续了古尼雅的房屋建筑风格。因此喀帕克阿干为我们展示了一个失落古城的近现代翻版：房屋以胡杨木作为框架，墙壁是柽柳枝编织的涂泥墙，露台上方有遮阳棚，房门前立着刻有花纹的柱子，房前有一座露天灶台和用栏杆围起来的精心打理的花园。

借助尼雅的典型例证我们可以清楚地看到：两千多年前带有希腊化色彩的印度佛教文化在塔里木盆地南部处于主导地位，但汉朝也不遗余力地在那里扩大势力范围。后来，一次重大历史转折在卡帕卡斯坎上演——11 世纪时，穆罕默德第五代孙伊玛目·贾法尔·萨迪克统治下的伊斯兰喀喇汗王朝与于阗国最后一位佛教国王在此激战，于阗大败，佛教文化在塔里木盆地就此终结。12 世纪，喀帕克阿干建立了一座带有伊斯兰经院的纪念馆，今天仍可以看到它的废墟遗址和毗邻的墓地。这里一直是维吾尔族人的一个重要朝圣地。

佛教在塔里木盆地一度十分兴盛，并且和印度、伊朗-塞迦、希腊及中国元素有着奇特的共生关系，但随着伊斯兰教的传播和突厥民族的迁入，该地区几乎所有可以表明佛教存在的证据都被抹去。只有一个多世纪来在沙漠中零零星星的考古发现让我们得以一窥这个辉煌的多元文化时代。与吐鲁番盆地和敦煌的情形类似，作为佛教社会组成部分的葡萄酒文化在伊斯兰教传入后也遭遇了同样的命运。[①] 当然，葡萄酒文化的源头可以追溯到公元前一两千年间的前佛教时代，它是在祆教的影响下发展起来的，对此我在上文中已经有所提及。

通过仔细观察，在今天的维吾尔社会中仍然可以找到祆教和佛教时代的痕迹。葡萄酒在维吾尔人的节日中仍然具有重要的仪式功能。流传至今的祆教仪式的一个例子是亡人纪念日上的大锅炖菜，今天喀帕克阿干人仍然在一个传统聚会所里一起庆祝这个节日。从喀帕克阿干向西约 700 公里，在通往巴基斯坦的喀喇昆仑公路上的塔什库尔干镇（Tashkorgan）生活着信仰伊斯兰教的塔吉克人。他们自认为是塞迦人的后裔，今天仍在一个古老的圆形石坛前举行火祭仪式，附近就是大约有三千年历史的祆教火庙遗址。此外值得注意的是，在塔里木盆地南部地区深受波斯-伊斯兰风格影响的建筑中仍不时可见佛教符号，如莎车县清真寺木制天花板上的莲花图案。

吐鲁番以东，离占地十平方公里的高昌城遗址不远的地方有一个叫作阿斯塔那的大型地下墓园，其中有一千多座年代可追溯到 3—8 世纪的墓葬。除了保存较好的干尸、纺织品、食品、文书、绘画和随葬品外，这里还发现了最晚自西汉以及高昌国前伊斯兰时期（前

---

① X. Liu（2005 年）。

1—后 13 世纪）^①开始兴起的葡萄酒文化的许多证据。这些考古发现包括干枯的葡萄藤与葡萄、葡萄籽、带有葡萄纹饰的金耳环、图画上的葡萄藤图案以及用于储藏和饮用葡萄酒的器皿。此外，中文史料和在阿斯塔那墓地中发现的私人信件、年度账目、土地登记簿、购买和租赁合同等都证明了当地的葡萄栽培具有相当的规模，估计葡萄园的面积可达 30 公顷。显然葡萄种植业在当时已经有数百年历史，属于该地区最重要的经济部门。对葡萄酒生产各道工序的详细记录持续到唐朝占领高昌之前，同时期在地中海和中亚地区也有类似的记载，甚至在有些细节上也高度一致。这些工艺在吐鲁番地区一直沿用到现代，如葡萄树的修剪、培植和冬季掩埋（如今在中国偏北地区仍很常见）以及用脚踩踏葡萄成汁等工序。此外，在大型阴干房中晾晒葡萄干也是当时重要的农业活动，吐鲁番一带至今仍以出产葡萄干而闻名。流传下来的文字片段显示，虽然葡萄园属于国家财产，出产的葡萄酒每年要上缴给国家一部分，但土地可以终身租赁，葡萄农可以继承甚至出售葡萄园使用权。尽管受到国家的控制，但酒农仍然在葡萄酒贸易方面拥有一定的自由。据测算，葡萄酒储存在容量达 100—180 升的大陶罐中。^②（见图 6.9、图 6.10）

---

① 高昌曾在数个世纪中一直是丝绸之路上重要的交通和贸易中心。高昌人种族混杂的程度很高，汉族人相对较多。高昌国经历了多个家族王朝的统治。当时已知的所有宗教都在高昌传播，既有佛教（附近有柏孜克里克千佛洞），也有景教和摩尼教。9世纪入侵此地的维吾尔（回鹘）统治者首次将摩尼教确立为国教。如同丝绸之路上很多繁荣的商贸中心一样，高昌也在 13 世纪被蒙古人摧毁。

② 卫斯（2010 年）第 99 页等。相应的容量单位写作"姓"（可能就是今天的容量单位"升"）。据我所知，在阿斯塔那和高昌都没有发现过这样的葡萄酒容器。当然，那里还有很多考古地点尚未得到发掘。Trombert（2002 年）基于对 5—8 世纪吐鲁番和敦煌手写文书的分析评估开展了一项全面的研究，其中的大量案例显示出葡萄种植和葡萄酒生产在当地经济和社会生活中的主导地位。对阿斯塔那墓葬中发现的文本文献和其他高昌葡萄酒文化历史记载的进一步详细分析见陈习刚（2010 年）第 130页等。

琥珀光与骊珠：中国葡萄酒史

图 6.9　表现葡萄酒生产场景的壁画，阿斯塔那墓地，高昌，3—8 世纪，新疆博物馆，乌鲁木齐

吐鲁番地区先进葡萄酒技术的发端无疑远早于汉代，很可能与大宛和龟兹等西域国家有联系。通过深入研究高昌国史书以及其他和高昌有关的历史记录可以发掘出吐鲁番先进葡萄酒技术的大量细节。得天独厚的土壤和灌溉条件，再加上吐鲁番地区独特的气候造就了一系列远近闻名的优

图 6.10　葡萄果实遗存，阿斯塔那墓地，高昌，3—8 世纪，新疆博物馆，乌鲁木齐

质葡萄酒。在古代，这里酿造的红葡萄酒、桃红葡萄酒、绿葡萄酒、白葡萄酒、干型和甜型葡萄酒品类之丰富，一定可以与今天当地市场上独具特色的各种颜色和形状的葡萄干相媲美。

高昌人运用各种巧妙的压榨、发酵和储存方法来生产葡萄酒。值得一提的还有一种史料中称之为"冻酒"的名贵酒品。有人认为，它就是一种冰镇的或者加冰块饮用的葡萄酒——当时的人在冬季将冰贮藏在地窖中以便夏天取用；也有人猜测这是一种冬季将葡萄酒冷冻

后获取的一种香味浓郁的浓缩甜酒。考虑到吐鲁番盆地异常干燥、日照充足、昼夜温差大、夏季酷热、冬季严寒的特殊气候，最合理的解释似乎是，将夏末晾晒成的葡萄干在冬季使用特殊的冷压技术进行压榨，从而酿造出浓度极高、酒体醇厚的葡萄酒。这种酒可以长期保存，也适合长途运输，尤其是作为贡品进献给中国皇帝。最晚在汉朝以后见诸史载的"冻酒"引发了猜测：现代的"冰酒"并非18世纪晚期德国人的发明，而是两千年前就在中国西部深受人们喜爱的酒品。[①]

在塔里木盆地周围，主要在最近一二十年间发现的大量考古和历史证据证明，早在亚历山大大帝进军中亚和印度以及张骞出使西域之前，最迟2 500年前，这里的葡萄种植、葡萄酒生产和贸易就已经十分繁荣。来自邻近的阿契美尼德和其后的希腊-巴克特里亚文明，另外还有印度-佛教文化都伴随着葡萄酒文化一起传播到中国中心地带甚至南方地区，并被中国人欣然仿效，同时进行了本地化改造，最终与当地的宗教崇拜仪式相融合。因此我们可以得出结论：公元前的几个世纪中，葡萄酒文化在整个欧亚大陆实现了历史性的扩张，从地中海地区经近东和中亚到达了中国。[②]

在汉代，葡萄酒文化向中国的扩张与佛教的传播在同一时期并

---

① 陈习刚（2010年）详细介绍了高昌的葡萄酒生产，尤其是冻酒的酿造。古罗马人将葡萄放在秸秆上风干，然后用这种葡萄干酿制高浓度的葡萄酒，称其为"passum"。今天在奥地利（"秸秆酒"）和意大利（"passito"或"vinsanto"）仍有这种酒，见Kuhnen（2015年）第94页。

② 从卫斯（2010年）第101页的阐述我们可以清楚看到，最晚在公元前5世纪时以及后来的汉唐时期，葡萄酒文化的地域范围就已囊括今天的整个中国西部与塔里木盆地（新疆）、阿富汗西北部和东南部、巴基斯坦、克什米尔、印度北部、伊朗、塔吉克斯坦、土库曼斯坦东部、乌兹别克斯坦东部、费尔干纳盆地——也就是丝绸之路网络沿线的所有地区。

琥珀光与骊珠：中国葡萄酒史

部分沿着同一条来自西方和西南方的路径进行。① 汉朝之后以及唐朝盛期，葡萄酒作为宫廷生活、哲学—宗教和艺术—文学的核心象征而备受推崇。元朝时期，在蒙古人的统治下，葡萄酒业通过欧亚商路再次实现了在广大地区的传播，也在中国历史上经历了最后一次繁荣。

在西汉帝国的中心地区，大量随葬品可以证明至少流行于贵族阶层的高雅饮酒文化的存在。鉴于上述来自西方的各种影响以及随后的发展，我们可以推测，除了周代以来已经达到相当水准的谷物酿造酒精饮料之外，葡萄酒也越来越被视为充满异国情调的贵重酒品。在洛阳的一座墓葬中发现了一幅描绘宴会场景的壁画，明显可以辨认出其中一位饮宴者手上持有一只角杯。另外，"耳杯"和其他造型优雅的漆制饮酒器皿在汉代也非常流行，并大量用作随葬品。② 零星发现的西汉玻璃耳杯证明了中国饮酒文化与中亚之间的联系，也让人猜想汉朝人当时使用这种器皿享用葡萄酒。③ 离中国最古老也最靠南的港口合浦（今广西北海附近）不远的一座西汉墓葬中发掘出一只可能在罗马帝国制造的玻璃杯。这是一个极不寻常的考古发现，如同南越王墓中年代稍早的玉质来通杯，这件独一无二的珍品也表明葡萄酒在中国与地中海和波斯的海上贸易中至少已为人所知。④

---

① 关于佛教和葡萄酒文化在同一时期沿同一路线由西向东的传播见郭会生（2010 年）第 9—10 页。寺院和庙宇内外种植的葡萄园以及佛教艺术中以雕刻或壁画形式出现的葡萄藤和葡萄符号都表明佛教与葡萄酒文化的相遇并不是偶然的。

② Huang（2000 年）第 103 页、方秀珍（1993 年）第 98 页等。

③ 韩胜宝（2003 年）第 37 页。

④ 广西壮族自治区博物馆收藏了这只玻璃杯和其他合浦墓葬中出土的珍宝，如大青铜马、波斯风格的铜壶和铜俑以及一个"西方人"外貌特征的黄金面具。合浦是西汉最重要的港口，出口丝绸和瓷器等商品，同时从西域、印度和东南亚进口商品。该港口还通过秦朝修建的运河和河流网络与中原地区相连，表明利润更高的船舶货物贸易已经达到了相当的规模。

近年来，中国中原地区的西汉墓葬中多次发现盛放于密闭青铜器中的酒精饮料，如 2003 年在西安的一座王侯或富商墓中发掘出两个共计盛有 26 升绿色芳香液体的青铜罐，是迄今为止出土酒液数量的最高纪录。据专家称，这些液体中鉴定出一定比例的乙醇、其他醇类、氨基酸、不饱和脂肪酸等，可能是一种"米酒"。然而，无法确定酒液的绿色是由于青铜氧化所致，还是由于其中所含的葡萄酒所致。众所周知，葡萄酒在西汉末期更为流行，也被描述为具有"翠绿"的色泽。无论如何，与仅剩少量酒精饮料残液的同类出土文物相比，这一发现是独一无二的——因为很显然，在两千年的漫长岁月中酒液的体积没有减少。[①]

2011 年，在距河南贾湖遗址以东约 100 公里的濮阳市发现了一座西汉早期墓葬，其中发掘出一把铜提梁壶，里面盛有一斤多同样芳香、清澈、带有酸味的酒精饮料。尽管人们已经对其进行了化学分析，但仍无法解密当时所用的配方和发酵技术，更无从复制这种饮料。[②]

1972—1974 年出土的长沙马王堆汉墓引起了巨大轰动，除轪侯夫人保存完好的湿尸外，大量随葬品重见天日，可以为我们提供关于汉初历史的宝贵信息，其中包括彩绘帛画、乐器、漆器，尤其是今天学者仍在研究的"帛书"。这是二十余部写在丝帛上的文献，内容涉及医学、天文学、数学、军事战略、地图绘制、养马、音乐和文字等。刻在竹简上的随葬品清单对于葡萄酒文化研究也颇具启发意义，

---

① 关于这个考古发现见《26 公斤老酒出土异香扑鼻——昔日王族杯中物如何酿造》（2003 年）、孟西安（2003 年 a、2003 年 b、2003 年 c）、张肖（2013 年）第 459 页。酒液出土时仍保持着极佳品质，酒精含量也未损失，这说明当时的发酵文化已经达到很高的发展水平，众多的历史记录和壁画也可以予以佐证。

② 见《河南濮阳出土西汉美酒 迄今国内历史最久远（图）》（2011 年）。

　　　　　　　　　　琥珀光与骊珠：中国葡萄酒史

清单中记有两袋酒曲、四种分装于八个罐中的精选优质酒（每种酒各两罐）和两件漆瓶。我们可以从中看出当时发酵工艺的重要性以及其所达到的高超水准。然而，陪葬的酒曲已全部消失不见，酒也只在罐子的表面有少许残留。此外，发掘出的漆器中还包含八件卮式酒罐和四十个耳杯。[①] 马王堆墓葬为我们了解前 2 世纪时的贵族饮酒文化提供了独一无二的视角，只是在那里尚未发现葡萄酒的踪迹。直到马王堆墓主去世几十年后，张骞打通了去往西域的商贸路线，葡萄酒才成为汉代贵族喜爱的酒品。

在中国历史上，对于包括葡萄酒在内的各种酒精饮料，人们都倾向于从医学的角度进行描述和评价，直到今天仍是如此。而这一点早在四大中医药典籍中的第一部《神农本草经》[②] 中就得到体现。该书可能在前 1 世纪甚至更早就有了口头流传的版本，但直到东汉时期才编纂成书。原著虽已佚失，但在后世的历史和医药学著作中被反复引用、阐释和考订。《神农本草经》首次按照一种哲学宇宙论的观念系统地描述了数百种药用植物及其功效。在书中，葡萄被描述为一种优质水果，味道甘甜宜人，可治疗关节炎，增强体力，强化神经，充饥果腹，缓解感冒症状，促进新陈代谢，使人体格健壮，延年益寿。此外葡萄还可以用于酿酒。[③]

发酵是一个神秘的转化过程，酒精饮料是上天的赐予，首先用于祭祀神灵和祖先——这些观念可以解释为什么皇帝作为"天子"被

---

① 见 Huang（2000 年）第 165 页等，其中也阐释了汉代发酵技术的巨大进步以及基于不同原料和霉菌类型的酒曲种类的分化。他在该书第 167 页写道，这是"中国酒精发酵演变的里程碑"（此处所用的"wine"不是葡萄酒，而是泛指酒精饮料）。酒器类型见本书第五章。

② 相关内容另见本书第三章。

③ Huang（2000 年）第 141 页、应一民（1999 年）第 5 页图示等。

赋予酒类生产和使用的最高决策权。《汉书》中的记载清楚地说明了这一点：

> 酒者，天之美禄，帝王所以颐养天下，享祀祈福，扶衰养疾。百礼之会，非酒不行。[1]

此外，曲法发酵工艺兴起后，集中管理酒精生产就有了重要的经济理由。毕竟，谷物收成中有相当大的一部分被用于生产祭祀和宫廷宴会所需的酒，并且各阶层民众的日常酒精消费量也日益增加。还有一个重要原因是，为了安抚北方匈奴，汉朝向其纳贡，增加了国家财政预算的负担。除丝绸外，粮食和麦芽也是主要的贡品。因此，在汉武帝统治时期，朝廷推出了针对盐铁酒的国家垄断政策，这"三业"都是极其重要的工商业部门，其中盐铁专卖始于前117年，酒类专卖始于前98年。酒业管理由专门的中央和地区官府及监督机构负责，此外还设立了垄断型的国营酒坊和酒肆。私营家庭企业在获得经营许可方面受到限制，在收成不好的年岁则被完全禁止经营。汉朝时也开启了对酒精饮料征税。[2]借助合宜的价格政策，政府实现了财政收支平衡和货币稳定。

汉武帝制定的垄断制度可以根据情况灵活设计。有时，从酒曲的生产与销售到各种酒类的发酵、生产、储存、运输和销售都由官府严格控制，严格禁止非法交易，违者会受到严惩；有时则会放松关于

---

[1] 出自《汉书·食货志下》，引文见黄兴宗（2008年）第134页，英文翻译见 Huang（2000年）第168页，此处 Huang 仍将"酒"译为"wine"。

[2] 汉代在各郡县设立榷酤官，即负责监管酒类专卖专卖的官员。关于汉代的酒类征税（税酒）和专卖（榷酒）政策见张紫晨（1993年）第47页、韩胜宝（2003年）第151页等、李争平（2007年）第36页等。

私人参与酿酤和政府发放生产和销售许可的规定。然而，由于一些官员的抗议，酒类专卖制度在汉武帝之后只持续了很短的时间。王莽篡位期间一度得到恢复，但很快便被废止，直到唐朝末年才重新推行，并在随后的宋朝、辽朝、金朝和元朝期间形成制度。[①] 明清时期，酒类垄断基本上不复存在。然而，同样由汉武帝推行的酒税被保留下来。直到清朝末年，中国古代大部分时期都征收酒税，这就需要官府将酒坊和酒店登记造册，以计算产量和营业额。

汉代的酒类专卖和酒税政策反映出发酵工艺的长足进步和酒精饮料在生产、普及和功能化方面的巨大飞跃，酒类品种也空前丰富，使用麦芽粮造的类啤酒饮料在很大程度上被取而代之。酒曲制作进一步优化，出现了饼状的酒曲，并发展出多种类型。[②] 酒不仅成为重要的经济与商贸部门并渗透到社会各个阶层，而且还成为在儒家礼教框架内稳定封建制度、巩固皇权的工具。皇帝和精英阶层通过祭天祀祖的酒礼将自身的统治地位合法化，并以赐酒的方式奖励有功官员，取悦民众，安抚少数民族和外邦人。早在开国皇帝刘邦统治时期，汉朝就在周朝的遗产基础上建立了一套基于儒家道德规范的礼仪系统，正如《汉书》所说的"百礼之会，非礼不行"，酒就是这套礼仪系统的核心。

---

① 宋朝自始至终严格实行酒类专卖，这可能也和当时开始流行的蒸馏酒有关。酒类专卖还影响到与酒曲生产及酒精饮料工艺流程有关的中央法规。宋朝在全国范围内建立了 1 861 个国家经营的大型仓库以及地方政府管理并发放经营许可的销售点。这些机构被纳入一个全国性的贸易网络，在后期甚至由军队控制，以支付不断增加的战争开支。违反酒类专卖的行为会比盗窃遭受更为严厉的惩罚。辽和金大体上沿用了宋朝的制度。元朝时，酒类生产和销售收入在国家财政中所占的比例相当可观。明朝的酒税始终比较温和，充其量有时为镇压南方民变而提高酒税以增加军费开支。清朝从 19 世纪开始为解决财政赤字的问题不断提高酒税，直到统治终结。

② 仅在钟立飞（1993 年）第 391 页中就列举了七种地方特色的酒曲，且每种都有独特的名称。

此外，酒在宗教生活中的重要性日益增长，尤其体现在神秘主义的道教中，如占卜、求雨和自然崇拜等鬼神信仰。①

汉代社会中，每逢节庆，不但普通百姓欢饮无度，上层人士也莫不如此，这就不符合儒家的礼仪规范。针对这种现象，东汉学者蔡邕（133—192）作了一篇题为《酒樽铭》的劝诫文来批评这种现象。实际上，蔡邕的劝诫也适用于汉代之后的历朝历代：

酒以成礼。弗继以淫。德将无醉。过则荒沉。
盈而不冲。古人所箴。尚鉴兹器。茂勖厥心。②

汉代酒文化发生了转向谷物和曲法发酵的令人瞩目的演变，那么葡萄酒在这场演变之外扮演了何种角色？葡萄酒的升值，甚至升格为一种贵重的备受推崇的饮品要归因于汉朝向西域的扩张以及与西方联系的加强。在此背景下，葡萄酒作为一种来自西方的商品进入了天子脚下的长安以及中原地区。上文提到的记载张骞出使西域的历史文献表现出对异国文化、新思想、精神潮流和舶来品的极大好奇心与开放态度。有一首长诗描写在商贾云集的长安城中，一个15岁的"胡姬"春日当垆卖酒的场景，她所出售的"清酒"装在"玉壶"中，她手提系在壶上的丝绳来为客人斟酒。③这首诗让人猜想，这可能是波

① 关于酒在汉代的重要性和作用见钟立飞（1993年）。据我所知，关于酒礼在汉代兴起的对儒家经典的神秘主义诠释以及基于阴阳五行的天人感应学说（谶纬之学）中发挥了多大作用，目前还没有详细的研究。可以认为，"酒"在炼丹和占卜活动以及对儒家经典与象征符号的神学解说中扮演着核心角色。这至少在一定程度上可以解释为什么酒文化在汉朝时经历了巨大发展。

② 见维基文库"全后汉文"第74卷酒樽铭。

③ 钟立飞（1993年）第392页。

斯女子出售装在贵重玻璃瓶中的精美白葡萄酒。

从汉朝衰亡到唐朝建立前的四百年过渡期中充满了战乱动荡，但它却是一个对葡萄酒文化极为重要的历史时期。这期间产生了一首可能是中国文学中最古老也最优美的咏葡萄酒诗，值得作为本章的结尾。这首诗的题目是《饮酒乐》，作者是诗人及书法家陆机（261—303）。他出生在三国时的吴国，祖父是吴国丞相陆逊，他本人在西晋时担任多个要职。《饮酒乐》生动形象地反映了那个葡萄酒文化繁盛于费尔干纳盆地、粟特地区、巴克特里亚、犍陀罗和塔里木盆地并辐射到中国的时代：

> 蒲萄四时芳醇，琉璃千钟旧宾。
> 夜饮舞迟销烛，朝醒弦促催人。
> 春风秋月恒好，欢醉日月言新。[①]

这首诗以寥寥数语表达了文人向往自然和追求个人幸福的新生活方式，同时也预示着一个诗歌与美学新时代的到来。在这个时代，人们普遍崇尚饮酒的乐趣，尤其热衷于在高雅的氛围中品尝精美的葡萄酒。《饮酒乐》对葡萄酒的描写使人联想起接下来几个世纪里无数葡萄酒诗中反复出现的内容，并指出葡萄酒与大米、大麦、小麦或小米酿造饮料的区别：后者大多酒体浑浊且很快就会变质，而葡萄酒不

[①] 陆机的《饮酒乐》收入《乐府诗集》卷七十四杂曲歌辞十四，但只有前两句，见维基文库"乐府诗集"第74卷。卷七十七杂曲歌辞十七中收入全三句，以《还台乐》为题，作者是陆琼（537—586），见维基文库"乐府诗集"第77卷。另见曾纵野（1980年）第100页、应一民（1999年）第41页等、郭会生（2010年）第158页。诗中最后一句可能是比陆机晚三个世纪的陆琼加上去的。他直接取用陆机的诗句，将其融入自己的作品，这在中国文学传统中是常见的现象。对于这一提示特此感谢中国著名葡萄酒研究专家罗国光教授。

受季节影响，可保存数年而历久弥新。此外，葡萄酒还能散发出特别的芳香，酒体清澈透亮，明光润泽，再配上合适的贵重玻璃酒器，令人赏心悦目；葡萄酒可以让人心情愉悦，精神振奋，而且醉酒后容易醒酒，也没有宿醉的不适感——所有这些优点不断被两千年来欧亚文化圈一代又一代葡萄酒爱好者所赞颂，也符合当时中国兴起的社会理想与哲学-文学意境。一年四季都有充足的葡萄酒供应这个事实表明葡萄酒不再只是精英阶层才能拥有的奢侈品，当经济发展到一定水平时，葡萄酒便在更广大的社会阶层中越来越流行开来。唐朝时，葡萄酒的普及程度达到了顶峰，并在随后的历朝历代中经久不衰。

第七章

汉唐之间：
道教的长生、出世与酒趣

汉朝时，在谷物生产过剩的推动下，酒文化在社会生活中的影响力达到了前所未有的程度，曲酒发酵技术趋于完善，酒精饮料的种类更加丰富，质量也有普遍进步。此外，在公元后的几个世纪里，酒精饮料的配方得到优化，长途贸易和异域香料的进口无疑也在这方面起到了促进作用。人们喜欢在酒中添加肉桂和花朵等香料以及各种药用植物，这正符合当时日益增长的对饮食在养生保健方面的普遍需求，而将饮酒之乐与药用价值相结合的传统也延续至今。从4世纪起，四分五裂的政治局面和来自四面八方的不同民族和文化的影响造就了空前丰富的地方酒类产品，而且人们还为这些酒品冠以富有想象力和象征意义的名称，使其在市场竞争中更具吸引力，例如"金浆""千里醉""骑蟹酒""桃花酒""美人酒""梨花春""榴花酒"和"桑落酒"等。汉代农业基本上收成良好，但汉代以后，频繁的军事冲突导致粮食生产始终不稳定，时常短缺酿酒所需的谷物。例如，在南方经常没有足够的糯米用于酿酒。[1]此外，当时流行的食疗养生观念也刺激着人们以非同寻常的热情尝试用各种植物原料酿酒或制作混合饮料。

这些尝试中就包括以多种方式加工葡萄：至少从公元前一千年起，定居在中国西部和西南部边缘的希腊-印度-伊朗民族所建立的王国就开始大规模种植葡萄，用于鲜食、制作葡萄干或酿造葡萄酒。在

---

① 李争平（2007年）第 29 页、Z. Li（2011 年）第 5—6 页。暂时的禁酒令反映出经济状况不佳，如尽管曹操本人是好酒之人，甚至还总结整理出一种复杂的曲法发酵工艺，并将其上奏给皇帝，但他仍在 2 世纪末 3 世纪初时推行了禁酒令。

中原地区，至少从前 2 世纪张骞出使西域起，人们就开始大量种植葡萄和酿造葡萄酒，且生产规模不断扩大。正如我在第六章中结尾处引用的葡萄酒诗所揭示的那样，葡萄酒尤其在宫廷人士和知识精英阶层中受到广泛推崇。完全有可能的是，人们或者使用加热的葡萄浆代替谷物糊，或者将葡萄浆与谷物糊混合进行发酵，发酵剂是当时已经达到相当工艺水准且种类繁多的酒曲。还有一种可能的方法是单独使用葡萄干酿酒或在使用其他原料的酿造过程中额外添加葡萄干，今天生活在中国西部的维吾尔族仍保留着这种酿酒习俗。不过，仅仅借助那些独特的酒类名称或文学描述，我们无法还原某些古代饮品的制作原料和工艺。一般认为，人们在不同地区、不同季节生产和饮用混合型酒精饮料或调配的"鸡尾酒"，这些饮品统称为"酒"。

东汉亡于农民起义和内乱，随后开启了三国鼎立的局面。此时酒文化尤其在北部的魏国（又称曹魏，220—265）经历了一个新的繁荣期。魏国宣称自己继承了汉室的正统地位，控制了整个中国腹地，统治范围从黄海经河西走廊一直延伸到汉朝时并入的西域地区，并由此控制了直到中亚的整个丝绸之路贸易。与魏国同时立国的波斯萨珊王朝也开始对中国境内（尤其是北方地区）相继登场的短命王朝施加思想和文化影响力，程度甚至超过了之前的安息帝国。在魏国的后继者中版图最大、势力最强的朝代是西晋（266—316）、东晋（317—420）、前秦（352—394）、北魏（386—534）和隋（581—618）。隋朝最终在汉朝灭亡四百年之后再次统一了中国，在此之前，中国的南方和北方分裂成同时或相继存在的多个小国。

继曹魏帝国之后，西晋王朝控制了中国北部、河西走廊和西域地区长达半个世纪之久。4 世纪初的八王之乱和北方少数民族南徙使得西晋不得不迁往东南地区重新建立政权，史称东晋。在北方，异族最初建立了短暂的前秦帝国，而西域地区的小国则保持了相对独立的状态。两晋之后的时代在历史上被称为南北朝（420—589），其特点是北方主要由少数民族（突厥族、原始蒙古族、通古斯人、藏族、党项族和印度-伊朗游牧民族的混合体 [1] ）统治，南方则在很大程度上以中原文化为主导，艺术、文学和哲学繁荣发展。

来自西北和东北的部落联盟在对中原的入侵中日益强大起来，但他们基本上保证了中国与欧亚草原和中亚的直接经济文化联系的畅通。在漫长的融入中原文化的过程中，这些部落改变了起初对佛教的排斥态度，逐渐接受了佛教教义，并长期支持佛教的传播。然而，由于第一批佛教传播者绝非持守纯正教义的印度僧人，而大多是来自安息、粟特、贵霜或龟兹的商人和旅行者，因此佛教教义中混入了其他宗教思想和传统，主要是萨满教，也有祆教。由于草原民族的影响力，萨满崇拜在北方一直都很流行，其中也包括饮酒仪式。[2] 吸收了其他宗教元素的佛教首先在上层阶级中确立了自己的地位，从 4 世纪起也在普遍民众中传播开来，并通过设立宗教中心和社区、修建寺院和剃度僧侣等建立起一整套管理制度。

北方诸国的统治家族最初是游牧和军事组织，后来逐渐接受了中原的农业、行政、教育和礼仪制度。他们随后制定了关于穿着汉服和使用汉语言的规定。官方鼓励甚至明文要求混血通婚以及采用中原姓氏，从而在整个中国北方形成了一个中原人与其他民族混血的贵族阶层，这种状况一直持续到唐朝。唐朝李姓皇族也出身中原人与突厥族的混血种。这种多民族和多语言的环境吸引了来自中亚的异域思

---

[1] 匈奴早在东汉时就已经失去了影响力，作为一个民族在 4 世纪时逐渐消亡。至于 4 世纪时入侵欧洲的匈人与匈奴人在血缘上存在何种关联，目前还没有明确的结论。

[2] 据史书记载，148 年，安息帝国的僧人（出家前为太子）安士高来到洛阳，随即开始译经工作。见 Gernet（1979 年）第 185、197 页。安士高之后有大量安息人以及印度人、贵霜人等其他中亚国家的僧人来中国弘法，他们大多是从祆教或其他宗教皈依佛门者。

想潮流，如 3 世纪传入的波斯摩尼教的混合教义和 5 世纪传入的基督教聂斯脱里派（景教）。直到 14 世纪，在中国还有人信奉摩尼教和景教。

南北朝时，北魏存在的时间相对较长，享国祚一个半世纪，同时也是北朝中最强盛的一个国家，其势力范围相对稳定，远远延伸到西部地区。北魏这个国号承袭自三国时的魏国，为避免混淆，又称拓跋魏。它是由以突厥-蒙古族主导的拓跋氏部落联盟建立的，其中也包括印欧人。他们成功统一了从甘肃到黄海的整个中国北方地区，首先定都山西北部的大同，后来把都城迁到了东汉的都城洛阳，并将其扩建为一座宏伟的大都市。在此过程中，拓跋氏放弃了游牧生活方式，转而从事农耕等新的经济活动，并适应了中原的行政制度和社会结构，但始终将整个国家置于严格的军事组织管理之下。北魏最大的功绩是在 4 世纪成功击退了游牧民族的入侵，重新夺回河西走廊地区，从而确保了进入中亚的交通线的安全。丝绸之路网络沿途的贸易和外交使节来往得以恢复，并达到了前所未有的规模。此外，通过海上航线，与东南亚和印度-伊朗国家的商贸往来也蓬勃发展起来。[①] 新都洛阳不仅成为东亚的佛教中心，也是商人、僧侣和外国使节云集之地。他们在洛阳开办商号，设立外交机构，也兴建寺院。早在曹魏时期就与吐鲁番盆地中的高昌国，塔里木盆地周围的鄯善、于阗、龟兹、喀喇汗、疏勒、费尔干纳盆地中的大宛，以及相距更远的萨珊、粟特、大夏和北印度等国建立了密切的外交关系，互派使节和互赠礼物的数量稳步增加。特别是来自中亚城邦的粟特人，他们越来越成为当时商业活动和跨文化传播中的主导者，也将波斯萨珊王朝的葡萄酒文化带到了中国。粟特人的文化带有鲜明的祆教特征，葡萄酒是其中

---

① 今天也被称为"海上丝绸之路"。

的重要组成部分。

佛教在北魏虽然起初受到打压，但后来却发展成为国教。凭借国教的地位，佛教得到了北魏政权的大量财政支持，兴建了众多雕梁画栋的精美寺院，也开启了佛教历史上最著名、最宏伟的佛像石窟群的建造，如大同附近的云冈石窟、洛阳附近的龙门石窟、甘肃东部的麦积山石窟和甘肃西部的敦煌石窟。在长达一千多年的时间里，这些石窟的开凿规模越来越大，最后成为充满华美壁画和雄伟雕塑的巨大建筑群，同时也是重要的贸易和朝圣中心。在北魏时期，第一批中国本土僧侣前往佛教的发源地印度求取真经，将其带回中国。其中最知名的是法显和尚与宋云和尚。法显于399—412年经丝绸之路到达印度北部，然后从海路返回中国；宋云于518—522年从敦煌出发，沿丝绸之路南线前往犍陀罗朝圣。可以说，佛教和葡萄酒文化是携手并肩经帕米尔高原和喀喇昆仑山一步步走进塔里木盆地，继而传播到整个中国北方的，然而史学研究对这一事实鲜少关注。佛教与葡萄酒文化的传播走的是同一条穿过犍陀罗和巴克特里亚的交通路线，弘法僧人歇脚的客栈里也有行走的商人停留住宿。敦煌等地位于丝绸之路主干道的交叉处，吸引了来自四面八方的僧侣和商人，并发展成为大型市场和商队驻地。石窟艺术瑰宝的创作离不开赞助商的支持，他们在那里做着利润丰厚的生意，正希望在漫长而危险的旅途中获得精神力量。他们所经营的贵重商品中也包括葡萄酒，正如我在第六章中所述，即使佛教僧侣也不会拒绝葡萄酒，他们接受香客赠送的葡萄酒作为供奉礼物，自己也买卖葡萄酒。①

---

① Trombert（1999—2000年、2002年）在其研究中详细记录了佛教寺院和僧侣无视教义对绝对禁欲的要求，不但自己饮酒，也从事酒精饮料的生产和贸易，甚至参与各种各样的庆典活动。敦煌当地人从8世纪开始使用小米、玉米和大麦为原料酿造类似啤酒的饮料。Trombert（2002年）第530页总结道："敦煌僧侣是啤酒的主要消费群体。"

波斯萨珊王朝的影响一直延续到大唐帝国，并远达朝鲜和日本，在那里有大量艺术和考古遗迹为证。信奉景教的商人和粟特人成为波斯货品最重要的中间商，他们转手的货物包括纺织品、地毯、皮草、宝石、玻璃制品、银器、水晶器皿、金银首饰、香水、香料、农产品、武器和乐器。由骆驼、马匹甚至大象组成的商队经长途贸易路线将这些商品运到中国，同时也将萨珊-粟特的生活方式、艺术和宗教传播到整个远东地区。祆教在萨珊帝国第一次获得了国教地位，并持续到最后一位统治者伊嗣俟三世时期，这位亡国之君在阿拉伯穆斯林入侵时逃亡东方，于651年在梅尔夫被杀害。他的儿子卑路斯王子（Piruz）和阿罗撼王子（Bahram）前往中国首都长安，受到唐高宗的隆重接待。两位王子在跟从他们的大批波斯人的拥护下成立了一个流亡政府。后来唐朝几次支持波斯人从阿拉伯人手中夺回领土，均以失败告终。据史料记载，波斯-粟特人散居中国各地直到9世纪，这也是葡萄酒成为唐朝精英阶层和社会生活中的时尚饮品的主要因素之一。与萨珊王朝祆教信仰密切相关的繁荣的葡萄酒文化早在汉朝灭亡之后的四百年间就不仅在中国北方，也在南方促成了一种新的生活方式的产生。[1]

5世纪末，北魏在洛阳建立了新的都城，南北长10公里，东西长7.5公里，四面围有巨大的城墙，城内有1 367座大大小小的佛寺，外国商人以史无前例的规模涌入洛阳，他们的聚居地占据了整整一个城区。稍后，在北齐（550—577）时期，大量来自阿姆河流域的粟特商人居住在国都邺城（今河北南部）。[2]3—6世纪期间，商贸活动和

---

[1] 6世纪以后，除了长安以外，在甘肃的敦煌（古称沙洲）和武威（古称凉州）、河南洛阳及其他商贸中心城市也兴建了祆教庙宇。随着9世纪中期以后开始的对外来宗教的打压，祆教的影响力逐步降低，13世纪初蒙古入侵中国后祆教最终消亡。

[2] Gernet（1979年）第166页。

文化交流在洛阳以北的地区（今山西省）尤为活跃。太原周边地区自古以来就被称为并州，位于黄河－鄂尔多斯的几字弯以东，覆盖整个汾河流域，是中原通往北方最重要的交通要道之一，也是丝绸之路从古都长安和洛阳通往北方草原和北京平原区的支线。前 500 年左右就已形成的晋阳古城是这条路线的主要枢纽。晋阳古城位于今太原郊区，大部分遗址尚未得到发掘，但历史记载和迄今为止的大量考古发现（如具有鲜明外来文化特征的奇特陶俑、波斯风格的器皿和珠宝以及萨珊王朝和罗马帝国的钱币）表明，这里很可能曾是欧亚大陆上一个独一无二的多种文化集合地。尤其值得注意的是粟特人，他们不只活跃在晋阳的市场上，还在这个城市里定居下来。尽管他们愿意接受中国文化，但也世世代代保留着本民族的风俗习惯，其中最重要的当属葡萄种植和葡萄酒贸易。我们由此可以推测，太原地区的葡萄酒文化就是在这一时期受到粟特人的影响而发展起来的。13 世纪时，马可·波罗在他的游记中对太原地区的葡萄酒文化进行过生动的描述。① 不过，正如我在第三章的阐述，太原和整个山西省自史前时代起就是不同游牧民族的集散地，其中有些拥有印欧和伊朗血统。据传说，这些游牧民族在更早之前就已经在那里种植葡萄和酿造葡萄酒。

近年来考古学家发掘出一系列粟特人社群首领（萨保）② 的墓葬，年代属于 6 世纪末，也就是隋朝统一中国（581）前后。他们大多生活在继了北魏疆土的北齐和北周（557—581）时期。为了遵守祆教关于尸体不得接触和污染土地的教义，同时也为了符合中国地下墓葬的惯例，粟特人将死者放在床腿凿成狮子等动物造型的石床上，安葬在石头砌成的墓室中。这些墓葬是北朝诸国及隋朝与中亚文化关系的

---

① 张庆捷（2010 年）第 51 页等、张庆捷（2016 年）。
② "萨保"一词源自波斯语的 *Sareban*，意思是"赶骆驼的人"。

特别见证。对死者骨骼遗骸的 DNA 分析表明其属于欧罗巴人种。

粟特首领墓葬中摆放着精美的陶制塑像，汉白玉石椁的内外壁上都有生动的浮雕和图画，其上的人物明显是西方人，所穿的服装和周围的陈设器物都不是中式的。浮雕与壁画描绘了骆驼商队、外交活动、狩猎等场景，当然最主要的是典型波斯风格的伴随着音乐和舞蹈的欢饮盛宴。大量画面着力表现酿造葡萄美酒、斟酒和众人共饮的情形，其中清晰可见波斯酒壶、高柄杯和角杯。画面中的纹饰主要采用葡萄藤图案，火坛和拜火的场景体现出粟特人的袄教信仰，而葡萄酒在袄教教义中一直具有净化精神的重要神圣功能。2000 年发现于西安的安伽墓（579）和 1999 年发现于太原的虞弘墓（592）在这方面提供了极为生动和令人印象深刻的例证。此外，在西安、河北、甘肃和宁夏也有更多此类发现。[1] 虞弘夫妇墓的浮雕中有几幅特别引人注目，其中一幅生动地表现人们用脚踩踏葡萄榨汁的场景，踩踏的动作显然呈现出舞蹈的姿态，画面四周以卷曲缠绕的葡萄藤为装饰；还有一幅描绘萨保夫妇在以音乐和舞蹈助兴的宴会上畅饮葡萄美酒的场景，具有丰富的表现力；其他五个较小的场景表现人们一对一对轻松愉快地互相敬酒，尽情畅饮。虞弘墓中一件作为随葬品的陶俑呈现出一个典型粟特人的形象，他身穿粟特服装，手持一只波斯酒壶，这说明粟特人在中国的新家园中也发展出灿烂的酒文化。此外，在这一地区出土的大量以陶、瓷、银、金制成的酒壶、酒瓶和酒杯也是这方面的典型例证。[2] 墓志铭上用汉文书写的萨保（大多与他们的妻子同葬）名字是他们原属波斯族名的音译，这些名字也是当时中亚地区以撒

---

[1] 关于 21 世纪初在中国发现的其他粟特墓葬及其在各博物馆展出的情况见张庆捷（2010年）第 44 页、荣新江（2014 年）第 295 页等、郭会生 / 王计平（2015 年）第 106 页等。

[2] 其中包括典型的中亚扁壶，长途跋涉的商人将这种扁壶挂在驮鞍上。见张庆捷（2010 年）第 141 页等以及图示。

马尔罕和布哈拉为中心的十几个粟特城邦
的名称，基本上都曾见诸中国史书记载。[①]
（见图 7.1—图 7.6）

　　丝绸之路沿途的佛教石窟壁画上也时
常可见粟特人的形象。此外，根据历史记
载，北方城市遍布火庙，城外高地上还有
按照祆教丧葬仪式安放尸体的葬尸台。在
许多地方还发现了陶制骨瓮，里面存放着
死者尸体脱肉后的骨骸。粟特人尤其在唐
朝时主导着丝绸之路上的交通与商贸文化
交流，并且越来越多地将他们的文化传播
到中国。[②]

图 7.1　粟特人虞弘墓石椁浮
雕 "葡萄酒榨"，592 年，山
西博物院，太原

[①] 同时期中文史料中提到的粟特小国的名称与定居且埋葬在中国的粟特萨保的汉化姓
　氏相同，如康国、安国、曹国、何国、石国、米国、穆国等。迄今为止还未能确定
　虞弘墓碑文中提到的虞国或鱼国。这些城邦的居民总是被描述为高鼻深目浓须之人，
　他们能歌善舞，热爱饮酒。墓葬浮雕、石窟壁画（如敦煌和大同石窟）、带有纹饰的
　饮酒器皿以及在华北和华中地区发现的大量粟特陶俑都是这方面的实证。见 Trombert
　（2002 年）第 551 页等、张庆捷（2010 年）第 59 页等、荣新江（2014 年）第 1 页等。
　部分著作中列出了一些波斯语国名。关于粟特文化的更多内容见本书第八章。

[②] 粟特研究专家荣新江在其著作（2014 年）中提供了有关在中国的粟特人和近期重大
　粟特墓葬考古发现的最新详细信息。偶然发现的虞弘墓入选 "中国 20 世纪 100 项考
　古大发现"。虞弘墓以汉白玉砌成，内有墓室、石床、浮雕、墓志铭和随葬品。关
　于这座墓葬的发现、发掘和介绍详见首席考古学家张庆捷的附有大量插图和细节描
　述的论文与著作（2003 年、2010 年）、太原市文物考古研究所主编的摄影集（2005
　年）、郭会生（2010 年）第 159 页等。在此我要感谢张庆捷教授 2015 年 10 月带领
　我们参观太原的山西博物院并详细讲解虞弘墓，随后我们保持通信联系，他还为我
　提供了他的一本关于山西酒文化的著作文稿（2016 年）。2017 年 10 月我们再次进行
　了交谈。在其他墓葬中发现的粟特陶俑栩栩如生，表现商人、骑马者、官员、舞者
　和杂耍艺人的形象。这些陶俑现藏于太原、洛阳、西安等地的博物馆。另见张庆捷
　（2010 年）第 159 页等。

图7.2 粟特人虞弘墓石椁浮雕"节庆宴饮"，592年，山西博物院，太原

图7.3 粟特人虞弘墓石椁浮雕"使用来通杯和酒碗的饮酒仪式"，592年，山西博物院，太原

图7.4 粟特人虞弘墓石椁浮雕"祆教拜火仪式"，592年，山西博物院，太原

尽管中国史料中记载的最古老的佛教社区出现在公元65年时的江苏北部，但早在公元前2至公元1世纪时期，来自伊朗-希腊化的西方世界的佛教信徒可能已经通过丝绸之路来到了汉朝。当然，中国最早的佛教徒仅限于外国商人，后来佛教也只在当地的城市精英小圈子中传播，这些信徒可能构建了佛教与道教世界观的最初接触点。中国历史上流传着汉武帝信奉道教并热衷炼丹术的说法，尽管正是在他统治期间儒家思想被确立为文官制度的国家意识形态。我们可以推测，在佛教传入中国的大背景下，汉武帝在他漫长的帝王生涯中对其他地区的文化产生了浓厚的兴趣，尤其是充满神话色彩的西方世界，而他派遣张骞出使西域正是出于对异域文化的好奇。这也可以解释为什么他在长安皇宫周围大规模种植来自费尔干纳谷地的葡萄。

图 7.5　手持波斯葡萄酒壶的陶俑，粟特人虞弘墓，592 年，山西太原出土，现藏于山西博物院

图 7.6　波斯-萨珊王朝风格的银质酒碗，其上的图案表现狩猎场景，山西北部出土，504 年，现藏于山西博物院

曹魏王朝的开国皇帝曹丕（187—226）是中国古代最早的知名葡萄酒爱好者之一。他的父亲曹操既是雄才伟略的政治家与军事家，也是一位杰出的文学家，写下了很多歌颂美食、美酒和宣扬及时行乐的诗歌。[①]220 年，曹丕自立为魏文帝，他在《诏群臣》中赞美了葡萄酒的好处：

中国珍果甚多，且复为蒲萄说。当其朱夏涉秋，尚有余暑，醉酒宿醒，掩露而食。甘而不饴，脆而不酢，冷而不寒，味长汁多，除烦解渴；又酿以为酒，甘于曲蘖，善醉而易醒。道之固已流涎咽唾，况

---

① 曹操《短歌行》中的"对酒当歌，人生几何？……何以解忧？唯有杜康"是千古传诵的名句。见《古诗鉴赏辞典》（1988 年）第 313 页。关于杜康见本书第三章。

亲食之邪！他方之果，宁有匹之者？ [1]

　　几乎没有任何一份历史文献可以像曹丕的《诏群臣》那样清楚表明中国贵族和学术精英如何热爱葡萄酒并推动了饮用葡萄酒的风气。在曹丕生活的时代，罗马人在遥远的西方大规模酿造葡萄酒并将其出口到阿尔卑斯山以北的河谷地区。[2] 我在第六章结尾处提到的产生于同一时代的诗歌赞扬了葡萄酒的优点，指出葡萄酒与曲法发酵粮食酒（如小米、大米、小麦或大麦）形成了鲜明对比，后者不够美观，也完全没有葡萄酒的馥郁芳香，通常保存时间短，有时还不易消化。皇帝亲自向宫廷下达饮用葡萄酒的官方命令，并与针对服装和饮食的规定并列，这一事实也表明了葡萄酒至少从 3 世纪开始就已经在中国北方普及。这一历史时期的一些零星文字记录清楚表达了当时人们对葡萄酒的喜爱，使我们可以得出这样的结论：接下来的几个世纪中贯穿文学和诗歌的"酒"虽然没有得到明确说明是何种酒，并且诗人们运用多种修辞手法对酒进行了婉转描述，但种种迹象表明，这些酒极有可能是葡萄酒。

　　曹丕的诏令也显示出当时葡萄酒在中国的复兴。东汉末年，政局动荡，战乱频仍，民生凋敝，葡萄酒文化一度衰落，葡萄酒也成为稀有的奢侈品。显然，当时的葡萄酒珍贵到可以用来换取一个肥缺：以注解《孟子》闻名的经学家赵岐（108—201）撰写、文学批评家挚虞（？—311）注释的《三辅决录》中记载，有人用二十公升葡萄

---

① 见维基文库"全三国文"卷 6；另见应一民（2000 年）第 43、98 页；曾纵野（1980 年）第 100 页；Huang（2000 年）第 204 页；郭会生（2010 年）第 158 页；刘树琪（2016 年）；Trombert（2001 年）第 309 页。

② 最古老的罗马葡萄酒（4 世纪）现藏于德国 Speyer 的葡萄酒博物馆，盛放在一个玻璃瓶中。

酒买到了凉州（今甘肃中部丝绸之路上的"葡萄酒城"武威）刺史之职。[①] 后世也不乏这种以酒为贿的做法，在北方尤为普遍。唐代文学家刘禹锡（772—842）是洛阳人，他就曾在《葡萄歌》一诗中借古讽今，批评这种社会风气。[②]

历史学家通常以汉朝的灭亡标志中国古典时代的结束和中古时代的开始，其特征与欧洲相似。旧的封建制度崩溃，与此相关，僵化的、支配一切的儒家政治和社会制度被人们摒弃。在儒家制度中，每个人的道德义务和社会地位都有详细的规定。而统一大帝国的解体、游牧民族征服北方、汉人南迁以及融合了多种信仰观念的佛教的兴起导致了社会价值观的深刻变化，个人的需求和对人生方向的探索成为人们关注的重点。对于社会政治问题提出不同见解成为风尚，这些见解一方面与无政府主义、自由主义，甚至唯物主义和虚无主义思想混杂在一起，另一方面也与转向形而上学、渴望解脱、忘却自我和佛教所追求的涅槃之境密切相关。在这一背景下，"酒趣"的主题和将酒神化为生命灵药的做法就可以理解了，它从此也贯穿于文人墨客的怪诞生活方式和自由不羁的文学艺术创作中。东晋官员王蕴（329—384）是一个有名的酒鬼，据说他常常终日长醉不醒。关于酒他有一个深刻的见解：

　　　　酒，正使人人自远。[③]

---

① 出自《三辅决录注》，引自《三国志》卷三裴松之（372—451）注。另见中国哲学书电子化计划之"三国志"；应一民（1999 年）第 41、96 页；Trombert（2001 年）第 304—305 页。

② 见本书第八章。

③ 郝勤（1993 年）第 60—61 页。

中国社会接受佛教的基础是人们更多转向对道教理想的追求，这与儒教吸引力的丧失相辅相成。在道教的普及过程中，原本充满哲学色彩的深奥的道家思想转变为带有宗派特征的民间宗教。道教信徒仿效佛教的组织形态成立道士团体、修建宫观和隐修场所，也确立了道长制度、教规、圣典和礼仪，并衍生出圣骨、圣人和转世崇拜，甚至发展出可能导致狂热和暴力的救世主信仰。民间道教构建了一个由神仙、得道者、鬼魔和自然灵体组成的错综复杂的崇拜体系，黄帝与传说中道家创始人老子的合体"黄老"位于这个体系的最顶端。汉唐之间的几个世纪中积累了数量空前绝后的道教典籍和注解经书，并与佛教典籍的编纂和翻译形成竞争。大量道教流派和宗派应运而生，其追随者致力于通过禁欲苦修、食疗养生、静坐冥思、导引行气等方法达到延年益寿甚至长生不老的目的。由此发展出一套关于宇宙万物相生相克的思辨体系，并与相应的医学、炼丹术以及占星术思想和实践相结合。这一切都会让人联想到商朝和周初的巫术崇拜，今天在中国传统医学中仍能看到其影响。正是在以上方方面面因素的作用下，酒精饮料在道教中经历了新的繁荣。道教徒在酒中添加各种具有医疗和养生作用的成分，还赋予这些"灵药"富有想象力的名称，如"玉液琼浆""瑶池仙品"和"月宫桂酒"等，这些瑰丽的词汇后来也被文人墨客写进诗词歌赋中。中文里有丰富的词汇形容贵重的玉石，它们也常被用于描写葡萄酒，这一点甚至在现代葡萄译名中仍有所体现，比如白葡萄品种"Gewürztraminer"就被翻译成"琼瑶浆"。

在中国传统中，尤其是在道教中，玉石直到如今都被视为一种带有魔力和神性的宝石。自新石器时代以来的墓葬中发现了无数含有玉石首饰和崇拜物品的随葬品。在距今三千多年的安阳殷墟中出土了玉石制作的礼器（琮、璧）、动物雕塑、装饰品和首饰，经鉴定这些

琥珀光与骊珠：中国葡萄酒史

玉石来自塔里木盆地南部的于阗（和田）地区。这表明早在丝绸之路开通之前就已经存在可能远至印度、中亚、美索不达米亚和埃及的长途贸易。[①] 自古以来玉就是纯洁和崇高的象征，是通往彼岸和长生的桥梁，在后来的儒家玉德思想中象征着一个人的道德操守和社会地位。自史前时代起人们就以玉器陪葬，在死者的七窍放置玉塞或者以整套玉甲装裹尸身，认为这样可以确保死者获得永生。在道教炼丹术中，玉与植物和金属物质一样是炼制长生不老药的基本原料。因此，以晶莹剔透的玉石比喻贵重的美酒，在文学和艺术审美的意义之外也上升到了哲学和形而上学层面。

一些道教教派吸引了大量狂热的追随者，他们大多是失去生计走投无路的贫苦农民和工匠。以道教为旗帜的农民运动曾多次夺取政权，如184年黄河流域爆发的"黄巾起义"威胁到汉朝的统治，虽然最终以失败告终，但汉朝名存实亡的局面已无可挽回。同时，"五斗米道"在西南地区兴起，甚至在那里建立政权，统治汉中三十多年。五斗米道信徒听命于24个称为"祭酒"的领袖，这反映出道教与酒的神秘联系。[②] 每位"祭酒"负责一个教区，宣传教义，主持崇拜仪式。仪式中当然少不了可以启发灵感的精神饮料。

佛教和道教在相互影响的转变过程中找到了许多契合点。人们最初只能在现有道教术语的基础上为将佛经从梵文翻译成中文面临的巨大挑战寻找解决方案。例如，有人试图借助道教的"无为"来解释涅槃的概念，因为二者殊途同归，最终都指向自我消解并与自然和宇

---

① 在古埃及，玉也被视为神明的象征。商代出土的玉器有鹿形玉雕，表明中国与欧亚草原的青铜文明之间存在联系。

② "祭酒"这个官职名称后来成为道士六阶之一（见李争平2007年第205页），并沿用至今。相关提示来自德国埃尔朗根-纽伦堡大学的朗宓榭教授。

宙融为一体的共同理想。① 在中国古代神话中，对长生不老药的寻索已经指向西方，这表明印度佛教、伊朗祆教和中国道教之间可能很早就存在着目前尚未充分了解的联系。随着新的历史时期的到来，人们则在备受推崇的酒的精神作用特质中寻索长生不老药的精髓，这里的酒更具体来说，就有可能是与佛教一同走出犍陀罗，沿着丝绸之路上的宗教和商业枢纽跋山涉水来到中国的葡萄酒。

　　汉代以后，道教中"仙"的概念与佛教中的"佛陀"平行发展，这绝非偶然。将知名嗜酒文人奉为"酒仙"即反映出"仙"的理想。唐朝初年出现了"酒中八仙"的说法，指当时最著名的八位饮酒诗人。"八仙"套用了神话传说中的"八仙过海"，而这"各显神通"的八仙又对应源自道家思想的《易经》八卦。② 在汉唐之间的动荡时期，信奉老庄（当时已被奉为神明）之学的人往往无心仕途，弃官归隐，远离战争和苦难，在山水田园中恬然自乐，一面吟诗作赋，一面畅饮酒神杜康与仪狄③ 赐下的"琼浆玉液"。从文学作品中那些描写酒的优美词句来看，显然诗人们也不时享用芳醇的葡萄美酒。偏居一隅、以酒为乐是这一历史时期的典型特征，在诗歌和叙述作品中有很多相关表述。有一个传奇故事说，刘伶醉酒后，魂魄飞升到仙界，在那里神游三日后返回身体，安然无恙地继续在尘世生活，就像做了一个美妙的梦，然而此时人间已经过去了三年。④

---

① 值得注意的是，4—5 世纪时，对道教核心概念"有"和"无"以及相关的"无为"和"无心"（也即"无情"，这里是突然开悟的意思）的重新诠释成为当时中国第一批知名佛教学者探讨的中心话题。

② 唐朝诗人杜甫所作《饮中八仙歌》使得这八位饮酒的诗人千古留名（见本书第八章）。明朝时产生了"醉八仙"的传说。见郝勤（1993 年）第 60 页。

③ 神话传说中酒精饮料的创造者，见本书第三章。

④ 刘伶是竹林七贤之一，见下文。这个故事可以引发对"睡佛"的联想。

一些道教教派采用了大乘佛教的五戒教义，即不杀生、不偷盗、不邪淫、不妄语、不饮酒。在极端情况下，他们也依照佛教经典规定信徒不但本人不可饮酒或品酒，也不可引诱他人饮酒，连闻一下酒味都不允许，也不准从事酒类贸易，甚至将酒斥为毒药和最邪恶的麻醉品。但实际上，无论是道教还是佛教的绝对禁酒基本上仅限于个别信徒信奉的教义、严格持戒的寺观和出家的修行者。与儒家道德一样（见本书第五章），道教和佛教对饮酒和"醉酒"的看法也是矛盾的，适度饮酒从未被视为不可接受的行为。只有一个道教神秘主义的宗派从 12 世纪开始遵循佛教禅宗的教义，要求信徒遵守严格的诫命，其中就包括戒酒。

从最初的传统来看，道教并不要求禁欲；相反，在道教的炼丹术、食气导引等养生手段和宇宙观中，酒被赋予积极的，甚至延年益寿的作用。饮酒是自由的象征，是对苦难尘世的摆脱。道家的代表人物庄子生活在前 3 世纪，而辑录庄子著述的《庄子》一书在 3 世纪才编纂完成。《庄子》中有一篇提到饮酒是快乐的源泉，还有一篇讲述了一个和酒有关的寓言故事：一个醉汉从马车上摔下来，却不知道摔下来的原因，也没有感觉到受伤，一个顺从天道的圣人也会如此。[①]根据道家的解释，醉酒之趣可以比拟为天人合一、"道""我"合一的"忘我"境界。作为最高真理的"道"表现为空间和时间上的绝对自由以及对生死的超越。达到这种境界的"神仙"可以无限制地饮酒，既不会宿醉，也无需懊悔。无数山水田园诗人一生都在追寻这种理想和"长生不老药"。然而，只要看一看传记资料就可以知道他们中的大多数人并不长寿——当然，他们作为"酒仙"在历史的长河中留下

---

① 出自《庄子·渔父第三十一》，见中国哲学书电子化计划；《庄子·达生第十九》，见中国哲学书电子化计划。

了不朽的名声。

然而，在道教的发展历程中，与儒家学说类似（见本书第五章），关于酒的矛盾性的讨论不时有之，也不乏对滥饮危害的警告，如阴阳失调、身心不谐、五行失衡、气脉不畅等。反对过度饮酒的主要论据是酒精成瘾和放纵无度，这不但与实现内心自由的目标南辕北辙，还在生活的各个领域造成危害，如破坏社会经济秩序、导致犯罪与暴力事件，甚至引发战争。此外，酿造酒精饮料也会耗费大量粮食。因此，自东汉以来，一些道教教派多次发布文告和法令，要么严禁饮酒，要么只允许在一定限度内饮酒（如祭祀、宴客、医疗和滋补），尤其值得注意的是还明确规定只有酒精含量极低的酒才能入药。[1] 这可能是道教和佛教同时繁盛的千年中从来没有发现生产和饮用蒸馏酒迹象的最重要原因之一。无论如何，这些禁酒的规定主要针对出家的道人，而道教的逍遥家们则继续在酒这种"长生不老药"的秘境中寻求心灵解脱。

在 7 世纪以后的唐朝时，受已进入各个社会阶层的佛教的影响，茶从一种药物转变为备受推崇的文化饮品。在此之前的 2 世纪末到 6 世纪末之间，中国陷入分裂和战乱，政局动荡，王朝频繁更迭。在这样一个时代，人们在酒中获得慰藉，借助酒忘却世间的苦难，酒因此越来越受到人们的重视。在佛教向中国渗透的同时，道家哲学发展为一种济世度人的民间宗教，并通过方术和炼丹术追求延年益寿甚至长生不老，在修炼中达到出神入化浑然忘我的境界。此时涌现出大量隐居避世的山水田园诗人，在他们的诗作中，酒在自我修炼中发挥了新

---

[1] 郝勤（1993 年）第 65 页等。这些限制性的规则最早是由阴阳家、长生不老术士、炼丹家和医学家葛洪（280—340）制定的，他在这些规则中也借鉴了儒家的道德规范。

的功能。使用朱砂、水银、铅、硫磺、银和金炼成的丹药难以下咽，根本无效甚至有毒，往往会缩短而不是延长生命。与之相比，酒精饮料，尤其是葡萄美酒在振奋精神、激发灵感的效果方面无论如何都更受青睐，这也与道教追求的静坐修真和天人感应的理想相吻合。[①] 大多数庙宇和道观中的修行者都喜欢饮酒，这些宗教场所的周围酒肆林立，后来的西方基督教世界也是如此。[②] 历史上除了诗人以外还不断有道士享受饮酒之乐，但他们绝不是无节制地酗酒，饮酒对他们来说是一种养生与修行的生活实践。在辟谷斋戒中，酒精饮料也可以补充能量。宋代道士刘词在营养学著作《混俗颐生录》中论述了"饮酒之道"，并提出了以下几条饮酒规则：

（1）大醉极伤心神。

（2）凡饮后不欲大吐。

（3）凡欲饮酒不欲速。

（4）饮酒后不欲得饮冷水、冷茶。

（5）饮后不欲一向卧。

（6）不问四时，常吃暖酒弥佳。[③]

对于正确的饮酒方式，他的态度是：

智者饮之则智，愚人饮之则愚。[④]

---

① 郝勤（1993 年）详细论述了酒文化与追求长寿及长生的道教的关系，也列举了几位热爱饮酒的知名道士。

② Kandel（1985 年）第 7 页、柯彼德（2005 年）第 241 页。

③ 出自《混俗颐生录·饮酒消息第二》，见维基文库"混俗颐生录"；另见郝勤（1993 年）第 63—64 页。

④ 出自《混俗颐生录·饮酒消息第二》，见郝勤（1993 年）第 64 页。

在道教对于长生不老的追求和对"仙酒"①的寻索中，葡萄酒一方面作为一种纯净和高贵的饮品，另一方面也因其植物活性成分和食疗功效作为一种保健饮品，受到推崇。这些因素对于葡萄酒今天在中国的复兴也起到了重要的促进作用。

总体而言，民间道教展现出商周萨满教占卜和祭祀仪式的延续。在道观中，奠酒、作法、驱魔也是必不可少的仪式，而这些仪式中所用的"酒"被视为除邪敬神的"神圣之水"。②早在《道德经》和《庄子》中，水就被描述为个人品格修养所要达到的理想，因为水能穿石，水也能灭火。酒作为至纯至净的水可以抵御污秽、毒物、疾病和邪祟。在道观中，道人按照规定将酒供奉给各路神仙，在打坐前用酒漱口。道教徒甚至把酒当作护身符。这种宇宙原初运行原则"道"与作为"神圣之水"的"酒"之间的神秘联系在今天的道教流派中仍然可以看到，在此也体现出道教与佛教的根本性区别。

在这个统一大帝国解体、地方各自为政、正统社会规范瓦解的历史时期，很多人在心灰意冷中归隐田园，专注于个人的修身养性。诗人哲学家们耽于感官享受，沉醉在葡萄美酒中无法自拔。这在多大程度上影响了三四世纪时的"清谈"和"玄学"的文学思潮，值得研究。无论如何可以肯定的是，在这一时期，与西方历史相似，葡萄美酒主导了哲学、宗教和文学领域，在接下来的一千年间成为中国人新型生活方式的一个组成部分——过去的几百年中，无论在中国还是西方，人们都遗忘了这一事实，学术界对此也不感兴趣。实际上，恰恰在汉唐之间逃避现实与回归自然的时代，葡萄酒作为所有发酵饮料中最天然的一种获得了特殊的声誉，在传世的文学作品中时常可以见到

---

① 郝勤（1993 年）第 59 页。

② 郝勤（1993 年）第 64—65 页。

琥珀光与骊珠：中国葡萄酒史

这方面的表述。

在对人间苦难的反思和酒带来的神秘解脱方面可以发现跨越空间和时间距离的惊人相似之处，酒甚至在轮回转世中扮演了某种角色。例如，韦昭（204—273）所著的《吴书》中记载了一则趣事，说的是东吴文人郑泉的临终遗言：

> 必葬我陶家之侧，庶百岁之后化而成土，幸见取为酒壶，实获我心矣。[1]

郑泉生前嗜饮葡萄酒，他时常会梦见一艘装满美酒佳肴的船，美酒喝完会自动添满，源源不绝。

一千年后，波斯学者、哲学家和诗人奥马尔·海亚姆（Omar Khayyam，1048—1131）在四行诗中也表达了类似的思想。面对倏忽而逝的世界，他将人生的喜悦寄托在葡萄酒中：

> 去吧，我的可人，拿酒来让我快意，/用你的美丽使我忘却一切苦难，/让我们共饮一壶葡萄美酒，/只要我们还没有变成那把盛酒的酒壶。[2]

从 3 世纪起，面对新的文化思潮和政治社会动荡的冲击，前所未有且丰富多样的文学形式应运而生。回归自然，对天地自然的诗意沉思，对政治权谋、社会陈规和空洞道德的蔑视与弃绝成为其中的重要

---

[1] 出自《吴书》，引自《三国志》卷四十七《吴主传》裴松之注，见中国哲学书电子化计划。另见应一民（1999 年）第 34 页。

[2] 引自 Pirayech（1999 年）第 16 页。

主题。与山水田园诗歌同时发展起来的还有书法和山水画艺术，后两者在中国历史上第一次成为一种独立的审美趣味，同时也是个人风格和天人合一宇宙观的体现。在人文荟萃的南方，文人和艺术家们经常聚在一起"清谈"，以一种高雅的语言风格就哲学、文学、艺术和伦理话题进行轻松随意、妙趣横生的谈话。玄学讨论也成为一时风气，在佛教的启发下产生了针对道教神秘主义中的"有"和"无"及其相互依存关系的本体论辩论，并以老庄视角重新审视儒家经典《易经》。热衷玄学清谈的文人墨客们经常在幽雅宁静的山水间把酒言欢。现存最古老的清谈文集是成书于 5 世纪初的《世说新语》，其中汇集了大量灵光一闪的奇思妙想、高士名流的轶闻趣事与仙界梦境的奇幻见闻。[1]

曹魏末年聚集在都城洛阳附近的"竹林七贤"首次展现出这种新的生活方式。他们以自然之友、美学家、自由思想家、放浪形骸的离经叛道者的身份载入文学史，同时也可能是中国最早、最著名的豪饮文化的代表人物，在纵酒畅饮中，他们把对当下分秒时光的享受与刹那间迸发出的创造力结合在一起。作为竹林七贤之首的嵇康（223—262，或 224—263）是一位诗人、道家哲学家、音乐家和音乐理论家。他身形高大，有人形容他醉酒时身体摇摆的姿态仿佛玉山将崩。因拒绝与司马氏政权合作，嵇康在壮年时被处决，据说行刑前他一直在弹奏古琴。[2]

在竹林七贤当中，刘伶是特别显眼的一位。《世说新语》中收录

---

① 《世说新语》的完整英文译本见 Mather（1976 年）。关于新的哲学-文学潮流、"清谈"运动和"竹林七贤"见 Schmidt-Glintzer（1990 年）第 175 页等。关于中国中古时代文化的概况见 Gernet（1979 年）第 174 页等。余翠玲（1993 年）第 377 页等将当时的饮酒文人分为三类：（1）放达型（如竹林七贤）；（2）雅集型（如王羲之）；（3）自娱型（如陶渊明）。

② 关于"竹林七贤"的一些轶事见韩胜宝（2003 年）第 97 页等。另见陈廷湘（1993 年）第 250 页；缪元朗（1993 年）第 323—324、328—329 页。

琥珀光与骊珠：中国葡萄酒史

了好几则讲述他怪诞不经行为的趣事。刘伶传世的唯一一首较长的诗歌作品是《酒德颂》，其中表达了他对社会传统规范的厌恶，赞颂与美酒相伴的洒脱不羁的生活，不求富贵与功名，过去与未来之事也都如过眼烟云。① 当他在一刹那间体悟到生命的狂喜时，他借助醉酒之境的意象做出了如下描述：

> 无思无虑，其乐陶陶。兀然而醉，豁尔而醒。静听不闻雷霆之声，熟视不睹泰山之形，不觉寒暑之切肌，利欲之感情。②

刘伶故事中最有名的是下面两则，在后世的反复引用中也获得了讽刺意味：

> 刘伶恒纵酒放达，或脱衣裸形在屋中，人见讥之。伶曰："我以天地为栋宇，屋室为裈衣，诸君何为入我裈中？"③

> 刘伶病酒，渴甚，从妇求酒。妇捐酒毁器，涕泣谏曰："君饮太过，非摄生之道，必宜断之！"伶曰："甚善。我不能自禁，唯当祝鬼神，自誓断之耳！便可具酒肉。"妇曰："敬闻命。"供酒肉于神前，请伶祝誓。伶跪而祝曰："天生刘伶，以酒为名，一饮一斛，五斗解酲。妇人之言，慎不可听。"便饮酒进肉，隗然已醉矣。④

---

① 应一民（1999 年）第 42 页。
② 出自《世说新语·文学第四》刘孝标（462—521）注，见中国哲学书电子化计划；郝勤（1993 年）第 61 页。
③ 出自《世说新语·任诞第二十三》，见中国哲学书电子化计划。
④ 出自《世说新语·任诞第二十三》，见中国哲学书电子化计划。另见应一民（1999年）第 42、44 页；李争平（2007 年）第 269—270 页。

关于刘伶还有一个传说：他乘坐鹿车在外面闲游，手里始终握着酒杯，车里载满了酒，随行的仆人扛着铁锹，如果刘伶突然醉死便可以马上将他就地掩埋。

在当时常见的奇幻故事中，刘伶甚至被称为"酒仙"，还曾做过西王母的弟子。西王母是原始道教中最古老的神仙之一，居住在西昆仑山，掌管长生不老药。① 在传说中，刘伶在西王母的宫殿中纵酒豪饮，举止不雅，被她贬到人间投生。在另一个传说中，刘伶与酒祖杜康有了奇妙的交集。② 杜康是一个酒店的老板，夸口说他的酒特别烈、特别醇，这勾起了刘伶的争强好胜之心，他不甘心仅仅小酌一两杯，而是一口气喝光了一大壶。他跟跟跄跄地回到家后便陷入了长达三年的沉睡，直到杜康来找他讨要酒账时才醒过来。③

竹林七贤中的阮籍（210—263）也是一位猖狂怪诞之士，他有一系列散文作品和充满浓郁哀伤情调的诗作传世。阮籍不愿出仕，多次辞官归里，日日纵酒豪饮，不问世事。与刘伶等志同道合的好友一样，阮籍对上层人士的富贵奢靡生活和仕途功名充满厌恶。曹魏权臣司马昭想让阮籍的女儿嫁给自己的儿子司马炎（即后来的晋武帝），派人上门求亲，然而阮籍连续醉酒六十天，无法议事，最后司马昭只得作罢。④

竹林七贤的传奇和传说故事，包括他们传世的诗歌和文章大部分被后人理想化了。作为随后几个世纪中回归自然和隐居田园者的原

---

① 关于西王母另见本书第三章。根据传说，3 000 年前，周穆王西巡到天山一带拜访西王母。我们似乎可以合理推断，这是中国人与伊朗民族和萨满教-祆教世界的最早接触，而西王母最初是中亚的一位女神或女萨满，以身披豹皮的形象出现。塔里木木乃伊等相关考古发现可以支持这一猜测。

② 见本书第三章。

③ 另外有说法称刘伶醉了 108 年才醒过来。

④ 关于阮籍见李争平（2007 年）第 251—252 页。

型，他们展现了从道家哲学出发的对人在天地间位置的思索，同时也表达了对儒家道德和社会秩序以及政治权斗的厌恶和讽刺。挑衅性的赤身裸体、目无尊长、放浪形骸、淫荡甚至故作丑态只是表象，其内在却是基于老庄的理想，但同时也显示出大乘佛教的影响。在其教义中，人世间的一切都被视为一种幻象，生命是一片虚无，脱离尘世的羁绊是从人间无边苦海中解脱的途径，也是个人开悟的目标。在这种背景下，对酒的毫无保留的倾心以及醉酒的愉悦获得了象征意义，契合道教虚无或佛教涅槃之圆满超脱的理想境界。葡萄酒在祆教、犹太教和基督教以及几个世纪后的波斯伊斯兰文学中扮演着相似的宗教角色，醉酒的愉悦象征着与神明合一的狂喜。①

太原人王忱（？—392）晚年嗜酒，他有一句名言也可以从上述宗教角度来解读：

三日不饮酒，觉形神不复相亲。②

陆机是中国最古老的葡萄酒诗的作者（见本书第六章），他的作品中也有在当下的饮酒之乐中忘却人生苦短的主题（见本书第六章）：

置酒高堂，悲歌临觞，
人寿几何，逝如朝霜。③

---

① 阿拉伯-伊斯兰世界的中世纪时，类似的酒宴在上层阶级和宫廷中非常普遍，通常持续数天，席间高谈阔论，妙语连珠。有些酒宴还常常以音乐和舞蹈助兴。详见 Heine（1982 年）。
② 出自《世说新语·任诞第二十三》，见中国哲学书电子化计划。另见郝勤（1993 年）第 61 页。
③ 此处引用该诗开头两句。另见韩胜宝（2003 年）第 258—259 页。

成书于东晋的《搜神记》是一本带有佛教色彩的灵异故事集，[①]其中收录了一个和刘伶传说类似的故事：有一个叫刘玄石的人听说了"千日酒"的奇妙，恳求酿酒师让他品尝一杯。他回到家以后昏睡过去，家人以为他已死，就把他埋葬了。三年后，酿酒师来探望刘玄石，刚把他的坟墓打开，他便睁开眼睛说："这醉酒的感觉是多么快意！"一旁的人闻到棺材里散发出的酒香，随即沉睡了三个月。[②]

在这一时期的趣闻轶事里出现的酒或非同寻常的饮品到底是什么，我们通常无法做出判断。然而，一方面，对这些饮品的描写词藻华美，金、银或玻璃制作的贵重器皿更加衬托出饮品的身价不凡；另一方面，故事主人公寻找的神奇的灵丹妙药能把人带入一个超凡脱俗的世界（神话中的西方），这也是一个指向葡萄酒的线索。特别应当关注的是，在这个时代也时常可见清楚明白地赞颂葡萄酒的诗文，如本章上文中的曹丕诏书和第六章中引用的陆机诗作。从后世诗词中的多个典故中可以看出，刘玄石故事中提到的神秘的"千日酒"指的是葡萄酒。其中，南北朝末期诗人庾信（513—581）的《燕歌行》颇具启发性，在诗人的心目中，饮用葡萄酒可以与服用长生不老的金丹相提并论：

……

蒲桃一杯千日醉，无事九转学神仙。

定取金丹作几服，能令华表得千年。[③]

---

① Schmidt-Glitzer（1990 年）第 215—216 页。

② 韩胜宝（2003 年）第 120 页等。

③ 出自庾信《燕歌行》。见应一民（1999 年）第 47 页。

而在另一首诗中，庾信赞美使用荷花样的玉碗和莲房似的金杯享用石榴酒和新鲜葡萄酒的乐趣——波斯文化对中国的影响在此可见一斑。在诗人笔下，美酒还佐以新鲜的竹笋和娇嫩的杨梅等美味佳肴，旁边甚至有歌姬捧琴，才女奉酒。[①]这表明，从汉到唐，葡萄酒不仅代表最高级的感官享受，还具有神秘的医疗作用和延年益寿的功效。

文人墨客在山水田园中一边纵情畅饮，一边进行哲学、文学和艺术讨论的传统在魏晋之后的几个世纪中延续了下来。从 4 世纪开始，随着少数民族南迁、衣冠南渡，中原政权和文明迁往南方，那里的优美风景不仅启发了诗歌创作，也为书法和绘画提供了源源不绝的灵感。中国第一位对后世影响深远的书法大家王羲之同时也是一位出色的诗人。他热爱葡萄酒，甚至将书法中的运笔比作葡萄藤。353 年（东晋）初春，王羲之邀请四十一位贤达名流相聚于黄酒之乡绍兴附近的"兰亭"。在这次千古流芳的聚会中，众人行完修禊礼[②]之后，开始了称为"曲水流觞"[③]的诗歌比赛，参与者分坐流水两岸，将盛酒的杯子放在水中让其顺流而下，杯子停在谁的面前，谁就要将杯中的酒一饮而尽，随后还要即兴赋诗一首。若是才思枯竭做不出诗来，便会被罚酒三杯。王羲之将这次聚会上的诗作汇编成册，并手书序文，即

---

① 应一民（1999 年）第 45、47 页；王玫（2010 年）第 179 页；郭会生 / 王计平（2015 年）第 89 页。

② "修禊"是春季洁净礼，目的是驱除邪祟，祈求新的一年里吉祥如意，其传统最早可以追溯到商朝及周朝早期。修禊起初是一种由一位女萨满在流水边主持的崇拜仪式，酒精饮料显然从一开始就在其中扮演着重要角色。

③ 关于"曲水流觞"，见缪元朗（1993 年）第 327 页等。中国国画艺术中有很多表现曲水流觞场景的作品。历史上，中国各地甚至朝鲜和日本都有仿效者。如今，兰亭当地也组织类似的赛诗活动作为一个吸引游客的旅游项目。

著名的《兰亭集序》①。这是中国最古老的行书艺术作品，自问世以来启发了东亚地区一代又一代的书法家。

绍兴城外几公里处有一个纪念王羲之和兰亭集会的大型公园，园内有茂林修竹、荷塘映月，入口处的大型铜像群栩栩如生地再现了当年王羲之等人诗酒唱和的雅集场景。重建的兰亭位于公园的中心区域，亭内有一块"文革"期间被破坏的石碑，上面刻有康熙皇帝（1662—1722 年在位）亲笔题写的"兰亭"二字。亭前有一条小溪流过，公园的游客可以在那里一展自己的诗才或酒量。附近的御碑亭内竖立着一块 12.5 米高的石碑，正面刻着康熙临摹的《兰亭集序》，背面刻着乾隆（1736—1795 年在位）的七律诗《兰亭即事》，两面的碑文都是祖孙二帝亲临兰亭时写下的。他们不仅是杰出的帝王，在书法上也造诣颇深。在同一块石碑上镌刻有两位帝王的题词，

图 7.7　兰亭及亭内刻有康熙手书"兰亭"字样的石碑

这在中国历史上是独一无二的，也显示出王羲之在身后的一千多年间仍然备受尊崇。公园边上建有一座现代的兰亭书法博物馆，馆中可见大量关于兰亭集会的文物和王羲之的书法作品，以及它们对后世之影响的详细信息，也有关于书法艺术的一般性介绍。（见图 7.7）

① 王羲之手书《兰亭集序》真迹极有可能作为随葬品陪同唐太宗埋入了昭陵。唐太宗生前将其视为最珍贵的宝物，命人摹刻翻拓，赏赐给有功之臣。无论在中国还是其他地区，这些摹本至今仍被公认为东亚最著名的书法作品。关于王羲之真迹的下落见韩胜宝（2003 年）第 130 页。

　　　　　　　　　　琥珀光与骊珠：中国葡萄酒史

陶渊明是那个动荡时代最著名的诗人，被称为隐逸诗人之宗和田园诗人鼻祖。[①] 他一生写下了数量相当可观的情真意切的饮酒诗。在他存世的 142 首诗中，以酒为主题的有 56 首，[②] 其中最知名的是《饮酒二十首》，这些诗较少直接描写酒本身，而是借酒为题，通过歌咏古时安贫乐道的君子来表达自己不愿与世俗共浮沉的决心，描绘面对大自然时悠然忘情、神游物外的生活情趣，抒发忧世伤时与悲天悯人的情怀。据说陶渊明只有在酣饮尽兴时才会提笔作诗，实际上，在他之前和之后的很多诗人也是如此。他为《饮酒二十首》所作的序言最真切地表达了创作这部作品时的心境：

> 余闲居寡欢，兼比夜已长，偶有名酒，无夕不饮，顾影独尽。忽焉复醉。既醉之后，辄题数句自娱。[③]

陶渊明曾断断续续担任过几项低级官职，最后厌倦官场，去职归隐，绝意仕途。在此后的二十多年中，他一直过着接近于普通农民的简朴生活，并在劳作中自得其乐。几乎没有任何一个人和他一样真正践行了隐士的理想，在隐居田园的时光中始终充满陶醉与欣喜。陶渊明的诗歌和散文具有典型的时代特征，但又和前人不同，这表现在他将"自我"置于文字所要表达的中心地位，其文字始终伴随着个人

[①] 见 Rohrer（2010 年）第 203 页，本书中关于陶渊明的更多阐述部分基于该篇和 Rohrer 的另一篇文章（2012 年）以及 Schmidt-Glintzer（1990 年）第 186 页等。

[②] 王致涌（1993 年）第 309 页、缪元朗（1993 年）第 325 页。

[③] Pohl（1985 年）第 119 页。另见唐满先（1981 年）第 51 页、胡山源（1939 年）第 151 页。作为倏忽易逝的第二自我和殷勤的酒伴，影子的意象反复出现在后来的诗歌中，比如李白的《月下独酌》，在这首诗中，诗人、影子与月亮三者共饮，"酌"由此也获得了"思索"的引申义。魏晋时代一系列诗歌以"独酌"为标题，一个人独自饮酒的主题也经常出现在唐诗中，其中就包括李白的《月下独酌》。

主观感受的抒发，因此具有强烈的自传性质，使我们对他的了解超过对与他同时代的大多数人的了解。尽管他是历史上最著名的饮酒诗人，但与"竹林七贤"不同的是，他并没有纵酒无度、醉生梦死。虽然在他的诗中，或至少在标题中经常出现"酒"，但酒并不是他真正歌咏的对象，他只是借酒来表现高人逸士与自然合而为一的境界。饮酒时，对过去和未来的思虑悄然消散，而当下的欢然自乐才是最重要的。《连雨独饮》中有四句诗将这一点表现得尤为明显：[1]

> 故老赠余酒，乃言饮得仙。试酌百情远，重觞忽忘天。

道家追求的长生成仙以及乍看带有几分异端色彩但其实植根于佛教观念的"忘天"在饮酒之乐中得到了体现。陶渊明在饮酒时更倾向于独处，很少像"竹林七贤"那样与志同道合的好友聚在一起共饮。陶渊明对人生倏忽易逝的哲学思考在他的作品中一再闪现，表明他坚定地与那个时代盛行的佛道信仰宣称的彼岸世界、长生不老或轮回转世保持距离。在他的饮酒行为中，儒家实用主义的自我克制也更加明显，这可以称之为"雅饮"。陶渊明喜欢使用云、鸟、风，甚至自己的影子来象征生命的短暂，他经常描绘的空酒杯和藏酒罄尽的情形也具有同样的意味。"酒"和"醉"本身从来不是陶渊明作品探讨的主题，它们只是一种媒介，诗人借此来思考生与死、官场与隐居、仕宦与躬耕、樊笼与自由、友情与别离等对立的主题。他以清醒与醉酒之间的对立关系来类比生活中出仕为官与隐居田园之间的交替。前者可能让陶渊明在死后留下千载功名，后者则让他享受当下。无论如

---

[1] 《古诗鉴赏辞典》（1988 年）第 610—611 页。

何，为了活出自己想要的人生，他选择了后者。① 《饮酒二十首》中的第十三首以及陶渊明预先为自己的死亡所作的《拟挽歌辞三首》中的第一首都清楚地表达了这种不可调和的对立：②

《饮酒二十首》其十三

有客常同止，取舍邈异境。
一士常独醉，一夫终年醒。
醒醉还相笑，发言各不领。
规规一何愚，兀傲差若颖。
寄言酣中客，日没烛当秉。

《拟挽歌辞三首》其一

有生必有死，早终非命促。
……
千秋万岁后，谁知荣与辱？
但恨在世时，饮酒不得足。

最终，陶渊明得出结论：没有酒作为自我实现媒介的生活是不可想象的。他的诗作《止饮》就因表达了这样的看法而广为传诵：

---

① 唐代诗人白居易（772—846）评价陶渊明"爱酒不爱名"，见 Schmidt-Glintzer（1990 年）第 191 页。与陶渊明同时代的张翰（3—4 世纪）也有类似的自白："使我身后有名，不如即时一杯酒！"见郝勤（1993 年）第 61 页。饮酒之乐与厌弃功名也是唐朝诗人乐于歌颂的主题。
② 《饮酒二十首》（其十三）见《古诗鉴赏辞典》（1988 年）第 647 页，此处《拟挽歌辞三首》第一首只引用了开头和结尾部分。

......

平生不止酒，止酒情无喜。

暮止不安寝，晨止不能起。

日日欲止之，营卫止不理。

徒知止不乐，未知止利己。

始觉止为善，今朝真止矣。

从此一止去，将止扶桑涘。

清颜止宿容，奚止千万祀。

陶渊明的《九日闲居》是一首广为传诵的诗作，从中可以看到更多隐藏在酒中的象征表达。诗中描写他如何独自在家过重九节，而按照传统风俗，人们在这一天会与亲朋好友一起登高赏秋，共饮菊花酒。[1]这些诗句中出现的"酒"与"九"以及代表长久和长生的"久"同音。菊花有延年益寿的功效，但从陶渊明的清醒的现实主义视角看来，长命百岁最终只是徒劳的空想。重九节这天，储酒的坛子又是空空如也，于是他转而去欣赏花园中盛开的菊花，享受清闲安适的一天。菊花是中国文化传统中的花中四君子之一，除了酒之外，菊花也是陶渊明诗歌中的一个重要主题。农历九月初九人们庆祝重九节时，也正是菊花盛开、农作物收获和开始酿酒的时节。"酒"和"菊"在语音、语义及象征意义方面的联系可能也隐藏在几乎同音的"居"字中。"居"字在陶渊明的诗作中反复出现，应从"隐居"的意义上来理解，比如陶渊明就将自家的草屋茅舍称为"田园居"。[2]

---

[1] Pohl（1985 年）第 69 页、Kandel（1985 年）第 35 页、Rohrer（2012 年）第 114 页。陶渊明之后，重九节成为中国文学中常见的主题。

[2] 关于菊花在中国文化传统和陶渊明诗歌中的意义见 Rohrer（2012 年）。关于菊花与酒曲（麴／麹）以及黄色在象征意义上的进一步关联见本书第四章中的阐述。

琥珀光与骊珠：中国葡萄酒史

我们所关注的问题是，陶渊明笔下的"酒"究竟是哪种酒？他生活和为官的地区在今江西省南部，属于江南文化圈，远离中国北方的葡萄种植和葡萄酒产区以及经丝绸之路传入的葡萄酒文化。此外，个别诗作还提到陶渊明自己用当地普遍种植的稻米酿造发酵饮料，很可能是黄酒（米酒）或味甜的醪糟，诗中还说酿酒时用到了筛子，这是黄酒或醪糟酿造的典型特征。[①] 此外，他的诗中也偶尔可见欢饮"春酒"的描述，这种酒使用酒曲酿造，冬酿春熟，是令人垂涎的新酒。

刘伶、阮籍和陶渊明作为饮酒诗人以及新哲学—文学风向的先驱获得了不朽的名声——这可能是他们并不愿意看到的。自唐朝以来，历朝历代的文人都对他们推崇备至。唐代大诗人王维（701？—761）和李白是陶渊明的崇拜者。宋代著名文学家苏轼（1037—1101，通常被称为苏东坡）感觉自己与陶渊明如此有缘，简直就是从他转世而来。[②] 宋代著名的女诗人李清照（1084—约1155）在她的诗歌中也常常借鉴陶渊明作品中的酒、菊花与重九的主题。[③] 最晚从唐代开始，葡萄酒成为感官享受及文学鉴赏的重要组成部分，如在王维、苏轼和李清照身上就能体现出这一点，他们的作品曾偶尔明确提到葡萄（酒）。

6世纪下半叶，生活在南朝梁国和陈国的诗人与官员张正见（？—582）写下了《对酒》一诗，引用历史上的典故，以优美的笔触写出了一首葡萄美酒的颂歌：

当歌对玉酒，匡坐酌金罍。

---

① Rohrer（2010年）第198、200—201页。

② Schmidt-Glintzer（1990年）第187页。

③ Rohrer（2012年）第117页。

竹叶三清泛，蒲萄百味开。

风移兰气入，月逐桂香来。

独有刘将阮，忘情寄羽杯。[1]

　　这首诗的开头化用了近四个世纪前曹操所作《短歌行》的首句，巧妙的改动让人很容易联想到饮酒与歌唱之间的密切联系。"羽杯"是专门用于"曲水流觞"赛诗活动的轻型酒器，它装有"羽翼"，可以更好地漂浮在水面上，很可能与汉代以来流行的漆制"耳杯"类似。在张正见的笔下，在隐居生活的恬然自适和饮者与自然的完美融合中饮用葡萄酒成为一种绝佳的享受。

　　大量考古、史学和文学资料表明，汉代之后，葡萄酒文化主要在中国北方和中原地区得到传播，并在唐代达到了顶峰。在中国现存最古老的农业百科全书——贾思勰所著的《齐民要术》中，有一篇关于6世纪以前的葡萄栽培的精辟论述。该书首次非常详细地介绍了葡萄树育苗、冬季挖土埋藤、秋季采摘葡萄、晾晒葡萄干以及冬季冷藏葡萄的方法，其中将葡萄藤埋在土中防寒越冬的做法在今天的中国北方仍很常见。《齐民要术》的记述也表明葡萄酒酿造是北朝的一个重要经济部门。[2]

　　这部著作为我们提供了一个很有价值的了解古代饮食文化的窗口，它在历史上首次详细系统地介绍了汉代以来高产且丰富的发酵工艺，包括9种酒曲和38种酒精饮料的分类、质量等级和配方，以及各种酒的基本配料：首先是具有不同品质和制作方法（未加工、蒸

---

① 见维基文库"乐府诗集"第 27 卷。另见《古诗鉴赏辞典》（1988 年）第 1088 页等、应一民（1999 年）第 47 页。

② Fei（1987 年）第 36 页、Trombert（2001 年）第 309 页等、Trombert（2002 年）第 499 页等、张庆捷（2010 年）第 52—53 页。

制、烘烤、制成麦芽）的小麦，此外还有大麦、大米（尤其是糯米）、小米（粟）；其次对酿酒用水也有依据产地和季节性处理的要求而提出的建议。从配料的数量、温度、储存条件、发酵过程和时间等详细信息可以看出，当时的酿酒主要在私人家庭作坊中进行。气候和植被造成的地区差异，尤其是南北方的差异是显而易见的，由此可以解释汉朝以后发展出来的酒精饮料多样性以及霉菌、酵母、细菌和草药培养物的系统性使用。[①] 无论如何，当时中国的发酵工艺所达到的发展水平令人赞叹，这些成就主要基于数百年的生产实践经验，此外，人们对自然科学的浓厚兴趣也促进了新技术的产生，这毫无疑问又和当时盛行道教炼丹术和服食养生等修炼方法的时代背景相关联。

唐宋时期更多的农书和酒经表明发酵饮料的丰富性得到了进一步发展，并出于医疗保健的目的添加了许多配料，例如生姜、杏仁、啤酒花和多种药材。到了明清和近代又产生了新的发酵工艺，所获得的最终产品以蒸馏酒为主。鉴于酿酒技术在中国如此复杂多样的演变过程，葡萄酒及其制作方法在相关专业著作中仅有少量提及，而是更多出现在文学作品和西域游记中，也就不足为奇了。[②]

在道教养生和炼丹术盛行的时代背景下，汉朝以后开启了编纂系统性专著的传统，除农耕外还涉及食品、饮料、营养学、医学和药物学。从宇宙整体论的观点出发，自古至今，所有关于"饮食 / 饮膳"的典籍都将酒精饮料视为一个不可或缺的组成部分。此外，自从汉代的《神农本草经》[③] 问世以来，关于"本草"（植物的根和茎叶）

---

① Huang（2000 年）第 280 页概括介绍了各种酒曲以及在每一种酒曲中发挥作用的微生物。

② 见胡山源（1939 年）第 5 页等中引用的《齐民要术》原文。发酵文化的详细描述及其引文的英译见 Huang（2000 年）第 168 页等。Huang 估计各种酒的酒精成分比率为 5%—10%（第 180 页）。该书第 132 页列出了后来的酿酒工艺的经典代表。

③ 见本书第六章。

的经典百科全书系列不断发展，最终在 16 世纪以集中国草药学之大成的《本草纲目》^①达到了顶峰。这部书内容广博庞杂，对后世影响深远，其中也有关于葡萄和葡萄树及其药用功效的介绍。所有这些典籍（其中一部分仅存残篇或抄本）都建立在公元前一千年间成书的伦理-哲学著作的基础之上，如《礼记》^②等，探讨营养问题和合宜的饮食行为。在这一发展过程中，尤其是汉朝以来在道教-佛教教义的推动和修正下出现了一个延续到今天的传统，即综合宇宙论、伦理学、医学和养生保健学从根本上看待饮食问题。^③要想理解包括葡萄酒在内的整个酒文化，必须将其置于这种丰富的经验积累和相关的哲学背景下。这也直接触及了当下中国人对葡萄酒的认知和接受问题，而这一点最终只能在上述历史框架的基础上进行阐释。

20 世纪五六十年代以来，关于蒸馏酒在中国产生的年代一直存在争议，有学者认为，早在东汉时中国人就已经掌握了酒精蒸馏技术，也有人认为几百年后在深受阿拉伯-波斯影响的唐朝时，甚至更晚在通古斯人（女真人）贵族统治的金朝或蒙古贵族统治的元朝期间，中国人才发明了蒸馏酒。^④波斯医生、科学家和哲学家拉齐斯（Muhammad ibn Zakariya al-Razi，865—925，拉丁文写法为 Rhazes）被公认为人类历史上成功从葡萄酒中蒸馏出酒精的第一人，西方语言

---

① 见本书第六章、第十一章。

② 见本书第四章、第五章。

③ 关于中国饮食文化文献的历史见 Huang（2000 年）第 134 页等。关于中国饮食文化从发源到中古时代的发展见 Anderson（2014 年）的详细阐述。

④ 关于酒精蒸馏在中国的历史及相关争议见 Huang（2000 年）第 203 页等、Trombert（2001 年）第 315 页等、Schäfer（2017 年）、Schottenhammer（2017 年 a）。这些文献中也附有蒸馏装置的插图。关于不同文化中酒精蒸馏起源的讨论见 Dietler（2006 年）第 234—235 页。

中"酒精"的各种变体（*alcohol*等）即源自阿拉伯语。①虽然中国学者通常倾向于把蒸馏工艺技术说成是中国人的独创，或者认为白酒是中国饮酒文化中最古老的酒品之一，但迄今为止，既没有考古证据，也没有文字记载明确支持这两种说法。②著名生物学家及食品科学家黄兴宗做出了一个简明扼要的总结：

事实上，这可能是中国化学和食品科学史上最具挑战性的悬而未决的难题。③

基本上，"白酒中国独创论"者只提出了两种考古发现作为证据支持。第一种是1979年在四川省一座东汉墓中发现的一块刻有酿酒场景的画像砖（现藏于成都的四川博物馆）。根据最初的解说，该画像砖上的浮雕图案只展示了将酒曲搅拌进大锅中谷物浆的发酵步骤。大锅的下方放有三个罐子，由于罐子的尺寸较小便有人认为罐中收集的最终产品是一种高度酒，而其上的大锅是一个蒸馏器，但是这种观

---

① 这个概念起初是以葡萄酒"精华"（*al-kuhúl*）的含义进入日常用语，见 Vallee（2004年）第57页。此外，拉齐斯的家乡雷伊（Ray，希腊语和拉丁文 Rhages）是伊朗北部丝绸之路上最重要的枢纽，与唐朝存在直接的文化联系。就这点而言，直接的技术流通似乎很有可能。

② 在中国境内发现的最古老的保存完整的蒸馏厂遗迹属于元代。Sandhaus（2014年第317页等、2019年第74页等）也认为蒸馏起源于中东，其通过贸易路线传播到中国不会早于宋元时期。Trombert（2001年第317页等、2019年第74页等）进行过类似的论证，明确指出没有发现中国中古时代之前存在蒸馏饮料的证据，但道教炼丹术士可能很早就尝试过蒸馏芳香液体和养生灵药；将掌握蒸馏工艺视为技术进步而非社会经济发展的结果是一个常见的谬误。同样，Allsen（2018年）第23页也认定："……该技术的多重应用意味着早期蒸馏设备的发现并不一定能提供烈酒生产或消费的证据。……可以得出的明显结论是，在向整个北亚和内亚展示和传播这种烈性新饮料及其相关技术的过程中，蒙古人发挥了重要作用。"

③ Huang（2000年）第203页。

点是难以令人信服的。浮雕左侧的图案描绘了用推车和抬杠运送酒罐的情景，显然是为了在市场上出售新酿的酒，这也说明这里制作的酒不可能是蒸馏酒。[1]

第二种考古证据引起了广泛关注，涉及两件 20 世纪 80 年代出土的东汉青铜蒸锅，分别藏于上海博物馆和安徽省滁州博物馆，复原实验证实它们是蒸馏器。蒸锅中发酵的谷浆产生蒸汽，上升的蒸汽在蒸锅顶部冷凝成酒精混合物，并通过一侧的小管道滴入收集容器。鉴于已发掘出的大量新石器时代和商周时期用于烹饪食物的陶制或青铜蒸锅（釜和甑）[2]，发酵后的大米或小麦通过进一步蒸煮获得芳香的饮料似乎是可信的，今天中国的白酒生产仍然遵循同样的原理。但运用现代工艺制成的白酒的酒精含量一开始为 60%，而复原实验中所得到的古代蒸馏酒的酒精含量估计在 20%—27% 之间。所以这种东汉的方法是否可以被视为严格意义上的蒸馏，以及它当时是否真正得到普及都是值得怀疑的。正如我们所看到的，早在商周时期和汉代以后民间道教盛行以及佛教迅速传播的情况下，无论是作为"神圣之水"的酒祭还是供给老弱病残或接待宾客的礼仪饮品，抑或是文人逸士诗酒雅集所使用的饮料都是低度酒。特别是从健康养生和延年益寿的角度来看，饮用高度酒根本不符合当时的营养和道德观念。此外也没有

---

[1] 这块画像砖曾于 1995 年在德国埃森市的山丘别墅中一个题为"公元前 5000—公元 200 年古代中国的人与神"的展览中展出。关于中国古代酒类生产的描述和阐释见 Kulturstiftung Ruhr Essen（1995 年）第 404 页等。杨荣新（1993 年）第 176 页和禹明先（1993 年，画像砖插图见第 334 页）也认为浮雕图案描绘的是制作酒曲和压榨过滤的场景——值得注意的是，其中的参与者都是女性。禹明先指出，已发现的许多此类汉代画像砖也都表现了酤酒、宴会和饮酒作乐的场面，这也可能是西南巴蜀文化圈受波斯影响的表现。在甘肃西部丝绸之路上的嘉峪关附近有数千座魏晋时期（3—4 世纪）的墓葬，其中仅有一小部分得到发掘，从中出土了类似的画像砖，其上的图案描绘了官员的日常生活。

[2] 成书于 3 世纪的《故事考》中记载"黄帝作釜甑"，见 Huang（2010 年）第 47 页。

任何文字记载表明古人曾以一口一杯的方式饮用带有火辣口感的高度酒。中国古代的酒总是被描述为甜美、芳香和令人愉悦的。

在这一背景下有过很多关于"烧酒"和"白酒"这两个术语的讨论。"烧酒"尤其多见于唐朝史料,"白酒"的说法也间或有之,在现代汉语中二者毫无疑问都是蒸馏酒。明确的专业术语"蒸馏酒"或"蒸酒"是后来引入的。无论如何,将唐朝及之前的"烧酒"或"白酒"赋予现代含义时应慎之又慎。[①] 将水和酒精饮料加热消毒后再饮用的习惯可以追溯到中国文明的开端,这很可能恰恰就是"烧酒"二字的原意。而在中国古代,白酒可能只是一种经过过滤的发酵饮料,也就是"清酒"的近义词。"清酒"一词早在《周礼》中就已出现,大约两千年前,日文吸收了中文中的"清酒"一词,日本清酒(sake)至今仍是清澈透明的。

除了在西安附近的一座唐代墓葬[②]中发现过两只类似现代白酒盅大小的瓷杯外,至少到唐代时,饮酒器皿一直都比较大,因此可以基本上排除饮用高度白酒的可能性。关于中国饮酒文化的繁荣时期,黄兴宗指出:

> 遗憾的是,关于唐朝时蒸馏葡萄酒或谷物酒的记录都没能存留下来。[③]

---

① Arnold(1911 年)第 45—46 页等早已得出结论,1 300 年后酒精蒸馏才为人所知,"烧酒"在唐代有另外的含义。因此,他批评英国汉学家理雅各(James Legges,以翻译中国儒家经典闻名)将"酒"译为"spirit"。Trombert(2001 年)第 315 页等持类似的观点,他指出唐朝时"烧酒"一词几乎只出现在诗歌中,没有证据表明它是一种蒸馏饮料。直到 13—14 世纪时(元朝)才出现了来自阿拉伯语 araq 的借词"阿剌吉",明确指一种将葡萄酒进一步加工而成的蒸馏酒(白兰地)。

② Huang(2000 年)第 223 页。

③ Huang(2000 年)第 203 页。

唐之前的相关记录也同样没有流传到今天。当然，基于上述的论证，"烧酒"并未被列入"蒸馏葡萄酒或谷物酒"。此外，本章讨论的汉唐之间和唐代显然都没有这方面的考古发现，黄兴宗也指出了这一点：

在中国中古时代的考古发掘中尚未出土过这种蒸馏器的实物或模型。①

最后应当强调的是，汉代发现的两套蒸馏器都是孤例，它们的尺寸太小，甚至无法为一个家庭提供足够的蒸馏酒。可信的结论仍然是，在公元前的数百年间中国人可能已经在有限的范围内掌握了蒸馏技术，但其目的并不是为了制造高度酒，而是在道教炼丹术的实践中，利用黄金、水银，也包括草药、精油等物质炼制延年益寿的灵药或仙丹。黄兴宗认为，炼丹是在秘密的小圈子里进行的：

换句话说，根据道教文献的记载，中国的炼丹术士很可能早在公元 3 世纪就已经掌握了蒸馏的方法。鉴于他们的保密倾向，很可能他们真的制备出了蒸馏酒，但只在自己的小圈子里交流，从不向外界透露。②

---

① Huang（2000 年）第 207 页。据媒体报道（如金锐／陈舒 2016 年），2011 年在江西南昌附近开始发掘的海昏侯墓保存完整，是迄今为止发现的最壮观的西汉（前 2 世纪）墓葬群。墓中出土了近两万件随葬品，其中有一件青铜蒸馏器。该发掘团队的首席考古学家认为，酒精蒸馏的历史可能会因此提前一千年，但他也认为有必要对这件器皿进行进一步的研究。化学分析中发现了芋头的痕迹，芋头生长在地下的肉质球茎在中国南方自古以来就是一种食物，在日本则用于酿造清酒。

② Huang（2000 年）第 207 页。

　　　　　　　　　　　　　　琥珀光与骊珠：中国葡萄酒史

相比之下有确凿证据可以证明的是，自宋金时期，特别是蒙古帝国（元朝）以来，将谷物酒（曲法发酵）和葡萄酒进一步加工成蒸馏酒的做法已经非常普遍。

"茶和白酒是拥有数千年历史的中华传统文化饮品"的刻板印象似乎在中国本土乃至世界范围内都难以撼动。在此，人们忽视了这两种饮料的发展历史仅有 1 000—1 500 年。以下事实基本上被遗忘了：在茶与白酒之前，人类历史上独一无二的基于谷物的中国发酵文化经历了数千年的发展历程，在它的史前起源阶段，谷物的发酵依赖葡萄作为发酵剂，而中国自古以来就生长着大量野生葡萄。公元前的一千年间，随着农业和谷物种植业的演变，从谷物发酵的生产实践中发展出了高度复杂的曲法发酵技术。公元后的几个世纪里，一方面，南方文化的影响，特别是稻米种植的强化和当地少数民族的特殊酿酒传统丰富了曲法发酵工艺，其中一些传统做法一直流传至今，成为一个大有可为的研究领域。另一方面，在汉朝向西扩张过程中以及随后主要由草原游牧民族统治的魏晋及北朝期间，特别是曹魏、西晋和北魏期间，来自中亚和巴克特里亚-犍陀罗地区的多种不同民族的文化影响渗透到中国。前 2 世纪，张骞出使西域，成为官方史载的丝绸之路的先驱和把 *Vitis vinifera* 葡萄带到中国的第一人。但正如我们所确知的，远在汉朝之前，葡萄酒文化早已在塔里木盆地和邻近的西域诸国蓬勃发展。特别是在犍陀罗，葡萄酒文化的传统可以追溯到印度河文化，同时也受到希腊文化的影响，还与迅速传播的佛教形成了奇特的联系。早期，主要是印欧-波斯人将佛教教义和葡萄酒文化同时带到中国北方，葡萄也传播到了中国南方。

最后捎带提及汉代以后受北方民族影响而流行起来的饮酒器，[1]

---

[1] 方秀珍（1993 年）第 100 页。

尤其值得关注的是在一些西晋墓葬中发现的陶、瓷、铜和漆制扁壶。它们形状扁圆，与古罗马军人使用的行军壶相似度惊人，很可能是草原游牧民族的盛水皮囊（类似西班牙的 bota）的艺术性发展。扁壶的细颈两侧各有一个孔眼用于穿绳，以方便骑马和打猎时随身携带。壶身侧面通常带有纹饰或描绘某些场景的图案，具有波斯-草原游牧风格。中国人使用扁壶的传统一直延续到清朝末年。位于河西走廊一带的党项贵族建立的西夏（1038—1227）曾出产极其精美的扁壶。①

此外，瓷器制造技术的进步促进了精美饮酒器皿的生产，如"耳杯"。汉代的耳杯以漆器为主，汉朝之后同样形制的瓷制耳杯成为主流，并用托盘盛放。从隐逸诗和田园诗中的描述可以看到，人们越来越重视饮酒享受中的器皿美学，因此，一种新的工艺由此发展起来，并在唐代及其后的时代进一步繁荣发展。此外，从中亚进口的玻璃杯②也越来越受欢迎，使人在品味葡萄酒的芳醇时也有美好的视觉享受。在南京附近的王羲之宗族墓中甚至发现了东晋时期的罗马式玻璃高柄杯。

① Trombert（2002 年）第 543 页中在论及吐鲁番的葡萄酒运输时提到，除了陶罐以外也经常使用"皮囊"。
② 文学描写中通常使用"琉璃"一词，现代汉语中叫作"玻璃"，是一个梵语或波斯语的借词。

第八章

美酒与华章：盛唐气象

中国文学史上最著名的葡萄酒诗当属王翰（7—8 世纪）的《凉州词》，至今它仍是中小学语文教育中的必学古诗，并在适宜的场合被人们反复引用：

> 葡萄美酒夜光杯，
> 欲饮琵琶马上催。
> 醉卧沙场君莫笑，
> 古来征战几人回。[①]

结合现今对这首诗的研究和评价我们可以看到，虽然全诗只有短短的四句，但其中蕴含着极为丰富的背景内容：[②]

（1）第一句中的"夜光杯"据说是用珍贵的透明白玉石制成的饮酒器，在当时的西域备受推崇，它可能是玻璃杯的婉转说法——比王翰早四百年的陆机（见本书第六章）在饮酒诗中也提到了玻璃酒杯。那时的玻璃杯主要用于饮葡萄酒，正符合新兴的波斯风格的时尚

[①] 《唐诗鉴赏辞典》（1983 年）第 375 页等；陈廷湘（1993 年）第 252 页；应一民（1999 年）第 65、67、108 页。应一民甚至将"葡萄美酒夜光杯"直接用作其著作的标题。另见郭会生／王计平（2015 年）第 14 页对本诗的阐释。

[②] 在注释文献中对这首诗仍有不同的解释（因此也有不同的译法），尤其是对"欲饮琵琶马上催"的理解存在分歧，有一种解释认为这里的琵琶乐声并不是为了催促战士们立刻出发奔赴前线，而是表达游牧民族骑在马上伴着音乐畅饮美酒的快乐。另见《唐诗鉴赏辞典》（1983 年）第 376 页中的注释。前一种解释似更合理。

品味。[①] 琵琶同样源自波斯，随着波斯音乐在唐朝的传播，琵琶也流行开来。诗中的玻璃杯、葡萄酒、骏马、琵琶和大漠都表明出征的战士即将远离家乡，前往荒凉的异国。唐朝的疆域空前辽阔，西起中亚河中地区（锡尔河、阿姆河和泽拉夫尚河流域），东至朝鲜半岛，并在边疆地区设都护府屯田垦殖。唐朝与欧亚各民族建立了广泛联系，丝绸之路贸易进入黄金时代。唐朝在以前所未有的规模吸收外来文化的同时，其文化的影响力也远达西方的东罗马帝国与东方的日本。军事行动、频繁的人口迁移、流放犯人以及普通旅行使得远离故土、漂泊异乡与羁旅乡愁成为唐代及后世诗歌传统中常见的主题，进而发展出了"边塞诗"，着重抒发离愁别绪，表达去国离乡的孤独苦闷。《凉州词》的后两句传达出一种阴郁的、近乎绝望的情绪，与开头对葡萄美酒的赞美和饮酒之乐形成鲜明对比。在此也体现出中国诗歌传统中一直延续到现代的"借酒浇愁"的主题：酒是一种安慰，它能让人忘却漂泊在外的孤苦无依，忘却自己已经离开了从前那个熟悉的世界。虽然失去了家的温暖舒适，但异国情调的新鲜刺激可以带来些许安慰。边塞诗有时也传达出一种冒险精神——西方和北方民族过去被视为蛮族，唐朝人则对他们的生活方式、音乐和舞蹈持有欣赏和开放的心态。琵琶乐曲传达的忧郁而浪漫的情感是唐诗中最常见的主题之一。正如王翰《凉州词》中的描写，琵琶演奏常常被置于夜饮的场景中，并烘托以某种氛围，葡萄美酒则是诗人热烈赞美的对象。唐代大文豪白居易的长篇叙事诗《琵琶行》也是这方面的杰出代表。在这些和琵琶有关的诗作中，琵琶乐手经常与身穿彩绸长袍和靴子的异域吹

---

① 今天在甘肃武威（历史上的凉州）一带，玉质的"夜光杯"是很受欢迎的旅游纪念品。根据一个传说，周朝初年的周穆王曾经在西巡中与"西王母"共饮"夜光杯"中的美酒，见《唐诗鉴赏辞典》（1983 年）第 375 页、韩胜宝（2003 年）第 35 页。——他们所饮的美酒很可能是已经在西域流行的葡萄酒。

　　　　　　　　　　　　　　琥珀光与骊珠：中国葡萄酒史

笛人和骑兵一同出场。

（2）在今天的中国，越来越多的宴会上以葡萄酒代替高度白酒，主人敬酒时常常会引用王翰《凉州词》的前两句，因为它们可以充分表达出葡萄酒的审美愉悦和高朋满座共饮的享受。然而，即使是资深葡萄酒爱好者也会忘记或故意不理会这首诗的后两句。值得注意的是，他们往往不知道这首诗的年代以及与之相关的悠久的中国葡萄酒文化传统——这种传统与欧洲相当，尤以唐朝为盛，数千年来激发着中国人的诗意想象，带给他们幸福愉悦。

（3）这首诗描写了战士被派往千里之外的西部荒漠地区中的驻防地，临行前饮葡萄酒以激发战斗意志和慰藉军旅生涯的艰苦。在此之前的中国历史上就有皇帝为即将上战场的将士奉上壮行酒的做法，[①] 古罗马也有类似的传统。正是出于葡萄酒供应的需要，罗马人在两千年前越过阿尔卑斯山，把葡萄酒文化带到了荒蛮之地日耳曼尼亚、希斯帕尼亚、高卢和色雷斯。今天法国波尔多辉煌的葡萄酒酿造传统应当归功于古罗马人，当初他们为了向不列颠军团供应葡萄酒而开始在波尔多栽种葡萄和酿造葡萄酒。[②]

（4）从这首诗中可以看到，当时在西北地区的卫戍军人能获得大量葡萄酒。我们已经能从很多迹象中观察到，在唐朝的三百年间葡萄酒不再只是上层人士的昂贵饮品，也流行于普通民众中，《凉州词》可以作为这种观察的佐证。波斯、巴克特里亚、犍陀罗、粟特、费尔干纳河流域的大宛、龟兹和于阗，以及塔里木盆地边缘和吐鲁番盆地中其他王国数百年来的葡萄种植传统由驻扎在那里的唐朝屯田军队延

[①] Chiao（1994 年）第 7 页。在中国文化传统中，这也是酒在祭天祀祖、奉养老者、款待客人、社交联谊和激发灵感之外另一不可忽视的重要功能。

[②] Estreicher（2006 年）第 34 页。

续了下去，并最终通过丝绸之路的商贸网络传播到都城长安和帝国的中部地区。唐朝政府更倾向于派遣最晚自北魏以来就广泛散居在中国的突厥-蒙古-印欧民族前往西域地区驻防屯田，这些异族人也对酒文化向长安地区的传播发挥了持久的影响。

（5）诗题中的凉州即今甘肃武威市，位于河西走廊中部，是通往西域的一个狭窄隘口，自古以来就是丝绸之路主干道上的重要枢纽，西北地区曾经有六个少数民族政权在此定都。该地区发现了几处最早可追溯到新石器时代的聚落遗迹。在一座东汉将军墓中出土的举世闻名的"铜奔马"（又称"马踏飞燕"）如今已成为武威市及中国国家旅游局的标志。近代以来，这座城市在与西域、中亚直至欧洲的经济和文化交流中重新获得了重要的战略地位。此外应特别指出，自古至今，甘肃的谷地凭借优良的气候和土壤条件，一直是中国的一个顶级葡萄种植区。当地长期以来盛产鲜食葡萄和其他多种水果，近年来还进行了恢复种植优质酿酒葡萄的尝试，已经初见成效，外国专家也在其中发挥了重要作用。①

（6）诗人王翰是山西太原人，同时代的诗人中有好几位是他的同乡。山西是中国发酵文化史上具有重要意义的地区，这些太原诗人常常亲自动手种植葡萄和酿造葡萄酒。从本书第三章阐述的"戎子传说"和清徐县的酿酒传统可见，最晚从公元前一千年开始，山西地区就独立发展出了葡萄栽培的传统。根据多处史料记载，显然自唐朝

---

① 2005年初，德国《南德意志报》报道了一个在这方面可能最有意义的项目：作为发展援助计划的一部分，两名德国专家在当地村民的协助下，在甘肃南部的一个谷地中开辟了数座葡萄园，见 Strittmatter（2005年）。2005—2011年，葡萄园开始出产葡萄，也酿出了葡萄酒。然而此时附近规划建设一条新的铁路线，葡萄园随即被征用。原本打造一个拥有完善旅游设施的葡萄酒庄的计划化为泡影。甘肃省如今拥有数座新兴的现代葡萄酒庄，如位于武威郊区的莫高酒庄和嘉峪关的紫轩酒庄，种植面积分别为650公顷和3 300公顷。（相关内容另见本书第十二章）

起该地区就是中国内地最大的葡萄种植区，就范围而言，它可能与现代欧洲的一些葡萄酒产区相当。山西葡萄酒文化在唐朝和后来的元朝（见本书第十章）达到了顶峰。然而，在数百年后的今天只能依稀看到一些蛛丝马迹而已。[①]

7—9世纪，民间盛行葡萄种植和葡萄酒酿造，这在中国历史上是前所未有的。唐高祖李渊和唐太宗李世民也是资深葡萄酒迷，他们不但与大臣一起在皇宫附近的禁苑中亲手栽培葡萄，还在宫中专门设立了一个葡萄酒酿造工坊。[②]李唐皇室热爱葡萄酒，一方面是因为他们出身陇西贵族，从太原起兵推翻了隋朝的统治，而山西正是传统的葡萄酒产区；另一方面，640年，吐鲁番盆地中的高昌国被唐军占领，此后唐朝以高昌故地为西州，设置安西都护府对当地实施一定的管辖。在这里，不仅佛教、摩尼教和景教蓬勃发展，葡萄酒文化也十分兴盛，今天吐鲁番周边地区众多令人赞叹的历史遗迹就是这方面的明证。根据史书记载和文学记录，吐鲁番绿洲地区向朝廷进贡"马乳"/"马奶"等名贵鲜食葡萄、"八色"红葡萄酒和白葡萄酒、葡萄干与葡萄糖浆。此外特别值得注意的是，除贡品之外，高昌国也同时献上了葡萄榨汁和葡萄汁发酵技术。按照流传的说法，641年春，高昌王和高昌国最出色的乐师被作为战利品押送到长安，唐太宗宣布"赐酺三日"，长安城的居民开怀畅饮来自吐鲁番的葡萄美酒，庆祝在高昌故地设立西州都督府。[③]

---

① 见本书第三章和第十二章的相关阐述。13世纪的马可·波罗在游记中提到了太原附近的大型葡萄园，见Polo（2003年）第10卷。

② 陈习刚（2010年）、郭会生/王计平（2015年）第133—134页。

③ Schafer（1963年）第144页、Huang（2000年）第241页、王玫（2010年）第179页、刘树琪（2016年）。在中国历史文献中，葡萄自然发酵的工艺和技术被称为"酒法"。唐朝政府下令编纂的药典《新修本草》（659年成书）是世界上（转下页）

唐朝进一步向西扩张到波斯边境，648 年一度征服了塔里木盆地西北边缘的龟兹国。此后伊朗和印欧文化的影响越来越多地进入中国中原地区，并在那里形成了新时尚。传统深厚的西域葡萄酒文化和马乳葡萄经河西走廊征服了帝国中部地区，尤其是山西太原一带。马乳至今仍是深受人们喜爱的鲜食和酿酒葡萄。[①]

唐太宗尤其喜欢亲自动手栽培葡萄树和榨汁酿酒，还慷慨地将自己酿造的红、白葡萄酒赏赐群臣。[②] 他对异族和外来文化的开放态度和出身籍贯有关——李唐宗室的祖先是北朝时的突厥-中国贵族，

（接上页）第一部系统性的药物学著作，其中记载了直接将葡萄浆汁自然发酵且不添加酒曲的工艺，该工艺不同于谷物酒的酿造方法，这在当时看来是很不寻常的。相关内容见 Huang（2000 年）第 242—243 页、Trombert（2001 年）第 313 页。《新修本草》甚至还描述了使用葡萄酿醋的工艺，见 Laufer（1919 年）第 233 页。《新唐书》（第 40 卷《地理志·西州交河郡》，见中国哲学书电子化计划）中提到五种葡萄制作的产品，分别是葡萄酒、葡萄汁 / 糖浆、果酱、果胶糖（？）和葡萄干（葡萄五物：酒、浆、煎、皱、干）。葡萄干的制作还有一种特殊的"烟熏葡萄"工艺，令人联想到陕西清徐人延续到近代的在柴火灶上烘干葡萄的做法。按照当地仍然常见的传统工艺可以推知，西州人过去将葡萄糖浆，甚至直接在葡萄浆汁中添加糖及蜂蜜，加工成"甜浆"或"甜酱"用以酿酒。在吐鲁番地区发现的文字记录中也提到了显然是使用葡萄酒酿造的醋（写成"诈"，意思是"酢"或"醋"）。当然，那里收获的大部分葡萄用于酿酒。细节信息详见 Trombert（2002 年）第 531 页等。

① 曾纵野（1980 年）第 100—101 页；应一民（1999 年）第 51 页等、第 100 页；郭会生（2010 年）第 12—13 页。成书于 10 世纪的《旧唐书》（第 198 卷《西戎列传·高昌》，见中国哲学书电子化计划）记载，西域地区出产葡萄，高昌的葡萄树和酿酒技术被带到长安，宫廷中也酿造出了种类丰富的葡萄酒。根据 Schafer（1963 年）第 141 页等，唐代时，帝国中部的葡萄酒产区面积扩大，尤其是陕西西安、山西太原和山东部分地区。关于唐代的葡萄酒文化另见 Kupfer（2013 年 b、2014 年 b、2015 年 b）。

② 应一民（1999 年）第 51—52 页。西域王国向唐太宗献上名贵的马乳葡萄作为贡品，见 Laufer 1919 年第 232 页。《太平御览》（第 844 卷《饮食部二·酒中》）引用《旧唐书》的说法，即"醍"是一种桃红葡萄酒，"醁"（盎）指清澈的白葡萄酒。"醍"可能与戎子传说中的"缇齐"有关，"缇"是红色的意思。在我看来，"缇齐"有可能是源自梵语 *drākṣā* 的借词，见本书第三章。

可能带有伊朗-印欧血统。当然还有一个重要的原因是，他本人对葡萄酒有着极高的鉴赏力，也许可以称为中国第一位名人侍酒师。而他的贤臣魏徵（580—643）虽然在历史上以犯颜直谏而闻名，但在生活中他也是一位很懂得品酒的葡萄酒爱好者，甚至会自己酿造上好的葡萄酒。唐太宗曾向魏徵赠诗一首，赞美后者所酿葡萄酒的绝佳风味：

> 醽醁胜兰生，翠涛过玉薤。
> 千日醉不醒，十年味不败。[①]

"醽醁"和"翠涛"是魏徵所酿的酒，"兰生"和"玉薤"分别是汉武帝和隋炀帝时的美酒。这四种酒的名称中都使用了华美的词汇。"醽醁"可能是一种红葡萄酒，"翠涛"则可能是白葡萄酒。诗中的后两句间接指出葡萄酒的致醉力较弱但效果持久，此外它的保质期长，可以长期储存，这些特性都与以谷物为原料酿造的发酵饮料形成鲜明的对比。

北宋时的《南部新书》提供了一个很有价值的线索：

> 太宗破高昌，收马乳蒲桃种于苑，并得酒法。仍自损益之，造酒成绿色，芳香酷烈，味兼醍醐，长安始识其味也。

此后，葡萄种植逐渐扩大到今天的河南、山西、河北和山东等省。当时，葡萄被视为"西域珍果"，尤以"马乳"为贵。用葡萄经"十日"发酵制成的酒被称为"佳酿美酒"，其口感超过了传统酒类中

---

① 曾纵野（1980年）第100—101页、应一民（1999年）第53页。

的极品。[1] 偶尔可见史料中提及的红葡萄品种"龙眼"（*Vitis vinifera Linne ssp. Vinifera*），如今仍广泛分布在整个中国北方，也许就是文学作品中所说的"龙珠"或"红珠"。唐朝诗人李贺（790—816）《将进酒》一诗提及的酒有可能是用龙眼葡萄酿造的：

琉璃钟，琥珀浓，小槽酒滴珍珠红。[2]

相传，西王母掌管着一种人类极其渴望得到的长生果，人们有时会把葡萄与这种仙果联系在一起。实际上，这个神话传说里的长生果是中国文化中的一个古老象征符号——蟠桃，它生长在遥远的西方昆仑山的一个园子里，每一千年或更长时间才能成熟一次。桃子和桃花都是中国诗歌中经常出现的主题，[3] 其中最有名的是陶渊明的《桃花源记》，它描述了一个有缘者才能进入的乐园，这个乐园与传说中的"醉乡"非常相似。[4] 葡萄与桃子之间的关联可以从"葡萄"的古代写法"蒲桃"的"桃"字得到解释。在吐鲁番和敦煌发现的魏晋时期文献中甚至有证据表明，"桃"字是一个缩写，代指葡萄。[5] 此外，"陶

---

① 见罗国光（2010年）第58页，含原始引文。另见应一民（1999年）第61页，其中引用了刘禹锡的《和令狐相公谢太原李侍中寄蒲桃》一诗。

② 见维基文库"将进酒（李贺）"，另见《唐诗鉴赏辞典》（1983年）第1033页、Huang（2000年）第192页。Huang指出，诗中的"槽"是一种将葡萄酒从发酵混合物中滤出的装置。下文中的韩愈《蒲萄》一诗可能是最早提及马乳葡萄的文学作品（韩愈诗作原文见应一民1999年第59页，英文翻译见Huang 2000年第241页）。

③ 8世纪时出现了和山东相关的"王母娘娘的葡萄"以及在佛寺园林中种植葡萄的僧人的传说。见Schafer（1963年）第145页。

④ 原文见《古诗鉴赏辞典》（1988年）第598页等。关于只有陶渊明等寥寥数人到过的"醉乡"见下文中的阐释。

⑤ Trombert（2002年）第505、548页；陈习刚（2010年）第151页。

琥珀光与骊珠：中国葡萄酒史

醉"的"陶"字也被用作"葡萄"的更古老的写法"蒲陶"——不知是巧合还是天意，本书关注的大诗人陶渊明也恰好姓陶。

另一位来自山西西南部的饮酒诗人王绩（589？—644）写下了很多能够反映隋朝及唐初葡萄酒文化兴起的诗文，他本人也热衷种植葡萄和酿造葡萄酒。王绩先在隋大业年间（605—618，即隋炀帝在位时期）为官。隋炀帝奢靡无度，酒色荒淫，最终天下大乱，他自己也被叛臣杀死。据说隋朝的灭亡给王绩带来极大的冲击，此后他便开始酗酒。唐高祖时，他以前朝官员的身份待诏门下省，获得每天一斗酒的特殊待遇，当时人称"斗酒学士"。据说他曾骑着水牛去酒馆喝酒，有时在那里流连数日，喝醉了就在墙上题诗。王绩有一首赞美竹叶酒和葡萄酒的佳作：

> 竹叶连糟翠，蒲萄带曲红。
> 相逢不令尽，别后为谁空。[①]

诗中，竹叶酒的青翠与葡萄酒的酽红形成鲜明的对比色。早在 6 世纪的文献中就有关于竹叶青酒的记载，它是一种以精选高粱、小麦为原料，添加竹叶等十几种植物成分，采用优质酒曲发酵而成的药酒。今天生产竹叶青的厂家是中国历史最悠久、规模最大的酒企汾酒集团，它位于山西西部充满传奇色彩的杏花村，距离太原仅 80 公里。

[①] 王绩《过酒家》第三首，见维基文库"全唐诗"第 37 卷。关于诗人王绩及其作品，见曾纵野（1980 年）第 101 页、Kandel（1985 年）第 40 页等、胡山源（1939 年）第 129 页、应一民（1999 年）第 130 页、张庆捷（2013 年）第 53 页、郭会生 / 王计平（2015 年）第 117 页、刘树琪（2016 年）。王绩的作品自元代以来得到了重新发掘，有些学者认为他是唐代最重要的饮酒诗人，因此我在这里用更多篇幅对其进行介绍。王绩的故乡在今天的绛县（史称绛州），位于汾河河谷南边，靠近晋国（前6—前5世纪）中心。在王绩生活的时代，该地区大规模种植葡萄并酿造葡萄酒。

这里出产的竹叶青酒以汾酒为底酒，色泽碧绿，酒精度为45%。小城杏花村自古以来就是饮酒诗人的朝圣地，也有很多文人墨客和达官显贵造访此地，"杏花村"这个名字于是在无数诗文中千古流芳。[①] "借问酒家何处有，牧童遥指杏花村。"——唐朝饮酒诗人杜牧（803—853）的《清明》就是其中的名篇。[②]

喜好老庄、仰慕陶渊明的王绩晚年因纵酒误事被罢官，此后便回到家乡归隐田园，以农耕和酿酒为乐。据说他在自己的居所旁边建了一座供奉酒祖杜康（见本书第三章）的庙，每日祭拜。除了两部关

---

① 汾酒和竹叶青大约在1 500年前就已见诸诗歌作品，但在唐代时两者仍是低度黄酒，直到14世纪才开始出现特殊的"双蒸"工艺。汾酒是传统八大名酒中历史最悠久、产量最大的一种，年产量达75 000吨，被誉为中国的"国宝"。它以高粱为原料，采用大麦和豌豆制成的特殊曲酒发酵而成。汾酒的非凡品质首先归功于杏花村著名的优质泉水，几百年来，这里的泉水一直被称为"神泉水"，流传着很多传奇故事。汾酒的酿造历时21天，传统做法是将大陶罐埋入地下，只露出罐口，这让人联想起格鲁吉亚数千年历史的酿酒传统。有关汾酒的信息另见Sandhaus（2014年）第147页等。鉴于汾酒酒曲以大麦为原料，我们可以猜测，该地区存在着一个始于米家崖的数千年不断演变的酿酒传统，米家崖先民酿出了中国最古老的啤酒，无论是作为酿酒原料的大麦还是酿造技术都来自美索不达米亚（见本书第二章）。从该地区距今5 000—6 000年的新石器时代考古发现如"欧亚"式尖底陶瓶可以看出杏花村的历史可能更久远（同见本书第二章）。杏花村在中文史料中被称为"酒都"和"酒乡"，鼎盛时期酿酒工坊多达72个。在汾酒公司的博物馆里展出了这方面的有力证据。在酿酒历史的早期阶段，发酵过程中使用杏仁，因此在当地大量种植杏树，但今天这些杏园已不复存在。根据另一个传说，用杏子酿制的果酒更为美味，是上天赐予的珍奇礼物，见Li Zhengping（2011年）第41—42页。不过，汾酒集团在公司介绍中声称，早在唐代杏花村人就用道家炼丹术发展出来的特殊工艺蒸馏出了中国最古老的白酒（《国家名酒评论》2015年第73—74页），但并没有发现明确的相关证据。——上述诗句中提到的竹叶青与葡萄美酒的搭配一直流传至今：有一种被称为"红绿灯鸡尾酒"的混合酒，下面是加糖的红葡萄酒和白葡萄酒，最上层是竹叶青。

② 《唐诗鉴赏辞典》（1983年）第1101页。关于杏花村和汾酒的历史见张庆捷（2016年）第7页。

于酒类生产史的著作《酒经》和《酒谱》外，王绩还写下了一系列关于饮酒的诗文歌赋，如《酒赋》《独酌》《醉后》《过酒家》和《醉乡记》等。《醉乡记》是王绩散文中最出色的一篇，它所讲述的奇幻故事其实在几个世纪前就以类似的内容流传于世。"醉乡"是一个远离尘世、祥和安宁的世外桃源，很多人尝试前往而不得入，只有作者崇敬的"竹林七贤"和陶渊明到过那里。王绩之后，"醉乡"就成为一个形容醉酒愉悦之境的隐喻和太平理想世界的象征——"太平"是汉朝末年带有救世色彩的道教起义运动的宣传口号，后世仍不断有人追寻这一社会理想。

在《醉后》一诗中，王绩表达了他对魏晋时期的饮酒隐士的向往：

> 阮籍醒时少，陶潜醉日多。
> 百年何足度，乘兴且长歌。[1]

从王绩待诏时每天得到一斗酒（唐朝一斗合六公升）的经历可以看出，唐朝时以酒作为俸禄发放给官员是普遍的做法，不过这些酒并不只是供给官员个人日常饮用，也用于官方接待事务中的饮宴。唐代以前，以贵重的葡萄酒换取官职的事很常见，如汉末三国时期有人以一斛（即十斗，汉代一斗合两公升）葡萄酒买来凉州刺史的职位（见本书第七章）。据说王绩能连喝五斗酒而不醉。他曾经写下一篇简短的自传，题目就叫《五斗先生传》。在这篇著名的散文中，王绩描绘了道家理想的达成与持续醉酒状态的神秘融合：[2]

---

[1] 见维基文库"醉后（王绩）"等。
[2] 饮酒诗人与道家神秘主义者嵇康与阮籍生活在 3 世纪，都是"竹林七贤"中的人物。（见本书第七章）

有五斗先生者，以酒德游于人间。有以酒请者，无贵贱皆往，往必醉，醉则不择地斯寝矣，醒则复起饮也。常一饮五斗，因以为号焉。先生绝思虑，寡言语，不知天下之有仁义厚薄也。忽焉而去，倏然而来，其动也天，其静也地，故万物不能萦心焉。尝言曰："天下大抵可见矣。生何足养，而嵇康著论；途何为穷，而阮籍恸哭。故昏昏默默，圣人之所居也。"遂行其志，不知所如。

王绩对葡萄酒的热爱首先要从他的家乡籍贯来解释——他出生成长的地方位于山西的西南边缘、汾河注入黄河的汇流处，在今天的戎子酒庄以南约 100 公里。直到如今，这一地区仍然生长着茂盛的野生葡萄，也流传着将近三千年前定居于此的印度-伊朗民族种植葡萄和酿造葡萄酒的传说（见本书第三章）。自史前时代起，洛阳与长安之间的直达交通线及其经过山西太原通往华北和东北的支线在此交汇，这两条丝绸之路的主干道上都有繁荣的贸易往来、众多的市场集散地和定居点。早在唐代以前，外国商人、使节、乐师和杂耍艺人，特别是其中的粟特人就在山西的西南隅定居下来。在黄河由北向东的拐弯处、今永济市境内有一个具有重要战略意义的渡口，两条商路在此交汇。该地的考古发现可以证明波斯-粟特文化的重大影响，如身穿粟特民族服装的铁制人像等。永济以北的汾河河谷地区中发现了粟特商人在 7 世纪初隋朝末年战乱中修建的防御工事遗址，史称贾胡堡。[1]

---

[1] 关于汉唐之间中亚和粟特移民在山西（当时的并州）定居的情况见张庆捷（2010年）第 27 页等、荣新江（2014 年）第 36—37 页。后者还详细描述了粟特人在中亚与中国之间的丝绸之路沿途迁徙和定居的情况（第 1 页等）。管理粟特社区的首领叫作"萨保"（又称"萨薄"，源自波斯语的 sareban，意思是赶骆驼的人），这个职位通常由唐朝政府授予。关于萨保的研究见荣新江（2014 年）第 163 页等。在汉文资料和粟特墓葬的墓志铭中可以看到，部分粟特人的名字已被汉化，如本书第七章中提到的虞弘，但有些人的名字仍是直接从波斯语音译为汉语，如太原萨保翟娑摩诃。

唐朝末年的诗人和官员司空图（837—908）也是永济人。908年，年少的唐朝末代皇帝哀帝被害后，司空图绝食而死，享年72岁。他的《故乡杏花》一诗采用了波斯诗歌中典型的双主题手法：

> 寄花寄酒喜新开，左把花枝右把杯。
> 欲问花枝与杯酒，故人何得不同来？[①]

　　杏花（或扁桃花，又称巴旦杏花）与葡萄美酒的相遇碰撞出高雅别致的审美意趣，二者都是司空图家乡的传统象征。古代时这里的文化就已经融入了中亚元素。

　　在中国的史书中有大量关于"胡人"的记载，主要指粟特人，但也包括其他民族。从这些记载中也可以看出，葡萄种植和葡萄酒贸易是山西粟特人最重要的经济活动之一。显然，"胡人"在他们聚居的社区经营着数以百计的家庭酒坊和酒馆，史书称之为"酒家胡"。王绩似乎对粟特人的酒馆情有独钟，关于他的大部分轶闻趣事都是在那里发生的。近年来对粟特人墓葬有了一些较新的研究，研究发现，除了这些墓葬中的浮雕外，山西北部云冈石窟的一些绘有葡萄藤图案的壁画和在附近大同市发现的葡萄酒器皿也表明，粟特人在唐朝及之前的时代中在该地区培育出了相当规模的繁荣的葡萄酒文化。这方面最有代表性的出土文物是北魏时期带有葡萄藤纹饰的鎏金银质高柄杯以及波斯萨珊王朝风格的白银和玻璃酒碗，二者都藏于太原的山西省博物院，虞弘墓的随葬品也在此展出。[②]（见图8.1）

[①] 见维基文库"故乡杏花"等。根据上下文，我认为此处的"酒"应理解为"葡萄酒"。

[②] 张庆捷（2010年）第51—52页、荣新江（2014年）第382页等、郭会生／王计平（2015年）第158页。

图 8.1　粟特鎏金银杯，出土于山西大同，5—6 世纪，山西博物院，太原

鉴于山西省西南隅至少可追溯到将近公元前一千年的酒文化，该地区的古称"蒲州"分外引人注意，会让人立刻联想到"葡萄"的古代写法"蒲桃"。[①] 李肇（9 世纪）所著的《唐国史补》可以为此提供一个明确的线索，书中还列出了该地区的酒类特产。书中提到一种"河东之乾和（qianhe）葡萄"，[②]"乾和"也可能读作 ganhe 或 ganhuo，考古学家张庆捷将其解释为突厥语 qaran 的音译，[③] 意思是"装满葡萄酒的皮制酒袋"，与西班牙的 bota 皮囊类似，是北方游牧和草原民族的盛水器。然而，从 10 世纪起，"乾和"的含义发生转变，专指杏花村人在汾酒的基础上经进一步发酵和蒸馏制成的一种特别名贵的酒，其酿造过程中不添加水分，使用酒曲发酵，最后经蒸馏而成，在史料中被称为中国最古老、最珍贵的蒸馏酒（白酒）。[④]

---

① 从波斯语中借用的音译词 putao 较老的写法选用的汉字是"蒲"，因为"蒲"是菖蒲或芦苇一类的植物，因其指代植物的含义而适合作为译名。现代写法"葡萄"显然是在唐代以后才逐渐取代了其他较老的写法。

② 见维基文库"唐国史补 / 卷下"。另见张庆捷（2010 年）第 39 页、刘树琪（2016年）。由于乾和（qianhe/ganhe）这个概念最早见于《唐国史补》，在我看来，张庆捷对其原始含义的解释（作为饮器的皮囊）以及后来这个词转变为一种名贵蒸馏酒的名字是可信的。

③ 张庆捷（2010 年）第 39 页。

④ "乾"读 gan 时与"干"同义。"和"的另一个读音是 huo，意思是"混合、搅拌"。这一词源分析也许可以解释乾和酒发酵过程中只使用原料和酒曲，不添加水分的独特工艺。对上述引文中的"乾和（ganhuo）葡萄"的另一种可能的解释是："只用葡萄（汁）酿造的葡萄酒，不加水，也不接种酒曲，即自然发酵的葡萄酒。"（转下页）

　　　　　　　　　　　　琥珀光与骊珠：中国葡萄酒史

蒲州县的治所在今山西省西南角的永济市。此外，在戎子酒庄附近还有两个名字中带有"蒲"字的地方，一个是在其以北约 50 公里处的蒲县，另一个是紧靠蒲县的"蒲城"。"蒲城"是一个几乎湮没无闻的历史遗址，仅为当地人所知。"蒲城"内散落着很多春秋时期的陶器碎片。有人认为，这里就是中国最古老的史料中记载的蒲城，当时是戎族的一个重要根据地。戎人栽培葡萄，酿造葡萄酒，也从事商业贸易。春秋时期晋国明君晋文公的母亲即是戎族首领的女儿，晋文公即位前曾一度被迫流亡到蒲城一带。[①]"蒲县"这个地名最早见于 6 世纪的史书记录，如今是人口略超过 10 万的县城。蒲城或蒲县与唐朝时期的蒲州地区之间存在何种关联目前仍不清楚。根据一个更古老的传说，神话中的上古明君尧在蒲城拜一位叫作蒲伊子（也称蒲子）的山中隐士为师，向他请教治国之道。蒲伊子还向尧推荐了舜作为他的继承人。[②]春秋时期的蒲子山和蒲邑（后称蒲子村）就因蒲伊子而得名。传说中还提到了蒲国，据说舜将这片土地分封给他的子孙，他们以"蒲"为姓，一直延续至今。从汉代起这里就形成了一个叫蒲子县的地区，后来名字简化为蒲县，唐朝以来则在此设蒲州，管辖范围超过了从前。

蒲子恰好生活在中国历史最悠久的葡萄酒产区，这只是巧合，还是"蒲子"这个名字及"蒲县"等地名确实与"葡萄"存在词源学上的关联？无论如何，在这个大背景下，关于尧在蒲县以北的清徐

（接上页）在唐末葡萄酒生产衰落、谷物发酵酒兴起之后，可能在此基础上发展出一种名贵的曲法蒸馏酒。关于唐代及之前的 *qianhe/ganhuo* 酒以及其他葡萄酒，也包括从波斯进口的葡萄酒品种，见张庆捷（2016 年）第 5 页等。

[①] 关于这三个地名的讨论以及古代要塞蒲城的介绍见阎金铸等（2009 年）第 65 页等，不过书中没有对这些地名进行词源学方面的论述，也没有提及其与"蒲陶"的关系。

[②] 关于上古明君尧和舜见本书第三章。

发明醋的神话（见本书第三章）以及传说中的尧都遗址近年来在陶寺（位于蒲县东南仅几公里处）的发现（见本书第二章）都十分引人注目。最后还应看到，蒲县周边的古代和新石器时期的考古发现证明在非常久远的古代就有人类迁移到此地并定居下来。自史前时代以来，这里一直是各种欧亚文化和思潮的中转地，葡萄种植与酿酒当然也不例外。①

　　根据较新的研究结果，唐代的文学活动也受到粟特人的影响，其程度超出了迄今为止的普遍认知。中国文学中最著名的爱情故事《西厢记》所上演的地点除了京城以外还有位于山西西南角的永济。张生与崔莺莺的爱情故事在中国家喻户晓，从古至今出现过大量戏剧、音乐和电影等多种形式的演绎和改编，其中最著名的是元代王实甫（生卒年不详）所作的杂剧，在他的笔下，原本的爱情悲剧变成了大团圆的喜剧。该剧取材于唐代诗人元稹（779—831）所作的传奇故事《莺莺传》，故事中张生最终囿于传统礼教而主动断绝了与崔莺莺的关系。陈寅恪等历史学家考证，崔莺莺的原型是蒲州的一个"酒家胡"女子，即经营酒馆的粟特姑娘，名字叫作曹九九。元稹是洛阳人，对"胡人"的生活非常熟悉。与王绩相似，元稹的诗歌中也有很多关于胡人的描写，其中就包括在粟特酒馆中饮酒和跳舞的场景。②

　　中国葡萄酒文化在唐朝时达到空前繁荣不是偶然的。唐朝享国祚将近三百年，是当时世界上最大的帝国，将众多民族和文化汇聚在统一的疆域内，并通过漫长的大陆和海上贸易路线与远至波斯湾和地中海的中亚和西亚地区、印度次大陆、朝鲜和日本以及东南亚各国保

---

① 关于蒲州另见张庆捷（2010 年）第 38 页等。"蒲伊子"有时也写作"蒲衣子"，可以解释为"身穿蒲草衣的先生"。

② 张庆捷（2010 年）第 38—39 页。

持着密切的交流往来。丝绸之路东端的长安是当时世界上最大的城市，人口超过一百万，是一个多元文化的国际大都市，有阿拉伯、波斯、突厥-回纥、粟特、吐蕃、通古斯、印度和拜占庭商人与使节集中居住的城区。景教、摩尼教、犹太教、伊斯兰教和祆教教徒在长安定居下来，并修建寺院等礼拜场所。中国、印度、爪哇、韩国和日本的佛教学者开设学校和大型译经所，翻译了数千部梵文佛经。丝绸、纸张、瓷器和逐渐成为享受品的茶叶等中国产品从长安经陆路或海路出口到伊斯兰和欧洲世界。同时，唐朝则从印度-伊朗地区进口马匹、乐器、石榴、无花果、杏仁、香料、药材、脂粉、珠宝和手工艺品。来自波斯的音乐、舞蹈、长袍和发型成为上流社会女子追求的时尚。马球也是从波斯传入的，并成为最受欢迎的团体运动。[1]

唐玄宗（712—756年在位）热爱艺术，连皇宫中饲养的骏马都被训练得能口中衔着酒杯起舞。他本人曾经酷爱饮葡萄酒，后来有一天醉中误斩了一位大臣，此后便终生戒酒。[2]葡萄藤和葡萄果实作为装饰图案在唐代很常见，例如在丝绸之路沿途各地都曾出土的铜镜背面就带有葡萄藤图案。[3]我在本书第一章已经提到，来通杯是几千年来葡萄酒文化在欧亚大陆广泛传播的重要标志。中国古人，尤其是唐朝人热衷模仿波斯-阿契美尼德风格，使用牛角、陶、玻璃、象牙、玉、银、金、瓷、犀牛角、竹子等材料制作出十分精美的来通杯。中国人将这些酒器既用于宗教礼仪，也用于日常饮酒，这一点与欧亚各地的文化类似。

---

[1] 关于唐朝及其与世界上其他地区广泛联系的最出色的西方专著见 Schafer（1963年）和 Lewis（2009年）。

[2] 参考维基百科词条"中国酒文化"。

[3] 在离太原不远的清徐葡萄园附近的一座唐代墓葬中发现了一面葡萄纹铜镜和一枚来自波斯萨珊王朝的钱币。见郭会生（2010年）第17页。

茶最初是一种药材，到唐朝时才逐渐成为一种流行的大众饮品。蒸馏酒（白酒）技术的掌握和普及则发生在北宋时期，即最早从11世纪才真正开始。[①] 以谷物为原料酿造的酒精饮料与葡萄酒相比是普通酒品，而且在收成不好的年份朝廷还会颁布禁酒令。所以在唐朝的数百年间，葡萄酒是所有饮料中声誉最高的。这一方面是由于中国与波斯和中亚文化的频繁接触以及宫廷的直接推动，另一方面则是由于佛教的兴起以及佛教僧侣和寺院的迅速增多——如前所述，自西汉以来佛教僧侣对犍陀罗和西域地区葡萄栽培和葡萄酒贸易的进一步发展起到了决定性的作用。最终可以追溯到印度河流域文化、相继受到波斯-阿契美尼德王朝和亚历山大东征以及波斯萨珊帝国促进与影响的葡萄酒文化，在唐朝时通过丝绸之路商贸网络畅通无阻地传播到了整个中华帝国。

关于中国人何时开始生产蒸馏酒，尤其是蒸馏酒何时得到普及，目前学界还没有达成共识。唐朝时已经出现了"烧酒"和"白酒"的概念，但很难将其等同为现代意义上的蒸馏酒。[②] 还有一个相对少见的"火酒"的说法，[③] 它可能只不过是一种加热过的饮料。将大米酒或

---

① 相关内容另见本书第七章中的阐释。

② 山西汾酒集团以其悠久的酿酒传统为荣，在公司历史简介中强调其1500年的名酒史，引用7世纪初成书的《北齐书》中关于北齐武成帝高湛（537—569）向河南康舒王赞赏汾清酒的情节（"吾饮汾清二杯，劝汝于邺酌两杯。"），指出汾酒是唯一载入二十四史的国家名酒。按照汾酒集团的编年史，汾酒应当是中国最古老、最重要的蒸馏酒。见汾酒集团官网：www.fenjiu.com.cn/historyCulture/index.html。另见《国家名酒评论》（2015年）第72页。

③ "火酒"这个概念可能与欧洲13世纪以前常见的说法 aqua ardens（燃烧之水）有关，指度数很高的酒精饮料。中世纪时，高度酒被视为包治百病的灵丹妙药。14世纪流行的黑死病使得欧洲人口减少了三分之一，当时的人们尤其看重高度酒的药用效果。1100年左右，蒸馏技术结合相关医学和炼金术知识一起从阿拉伯世界传入欧洲，德国医生 Hieronymus Brunschwig 在分别于1500年和1512年出版的两本内容丰富的手册中首次详细介绍了蒸馏技术（见 Vallee2004年第57—58页）。

琥珀光与骊珠：中国葡萄酒史

小米酒温热后饮用是古已有之的做法，而"白"也可以理解为"清澈的，已过滤"的意思，类似于今天所说的日本清酒。真正的蒸馏酒在唐代并不常见，因为唐代酒器体积较大，这就意味着酒品的酒精含量必然较低。此外，史料中偶尔记载的酒精消费量也能证明当时尚未普及蒸馏酒。据说，唐太宗用葡萄酒蒸馏出一种类似白兰地的酒，但这种说法是基于后来的《太平御览》（10世纪）和《本草纲目》（16世纪）中的寥寥数语得出的结论，在我看来是没有说服力的。关于蒸馏酒的最古老的明确证据仍然是金朝（12世纪）的一套蒸馏装置。尽管较新的考古发现似乎表明汉代人就已经掌握了蒸馏技术，但没有证据表明其被用于炼丹和医疗以外的用途。[①]

黄兴宗引述了各种支持和反对唐代蒸馏酒存在可能性的论据，他指出，李白和杜甫（712—770）各自在诗作中提到的一斗酒的价格差别很大。[②] 杜甫花三百个铜钱买了一斗酒，而李白却花了一万个铜钱，即以超过三十倍的价格购买了一种盛在"金杯"中的极品美酒。由于缺乏其他令人信服的书面和考古证据，是否可以把这种价格差异作为唐代限量出售珍贵蒸馏酒的证据值得商榷。关于李白购买的昂贵酒品，结合唐诗中反复出现的对盛在精美酒器里的珍贵美酒的赞颂，一个可能的解释是，这是一种名贵的葡萄酒，并且很可能来自山西、甘肃甚至遥远的吐鲁番地区，高昂的价格也包含了长途运输的成本。

总体而言，在唐朝，无论是酒精饮料的品种多样性（也包括葡萄酒品种的进一步分化），还是品质、产量以及社会各阶层的消费等各方面，都表明中国酒文化进入了历史上前所未有的鼎盛时期，这一

---

① 见本书第九章及曾纵野（1980年）第7页、应一民（1999年）第67页、Huang（2000年）第203页等。

② Huang（2000年）第224页。

切同时伴随着帝都长安的辉煌和繁荣。[①] 在长 9 公里、宽 8 公里的城区内商贾云集，遍布着大大小小的官府和民间酒坊，它们采用多种工艺和不同酒曲，以空前的高超工艺水准和规模化生产向市场提供不同品质等级的大量酒精饮料。很多酒坊已经发展成大型供应商，推出了最早一批著名品牌。数量众多的小酒馆和客店拥有独家配方，生产个性化风味的酒品在自家店中出售。此外家庭作坊也很普遍，所酿的酒主要满足家庭需求，偶尔也提供给邻居和熟客。长安的市场空前繁荣，以东市和西市最为兴旺，各种酒类通过丝绸之路等商贸网络运到长安，一直保持着丰富充足的供应。饮酒不只限于精英阶层，也成为长安城中小康之家的日常享受。当然，不富裕的草根百姓只能满足于由谷物经简单发酵酿成的粗酒，讲究品质的有钱人则有条件购买精选酒曲和优质大米（如糯米）、使用复杂工艺酿造的好酒。高级酒品也包括葡萄酒，它们大多使用马乳或龙眼等罕有的名贵葡萄品种酿造，采用的是与曲法发酵截然不同的天然酵母发酵工艺，主要来自西域或太原地区。无论如何，当时的人们普遍认为葡萄酒比谷物酒更高贵、更诱人。在唐代文学作品中不乏对葡萄酒的歌颂，皇帝、朝廷官员和文人雅士甚至亲自参与葡萄栽培和葡萄酒酿造。唐代形成的酿酒产业、新型酒市及饮食服务业在宋代得到延续和发展。唐代时民间形成了普遍认知，认为酒精饮料具有多种保健功效，可增进身心健康、促进血液循环、排毒强身、延年益寿。这表明当时的酒精饮料，尤其是私人家酿的酒精含量非常低。人们可以根据自己的喜好，在不同的发酵阶段享用这些饮料（类似于德国的葡萄新酒"羽毛白"），而且往往在加热后饮用，因此其致醉力可能相当有限。此外，酒也促进了人际

---

① 关于唐代长安城的酒文化见张萍／陆三强（1993 年）的详细描述和列出的大量文献索引。

交往——当时甚至经常可以看到长安的小巷里市民在自家门前摆摊卖酒，供路人炎夏消暑，寒冬暖身。

长安的酒精消费高于全国平均水平，宫廷用酒在其中占到了相当大的比例。高级酒品主要在三个官方领域消耗了大量国家财力：

（1）宫廷祭祀用酒：唐代宫廷中祭祀天地神灵祖先、祈求或感恩五谷丰登的典礼规模很大，也有着详细严格的规范。此外佛教的崇拜仪式中也使用酒精饮料。

（2）外交场合用酒：唐朝时的外交活动达到了前所未有的规模，来自四面八方的外交使团常常有数百人之众，朝廷都予以隆重接待。宫廷和地方官员也会得到酒精饮料作为俸禄或赏赐。此外，唐朝向周边民族赠送的礼物中同样包括酒类。

（3）节庆场合用酒：四时节庆和各种形式的公共庆典根据性质不同（新皇登基、皇帝改元、皇室婚礼、皇子或公主出生、庆祝丰收等）可持续三到九天不等，官府免费供应大量酒水，长安城的居民集体畅饮狂欢。

在唐朝的全盛时期，酒类的生产、消费和贸易是完全自由的，但到了帝国末期，由于开支浩大和粮食歉收，政府只得重新实行酒类专卖并征收酒税，这种状况一直持续到五代时期。不过，都城长安从未受到这些限制性措施的影响。

如本书第六章所述，早在唐朝以前，最迟在 3 世纪时东伊朗粟特人就已成为中亚与中国之间的商贸路线和商业重镇中最活跃的商人。他们拥有独特的外交手段、多元文化和多语言技能，教育水平和读写能力也较高，因此在唐朝精英阶层、西域王国和北方游牧民族联盟中享有很高的声望，并经常担任高级职位，例如外交调停人、地区行政长官和税务官员。由于唐朝在有些地方更倚重外族的军事力量，也有粟特人成为高阶武官。唐朝时，许多粟特人来到中国的大城市，逐渐形成粟特聚落，并建造祆祠，有些粟特人甚至在中国南方定居。虽然见多识广的粟特人对其他宗教持开放态度，但他们中的大多数人仍然保持着中亚故乡的祆教信仰。祆教又称琐罗亚斯德教，是波斯萨珊王朝时期的国教。其创始人琐罗亚斯德宣称阿胡拉-马兹达是至高无上的唯一造物主，因而祆教常常被视为人类历史上第一个一神教。由于祆教徒崇拜火，该教在中文中也被蔑称为"拜火教"。直到800年左右，随着越来越多的祆教徒来到中国，唐朝人对这一宗教也有了更多的了解，才专门为其创造了一个汉字：祆。这一点从"祆"字的字源学分析即可见一斑：它的右边是"天"，左边是代表占卜诸事的示部旁。从中国人的角度来看，祆教信徒是崇拜上天者，和中国人的信仰传统是一致的，因而理应获得更多尊重。此后的中文史料中对于祆教徒也都是这样的定位。[1] 本书第三、第四和第七章中都曾提及祆教信仰与葡萄酒文化之间存在的深刻关联。

然而，中国历史记载乃至现代历史研究大多忽略了以下事实：粟特人是伊朗、中亚和中国西域葡萄酒文化最重要的传播者之一，并且显然还极大地推动了唐朝精英阶层追捧波斯萨珊王朝异域时尚的热潮。近年来发现的粟特人首领（萨保）墓葬就是很有说服力的实证。这些墓葬中出土了很多作为随葬品的葡萄酒器皿，墓室中的壁画和浮

---

[1] 张庆捷（2013年）第19页。"祆"字首次出现在杜佑（735—812）所著的典章制度通史《通典》第40卷中，当时读作 tian，见维基文库"通典"卷040。作为一个词条，"祆"最早见于1008年成书的《广韵》，当时读音已经变为 xian。在该书及其后的辞书中，"祆"被解释为"胡神"，即异族人的神，见《汉语大字典》第4卷（1988年）第2388页。活跃在商贸路线沿途的粟特人中存在宗教融合的现象，例如粟特墓葬的外观是中国风格，但内部却是波斯-祆教风格；又如粟特墓葬中发现的陶俑有些立在莲花座上，而这又是典型的佛教标志。除祆教外，粟特人也将西亚的其他宗教带到了中国，特别是摩尼教和景教，此外他们还是葡萄酒文化、音乐、舞蹈和时尚风格的传播者。关于粟特人的起源和文化多样性见荣新江（2014年）第295页等。

雕描绘人们在葡萄藤下饮酒、奏乐和舞蹈的场景，以现实主义的手法为我们描摹出一幅当时社会的风俗画，使我们得以一窥唐朝上流社会的生活形态。本书第七章中提到的隋代粟特萨保虞弘的墓葬（592）就是这方面的一个典型例证。该墓于1999年发现于太原南郊。直到元朝，这里一直是中国中部最大的葡萄酒产区。[①] 8世纪初，粟特人在中亚河中地区（锡尔河、阿姆河以及泽拉夫尚河流域）的母国被穆斯林征服，他们的文化也被摧毁。755—763年的安史之乱中，生活在中国的粟特人被卷入政治斗争。此后，唐朝镇压了所有外族人，粟特人的影响力迅速衰退，唐朝人对葡萄酒文化的热情也随之一度减退。[②]

图8.2　北周宁夏固原粟特人李贤夫妇墓中出土的希腊-波斯风格的鎏金银壶，固原博物馆，宁夏

① 虞弘墓出土文物现藏于太原山西博物院，相关内容见首席考古学家张庆捷的论文和著作（2003年、2010年、2016年），内附大量插图。张教授为我提供了研究资料，还在2015年和2017年带领我们参观山西博物院，并为我们作了生动有趣的讲解，在此表示衷心感谢。另一座粟特人墓葬，即北周安伽墓的出土文物现藏于西安的陕西历史博物馆。此外，该馆可能拥有最丰富的丝绸之路商人及粟特人陶俑和瓷俑像，这些塑像的典型特征如头戴弗里吉亚帽、手持酒壶和酒器等明显体现出波斯萨珊王朝的艺术和象征符号的影响。见方秀珍（1993年）第100页、荣新江（2014年）第296页等、郭会生／王计平（2015年）第105页等。张庆捷（2016年）第10页等也列举了关于山西粟特人葡萄酒文化的一些较新的考古发现，如描绘酒宴场景的壁画、饮器、酒罐、发酵缸等，显然近年来此类发现有日益增多的趋势。

② 作为商人和文化传播者，粟特人在欧亚大草原大部分地区的影响力体现在例如出土于蒙古的8世纪文物，其中包括一套波斯萨珊王朝风格的金质微缩饮器，由一把细长的带柄壶、两只带有托碟的杯子组成，发现于东突厥首领毗伽可汗的陵墓。唐朝时期的陶制凤首壶也体现了与波斯-粟特葡萄酒文化在艺术和美学上的关联，其中有一件收藏于慕尼黑的五大洲博物馆（Museum Fünf Kontinente）。关于上述两件文物见"*Dschingis Khan und seine Erben*"（2005年）展览的展品目录第51、55页。

一个不容忽视的因素是，唐朝时在包括今天越南在内的整个中国南方进行了广泛的经济大开发，这对酿酒业产生了两方面的影响：一方面，大米成为酿造更高级酒精饮料的主要原料，曲法发酵的工艺也越来越精细，这一发展趋势一直延续到现代。另一方面，唐朝时葡萄栽培也扩展到南方地区，包括亚热带的广东和广西地区，岑参（约715—770）的诗句"桂林蒲萄新吐蔓，武城刺蜜未可餐"[1]可以作为佐证。在这里种植的可能是当地的原生种蘡薁（*Vitis adstricta Hance*或 *Vitis bryoniifolia*）和葛藟（*Vitis flexuosa Thunbergii*），近现代以来也有栽培中国原生葡萄品种的尝试。总体而言，从 7 世纪开始，大唐帝国的葡萄种植区达到了历史上前所未有的规模：以费尔干纳、龟兹、于阗、吐鲁番、敦煌和甘肃[2]为重点的西部种植区经都城长安一带的国家中心，特别是太原以南的山西种植区向东延伸到山东半岛，同时也扩展到南方。凭借如此的产业规模，唐朝时，充满异国情调的葡萄酒也以普通民众负担得起的价格流行起来。[3]

　　在民间广泛传播的同时，借助波斯时尚的影响，葡萄酒也在中国历史上首次征服了另一个领域：女性世界。宫廷女子参与饮酒、假作醉态、在脸颊上涂抹胭脂模仿醉酒之后的酡红是时髦的做法，男士们也对这种"酒晕妆"大加赞赏，认为它与传统的粉色桃花妆相比更

---

[1]　出自岑参《与孤独渐道别长句兼呈严八侍御》。

[2]　唐代史书还提到印度北部和克什米尔的葡萄酒产区。著名的丝绸之路枢纽敦煌（位于甘肃西部，古称沙州）甚至被称为"葡萄之城"。即使对当地的佛教僧侣而言，买卖和享用酒精饮料也毫无问题。见 Trombert（1999—2000 年）；Trombert（2002 年）第 530、544 页等。

[3]　关于中国的本土野生葡萄见本书第二章。关于葡萄和葡萄酒在大唐帝国的传播另见 Schafer（1963 年）第 141 页等、曾纵野（1980 年）第 101 页。岑参长期驻守西域，是边塞诗人中的杰出代表。他十分迷恋吐鲁番的葡萄美酒。后来他又前往龟兹，写下了很多描写异族生活的诗作。

显鲜丽浓艳。①

唐代诗人热爱葡萄酒，经常开怀畅饮并从中汲取文学创作的灵感。他们也热衷于在自家庭院中亲手种植葡萄，甚至成为一时风尚。著名学者和诗人韩愈（768—824）在他的诗作《蒲萄》中写道，为了让葡萄更好地攀缘，他必须修理支离破旧的竹架：

> 新茎未遍半犹枯，高架支离倒复扶。
> 若欲满盘堆马乳，莫辞添竹引龙须。②

韩愈是古文运动的发起者，也领导了反对道教和佛教的论战，但主张复古主义并不影响他畅饮葡萄酒、尽情享受饮酒之乐。③ 在另一首诗中，他赞美了东都洛阳葡萄种植业的盛况。④

另一位唐代诗人刘禹锡在诗歌中，尤其是在长诗《葡萄歌》中描述了有关葡萄种植、栽培、搭架、施肥、灌溉、采摘和发酵的专业知识，夸耀他所酿的美酒"令人饮不足"。这首诗的最后几句点明了"晋人"引以为傲的葡萄种植传统——自古以来山西各地就遍布着郁郁葱葱的葡萄园，他们种植的葡萄就像珍贵的玉石：

> 自言我晋人，种此如种玉。
> 酿之成美酒，令人饮不足。

---

① 应一民（1999年）第49—50、106页以及第12页插图；韩胜宝（2003年）第246页。今天在西安附近的唐朝墓葬壁画中仍能看到唐代仕女的酒晕妆。有趣的是，这种唐代风尚在现代也偶尔重现。

② 应一民（1999年）第59页。

③ 应一民（1999年）第59页、张庆捷（2010年）第54页、张庆捷（2016年）第8页。

④ 刘树琪（2016年）。

为君持一斗，往取凉州牧。[1]

　　这些时至今日仍为山西酒农所津津乐道的诗文提醒着人们，山西省拥有悠久而独特的葡萄酒种植传统，那些亲手种植葡萄和酿造葡萄酒的山西诗人也在其中扮演了重要角色。刘禹锡《葡萄歌》中以玉石比喻葡萄，表明诗人所种的是白葡萄，即马乳葡萄，酿成的酒是白葡萄酒。该诗的开头部分和刘禹锡的另一首诗都称赞马乳葡萄是太原出产的名贵葡萄品种。[2]《葡萄歌》最后一句"往取凉州牧"指汉末孟佗以十斗酒买到凉州（今甘肃武威）刺史一职的故事。这个典故一方面体现出山西出产的优质葡萄酒身价不凡，另一方面也表明凉州在唐代仍然是著名的葡萄酒产地，也是葡萄酒爱好者向往的圣地，本章开头引用的王翰《凉州词》的诗题也含有这一层意思。

　　除了葡萄酒的美妙滋味，葡萄的美丽外观也是诗人歌颂的对象。太原人唐彦谦（？—893）曾任绛州（今山西新绛县）刺史，他在《咏葡萄》第二首中这样描写葡萄：

金谷风露凉，绿珠醉初醒。

珠帐夜不收，月明堕清影。[3]

<hr>

① 见维基文库"全唐诗"第354卷。另见应一民（1999年）第61、63页；李争平（2007年）第24页；王玫（2010年）第183页；郭会生／王计平（2015年）第115—116页。本诗较为自由的英文译本如 Schafer（1963年）第144—145页、Huang（2000年）第242页。正如王翰《凉州词》的描述，当时流行使用晶莹透亮优雅别致的玉杯或玻璃杯饮用葡萄酒。

② 张庆捷（2010年）第13—14、54—55页；张庆捷（2016年）第8—9页。

③ 见孙辉亮（2013年）第4页。更多唐彦谦的葡萄酒诗见郭会生（2010年）第16页。

从众多的咏葡萄诗中我们不难看出中晚唐时期中国中部尤其是太原地区的葡萄种植的发达程度。当时的人们偏爱从西域引进的马乳葡萄。它的产量很高，果香浓郁，果皮呈浅绿色，形状为长条形。今天中国境内仍然出产马乳葡萄，它也是中国所独有的葡萄品种。除了酿酒外，马乳也是深受人们喜爱的鲜食葡萄，唐彦谦诗中的"绿珠"这个比喻就充分体现出人们对它的珍爱。唐朝时，太原每年都向朝廷供奉大量使用马乳葡萄酿造的葡萄酒，当地的葡萄酒生产似乎已形成了产业化规模。[①]

文献研究和考古发现的各种证据都表明，如果没有酒，没有葡萄酒所激发的灵感，就不可能有唐代 300 年中 2 500 多位诗人写下的 5 万多首诗歌，这是人类历史上绝无仅有的文学创作奇观。[②]

刘禹锡的好友白居易（772—846）可能是唐代最多产的诗人，他自称"醉吟先生"，一生写下了 2 800 多首诗歌，其中 900 多首以饮酒和葡萄酒文化为主题。[③]白居易与王翰、王勃（649 或 650—676）、王之涣（688—742）、柳宗元（773—819）、王维、王涯（约 764—835）、司空图和唐彦谦都来自帝国"酒窖"山西太原（当时叫作并州）一带。特别是当河西走廊通往西部和西北部地区的交通线受到威胁或被封锁，无法从那里进口葡萄酒时，太原的经济地位就显得尤为重要。对于白居易来说，太原的酒是感官享受的顶峰，这一点在他的其他诗作中也有所表露。

---

① Schafer（1963 年）第 144 页。

② 关于中国历史上酒文化与文学（尤其是诗歌）密不可分的关系见 Chiao（1994 年）第 7 页、蔡毅（1993 年）、陈廷湘（1993 年）、林继山（1993 年）。另见胡山源（1939 年）第 121—275 页，尽管胡的专著篇幅宏大，但它所分析的文献远不够完整。

③ 胡山源（1939 年）第 168—169 页；应一民（1999 年）第 8、61 页；张庆捷（2010 年）第 55—56 页；张庆捷（2016 年）第 8 页等；郭会生 / 王计平（2015 年）第 113 页。

67 岁时，白居易写下了带有自嘲意味的《醉吟先生传》，介绍了他的三位挚友和常伴：酒、诗和琴，并对他晚年时这种诗酒放达的生活方式进行了剖白和辩护：

既而醉复醒，醒复吟，吟复饮，饮复醉。醉吟相仍，若循环然。[①]

按照白居易生前的最后一个愿望，《醉吟先生传》被刻在一块大石上，安放在他的墓旁。去世前他还为自己撰写了墓志铭，即《醉吟先生墓志铭》——这在中国传统中是一个不同寻常的举动。他在文中简述了自己 75 年来悠然于天地间的生活，感叹生命短暂，而死亡是一场没有归途的旅行。据说，他的仰慕者从全国各地赶来祭拜奠酒，使墓前的土保持湿润。

中国诗歌作品中有着数量惊人的和酒有关的意象和隐喻，一项关于李白和杜甫作品的较新的研究可以证实这一点：李白的 1 050 多首诗和杜甫的约 1 400 首诗中，30% 以上以饮酒之乐和饮酒文化为主题。这两位中国最著名的诗人也是生活在同一时代的好友。从他们诗中的"玉浆""玉液""琥珀光""玉觞"等华美的比喻可以看出，大多数情况下，诗人所描写的酒精饮料应该是葡萄酒。[②]

李白被尊为"酒豪""酒仙"和"酒圣"。文学研究家和历史学家郭沫若这样评价李白：

[①] 见维基文库"醉吟先生传"。关于这句引文及白居易的逸闻趣事见李争平（2007 年）第 262 页等、韩胜宝（2000 年）第 35 页等。

[②] 黄永健（2002 年）中收集的数据很有价值，比郭沫若 1971 年的统计研究更进一步。另见 Chiao（1994 年）第 7 页，他甚至称李白的诗十首中有九首以"酒"为主题。关于李白被视为中国最著名的饮酒诗人，另见杨毅（2006 年）。

当他醉了的时候，是他最清醒的时候；当他没有醉的时候，是他最糊涂的时候。[1]

对李白来说，小酌几杯当然是不能够尽兴的。在他众多的饮酒诗中，有一首幻想汉江的水都化为葡萄美酒，而他要每天豪饮三百杯，一连喝上一百年。[2]奔放深沉的情感与朴素的自然美学使李白的作品成为在中国最广为传诵的诗歌。他的创作离不开日常饮酒所激发的灵感和酒文化（包括葡萄酒文化）的浸润。值得注意的是，李白与波斯民族诗人哈菲兹（Hafez，1320—1389）和德国文学家歌德（Goethe，1749—1832）之间虽然在生活年代上有着数百年的距离，但他们的精神世界是相通的。哈菲兹也是一个热情的葡萄酒迷，而歌德据说在魏玛创作的旺盛期每天饮用两升葡萄酒，酒为他写作《西东合集》带来了不少灵感。歌德对哈菲兹和李白的诗歌艺术都抱有浓厚的兴趣，曾将李白《清平调》的法文译本转译成德语。[3]

夜晚在月光下独自饮酒是李白诗歌中的常见主题之一，如在著名的《月下独酌》一诗中，他先是自斟自饮，后来有了月亮和自己影子的陪伴，"三人"便愉快地共饮起来。李白饮酒的地点在花丛中，"花间置酒"是中国饮酒诗中的典型场景：

> 花间一壶酒，独酌无相亲。

---

① 见郭沫若（1971年）第148页。另见邱佩初（1993年）第306—307页。

② 出自李白《襄阳歌》，见《唐诗鉴赏辞典》（1983年）第255—256页、胡山源（1939年）第163页、应一民（1999年）第114页、刘树琪（2016年）。在这首诗中，李白将发酵中的葡萄酒的颜色比作汉江野鸭的绿色羽毛。这可能是一种新酿白葡萄酒。

③ 凌彰：《歌德与唐诗》，http://www.aisixiang.com/data/87035.html。

举杯邀明月，对影成三人。①

在另一首类似的咏月抒怀诗《把酒问月》中，诗人将宇宙的无边无涯与人生的短暂易逝作对比，最后又回到了眼前的饮酒之乐：

唯愿当歌对酒时，月光长照金樽里。②

李白不喜人多热闹，只是偶尔与一位志同道合的好友一起开怀畅饮，如《山中与幽人对酌》所记：

两人对酌山花开，一杯一杯复一杯。③

李白最著名的饮酒诗当属用汉代乐府体写成的长诗《将进酒》。这首诗也反复出现他最喜爱的两大主题：一是人世短暂，万物倏忽易逝；二是人生在世应当尽情畅饮"金樽"中的"美酒"，就如诗中夸张的说法"会须一饮三百杯"。在李白看来，世间的任何奢华和荣耀都无法取代醉酒时浑然忘我的境界：

钟鼓馔玉不足贵，但愿长醉不复醒。

---

① 见维基文库"全唐诗"第182卷。另见《唐诗鉴赏辞典》（1983年）第347页；胡山源（1939年）第161、213页。花间、月下、饮趣、琵琶这四个主题的结合在中国文学中不断出现，尤其多见于唐诗。

② 见维基文库"全唐诗"第179卷。另见《唐诗鉴赏辞典》（1983年）第323页、胡山源（1939年）第209—210页。

③ 见维基文库"全唐诗"第182卷。另见《唐诗鉴赏辞典》（1983年）第348页、胡山源（1939年）第242页。

古来圣贤皆寂寞，惟有饮者留其名。[1]

李白的组诗《行路难》三首有着类似的主旨，让人联想起唐代以前的道家诗歌（见本书第七章）：

且乐生前一杯酒，何须身后千载名？[2]

拥有同样精神气质的白居易祖籍太原以南的传统葡萄酒产区太谷，家族拥有中亚血统。白居易也对荣华富贵不屑一顾。在他眼中，饮酒之乐是多少金钱都换不来的：

身后堆金拄北斗，不如生前一樽酒。[3]

杜甫与李白之间有着深厚的友情，但二人的性格和为人处世却大相径庭。令人惊讶的是，严肃忧郁的杜甫在传世的诗作中提及酒的词汇数量甚至超过了李白。从他的《绝句漫兴九首》第四首中可以看到，尽管个性不同，杜甫在气质上也有与李白相近的一面：

莫思身外无穷事，且尽生前有限杯。[4]

---

[1] 见维基文库"全唐诗"第 162 卷。另见《唐诗鉴赏辞典》（1983 年）第 225 页、胡山源（1939 年）第 163 页。

[2] 见维基文库"全唐诗"第 162 卷。另见《中国历代诗歌鉴赏辞典》（1988 年）第 366—367 页。

[3] 出自白居易《劝酒》。见维基文库"白氏文集"第 51 卷。另见韩胜宝（2003 年）第 264 页。

[4] 维基文库"漫兴（杜甫）"。

杜甫的《饮中八仙歌》用幽默诙谐的语言，为同时代长安城的八位嗜酒如命豪放旷达的酒徒做了一首生动的"漫画诗"。好友李白在他的笔下是一个狂放不羁的才子，无视任何社会规范，甚至不把皇帝的召见放在眼里：

> 李白一斗诗百篇，长安市上酒家眠。
> 天子呼来不上船，自称臣是酒中仙。[1]

李白和杜甫直接或间接谈及饮酒之乐的诗文数不胜数，诗学理论家黄永健只选出了 75 首具有代表性意义的李白诗歌作为其研究的依据。[2] 德国翻译家约亨·坎德尔（Jochen Kandel）收集并翻译成德文的大量中文饮酒诗[3]也只是唐代及唐代前后相关作品的一小部分，更不用说那些诗人借着酒兴所作却没有明确提到酒的无数作品了。这些诗文只能让人稍微窥见在公元后的第一个千年中，包括葡萄酒在内的大量酒精饮料在中国人身上所激发出的文学艺术灵感。黄永健认为，李白是这方面的一个最明显的例证。[4]

不过，关于李白在诗中吟咏的"酒"到底是何种酒精饮料，我们只能从对"酒"的描述和上下文提供的线索推断，有时其实完全无从猜测。本章开头所引王翰《凉州词》中的"美酒"则明白无误是葡萄酒，此外，"琥珀光"也是典型的对葡萄酒的文学描述。贵重的器皿，如上文中多次提到的"金爵"，暗示其中所盛的是名贵的葡萄酒，当然"金"也可能只是意味着器皿"珍贵"或"闪闪发光"，如"金

---

① 见维基文库"饮中八仙歌"。另见《唐诗鉴赏辞典》（1983 年）第 433 页、胡山源（1939 年）第 166 页、陈廷湘（1993 年）第 252—253 页。

② 黄永健（2002 年）。

③ Kandel（1985 年）。

④ 黄永健（2002 年）第 33 页。

琥珀光与骊珠：中国葡萄酒史

刚石"之"金"。唐诗中所说的绝大部分"金樽"很可能都是高柄玻璃杯。公元前 1500 年左右，美索不达米亚和埃及开始生产玻璃杯。公元前四到三世纪，玻璃杯从波斯，甚至也可能从罗马传入中国。到了唐代，玻璃杯尤其受到人们的追捧，通常用于饮葡萄酒。在李白的多首诗歌中，诗人清楚明白地将葡萄酒与贵重的器皿并列，更加衬托出酒的身价不凡，比如《对酒》：

> 蒲萄酒，金叵罗，吴姬十五细马驮。
>
> 青黛画眉红锦靴，道字不正娇唱歌。
>
> 玳瑁筵中怀里醉，芙蓉帐底奈君何。[①]

这里的"金叵罗"即盛葡萄酒的酒杯，双音节的"叵罗"明显是一个借词，最早只见于李白的诗歌，后来除了谈论这首诗外基本上很少有人用到。毫无疑问，该词源于波斯语中的 bolur，意思是水晶。偶尔也可见 bolur 的其他音译写法，如"颇罗"。"叵罗"可能与"玻璃"存在词源方面的关联，"玻璃"也是一个波斯语借词，且更为古老，并一直沿用至今。[②]（见图 8.3）

---

① 见维基文库"全唐诗"第 184 卷。另见应一民（1999 年）第 114 页、郭会生（2010 年）第 15 页、王玫（2010 年）第 182 页。

② 本书第六章末尾引用的陆机所作葡萄酒诗中使用了和"玻璃"形近的"琉璃"一词。根据 Schafer（1963 年）第 235 页等的说法，玻璃与琉璃不同："玻璃"有时也写作"玻瓈""颇瓈"或"颇璃"，是透明的，常被比作冰。吹制的玻璃器皿从中亚、波斯和东罗马帝国传到中国，在唐朝时才流行开来。这些来自异域的珍宝有各种风格，呈红色或绿色。与玻璃相比，琉璃的透明度较低，呈现多种颜色，也可指釉陶。在波斯-萨珊王朝的影响下，无论玻璃还是琉璃器皿都是五彩斑斓或镶嵌黄金，"金樽"中的"金"字即说明了这一点。——荣新江（2014 年）第 386 页将"叵罗"一词追溯到粟特语 patrōδ（新波斯语 parč），意为"杯、碗"。由于二者的发音差异较大，我认为这种猜测并不令人信服。

图8.3 玻璃杯，法门寺，唐朝，陕西博物馆，西安

《对酒》和李白的其他一些诗歌可以支持他是中亚人后裔的假说，这在多元文化并存的唐朝及之前的时代并不罕见。关于李白的籍贯说法不一。接受度最高的两个地点分别是丝绸之路主干线上的甘肃和托克莫克（吉尔吉斯斯坦）附近的古代贸易城镇碎叶城。托克莫克位于伊塞克湖（唐代时称之为热海）以北，当时是丝绸之路北线上一个极为繁荣的地区，由突厥-伊朗民族控制，粟特商人频繁来往此地。唐朝从7世纪开始向西扩张，到达此地后继续西进至中亚河中地区。[①]751年，唐军与入侵的阿拉伯军队在塔拉斯河畔（唐代称为怛罗斯，今哈萨克斯坦东部塔拉斯市附近）进行了一场历史性的大决战，唐军被打败，此后中亚和中国西部地区逐渐开始伊斯兰化。在接下来的几个世纪中，中国文化向西方的辐射以及东西方直接的经济文化交流，包括在此之前盛行的酒文化都逐渐消失了。[②]

李白的《对酒》中有情色方面的描写，与他同时代的其他一些诗人也使用与饮酒相结合的情色主题，这是波斯诗歌的典型特征，在中国早期文学中几乎不存在。饮酒与情色（酒色）的结合在中晚唐诗歌的发展中尤为明显。在节庆宴会上有美丽的异域女子提供音乐、歌舞和其他娱乐活动，被称为"酒妓"或"饮妓"。她们大多来自中亚，

① 7世纪初，高僧玄奘（602或600—664）在《大唐西域记》中记录了这一地区的繁华和富裕，十分符合李白上述诗句中的描写。

② 不过，据说怛罗斯战役中的中国战俘将对于图书出版业至关重要的造纸术从撒马尔罕传到了伊斯兰世界，后来又进一步传播到欧洲地区。

琥珀光与骊珠：中国葡萄酒史

分为三等，分别为宫廷、官府（官妓）、军营（营妓）或私人（私妓）服务。饮宴过后造访风月场所在当时是常见的行为，至少已经为城市居民普遍接受。① 唐人从波斯文化圈吸收了主要由女性担任酒侍（*sāgi*）的传统，在文人雅士的饮宴中，女酒侍还要额外承担一项难度很大的任务，即用诗歌娱乐客人，甚至要一边斟酒一边即兴赋诗。由此在唐代发展出了"诗妓"这一特殊的艺妓类别，她们擅长在微醺的状态下创作缠绵悱恻的抒情诗。②

按照当时的习惯，李白四处游历，不仅走遍西北地区，还到过更多地方，甚至远至中国南方。他用大量诗歌记录了所到之处的风土人情。李白、杜甫等唐代诗人在旅途中都自称"客"，在造访友人或送别时的宴会上往往以醉酒忘却思乡之情或离别之苦。王维的边塞诗《送元二使安西》是最有名的送别诗之一，面对即将远去龟兹的朋友，王维写下了这句千古传诵的劝酒辞：

> 劝君更尽一杯酒，西出阳关无故人。③

唐玄宗是文学艺术的爱好者和推动者，在他统治时期，唐朝达到了文化发展的巅峰。玄宗极其赏识李白，甚至允许他酒醉时觐见且

---

① 蔡毅（1993 年）第 220 页、黄永健（2002 年）第 29 页。

② 王悦（1993 年）第 284 页等。唐代有数位受过良好教育并极有才情的名妓为后世所知，她们的作品也流传了下来。

③ 见维基文库"全唐诗"第 128 卷。另见《唐诗鉴赏辞典》（1983 年）第 195 页、应一民（1999 年）第 112 页。诗中的阳关是环绕塔克拉玛干沙漠的丝绸之路南方支线的入口，在当时人看来象征着熟识的文明世界的终结。今天在阳关的要塞遗址上矗立着一尊充满英雄气概的王维塑像，背后就是一望无际的沙漠。塑像上雕刻着"劝君更尽一杯酒，西出阳关无故人"这句诗。关于"客居异乡"的主题见 Liang（2012 年）第 23 页等。

不行叩拜之礼。如此宽容是因为他在酩酊大醉的状态下能写出最美妙的诗篇。李白后来在翰林院任职，但两年后因玄宗宠妃杨贵妃的阴谋而被罢官。[1] 杨贵妃可能是中国历史上谈资最多的女子，今天的人们仍然感叹她竟能对皇帝施加如此大的影响力。唐玄宗在位初期励精图治，国力强盛，但后来逐渐荒废朝政，将这个在边疆和内部都面临严重威胁的大帝国交给了他所宠信的权臣。杨贵妃是中国历史上绝无仅有的通过饮酒甚至烂醉来表达女性解放的著名女子。她的故事直到今天仍在为文学、戏剧和电影艺术提供素材。[2] 一部非官方传记描述了杨贵妃用装饰着七颗宝石的玻璃杯享用来自凉州（今甘肃武威）的葡萄酒，与现代高雅女士喝香槟的方式大致相同。[3] 在 755—763 年的安史之乱中，37 岁的杨贵妃被哗变的士兵逼迫自缢，此后唐玄宗也不得不退位，帝国陷入了内外政治危机、自然灾害和农民起义的漩涡。粟特-突厥出身的叛将安禄山几乎将唐朝推向了毁灭的边缘，也结束了其辉煌的世界性大帝国时代。[4]

几乎没有任何一位中国诗人像李白这样有种种奇闻轶事流传至今，所有这些传说或多或少都与醉酒有关。据说，他在一次酩酊大醉后泛舟赏月，因试图拥抱倒映在江中的月亮不幸溺亡。不过，他的

---

[1] 韩胜宝（2003 年）第 104 页。

[2] 《贵妃醉酒》是最著名的京剧剧目之一，见韩胜宝（2003 年）第 251 页。白居易在 806 年创作了长篇叙事诗《长恨歌》，他是最早将杨贵妃和唐玄宗的悲剧爱情故事写进文学作品的诗人。另见李争平（2007 年）第 257—258 页中对这首诗的简单介绍。

[3] Schafer（1963 年）第 143 页。

[4] 安禄山的父亲是粟特人，母亲是突厥人。他的本名是波斯语 ro(x)šan 的转译，意思是"明亮、光明"，与亚历山大大帝的粟特王后罗珊娜（Roxana，一位巴克特里亚贵族之女）的名字有着相同的含义。安禄山被祆教信徒奉为"光明之神的化身"。史思明起初是安禄山的下属，也是信奉祆教的粟特人。选择"思明"作为汉文名字同样是出于政治和宗教的动机。见荣新江（2014 年）第 157—158、290—291 页。安史之乱之后，唐朝作为一个世界性的多元文化大帝国的开放性便逐渐终结了。

死因可能只是因为大量饮酒。尽管如此，李白还是活到了 61 岁的花甲之年，超过了数百年来无数饮酒诗人的平均寿命。他一生自始至终都从葡萄酒等酒精饮料中汲取灵感，为后世留下了纷繁浩杂的不朽诗篇。在晚年的一首诗中，他在感叹生命易逝时发出了这样的自嘲：

> 抽刀断水水更流，举杯销愁愁更愁。[1]

李白在后世也被称为李太白，从古至今，他不仅成为众多叙事和戏剧作品中的主人公，甚至连黄山中一块状似酒醉之人的天然岩石也被命名为"太白醉酒"。从晚清画家苏六朋（1798—1862）所作的《太白醉酒图》到近年间的同名流行歌曲，历经岁月的洗礼，李白与酒依然是文艺创作者常用不衰的主题。

杜甫笔下的"饮中八仙"无疑是唐代最著名的诗人群体，也是唐代文学鼎盛时期的写照。[2] 他们不仅是千古传诵的杰出诗人，而且与魏晋时的"竹林七贤"（见本书第七章）一样，也因非同寻常的纵酒豪饮而闻名，正如杜甫夸张的比喻，他们饮酒仿佛"长鲸吸百川"。[3] 在后来的历史记载中，"饮中八仙"被蒙上了神圣的光环，每个人都被赋予鲜明的个性特征，也如同"竹林七贤"一样成为绘画题材。

贺知章（659—约 744）是"饮中八仙"中年代最早、寿命最长的一位，他在朝中做了半个世纪的高官，直到晚年才归入道家门下，也是李白的好友。杜甫在这首诗中描写贺知章喝醉后骑在马上摇摇晃

---

[1] 出自李白《宣州谢朓楼饯别校书叔云》，见《唐诗鉴赏辞典》（1983 年）第 314 页。
[2] 见韩胜宝（2003 年）第 100 页等中对这些人物的分析。
[3]《唐诗鉴赏辞典》（1983 年）第 433 页。

晃，就像坐在船上一样。最后他掉落马下，栽进枯井，索性便在井底沉沉睡去。[①]贺知章不仅是诗人，也是一位著名的书法家，他的草书别具一格，他只有在喝得酩酊大醉之后才会在纸上下笔如飞，一气呵成。他的好友与姻亲张旭据说更加怪异，动笔前必先豪饮，然后大叫一声跳起来，提笔落纸，恣意挥洒，如有神助。张旭被后世尊为"草圣"，同时也是一位杰出的诗人。

唐代的饮酒诗人不胜枚举，最后一位值得一提的是唐朝末年的皮日休（约838—约883）。他是湖北人，曾参与将唐朝推向穷途末路的黄巢（？—884）起义，起义被镇压后不知所踪。中国20世纪最重要的作家鲁迅（1881—1936）称赞皮日休是"一塌糊涂的泥塘里的光彩和锋芒"，即陨落中的大唐帝国的最后一位伟大的天才。他在短暂的仕途生涯后回到家乡，归隐山林，与白居易一样自称"醉吟先生"，也自号"醉士"或"酒民"。他每天都喝得酩酊大醉，并以醉酒为题材创作了大量诗歌。皮日休与同样爱酒如命的苏州诗人陆龟蒙（？—881）友情深笃，他们诗酒唱和，写下了不少互为酬答的酒诗，二人齐名，世称"皮陆"。[②]

酒的精神拓展和致醉作用可以大大增强文学艺术创作者的表现力，在诗歌以外，酒也将唐代的书法和绘画艺术推向了一个新的发展方向，在随后的几个世纪中形成了"诗画"这一融合诗歌、绘画和书法于一体的新艺术体裁。唐代以来"醉墨"兴起，即在酒精饮料的影响下借助瞬间灵感挥笔立就的创作风格。"醉墨"在唐代最杰出的代表人物是僧人及书法家怀素和尚（725—785，一说737—799），他创

---

① 《唐诗鉴赏辞典》（1983年）第433页。

② 韩胜宝（2000年）第19、37、50页等。皮陆二人共有69首诗作传世，涉及的主题主要有自酿美酒、饮酒之趣、酒的外观和芳香、酒馆中的氛围、伴随着音乐与酒友共饮等。

琥珀光与骊珠：中国葡萄酒史

造了一种独特的草书风格，以"醉僧"或"醉素"的称号载入史册。同时代的李白专门赋诗一首（《草书歌行》）赞美怀素的书法。张旭和怀素被视为草书艺术的先驱，后世称二人为"张颠素狂"。据史书记载，怀素"一日九醉"，其间会突然灵感大发，在一切可以下笔的地方，如墙壁、衣服、器皿和蕉叶上，恣意挥毫，直抒胸臆。甚至有一座寺院中到处都是他的墨迹。有人问他高超书法造诣的秘诀，他只答以"醉"字。① 据说，张旭和怀素都曾在酩酊大醉的时候以头蘸墨为笔，写出了独步天下的奇绝之作。②

吴道子是唐代最著名的画家之一，被尊为"画圣"，是贺知章和张旭的朋友，也是一位道家人物。他曾多年担任宫廷画师，尤其长于壁画，创作了大量作品。和唐代其他诗人和艺术家一样，酒也是吴道子的灵感来源，他的艺术才华只有在醉酒的状态中才能得到充分展现：

> 好酒使气，每欲挥毫，必须酣饮。③

中国文化史上，书法艺术天才与酒精作用的独特结合始于"书圣"王羲之（见本书第七章）。据记载，王羲之在醉酒的醺醺然中如有神助，顷刻间便挥洒出一幅精妙绝伦的书法作品，千百年来始终被视为令人倾倒的孤绝之作和书法艺术的完美典范。④ 无论是诗歌还是

---

① 见《汉语大词典》第 9 卷（1992 年）第 1423、1424、1427 页；另见韩胜宝（2003 年）第 133 页；Schmidt-Glintzer（1990 年）第 89 页。

② 杨义（2006 年）第 92 页、张铁民（1993 年）。张铁民不仅描述了书法与酒趣之间存在密切联系这一现象，也尝试从心理背景对其进行解释。

③ 见维基文库"历代名画记"卷第九。另见宋书玉（2013 年）第 436 页。

④ 张铁民（1993 年）第 358—359 页。

视觉艺术，尤其是将二者合而为一的书法艺术中，在进行创作之前适量饮酒可以荡涤灰暗日常生活带给心灵和思想的一切杂念和阻滞，突然释放出直觉的力量，这种精神体验常常被描述为道教—佛教教义中的顿悟，直到今天仍一再见于伟大艺术家们的创作实践，并成为人们讨论的话题。至于葡萄酒在多大程度上对唐代艺术家产生了特别的启发，史料中并未提及，还有待进一步研究。

最后，作为本章的结束和向下一章的过渡，重点探讨一下宣化葡萄酒产区：在位于北京西北约 150 公里处、河北省怀涿盆地边缘的张家口市宣化区重新发掘出了非同寻常的物质文化遗产，这为中国葡萄酒史揭开了新的一页。该地区不仅拥有适合葡萄种植的极佳气候和土壤条件，而且自史前时代以来一直是民族迁移的中转站和四通八达的商路枢纽。如今，怀涿盆地已成为中国主要的葡萄酒产区之一，拥有三十多家葡萄酒企业，其中不乏"长城"等知名品牌。二十多年前，人们开始重新发掘被遗忘已久的"宣化千年葡萄园"传统——最晚从 8 世纪末，也就是宣化建城之始，这里就已经开始了葡萄种植。[①]（见图 8.4、图 8.5）

不过，按照民间传说，宣化第一批葡萄树栽种在城中最古老的佛寺时恩寺里。这种情形在其他地方也很常见，一再表明佛教和葡萄酒都是从遥远的西域传来的。现存时恩寺始建于 15 世纪，它的前身可能在宣化建城之前就已经存在了，而这个最古老的葡萄园据说是由

[①] 有关宣化葡萄栽培历史和相关考古发现的详细文献和讨论见孙辉亮（2013 年），其中重点见曹幸穗 / 张苏（2013）、李敬斋（2013）、颜诚（2013 年 a、2013 年 b）。今天的宣化是河北西北部张家口市的一个区。张家口历史悠久，风景秀丽，2022 年与北京一同承办了冬季奥运会。2015 年 4 月，我在该地区参观了葡萄园、博物馆、相关历史遗迹和数座葡萄酒庄，承蒙怀来县葡萄酒局局长董继先先生安排协助，并为我提供了很多极有价值的信息，在此表示衷心感谢。

图 8.4 河北"宣化千年葡萄园",漏斗状 棚架

图 8.5 宣化:春季将葡萄藤从土中挖出 并重新绑扎上架

一位来自西域的游方僧人开辟的,为了表达对佛祖的崇敬,他将葡萄树干修剪培植成了佛祖莲花宝座的形状。为数不多的资料显示,葡萄种植从西域传入宣化的时间可能早于唐朝,最迟在北魏时期。一些学者认为,葡萄及其栽培技术的传播最终可以追溯到前 2 世纪张骞出使大宛,并在随后的几个世纪中逐渐传入中国中部、北部和东部地区。6 世纪初成书的《齐民要术》可以提供相关证据,书中记载了山东和黄河下游地区先进的葡萄栽培技术。①

宣化郊区大片古葡萄园的遗迹在房地产开发的热潮中逐渐消失,近年来当地政府才将一块幸存下来的遗址区域列为文物古迹区,在周围筑起围墙进行保护。2013 年,宣化古葡萄园入选联合国粮农组织的"全球重要农业文化遗产"名录。宣化拥有全世界独一无二的漏斗形葡萄棚架,数米长的巨型葡萄藤盘旋缠绕在高高的木架或竹架上,的确能让人联想起莲花。这种葡萄架可能在唐代已经很常见,一些唐

---

① 见曹幸穗/张苏(2013 年)从农业史角度对宣化葡萄栽培发展及其起源的详细论述。另见本书第六章和第七章。

诗中就有相关描写。^①当地冬季气温最低达零下 20 摄氏度，所以必须将葡萄藤蔓埋土越冬。到了春天又必须把藤蔓挖出来重新捆扎上架，这些艰辛的工作历时六周之久。当地古葡萄树的树龄估计至少达三百年，但仍能大量出产畅销全国的鲜食白葡萄品种"牛奶"。过去宣化的牛奶葡萄是珍贵的宫廷贡品，20 世纪以来已经荣获过多个国内及国际奖项。很明显，牛奶葡萄与最迟在唐朝初期从吐鲁番引进的中国原生种"马奶"或"马乳"是同一品种。^②甚至有证据表明，早在汉代，宣化及其周边地区就有葡萄种植，可能是张骞从西域带回的葡萄品种。现存最古老的葡萄树可能树龄已达 700 年。^③2004 年，宣化古城边缘发现了三座土圹砖室墓葬，墓主来自东汉的一个贵胄家族。这个考古发现可以表明汉代时这里已经是一个重要的行政和商贸中心。

宣化地区在古代基本上一直为北方民族占据，这里出产的葡萄自古以来就用于酿酒。宣化附近已经有一系列相关考古发现，出土文物陈列在并不起眼的宣化市博物馆中。1993 年，在宣化城郊的一个村庄里发现了辽代砖墓。辽是由游牧民族契丹人^④建立的，不仅与欧亚草原地带，也与突厥-伊朗世界保持着长途贸易往来。宣化辽墓共

---

① 内蒙古托克托县的传统漏斗式葡萄棚架也见诸报道。此地是一个较小的葡萄酒产区，位于宣化以西约 400 公里、山西省以北不远处，而山西正是对于中国葡萄酒发展史具有重要意义的地区。见 Plocher et al.（2003 年）第 4 页。

② 根据德国莱法州 Geilweilerhof 葡萄栽培研究所的档案数据研究，牛奶葡萄与被称为"侯赛因的白葡萄"的 *Hosseini safid*（波斯语）或 *Khusaine belyi*（俄语）是同一品种。照此看来，它极有可能起源于波斯，并可能早在公元前 1 世纪时就传到了中国。在刘崇怀等（2014 年）第 151 页中将牛奶葡萄写作马奶葡萄，但没有给出关于其起源的详细信息，因此这种葡萄的身份仍不确定。苏振兴（2010 年）第 168 页等中采用了比较传统的观点，认为马乳葡萄以及葡萄栽培和葡萄酒酿造技术是在唐朝初年才从西域传入中国中心地带的。

③ 孙辉亮（2013 年）第 334 页。

④ 马可·波罗称中国为 *Cathay*，在斯拉夫语族中中国被称作 *Kitai*，二者都源于"契丹"。

　　　　　　　　　　　　琥珀光与骊珠：中国葡萄酒史

有 20 多座墓葬，其中的 7 号墓未遭盗掘，随葬品保存完好。木棺旁边的两张桌子上摆满了各种物品，如器皿、糕点和水果残留等，其中就有一簇带有籽粒的干缩葡萄。然而，最令人惊讶的是在墓室角落里发现的一个黑釉陶瓶。这是一只长腹硕肩的"鸡腿瓶"，瓶口密封良好，瓶内盛有砖红色液体。经过多次化验分析，研究人员确认这种饮料是低度的葡萄酒。墓室中的壁画上也刻有对"鸡腿瓶"的描绘。辽朝的上层人士在宴会上一边欣赏音乐和舞蹈，一边享用瓶中美酒和糕点、水果等美食。宣化辽墓干葡萄和红葡萄酒被公认为中国中原地区同类发现中最古老的。由于下葬时间是春季，随葬的葡萄和其他水果必然是上一年采摘的，这表明一千年前宣化人就已经掌握了冬季贮藏及保鲜水果蔬菜的技术。[①]

宣化原名归化州，是辽朝重要的政治和军事中心，也是皇室的避暑胜地和狩猎场。辽圣宗（982—1031 年在位）即位时年纪尚小，由皇太后摄政，据说她很喜欢在宣化行宫居住，还在那里与三十名僧人一起开辟了一个面积约两公顷的"御用葡萄园"，在园内种植马奶葡萄。

年代更早的宣化出土文物表明该地区拥有数千年不曾间断的酒文化及葡萄酒文化历史，顺着某些踪迹可以追溯到中亚，比如唐代的铜镜以葡萄藤、飞鸟、狮子和神兽图案作为装饰，体现出典型的波斯风格。此外也有一些战国和汉代文物在宣化博物馆中展出，其中包括前 5—前 3 世纪带有阿契美尼德风格的青铜器，如一件带有手柄的壶，壶口密封，里面盛有 1.5 升淡绿色的透明液体——根据不太精确

---

① 山西西南部的老一辈农民将野生红葡萄置于瓷瓶中酿造葡萄酒，这种瓷瓶与拥有千年历史的"鸡腿瓶"类似。见本书第三章中我在戎子酒庄与当地一位农民的接触。——关于中国北方用冬季"采收"的冰块在地窖中储存水果和蔬菜并保鲜数月的古老传统另见 Arnold（1911 年）第 49 页。

的化学分析，这是一种酒精饮料。这些液体现在盛放在一个玻璃瓶里，与青铜壶陈列在一起。从颜色看来它显然是一种白葡萄酒，这意味着在周代时，宣化地区就已经开始酿造葡萄酒了。鉴于前几章所讨论的史前和商周时期中国中原地区，尤其是周朝与西方和西北方各民族（如斯基泰人／塞迦人、希腊人、吐火罗人等）的接触，葡萄种植和葡萄酒酿造可能早在张骞通西域之前就已经传到了宣化。这里还出土了一件新石器时代的带有手柄的人形陶制酒器，显示了宣化与中亚更早的联系，现藏于宣化博物馆。（见图 8.6—图 8.8）

　　总之，大约 2 500 年前吐鲁番地区的葡萄酒文化遗迹（包括一条保存完好的葡萄树残枝，见本书第三章、第四章和第六章）似乎不太可能是与正在兴起的中华文明毫不相关的孤立存在。今山西省境内

图 8.6　新石器时代的人形陶瓶，带有两个手柄，发现于宣化，现藏宣化博物馆，河北

图 8.7　波斯风格的青铜壶，前 5—前 3世纪，旁边的玻璃瓶中盛放着青铜壶中原有的绿色液体，发现于宣化，现藏宣化博物馆，河北

图 8.8　描绘葡萄酒宴场景的辽墓壁画，发现于宣化，现藏宣化博物馆，河北

　　　　　　　　　　　　琥珀光与骊珠：中国葡萄酒史

的相关发现和民间传说（见本书第三章）也恰好表明，葡萄酒文化差不多在同一时期传入中国中部地区，无论如何比人们过去认为的要早得多。

在随后的几个世纪中，通过吐鲁番这个多民族多文化中心，中原地区与西域的联系越来越紧密，这一点尤其体现在高昌附近的阿斯塔那墓葬（3—8 世纪）有关葡萄酒文化的丰富发现（见本书第六章）中。"在吐鲁番发现的 5—8 世纪的汉文手稿中……随处可见有关葡萄园的内容。"[1] 唐朝之后五代时期的第一个王朝后梁（907—923）统治当时中国北方的大部分地区，其官方文献可以让我们了解到很多关于葡萄种植和葡萄酒酿造业在当时的重要地位以及政府组织管理该产业的信息。[2]

---

[1] Trombert（2002 年）第 530、562 页。他对私人和官方文件的分析表明，吐鲁番周边定居点、高昌、交河和吐峪沟一带的家庭、寺庙和官府都长期种植葡萄，并获得丰厚利润。葡萄酒是最主要的产品，此外也出产鲜食葡萄、葡萄干、葡萄汁和糖浆。根据他的计算，平均近 20% 的私人农田用于种植葡萄，葡萄的利润高于其他农产品。见 Trombert（2002 年）第 496、525、561 页等。吐峪沟是最古老的维吾尔村庄，位于吐鲁番以东一个大山谷旁侧的小山谷中，距离吐鲁番 55 公里。除了 5—14 世纪的佛教石窟群，吐峪沟也因在这里发现的早期伊斯兰陵墓而闻名。此外，这里还发掘出两具粟特人的陶制骨棺。这种祆教的葬丧风俗表明，粟特人在唐朝及之前曾在此定居，并从事葡萄种植和葡萄酒贸易。时至今日，在这个古色古香的村庄里仍然遍布郁郁葱葱的葡萄园。村民家中，葡萄凉棚遮蔽着土屋院落，在炎炎夏日里为人们抵挡烈日的暴晒。

[2] "Oldest Grapevine Discovered in Turpan"（2004 年 a）。

第九章

文人士大夫的浅斟慢酌：
葡萄酒在宋朝

唐朝灭亡之后，经过极度动荡的五代十国过渡时期，宋朝建立。葡萄酒的全盛时期于宋代逐渐终结，而在随后的元朝，也就是跨越欧亚大陆的蒙古帝国的东部领土上，葡萄酒业又短暂崛起，并经历了一定程度的国际化。唐朝后半期时，这个辉煌的世界性帝国就已经逐渐衰落，原本乐于与周边民族，尤其是波斯文化圈交流的开放性态度也随之减退。800 年前后，中国在思想文化与政治经济领域发生了重大转变，对后世影响十分深远，其标志性事件和发展轨迹如下：[①]

　　早在 751 年唐朝军队就于怛罗斯之战（战役地点位于今哈萨克斯坦和吉尔吉斯斯坦之间的塔拉斯河河谷中）被阿拔斯王朝的军队击败，这场战役对世界政治进程产生了重大影响。此后，阿拉伯的势力逐步向东推进，中国在西域和中亚的影响力则逐渐减弱。

　　稍后，粟特-突厥血统的两位大将安禄山和史思明发动叛乱，撼动了唐朝的统治。安禄山率领的庞大军队一度控制了北方大部分地区，甚至攻入帝国中心洛阳和长安，烧杀抢掠，无所不为。精通艺术却荒废国政的唐玄宗带着他嗜酒成性的"红颜祸水"杨贵妃仓皇逃往四川，途中在哗变将士的逼迫下，杨贵妃被赐死，唐玄宗也不得不黯然退位。安史之乱与朝廷内部各宗族和利益集团（尤其是有权有势的

---

① Gernet（1979 年）第 219、246 页等详细论述了从唐朝到宋朝的过渡时期中国政治和社会的巨大转折以及其中的某些因素。他有保留地将这个历史阶段称为"文艺复兴"时期，其特点是"传统的回归、知识的传播、科学技术的迅速发展……新的哲学和世界观的产生"（第 254 页）。

宦官）之间的权力斗争密切相关，并导致手握重兵的藩镇节度使割据一方，日益脱离中央政府的控制。他们与安禄山一样大多属于异族，相继建立了独立王国甚至新的王朝。最终，帝国经济崩溃，民不聊生，全国各地农民起义风起云涌，存续了近三个世纪的相对稳定的统一国家解体，分裂成一系列迅速更替或短暂共存的小国。北方诸国主要由不同的少数民族贵族统治。直到10世纪末，后周大将赵匡胤在开封登基称帝，此后逐渐击败了各个王国和叛乱势力，中国才再次出现一个局部统一的王朝——宋朝。

唐朝时，异族文官武将的权势不断增长，甚至导致了安史之乱；以波斯-粟特人为主的胡商以及后来的阿拉伯商人攫取了巨大财富，过着穷奢极欲的生活，普通民众则日益穷困，对社会现实极度不满；佛教势力的财富和影响力也与日俱增，拥有大量寺院和众多僧侣，再加上唐朝统治阶层醉心于异国情调，从音乐、舞蹈、歌妓、酒宴、服装时尚、发型、妆容、游戏到家居，无不追求波斯-中亚风格，这一切导致社会上出现了强烈的排外情绪。士大夫阶层对佛教的批判和回归华夏传统及儒家正典的呼吁强有力地呼应了这种情绪，文学家韩愈在这场复古思潮中扮演了领军者的角色，他是古文运动的主要发起人，主张重新效法先秦两汉的古文，同时强烈谴责佛教是"异教"。此外，韩愈也是所谓"新儒学"的先驱。新儒学将佛教-道教元素纳入儒家宇宙观和世界观。9世纪中叶前后，反对一切外来事物和异国情调的情绪爆发，导致了一系列排外运动，如879年黄巢起义军在南方港口城市广州屠杀胡商。实际上，早在760年，南方贸易大都会扬州就上演了针对阿拉伯-波斯商人的劫掠和屠杀。唐朝政府也连续数年采取了压制和禁绝外来宗教与文化影响的措施，其中佛教受到的冲击最大。各个佛教宗派的创立者和弘法僧侣通常都是波斯-粟特人、龟兹人、大夏人和印度人。在唐朝政府的逼迫下，无数僧侣还俗，成

　　　　　　　　琥珀光与骊珠：中国葡萄酒史

千上万的寺院和礼佛场所被没收和摧毁，人们破坏佛像，熔毁佛寺里的大钟和塑像。其他外来宗教如祆教也遭到灭顶之灾，摩尼教和景教也只在偏远地区或秘密社团中苟延残喘了一段时间。[①] 在中国中心地带定居的异族人如粟特人和突厥人在这种充满敌意的环境中则不得不放弃自己的身份，采用中国人的姓氏来求得生存。

北宋尽管实现了局部的统一，但其控制的版图与唐朝相比已经大幅缩小，基本与秦朝相当。封锁外来文化和固守传统的同时，丝绸之路上的商贸联系、欧亚大陆间的贸易和中国与西方的文化交流完全中断。西域地区一方面逐步伊斯兰化，另一方面，来自东北、北方和西北草原地区的各民族和部落联盟势力不断增强。与唐代及之前历代不同的是，游牧民族不再仅仅为了战利品入侵中国，他们更觊觎中原领土，试图继续扩张其已经十分庞大的版图。整个宋朝一直处于这种长期的入侵威胁和外部压力之下，迫使朝廷一方面耗费巨额军费来建立一个有效的防御体系，另一方面则一再签署屈辱的合约，以进贡丝绸、白银和茶叶的形式缴纳岁币，茶叶由此作为一种文化饮品在欧亚草原和山地民族中传播开来。因此，邻近的通古斯、突厥、蒙古和西藏诸国在宋朝时控制了向西通往欧洲的商队和贸易交通。8 世纪时开始推行的盐、茶、酒专卖制度在宋代得到延续，因此这些产品在宋边境的走私活动十分猖獗。

闭关锁国的一个后果是，宋朝将注意力集中在国内事务和改革上，首先是复兴和重新诠释正统价值观，进行社会和经济改革，建立

---

① 在佛教各个宗派中，基本上只有汉化程度较高的禅宗得以在中原立足。波斯人摩尼于 3 世纪创立的摩尼教向东方传播，在广大地区赢得信徒，甚至在 762 年成为回纥的国教，并通过与佛教、道教的广泛融合，以秘密社团的形式在中国南方至少存在到 14 世纪。明太祖朱元璋称帝后定国号为"明"，即取自摩尼教的中文名称"明教"。景教在蒙古帝国仍有信徒。

有效的国家和行政机构，通过科举考试选拔受过良好教育的官员。此外还进行了土地和税收改革，在南方大力发展农业。大面积开垦耕地和新式耕作方法使水稻种植达到了前所未有的规模。尤其是土地肥沃的长江流域大量出产稻米，发达的运河和内河航运网惠及北方，小麦产量也相当可观。粮食持续盈余显然促进了曲法酿造酒精饮料的推广和产业化生产，由此也开启了蒸馏酒的时代。交通运输系统的普遍改善进一步推动了蒸馏酒的生产和在全国各地的贸易。显然，白酒因其易于运输且利润丰厚成为一种热门的出口商品，很受北方邻国欢迎。

宋代时，商业空前繁荣，形成了重要的贸易和金融中心，城市发展壮大，商贾云集，也产生了很多商业行会。城市中设有大型市场、货物中转站和仓库，来自北方的大量移民也居住在宋朝境内的城市中。在繁荣的城市文化中，一个由大地主和学者组成的新贵族阶层崛起，他们鄙视体力劳动，也不愿投军从戎，而是致力于文学、书法和绘画创作。这些富裕阶层的人士再加上一些普通城市居民构成了中国历史上新兴的市民娱乐中心的客源。他们流连于被称为勾栏瓦舍的娱乐场所，观看说书人和戏曲艺人表演，出入饭庄、酒馆和青楼，尽情享受美酒佳酿与秋歌艳舞。酒兴更助诗兴，文人墨客往往一边饮酒一边吟诗作赋。北宋都城开封是当时世界上最大的城市，人口超过百万，娱乐业尤为发达。当古老的大都市长安失去了往日的辉煌，甚至从日落开始就实行宵禁时，开封却昼夜不息，热闹非凡。中国十大传世名画之一《清明上河图》（张择端，11—12世纪）就栩栩如生地表现了当时开封城内汴河两岸的繁华景象，画卷上可见八百多个人物和大量细致入微的场景，如市场上的买卖、市民的日常生活等。开封市中心有着中国最古老、规模最大的夜市，从北宋延续至今，已历千年。在南宋的都城临安和金朝都城中都（今北京）也形成了类似的灯红酒绿、声色犬马的娱乐中心。宋朝时，饮酒与情色这两大主题的融合成为文学和艺术创作的重心，是其他任何朝代所没有的。中文复合词"酒色"和俗语"酒是色之媒"就是这种情形的体现。[1]

宋人对艺术和文学的更多关注伴随着对相关历史遗产的研究和收藏，自中华文明发端以来的古文物也引发了人们收藏和学术研究的兴趣，商周时期的玉器和青铜器尤其受到青睐，甚至形成了需求巨大的市场。因此，除了数量较大的私人收藏外，仿制品和赝品也大规模出现。本书第四章中讨论的青铜器系统和分类基本上就是宋代的研究成果。[2]

欧亚大陆上的商贸联系中断后，宋朝转向海洋，为其产能寻找潜在的海外市场。中国东南沿海大力兴建港口，组成了一支壮观的商船队，配备了指南针等新型导航设备。这一切使得中国一跃进入航海时代，远早于欧洲第一批大帆船驶入东方大洋。通过前往东南亚、锡兰、印度以及远至波斯湾的航道进行海上贸易是对外开放和开拓国际市场的新途径，且能带来丰厚的利润。大量丝绸、瓷器和唐朝时开始流行的茶叶从这些港口出发运往世界上其他地区。从 11 世纪起，福建泉州成为中国最重要的港口城市，那里聚居着大批阿拉伯-波斯商人，他们称泉州为刺桐（Zaytun），马可·波罗的游记中转写作 Zaytum。由于中国当时主要与伊斯兰世界进行贸易，包括葡萄酒在内的酒类产品在海路贸易中几乎无人问津。

关于宋代新时局中的葡萄酒文化在多大程度上仍在社会上发挥影响力的问题，即使无法直接从历史文献中得出结论，我们仍然可以假设，反对外来文化影响、时尚和商品的活动以及与波斯-中亚世界直接联系的中断，同样影响了葡萄种植、葡萄酒贸易和消费。葡

---

① 王悦（1993 年）第 282 页等。

② 相关内容见 Gernet（1979 年）第 291 页。

萄酒被当时的中国人斥为一种外来的时尚奢侈品。不过，可以确定的是，在致力于追寻华夏传统的宋朝，在一些地区早已扎根的葡萄酒经历了一个"汉化"和进一步演变的阶段。在宋代，人们也喜欢在葡萄酒中掺入黄酒和其他配料（如巴旦杏仁）一起饮用，并按照一些特定的配方进行调制，部分配方一直流传至今。此外，最近的研究结果表明，基本上与宋朝保持着密切边境贸易的北部和西部民族也与中亚及阿拉伯-波斯的阿拔斯王朝关系良好，他们毫无疑问将当地的葡萄栽培和葡萄酒酿造传统延续了下来。在北方庞大的辽朝及其在北京周边的较大区域和回鹘西部（尤其是吐鲁番绿洲）就可以见到这种情形。[①]

山西太原和清徐发达的葡萄酒经济通过两次大规模的强制移民持续扩展到其他地区——宋太祖赵匡胤攻打"五代十国"的最后一个国家北汉（951—979）时，将太原要塞团团围住，并尝试将周边的农村人口全部迁出，分别于 969 年和 976 年组织了向山东和河南开封的大规模移民。迁移的数万农户中有很多是精于酿造葡萄酒的酒农，他们随之将葡萄栽培和葡萄酒酿造技术带到山东和河南，直到今天，这两个省份仍受益于此。[②]

早在唐朝之前和唐朝初期，突厥语民族的势力范围就已扩展到中国边疆西部与北部的草原和沙漠地区，其中的古突厥（铁勒）人在 6 世纪末建立突厥汗国，后来又分裂为东突厥和西突厥帝国。他们日

---

① 见本书第八章中关于宣化辽墓中的考古发现和拥有 2 500 多年历史的吐鲁番盆地高昌王国葡萄酒文化的阐述。

② 郭会生（2010 年）第 29—30 页、郭会生 / 王计平（2015 年）第 119 页等。地方志中提到，北宋初年，葡萄栽培从山西传入京城开封。2017 年 9 月我在开封走访时了解到，这一带的农民至今仍在延续葡萄种植传统。关于山西酒文化的非凡历史见本书第三章和第十二章。

琥珀光与骊珠：中国葡萄酒史

益强化了对长途贸易路线的控制，并打败了中亚丝绸之路上的小国，压制粟特人。伊斯兰化之后，粟特人与突厥语部族的铁勒诸部混居，并将他们的葡萄酒文化带到了草原地区，考古发掘出的饮酒器皿和散布在整个欧亚草原上的手持高柄酒杯的 Bal-bal 石像（见本书第一章）就是这方面的物证。

北宋从一开始就处于强敌环伺的境地，邻国封锁或控制了北方、西方和西南方的所有陆上通道和联系。[①] 在北方，早在唐朝时期就兴起了原始蒙古族的分支后裔契丹人，唐朝灭亡后，契丹人随即建立辽朝，多次入侵黄河流域，中原政权只能通过缴纳巨额岁币换取暂时的和平。辽朝在东西两个方向上都急剧扩张，甚至能与东部的日本和西部的阿拔斯王朝进行直接交流往来。辽朝的定居农业人口中大部分是汉人，而契丹人和其他民族则大多饲养牲畜或四处游牧。由于辽朝幅员辽阔，其影响力远达欧洲，因此历史上欧洲人误认为辽朝就是中国。马可·波罗游记中称中国为 Cathay，至今中国在俄语和其他东欧语言中仍被叫作 Kitai。为了管理辽阔的领土，契丹人很快采用了中原的行政管理架构，并任用来自中原的官员。长期以来，中国的史学界一直无法客观地看待这个帝国的真正文化意义，只是近年来，人们才通过丰富的墓葬考古发现认识到这个独立发展的辉煌文明的真实形态。当中亚和西亚经历伊斯兰化时，辽朝基本上仍是一个佛教国家。[②]

考古学家发掘出大量辽朝墓葬，尤以上京城内及周边地区考古发现最为丰富。辽朝共有五座都城，最早也是最宏伟的一座始建于

---

① 相关内容见 Gernet（1979 年）第 301 页等。

② 2007 年，科隆东亚艺术博物馆举办了"辽代珍宝——中国被遗忘的游牧王朝"展览，展览目录的内容极为丰富。下文的相关阐述都是基于展览目录册中描述的考古发现和研究成果。

918 年的上京，位于今内蒙古赤峰市巴林左旗附近。这些考古发现一方面体现出辽朝与整个欧亚大陆的文化和贸易联系，另一方面也表明契丹拥有丰富的酒文化及葡萄酒文化。辽朝延续了两百多年，疆域远超宋朝，周边邻国要么是它的藩属国，要么向它进贡，这显示出辽朝强大的地缘政治实力和文化影响力。根据 1005 年 1 月缔结的澶渊之盟，向辽朝缴纳岁币的国家不仅有宋朝，还包括东面的高丽（朝鲜）和日本以及西面的伊斯兰化的波斯，10 世纪时伊斯兰化的突厥喀喇汗帝国（又称黑汗，其中心位于今吉尔吉斯斯坦，河中地区和费尔干纳谷地），统治今甘肃和宁夏地区的西夏以及塔里木盆地中的高昌、龟兹和于阗。此外，生活在辽朝境内的各个民族，包括后来灭掉辽朝的女真人和蒙古人都与契丹统治阶层存在着等级依附关系。他们定期向契丹人进贡，同时也与契丹人进行密切的贸易往来，其中回鹘人和党项商人在中亚与中国商贸路线各地的市场上尤为活跃。鉴于这种多元文化和对外关系中的开放性，或许辽朝而非宋朝才更应被视为大唐帝国的继承者。

从墓葬出土文物中，尤其是来自阿拉伯-波斯甚至埃及地区的玻璃器皿可以看到辽朝贸易往来的广泛程度。墓葬中甚至发现了来自波罗的海沿岸的琥珀，而早在西汉时期，来自遥远西方的玻璃器皿就被视为珍奇之物，唐人更是对其推崇备至，它们是统治阶层和贵族专属的奢侈品。这些精致的玻璃器皿包括碗、花瓶、酒瓶和酒杯等。后期的器皿常常以彩色或金银镶嵌物作为装饰，甚至无色透明或彩色的玻璃碎片也被当作宝物珍藏起来，放入贵族墓地中或埋在佛塔之下。玻璃酒器显示出中国与中亚酒文化的直接联系，唐代法门寺（陕西扶风）佛塔地宫中出土了特别珍贵的波斯玻璃器皿。此外，在内蒙古、天津、河北、辽宁、河南、安徽和浙江的北宋及辽墓葬与寺庙中也发现了大量珍贵的波斯-伊斯兰玻璃器皿。这表明，穿越河西走廊的丝

琥珀光与骊珠：中国葡萄酒史

绸之路主干道被切断后，通过北方草原路线与西方的贸易往来显然更加频繁，尤以辽朝为盛。与南宋的进出口集中于东南沿海港口和致力于开辟航海贸易路线不同，辽朝的欧亚贸易是通过北方丝绸之路网络发展起来的，这一点从辽墓壁画中描绘的骆驼商队等即可见一斑。[1]

契丹人有着丰富多彩的饮酒文化：除了传统的马奶酒和将马奶酒进一步加工制成的蒸馏酒，南部农耕地区还生产用小米、小麦和大麦酿制的发酵饮料。此外，传统的葡萄种植区也生产葡萄酒。辽朝从宋朝进口米酒，反过来也向宋朝出口少量葡萄酒，此时葡萄酒又成为奢侈品。当时与辽朝接壤的太原地区就向其进贡葡萄酒以求边境安宁。[2]

图 9.1　盛放葡萄酒的鸡　图 9.2　三色凤首壶，唐朝，腿瓶，河北宣化，辽，现　现藏陕西历史博物馆，西安藏宣化博物馆

---

[1] 来自波斯的玻璃贸易始于公元前数世纪，相关情况和考古发现另见本书第四章、第六章和第八章。齐东方（2003 年）的研究报告介绍了晚唐、宋和辽与波斯-伊斯兰世界兴旺的玻璃贸易，并附有大量插图。

[2] 郭会生／王计平（2015 年）第 119 页。

我在本书第八章中介绍了河北宣化（当时辽朝的"南都"）辽墓的重要考古发现。这些出土文物清楚表明，在河北以及号称"葡萄和葡萄酒之乡"的山西都曾大量种植葡萄并酿造葡萄酒。宣化和内蒙古出土的大量饮酒器和盛酒器都表明，葡萄酒至少在贵族的日常生活中扮演着重要的角色。

宣化壁画和上京浮雕中也有这方面的生动描绘。在辽代墓葬中经常可见一种叫作"鸡腿瓶"（又称牛腿瓶，见上图及本书第八章）的酒器，为深色施釉陶瓷器，肩部高而阔，上面经常刻有制作年份。鸡腿瓶是非常典型的辽代器物，主要用于贮存葡萄酒，偶尔也盛放马奶酒。根据上京地区发现的窑炉可以确认，这些鸡腿瓶是大批量烧制的。在辽朝之后的金朝和元朝，人们仍在使用鸡腿瓶。[1] 此外考古学家还发现了陶瓷、玻璃、水晶、玛瑙，银质和金质的大量精美酒壶、酒坛、酒瓶、高柄杯、无耳杯、耳杯和酒碗，这些器皿中的大部分显示出波斯-中亚风格的影响，也有一些是直接从那里进口的。从壁画上的描绘看来，这些器皿用于盛放葡萄酒或其他酒精饮料。值得注意的是扁平状的所谓袋瓶，这是骑在马上的游牧民族使用的典型器皿，仿照挂在马鞍上的盛水皮囊的形状，以陶、瓷或者银制成，广泛流行于欧亚大陆北部。纹饰繁复的凤首壶有些带有手柄，这让人联想起唐代粟特人的葡萄酒壶，而后者的纹饰则源自希腊。

突厥语系的回鹘人原本居住在西伯利亚东部贝加尔湖周围以及蒙古部分地区的高寒地带，后来被吉尔吉斯人和契丹人向西南方向驱赶，进入阿尔泰山和天山山脉北部。最后，一部分维吾尔人定居在塔里木盆地北部。他们建立的最重要的城邦是位于吐鲁番的高昌回鹘，自 850 年起成为北方丝绸之路上繁荣的贸易中转站，一直到 1250 年

---

[1] 关于宋代"葡萄酒瓶"的艺术性和多样性另见方秀珍（1993 年）第 100—101 页。

被蒙古人攻占后才衰落下去。与其他突厥民族一样，回鹘人在与波斯-龟兹-粟特人口融合的过程中也吸收了当时在吐鲁番拥有悠久传统的葡萄酒文化。同时代的汉文历史文献记载，居住在西域的族群生有红发蓝眼，今天在这些地区的许多地方仍然可以看到同样面貌特征的人，证明这些民族带有印欧血统。此外还应注意的是，拥有 4 000 年历史的红须褐发塔里木木乃伊也指向同一起源。西域民族曲折复杂的历史在高昌以及整个塔里木盆地与多种宗教潮流交织在一起，在这里能看到最古老的祆教残余，也有人信奉佛教，包括喇嘛教的不同宗派。还有人是中原儒释道文化的追随者，景教和摩尼教在这里也占有一席之地，回鹘统治者甚至一度将摩尼教立为国教。唐朝时期，一直与葡萄酒紧密联系在一起的粟特人既是最重要的商人也是这些不同宗教的传播者。唐代以后，回鹘人继续扮演了过去粟特人的角色。8 世纪后期以来，粟特人受到打压后显然在很大程度上融入了回鹘社会。丰富的文字记录和考古发现展现出吐鲁番及其周边地区独特的宗教多样性，但随着伊斯兰化的推进，到了 14 世纪晚期这种多样性基本上就终结了。正如我在第六章和第八章中的阐述，高昌阿斯塔那墓地中的考古发现和后梁的历史文献证明，不管历史风云如何变幻，葡萄种植业一直在那里的经济生活中发挥着主导作用。[①]

北魏统治者拓跋部族[②]的后裔党项人是宋朝另一个强大的对手，他们在将近两个世纪的时间里占据着西北地区，在那里建立了多民族国家西夏，控制着今宁夏、甘肃、内蒙古和鄂尔多斯几字弯一带丝绸之路东线要道的贸易和走私活动，从中获取了大量财富。与辽朝一样，西夏也采用中原的行政制度，但同时发展出具有自身特色的文

---

① 关于高昌见 Gabain（1979 年）的详细论述。

② 见本书第七章。

化，其中包括用于记录党项语言的一套基于汉字的文字系统。1044年，西夏也和辽朝一样与北宋订立和约，尽管北宋每年向西夏缴纳高额岁币，但仍无法避免偶尔爆发的军事冲突。1227年，成吉思汗的蒙古大军征服并摧毁了西夏。

西夏占据的河西走廊及其以北地区自古以来就是闻名遐迩的葡萄种植区。凉州（今甘肃武威）是最重要的贸易城市之一，唐代诗人就曾经对凉州的葡萄酒大加赞赏。[①] 西夏的都城位于今宁夏银川，城西的平原上如今依然耸立着九座饱经风霜但仍气势恢宏的宝塔形王陵，周围还有两百多座类似形状的小型丘冢。围绕着其中一座已经开发的大型王陵和毗邻的博物馆形成的西夏陵国家考古遗址公园成为宁夏最重要的旅游景点，主要展出佛教人物和场景的雕像与壁画。特别值得注意的是一幅展现蒸馏酒制作场景的壁画，画面上可见一座砖砌的大型蒸馏设备，一人蹲在灶前烧火添柴，另一人用酒杯从蒸馏器中收取烧酒，然后装入壶中。从画面上无法辨认这里所蒸馏的原酒是什么，不过，这套设备带有明显的波斯-粟特风格，附近位于银川的宁夏博物馆收藏有同类器具，据此可以猜测，这幅蒸馏制酒图是葡萄白兰地生产的最古老的艺术表现形式之一。（见图9.3）

图9.3 西夏《酿酒图》中制作蒸馏酒的场景，甘肃瓜州榆林窟第3窟壁画

西夏王陵遗址坐落于贺兰山山麓。贺兰山以东是宁夏，以西

---

① 见本书第八章。

琥珀光与骊珠：中国葡萄酒史

则是内蒙古的戈壁滩。一条史前小道穿过峡谷通向山的另一侧。山中的岩壁上可以看到几百年到数万年前的象形图案，表现动物、人类、狩猎场景和太阳神的形象等。历史记录和古老诗歌表明，最晚在唐代时就有人在贺兰山面对宽阔黄河谷地的东面山坡上开辟了葡萄园，西夏时期显然仍在进行葡萄种植。20世纪90年代，当地人重新回归古老传统，将目光投向了拥有良好气候和土壤条件的贺兰山东麓向阳山坡，一大批新型葡萄酒庄在这里落户并蓬勃发展起来。得天独厚的自然条件加上与法国波尔多地区的合作，如今宁夏已跃升为中国最好的葡萄种植区之一，并已酿造出获得国际顶级奖项的优质葡萄酒。由于宁夏现代葡萄酒业的成功，同时为了纪念该地区古代葡萄酒文化的历史意义，近年来中国政府将宁夏葡萄酒业纳入了新丝绸之路倡议，成为一系列全面的经济文化促进措施和跨欧亚大陆合作项目的重要组成部分。

7世纪末以来，生活在西部高原地区的吐蕃人对中原政权的威胁日益严重。起初的联姻与和平外交政策尚能维持和平共处局面，但在晚唐和北宋时不再奏效。在雅砻王朝的统治下，吐蕃各部落融合成统一的吐蕃国，发展为雄霸青藏高原的强国。763年，吐蕃军队甚至一度逼近长安，到北宋初年时征服了河西走廊和整个塔里木盆地。因此，吐蕃暂时控制了与中亚的所有联系，但随着回鹘、西夏、辽和北宋的立国，同时也由于本国的内部分裂，他们又被驱逐到其核心地区，即今天的西藏和青海。吐蕃人在北征过程中与葡萄酒只有过细枝末节的接触，而大体上仍然沿袭了游牧民族的传统，酿造马奶酒（kumys/airag）和牦牛奶酒（khormog），也使用青稞制作发酵饮料，这些传统一直延续至今。

8世纪时，在吐蕃的支持下，今云南境内兴起了藏缅古国南诏。从10世纪起，更加强大的大理在此地立国，继而向四川、贵州、缅甸、老挝和越南北部扩张，不但控制了通往东南亚的陆上和部分海上贸易路线，还威胁到北宋的安全。南诏和大理主要信奉佛教，但同时国内的众多其他民族也保留了丰富多样的泛灵信仰传统。与其他邻国一样，大理也在 13 世纪中叶的蒙古征服战争中解体。正如我在本书第四章和第六章中的阐述，公元前数个世纪以来，波斯和中亚的时尚、艺术风格和文化影响通过丝绸之路来到西南地区，最初的传播者显然是善于长途旅行的斯基泰人。这些来自异域的物品中也有波斯阿契美尼德王朝的来通杯和其他酒器。据此我们可以猜测，从那时以来，尤其在唐朝时，葡萄酒文化元素通过丝绸之路和河西走廊传播到了这里。塔里木盆地西部边缘的吐火罗龟兹王国的音乐和舞蹈也流行于南诏和大理的事实可以支持这一猜测。

南宋时，通古斯语族的女真人部落联盟在东北地区建立了一个强大的新兴王朝，定国号为"金"，它以中国正统王朝自居。女真人即 17 世纪建立清朝的满族人的祖先。金最初与宋朝结盟，共同对抗辽朝。在宋金合力夹击之下，辽朝最终于 1125 年灭亡。一部分契丹贵族逃往西方，驱逐了突厥人的伊斯兰教喀喇汗王朝，打败了同为突厥人统治的塞尔柱帝国，在今天的吉尔吉斯斯坦、哈萨克草原、塔里木盆地西部和河中地区建立了一个疆域远至阿姆河和咸海的帝国，历史上称之为"西辽"或"黑契丹"（又称"哈喇契丹"），一直存在到 1218 年被蒙古人征服。尽管西辽统治的这片土地早已伊斯兰化，但它仍是一个佛教色彩浓厚的国家，基督教聂斯脱里派的元素也浸润其中，同时还带有明显的中国特色。这要归功于西辽统治者推行的世所罕见的文化与宗教宽容政策，他们在保持游牧生活方式的同时推行中式教育，引入中原事物，如服装、货币和历法等。西辽的国教是佛教，回鹘人和其他突厥语族人普遍信奉景教，此外还有几个摩尼教教团，穆斯林则可以自由信奉伊斯兰教。值得注意的是，虽然汉语是西辽帝国的官方语言，但境内大多数人以波斯语和回鹘语进行日常交流。①

中亚丝绸之路上的撒马尔罕、布哈拉、塔什干和费尔干纳以及塔里木盆地的喀什、龟兹和于阗等古代中心城市都位于西辽境内。在其统治的数十年中，大量伊朗-吐火罗人在此居住，他们延续了葡萄种植传统，甚至开辟了一些大型葡萄园。与突厥人以及后来的蒙古征服者不同，西辽统治者并没有将所占领的地区变成一片焦土，相反，他们支持民众发展农业，兴修水利，推动棉花、苹果、洋葱、西瓜以及葡萄种植业的发展。虽然缺乏详细的相关文字记录，但我们可以推测这些地区的葡萄酒文化并没有受到压制，仍旧兴旺发达。西辽的统治中心是八剌沙衮，即今吉尔吉斯斯坦的布拉纳，② 在当地的草原上仍然可以看到几十个 Bal-bal 石像，每个石像的手里都握着一只高柄葡萄酒杯。

几乎与金朝同时立国的南宋开启了中国历史的新时代。女真人断绝了与北宋的联盟关系，攻入都城开封，掳走皇帝和大部分皇室宗亲，继而占领了中国中部的更多地区。1142 年的绍兴和议确定南宋与金朝以淮河为界，至此，女真人控制了整个东北、华北大部分地区和黄河中下游流域，并迁都北京（中都）。宋室南迁后在沿海的杭州建立政权，升杭州为临安府作为"行在"，即临时都城。临安很快发展成为繁荣的经济和文化教育中心。南宋曾一度试图收复北方失地，但以失败告终。

---

① 这是自唐朝以来中国影响力首次回归中亚。虽然景教在蒙古人中广泛传播，甚至在喀什还设有一个主教区，但在残酷的伊斯兰征服者帖木儿（1336—1405）统治下，景教的势力在中亚几乎被消灭殆尽。关于远在东方的基督徒和可能的盟友共同对抗穆斯林的说法以"祭司王约翰传奇"之名广为传播，一直传到罗马和欧洲，见 Gernet（1979 年）第 302—303 页、维基百科词条"祭司王约翰"、www.iranicaonline.org/articles/qara-ketay。

② 八剌沙衮附近的托克莫克（Tokmok）据说是唐朝大诗人李白的祖籍。见本书第八章。

至此，南宋与欧亚大陆贸易路线的联系被彻底斩断。虽然宋金边境沿线有一些贸易市场，但作为中原与西域商贸的中介者与开辟者的西夏并不与南宋接壤，北方的传统葡萄种植区也位于金朝和西夏境内。尽管南宋与北宋相比版图大幅缩小，然而，南宋在农业、手工业、工业、贸易、教育和科学（印刷术和图书馆、技术发明、数学和自然科学成就等）等几乎所有领域都取得了中国历史上前所未有的大发展。同时，南宋也更加重视航运、海上贸易和港口建设，中国东南沿海的港口是当时世界上规模最大的。商船从那里出发，将大量中国瓷器、茶叶和丝绸运往南亚与阿拉伯-波斯世界。然而好景不长，逐步建立起一个世界性大帝国的蒙古人挥师南下。1279年，在享国祚三个多世纪之后，赵宋王朝兵败亡国。

活字印刷术的发明在知识传播和教育普及方面带来了近乎革命性的突破，学者、国家和私人图书馆数量大增，古代典籍和科学著作的研究得到推动，出现了大量私人著作，文集与百科全书编纂突飞猛进，内容涉及几乎所有领域。与此同时，新的文学形式和潮流兴起：除了唐代盛行的格律诗外，宋代文人更热衷于创作通常用于吟唱、篇幅较长且格式较为松散的新诗歌体裁——词。此外，话本小说、散文和戏曲剧本也在宋代发展起来。

宋代出版的有关数学、自然科学、天文、农业、技术、医学和药物学等方面的百科全书式著作数量之多、种类之齐全，标志着这一时期在中国历史上前所未有的科技进步。宋代与阿拉伯-波斯世界的科技知识和创新交流远多于之前的时代，并在人们巨大的科学实验热情中得到进一步发展。早在一千多年前就兴盛一时的炼丹术在宋代受到阿拉伯-波斯文化圈和中国道教精神的启发，产生了突破性的科技创新，如火药的发明、军事应用和改进。

关于曲法发酵的流程、工艺、成分和作用因素的研究与优化也经历了类似的突破。与唐代相比，宋代酒的品种和质量都达到了一个高峰，同时也迎来了酒类生产的工业化。随着农业重心向南方转移，水稻和其他谷物的栽培和育种也有了极大的进步，再加上农业丰收粮食盈余的刺激，朝廷、官府、商业酿酒厂、客栈和酒馆以及私人家庭等各种生产场所的优质酒类品种和配方都有大幅增加。

大量和酒有关的著作及百科全书表明，宋代时中国酒精饮料的种类之丰富、品质之卓越前所未有，令人惊叹。[①]这些经典作品中最重要的一部是张能臣的《酒名记》，该书描述了来自不同地区的223种知名酒类品牌，分别代表了自然发酵、人工发酵（尤其是通过酒曲发酵）和蒸馏制酒的三个发展阶段。此外，该书还提到了添加杏仁、竹叶、菊花、肉桂、荷花，甚至有毒的矿物质雄黄等特殊成分的酒类，它们通常具有药用功效且很可能来自异域。人们根据道家炼丹术理念添加草药成分也创造出一系列新型调配酒，其中最奇特的是"牛膝酒""虎骨酒"和"白羊酒"。白羊酒的制作方法来自北方游牧民族以及后来的蒙古人，以羊肉汤、奶和其他配料发酵而成，也可以进一步加工成蒸馏酒。[②]元代宋伯仁在1235年撰写的《酒小史》也详细列举了历史上出现的一百多种酒类饮品，很有借鉴意义。不过，这份清单里的酒只包括宋代及以前的酒品，没有涉及元朝时期重新兴盛起来的丰富的葡萄酒文化，仅提到"西域葡萄酒"。在其他文献中葡萄酒所占的分量尚不清楚。[③]

---

① 有关这些作品的信息见胡山源（1939年）第22页等、第51页等；许赣荣（1993年）；应一民（1999年）第69、138页；"国学大师"网站。另见 Huang（2000年）第133页中列举的宋代关于发酵和酒精文化的经典文献。

② Huang（2000年）第133、237—238页。其中引用了一个19世纪的蒙古人烧酒配方，用到一只两岁的骟羊和多种配料。

③ 应一民（1999年）第121页；Huang（2000年）第133、192、194、237、247页。

著名医学家朱肱（字翼中，11—12 世纪）所著的三卷本《北山酒经》全面介绍了酒文化自起源以来的历史与背景、十多种高级酒曲的制作和配方以及各种发酵工艺和技术的所有细节。该书从《礼记》的伦理基础和《齐民要术》（6 世纪成书，见本书第七章）的发酵工艺知识出发，并将其进一步发展，通过详细论述和细化分类展示了复杂的曲法发酵所达到的一个高峰。[①] 值得一提的是，《北山酒经》还吸收了当时新儒家宇宙观的基本哲学概念，如原动力"气"如何促成发酵的原理、阴阳相生相克的自然规律、五行（水、火、木、金、土）及其平衡互动等概念。引人遐想的是，一千年后产生的欧洲葡萄酒文化中的"风土"（terroir）理念有可能就是五行学说的一种早期解读，即各种自然因素的和谐互动以及人类对这些因素的最佳利用。因此，从宋朝开始发展出一种延续至今的传统——得天独厚的甘泉、精挑细选的原料、理想的地理气候条件以及按照古老配方的精心酿制，这些始终是优质白酒品牌在市场营销宣传中着重强调的特质。

　　《北山酒经》的特别之处是，它在五行学说的基础上也反映了自然科学方面的实践经验和理论成果。比如按照该书的观点，酿酒包括两个独立的过程：首先制作麦芽，使谷物中的淀粉转化为糖分；然后进行酒精发酵，使糖分转化为乙醇。另外值得注意的是，《北山酒经》首次系统介绍了如何通过加热至不超过 60 摄氏度来保存酒精饮料的"火迫法"，比法国微生物学家及化学家路易·巴斯德发明的"巴氏消毒法"早了七个多世纪。巴斯德同样使用加热法来保存啤酒、葡萄酒和醋。早在汉代时人们就在实践中摸索出杀灭有害微生物以提高酒精饮料品质的方法，这种方法在唐代时得到了进一步发展，即直接将装

[①] 韩胜宝（2003 年）第 20—21 页、李争平（2007 年）第 10 页等。关于《北山酒经》见许赣荣 1993 年。

　　　　　　　　　　　　琥珀光与骊珠：中国葡萄酒史

满酒的容器放在火上加热。不过,直到宋代这种方法才获得了科学依据并得到改进,整个操作过程都受到严格控制,所用的容器事先涂抹蜂蜡进行密封处理,盛满酒液后将容器置于热水中一段时间,使酒停止发酵并灭菌,从而达到延长保质期和提升品质的目的。[1] 此外,《北山酒经》也是最早阐释和论证勾兑法(Cuvée)的酒类著作。所谓勾兑法是指把两种或两种以上在口味方面理想互补或协调一致的不同酒类按一定比例混合,有时也使用不同年份的同一种酒,以获得一种风味更佳且具有独特个性的混合酒。这种做法与近现代欧洲葡萄酒的酿造有值得注意的相似之处。

《北山酒经》中介绍了一个以“葡萄酒法”为标题的配方:

> 酸米用甑蒸,气上,用杏仁五两,去皮尖,葡萄二斤半,浴过干,去子皮,与杏仁同于砂盆内一处,用熟浆三斗逐旋研尽为度,以生绢滤过。其三斗熟浆,泼饭软,盖良久,出饭,摊于案上。依常法,候温,入麴搜拌。……盖覆,直候熟,却将前来黄头并折澄酒脚倾在瓮中,打转上榨。[2]

---

[1] 唐代的史料中经常提到直接在火上加热酒的做法,称为“烧酒”。但在现代汉语中“烧酒”就是蒸馏酒,通称白酒。这就导致一种误解,即白酒在唐宋时就已经普遍存在。在宋代,将酒精饮料进行系统性杀菌消毒的操作称为“火迫酒”,这种方法结合了数百年来煮沸、加热和蒸煮饮食的经验和习惯以及炼丹术和自然科学的实践成果与知识,在宋代尤为盛行。最终,这些技术进步也促成了蒸馏制酒法的系统发展和运用。见 Huang(2000 年)第 203 页等、221 页等。

[2] 引自“国学大师”网站。另见胡山源(1939 年)第 45—46 页、应一民(1999 年)第 69 页、王玫(2010 年)第 179—180 页、Laufer(1919 年)第 234 页。开封一带的农民至今仍有用白酒陶罐发酵葡萄汁并在无菌条件下贮存的习俗,这可能可以追溯到北宋时期。2017 年秋天,我在开封走访期间偶然发现了这种酿酒法,酿出的葡萄酒带有一种特殊的酒曲香味——估计 900 年前的配方可能就是同样或类似的方法。

唐朝时，在与中亚的接触交流中，基于自然发酵的葡萄酒酿造工艺和原汁原味的葡萄酒饮用方式广泛流行开来，而从这个配方与其他一些同时代文献可以清楚看到，二者在宋朝时已不复存在。这与宋朝独特的历史发展以及上文提到的政治经济因素和社会思潮的演变直接相关。宋代时，地理重心南迁，尤其是稻米种植在南方经历了前所未有的繁荣；同时，酒曲工艺进一步发展，在那个时代达到了技术复杂性和地区差异化的顶峰；还有一个重要原因是宋人对中原文化传统的回归导致对葡萄酒文化的排斥。然而，在关于曲法发酵（以米酒或黄酒以及宋代逐渐流行起来的蒸馏酒为主要表现形式）为何在中国最终战胜了葡萄酒文化的讨论中，人们通常会忽视一个事实：领土逐渐缩小的宋朝并不是中华文明的唯一代表。北方和西方的广袤地区后来成为元朝的疆域，今天也仍然属于中国。虽然当时那些庞大帝国的统治者是少数民族，但在这些地区居住和进行行政管理的大多是汉人。在辽、西夏和金，以及后来在蒙古人的统治下，由于未曾中断与西亚的接触，当地的葡萄酒文化得以延续。这一点在前几章所述的山西省和河北宣化的历史传说和考古证据中体现得尤为明显。

　　《太平广记》是宋初朝廷下令编纂的大型百科全书之一，成书于978年。[1] 这部书仿佛是一只反映当时新兴小说创作的万花筒，收录了唐朝时期及之前的五花八门的志怪传奇故事。全书共有 500 卷，其中有一卷专门以酒为主题。它以中国和遥远异域的奇酒故事开篇，如"千日酒""擒奸酒""消肠酒""黏雨酒"等。在"酒量"和"嗜酒"部分大多以短短几句话讲述魏晋至唐朝间的几位酒徒的逸闻趣事。[2]

---

[1] 关于《太平广记》的一般性介绍见 Schmidt-Glintzer（1990 年）第 221 页。这里提到的第 233 章的首个德文译本及详细论述见 Kempa（2012）。

[2] Kempa（2012 年）第 72 页。这些奇酒出自《太平广记·卷二百三十三·酒（酒量、嗜酒附）》，引自古诗文网。关于唐代以前的几则这类轶闻趣事见本书第七章。

琥珀光与骊珠：中国葡萄酒史

不过，这些故事同时也可被理解为佛教教诲和对古代酗酒行为的警示。

窦苹所作的《酒谱》（1024年成书）是另一部较早的关于酒文化的专著，记载了北宋以前和饮酒有关的知识及趣闻轶事。

北宋大诗人苏轼热爱酿酒，他在《酒经》一文中记录了造酒试验的心得——他以当时常见的酿酒法自创了一个南方酒的配方，使用糯米和粳米、酒曲、香花和药草、姜汁等制作出一种"家酿"或"鸡尾酒"。[①] 同时代的人大概没有谁像苏轼这样继承了数百年的饮酒诗人传统，他被尊为"唐宋八大家"之一，以生活和创作都离不开酒而闻名。苏轼推崇陶渊明，认为自己是陶渊明转世，也非常仰慕王维。[②] 与陶王二人一样，苏轼也热爱葡萄酒。在他被贬谪居广东期间门庭冷落，只有好友太原张县令年年派人给他送来葡萄酒，为他带来不少慰藉。苏轼特地赋诗一首表达感激之情，从诗中我们可以看到，当时的太原仍是重要的葡萄酒产区：

> 冷官门户日萧条，亲旧音书半寂寥。
> 惟有太原张县令，年年专遣送蒲桃。[③]

在贬居南方的岁月里，苏轼自己尝试酿过多种酒，由于缺乏葡萄，他使用了蜂蜜、柑橘等原料，所酿的酒据说不易消化。由于他显

---

① 胡山源（1939/1987年）第21页、Huang（2000年）第243页。

② Schmidt-Glintzer（1990年）第365页引用了苏轼的词："梦中了了醉中醒，只渊明，是前生。"以及"人生如逆旅，我亦是行人"。关于苏轼另见陈廷湘（1993年）第253—254页、韩胜宝（2003年）第113—114页。

③ 见《苏诗补注》卷四十七，引自中国哲学书电子书计划。另见应一民（1999年）第69页、郭会生／王计平（2015年）第121页。

然属于酒量极小的那一半中国人，所以稍微喝一点酒对他来说就足够了，不过他的确是懂得享受酒趣的好饮之人，每天从早到晚都要不时小酌一番。他曾在一篇文章中提到自己的饮酒习惯：

> 予饮酒终日，不过五合。天下之不能饮，无在予下者。……天下之好饮亦无在予上者。[1]

这番自白符合苏轼作为美食家的天性。他如此痴迷于葡萄酒，在摆设精美的筵席时一定想方设法为宾客奉上葡萄酒，而在求之不得时就会拿出自己制作的家酿，看着客人们把酒言欢他会感到由衷的快乐。他强调，不管是多么华丽的宴会、精致的食物、曼妙的音乐、美丽的伴舞仙女，如果没有"引南海之玻璃，酌凉州之蒲萄"，都是不完美的。[2] 了解了苏轼人生中的这一面就会发现，尽管大多数情况下只用虚笔略加暗示，但在他的诗作中几乎始终可以看到酒在精巧构思中发挥的作用，如《饮酒四首》《蒲萄酒赋》《饮湖上初晴后雨》《醉落魄》《月夜与客欢饮酒杏花下》《酒子赋》等。在这些诗中，在优美的山水田园中沐浴着月光与知交好友共饮等常见的饮酒诗主题也是苏轼喜爱的题材。然而，他始终牢记饮酒时不能跨越的一条红线，一旦

---

[1] 出自苏轼《书东皋子传后》，见维基文库；另见胡山源（1939 年）第 139 页。关于苏轼对美食和美酒的热爱及相关文学创作见应一民（1999 年）第 18、69、134 页等。"五合"约为半升。当时的一升大概相当于今天的 0.6 公升。也就是说，苏轼每天饮用的低度酒不超过 0.3 公升，因此根本无法与他在诗歌中多次颂扬的竹林七贤、陶渊明、李白等纵酒豪饮的饮酒诗人相提并论。

[2] 应一民（1999 年）第 18、71、73、134 页。凉州即今甘肃武威，位于丝绸之路沿线，两千多年来一直是中国最重要、最受赞誉的葡萄种植区之一。"南海之玻璃"表明宋朝时通过海上贸易路线从西方进口奢侈品，同时也暗示了这玻璃杯中所盛葡萄美酒的珍贵程度。

逾矩，酒带给人的就不再是创造的激情，而是祸患和灾难。

　　其他一些同时代的著名诗人也明显对葡萄酒情有独钟，尤其是南宋的陆游（1125—1210）和金朝的元好问（1190—1257）。

　　陆游亲身经历了北宋亡国之痛，一生都强烈主张北伐金国，收复失地，一雪前耻。他率性而为，直言犯上，经常与朝廷中的投降派发生冲突。他毫不掩饰对饮酒的热爱，晚年自号"放翁"。"狂"是陆游诗歌中的一个关键词。① 陆游年轻时，偏安一隅的南宋小朝廷被权臣秦桧把持。因在科举考试中得罪了秦桧，陆游的仕途从一开始就不顺利，后来的游宦生涯也处于时仕时隐的状态。他曾满怀忧伤地感叹，在失去北方领土，尤其是山西地区后，葡萄酒变得多么珍贵。在《夜寒与客烧干柴取暖戏作》一诗中，陆游描述了在绍兴城中一个寒冷的冬夜，他和客人们围坐在火边取暖笑谈的情景，炉火是那样温暖，仿佛葡萄美酒或者厚重的貂裘带给人的暖意。诗中将英勇的爱国主义、对朝廷屈辱求和政策的深恶痛绝、自身的无力感以及绝望中借酒消愁这种种复杂情绪组合在一起，在此，葡萄酒作为北方失地的象征而获得了某种政治意义。②

　　事实上，陆游对饮酒和醉酒之境的歌颂超过了他之前和之后中国历史上所有的著名诗人，甚至包括饮酒诗人的不朽典范陶渊明。诗人陆游同时也是一位草书大家，是南宋最杰出的书法家之一。与书法大师王羲之一样，陆游也在饮酒中获得灵感。他传世的作品数量惊人，其中绝大部分是诗歌，多达 9 300 余首，这要归功于他非凡的才华和一生七十多年的笔耕不辍。陆游诗歌中的大量篇目在标题中含有"醉中作""醉中书""醉赋""醉歌""楼上醉书""池上醉歌""月下醉

---

① Schmidt-Glintzer（1990 年）第 345 页。

② 应一民（1999 年）第 79、136 页。

题""大醉偶赋长句""醉中感怀""醉中自赠""醉后草书歌诗"等表达。在七言律诗《草书歌》中，陆游充满激情地写道，当他畅饮自酿的家酒后顿时逸兴遄飞，忘却了一切烦恼，一时间心境澄明，天地在他眼里仿佛都变窄了，所以他需要"高堂三丈壁"来尽情挥洒笔墨。[1]

  金、元之际的文学家与历史学家元好问于 1234 年在开封目睹了蒙古灭金，此后便退隐乡间，写下了大量诗歌，字里行间充满着对山河破碎百姓流离的悲痛。他是山西太原人，著有一部《蒲桃酒赋》。在自序中，他表明了自己的写作动机，并提供了有关其家乡葡萄酒文化的重要细节。在几个世纪中，他的家乡先后被契丹、女真和蒙古等外族占领。一位来自山西南部的熟人告诉他，那里一直盛产葡萄。但在当地人中，葡萄汁自然发酵的传统已被遗忘。根据《北山酒经》中的配方，人们曾用葡萄混合酸化的大米并添加酒曲酿酒，但这种"鸡尾酒"的口味并不理想。直到一次偶然的机会，有人将葡萄长时间存放在竹筒中，后来发现葡萄汁开始自行发酵，这人接着把发酵的葡萄汁放入陶罐，埋在土中，从而酿出了美味的葡萄酒。这时人们才重新回想起，前 2 世纪时张骞不但携葡萄树从西域归来，也把葡萄发酵和葡萄酒窖藏的技术带到了汉地。到过西域的汉人所描述的波斯酿酒法令人惊讶：

  大食人绞葡桃浆，封而埋之。未几成酒，愈久者愈佳。有藏至千斛者。[2]

---

[1] 关于陆游与酒及葡萄酒密不可分的非凡文学创作能力见王致涌（1993 年）。另见张铁民（1993 年）第 359 页、韩胜宝（2003 年）第 114—115 页、李争平（2007 年）第 114—115 页、郭会生／王计平（2015 年）第 122 页。

[2] 见维基文库"元遗山集"第 1 卷。另见胡山源（1939 年）第 146—147 页；应一民（1999 年）第 79、81、91、154 页；陈习刚（2010 年）第 129 页；王玫（2010 年）第 184 页。关于张骞通西域的历史见本书第六章。

他还感叹说：

世无此酒久矣！①

另外，元好问也在《后饮酒》一诗中发现了酒对抚慰心灵的
益处：

酒中有胜地，名流所同归。
人若不解饮，俗病从何医。②

从文人周密（1232—约1298）的记录中我们同样也可以了解到，
南宋时期单纯使用葡萄酿酒的知识已基本失传，周密对这种酿造法感
到诧异：

回回国葡萄酒止用葡萄酿之，初不杂以他物。③

就连来自山西南部的宋代大学者、历史学家和辞书学家司马光
（1019—1086）也在一首和太原有关的送别诗中借机赞美了他家乡的
自然风光和让人无法抗拒的"家酿"葡萄美酒。④

与唐朝及之前的时代一样，宋朝时，与志同道合的好友在轻松
愉快的氛围中一边饮酒一边谈论当前的政治、哲学或文学话题在文人

---

① 出处同上。
② 元好问《送钦叔内翰并寄刘达卿郎中白文举编修二首》，引自中国哲学书电子化计
　划。另见应一民（1999年）第24页、刘迎胜（2010年）第118页。
③ 引自《癸辛杂识》，见王玫（2010年）第186—187页。
④ 郭会生／王计平（2015年）第121页。

阶层中仍然是重要的社交活动。在这种谈话中，新的、有时也带有争议性的文学运动和思想流派主要在人文荟萃的南方发展起来。文人和士大夫阶层代表人物的共同点是，他们几乎无一例外地或多或少明确将饮酒文化置于其创作的中心。与唐代一样，在这种"文酒之会"上通常有艺妓表演曼妙的歌舞和音乐助兴。从诗歌中的描述来看，酒会基本上分为两种：一种是文人墨客酒楼雅集，另一种则是宫廷或官府举办的盛宴。[1] 在后一种酒宴上，参与者也并不总是端庄有礼，宋太祖（960—976 年在位）的一则轶事可以为证：登基之初，他有一次酩酊大醉，胡言乱语，洋相百出，醒酒后十分懊悔：

沉湎于酒，何以为人！

又说：

沉湎非令仪！[2]

从苏轼和陆游的例子就可以看出，要列举所有宋代著名文学家及其以饮酒为主题的作品是不可能的。在此仅选出另外一些著名诗人作为代表。

山东济南府人辛弃疾（1140—1207）是宋代最重要的词人，一生创作了六百多首作品。他生于金，但少年时便参与抗金，回归南

---

[1] 蔡毅（1993 年）第 221 页。

[2] 维基百科词条"中国酒文化"。更多宋太祖赵匡胤的饮酒轶事见李争平（2007 年）第 259 页等，例如在 960 年的一次彻夜畅饮中，作为后周最高军事统帅的赵匡胤被部下黄袍加身，拥立为帝，兵不血刃地夺取了政权，这就是历史上著名的"陈桥兵变"事件。

宋。正如他在回顾一生后发出的感慨：他的"身世酒杯中"带有一种近乎宗教般的狂热，以致"万事皆空"①，功名富贵都如过眼烟云。在晚年隐居时创作的一首词中，他与自己的酒杯进行了一番自嘲式的滑稽怪谈：

> 杯汝来前，老子今朝，点检形骸：甚长年抱渴，咽如焦釜；于今喜睡，气似奔雷。汝说刘伶，古今达者，醉后何妨死便埋？②浑如此，叹汝于知己，真少恩哉！更凭歌舞为媒，算合作人间鸩毒猜。况怨无大小，生于所爱；物无美恶，过则为灾。与汝成言：勿留亟退，吾力犹能肆汝杯。杯再拜，道：麾之即去，招亦须来。③

此外，辛弃疾也很喜欢嘲笑那些"清醒"的人们：

> 今宵成独醉，却笑众人醒。④

宋代涌现出一系列杰出人物，他们一方面以其深厚的学养和卓越的才干作为官员楷模载入史册，另一方面也喜欢在自然美景中伴随着轻歌曼舞与至交好友诗酒唱和，享受饮酒之乐，"未尝一日不宴饮"的晏殊（991—1055）就是其中的典型代表。他少年即显露才华，获

---

① 出自辛弃疾《浪淘沙·山寺夜半闻钟》，引自古诗文网。关于辛弃疾另见韩胜宝（2003年）第115—116页、李争平（2007年）第258—259页。

② 辛弃疾在这里将自己比作放诞不羁的饮酒诗人刘伶（3世纪）。刘伶总是乘坐一辆装满酒的鹿车，旁边跟随的仆人肩上扛着一把铁锹，准备等刘伶醉酒而亡就立刻将他埋葬。这个典故另见本书第七章。

③ 出自辛弃疾《沁园春·将止酒，戒酒杯使勿近》，见维基文库。另见《中国历代诗歌鉴赏辞典》（1988年）第1006页。

④ 出自辛弃疾《临江仙·即席和韩南涧韵》。见张立华（2001年）第671页。

得皇帝的赏识和重用，仕途一帆风顺，担任过多个要职直至去世，并在平定西夏进犯的军事胜利中发挥了重要作用，获得朝野上下的称赞。晏殊还乐于奖掖后进，当时伟大的改革家欧阳修（1007—1072）、范仲淹（989—1052）和王安石（1021—1086）都得到过晏殊的提携和栽培。他的文学创作以词为主，也有少量诗歌流传下来。在他传世的 136 篇作品中，有 95 篇涉及饮酒，超过了三分之二！①

宋代最有影响力的思想家和政治家欧阳修、朱熹（1130—1200）和范仲淹也不例外。② 欧阳修曾一度官至副宰相，一生写下了大量历史、政治和文学作品，位列"唐宋八大家"之一，提携过苏轼等青年才俊。欧阳修中年时被贬到安徽滁州任知州，自号"醉翁"，常与好友一起去琅琊山下的一座小亭饮酒赋诗，他便将其命名为"醉翁亭"，这处古迹至今仍保存完好。不过，与苏轼一样，欧阳修饮酒也非常节制，他更看重的是酒中所蕴含的哲思和醉酒之境的隐喻意义，正如他在《醉翁亭记》一文中所说：

> 醉翁之意不在酒，在乎山水之间也。山水之乐，得之心而寓之酒也。③

晚年隐居时，欧阳修自号"六一居士"，所谓"六一"指的是金

---

① 《中国历代诗歌鉴赏辞典》（1988 年）第 733 页等、蔡毅（1993 年）第 221 页。崔利（1993 年第 84 页）指出，在《宋词名篇三百首》中，以酒为主题的多达 128 首，占 42%，而其中几乎每一首中都有"醉"的表达。

② 见胡山源（1939 年）第 143—145、175、187—188 页中关于这些学者所作的和酒有关的诗文。

③ 见维基文库"醉翁亭记"。另见应一民（1999 年）第 20 页；韩胜宝（2003 年）第 110、250 页。关于欧阳修见 Schmidt-Glintzer（1990 年）第 326、332 页等。

石遗文、藏书、琴、棋、酒这五件家珍再加上他自己。然而，与前朝及宋代饮酒诗人的怪诞生活方式完全不同，欧阳修始终保持着传统儒家学者的风范，恪守道德准则。他虽然不主张禁绝饮酒，但是将适度饮酒作为一种营造氛围的刺激性手段。从下面这句话中我们可以清楚地看到他所秉持的价值观：

> 学书费纸，犹胜饮酒费钱。[1]

然而，欧阳修的一首词却让我们看到，即使是这样一位杰出的榜样也并不总是符合自律和道德的模范形象：

> 好妓好歌喉，不醉难休。劝君满满酌金瓯，总使花时常病酒，也是风流。[2]

著名哲学家、新儒家理学创始人朱熹也并不抗拒饮酒之乐。他至少有一首和醉酒有关的诗传世：

> 我来万里驾长风，绝壑层云许荡胸。
> 浊酒三杯豪气发，朗吟飞下祝融峰。[3]

但与欧阳修和其他宋代官僚士大夫一样，朱熹也同样表现出受佛教和儒家道德观念影响的倾向，即在宋代时，饮酒之乐（在饮酒仪

---

① 张立华（2001年）第673页。
② 出自欧阳修《浪淘沙·今日北池游》，引自维基文库。另见王悦（1993年）第288页。
③ 朱熹《醉下祝融峰作》，引自古诗文网。

式中）主要具有象征性的功能，而放荡不羁的倾向（如唐代及以前）则被抑制，人们转而追求保持清醒，弃绝狂饮滥醉的放纵。佛教僧侣和经书一再告诫人们，酒会危害个人身心健康，影响人际关系和政治决策，并呼吁民众戒酒。

伟大的政治改革家和词人范仲淹对酒的热情同样保持在适度的范围内，尽管他喜欢饮酒，也写下不少歌颂美酒的诗文，但据说他从来没有喝醉过，始终保持清醒的头脑和沉稳的儒家风范。[1]

宋代词人李清照是中国历史上最不寻常的女性之一，她出身书香门第，除了诗词也在文学批评等领域卓有建树。在她的40多首词中有20首涉及饮酒和醉酒的情形——正如《如梦令·昨夜雨疏风骤》所记，虽然醋睡一夜，早上醒来仍余醉未消。李清照的饮酒词以典雅的风格、朴素的白描手法、深邃细腻的情感表达出对一醉方休的强烈渴望。另外一首《如梦令》也是她的早期作品，尽显无忧无虑的闺阁之乐：

常记溪亭日暮，沉醉不知归路。
兴尽晚回舟，误入藕花深处。
争渡，争渡，惊起一滩鸥鹭。[2]

然而好景不长，北宋灭亡后李清照被迫南逃，此后不久，与她伉俪情深并在文学、艺术和金石收藏方面志趣相投的丈夫去世，这两大命运的打击几乎同时发生，使得她的后期作品充满了对往日的怀念

---

[1] 韩胜宝（2000年）第39—40页。

[2] 见维基文库"如梦令（李清照）"。另见《中国历代诗歌鉴赏辞典》（1988年）第897页。

琥珀光与骊珠：中国葡萄酒史

和内心的悲苦。酒可以帮助她暂时忘却愁绪，但她也明白，酒醒之后很快又会被悲伤淹没。她在酒后吟哦出的《声声慢·寻寻觅觅》就是这样一首凄绝的悲歌，词中含有菊花和酒这两大"陶渊明主题"，描写了作者几杯酒后独自面对一地残花坐听黄昏细雨的情形，字里行间流露出无尽的哀愁。①

李清照的生平表明，宋代时至少在上层社会，女性在文学创作与饮酒方面确实被视为与男性平等，宋代前后其他历史人物的例子也可以证明这一点。②

自古以来，人们不时将酒曲与帝王专属的黄色以及菊花联系起来，尤其多见于陶渊明的作品。菊花的美丽与香气为饮酒提供了理想的氛围，有人甚至使用菊花花瓣浸酒以增添风味。宋代时，人们热心追求醉酒的审美象征意义，在对酒精饮料大量充满想象的描写和命名之外还表现在新创造的酉字旁汉字中。比如，宋代时野生蔷薇科植物荼蘼深受人们喜爱，也常常出现在诗歌中。它有红、黄、白三种颜色，晚间开放，能够散发浓郁的香气。"荼蘼"二字本是草字头，宋人为了将荼蘼的艳丽芳香与饮酒之乐联系在一起，就将其草字头换作酉字旁，写成"酴醿"。

"开门七件事：柴、米、油、盐、酱、醋、茶"是一个据说产生于宋代的俗语，对于本书探讨的主题具有启发意义。它经常出现在文学作品中，直到今天仍是人们常用的说法。"开门七件事"表明，大米已成为主食，食用油、酱油和醋的工业加工达到了相当高的水平，茶叶在南方大面积种植，茶已获得了相对于其他饮料的绝对优势。在

---

① 《中国历代诗歌鉴赏辞典》（1988 年）第 900 页、Rohrer（2012 年）第 117 页。

② 《中国历代诗歌鉴赏辞典》（1988 年）第 896 页等、王悦（1993 年）第 291—292 页、马会勤（2010 年）第 216—217 页。

经济繁荣的南宋时期曾经一度有"开门八件事"说法，酒也列在其中。但后来，可能也是因为茶文化在中国本土和整个欧亚大陆的广泛传播，人们以酒并不是生活必需品而将其剔除了。[1]

宋代时蒸馏酒兴起，所用的原酒在北方最初是谷物和马奶的发酵饮料，在南方主要是米酒（黄酒），在西北地区则使用葡萄酒。本书第七章和第八章中提到了一直持续到今天的关于中国何时普及蒸馏酒的讨论。根据现有的证据以及大多数学者的共识，答案应该是宋朝后期，即 12—13 世纪。另外一个可以支持这个观点的事实是，宋代的诗歌和散文几乎没有提到过高度酒；正相反，苏轼和其他同时代的人明确表示喜爱温和的酒精饮料。[2]但这一切并不排除这样一个可能性，即早在汉代时，蒸馏技术就在道教炼丹术或制作药品和化妆品的实验中为人所知，或者也可能仅仅是古代烹饪蒸煮过程中的偶然发现。1975 年，河北承德附近的一座金朝墓葬中发现了一套青铜烧酒锅。这是已知最古老的系统性蒸馏装置，并且很显然是用于制备酒精饮料的。它由三部分组成：烧水的釜锅、带孔的蒸屉以及冷凝器。蒸屉里面放入已经发酵好的酒浆，冷凝器内盛有冷水，蒸汽遇冷后凝结，蒸馏物通过导流管滴入瓶中。蒙古人统治时期，这种技术得到了改进，并进一步发展为商用酿酒设备。[3]

---

[1] 参考维基百科词条"开门七件事"。

[2] Huang（2000 年）第 225 页中引用了含有"蒸酒"一词的两句宋诗，可能是一个指向蒸馏酒的线索。不过，现代汉语的"蒸馏酒"中的关键字"馏"有两个意思，读阳平时意为"蒸馏"，读去声时意为"蒸热"。所以宋代的"蒸馏酒"和"蒸酒"有可能都是指用蒸汽加热的酒精饮料。

[3] 关于这种蒸馏设备和蒸馏技术的发展见 Huang（2000 年）第 208 页等中的阐释和插图。陈駉声（1993 年）第 3 页中也有简短介绍。河北和内蒙古也发现了同一时期的类似蒸馏器。另见张肖（2013 年）第 460 页。

　　　　　　　　　　　　　　　琥珀光与骊珠：中国葡萄酒史

唐朝后期，酒精饮料，尤其是相对贵重的葡萄酒面临着来自茶叶的压倒性竞争优势。最晚在汉代，中国西南地区的人们就已经认识了茶这种植物并将其入药。然而，茶后来伴随着佛教的传播才开始广泛流行开来，并成为禅宗修行中打坐参禅时的必备饮品，即所谓"茶禅一味"。茶继而风靡贵族阶层，直到宋代仍然是价格比较昂贵的享受品。唐朝人陆羽撰写的《茶经》成书于 760 年，是中国第一部全面系统地介绍茶的专著。此后，在越来越多酒类专著问世的同时，和茶有关的专业文献也开始涌现，它们与《茶经》一样都论及茶树种植与茶叶加工的历史、茶的烹制和品饮、泡茶和饮茶所需的各种茶具、重要产区的顶级品种等。早在唐代时茶道就已发端，又在宋代繁荣的南方城市文化中盛行于文人士大夫阶层。茶道最初是出于宗教崇拜的动机，其在社会生活中日益增长的重要性很容易让人联想到几百年甚至几千年前的酒祭和饮酒崇拜仪式。与此同时，茶馆的传统也在城市中形成。据说，宋朝皇帝，尤其是慷慨的艺术赞助人和收藏大家宋徽宗（1101—1126 年在位）经常举办宫廷茶会，宾客们不仅可以观摩烹制特种优质茶叶的技艺，还能体验以精美陶瓷茶具品茶的高雅享受。

宋朝不断增长的贸易能力使得茶和茶具迅速传播到朝鲜和日本，当时这些货物主要在福建的港口装船出运。茶道在这两个国家发展成为一套更加繁琐细致的礼仪规范，并延续至今。茶叶向西方的两条出口路线也同样蓬勃发展，一条是南方的海运路线，另一条则是北方草原的陆上贸易线。西夏、辽和金迅速接受了这种新文化饮品，他们也积极参与茶叶贸易。在河北省的一座 11 世纪辽墓中发现了表现烹茶场景的壁画，类似其他地方对葡萄酒饮酒场面的描绘。在诗歌的语言中，茶有时被赋予通常用于酒类的说法，如"天露""玉液"和"龙井"等，与此同时还发展出一套"茶德"。宋代以后的几个世纪中，茶最终征服全球，成为世界上最重要的非酒精类文化与社交饮品。①

综上可以得出结论，茶不仅是米酒、高粱酒和葡萄酒等"较柔和"酒类的补充，也在一定程度上取代了它们原先的地位，成为一种高雅的社交型文化饮品；而且随着低度酒在酒精消费中所占份额的减少，对高度酒的需求增长，蒸馏制酒业得以迅速发展。在此，一方面草原游牧文化发挥了一定的影响力；另一方面蒸馏酒酿造更容易消耗过剩的粮食，也适宜于长时间储存和长途运输。此外，由于遗传因素，中国南方人普遍酒精耐受力较差，这也在客观上促进了茶文化的发展。最后应当注意的是，茶叶成为一项利润越来越丰厚的经贸产业。这也许可以解释为什么除了在元朝时期的短暂复兴以外，葡萄酒在 20 世纪之前的中国一直处于边缘地位。苏轼曾经非常精辟地点明茶与白酒这两种新型大众饮品之间的互补作用：

> 茶苦患不美，酒美患不辣。②

茶道表现出茶的审美与口腹享受的一面，但除此以外，茶也在带有禁欲色彩的道教、佛教流派中获得了越来越多的精神意义，其中

---

① 关于茶的历史见 Höllmann（2010 年）第 138 页等。在研究有关茶的经典文献时很容易注意到，中国茶文化在茶树的栽培管理、优质品种、种植区域、采摘时间、茶具的复杂性、冲泡的操作步骤、饮茶的愉悦等方面的讲究与欧洲葡萄酒文化有诸多相通之处。茶叶（*Camellia sinensis*）出口的同时，"茶"也作为借词输出到许多其他语言中：经由北方商队输入中亚草原和俄罗斯（"茶叶之路"）地区的借词基于"茶"在中国北方的发音 *cha*；经由南方海上贸易路线输出的则源自闽南语发音 *tê*。

② 出自苏轼《书砚》（《苏轼集》第 115 卷，引自中国哲学书电子化计划）。另见《国家名酒评论》（2015 年）第 74 页。

琥珀光与骊珠：中国葡萄酒史

的某些流派在当时还以秘密社团的形式传播。茶在这方面可以与葡萄酒在犹太教-基督教文化圈的审美—神秘主义功能形成类比，甚至中国的茶与西方的葡萄酒在品饮仪式方面也有一些相通之处。[①]

[①] 关于东西方比较：在中国，对水和饮料进行加热和消毒的做法已经有两千多年的历史，这种做法促进了茶文化的发展，在佛教寺院中尤为明显；而在欧洲，直到一个多世纪以前还没有洁净的饮用水，啤酒和葡萄酒一直作为日常饮品为人体提供水分。这两种酒的生产在中世纪由修道院控制，修道院还将葡萄酒"属灵化"和"圣礼化"。14 世纪的黑死病大流行中，城市居民的烈酒消费急剧上升。哥伦布开启的大航海时代中，如果没有可长期保存的酒精饮料的陪伴，水手们可能根本无法完成漫长艰苦的航程。他们在航海中携带储存在橡木桶中的白兰地、朗姆酒、威士忌以及强化葡萄酒如波特酒和马德拉酒。然而，与之前在中国的情况类似，酒精饮料在欧洲的传播也遇到了挑战，只不过竞争对手除了茶以外还有可可和咖啡。从 17 世纪初开始，可可、咖啡和茶作为兴奋型饮料首先在欧洲上流社会越来越受欢迎，它们与无味的白开水相比具有明显优势，并常常取代酒精饮料行使社交功能。另见 Vallee（2004 年）第 57—58 页、Estreicher（2006 年）第 70 页。随着茶和咖啡渗透欧洲社会，啤酒和葡萄酒的需求在 17 世纪经历了断崖式下跌，甚至迫使啤酒馆转型为咖啡馆，见 Meußdoerffer/Zarnkow（2016 年）第 104 页等。值得注意的是，大约从 1500 年开始，除了蒸馏酒，海上贸易也在世界范围内促进了咖啡、可可和茶以外的其他精神活性物质如糖、烟草、大麻和鸦片的普及，见 Allsen（2018 年）第 29 页。

第十章

秋泉红与大玉海：
元朝的葡萄酒生产与贸易

亚历山大大帝身后一千五百年，欧亚大陆再次掀起征服浪潮，并永久性地改变了世界历史。13 世纪初，成吉思汗（1162—1227）成功统一了蒙古部落，这为在欧洲和远东之间建立一个前所未有的世界帝国奠定了基础。作为骑在马背上的游牧民族，蒙古人特别善于长途奔袭。此外，凭借先进的武器技术、严密的军事战略以及令对手闻风丧胆的作战风格，内蒙古人在短短几年就成功击败和征服了欧亚大陆东西两端之间的大多数重要政权，即使是 1227 年西夏和金结成的战略联盟也无力抵挡蒙古人的进攻，这两个国家分别于 1227 年和 1234 年彻底覆亡。在蒙古第一次西征的数年间，西辽和中亚的几个帝国也同样遭到了灭顶之灾。不久之后，在进一步的征伐中，蒙古风暴席卷了广袤的草原地区、波斯、近东、高加索、俄罗斯和东欧，使基督教世界陷入恐慌。中国西南部的大理也未能抵挡住蒙古人的大举进攻，于 1254 年灭亡。此后，蒙古军队继续推进到东南亚地区。1265 年，风雨飘摇的南宋与蒙古谈判，试图维持和平共处的局面，然而最终谈判破裂。1276年，蒙古军队占领了建康（南京）和都城临安，到 1279 年，南宋宗室成员要么被俘，要么自杀殉国。这是中国历史上第一次整个疆域完全被中原之外的民族征服。然而，在这片土地上再次产生了一个统一的大国，并一直延续到 1911 年帝制时代结束，除了当时的外蒙古和西伯利亚的大片领土外，其边界与今天的中华人民共和国大致相同。①

---

① 关于元朝（蒙古帝国）疆域和丝绸之路，参见谭其骧主编《中国历史地图集》、交通部中国公路交通史编审委员会《中国丝绸之路交通史》等资料。

在蒙古人统一中华的进程中，忽必烈（成吉思汗之孙，1260—1294 年在位）于 1271 年按照中国传统定国号为大元，成为元朝的开国皇帝。他按照中原模式建立起一套行政和文官制度。在这之前，成吉思汗的第三子及继承人窝阔台就已经在臣服的金朝精英与汉人官员的帮助下，开始建立行政和军事架构以及税收制度，这是巩固国家财政、开展耗资巨大的军事行动以及夺取政权后启动大型基础设施项目所必需的前提条件。

1220 年，成吉思汗在对于蒙古人具有象征意义的鄂尔浑河谷建立了第一个政权，首都为哈拉和林，这或许是蒙古人身份认同和领土扩张的最重要的地缘政治标志。然而，直到 1235 年窝阔台才将其扩建成一座宏伟的都城，城中建有朝堂、宫室、防卫堡垒、寺庙、清真寺、教堂和市场，也为来自欧亚大陆各地的工匠和艺人划分了不同的居住区域。哈拉和林周边地区兴建的水利灌溉工程则促进了农业的繁荣发展。[1] 忽必烈统治时期，都城迁到了今北京，当时称为大都。到 13 世纪末，这座新兴的大都市里营建了皇宫和各个中央机构的办公场所。后来的明朝和清朝也定都于此，并在元大都的基础上进行了扩建。这座城市的传奇名声远达欧洲，欧洲人称其为 *Cambaluc*，源自蒙古语的 *Chan-Balyq*（"大汗之城"）。[2]

---

[1] Hans-Georg Hüttel（2005 年）以及 "Dschingis Khan und seine Erben"（2005）年中的论文对此有详细全面的介绍。

[2] 马可·波罗将元大都称为 *Canbaluc*，他在游记中描述了这座大都市的辉煌，见 Polo（2003 年）第 120 页等。经过几个世纪的猜测，直到 2016 年夏天人们才在今北京故宫博物院地下发现了忽必烈皇宫的地基，从而获得了有关其位置和庞大规模的线索，见 L. Zhao（2016 年）。1368 年明朝推翻元朝后，蒙古人暂时退居哈拉和林，直到这座城市于 1388 年被明朝军队彻底摧毁。哈拉和林位于今蒙古乌兰巴托以西约 320 公里处，如今不仅成为一座考古宝库，更被视为蒙古人的发源地和蒙古文化的纪念碑。"哈拉和林"（Karakorum）这个名字来自说突厥语系语言的维吾尔人，意思是"黑色岩石"。维吾尔人的祖先即源自这一带的鄂尔浑河畔地区。哈拉和林在蒙古语中叫作 *Kharkhorin*。

忽必烈 1260 年建立元朝时，成吉思汗的其他继承者在西部地区统治着三个势均力敌并时而激烈交战的汗国（中亚北部的察合台汗国、东欧和西西伯利亚之间的金帐汗国或钦察汗国、东土耳其和阿富汗之间的伊儿汗国），而蒙古和中国的领土则由大汗直接管理。为了能够驾驭这个"超国家的世界性大帝国"（中国只是其中的一部分），[1]在此之前只懂得行军打仗的蒙古统治阶级采用了他们所占领土地上已有的行政管理体系。

忽必烈之前的几位蒙古大汗就已经认识到急剧的领土扩张必然要求进行政治上的改革，以便运用行政组织手段和财政措施来巩固军事成就。他们任用辽与金的贵族阶层担任国策顾问。中枢管理机构的成员更多选用回鹘人、波斯人和阿拉伯人，而普通文官则大多是汉人。元朝的统治从中央到各行省都存在着"二元结构"，[2]即蒙古人掌握军事领导权，中亚或汉族官员负责民政管理。蒙古贵族与波斯突厥贵族之间的关系最为密切。面对占人口多数的约一亿汉人，仅有几十万人的蒙古统治阶层推行严厉的民族压迫和分化政策，他们把全国人分为四等，并制定了大量规章和禁令。最上层的是"蒙古人"，他们享有诸多特权，对汉族文化和语言的适应意愿非常有限。排在第二等的是"色目人"，即西域和中亚民族，他们在行政、外交、贸易和商业领域担任官长。第三等是北方原金朝治下的"汉人"，包括契丹人、女真人和朝鲜人。第四等级也就是最低等级是"南人"，即被征服的南宋人，占总人口的 87% 及汉族人口的 80%。他们没有机会担任公职，不允许学习外语，不得与其他民族混居，也在很大程度上被隔绝在欧亚贸易之外，只能无可奈何地看着自己的财富被蒙古殖民者

---

① Schmidt-Glintzer（1997 年）第 172 页。

② Schmidt-Glintzer（1997 年）第 171 页。

带到北方。这种严重的不平等待遇使他们产生了强烈的不满情绪，从而也加深了几个世纪前就开始的南北分裂。[1]

　　元朝和蒙古帝国的历史虽然短暂（不到一个世纪），却对整个欧亚世界产生了深远影响，具有开创性的意义：传统的国家、经济和贸易架构及中心城市在蒙古风暴中消亡。商人、外交官和传教士行走的古代丝绸之路在宋朝时因海上贸易的蓬勃发展一度失去了重要性，但在元朝时不仅得以恢复，还在基础设施发生了根本性变化的条件下，在欧洲和远东之间的整个北半球形成了一个新的草原贸易路线网络，从而大大扩展了丝绸之路的规模。[2] 在被蒙古军队摧毁的旧丝绸之路沿线的贸易城市附近出现了新的贸易枢纽，商贸活动的重心北移到哈拉和林和大都一带。在蒙古人的支持保护下，草原上的远程贸易畅通无阻，元朝与里海和伏尔加河地区、君士坦丁堡、基辅以及克拉科夫保持着密切的商贸往来。

　　由于战争和征服者的劫掠，中国北方大片地区凋敝破败，本来在南宋时就已经大部分迁移到中国南方的汉族人口进一步萎缩。然而，哈拉和林的水利灌溉系统等城市建设工程仍然需要汉人劳工和匠人。在北方的经济和贸易中心，除了作为统治和军事精英的蒙古人之外，中亚、近东、俄罗斯和欧洲商人也填补了汉人留下的真空。在大都成为元朝政治中心之前，哈拉和林经历了短暂的繁荣，当时是欧亚道路网络中最重要的起点和枢纽，各种文化和宗教在此交汇。那里的官方语言是蒙古语，但通用语言主要是波斯语。这个时代的一个特别

---

[1]　关于蒙古人和元朝的综述见 Gernet（1979 年）第 315 页等、Schmidt-Glintzer（1997年）第 165 页等、"Dschingis Khan und seine Erben"（2005 年）。

[2]　也许可以将蒙古的远程贸易政策解释为新石器和青铜器时期草原商路的复兴和现代化——几千年前在这些路线上就已经发生了移民和文化接触，各民族之间互相影响。公元前一千年间，游牧民族斯基泰人／塞迦人是草原商路贸易的主导者。

琥珀光与骊珠：中国葡萄酒史

之处是各种宗教潮流汇聚并偶尔互相融合，包括佛教和道教的各个宗派、来自波斯并在突厥民族和中原人群传播的伊斯兰教、同样流行于突厥民族（尤其是回鹘人）并重新恢复了元气的景教，以及刚刚开始形成传教士社区的罗马天主教。尽管蒙古人原本信仰带有巫术崇拜元素和仪式的喇嘛教，但由于他们在意识形态方面异乎寻常的宽容，元朝时，不同宗教之间基本上没有冲突，官方甚至鼓励它们的信徒和平共存。

尽管只有短短几十年的时间，"蒙古治世"（Pax Mongolia）[1] 将丝绸之路和草原之路沿线的所有国家在政治和经济上联合起来，从而使欧洲和远东之间的各民族可以安全畅通地进行交流往来，并从事蒙古人所大力推动的贸易活动。蒙古人还积极扩展交通路线并对其实施军事保护，建立了由一千多个驿站组成的无与伦比的"快马飞递"通信网络，远距离运送公文信件和贸易货物，与以前相比，这样的交通不仅速度大大加快，也更安全。波斯人、突厥人、叙利亚人、欧洲人、俄罗斯人等其他民族在整个欧亚大陆的外交、经济、贸易、思想和知识传播中发挥了主要作用，一时间产生了大量由商人、传教士和学者撰写的内容丰富翔实的游记，在历史上首次提供了关于遥远异国的真实信息。汉人虽然在这方面建树不多，但在水利工程、造纸、印刷、火器制造和纸币等技术创新领域备受重视的专家和工匠往往多为汉人。纸币成为蒙古帝国长途贸易的唯一支付手段。[2] 蒙古人利用

---

[1] Claudius Müller（2005 年）关于"蒙古治世"的著作极具启发性。元代时短暂存在的独特的跨欧亚经济和文化网络被其后的中国官方史书完全忽略，同样避而不谈的是，蒙古统治的范围为后来的明清以及中华人民共和国的疆域奠定了基础。甚至中国目前推行的"新丝绸之路"政策也更倾向于追溯唐朝的辉煌，尽管它远未达到蒙古帝国的规模。

[2] 马可·波罗描述了元大都铸币厂制作和发行纸币的情形，纸币在当时欧洲人眼中看来是不可思议的事物。见 Polo（2003 年）第 140 页等。

宋朝时已经相当繁荣的内河和海上航运进一步扩建连接中国南北的大运河网络，在东南沿海兴建港口，扩展"海上丝绸之路"的贸易联系。因此，一方面，大量欧洲和中亚移民来到中国北方，并带来了他们的文化和习俗；另一方面，汉人也在大陆和海上交通路线沿途建立定居点，上述技术发明最终传播到欧洲。[①] 在此期间，人们对中医的兴趣大增，尤其是波斯大学者拉施特（Rashid al-Din，1247—1318），他使中医在伊斯兰和欧洲世界广为人知。[②] 与此同时，西方科学，尤其是数学、天文学、地理学和历法知识与阿拉伯-波斯文化和伊斯兰教一起传入中国。这不仅要归功于西亚和中亚的旅行者，来自"法兰克国"的第一批欧洲使节和传教士也在其中发挥了重要作用，如方济各会教士柏郎嘉宾（Giovanni da Pian del Carpine）、卢布鲁克（又译鲁不鲁乞，Guillaume de Rubrouck）、若望·孟高维诺（Giovanni da Montecorvino）等。他们中的一部分人代表教皇与蒙古统治者建立外交关系，游说蒙古人支持罗马教廷对阿拉伯人发动的十字军东征，但没有成功。

---

① 大不里士、莫斯科和诺夫哥罗德等地建有中国工人和手工业者的居住区；在东南亚、印度和日本建立了中国海上贸易殖民地。泉州是中国沿海最重要的港口，也是当时世界上最大的港口之一，早在宋代时就有波斯和阿拉伯商人在此定居。当时的旅行者称这座城市为 Zaitun 或 Zaytun。见 Polo（2003 年）第 239—240 页。

② 见伊朗学者王一丹的杰出论文（2003 年）。在她看来，拉施特是第一位直接研究汉文资料并将中国历史和科学介绍到波斯与西方的重要汉学家。他在蒙古伊儿汗国都城大不里士担任宰相和史官时甚至招揽了一批中国学者来到此地。他还收集中文典籍并组织专人进行翻译，尤其是医学和药学方面的著作。拉施特的声誉主要来自其内容丰富详实的世界史著作，对蒙古人、中国人、突厥人、印度人、犹太人和欧洲人有详细的描述。2006 年，王一丹在中国出版了一部关于拉施特的系统性研究著作，涉及他的生平、事迹以及他所著的中国史（包括从波斯文到中文的翻译）。另见 Hoffmann（2005 年）关于拉施特的介绍。拉施特所著蒙古人历史的英译本见 Boyle（1971 年）。

　　　　　　　　　　　　琥珀光与骊珠：中国葡萄酒史

佛兰德人卢布鲁克是这些欧洲访客中最重要的一位。他于 1254 年来到哈拉和林，在蒙古大汗蒙哥（1251—1259 年在位）的宫廷中逗留了数月，并将他在这座令人惊叹的国际大都市和皇宫中的所见所闻写进了游记中。蒙古宫廷的奢华从卢布鲁克记载的大银树即可见一斑。这件壮观的艺术品矗立在觐见厅内，是大汗命令被俘的巴黎金匠纪尧姆·布歇（Guillaume Boucher）专门为庆典招待宴会上供应酒水而制作的一个"酒泉"。银树的顶端有一个吹号角的天使，树干上盘着四根管子，每条管子上都有一条镀金的银蛇，酒从管中涌出，注入下面的大银盆中，由司膳官们盛出，一一奉给宾客。这四种酒分别是葡萄酒、马奶酒（kumys/airag）、蜂蜜酒和"米啤酒"（可能是黄酒/米酒）。卢布鲁克对这个神奇"酒泉"的描述启发后世的人们创作了不少相关的传奇故事和艺术作品。[1] 不过，他同时也用批判的眼光审视着蒙古宫廷中男男女女开怀畅饮的庆祝场面：

他们轮番饮酒，无论男女都是这样，有时还以一种十分令人厌恶和贪得无厌的方式争相饮酒，比赛酒量。[2]

酒精饮料品种的丰富一方面体现出蒙古统治者、宫廷及宾客拥抱多元文化的开放性，另一方面也表明葡萄酒的传播远至蒙古草原，可能是经由北方贸易路线从北京周边、山西、甘肃、宁夏、哈密和吐鲁番等西部地区运来的，并深受蒙古统治者的喜爱。马奶及其发

---

[1] Chang（1977 年）第 207 页、Hüttel（2005 年）第 136 页、Franken（2005 年）第 152 页等、Rossabi（2014 年）第 218 页。这个能喷出四种饮料的"酒泉"让人联想起《古兰经》第 47 章第 15 节中对乐园的描绘："其中有水河，水质不腐；有乳河，乳味不变；有酒河，饮者称快；有蜜河，蜜质纯洁。"

[2] Rossabi（2014 年）第 211 页。

酵饮料马奶酒毫无疑问仍是游牧民族中最常见的传统饮料。[1]蜂蜜酒主要流行于从北欧到草原地带的欧亚大陆北部地区，在古代的埃及、希腊和小亚细亚各地也是很受人们喜爱的饮料，常常与香料、草药或者葡萄酒混合饮用，用于祭神和医疗。蜂蜜酒与其原料蜂蜜一样是史前时代就存在的人类最古老的享受品之一，也是苏格兰、丹麦、埃及、迈锡尼、弗里吉亚、美索不达米亚和中国贾湖与两城镇的新石器时代"鸡尾酒"的典型成分。[2]"米啤酒"则可能是来自中国南方的精制黄酒，那里最迟在宋代就拥有了知名酿酒工坊。供应蒙古宫廷的黄酒装在瓷坛中，水陆舟车千里迢迢运送到蒙古草原上的哈拉和林，部分路段取道大运河。值得注意的是，在这些关于蒙古大汗宴请宾客的见闻录里，所有对饮食的描述中都找不到关于蒸馏酒的信息，而这类饮料在当时已经流行起来，如用马奶或牦牛奶制作的奶烧酒（arkhi）、以米酒或其他曲法发酵粮食酒为原酒蒸馏制成的白酒以及用葡萄酒加工而成的白兰地。可能这些蒸馏酒不合乎宫廷礼仪。

表面看来，蒙古统治者对饮酒的热爱似乎与他们崇尚的带有禁欲和寺庙苦修倾向的藏传佛教相矛盾。毕竟，忽必烈甚至特地将一位

---

[1]　卢布鲁克在其 1255 年写下的游记中也提到了马奶酒的酿造："马奶酒是蒙古人和亚洲其他游牧民族的家常饮品。其制作方法如下：取一个大号马皮袋和一根中空的长棍。将皮袋清洗干净后装入马奶，再加入少量酸化奶（作为接种物）。一旦马奶开始起泡就用长棍敲打，一直打到不再发酵为止。每位来客进入帐篷时都要敲打几下袋子。大约三四天后马奶酒就可以饮用了。"见 Huang（2000 年）第 249 页、Bayarsaikhan（2017 年）第 167—168 页。

[2]　关于蜂蜜和蜂蜜酒作为欧亚大陆"新石器时代酒"（neolithic grogs）的共同特征，见McGovern（2009 年）第 13、37、55、134、138、144、182、187 页以及本书第一章和第二章中的阐述。14 世纪时，蜂蜜酒是伏尔加河下游金帐汗国宫廷的名贵饮品，那里自古以来就盛产蜂蜜。见 Allsen（2018 年）第 22—23 页。

西藏宗教领袖召进宫中，委托他监督整个蒙古帝国的佛教僧侣，并在哈拉和林、上都和大都这三个都城兴修大型佛寺。[①] 然而，藏蒙佛教与草原上的腾格里崇拜—萨满教传统相互融合，而在后者中作为祭品的酒和酒祭仪式是不可或缺的。13—14 世纪在东欧、高加索、西伯利亚、哈萨克斯坦和中国北方发现的大量纹饰华丽的金银酒器、高柄杯、无耳杯、勺子和耳碗也表明了这一点。这些酒器表现出斯基泰、波斯、中国和草原游牧装饰风格的奇特组合。[②]

意大利人马可·波罗将他在东方的奇妙见闻写成了一本伟大的游记，因此闻名于世并成为丝绸之路神话复兴的象征。他出身商人家庭，1271 年跟随父亲和叔父从威尼斯出发，踏上了前往中国的漫漫长路。1275 年他们到达上都，得到忽必烈的接见，并被任命为朝廷官员。在元朝供职 17 年后，马可·波罗离开中国，经海路返回，终于在 1295 年回到家乡威尼斯。

马可·波罗在从中亚向东穿过今新疆和内蒙古的旅程中目睹了葡萄种植和葡萄酒酿造：在喀什一带，他还看到了一个景教社区和一座教堂；途经塔里木盆地南缘的斡端（今和田）时，他见到了当地的穆斯林和郁郁葱葱的葡萄园；而在党项人统治的西夏的重要贸易中心和枢纽黑城（今内蒙古境内，位于河西走廊和戈壁滩之间），马可·波罗看到了"异教徒"（即佛教徒）、景教教徒和穆斯林，他还在

---

① 忽必烈统治时期，西藏宗教领袖八思巴被尊为国师，统领天下所有的佛教宗派。不过，蒙古人自由的宗教政策也给予萨满巫师和道教、基督教及伊斯兰教的神职人员一些特权，如免除赋税等。关于蒙古佛教的教义和历史见 Sagaster（2005 年 a、2005 年 b）。藏族学者任新建（1993 年）详细论述过，虽然饮酒属于佛教"五戒"之一，但在喇嘛教各派中，饮酒行为绝不会受到谴责，反而是社会生活的一部分。

② 见 Kramarovski（2005 年）第 228 页等中的展品插图，其中大部分展品藏于圣彼得堡的艾米尔塔什博物馆。

游记中提到当地一种"出色的葡萄酒"。① 此外,马可·波罗还非常好奇地注意到,享有特权的蒙古人以马奶为食,他们将马奶加工成一种"看起来像白葡萄酒的非常可口"的饮料,称其为"chemis",也就是kumys(马奶酒)。他还观察到蒙古大汗的一种祭祀仪式,即每年八月"将白色母马的乳汁洒向空中和田野",作为献给守护神的祭品。②

马可·波罗详细描述了大汗忽必烈在大都宫廷中举行的祭祀仪式和庆典宴会。各国的大型外国使团带着珍贵的贡品川流不息地来到大都,得到隆重的款待。与卢布鲁克对哈拉和林宫廷的描述类似,马可·波罗游记中也记载了按照宫廷礼仪严格规范的座次安排和铺张奢华的宴会场面:③

宴会厅中央有一个巨大的金坛,里面盛的葡萄酒足有一整桶那么多。两边各有一只小坛子。有人把葡萄酒或其他饮料从大坛子里舀出盛入小坛子里。盛酒的金碗大到可以装下够八到十个人喝的酒,里面盛满葡萄酒或别的珍贵饮料。这种碗放在两位客人间。每位客人都有一个带柄的杯子,用它从碗里舀酒。女宾那边也有同样的碗和杯子。要知道,酒具和其他餐具都非常贵重。没有见过的人根本无法想象大汗拥有多少金银餐具。……大汗饮酒时,会有无数乐器齐声奏乐。他一举杯,王公大臣和所有宾客都恭恭敬敬地跪下,然后大汗才饮酒。大汗每次举杯,这个仪式就会重复一遍。

---

① Polo(2003年)第 71、73、81 页。景教信徒尤其热爱葡萄酒,景教可能在蒙古帝国实现了最大规模的扩张。

② Polo(2003年)第 94、106—107 页。在召开忽里勒台大会、发动军事行动之前以及宫廷每年八月二十八从上都(夏都)迁往大都(冬都)时,蒙古大汗都要举行这一仪式,并献上额外的祭品,以祈求国运昌隆。见 Rossabi(2014年)第 219 页。

③ Polo(2003年)第 125—126 页。

琥珀光与骊珠:中国葡萄酒史

葡萄酒是朝廷招待会和宫廷宴会上的主要用酒，很受主宾的青睐。马奶酒仍然是蒙古人和其他草原民族的传统饮品，更多见于个人饮用和祭祀仪式。马可·波罗的游记中也提到了中国北部居民^①的饮酒习惯：

> 你们听听绝大部分的中国人都喝什么酒：他们用大米做成酒，加入精选的香料，经过特殊加工，比任何葡萄酒都美味。这种酒非常清澈，而且是温热以后喝的，所以比一般的葡萄酒更醉人。^②

这段描述符合米酒的概念，它是以先进的酿造技术添加香料精制而成，类似于日本的清酒，酒精含量在15%—20%之间。值得注意的是，连意大利人都对它如此盛赞。不过，根据史料记载，蒙古大汗的宫廷宴会上几乎从来没有出现过米酒等曲法发酵酿造的酒。

马可·波罗受到忽必烈的派遣，从北京出发一路向西，对途中所见的葡萄种植在游记中做了生动的描述。^③他离开北京十里之后走过一座"壮丽的石桥"，即卢沟桥，这座桥后来在西方被称为"马可·波罗桥"。过桥后"穿过田野和葡萄园继续向西"，然后在"Giongiu"城（即今河北涿州）停留。从涿州继续向西经过十天的骑行，他到达了"太原府王国"，也就是今天的山西太原。在那里，郁郁葱葱的葡萄园和大规模的葡萄酒生产给他留下了深刻的印象。直到今天在这个地区仍然可以看到马可·波罗描述的荣景：

---

① 马可·波罗将蒙古人称为"鞑靼人"，将一向居住在中国北部的居民称为"契丹人"。

② Polo（2003年）第148页。

③ Polo（2003年）第153页等；Laufer（1919年）第236页等；应一民（1999年）第95、152页；李华（2004年）第三辑。关于山西葡萄种植的传统和传说见本书第三、第八和第九章。

那里有好多葡萄园，制造很多的酒，这里是契丹省唯一产酒的地方，酒是从这地方贩运到全省各地。

如今，在太原南部各大葡萄酒庄的展示厅里都可以看到马可·波罗的这句话，通常配有一幅富有想象力的画作，以彰显当地在中国独一无二的千年葡萄种植传统。

历史学家一致认为，在元朝短暂的历史中，整个蒙古帝国，尤其是中国境内的葡萄酒经济和贸易在葡萄种植面积、种植区分布、葡萄酒产量、品种多样性、质量和消费方面达到了创纪录的水平。[①] 为了满足宫廷和精英阶层对葡萄酒的需求，人们不仅在西部（新疆）、传统的华北地区和黄河中上游地区（甘肃、宁夏、青海、陕西、山西、河北和河南），甚至在南方（安徽、江苏和长江以南）也开辟了很多大型官营葡萄园。元末明初学者叶子奇（1327—1390）在包罗万象的笔记散文集《草木子》中提到，太原及周边地区甚至南京（今雨花台风景区一带）、[②] 扬州都有官营葡萄园，人们直接在园中大量榨取葡萄汁酿造葡萄酒。显然，由于经常出现造假现象，为了确保产品的高标准，元朝人采用一种奇特的质量检测方法：将葡萄酒样品倒入太行山上的溪水中，真酒会溶解在水流中，而假酒则在水中凝结成冰。[③]

[①] 关于元代葡萄酒的历史，见应一民（1999 年）第 91 页等、李华（2004 年）、郭会生（2010 年）第 21 页等、刘迎胜（2010 年）、郭会生 / 王计平（2015 年）第 123 页等。郭会生 / 王计平的著作重点介绍了在蒙古统治者的推动下繁荣发展的山西葡萄酒文化。美国蒙古史专家罗茂锐（Morris Rossabi）在其 2014 年撰写的论文中探讨了关于酒精对个别蒙古统治者的影响以及酒精导致元朝衰落的争论，但他并未专门涉及葡萄酒。这篇论文中也给出了有关该主题的一系列文献。

[②] 中亚血统的元代诗人及官员马祖常在《登雨花台》一诗中描述了生长在那里的葡萄树。

[③] 应一民（1999 年）第 148 页；刘迎胜（2010 年）第 120、124 页；Laufer（1919 年）第 237 页。

根据史料记载，大多数蒙古统治者和贵族在富丽堂皇的宫邸或同样十分巨大的宫帐里沉溺于各种声色犬马之乐，当然也少不了盛大的招待宴会上纵情豪饮以葡萄酒为主的酒精饮料。这种宴会有音乐、舞蹈、戏剧和杂技表演助兴，往往持续数日。成吉思汗及其军事统帅在创业之初保持着自律和节制的生活方式，并因此取得了节节胜利，他们只是偶尔在庆功酒宴上开怀畅饮。然而，成吉思汗的儿子和继承人窝阔台却在哈拉和林的宫殿里过着放荡不羁的生活，不听大臣的苦心劝诫，纵酒无度，因而过早离开人世。据说他在去世前不久承认：

　　我任由自己被葡萄酒打败。

　　窝阔台在 1241 年 12 月 11 日突然驾崩，而在此前一天，他彻夜畅饮维吾尔使者 Abd al-Rahman 送来的葡萄美酒，这番豪饮已经预示了他的死亡。[①] 此后，皇位继承之争导致了几个分裂王国并立的局面，当时尚如日中天的蒙古帝国开始走向解体。可见，统治者的酗酒再一次引发了戏剧性的历史转折，这在元朝之前和之后都屡见不鲜。窝阔台的儿子贵由（1246—1248 年在位）登上汗位之后，所作所为与他父亲如出一辙，同样纵酒无度。根据拉施特和柏郎嘉宾的记载，大汗贵由从早到晚不停地喝酒，这可能是他在位时间只有短短两年并英年早逝（42 岁）的原因。柏郎嘉宾如此描述蒙古宫廷的饮酒习惯：

---

① 窝阔台的话出自《蒙古秘史》，参考维基百科词条 "Ögedei_Khan"。关于窝阔台如何死于酗酒另见刘迎胜（2010 年）第 105 页以及 Rossabi（2014 年）第 214 页等。Rossabi 指出，窝阔台由于荒淫无度损害了健康，没有能力处理军政事务，军事战略决策和行动指挥权从而落入了巴秃和速不台等将领手中，另见 Allsen（2007 年）。

在他们看来，醉酒是一件光荣的事情。如果有人喝多了，当场或事后生病，也不会妨碍他再次喝酒。[①]

如前所述，第四任蒙古大汗蒙哥也热衷隆重的庆祝和接待活动。他在登基大典时（1251）就举行了长达一周的庆祝活动，人们开怀畅饮海量美酒。据说他的手下在其他庆典上也大肆狂欢。然而，与他之前的几任大汗不同，蒙哥励精图治，并亲自率领大军征伐南宋，所向披靡。卢布鲁克在觐见蒙哥时发现他已有几分醉意，不过卢布鲁克对此表示理解，因为饮酒是蒙古人的传统，也是好客的表现。有许多证据表明，蒙古统治者将饮酒作为一种策略手段，旨在使自己处于一种"情绪高涨的状态"，以便从外国宾客或者对手那里获得信任甚至某些让步。[②]

元世祖忽必烈在新年和其他节日庆典上继续与皇室宗亲一起举行泼酒和饮用马奶酒的传统仪式，为此他甚至在自己的牧场上饲养了特种母马，专门酿造一种"黑马奶酒"。[③] 然而，他本人却是一位热情的葡萄酒爱好者和葡萄酒业的推动者。1291 年，天下四方向元朝进献贡品的大型外交使团络绎不绝地来到大都，为了接待这些使者，忽必烈甚至下令在皇宫中建造了一些专门的储藏室用于存放珍贵的葡萄酒，以备特殊场合之需。有时存放的时间长达数年。在这些重大场合，"蒲萄法酒拆封泥，御前赐酺千官醉"。[④] 不应忘记的是，马奶酒只能保存数天，而且只在夏季和初秋时节才有。相反，葡萄酒适合长

---

① Rossabi（2014 年）第 211、216—217 页。

② Rossabi（2014 年）第 217—218 页。

③ 关于忽必烈的饮酒行为见 Rossabi（2014 年）第 219—220 页。

④ 应一民（1999 年）第 91、97 页；李华（2004 年）第三辑；李争平（2007 年）第 24 页；刘迎胜（2010 年）第 106—107 页。此处引用的诗句出自元代诗人与学者柳贯（1270—1342）。

琥珀光与骊珠：中国葡萄酒史

期贮存，并且在窖藏的过程中口味会变得越来越醇厚，这都是马奶酒所无法企及的。[①] 此外，新发酵的马奶酒中酒精含量只有 1% 到 2%，对人体的"刺激"和"精神作用"非常有限。

为了扩大山西葡萄种植业，促进葡萄酒、白兰地和葡萄干的生产，蒙古统治者从西域引进了葡萄新苗和酿酒技术，并命令专属于皇室的太原（清徐）和平阳（今山西西南部的临汾市）葡萄户为宫廷供应葡萄酒。[②]

1265 年，忽必烈令皇家玉工制作了有史以来体量最大的玉器：渎山大玉海。这是一个容量约为 2 300 升的巨型贮酒器，由一整块带有独特白色和彩色纹理的深绿色玉石凿刻而成，重约 3.5 吨，所用的玉料为中国四大名玉之一的河南独山玉，当时为了制作这件玉器，专门从遥远的河南运到大都，[③] 加工完成后安置于北海的琼华岛广寒殿中。这个岛本是开掘大运河时人工堆土形成的一座小山，即"渎山"。忽必烈迁都北京后，下令以琼华岛为中心营建皇宫和都城，今天的著名景点北海公园白塔即坐落于此岛上。"玉海"指这件玉器上雕刻的图案，玉工顺应它的自然纹理雕刻出精美的图案，玉海周身可见在波涛汹涌中游弋出没的龙、鹿、猪、马、犀牛、海螺、鱼、海豚和海龟等动物或神兽形象。大玉海呈椭圆形，高 70 厘米，周长近 5 米，有时也被称为"玉瓮""玉钵"或"酒海"。这件艺术品不仅是蒙古强大

---

① Rossabi（2014 年）第 212 页。

② 郭会生 / 王计平（2015 年）第 124 页。据说山西的葡萄酒产品远销印度。

③ 这种玉石具有特殊的美感和多种色彩，产自河南南阳市附近的独山，所以被称为"独山玉"或"南阳玉"。自新石器时代以来独山玉就用于制作玉雕，代代尤其多见，玉工根据色泽与纹路将玉石加工成颇具创意的形象。根据分析鉴定，在河南北部的商代晚期都城殷墟发现的一部分玉器是用独山玉制作的，而另一部分则是产于新疆的和田玉。和田玉和独山玉都是中国的传统名玉。关于忽必烈的渎山大玉海见应一民（1999 年）第 91 页（及后面所附的插图）、李华（2004 年）第三辑。

图 10.1 忽必烈的渎山大玉海，元朝，1265 年（北海公园，北京）

力量的一大象征，也代表了其独特的宫廷饮酒文化，即以葡萄酒为中心的待客之道。1318—1330 年，方济各会传教士鄂多立克（Odorico da Pordenone）穿越亚洲来到中国，在大都的宫廷中受到接待。他在游记中详细描述了大玉海：在皇宫的中央有一个高度超过 60 公分的巨大石瓮，由一块珍贵的玉石雕刻而成，周身刻有精美的纹饰。瓮边镶有黄金和珍珠，每个角上都刻有作凶猛搏击状的蟠龙。听说这块玉石非常贵重，其价值相当于四座大城。宫廷侍从端来葡萄酒，倒入玉瓮中。每个客人都可以用放在瓮边的金杯随心所欲地享用这葡萄美酒。鄂多立克的游记中还提到一件奇事：宫廷魔术师用魔法让盛满美酒的金杯在空中飞舞，落在口渴的客人面前。我们完全可以推测，如果目击者之前没有喝下大量葡萄酒，是不可能看到这一奇特现象的。

元朝灭亡后，渎山大玉海流落到北京的一个道观中，后来的几百年间一直被那里的道士们用于腌渍咸菜。1745 年，乾隆皇帝花费千金将其买下，并在北海修建玉瓮亭，又专门为大玉海制作了一个底座，四年后它终于又回到了北海。玉海的内壁镌刻着乾隆皇帝亲笔题写的《玉瓮歌》。今天，渎山大玉海安放在北海公园团城承光殿前的一个亭子里，游客可以隔着玻璃罩欣赏这件镇国玉器。

自忽必烈以来的历代蒙古统治者都选用葡萄酒作为节庆宴会和招待会上的首选酒品，不仅如此，葡萄酒还被用于馈赠外交使者、赏赐功臣和举办年节祭祀典礼及寺庙中的崇拜仪式。定都大都后，忽必烈与群臣商议，将葡萄酒也列为祭祀神灵和祖先的供品，与马奶酒享有同等地位。葡萄酒不仅贵重，还有药用效果，因此皇帝赏赐的葡萄酒被视为一种特殊的礼遇和对功臣贵胄的关怀。例如，据说忽必烈在1274年曾两次派人给他的将领送去葡萄酒，一次是为了保护他们在攻打南宋的战斗中不会感染疫病，另一次是为了奖励他们取得一次大捷。南宋小朝廷最终战败，小皇帝恭帝、太后和其他一些宗室成员被带到大都，在那里度过了12年奢华的囚禁生活，并得到了大汗的丰厚馈赠和充足供应。除了"每月支粮万石钧，日支羊肉六千斤"，再加上天鹅肉和鹿肉外还有御膳房提供的"香气浓郁、色泽朱红的葡萄美酒"，这些都是基本的饮食供应。①

在夺取了南宋的庞大舰队后，元朝也成为一个海上强国。他们在13世纪末精心策划了针对日本、爪哇、苏门答腊、马六甲和印度东海岸的军事远征，然而却远不如在陆地上那样所向披靡。不过，早在15世纪初郑和以及后来的欧洲探险家率领壮观的船队进行远航之前，元朝的大型商船队就已凭借宋朝时积累的航海知识纵横往来于各大洋。1292年，忽必烈派遣马可·波罗和他的父亲、叔父护送蒙古公主阔阔真到伊尔汗国成婚，他们带领数百人乘坐14艘大帆船从当时世界上最大的港口⋯⋯泉州出发，一直航行到波斯湾与印度洋之间的霍尔木兹海峡。此后马可·波罗继续他们的返乡之旅，最终回到了威尼斯。元朝时的地图绘制不仅在陆地制图也在航海图方面取得了长足进步。值得注意的是一些关于东亚（可能是中国）商船的记载，据说它们在这一时期远达法国、英国和爱尔兰海岸，并可能在波尔多购买了葡萄酒。罗马人早在1世纪就在高卢兴建了港口城市布尔迪加拉（Burdigala），并开辟葡萄园酿造葡萄酒以供应他们在英格兰的军团（其中包括一部分波斯雇佣兵），后来发展为今天的著名葡萄酒产区波尔多。罗马帝

---

① 应一民（1990年）第140页；刘迎胜（2010年）第106、123页等。

国灭亡后，波尔多葡萄酒被遗忘了几个世纪，直到英国国王亨利二世与阿基坦的埃莉诺联姻，该地区在 12—14 世纪归属英国后才重新获得了重要葡萄酒产区的地位。此外，在 14 世纪初，教皇的圣座从罗马暂时迁移到法国的阿维尼翁，促进了当地优质葡萄酒的生产，罗纳河谷（Côtes du Rhône）葡萄酒产区因此闻名于世。阿维尼翁教皇与元朝保持联系并互派使节，因此法国葡萄酒的名声可能由此传到了元朝，教皇的使节甚至已经将法国美酒带到了哈拉和林和大都。①

1274 年 11 月，十万多元朝大军出征日本之前，忽必烈在大都为蒙古、朝鲜和中原军官举办壮行酒宴，席间珍馐美酒应有尽有，将士们用"晶莹剔透的玻璃杯"饮用红葡萄酒。② 这场海上远征以失败告终，从史料中无法断定这次的失败是否应完全归因于日本武士的英勇抵抗以及摧毁大部分元朝战舰的猛烈台风，也许酒精又一次在历史进程中扮演了某种改变命运的角色？

按照中文史料的记载，忽必烈在他在位的前二十年中是一位睿智有为的君主，他能够巧妙协调蒙古旧制与汉制，开创出一个政通人和的治世。但他在位的最后十几年里却似乎沉湎酒色无法自拔。各种原因使他陷入抑郁：1281 年，他众多后妃中最受宠爱的皇后察必去世；1286 年，察必所生的皇太子真金因卷入禅让风波忧惧成疾而亡；

---

① Huppertz（2005 年）论述了几个有关蒙古航海的值得探讨的假说：早在有充分历史记录的明代舰队之前，元朝的船只就已经到达了西欧港口，甚至横跨太平洋到达了美洲。关于波尔多和罗纳葡萄酒的历史见 Estreicher（2006 年）第 34、43、51、53 页等。维京人和诺曼人在葡萄酒沿着陆地与海洋远程贸易路线的传播中也发挥了重要作用。作为一个新兴的世界海上霸权，英国从 1500 年起主导了葡萄酒贸易，装在木桶中的甜味强化雪利酒和波特酒更容易运输，很受人们的青睐。1587 年，弗朗西斯·德雷克（Francis Drake）爵士和他的舰队进入西班牙的加的斯港，击败了西班牙舰队，并带着 2 900 桶雪利酒返回英国。见 Estreicher（2006 年）第 45、66 页。

② 刘迎胜（2010 年）第 106、123 页。

　　　　　　　　　　　　　　　　琥珀光与骊珠：中国葡萄酒史

元朝对日本、安南和爪哇的军事征伐也遭到失败。据说忽必烈在生命的最后几年里纵酒无度，之后的元朝皇帝也步其后尘，几乎全是酗酒成瘾的酒徒，在位时间都很短。除了最后一位皇帝元顺帝妥懽帖睦尔活到 50 岁以外，其他几位皇帝的寿命都在 28 岁到 42 岁之间。关于元顺帝，人们对他的了解仅限于他热衷藏传佛教密宗的男女双修，不过他可能并不嗜酒。在蒙古部落的世仇和继承纠纷以及蒙古和汉人官员之间的冲突中，通过下毒消灭仇敌的做法比比皆是。因此，酒精在元朝衰落过程中是否起到决定性作用这个问题没有确切答案。毕竟，其他因素也发挥了重要作用。[①]

蒙古帝国和元朝时期大量种植葡萄，除了葡萄栽培的地理分布、产量和欧亚葡萄酒远程贸易的规模，农业技术和葡萄栽培及葡萄酒酿造工艺都达到了历史上前所未有的高度，相关的质量监控、葡萄品种和葡萄酒多样性的水平也是空前的。随着葡萄酒越来越受到人们的喜爱以及元朝宫廷和蒙古-契丹-波斯-突厥官员阶层对优质葡萄酒的需求不断增长，来自遥远产区的珍贵葡萄酒和葡萄苗也成为元朝快马驿站运输的贸易货物。甚至 1311 年的一份报告显示，吐鲁番等西域地区将当地的葡萄酒作为朝廷指定的贡品，以骆驼运往京城。[②] 关于葡萄酒的知识传播开来，人们逐渐懂得如何对不同的葡萄酒进行比较，也学习如何品鉴来自异域的优质葡萄酒。回鹘人向蒙古大汗进贡的重要贡品中就有来自西域的珍贵葡萄酒。吐鲁番的葡萄酒位列一等，其次是中亚地区的葡萄酒，包括自前 2 世纪以来因张骞通西域而闻名的费尔干纳葡萄酒。第三等是甘肃的葡萄酒，山西的葡萄酒为最末等。[③]

[①] 见 Rossabi（2014 年）第 220 页等，其中引用的 John Masson Smith（2000 年）的著作认为，不仅元朝统治者，伊斯兰化的伊尔汗国的精英阶层也死于饕餮狂欢和纵酒无度。

[②] 刘迎胜（2010 年）第 122 页。

[③] 应一民（1999 年）第 119 页；刘迎胜（2010 年）第 122、124 页。

很显然，大汗宫廷的酒窖中储存了大量优质葡萄酒，其中的上品往往存放数年之久。

从各种史料和文学作品中的描述可以看出，葡萄酒的种类繁多，从浓烈的深红色到紫红色和浅粉色，再到白色、绿色、黄色、赭色和琥珀色，不一而足。甚至还有一种"埋在雪地里的冰冻而黏稠的瓶装葡萄酒"——也许这是当时的人们所发明的一种冰酒，无论如何，这至少表明他们懂得通过冰镇使葡萄酒口感更佳，总之这种酒的风味超过任何一种马奶酒。[①] 有时，人们等待葡萄新酒成熟的心情是那样迫切，以至于刚刚发酵好不等过滤就立刻斟满一杯一饮而尽。这种葡萄新酒被称为"葡萄醅"，类似于德国的羽毛白。

元代诗人大量使用比喻的修辞手法来形容不同的葡萄酒风味、葡萄和葡萄树品种，也常常借用典故和传说故事。红葡萄和红葡萄酒经常被称为"骊珠"，因为在诗人的想象中，攀缘的葡萄须仿佛"骊龙"，而葡萄果实就是"遗珠"。也有诗人把葡萄比作"骊珠夜光泣"。"骊"的本意是黑马，让人联想起从公元前一千年以来中原统治者不断从西域引进的宝马。道家经典《庄子》（前3世纪）讲述了一个和骊龙有关的寓言故事：凶猛的骊龙在黄河河底沉睡，一个贫穷的编席匠的儿子潜入河底，拿走了藏在骊龙胡须下的千金之珠，这种胆大妄为的行为很可能使他丧命。时至今日，中文里仍有一些俗语以骊龙颔下的"悬珠"来形容只有靠着过人的胆识才能得到的宝物。[②] 因此，特别精致的葡萄也被称为"颔下明珠"。[③] 以"骊珠"来形容主要产自

---

① 山西人郝经（1223—1275）是元朝初年的哲人和学者，他在长诗《葡萄》中写道，他受忽必烈派遣出使南宋议和，在那里被拘禁，身陷图圄16年，直到南宋灭亡。在此期间，他尝试在中国南方种植来自西域的葡萄树并酿造葡萄酒，但未获成功。见刘迎胜（2010年）第116页。

② 例如成语"探骊得珠"，引申为写文章能扣紧主题，有时也有直击重点的意思。

③ 见《庄子·列御寇》。

西域的黑葡萄和深色红葡萄酒不仅体现出它们的名贵，也反映了在当地艰苦的条件下种植葡萄和酿造葡萄酒之不易。1998年在青岛创立的骊龙葡萄酿酒有限公司以"骊龙"为名，大概也是出于对当年西域美酒优异品质的追求。①

深浅不一的葡萄酒色泽表现在酒的名称中，如"黑玉香""葡萄紫""葡萄绿""青霞浆"等。白葡萄酒在诗人的想象中仿佛"清香浮玉液"或"金盘露滑碎白玉"。略呈红色的葡萄酒被称为"玛瑙浆"，其浓缩型即"琥珀心"或"琥珀浓"。供葡萄攀缘的棚架被形容为"万株联络水晶棚"，而"蔓引龙须百尺长"则生动地勾勒出一排排虬曲盘结的老藤上枝叶繁茂的画面。②

值得注意的是，第八章中描述的葡萄品种马乳／马奶经常出现在元代的文学作品中，因其外形秀丽也成为常见的绘画题材。这种葡萄是从西域，特别是吐鲁番传入中原地区的，如今仍是深受人们喜爱的鲜食和酿酒葡萄。据推测，这种葡萄得名"马乳"／"马奶"是因为它的果实呈长条形，同时也与马的乳汁及马奶酒存在关联。使用马奶／马乳葡萄酿制的葡萄酒得到蒙古贵族的特别青睐，甚至被朝廷提升到与马奶酒同等地位，都用于祭祀礼仪。③

---

① www.9928.tv/company/qingdaolilong（该网页中的企业信息及产品已下架）。

② 应一民（1999年）第99、101、103、105页；刘迎胜（2010年）第109—110、111—112、116—117、119页等。

③ 马奶或马奶酒（kumys/airag）在当时也被称为马湩。用于蒙古人祭祀仪式的马奶或马奶酒品质最高，取自白色的母马，这也可以解释为什么白色在蒙古文化中象征着繁荣昌盛（见Allsen2018年第16—17页）。中国著名学者和作家郭沫若（1892—1978）的一部戏剧中描写了大汗忽必烈在六十大寿的七天庆典活动中命人供应两千多车马奶酒的情景。见《汉语大字典》第3卷（1988年）第1680页。马湩既可指马奶，也可指马奶酒。今天为了区分二者，已发酵的马奶称为马奶酒。此外，历史文献中也有"马酪"的说法。见Allsen（2018年）第15页。

除了金杯和银杯外，玻璃杯也是饮用葡萄美酒的首选器皿。宋理宗（1224—1264 年在位）分别于 1232 年和 1235—1236 年派遣徐霆（生卒年不详）和彭大雅（？—1245）作为使节前往蒙古宫廷，他们将在那里的所见所闻写进《黑鞑事略》一文中。文中提到，伊斯兰国家向蒙古大汗窝阔台（1229—1241 年在位）进贡玻璃瓶装的红葡萄酒：

> 又两次金帐中送葡萄酒，盛以玻璃瓶，一瓶可得十余小盏，其色如南方柿汁，味甚甜，闻多饮亦醉，但无缘得多耳，回回国贡来。[①]

从徐彭二人的细致观察中我们可以分析得知，一方面，在南宋，由于先进的曲法发酵的普及，通过自然发酵酿造葡萄酒的方法已经基本上失传，人们也不再饮用葡萄酒，尤其是来自中亚的名贵葡萄酒；另一方面，玻璃酒器能够充分展现酒的色泽，被视为异域风情和奢华之物。然而，来自西域的葡萄酒是否直接使用玻璃瓶运输尚不清楚。可想而知，玻璃瓶比陶瓶更便于运输，此外更重要的是，葡萄酒在玻璃瓶中的保质期更长，且玻璃不会影响葡萄酒的风味，因此，牵着骆驼长途跋涉的商人们更喜欢用玻璃瓶运输葡萄酒。埃及人、腓尼基人和罗马人已经懂得如何将生玻璃加工成不太透明的酒瓶，尽管这些酒瓶更多是出于审美的需求，而不是为了方便运输。与此同时，制作高档透明彩色玻璃器皿的工艺技术通过拜占庭贸易再次传到了欧洲——有可能是借助于蒙古人推动的丝绸之路商贸联系。15 世纪，威尼斯附近的穆拉诺岛上汇聚了一大批玻璃制作工坊。但欧洲人直到 17 世

[①] 见彭大雅《黑鞑事略》，引自中国哲学书电子化计划和国学大师网站。另见 Laufer（1919 年）第 234 页、刘迎胜（2010 年）第 121 页。

纪初才开始制造和使用玻璃葡萄酒瓶，到 19 世纪初时实现了工业化生产。[①] 中国的玻璃瓶生产起步很晚，在 19 世纪末才伴随着葡萄酒和啤酒酿造业的发展成为一个重要产业，而当时的黄酒与白酒仍然像过去一样盛在精美的瓷瓶中。[②]

元朝时有一个特殊习俗从中亚传入了中国：多处史料记载，元人喜欢在饮用葡萄酒时搭配杏仁和蜜瓜作为下酒小吃。耶律楚材（1190—1244）曾在金朝为官，后来成为成吉思汗和窝阔台统治时期的重要谋臣及汉化改革的倡导者，参与了 1219 年和 1226 年的蒙古西征。他同时也是一位著名的美食家和诗人，曾在多首诗歌中描写中亚丝绸之路沿途撒马尔罕和布哈拉一带的葡萄园美景，赞扬当地农民自酿葡萄酒的绝佳风味。[③] 此外，他的诗中还经常出现在葡萄树下享用"琥珀蜜"或者在满树杏花下品尝杏仁的主题，他饮酒时还会佐以像马头那么大的蜜瓜。这里的杏仁指巴旦杏的果核，"巴旦"是一个借词，来自波斯语的 badam，中文起初叫作"把榄"或"杷榄"，巴旦杏是现代的说法，它的果实通常简称为杏仁。耶律楚材的描述显示出元朝人对遥远的西域地区葡萄酒文化的浓厚兴趣，在蒙古人征服中国的过程中那里的葡萄酒文化很快传到了中原地带，很可能也是军事力量推动的结果。[④]

---

① Estreicher（2006 年）第 21 页。

② 宋代已经拥有发达的制瓷业，尤以江西瓷都景德镇为盛。元代和明代时从近东进口钴料，从而发展出典型的景德镇釉下蓝彩纹，其中混合了波斯和中国的风格元素。

③ Allsen（2018 年）第 27 页指出，布哈拉自 14 世纪起就以当地出产的蒸馏酒（白兰地）闻名于世。

④ 应一民（1999 年）图示第 11、101、103、105 页；刘迎胜（2010 年）第 119—120 页。在欧亚大陆上，杏（Prunus armeniaca）和巴旦杏（Prunus dulcis）这两种梅属植物的栽培种植与葡萄酒之间似乎存在着一种奇特的、跨越千年的联系：首先，据说杏来自亚美尼亚，这一点也体现在它的拉丁文名称中，而亚美尼亚拥有（转下页）

本书第七章、第八章和第九章已经探讨过，有证据表明，12世纪时蒸馏酒的生产和消费在金朝得到了充分发展。蒸馏制酒技术在中国最初可能发端于道教炼丹术的实践经验，10世纪时，阿拉伯-波斯人完善了蒸馏技术，还发现了酒精在医疗卫生及麻醉方面的重要作用，这些都促进了中国蒸馏制酒技术的发展。同样在12世纪，十字军将和蒸馏有关的知识带回了欧洲。欧洲人使用高度酒作为抗菌剂、麻醉剂和储藏葡萄酒的稳定剂，白兰地等烈酒成为新的享受品。[1]无论如何，酒精作为"精华"（阿拉伯语：al-kuhúl）最早是从葡萄酒中蒸馏出来的，这也正是白兰地的制作工艺在蒙古帝国经中亚传播到中国的原因。促成这种传播的一个可能的重要因素是，与葡萄酒相比，蒸馏酒较不容易变质，因而也更适合远程贸易和长途运输。

　　从中亚和西亚传入的葡萄酒蒸馏技术与中国传统的道教神秘主义炼丹术蒸馏知识形成了奇特共生，在中国发展出了将曲法发酵的谷

　　（接上页）最古老的葡萄种植和葡萄酒酿造的考古证据。伊朗西北部同样从新石器时代起就开始酿造葡萄酒，今天那里的一座座大型葡萄园仍在见证这一悠久的传统（不过自"伊斯兰革命"以来，这里只出产鲜食葡萄和葡萄干），而且伊朗出产的杏仁一大部分也来自该地区。公元后的数个世纪中，罗马军队将葡萄树和巴旦杏树一起带到了中欧。如今，在法尔茨地区的"德国葡萄酒之路"沿途仍然能欣赏到春天杏花盛开的美丽景象。在奥地利著名的葡萄酒产区瓦豪地区出产一种美味的小杏子，叫作 Marille。葡萄与杏的"共存"现象也存在于意大利、西班牙和其他地中海国家。南蒂罗尔地区的奥古斯丁修道院院长奥古斯丁·纳格勒（Augustin Nagele）所著《埃施河谷的葡萄栽培》（1808年出版）是关于葡萄栽培和葡萄酒管理的最古老的学术著作之一，该书已经明确指出："普遍规律是，核桃、桃子和杏子（Marille）生长良好的地方也非常适合种植葡萄。"（德国葡萄酒历史学会重印出版，Schriften zur Weingeschichte Nr.187，Wiesbaden 2015年第36—37页）

[1] Estreicher（2006年）第46—47页。如本书第七章所述，波斯学者拉齐斯被公认为酒精蒸馏及蒸馏酒功效的发现者。他的家乡是伊朗北部丝绸之路上的雷伊，这个城市主要在唐朝时与中国有着长途商贸往来。然而，雷伊在1220年被蒙古人摧毁，此后，邻近的德黑兰地位逐渐上升。

　　　　　　　　　　琥珀光与骊珠：中国葡萄酒史

浆进行蒸馏制酒的工艺，因此从元代起，运用这种工艺制作的白酒逐渐占领了中国的酒类市场，直到 20 世纪仍然是中国最常见的酒精饮料。因此，中国最古老的白酒厂都位于葡萄和谷物种植交汇地区也就绝非巧合了。这方面最直观的例子是山西太原以南的杏花村：自唐代以来该地区就开始大规模种植葡萄和酿造葡萄酒，元代尤为兴盛，而中国历史最悠久、规模最大的白酒企业汾酒集团也坐落于此。有趣的是，在这里，自唐宋时"葡萄酒"或"酒"就与"杏花""杏仁"或"巴旦杏"联系在一起了。①

起源于阿拉伯语的 *araq*（字面意思为"汗水"，波斯语为 *aragh*）一词，元朝时在整个欧亚大陆成为指代葡萄酒蒸馏物的通用说法。相当长时间以后欧洲才出现了 *Branntwein*（德语，白兰地）、*brandy*（英语，白兰地）、*Cognac*（法语，干邑白兰地）等概念。Araq 酒起源于近东，今天在很多语言中也写成 *arak*，中文叫作亚力酒，是一种将葡萄酒蒸馏并添加茴芹籽制成的烈酒，至今仍流行于近东等地区的很多国家。元代的中文史料中将 *araq* 音译为阿剌吉、哈剌吉、哈利基或轧赖机。这种酒最初似乎作为一种主要由高昌红葡萄酒蒸馏而成的烈酒，流行于基本上已经伊斯兰化的回鹘人中，后来也在蒙古人当中以及在中原地区扎下了根，并在那里催生了独特的蒸馏酒产业，所用的原酒是以大米、小麦、大麦和高粱为原料经曲法发酵而成的粮食酒。②

---

① 见本书第八章和第九章。此处可回顾第九章中提到的苏轼（11 世纪）的七言诗《月夜与客饮酒杏花下》。此外，第八章中提到，唐代时人们在杏花村种植原产于波斯的巴旦杏，并在发酵饮料中添加巴旦杏仁。

② 按照刘迎胜（2010 年）第 119—120 页；维基百科词条"Arak_(Spirits)"、维基百科词条"亚力酒"、Trombert（2001 年）第 317 页等以及 Sandhaus（2014 年）第 15 页中的观点，最早的蒸馏饮料类似亚力酒或白兰地，唯独在中国发展成使用谷物为原料制成的白酒。关于亚力酒的详细信息、起源、相关概念以及蒸馏酒研究的概况见吴德铎（1993 年）以及 Anderson（2014 年）第 208 页。吴德铎引述了（转下页）

成书于明代的《本草纲目》（见本书第六章）有一个专门阐释"烧酒"的章节，将其解释为"火酒"或"阿剌吉酒"，也就是中文里的专业说法"蒸馏酒"。书中指出：

烧酒非古法也，自元时始创其法。[1]

作者还说：

用浓酒和糟入甑蒸，令气上，用器承取滴露，凡酸坏之酒，皆可蒸烧。……其清如水，味极浓烈，……[2]

（接上页）多种文献和关于蒸馏技术的年代及历史的有争议的看法。然而，他并不认为 araq 一词的阿拉伯语来源表明它最初很可能是完全使用葡萄酒制成的，即应被视作白兰地。值得商榷的是亚力酒（araq）是否与蒙古的马奶酒（airag/kumys）存在某种关联，自古以来人们就将马奶酒蒸馏以获得一种高度酒，今天仍是如此。吴德铎在论文中也没有将亚力酒（araq）与南亚和东南亚人使用棕榈汁或甘蔗混合米浆酿造的一种性质完全不同的烈酒 arrack（或 arrack）区分开来。这种酒可能指向印度古老的蒸馏传统，它是在当地称为"toddy"的棕榈酒的基础上独立发展起来的，即一种利用桄榔或椰树的甜味花柱自发发酵而制成的一种酒精饮料。见 en.wikipedia.org/wiki/Arrak。另见 Laufer（1919 年）第 235—236 页对亚力酒和蒸馏酒不同名称的阐释，其中的八个名称出现在西藏-蒙古英雄史诗《格萨尔王传》中。Allsen（2018 年）第 26 页将 araq 及其在各种欧亚语言中的变体描述为典型的"漫游词汇"。与之相类似，蜂蜜酒、茶和咖啡在欧亚语言中的说法也是互相之间差别不大的变体。

[1] 出自《本草纲目·烧酒》（第 25 卷），见维基文库"本草纲目 / 谷之四"。另见吴德铎（1993 年）第 109 页。这段引文的英语译文（含中文术语）见 Huang（2000 年）第 204 页，法语译文见 Trombert（2001 年）第 316 页。另见陈骒声（1993 年）第 3 页、维基百科词条"中国酒文化"。Arnold（1911 年）第 46 页和 Allsen（2018 年）第 23 页等也确信，蒸馏酒精饮料从元代起才开始普及。Park（2017 年）详细阐释了蒙古人在蒸馏技术以及相关新型饮酒文化传播到朝鲜和整个欧亚大陆过程中所发挥的核心作用。

[2] 出处同上。

使用这种方法获得的最终产物在《本草纲目》中叫作"酒露"，蒙古人称之为"火酒"。作者警告，过量饮用"火酒"有害身心健康。此外，《本草纲目》还援引了元朝营养学家及饮膳太医忽思慧（蒙古人或回鹘人）所著《饮膳正要》（1330 年成书）中关于烧酒的说法。该书也提到蒸馏法在元朝时才传入中国。

这可能进一步证明，蒙古人不仅大力推动了葡萄酒文化的发展，还利用盛行于西域的使用新鲜葡萄酿制的葡萄酒或葡萄干发酵产生的酒浆来生产白兰地的工艺，并由此推动了以粮食酒为原酒的蒸馏酒技术的广泛发展，这就是今天在中国为人们所熟知的蒸馏制酒技术。较新的考古发现也证明，将曲法发酵的酒精饮料加工成蒸馏酒的做法从元朝才开始流行起来。2002 年，江西南昌附近的古镇李渡发掘出了元朝烧酒作坊遗址，这是已知中国最古老的保存完整的蒸馏酒工坊，是在李渡酒厂的厂区翻修工程中偶然发现的，除元代烧酒作坊外还发掘出了明清时期的一些建筑物遗迹，这就使得这家存续至今的企业成为中国乃至世界上最古老的白酒制造商，拥有近 800 年的悠久历史。[1]

文学作品，尤其是下文引用的元朝诗人周权的《蒲萄酒》一诗，除了描述红葡萄酒的酿造和蒸馏外，还提到了一种至今仍在使用的提高白兰地质量的方法，即利用北方初春的霜冻将白兰地在零度以下的低温中冷冻一段时间。这样处理过的白兰地更加醇厚，香味浓郁醉人，胜过其他所有酒类。[2]

元朝时，葡萄种植与葡萄酒酿造、消费和蒸馏得到了历史上前

---

[1] 李渡烧酒作坊遗址是近年来中国最重大的考古发现之一，见 Sandhaus（2014 年）第 108 页等。考古发掘出的其他大型烧酒作坊遗址的年代要晚一些，如四川成都附近的水井坊遗址，其历史可追溯到明朝。

[2] 应一民（1999 年）第 115、117 页。

所未有的大发展，这与蒙古统治者广泛推行的兴农政策密切相关。朝廷特地成立了专门管理农业的中央官署"司农司"，负责推进各项旨在促进和协调农业生产的改革措施，同时还鼓励高级官员亲自参与其中。元朝初期出现了一批内容广博的系统性农学著作，体现出农业蓬勃发展的势头，其中的代表作品是《农桑辑要》（1273）和《农桑衣食撮要》（1314），二者被公认为中国现存最古老的官修农业著作，位列中国四大农学经典，探讨了关于四季天候、翻耕整地、水利灌溉、农田耕作、果蔬园艺、养蚕、林业、药材种植、家畜和家禽饲养、养蜂、谷物经营、食品加工和服装的所有主题，也详细介绍了葡萄栽培和葡萄育种，显示出这一领域在元朝农业中的重要地位。[①]

《农桑辑要》介绍了如何搭架种植葡萄以及在农历十月将葡萄藤埋入土中以防止霜冻的方法。如果秋季不埋土，冬天葡萄藤就会枯死。在土中安全越冬的葡萄藤需要在来年二月重新挖出并牵藤上架。埋土时应特别小心在意，避免折断又粗又长的老藤。[②]此外，书中还提到一种奇特的葡萄栽培方法，即在枣树旁边种植葡萄藤，将葡萄藤嫁接到枣树的根部，葡萄树依附枣树根生长，结出的葡萄带有枣子的风味。

《农桑衣食撮要》所涉及的主题与《农桑辑要》类似，作者是农业专家和改革家鲁明善，他是回鹘人，祖籍吐鲁番盆地中的高昌。他在安徽为官期间写成该书，书中介绍了葡萄苗的培育、栽种、施肥以及将葡萄藤绑扎上架的方法。特别提到可用肉汤浇灌葡萄根旁的土壤，三天后补浇清水。此外，干旱期需要在根旁松土并浇水。冬季时

---

① 应一民（1999年）第91、93、95、144、146页；Huang（2000年）第143页；李华（2004年）第三辑。

② 今天在河北怀涿盆地和其他一些北方地区仍然可以看到人们在冬季将往往长达数米的葡萄藤埋入土中越冬的传统做法。见本书第八章。

琥珀光与骊珠：中国葡萄酒史

应在葡萄藤上覆盖麦秸，以防霜冻。根据黄兴宗的说法，新疆维吾尔族人至今仍将鲁明善尊为民族英杰。[1]

　　元末学者熊梦祥撰写的《析津志》是一部关于大都的地理、城市建设、行政制度和日常生活的著作，原著已经散失，只有部分残篇传世。书中描述了葡萄酒酿造工艺的细节，着重介绍了借助葡萄皮表面酵母菌的自然发酵过程，强调完全不使用酒曲，和宋朝时的酿造方法截然不同：[2]

　　　葡萄酒，出火州穷边极陲之地。酝之时，取葡萄带青者。其酝也，在三五间砖石礅砌干净地上，作礅瓷缺嵌入地中，欲其低凹以聚，其瓮可容数石者。然后取青葡萄，不以数计，堆积如山，铺开，用人以足揉践之使平，却以大木压之，覆以羊皮并毡毯之类，欲其重厚，别无曲药。压后出闭其门，十日半月后窥见原压低下，此其验也。方入室，众力掀下毡木，搬开而观，则酒已盈瓮矣。乃取清者入别瓮贮之，此谓头酒。复以足躐平葡萄滓，仍如其法盖，复闭户而去。又数日，如前法取酒。窖之如此者有三次，故有头酒、二酒、三酒之类。直似其消尽，却以其滓逐旋澄清为度。上等酒，一二杯可醉人数日。复有取此酒烧作哈剌吉，尤毒人。

　　明朝初年问世的《草木子》记载，元朝统治者在太原和南京开辟了官营葡萄园并酿造葡萄酒，其所使用的质量监控手段就是上文提到的奇特的太行山水流检测法。比《草木子》早半个多世纪的《饮膳

---

① Huang（2000年）第143页。

② 引文见刘迎胜（2010年）第119页、陈习刚（2010年）第129页。析津是元大都（北京）的旧称，可追溯到辽代。火州是哈剌火州或哈拉和卓的简称，是元朝吞并高昌王国和吐鲁番盆地后对该地区的称呼。

正要》按照公认的产地对葡萄酒进行了权威的官方评定分级。[1]

《元史》中的耶律楚材传记提到，窝阔台在位时，朝廷计划将山西北部大同和河北北部宣化地区的一万多葡萄农户迁移到西域地区，让他们运用专业知识开辟大型葡萄园，并为此准备了大笔资金。从这一记载我们可以看到元朝时中国北方的葡萄栽培和种植已经达到了何种先进水平。[2]尽管这一计划最终因成本过高而被放弃，但值得注意的是，这一次，葡萄栽培与酿酒技术转移的方向是由东向西，和过去正好相反。

元朝葡萄酒文化的一个特别之处是，葡萄酒不仅在上层社会中广泛流行，同时也在广大普通民众中扎下了根，而且其普及的区域还进一步扩展到了中国南方。大量元朝文学作品，尤其是诗歌中不乏明确涉及葡萄酒的佳作，从中可以看到人们对葡萄酒的审美趣味和喜爱珍视。以下两首诗歌都描写了欣欣向荣的江南葡萄种植业，并且两位作者也都是南方人。

欧阳玄（1283—1358）的《蒲萄》：

> 宛马西来贡帝乡，骊珠颗颗露凝光。
> 只今移植江南地，蔓引龙须百尺长。[3]

成廷珪（1289—1362）的《高昌王所画蒲萄熊九皋藏》：

---

[1] 应一民（1999 年）第 95、148、150 页；Huang（2000 年）第 135、137 页；Laufer（1919 年）第 236—237 页。

[2] 见《元史·耶律楚材传》（第 146 卷），另见曹幸穗 / 张苏（2013 年）第 300 页对相关内容的引用。

[3] 该诗引自中国哲学书电子化计划。另见应一民（1999 年）第 103 页。

琥珀光与骊珠：中国葡萄酒史

玉关西去火州城，五月葡萄无数生。

　　今日江南池馆里，万株联络水晶棚。[①]

　　浙江台州人丁复（14世纪）在作品中生动地描绘了元朝开创的新时期，同时字里行间也流露出深切的怀古之情。在他的笔下，遥远的地理距离消融在统一的帝国版图之内，昔日的古国故地只留在了人们的回忆中：

　　楼兰失国龟兹墟，玉门无关但空址。

　　葡萄逐月入中华，苜蓿如云覆平地。[②]

　　在这首诗中，丁复暗暗追念汉朝时的华夷之序。那时，玉门关是守卫华夏文明的西大门，远在西域的藩属小国楼兰和龟兹定期向汉室朝贡。早在前2世纪，张骞就从遥远的西域把葡萄树和饲养"天马"必不可少的苜蓿带到了长安，开辟了前往中亚的通道。而到了元朝时，这条道路早已成为一条普通的交通线和过境通道。[③]

　　如前所述，长江中下游的南京、扬州等地以及南方一些行省在元朝时开辟了较大的葡萄种植区，其中一部分属于官营，而丁复等诗人就生活这些南方地区。

　　仅从种植面积和生产规模的扩大就可以看出，葡萄酒已不再是只有王公贵族能享用的奢侈品，在普通百姓中也出现了大批葡萄酒爱

---

① 见《御定历代题画诗类》第92卷，引自中国哲学书电子化计划。另见应一民（1999年）第103页。

② 出自丁复《百马图》，见《御定历代题画诗类》第113卷，引自中国哲学书电子化计划。另见刘迎胜（2010年）第108页。

③ 见本书第六章。

好者。对于有些人来说，与其在市场上购买价格昂贵的西域葡萄酒，还不如像上述诗歌中描述的那样，从甘肃或吐鲁番的著名葡萄产区购进葡萄苗在当地甚或自家庭院中种植，用收获的葡萄酿造"家酒"。这在元朝似乎已经成为一种特别的风尚，诗歌中也频频出现栽种葡萄用于酿酒的主题。一些士大夫或平民诗人在他们的作品中夸耀自家新酿的葡萄美酒，有些诗作中还出现了歌妓陪酒、清歌妙语、陶然而醉的场景，偶尔也可见古已有之的饮酒与隐居避世主题的结合。[①]

经学家汪克宽（1301—1372）晚年时力辞明太祖授予的官职，回到安徽老家归隐乡间，淡泊自乐。从他的一些诗文中可以看到，他的乡间生活充满了自酿红葡萄酒的乐趣：

绀云满涨葡萄瓮，青雨长悬玛瑙瓶。[②]

此处的"玛瑙瓶"可能是用半透明的生玻璃制作的，很显然，元朝以来这种酒瓶在中国南方已是常见之物。

文艺理论家和诗人刘诜（1268—1350）是江西庐陵人，一生与功名富贵无缘。他在《葡萄》一诗中描写了自己在家中酿造葡萄酒的情形：

露寒压成酒，无梦到凉州。[③]

---

① 应一民（1999年）第109、111页；刘迎胜（2010年）第110—111页。
② 出自汪克宽《秀上人饮绿轩》，见维基文库"御选四朝诗（四库全书本）/元诗"第57卷。另见应一民（1999年）第109页。
③ 见《御选宋金元明四朝诗》第66卷，引自 www.kanripo.org/text/KR4h0143/066，39b。另见应一民（1999年）第109、111页；刘迎胜（2010年）第110—111页。

琥珀光与骊珠：中国葡萄酒史

凉州，即今天甘肃中部丝绸之路上的武威，早在唐朝诗人王翰的笔下就已经成为名贵葡萄酒的象征。[1] 当然，一场前往凉州的真正的旅行是刘诜负担不起的。

安贫乐道的何失（14世纪）以骑驴卖纱为生。他曾在一首诗中表达了冬天用自己酿造的葡萄酒招待老朋友时的喜悦之情："我瓮酒初熟，葡萄涨玻璃。"[2] 由此看来，寻常百姓家使用玻璃器皿饮用葡萄酒也已经是普遍现象。

元朝著名女诗人郑允端（1327—1356）是苏州人，不到30岁就在战乱中贫病交加郁郁而终。她也写过歌咏葡萄酒的诗歌，将葡萄的果实比作"骊珠滑"，形容葡萄酒的滋味是"入口甘香"，而盛放葡萄酒的器皿则是"金盘"。[3]

浙江处州（今丽水）人周权（1275—1343）在他的长诗《蒲萄酒》中，以富有表现力的比喻描述了从采摘和压榨葡萄、葡萄汁发酵、葡萄酒过滤到蒸馏出白兰地的每一道工序，也提到了通过将白兰地冷冻一段时间以提高质量的做法。在周权看来，通过这种工艺制作出的酒远胜于其他任何传统饮料，为了畅饮这一美酒，功名利禄都可以抛弃：

翠虬天矫飞不去，颔下明珠脱寒露。累累千斛昼夜春，列瓮满浸秋泉红。

数宵酝月清光转，秾腴芳髓蒸霞暖。酒成快泻宫壶香，春风吹冻玻璃光。

---

[1] 见本书第八章。

[2] 出自何失《招畅纯甫饮》。另见应一民（1999年）第109页、刘迎胜（2010年）第111页。

[3] 应一民（1999年）第111页、刘迎胜（2010年）第117页。

甘逾瑞露浓欺乳，曲生风味难通谱。纵教典却鹔鸘裘，不将一斗博凉州。①

　　元朝时平民百姓能够享用葡萄美酒的事实也反映在文学作品中，一方面，大量诗词歌赋涉及葡萄酒文化，其中甚至有一系列诗歌直接以葡萄或葡萄酒为题；另一方面，部分从金代院本和说唱诸宫调发展而来的以白话写成的杂剧和散曲也经常将葡萄酒作为主题并歌颂这种高贵酒品的绝佳风味。②在元朝，观看戏曲表演是深受普通民众喜爱的娱乐活动，多见于城市的勾栏瓦肆等娱乐场所，内容以爱情婚姻为主，但也有闲适淡泊、独单寂寞、归隐自然等主题，当然还少不了醉酒与享受葡萄美酒的情节。元曲产生的一大时代背景是汉族知识分子在元朝的社会等级制度中缺乏上升的通道，社会地位常常低于风月女子。③在这种社会环境中产生了关汉卿、马致远和张可久三位散曲大家，他们都在作品中表达过对葡萄酒的热爱。关汉卿（约生于金末，卒于元）祖籍"葡萄酒之乡"山西，一生创作了67部杂剧，是元代

①　见《御选宋金元明四朝诗》第 30 卷，引自 www.kanripo.org/text/KR4h0143/030，23a。另见胡山源（1939 年）第 181 页、应一民（1999 年）第 115 页、王玫（2010年）第 184 页、刘迎胜（2010 年）第 119 页、苏振兴（2010 年）第 169 页。关于"颔下明珠"的传说见上文。诗人用"翠虬"形容向上攀缘的葡萄藤蔓，而"明珠"就是成熟的葡萄果实。"瑞露"指的是苏东坡贬居南方时自创的一种混合饮料——此处用典暗示通过自然发酵酿造葡萄酒的传统在宋代被遗忘，直到元朝才被重新发现（见本书第九章）。"鹔鸘"是传说中的神鸟，它的羽毛珍贵无比，而这种羽毛制成的"鹔鸘裘"更是无价之宝。"凉州"（今甘肃武威）的典故取自刘禹锡的诗句。根据该诗，在唐朝，人们可以用一斗葡萄美酒换取凉州刺史的官职（见本书第八章）。

②　有关杂剧、元曲、散曲的历史背景、体裁和风格变体以及一些著名曲目见 Schmidt-Glintzer（1990 年）第 377 页等。仅元代散曲就有约 5500 首存世（第 389 页）。和葡萄及葡萄酒有关的散曲作品见应一民（1999 年）第 111、113、115 页；李华（2004年）第三辑；刘迎胜（2010 年）第 108 页等。另见蔡毅（1993 年）第 221 页。

③　王悦（1993 年）第 288 页、马会勤（2010 年）第 217 页。

最为多产的剧作家。马致远（约 1251—1321 后）是大都人，年轻时在大都为官，后来离京漂泊二十余年。关汉卿与马致远都曾公开以"酒鬼"自居。[①] 张可久（1280—约 1352）是宁波人，有 800 多首散曲传世。他曾经多次在作品中赞美江南郁郁葱葱的葡萄园，描写春日畅饮亲手酿造的葡萄酒、享受醉酒之乐的情景。

葡萄和葡萄树的美学象征与诗歌紧密结合，成为元朝绘画中最流行的主题之一。一些画家出身于北方和西部的葡萄酒产区，主要是来自高昌国的回鹘人。高昌在当时的汉文史料中被称为哈拉和卓，位于富饶的吐鲁番盆地中。元朝时，北方民族的文学和艺术风格与南宋以来兴盛于江南地区的文化传统形成了奇特的组合。因此，不同地区对葡萄酒主题的表现互相影响，葡萄和葡萄藤在南方也发展出了美学象征意义，而在之前的绘画传统中，它们几乎从未有过任何地位。此外，诗歌、书法和绘画也相互启发，例如在这三种艺术形式中都可以频繁看到蟠龙和珍珠的意象。中国历史上没有任何一个时代像元朝时那样出现了如此数量众多的葡萄画以及专为葡萄画创作的诗歌。而且，诗歌和绘画的创作者往往是同一人，在这里，墨汁与葡萄酒之间产生了一种奇妙的联系。[②]

丁鹤年（1335—1424）就是其中一例：他活到 90 岁，在漫长的一生中写下了大量诗文，单是高龄和多产就足以使他成为一个不同寻常的人物。他出生在长江中游的武昌，也在那里度过了一生中的大部分时间。他的曾祖父阿老丁（Ala al-Din）是波斯人，也是一位伊斯兰学者，曾资助蒙古人西征，后来作为中亚特权阶层在元朝获得了很

---

① 王悦（1993 年）第 289 页、郭会生（2010 年）第 22 页。

② 应一民（1999 年）第 105、107、108、109、156、158 页；李华（2004 年）第三辑；刘迎胜（2010 年）第 111 页等。以上著作中提及温日观以及其他以葡萄为主题进行创作的诗人和画家的趣闻轶事。

高的官位，据说丁鹤年的中文姓氏即取自阿老丁的"丁"字。丁鹤年博学多才，也精通医术，晚年悬壶济世，创办了鹤年堂医馆。他喜爱葡萄和葡萄藤，并以此为主题创作了很多诗歌和绘画作品。他曾经专门为一位擅长葡萄画的唐朝画家的作品题诗一首：

> 西域葡萄事已非，故人挥洒出天机。
> 碧云凉冷骊龙睡，拾得遗珠月下归。[①]

宋末元初的僧人、书法家和画家温日观（13 世纪）出生成长于华亭（今上海松江），后在杭州西湖附近的一座寺院出家为僧。根据元朝文学家张可久的诗作，当时西湖四周遍布郁郁葱葱的葡萄园。温日观以葡萄画闻名天下，他所绘的"龙须"与"马乳"笔法独特，自成一家，许多仰慕者为他的画作题诗，他也因此获得了"温葡萄"的绰号。与温日观交好的诗人们在作品中描写了这位"狂僧"独特的绘画技巧，与世称"张癫素狂"的唐代草书大家张旭和怀素（见本书第八章）如出一辙：他先畅饮葡萄酒至酩酊大醉，然后厉声痛骂宿敌，尽情宣泄出自己的情绪后大喝一声，将头浸入墨汁中，以光头作秃笔，在纸上挥洒出一幅杰作。温日观虽不见于官方史书，他的确切生平也无从考证，但他也许堪称中国葡萄酒史上最重要的艺术家。

元代另一位著名书法家鲜于枢（1246—1302）生活在北京西北约 150 公里处的涿鹿县，这里至今仍是著名的葡萄产区。[②] 他常常在饮下葡萄美酒后文思泉涌，旋即将诗句诉诸笔墨，酣畅淋漓，一气

---

① 出自丁鹤年《题画葡萄》。见《元诗选》第 63 卷，引自 www.kanripo.org/text/KR4h0160/063，33b。
② 见本书第八章。

呵成。①

　　元朝葡萄酒经济的繁荣也和相关国家财政政策有关。② 蒙古统治者在税收方面给予葡萄酒产业政策扶持。葡萄酒的税率很低，有时甚至低到可以忽略不计，理由是葡萄酒的酿造基于自然发酵，不消耗粮食。粮食酒因耗费大量谷物，税率远高于葡萄酒，而且其产量和消费在收成不好的年份还会受到限制乃至被完全禁止。家庭和小型葡萄酒酿造作坊甚至可以免税，再加上国家对葡萄酒贸易的推动，葡萄种植和葡萄酒文化得到了空前的发展。

　　史料显示，忽必烈统治时期，粮食酒的税率高达 25%，葡萄酒的税率起初为 6%。户部的意见认为"葡萄酒不用米曲，与酿造不同，仍依旧例三十分之一"，于是，葡萄酒的税率进一步从 6% 降至3.3%。这一政策的结果是，仅在元大都，拥有多达 200 个酒瓮的商业葡萄酒酿造作坊就猛增到数千家，尽管税率很低，管理酒类专卖的机构"大都酒使司"仍能从葡萄酒的销售中获得高额税收。③

　　元朝灭亡后，明朝多次颁布临时禁酒令，并对葡萄酒征收重税，这些毫无疑问都是中国葡萄酒文化逐渐衰落的重要原因。从明代起，之前经历了一千多年发展的中国葡萄酒文化急剧衰落，直到 20 世纪末才踏上了真正的复兴之路。

　　元朝灭亡的原因和背景早已得到充分讨论：④ 首先是宫廷和蒙古

---

① 张铁民（1993 年）第 359 页。

② 应一民（1999 年）第 119、121 页；刘迎胜（2010 年）第 122 页。

③ 见应一民（1999 年）第 121 页引述的《新元史》中记载的葡萄酒税率制定过程。不过，根据 1273 年的历史记录，葡萄酒的价格是粮食酒的三倍，这可能是家酿葡萄酒盛行的原因之一（同上第 137 页）。

④ Gernet（1979 年）第 315 页等、Schmidt-Glintzer（1997 年）第 174 页等、Müller（2005 年）第 296—297 页、Rossabi（2014 年）第 221—222 页。

部族之间的权斗与皇位继承之争、末代皇帝的昏庸无能（酗酒是一个重要原因）[①]、极端气候和自然灾害造成的经济恶化、高额军费开支、沉重的劳役负担、不断增加的税负、滥发纸币带来的通货膨胀以及影响全体民众的社会和文化危机。仅在 14 世纪中叶前后的 36 年中就出现了异常寒冷的冬季和创纪录的降雨量，黄河流域爆发特大洪水，其他地区则出现严重旱情，因此中国北方和南方的大片地区瘟疫肆虐，百姓贫病交加，饥民流离失所。这就导致了大量人口迁移和民间反抗运动。伴随着农作物歉收，酒文化和葡萄酒文化也受到严重影响。此外社会矛盾进一步加剧，一个原因是蒙古统治体系的四等人制度和针对绝大多数汉族人口的长期歧视，另一个原因则在于喇嘛教僧侣和寺院权势煊赫，商人和军队也与僧侣有利益关联。蒙古-中亚统治精英在政治经济、文化和语言上占据主导地位，儒家官僚体系遭到压制，汉族知识分子痛苦地看到儒学教育失去了其传统功能，他们没有了考取功名进入仕途的机会。所有这一切导致从大约 1300 年开始，不仅汉人的精英阶层，农民对元朝统治者及其生活方式的仇恨也在日益增长。民众开始了坚决的反抗，他们在秘密社团和宗教领袖的领导下开展起义运动，其中规模最大也最成功的是 1351—1366 年发源于中国南方的"红巾军"起义。这场运动最终推翻了元朝，随后朱元璋（1328—1398）称帝，建立明朝。

红巾军以宋朝时流传民间的秘密宗教"白莲教"为旗帜，其信仰是一种奇特的阴谋论与宗教的混合体，信徒崇拜佛教的阿弥陀佛与

---

① 明军攻破大都后，元朝末代皇帝妥欢帖睦尔（1333—1368 年在位）死于北逃的途中。他在酗酒成性的元代君主中是个例外，通常被描述为"滴酒不沾"，但却沉湎于藏传佛教密宗的男女双修，也热衷于狩猎活动。另见 Rossabi（2014 年）第 220—221 页等。他认为最后几位元朝皇帝身上显著的短命现象不完全是由于酗酒和生活放荡，这些君主更多死于弑君阴谋和宗族内的仇杀。Bayarsaikhan（2017 年）结合蒙古统治者的生活方式和寿命探讨了蒙古统治者与酒的特殊关系。

弥勒佛，同时他们的教义中也含有道教思想和摩尼教元素。摩尼教在中国称为"明教"，明朝的国号即来源于此。这些民间起义不仅明显表现出排外主义和民族主义倾向，还可见禁欲主义宗教的影响和转向素食的生活方式。与蒙古-喇嘛教的世界观不同，新的意识形态主张节制，当然也包括饮酒。在当时那个回归中华传统价值观的时代，一向带有西方异域风情的葡萄酒以及与中亚贸易相关的葡萄酒文化暂时失去了生存空间。此外，伊斯兰教在中国腹地的进一步传播也加剧了葡萄酒文化的衰落，因为此时的穆斯林所传扬的教义与突厥人、党项人、女真人和蒙古人的信仰明显不同，主张严格禁绝一切酒精饮料。

14 世纪末 15 世纪初，突厥化的蒙古人帖木儿（1336—1405，波斯语 Timur-e Lang，即"跛子帖木儿"，欧洲人称其为 Tamerlan）宣布继承蒙古汗位。他一度征服了中亚大片地区，并在小亚细亚和印度北部之间建立起一个短暂存在的世界帝国，即帖木儿帝国，在其境内远程商贸联系重新兴旺起来。1405 年初的冬季，帖木儿准备大举进攻明朝。2 月 19 日，他在今哈萨克斯坦的奇姆肯特附近某地连续纵酒数日后猝死，就此结束了他人生中的最后一次征伐。帖木儿的后代争夺王位，内乱不休，帝国迅速瓦解。今天，帖木儿被视为乌兹别克斯坦的民族英雄。他在撒马尔罕的宏伟陵墓古尔-埃米尔陵（Gur-e Amir）以及在出生地沙赫里萨布兹（古称渴石、碣石、乞史等，曾是粟特人所建立的史国的国都）建造的巨大"白宫"（Aq Sarai）废墟遗址充满传奇色彩，都是如今乌兹别克人的朝圣地。在乌兹别克斯坦的许多地方，昔日的马克思、列宁和斯大林雕像已不见踪影，取而代之的是民族英雄"伟大的埃米尔"的雕像。帖木儿因残忍和酗酒恶名远播，身为伊斯兰世界的领导者却纵酒无度。不过，他今天仍然得到许多人无尽的崇敬。总之，酒精再次左右了世界历史的走向，阻止了外部对中原王朝的又一次进攻。

第十一章

禁欲主义与专制主义的夹缝：
葡萄酒文化在明清两朝的衰落

元朝末年，政治、经济和社会全面崩溃，农民起义风起云涌。贫苦出身的朱元璋投奔以白莲教为旗帜的红巾军，后来成为义军领袖，并创建了国号为大明的新王朝，最终攻破大都，结束了元朝不足百年的统治。[①] 朱元璋在位期间的年号是洪武，所以也被后世称为"朱洪武"。他能够整合各路起义军，首先统一南方地区，进而征服北方乃至全国，表现出非凡的军事指挥和政治领导能力。朱元璋称帝后定都南京，是唯一葬在南京的明朝皇帝，今天人们仍可以看到他的宏伟陵寝明孝陵。[②] 征服中原并建立明朝后，朱元璋的大军继续挥师北上，占领北京，在接下来的二十余年中，他消灭了蒙古政权的残余势力，统一了整个国家。朱元璋即使并不是自始至终像有些人所认为的那样推行民族主义，即以汉族为中心的政策，但明朝的确自建国之初即有意识地回归以新儒家-法家为基础的中国传统价值观，理所当然地首先废除了蒙古人严格控制下的四等人制度。在此背景下，这个新兴王朝的下一个目标是以辉煌的过去为基准重新定义中国在世界上的核心地位，并为在元朝统治下受到压迫的绝大多数汉族人恢复传统的自我身份认同。因此，明朝修正了与蒙古、波斯、突厥、通古斯等民族的关系，正如朱元璋在 1367 年出兵攻打蒙元前颁布的北伐檄文中

---

① 关于明清历史见 Gernet（1979 年）第 328 页等、Schmidt-Glitzer（1997 年）第 177 页等。

② 其他明朝皇帝的陵寝位于北京郊外。

所说：^①

> 中国居内以制夷狄，夷狄居外以奉中国，未闻以夷狄居中国治天下者也。……故率群雄奋力廓清，志在逐胡虏，除暴乱……

这几句话不仅表明朱元璋试图重建一个对于周边地区拥有强大威慑力的中国中央政权，同时也体现出对绝对权力的追求。他从一开始就要求曾经一起南征北战的开国元勋们对他无条件服从，残酷诛杀任何有谋反迹象的大臣，并且建立起一个史无前例的以皇帝为唯一决策者的行政体系来实施绝对专制统治。

新王朝的国号与朱元璋参与的秘密社团白莲教有关，这类民间宗教构成了红巾军起义和南方农民运动的意识形态核心。此外，属于佛教的弥勒教和6—7世纪从波斯传到中国的摩尼教的奇特混合是他们的精神力量来源。摩尼教产生于3世纪，得名于其创始人波斯先知摩尼，是一个将袄教、基督教和佛教混合而成的信仰体系。摩尼教徒将自己的宗教比作宽广博大的"世界之海"，其他宗教都是汇入这个海洋的一条条河流。在西方，摩尼教被基督教会认定为异端邪说，受到迫害。但出于强烈的传教动机，它向东方广泛传播，对中国历史产生了持久的影响，一方面体现在遍及整个广袤东方的地理传播；另一方面体现在深入中国南方地区的长期存在，摩尼与佛陀的共生形象就是一个例证。^②

---

① 出自《奉天讨蒙元檄文》，又名《谕中原檄》，全文见维基文库"奉天讨蒙元北伐檄文"。"狄"指北方游牧民族，除蒙古族外主要是中亚民族。

② 在古代海上丝绸之路重要港口福建泉州以南发现了中国最后一座也是唯一有遗址留存至今的摩尼教寺庙——1399年建成的草庵寺，遗址中还有一尊"摩尼光佛"像。该遗址于1991年被联合国教科文组织认定为世界文化遗产和一种已（转下页）

　　　　　　　　　　琥珀光与骊珠：中国葡萄酒史

迄今为止，摩尼教在中国的影响一直被低估，学者们在这方面的研究也不多。"摩尼教"是音译，除了这个译名外，中国史书最初也将其称为"牟尼教"，"明教"则是后来产生的说法。摩尼教信仰具有明显的善恶、明暗二元对立，与中国的阴阳哲学相融合，并影响和塑造了一些佛教流派的相应观念，尤其是大乘佛教和藏传佛教中的"明王"形象。由于这种教义是从犍陀罗传入的，因此可能与古伊朗的密特拉教有关。后来摩尼教与道家思想发生了融合，可想而知也影响到宋代新儒学和阴阳学派，二者皆植根于二元论观念。唐朝时，摩尼教与佛教一样也得到有力支持，随着粟特商人经丝绸之路进入中国。值得注意的是，伊斯兰教传教士也在摩尼教向中国的传播中发挥了部分作用。摩尼教徒在唐朝都城长安修建了一座大型寺庙，甚至在西域的回鹘汗国被立为国教。然而，在9世纪中叶的灭佛运动中，摩尼教徒也遭遇迫害，被迫转入地下，与底层社会以及神秘主义佛教—道教教派"白莲教"①结盟并继续开展活动。后来的农民起义也都受到摩尼教的重大影响，如北宋末年的宋江和方腊起义。作为四大名著之一《水浒传》的主要人物，宋江和方腊二人在中国家喻户晓。在元朝宽松的宗教政策下，摩尼教暂时得以重新公开活动，并与民间宗教的佛教—道教思潮混杂在一起。朱元璋也因受到摩尼教救世主观念的影响而将他建立的王朝称为"大明"。

（接上页）失传的世界性宗教的遗迹。明朝初年，明太祖朱元璋担心摩尼教会威胁到自己的统治，对其进行镇压。之后，摩尼教徒伪装成佛教徒或道教徒，藏身于地方性的秘密社团中。据说摩尼教的残余一直存活到20世纪初。见 www.iranicaonline.org/articles/manicheism-v-in-china-1。

① 南宋时期，白莲教吸引贫困的农村人口和弱势群体入教，以其反对蒙古人和所有异族的意识形态，在14世纪的政权更迭中发挥了主导作用。直到19世纪社会溃乱后白莲教才从地下转为公开活动。白色在崇尚光明的摩尼教中具有重要的象征意义，神职人员总是身穿白衣，正如白莲花在佛教中被视为纯洁的象征一样。

在明初的历史和意识形态背景下，很难想象蒙古人推动的泛欧亚葡萄酒文化还能进一步发展下去。朱元璋推行的驱除外来影响和以中国南方汉族文化为核心元素的回归传统政策是第一大障碍。新兴明朝的主要目标是尽快消除蒙古统治带给汉人的耻辱，并以昔日的辉煌为榜样，对内对外展示自己由上天赋予的合法地位。这可以最终解释朱元璋及其继任者在外交和军事扩张方面所做的努力。明朝之后，清朝以更大的力度继续推动这方面的行动，这标志着从传统的"被动朝贡"到"主动扩张"的明显转变。[①]

新的外交政策不仅关注周边地区，还将目光投向了更遥远的爪哇、印度、波斯、阿拉伯和非洲。早在明太祖、明成祖（年号永乐，1402—1424 年在位）和明宣宗（年号宣德，1425—1435 年在位）时期都推行了积极的外交攻势，派遣包括僧侣在内的大型使团前往遥远的异国。与此同时，亚洲各国的使节也纷纷前往起初在南京，后来迁到北京的明朝宫廷觐见皇帝。1405—1435 年，宦官郑和等人多次精心策划组织远洋航行，率领壮观的船队从印度洋一直航行到非洲东海岸，每次都出动几十艘大帆船，随行船员将近三万名。郑和下西洋的壮举比哥伦布发现新大陆早了近一个世纪。随着从广州、泉州和福州等主要港口出发的新航线的开辟，借助宋元时期的基础设施和技术条件，再加上航海地理知识的进步，航海事业和繁荣的海上贸易得到了进一步发展。这是中国四个世纪里作为世界海洋强国达到的顶峰。

后来，16—17 世纪时，欧洲殖民势力推进到中国——葡萄牙人是第一批来到中国的殖民者，他们于 1516 年登陆澳门，并从 1557 年起定居于此。15 世纪中叶，中国的航海活动戛然而止。耗费巨资经

---

① Schmidt-Glintzer（1997 年）第 185 页。

琥珀光与骊珠：中国葡萄酒史

营数十年、以砍伐南京周围整片森林为代价建立起来的远洋船队解散，朝廷颁布禁海令，严禁航海和海上贸易。这种突然的收缩可能有多种原因：北方和西北方蒙古部落不时来犯，日益威胁边境安全；为了防御中国沿海倭寇的袭扰，有时不得不撤离民众并加强军事防御；此外，朝臣与宦官势力的权力斗争也在加剧，而预算赤字的不断增长也是一个重要原因。基础设施和军事项目耗资巨大，宫廷与藩王穷奢极欲，国家财政入不敷出，最终导致农民起义风起云涌，帝国在内外夹击下崩溃。从 16 世纪末开始，努尔哈赤从辽东起兵进攻明朝。1644 年，明朝灭亡，清朝入主中原。

面对来自草原民族的威胁，明朝统治者不得不采取越来越多的防御措施，除了在边境建立防御性村镇和推行军事屯田外，还于 15 世纪上半叶耗费巨资修筑长城，也就是今天人们看到的明长城，至今它仍然保留着当年的规模。从那时起，万里长城就成为中国文明、中国人的文化优越感以及隔绝外来影响的典型象征。这种内向性的自我认知加上与周边民族的融合影响了整个清朝乃至近代的中国。这背后源自旧意识的一种新式翻版，即皇帝对"天下"所有社会生活领域的集中控制，意识形态和宗教思潮当然也包括在内。随着正统思想的日益巩固，从 15 世纪中叶起，明清两代共有 24 位皇帝居住在作为帝国权力中心的北京紫禁城，奉"天命"统治管理这个辽阔的国家。于是，中国历史上将近一千五百年的时间里，尤其是在汉朝和唐朝时期表现出来的以"丝绸之路"为特征的活跃的多民族和多文化交流、开放的好奇心和对外来文化的接纳在明清时衰落。甚至对外贸易也被利用来向世界展示中国的繁荣和自给自足——茶叶和瓷器是当时典型的展示天朝上国之富庶的出口商品。对异域舶来品的需求一直极为有限，比如作为文化饮品的葡萄酒。起初这些外国商品是仅限于少数精英阶层享用的奢侈品，后来也供应葡萄牙、荷兰、西班牙、法国等国的殖民地和传教站。17世纪初耶稣会士利玛窦进入宫廷，开创了明代中国的基督教宣教时代。但对欧洲科学和文化的兴趣一直仅限于宫廷中寥寥数人的学者圈子。

明朝在太祖朱元璋统治时期致力于发展农业，安置迁移农业人口，实施了大规模的土地分配计划，降低赋税，大面积开垦农田，植树造林，兴修水利，开凿运河，疏浚河道，加固堤防，在行政管理的各个层面上建立了新的组织形态。明朝初年一度出现了一个欣欣向荣的治世，但越到王朝后期，这套专制主义制度的矛盾性和弱点就越来越清晰地显现出来。明朝统治者利用特务机构和一个残酷无情的监视系统恐吓民众，对学者和官员的监控尤其严密，使得上下猜忌，人人自危。明太祖朱元璋的贫苦出身促使他提升农民的地位，同时也导致他对知识阶层充满疑虑。以农业为基础，明朝建立了一套复杂的人口和财政登记制度，组织农村人口进行集体劳动，并对所有职业实施严格管理。因此，宋元时因为国家财政相当程度上仰赖商业而享有很高社会地位的商人在明朝时风光不再。

朱元璋在建立新王朝的过程中曾经颁布临时禁酒令，理由是民众已经在承担打击其他起义势力余部的高额军费开支，不能让农民因为酿酒业而遭受进一步的剥削。因此，他禁止种植糯米，"以塞造酒之源"。洪武六年和七年，朱元璋又以同样的理由禁止从太原和吐鲁番向朝廷进贡葡萄酒。对农业人口的体恤政策为他赢得了节用克己的美名。然而，他晚年时却偏离了这一轨道，在宫廷中设立了一个负责定期设宴款待高级文武官员的"御酒房"。据说，朱元璋在这种宫廷宴会上强迫那些不胜酒力的宾客饮酒，把观看他们醉后的丑态作为一种娱乐，并命人创作一些嘲讽"醉酒文人"的诗歌。后来，随着太原周边的葡萄和葡萄酒经济再次强劲增长，1403年朝廷对此征收一项特别税，为国库带来了额外收入。这件事也从一个侧面体现出当时该地区的水果和葡萄种植农户比较富裕。[1]

　　清朝时期，陆上及海上丝绸之路同样没有恢复到过去真正意义上开放的跨文化交流状态。通古斯人部落联盟中的满族是曾经建立金朝的女真人的后裔，作为一个人口只有数百万的少数民族，他们从东北入关后寻求迅速融入汉族社会和文化。[2]满族贵族统治者吸收了明朝的文官制度、行政机构以及权力意识形态和礼仪，之后便怀着更大的野心开始了四处的征伐。在这个过程中，清朝在西藏、新疆和台湾建立了行政机制。其边界延伸到今西伯利亚、东北亚、外蒙古、哈萨克斯坦、吉尔吉斯斯坦和乌兹别克斯坦，并通过严密的军事部署来确保边境安全。1759年，清朝的领土扩张达到了最大规模。[3]明朝初年朱元璋将日本人、朝鲜人和越南人称为"蚊蝎"，而蒙古人和中亚人在中国核心地带建立的定居点也越来越频繁地遭遇阻挠和破坏。[4]清朝建立后立即努力完全融入并大力推广汉族文化，以获得统治合法性，但起初他们仍奉行民族压迫和种族歧视政策，主要是针对占人口绝大多数的汉人。后者被迫易服蓄辫，也不允许与满人通婚，否则会被处死；在北京，满人居住的北城禁止住在南城的汉人入内。满人占有大量土地，对依附他们为生的农民进行残酷剥削。非汉族的精英阶

---

[1] 李争平（2007年）第261—262页、郭会生（2010年）第26页、郭会生/王计平（2015年）第129—130页。1621年朝廷甚至在山西西南部的安邑专门设立了监控葡萄酒生产的皇家机构。

[2] 清朝的世界性还体现在其使用的多种语言上，宫廷和官方文书中使用汉语、满语、蒙古语、维吾尔语和藏语以及相应的文字。朝廷需要组织进行与之相关的大量翻译和词典编纂工作，工作量之大不容小觑。然而，清朝强制推行的同化导致满语在王朝末期几乎消失。

[3] 清朝领土面积总计1 150万平方公里，奠定了今天中华人民共和国版图（960万平方公里）的基础。

[4] Schmidt-Glintzer（1997年）第183页。

层也必须向清朝皇帝俯首称臣，向朝廷纳贡并无条件效忠。

直到康熙、雍正和乾隆三朝盛世时期，在完全吸纳新儒家正统思想并与汉族上层阶级达成妥协的过程中，一种温和的政策才得以推行，即在推广传统儒家教育的同时也鼓励数学和自然科学研究。[①] 然而，这三位皇帝发起的世所罕见的史学和文学典籍修订工程还有一个重要目的，那就是在全国范围内收集所有文献资料的过程中销毁不合时宜和"离经叛道"的作品，从而消除非正统思想并实施前所未有的文字审查和异端裁判，以最终垄断对历史遗产的解读。

从 17 世纪末到 19 世纪中叶，清朝取得了相当可观的经济成就，人口也从 1.5 亿增长到 4.5 亿，[②] 这一切都增强了清朝皇帝的使命感和自以为是的心态，比如中国对首批来华的欧洲使团的轻视态度就体现出这一点。在约五个世纪的漫长岁月中，明清在很大程度上闭关自守，拒绝与其他文化进行平等的接触和交流。在国内，知识阶层分子若拒绝正统儒家思想的灌输，不愿追求科举功名和委身仕途经济，就会受到惩罚和迫害。批评家、个人主义者、怪诞之士、非主流人士和正统儒学的反对者，如热爱饮酒的著名异端思想家李贽（1527—1602）和东林党人都受到无情的贬斥和攻击。中国历史早期的自由思想、灵感、创造力、享受生活和感官快乐在明清时期的公共领域几乎消失殆尽。

从一开始，明朝的文化内向性就伴随着教条主义、禁令、禁欲主义和敌视享乐的思想—宗教氛围。尽管在农业（茶叶种植和加工，

---

① 乾隆统治时期，中国的政治经济和科学文化发展都达到了顶峰。他本人的教育水平之高以及对艺术和文学创作的支持不仅得到中国学者的赞赏，也为欧洲传教士所钦佩。据说他能熟练运用全部五种官方语言。

② Schmidt-Glintzer（1997 年）第 186 页。明朝初年人口仅有 7 000 万，见 Gernet（1979 年）第 363 页。

引入甘蔗、红薯、花生、烟草、高粱、玉米等外来农作物）、科学、技术、手工业、纺织业（丝绸、棉花）、制陶和制瓷、钢铁和金属加工、漆器、造纸和印刷等领域取得了进步和创新，甚至在哲学方面都取得重大发展，但明朝也没法像之前的历史时期那样形成自由的思想氛围。明太祖朱元璋和他的追随者深受弥勒教和摩尼教的影响，二者的教义都要求食素和戒酒。尽管摩尼教起源于萨珊王朝时期的波斯并融合了祆教和基督教的教义，而且摩尼教徒在丝绸之路上从事贸易活动，其中一部分还是皈依摩尼教的粟特商人，但其教义却严禁吃肉和饮酒。不过，从吐鲁番附近的摩尼教石窟寺庙壁画中可以看出，葡萄藤的象征符号很可能是从基督教教义中吸收来的。

随后，更加保守的清朝皇帝出于统治的需要极力维护儒家的道德秩序，树立为君为父者的绝对权威，培养民众忠君孝亲的道德观。为了巩固对西藏和蒙古的统治，清朝皇室同时也信奉和扶持宣扬僧侣戒律的藏传佛教，即喇嘛教。达赖喇嘛宣誓自己是听命于皇帝的最高宗教权威，而清廷则在离紫禁城不远处修建了喇嘛教寺庙雍和宫，二者都强化了清朝统治者与藏传佛教的关系。

正如第九章所述，茶叶自宋代起就开始广泛传播，甚至越过中国的边界传入其他国家。它不仅是世界贸易中的重要商品，也在中国以外的地区成为一种精神饮品和社交生活中的享受品。在精心安排的待客礼仪或寺庙修行仪式中，结合富有艺术品位的精美茶具，茶道美学达到了最高境界。茶在中国历史上首次作为酒的替代品出现时，它究竟在多大程度上取代了酒，从而在数千年根深蒂固的传统中带来了文化变革是值得研究的。茶与酒之间的相似之处不容忽视，二者在文学艺术创作中都具有启发灵感和拓展心灵的效果，也都用于祭祀和冥想仪式。无论茶还是酒的发展都伴随着专门的器皿文化（各种精美艺术造型的陶器、瓷器、细石胎瓷器皿）的创造和形成。茶和酒的品种也都存在地区和季节相关的多样性，从而相应地发展出一些特殊的制备方法。此外，二者也都有在感官、审美和药用方面的品质追求。

　　大约与作为文化饮品的茶同时，可能是作为茶的补充，蒸馏酒的产业化生产和普遍消费也在下层社会传播开来。明清时期的蒸馏酒就是今天常见的由粮食发酵而成的白酒。当时产生了中国现存最古老的几家大型传统白酒厂，它们的品牌产品至今仍然驰名中外，如本书第八章所述的山西汾酒和四川泸州老窖。"老窖"这个酒名致敬 1573年建造的中国最古老的窖池群，这些窖池深藏于天然洞穴中，至今仍在使用。四百多年来泸州酿酒人一直用当地的优质黏性黄泥作为窖泥，赋予了泸州老窖酒极具个性的独特香气。[①]白酒迅速发展的同时也出现了第一批较大的黄酒酿造工坊和品牌产品。黄酒是中国的传统酒品，有时也称为米酒（主要用糯米酿制），是使用曲法发酵酿造而成的低度酒。明清两代，农业发生了巨大变革，稻米、小麦、大麦、高粱等农作物通常收成良好，不仅使快速增长且日益城市化的人口获得充足的粮食供应，也促进了酒类生产。仅就白酒文化而言，自 16世纪以来发展出了丰富多样的蒸馏技术，这种复杂性是世界历史上无与伦比的，表现为不同地区传统和地域气候条件下产生的众多品种、

[①] 李争平（2007 年）第 101—102 页、Z. Li（2011 年）第 38 页等、Sandhaus（2014 年）第 111 页等、何冰（2015 年）第 551 页等、Sandhaus（2019 年）第 36 页。泸州老窖的特殊酿造工艺已收入国家级非物质文化遗产名录。泸州老窖的主要原料是高粱，其工艺植根于七百年的"大曲"发展史，并与"龙泉水"的神奇传说密切相关，直到今天泸州老窖仍然使用这种泉水酿造。此外，在泸州市发现的汉代文物如陶制角杯和饮酒陶俑表明四川省东南部的酒文化至少拥有两千年的历史。当地的传统酒厂乐于提及其悠久历史，也善于利用当地的考古发现作为广告宣传。见张肖（2013年）第 459—460 页。从当今的视角出发，人们赞美白酒是真正的中华传统饮品，例如宋书玉（2013 年）甚至将白酒描述为满足中国社会心理情感需求的"感性食品"。然而，人们忘记了至少在明代之前，市场上仍有品类丰富的酒精饮料。

　　　　　　　　琥珀光与骊珠：中国葡萄酒史

使用各种原料和微生物的丰富多样的大量配方（部分是非常独特的家庭配方）、不同的发酵和蒸馏过程、数百年生产实践中积累的在不同容器和酒窖中熟成与储存白酒的工艺。[1] 就这种多样性而言，约有五百年历史的中国白酒文化完全可与整个欧洲葡萄酒文化的发展和分化相提并论。[2]

各种黄酒中，绍兴酒最负盛名。它的传统可追溯到春秋时期的越国。但绍兴酒从 16 世纪开始才在中国的黄酒中独领风骚，特别是1743 年随着云集酒坊的成立，绍兴酒开始工业化生产，并销往全国各地，甚至远达日本。清朝时，绍兴酒显然是中国七十多种酒类饮料中最受欢迎的。[3]

我们可以在宋应星编纂的农业和手工业百科全书《天工开物》

---

[1] 关于通常被低估的白酒文化的复杂性见 Sandhaus（2014 年）、陈骐声（1993）、坂口谨一郎（Sakaguchi）（1993 年）、宋书玉（2013 年）第 435 页的精彩阐述。如今，在中国和日本都有高校与企业的研究中心从事针对各种酒曲中的细菌和真菌培养以及传统发酵与熟成工艺的化学、微生物学和物理研究，并尝试利用现代科学和技术对传统工艺进行优化——现代葡萄酒酿酒学也从事类似的研究工作。

[2] Sandhaus（2014 年第 45 页）批评说，在中国以外的地方，所有的白酒都被视为同一种饮品，而无人认识到其无与伦比的多样性。数百年来中国数千家拥有独家配方、秉承地方传统的酒厂产出了不计其数的白酒种类和风味变体，堪比欧洲葡萄酒文化的多样性。他对此评论说："……白酒是一棵枝繁叶茂的大树。"

[3] 关于绍兴酒见本书第四章及以下来源中的详细阐释：胡普信 2015 年；维基百科词条"绍兴酒"。1743 年，绍兴人周佳木创办了"云集酒坊"，周家几代人将其一直经营到民国时期。1915 年，在旧金山举行的巴拿马太平洋国际博览会上，云集酒坊生产的绍兴酒荣获金奖。如今，绍兴仍是中国最大的黄酒产地，其优质黄酒在国外也很受欢迎，并享有原产地名称保护。成立于 1994 年的国有企业中国绍兴黄酒集团有限公司是规模最大的绍兴酒制造商之一，旗下拥有多家公司和多个品牌。其中最知名的分公司浙江古越龙山绍兴酒股份有限公司的总部位于绍兴市郊，附近的中国黄酒博物馆是同类博物馆中规模最大的，馆内展出有关米酒历史、复杂工艺、酒曲和原料、优品品种、酒器、储藏条件、传统、饮酒习俗和经济发展等多方面的介绍和展品。关于绍兴酒对文学、艺术、戏剧、音乐和电影的影响见杨国军（2013 年）。

（1637年初刊）中看到来自多个地区使用不同原料的各种酒曲制作工艺的详细信息。书中介绍了很多种工艺流程和原料配方，并配有图示：北方多用小麦和大麦，南方多用糯米，有时也用绿豆，再加上其他配料和百余种草药培养出多种色泽和芳香的霉菌和酵母菌种。明朝时，在圆形或砖块状的曲饼中接种长期培养的霉菌或酵母菌成为一种普遍的做法，体现出一些地区和酒坊所拥有的独家配方的悠久传统。明朝酿酒人按照精心设计的工艺流程，经过或长或短的发酵和贮存阶段制作出"豆酒""黄酒"和"红酒"等酒精饮料，并进一步蒸馏出各具特色并分属不同质量等级的白酒。《天工开物》中的描述清楚表明，自宋代以来发酵技术在复杂性和多样性方面取得了长足进步。[1]

据明清时期的史料记载，中国不同地区发展出了品种丰富多样的酒精饮料。17世纪初明朝人谢肇淛的随笔札记《五杂组》讨论了政治、经济、社会、自然和文化等众多历史和现实话题，其中列举了北方的特色饮品如"葡萄酒、梨酒、枣酒和马奶酒"以及典型的南方酒类如"蜜酒、树汁酒、椰浆酒"。[2] 在一部地方志的类似记载中我们可以了解到数十种明代酒类，包括中国中部地区出产的葡萄酒、多种黄酒和以其为原酒制作的蒸馏酒、添加草药制成的药酒以及一些罕见酒品如广东的荔枝酒、江苏的豆酒、南方的西瓜酒、柿酒、枣酒和肉桂酒等。北京的所谓药酒店还出售用苹果、山楂等水果或玫瑰、荷花等花卉以及多种草药酿制的酒类。这些酒的名称中一般都带有高雅的

---

[1] Huang（2000年）第190页等详细引用了《天工开物》的英译本。值得注意的是，北京地区的一种特殊啤酒的酿造中用到了富含淀粉的薏苡（*Coix lacrymajobi*）仁，而薏苡也是新石器时代的仰韶啤酒（见本书第二章）的原料。关于《天工开物》另见李争平（2007年）第12页。

[2] 见应一民（1999年）第123页中对《五杂组》的引用。

"露"字。这些文献对葡萄酒着墨不多，表明它早已不再像元朝时那样流行。[1]

此外，明朝时对所有酒类统一征收相同的税率，葡萄酒也不再像元朝时那样享有税收优惠，而是要缴纳三十分之一的一般性营业税。此外，前朝设立的酒类管理机构以及对酒类经济的中央管理和控制被取消，税收也大大简化。这些举措导致对酒类产品的供应和需求都大幅增加，出现了大量私人酒坊，曲法发酵酒类的配方和品种显著增多，特别是蒸馏酒的生产也随之蓬勃发展起来。交通基础设施的改善和国内贸易壁垒的消除也使全国各地的市场明显复苏，因此典型的南方酒品如黄酒和流行一时的豆酒也在北方消费者中大受欢迎。1394年，明朝政府全面放开私人家庭酿造和蒸馏酒类产品，这一政策一直保持到 1900 年前后的清朝末年。这个历史阶段的酒类经济的典型特征是家庭作坊广泛存在，人们根据世世代代口口相传的秘方手工酿造或蒸馏出品质精益求精的好酒，添加多种草药精制而成的药酒的神奇疗效也成为酒坊宣传的一大卖点。对于这种荣景，明代文学家和书画家徐渭（1521—1593，绍兴人）就曾写下"无处春来不酒家"的诗句。

当时据说仅仅在湖南省衡阳市就有上万个家庭酒坊。虽然明朝初年就出现了第一批以产业化方式经营的老字号酒坊，但黄酒和白酒的机械化和大规模生产，包括销售和酒店网络的建立、广告宣传、酒瓶和包装设计是从 19 世纪末才开始的，这与现代啤酒和葡萄酒业的起步时间大致相同。创建于 1669 年的中药店同仁堂销售多种药酒，并供奉宫廷御用。酒类贸易在明清时期成倍增长，其中也包括被称为"洋酒"的外国酒品，但直到清朝末年，葡萄酒在中国市场上仍是罕

---

① 应一民（1999 年）第 123 页。

见的珍贵酒类。①

　　同样，出于意识形态的原因，精英阶层遵循正统礼教，压抑欲望，倾向于闭关自守的明清两朝数百年间不存在值得一提的葡萄酒文化。而在此之前的历朝历代，当葡萄酒受到上层社会的喜爱时，葡萄酒文化便会繁荣起来。在传统的葡萄酒产区，葡萄栽培成为水果种植业的一部分，鲜食葡萄仍然作为高级水果得到人们的重视和喜爱。②不过，明清时期葡萄干生产的重要性提升，至今仍是吐鲁番和其他绿洲地区的重要经济产业。黄兴宗如此描述当时的情形：

　　明清时期，人们对葡萄酒的兴趣明显下降。但葡萄作为一种水果却越来越受欢迎。18 和 19 世纪时，来自国外的观察者对京津地区的葡萄品质给予了高度评价。也许，经过数百年的选育，这里栽培的葡萄品种已经很好地适应了华北地区的土壤和气候。③

　　他还写道：

　　一个于 1838—1852 年在中国游历的法国人观察到："15 世纪前的历朝历代都使用葡萄酿酒……。然而，今天的中国人并没有大规模种植葡萄，也不酿造葡萄酒；葡萄果实只是用于鲜食或制作葡

① 关于明清时期的酒类发展史见应一民（1999 年）第 122—123 页、李争平（2007 年）第 31—32 页、Z. Li（2011 年）第 9—10 页。

② 在伊斯兰世界可以观察到，从 13 世纪开始，人们对葡萄酒文化的态度趋向于严格。而在此之前从来没有过禁酒的讨论，阿拉伯-波斯文学实际上也是在葡萄酒文化的滋养下蓬勃发展起来的（见 Heine 1982 年第 44 页等、Brinkmann 2010 年第 82 页、Sachse-Weinert 2015 年第 96—97 页）。

③ Huang（2000 年）第 244 页。

萄干。"①

黄兴宗还引用了爱尔兰自然哲学家罗伯特·波义耳（Robert Boyle）1664 年发表的一篇著作。其实波义耳本人从未到过中国，他的观点在某种程度上代表了当时欧洲人的普遍看法：

> 中国幅员辽阔，土壤肥沃，地理环境丰富多样。中国人……不用葡萄酿酒，而是使用大麦；在北方地区用大米酿酒，也用苹果；但在南方地区，他们只用大米酿酒；但不是用普通大米，而是用中国特有的一种大米。这种大米只用于酿酒，而且使用的方法各异。②

明清时期，山西以及河北怀涿盆地（位于北京西北方向）是两大传统葡萄产区，今天重新成为重要的葡萄酒产地。几个世纪以来，这里的鲜食葡萄声名远播，颗粒大且味道甜美的龙眼和牛奶（又称马奶或马乳）葡萄尤其深受人们的喜爱。根据地方志，山西，尤其是太原以南清徐一带的传统葡萄产区直到清末民初一直被认为是鲜食葡萄、葡萄干、葡萄汁和葡萄酒的顶级产地。③明清人的著作中多次提到，至少从宋金时期开始，太原的葡萄栽培和葡萄酒酿造就已闻名于世。④

---

① Huang（2000 年）第 244 页，脚注第 31 条。

② Huang（2000 年）第 149 页。

③ 见本书第三章。Laufer（1919 年第 231 页）已经指出了太原和山西在葡萄和葡萄干生产方面的重要地位。郭会生（2010 年）第 2 卷第 167 页等、郭会生 / 王计平（2015 年）第 129 页等援引大量文件和文字资料，详细描述了明清时期清徐地区葡萄和葡萄酒文化的连续性。

④ 郭会生 / 王计平（2015 年）第 7 页、刘树琪（2016 年）。其中引用了 1725 年成书的《古今图书集成》中《博物汇编》之《草木典》第 113 卷 "葡萄部" 的内容。

"宣化千年葡萄园"中仍在种植牛奶葡萄，约占该地区鲜食葡萄收获量的80%。[1] 这种葡萄有"刀切牛奶不流汁"的美誉，而且保质期特别长，极易运输。据当地人介绍，他们把牛奶葡萄放在地窖里过冬以备来年春天食用。清朝康熙皇帝和嘉庆皇帝（1796—1820年在位）曾经为"葡萄王"（树龄逾三百年、葡萄藤长达十五米）和"北国明珠"题字，体现出宫廷对牛奶葡萄的重视。这些题字被刻在石碑上，安放在宣化的葡萄园中。当时有一条从怀柔盆地出发通往北方草原和俄罗斯的贸易路线，用名贵的葡萄换取毛皮就是其中商贸活动的一部分。[2] 由于这条通道自古以来一直具有重要的商业和军事战略意义，据传，康熙嘉庆二帝和一些朝廷重臣在行经该通道时都曾在宣化逗留，并对这里出产的葡萄赞不绝口。（见图11.1、图11.2）

图11.1　怀涿盆地的葡萄园，河北

　　据记载，从明朝时就形成了中秋节时除月饼外也向宫廷供奉"大玛瑙葡萄"的惯例。宫廷中有一种特殊的储存方法，即用大瓷罐盛装葡萄，注入少量清水，最上面用葡萄枝叶覆盖。[3] 这些葡萄可能是产自附近

① 见本书第八章中的相关描述。怀涿盆地包括今天的怀来县和涿鹿县，与邻近的宣化县同属张家口市。近代以来，该地区再次发展成为中国最重要、最繁荣的葡萄种植区之一。

② 这条在元朝时期发展起来的商路沿途设有许多驿站和集市，称为"张库大道"。这个名字取自商路上的两个重要枢纽张家口和库伦（今乌兰巴托）。张库大道在清朝时盛极一时，并延伸到俄罗斯和中国东部，也被称为"北方丝绸之路""草原丝绸之路"或"草原茶叶之路"（茶叶是这条商路上进行贸易的主要商品之一）。

③ 应一民（1999年）第125页。

的怀涿盆地的龙眼葡萄，它的果实颗粒很大，果皮呈粉红色。

图 11.2 早春时的"葡萄王"，怀涿盆地，河北

按照流传的说法，1644 年春，李自成（1606—1645）率领千余起义军先锋抵达宣化城，城中百姓用窖藏的名贵葡萄和珍馐佳肴犒劳将士们。宣化最出色的厨师们奉上用各种蔬菜、羊肉、鸡肉和豆腐烹制的美味菜肴和糕饼点心，所有这些食物都用红白葡萄和葡萄叶装饰点缀。疲惫不堪的起义军在宴席上畅饮葡萄美酒。面对如此热情的招待，李自成动情地表达感谢，称赞当地的葡萄是他吃过的最好的水果，是特别贵重的礼物。他鼓励宣化人民将种植葡萄的传统和贮藏葡萄的知识代代相传，让这个地区更加繁荣富裕。李自成眼含热泪，誓言推翻明朝的统治，随后率领军队在宣化城的东门告辞启程。一些宣化人带来了满满两马车冬季窖藏的葡萄作为送行礼。①

下面两首题为《赞宣化葡萄》的七言诗据说是李自成所作：②

其一：

举旗征战扫凶顽，饮马洋河未下鞍。

今日喜食葡萄宴，王师不灭誓不还。

---

① 关于这一历史事件见孙辉亮（2013 年）第 271 页等。在北京地区有一种传统的冬季保存水果的方法：将葡萄等水果用纸包好后放置于阴凉干燥的土坑中，可以一直保存到第二年初夏（见 Laufer1919 年第 230—231 页）。

② 孙辉亮（2013 年）第 10 页。

其二：

> 颗粒葡萄金闪闪，上谷 [①] 百姓遭涂炭。
> 今朝义举灭王朝，誓为天下扫狼烟。

几周后，李自成攻陷北京，明崇祯帝自缢身亡。李自成随即入住紫禁城，但他夺取政权仅仅四十二天之后就被清军打败，不得不仓皇南逃，一年后（1645年）死在湖北。

此外，宣化人还经历了另外一个重大历史事件：1900年夏，八国联军攻入北京进攻义和团拳民，慈禧太后（1835—1908）急忙带着光绪皇帝（1875—1908年在位）及皇室成员乔装成百姓逃亡西安。途中他们在宣化停留，当地官员跪在街上迎接圣驾，恭祝太后和皇帝千秋万岁，并奉上牛奶葡萄。慈禧太后品尝后大为赞赏，不但命人带上一些宣化葡萄在接下来的旅途中继续享用，还下令宣化的地方官在圣驾回京后要每年向宫廷供奉葡萄，并派遣有经验的葡萄农带山葡萄苗前往北京，在紫禁城中栽培葡萄。为确保培育成功，甚至连土壤和肥料也一并从宣化运到北京。作为赏赐，慈禧免除了宣化百姓一年的赋税。据说此后不久，皇宫里便到处摆满了盆栽的牛奶葡萄。稍后，北京城的居民也纷纷效仿。宣化葡萄的名声不仅迅速传遍京城，也传到了京郊和天津。宣化一时间吸引了大量访客，他们购买葡萄和葡萄苗，还和当地人学习种植技术。商人们在此也嗅到了新商机。自1900年光绪皇帝和慈禧太后在宣化停留后，该地区便日益繁荣起来。1909年，张家口至北京的京张铁路建成，极大地促进了葡萄贸易，但这对一年前去世的慈禧太后已经没有任何意义了。清末民初时，宣

---

① "上谷" 是宣化的旧称。

化地区的农民已经达到了较高的生活水平。当地葡萄种植面积超过100 公顷，共有 6 150 多座漏斗形葡萄棚架。[①]

宣化葡萄声名远播，当地的葡萄品种也在其他地区落户，促进了环渤海湾地区的葡萄种植业，今天该地区的天津、山东烟台和河北昌黎仍是重要的葡萄产区。但由于数十年的战乱，这种促进作用究竟有多大已经无从考证。就牛奶葡萄而言，自明清以来，人们一直将其作为鲜食葡萄而非酿酒葡萄来销售。这一广大地区的葡萄酒生产始于清朝末年，最初是天主教传教士出于自身饮酒以及弥撒仪式用酒的需求而从欧洲引进了一些葡萄品种。这些欧洲品种至今仍在环渤海湾葡萄酒产区和怀涿盆地占有主导地位。不过，怀涿盆地的葡萄酒企也使用当地的龙眼品种酿造出了一款风味独特的葡萄酒。

此外，宣化葡萄的名气还体现在从明朝到现代的大量文学作品中，除了数十首诗歌（见上文中李自成的诗作）外还有不少散文和游记，其中一些出自曹禺（1910—1996）、田汉（1898—1968）和冰心（1900—1999）等著名作家之手。

剧作家曹禺幼年时父亲在宣化为官，他跟随父母在宣化度过了五年时光。晚年的曹禺回忆起童年时吃葡萄的乐趣和后来的苦难人生，写下了这首诗：

尝遍宣化葡萄鲜，嫩香似乳滴翠甘。
凉秋塞外悲角远，梦尽风霜八十年。[②]

---

① 关于慈禧太后在宣化停留的相关信息见孙辉亮（2013 年）第 274 页等、李敬斋（2013 年）第 327 页。慈禧回到北京后，宣化的地方官每年中秋节都会向宫廷供奉当地出产的优质葡萄。

② 孙辉亮（2013 年）第 12 页。这本文集的前面几章列举了大量描写宣化葡萄和葡萄酒的文学作品。

诗人、剧作家和文艺活动家田汉也将宣化葡萄园的优美风光和当地葡萄酒的顶尖品质写进了诗歌中：

山样葡萄品种丰，丁香柔嫩牡丹红。
相期学稼张家口，同举金杯醉大同。[1]

诗人冰心在一篇短文中记录了她于1935年游览宣化的所见所闻：那里的一座座葡萄园绵延在山间，在那个战乱频仍的年代，宣化仍然大量出产葡萄。冰心在文中写道，葡萄树老藤的"结法如倒置的雨伞"，使所有藤蔓都能获得最佳日照，这是宣化葡萄园的一大特色。[2]

值得一提的是《清稗类钞》中关于葡萄和葡萄酒的一些论述。该书是一部多卷本百科全书，按照92个主题类别进行了系统编排，涵盖整个清朝时期所有可以想象到的生活领域，其中汇编了来自民间的实录、轶闻和传说，是对官方史学的有益补充。编纂者徐珂（1869—1928）在光绪年间中过举人，是出色的学者和编辑，主编过多部大型作品。这部卷帙浩繁的著作为我们今天了解清代中后期一个半世纪的国情提供了生动的资料。按照徐珂的描述，康熙皇帝平定噶尔丹后，新疆的一系列葡萄品种传入内地。康熙命人在御花园中种植红、白和粉红色果实的葡萄，也有马乳等果粒呈长条形的葡萄，还有果实大小混杂或颗粒很小但甜度很高的品种。[3]《清稗类钞》中几乎找不到任何

---

① 孙辉亮（2013年）第11页。

② 孙辉亮（2013年）第115页等。

③ 康熙时期的一份史料记录了御花园中种植的十种鲜食葡萄。见王玫（2010年）第180页。根据Laufer（1919年）第229页，有三个葡萄品种来自哈密地区。1780年左右，北京地区有多达14个葡萄园，京城市场上的鲜食葡萄价格低廉。（转下页）

琥珀光与骊珠：中国葡萄酒史

关于中国葡萄酒生产的报道，只有"葡萄酒"是用"葡萄汁"酿造而成这一显然当时已不再为人所熟知的信息。书中还写道，北京有三家店铺，除了以水果、花卉、草药为原料制作的蒸馏酒之外也出售"葡萄露"。解除海禁后，进口葡萄酒的数量和种类大大增加，其中用未去皮果实酿造的葡萄酒是红色的，而用去皮果实酿造的葡萄酒则是白中略带黄色。据说前者对便秘有疗效，后者能促进肠道蠕动。此外还有一种来自西班牙的含糖量很高的清澈葡萄酒，被称为"甜葡萄酒"，据说能让体弱多病者很快恢复精神。[1] 值得注意的是，与明清时期的其他酒类一样，人们明显更强调葡萄酒在健康和医疗方面的功效。

可以想见，随着第一批欧洲航海家和传教士的到来，南欧葡萄酒在明末清初首次传入中国，然后作为珍贵的舶来品进入上层阶级，主要是因为它具有医疗功效。据传，清朝康熙皇帝赏识耶稣会士，甚至授予他们官职。有一次康熙患上疟疾，耶稣会士劝说他每天喝一杯红葡萄酒以增强体质。此后康熙便保持着这一习惯直到去世。他在位61年，开创出一个国强民富的盛世，这在中国帝王中是绝无仅有的。据说，1715年康熙六十大寿时，耶稣会士献给他一箱来自欧洲的葡萄酒。后来发生的礼仪之争导致绝大多数欧洲传教士被驱逐，康熙只得派人四处搜求葡萄酒。[2]

（接上页）乾隆时期，北京东北的承德避暑山庄内种植了来自塔里木盆地西部边缘叶尔羌（莎车）的葡萄树。见 Löwenstein（1991 年）第 19 页。清朝宫廷对酿造葡萄酒的兴趣很可能是来自欧洲耶稣会传教士的影响。见 Godley（1986 年）第 385 页。徐光启（1562—1633）所著的《农政全书》描述了当时中国境内栽培的大量葡萄品种，其中绝大多数是鲜食葡萄。见李争平（2007 年）第 24 页。

[1] 应一民（1999 年）第 127、128 页。这种西班牙的甜葡萄酒显然是雪利酒，即用白兰地加强的高度白葡萄酒，产自西班牙安达卢西亚地区的赫雷斯，从 16 世纪起主要通过英国商船运输。见 Estreicher（2006 年）第 66 页。

[2] Laufer（1919 年）第 238 页。据说来自波尔多的耶稣会士李明（Louis le Comte, 1655—1728）建议康熙皇帝饮用葡萄酒，我们可以推测康熙由此培养出了（转下页）

满族官员尼玛查在新疆为官十余年，写下了《西域见闻录》一书，记录他在当地的所见所闻。这部历史笔记于 1777 年成书，书中有一些关于新疆白兰地生产的记述：

> 深秋葡萄熟，酿酒极佳，饶有风味。……其酿法纳果于瓮，覆盖数日，待果烂发后，取以烧酒，一切无需面蘖。[①]

同样引人注目的是，这里特别强调葡萄的自然发酵，而非采用中国中原地区惯用的曲法粮食发酵。

本书第六章、第八章和第十章在介绍从元代开始广泛使用的蒸馏法时已经提到中国最全面的中医药百科全书《本草纲目》。这部巨著成书于明代，作者李时珍是中国历史上最著名的医学家、药学家和博物学家之一，他苦心钻研并收集资料数十年，最终于 1590 年完成了这部巨著，其中包括对近 1 900 种药用植物的阐述、11 000 多个药方和 1 160 幅插图，也大量引用前人所作的医药典籍，并对引文进行了修正和注释。《本草纲目》至今仍被视为采用自然科学研究方法的开山之作，也是学习研究传统中医药学的基础理论著作。李时珍盛赞"酒，天之美禄也"，[②] 在书中全面介绍了当时已知的各种酒类饮品及其制备方法和应用，也比较详细地论述了葡萄和葡萄酒，不仅介绍了酿造工艺，还按照当时人们关注的重点介绍了其药用

（接上页）饮用波尔多红酒的习惯。李明在 1691 年回到法国后撰写了一篇关于中国哲学和社会的论文，将礼仪之争推向高潮。见 Xiping Zhang（2006 年）第 156 页等、维基百科词条"李明（传教士）"。

① 应一民（1999 年）第 129 页。此处的"面蘖"即酒曲。

② 这种将酒视为上天赐予人类的礼物的说法可以追溯到周朝时的观念。

　　　　　　　　　　　琥珀光与骊珠：中国葡萄酒史

功效。①

《本草纲目》中提到了三种使用葡萄酿酒的方法：

第一种方法：

凡作酒醴须曲，而蒲萄、蜜等酒独不用曲。
蒲萄久贮，亦自成酒，芳甘酷烈，此真蒲萄酒也。

第二种方法：

取汁同曲，如常酿糯米饭法。无汁，用干蒲萄末亦可。

第三种方法：

取蒲萄数十斤，同大曲酿酢，取入甑蒸之，以器承其滴露，红色
可爱。

用第三种方法得到的是一种结合传统曲法发酵与蒸馏制成的白
兰地（葡萄烧酒），但它的味道更像中国的白酒，可能主要用于医疗。
它的红色在此作为一种吉祥色也许也被赋予了某种疗效。

《本草纲目》可能是首次提出葡萄酒质量与葡萄品种之间有密切
关系的学术著作：

---

① 胡山源（1939 年）第 73 页等；应一民（1999 年）第 125、127、162 页；Huang
（2000 年）第 203 页等；Trombert（2001 年）第 315—316 页；李争平（2007 年）
第 12 页；陈习刚（2010 年）第 129—130 页；王玫（2010 年）第 185 页；郭会生
（2010 年）第 26—27 页；郭会生 / 王计平（2015 年）第 131—132 页。此处引用的
《本草纲目》原文来自维基文库。

蒲萄皮薄者味美，皮厚者味苦。

李时珍也认识到不同产地葡萄酒的质量差异：

（蒲萄）酒有数等，出哈喇火者最烈，西番者次之，平阳、太原者又次之。

此外，《本草纲目》还介绍了一种提高葡萄酒质量和延长保质期的冷冻技术，让人联想到冰酒的天然酿造法以及现代的浓缩法——经过浓缩可以酿造出高浓度、高葡萄浆含量的葡萄酒，不过这种方法存在争议。

李时珍也认识到葡萄酒和葡萄烧酒具有积极的保健作用。在他看来，经常饮用葡萄酒能强身健体，利尿活血，延年益寿，使老年人气血充足，充满活力。葡萄烧酒的作用则是调节和增强身体机能，使人耐饥耐寒，消除炎症，改善亚健康状态。《本草纲目》中还列出了其他酒类如米酒（黄酒）、白酒（烧酒）甚至桑葚酒治疗各种疾病的功效和作用，但作者明确指出饮酒必须适度。[1]

将葡萄酒归类为贵重的异域保健良药导致明清时期的葡萄酒主要在药店出售，[2] 这种观念的影响一直延续至今——正如李时珍所描述的那样，人们更喜欢红葡萄酒，其保健作用也已被现代研究所证实。不过，3 世纪时魏文帝曹丕宣称他更喜欢葡萄酒而不是米酒的原因在于前者的味道更甜，而且醉后也更容易醒酒。现代葡萄酒广告乐于强调这些优点，并经常自豪地提及李时珍早在 16 世纪时的开创性

---

[1] 韩胜宝（2003 年）第 201 页。

[2] 应一民（1999 年）第 164 页、彩图附录第 19 页。

研究成果，这也解释了为什么大多数中国消费者仍然喜欢饮用红葡萄酒，但通常不太追求饮酒时的感官享受。

明代学者高濂（约 1527—约 1603）所著的《遵生八笺》是一部关于闲适消遣延年养生的著作，其中也有一个制作葡萄酒的配方，在酿造中需要添加酒曲和蜂蜜。根据季节的不同，发酵时间在三天到七天不等。这种葡萄酒可以使"百脉通畅，气运无滞，助道所当不废"。[①]

值得一提的是，比《遵生八笺》成书晚一个世纪的《广群芳谱》是一部植物学巨著，书中记录了当时已知的 15 个葡萄品种的信息，如中国本地品种"龙眼""白鸡心""红鸡心""李子香"等，基本上都是芳香型鲜食葡萄，部分无籽。[②]

明清艺术中，葡萄藤和葡萄仍然是艺术家青睐的题材。与 13 世纪的温日观[③]遥相呼应，明代的徐渭也是一位以葡萄画闻名的画家。他甚至自号"青藤老人"和"青藤道士"。徐渭出生成长于"黄酒之乡"绍兴，是杰出的书画家、诗人、戏曲家和音乐家，以其在艺术和文学方面的杰出作品和独特风格被誉为"明代三大才子"之一。然而，他一生命运多舛，曾因猜疑而杀死妻子，入狱多年，数次自杀未遂，晚年穷困潦倒。他因为率性不羁和对正统观念的反抗而失去了进入仕途的机会，于是他四处漂泊，写诗作画，也曾到过北方的宣化。他以卖画为生，零星所得的收入全部拿去换酒，他时常与画家朋友共饮，甚至还出入下等酒馆与贩夫走卒同醉。徐渭最著名的作品是《墨葡萄图》，他为这幅画题写了如下诗句：[④]

---

① 见王玫（2010 年）第 187 页对《遵生八笺·饮馔服食笺中·酝造类》的引用。

② Fei（1987 年）第 36 页。

③ 见本书第十章。

④ 关于徐渭见 Schmidt-Glintzer（1990 年）第 406、446—447 页；应一民（1999 年）第 158 页。

半生落魄已成翁，独立书斋啸晚风。

笔底明珠无处卖，闲抛闲掷野藤中。

诗中的"明珠"即一串串掩映在低垂的藤蔓与叶片间的葡萄，徐渭以水墨点葡萄，颗颗葡萄显得玲珑剔透、晶莹欲滴。葡萄叶则用

大块水墨晕染，墨色浓淡不一。酣畅淋漓的笔墨与白纸的底色形成强烈对比，整个画面似乎在不经意间信笔挥洒而成，疏放飘逸，尽显道家性情。徐渭是"狂草"大师，也极其擅长将文字与图画融为一体，在这幅《墨葡萄图》中，题诗也完美地融入画作的布局，诗句像藤蔓一样从画面左上方的边缘垂下，并巧妙地与下方的藤蔓枝叶结合为一个和谐的整体。虽然没有任何文字记录为证，但我们有理由相信，徐渭与历史上的众多前辈一样从"精神饮料"中获得了绘画和诗歌的灵感。此外也完全有可能的是，他带着在北方漂泊时对宣化葡萄园的深刻印象回到家乡，将在那里的所见所闻融入了自己的文学与艺术作品中。《墨葡萄图》这首诗表现出他晚年的抑郁状态。除了精神上的痛苦，他也面临生活上的困顿，以至于不得不卖掉自己苦心收集的藏书和艺术品，最终被迫以卖画鬻字来维持生计。但在该诗最

图 11.3 徐渭《墨葡萄图》，现藏于绍兴徐渭故居

琥珀光与骊珠：中国葡萄酒史

后两句中他绝望地哀叹，他的画有时根本是无人问津。徐渭73岁去世时一贫如洗，躺在硬邦邦的床板上，连一床被褥也没有，临终之际身边只有一条狗。然而，后世追赠给他不朽的名声，著名的清代书画家郑板桥（1693—1766）尤其推崇徐渭，甚至自称"青藤门下走狗"。他和徐渭一样都是当时社会风气僵化守旧和艺术创作墨守成规的激进反对者。

如今，位于绍兴古城深巷中的徐渭故居"青藤书屋"成为一座博物馆，那里珍藏着这幅被很多人临摹过的《墨葡萄图》的真迹以及徐渭的其他书画作品。房前的小院中有竹子、石榴、梅花和芭蕉树，当然也有伸展着长长藤蔓的葡萄树，这些都是徐渭书画作品中常见的主题。

生活在明朝末年的江南戏曲作家、画家、书法家和诗人李日华（1565—1635）也有某种怪癖倾向。有证据表明，他的生活和作品如同当时的其他一些名人一样，都与饮酒密切相关，他们甚至刻意模仿历史上著名的好酒人士，如3世纪的刘伶等"竹林七贤"以及8世纪的书法家"醉僧"怀素。[1]李日华曾经在一幅扇面上抒发他对酒的热爱：

瓦盆注酒，石盆注墨，酒尽墨酣，颠倒狼藉……[2]

李日华最喜爱的绘画题材是兰竹，他的咏兰竹诗多和酒有关，如：

飒然清风来，醒我昨夜酒。[3]

---

① 见本书第七章、第八章。关于李日华及此处的引用见维基百科词条"中国酒文化"。

② 出自李日华《题画尔瞻扇》。

③ 兰竹（*Nandina domestica*）是中国传统绘画中的常见题材，又叫南天竹，是一种常绿灌木，开白色小花，果实为红色球形小浆果。

又如：

忘却酒瓢深草里，醉醒月出又来寻。①

在一部笔记作品中，李日华专门讲述了黄山"猴酒"的故事，这类故事在黄山和其他南方山区已经流传了几个世纪。②

明末清初画家朱耷（1626—约1705）是朱元璋的后代，明朝灭亡后剃度为僧，后改入道门。朱耷号"八大山人"，后世也多以此号称呼他。关于他的创作也有一些轶闻流传于世。他和张旭等前辈一样，在每次创作前要先对着准备就绪的笔墨畅饮美酒至大醉，突然感受到心醉神迷的一刹那立刻大叫一声，随即提笔挥洒出一幅非凡的图画。前来买画的人总是携带足量的好酒和笔墨纸砚。上文提到的郑板桥也有类似的怪癖，他无酒不成画，每次创作前必要尽情酣饮一番，然后在他的作品中"使酒与绘画融为一体"。郑板桥原籍苏州，后来成为"扬州八怪"的主要代表人物。③

艺术和文学创作主要集中在南方地区，这就是为什么酒文化也集中在南方，主要以米酒（黄酒）的形式出现，而粮食发酵酒蒸馏而成的白酒的比重也越来越大。除了绍兴以外，苏州也是南方一个繁荣的经济文化中心，马可·波罗就曾在游记中描述过这座运河、园林、丝绸和贸易之城。与之前的历史时期一样，明清时在江南地区也有大量饮酒诗和关于饮酒的轶闻趣事流传下来。从这些故事中我们可以得知，诗人、书法家和画家们以酒来激发灵感，他们常常聚在一起

---

① 出自李日华《咏竹》。
② 见本书第三章中的相关引文和注释。
③ 应一民（1999年）第26、28页；韩胜宝（2003年）第132页。

　　　　　　　　　　　　　琥珀光与骊珠：中国葡萄酒史

狂饮，不喝到尽兴绝不会动笔。顾嗣立（1665—1722）是其中一个突出的例子：他是江苏长洲（历史上属于苏州）人，据说汉代以来所有诗家源流支派他都"略能言之"。他被公认为当时江南地区最有名的酒徒，甚至获得了"酒帝"的称号。他在自己精心打造的花园"秀野园"里成立"酒人社"，定期举行饮酒比赛，而他本人从未败北：

> 每会则耗酒数瓮，既醉则欢哗沸腾，杯盘狼藉。

以及：

> 文酒之会，友朋之聚，未有盛于此时者也。[①]

此外，我们还能列举出一大批生活在苏州及其周边地区的率性而为、以好酒者自居的诗人、文学家、画家和书法家。以下是他们中的著名代表人物：祝允明（1461—1527）写下了大量酒诗，其中一部分是专为纪念李白而作；唐寅（1470—1524）只有在"酒足"之后才能赋诗作画，他在《桃花庵诗》中隐隐自比李白，表达了自己"不愿鞠躬车马前，但愿老死花酒间"的愿望；致力于通俗文学创作的冯梦龙（1574—1646）同样也沉迷饮酒之乐。[②]另外还值得一提的是文学家常伦（1492—1525，山西人）的简短传记。常伦比唐寅晚生二十几年，二人的精神世界相似，都是不见容于社会的异类。常伦原本前途无量，但他厌恶官场的黑暗腐败和尔虞我诈，转而退隐，最终因醉酒

---

① 韩胜宝（2000 年）第 46 页等、维基百科词条"中国酒文化"。关于明清时期书法名家及其与酒的密切关系，张铁民（1993 年）第 357 页。

② 韩胜宝（2000 年）第 44 页等、第 73 页等；韩胜宝（2003 年）第 133—134 页等。另见韩胜宝（2003 年）第 92 页等对这些诗人部分作品的引用。

落马坠江而英年早逝。这一事故使得他的声名之上又罩上了一层光环，因如此一来，常伦的命运便与他所崇拜的屈原和李白惊人地相似：屈原是楚国的大臣，也是一位爱酒之人，他最后投汨罗江自尽；唐代大诗人李白酩酊大醉后试图拥抱月亮在水中的倒影，不幸溺水而亡。

明代冯时化所著的《酒史》是和酒有关的传记、轶事和语录中比较有名的一部，但书中并未提供任何有关酒类品种及其制作工艺的信息。[1]

文学家、画家陈继儒（1558—1639）和官员及文学家袁宏道（1568—1610）都曾写下劝世文，提醒世人应当秉持一种符合时代特征和儒家思想的饮酒态度，饮酒行为应合宜而有节制，而传统上认为适度饮酒在各种社交活动中都是不可或缺的。在上层社会，一方面要严格遵守各种场合的礼仪，另一方面又非常重视丰盛的款待和轻松愉快的氛围，于是自然需要对节庆活动上的合宜举止做出明确的规范。因此，陈继儒、袁宏道等人精心设计了一系列详细的规则，以达到饮酒之乐的最佳效果，如季节、氛围、酒器、宾客和酒伴的选择、饮酒次序、克制有礼同时又轻松自然的言谈举止以及避免因饮酒过量而造成的任何尴尬和失误。清代学者黄九烟（1611—1680）喜欢饮酒，但始终注意节制适度原则。他这样总结对酒的正确态度：

饮酒者，乃学问之事，非饮食之事也。[2]

陈继儒在他创作的格言警句集《小窗幽记》中也强调了酒作为

---

① Huang（2000年）第133页。

② 见《清稗类钞·黄九烟论饮酒》（第106卷），引自维基文库。另见应一民（1999年）第58页。

灵感和创造力的象征和媒介在精神层面的功能。他对人们的雅集宴饮提出了如下建议：

> 法饮宜舒，放饮宜雅，病饮宜小，愁饮宜醉，春饮宜庭，夏饮宜郊，秋饮宜舟，冬饮宜室，夜饮宜月。[①]

　　袁宏道是明代最博学的学者之一，他撰写的《觞政》面面俱到，亦不乏风趣，是那个时代最全面、最精彩的"饮酒的宪法"。[②] 虽然只活到 43 岁，但袁宏道的人生是非常丰富的。他自幼博闻强记，学富五车，三次起任又三次去官，也曾遍游各地名胜。他在旅行途中结识了很多学者文人，他们诗酒酬答，奇文共赏，创作了大量书信、散文和诗歌。陪伴袁宏道走过部分旅程的一兄一弟也俱有才名，他们兄弟三人与其他一些志同道合的文人形成了一个文学流派，因为袁氏兄弟是荆州公安县人，所以世称"公安派"。公安派强烈反对追求复古的风气，拒绝仿效秦汉唐宋古文。这种文学主张使得袁宏道与当时著名的非主流学者李贽和徐渭（关于二人见上文）结下了深厚的友谊——徐渭在诗歌方面的成就主要归功于袁宏道的发掘。对袁宏道来说，文学是有生命力的，而且始终在变化的。正因为如此，他十分欣赏当时流行的使用日常口语写成的民间故事和长篇小说，这些作品客观地再现了平民百姓的真实生活，正统文人对此则嗤之以鼻。值得注意的是，袁宏道的作品没有被收录到明朝官修文学汇编中，甚至被朝廷列入禁书。这也是袁宏道在 20 世纪上半叶才被林语堂（1895—1976）

---

① 应一民（1999 年）第 48 页。

② 应一民（1999 年）第 50 页等。关于袁宏道的生平事迹见 Schmidt-Glintzer（1990 年）第 400、406—407、443 页等；郭旭 / 黄永光（2013 年）；维基百科词条"袁宏道"。下文中对袁宏道的引用均出自以上来源。

等现代知识分子"重新发现"并尊为时代先驱的根本原因。

　　袁宏道深受当时占主导地位的王阳明心学和禅宗的影响。哲学家王阳明（1472—1529）重新诠释了儒学，倡导"心外无物"与"致良知"。禅宗修行的重点则是发现自我和每个人与生俱来的直觉洞见，即"顿悟"。在袁宏道看来，文学和艺术创作应当发自内心和个人的天性，而理性思维则会阻塞直觉和源于潜意识的创造力。用他自己的话来说就是创作应当"独抒性灵，不拘格套"。[①]这种融合了道家与佛教的人生信条可以解释为什么酒的精神拓展作用和象征意义一直是袁宏道作品的重点，以及为什么"酒"的主题与追求真理和智慧以及清除通往真理和智慧道路上的障碍紧密结合在一起。袁宏道在作品中多次透露他小饮即醉，酒量还不如苏东坡。公认的伟大饮酒诗人苏东坡（见本书第九章）其实完全不善饮酒，据说他只要看到一滴好酒就会醉倒。对他来说，饮酒的感官享受代表着一种无法替代的象征力量。然而，袁宏道非常爱酒，他对酒的神奇精神作用以及酒在驱散忧愁和追求真理道路上的辅助功效十分着迷。[②]尽管袁宏道的酒精耐受力明显极低，但他的不少诗歌和散文都围绕着酒的主题展开。除了"真"之外，如同之前历代诗人一样，"愁"也是袁宏道作品中的一个重要主题。沉溺在酒中使他暂时忘却了对沉闷腐败官场的厌恶，这正与他推崇的生活在一千多年前的阮籍和陶渊明如出一辙（见本书第七章）。[③]在1609年的一篇日志中，袁宏道记录了一段连续九天设酒宴

---

① 由此发展出中国诗歌的"性灵说"理论。

② 在北京逗留期间，袁宏道与诗友们在城西的崇国寺（该寺现已不复存在）成立了一个诗社，因寺中有葡萄园而命名为"葡萄社"。他在此处所作的一首诗中描述了自己因阴雨连绵而连续三天饮葡萄酒的情形。见郭旭／黄永光（2013年）第464页。

③ 见郭旭／黄永光（2013年）第465页等。相关诗歌的原文和注释见《中国历代诗歌鉴赏辞典》（1988年）第1213页等。

　　　　　　　　琥珀光与骊珠：中国葡萄酒史

客的经历。他也曾在一首诗中描写梦见自己沉醉于酒乡无法自拔，杭州的西湖变成了美酒，岸边的雷峰塔化为酒糟，荷花变成了美人。他每饮一口便唱一句，一口能喝下三百斗（一斗相当于十公升），先饮后唱，如此循环往复三万六千次。不过，袁宏道也曾明确指出，豪饮并不意味着真正的饮酒之乐，而那些懂得享受酒带给人的愉悦、了解酒的品质并能就酒这个话题进行雅谈妙论的人不一定酒量很大。[①]

最终，对酒的热爱促使他撰写了《觞政》一文。它不仅是中国酒史上最重要的作品之一，而且也是本书第五章中所述饮酒的矛盾性和辩证性在明清时期的反映，对此我将在下文中进行更详细的阐述。此外，我们在《觞政》中再次清楚地看到，三千年来，酒礼制度在中国传统中根深蒂固，并相对稳定地延续至今。

《觞政》共分为十六则，涉及燕集雅饮的各个方面和诸多要素，这些自周代以来已经反复以文字形式记录在礼仪规则框架之内（见本书第五章）。袁宏道写作此文旨在对传统规则进行合乎时代要求的修订和补充，首要的目的是为地方官员的饮酒礼仪提供指导，并将其与民间的粗俗乡饮严格区分开来。《觞政》第一则阐释了选择酒席之主（"明府"）的标准：此人负责为客人倒酒、营造氛围和监督众宾客遵守规则，必须精通酒令，能歌能文，并且有相当的酒量。第二则讨论的是宾客或酒伴的选择，对此袁宏道列出了十二种不同的人选。拥有这些特质的饮者可以保证筵席的有序进行，当席间有人恣意欢闹、疲惫倦怠、意兴阑珊或放肆妄为时，那些精心挑选出来的宾客或酒伴则能够自我克制、保持冷静。

对于一场成功的酒宴来说，时令和适当的氛围同样具有决定性的作用，对此《觞政》第四则进行了详细说明：

---

① 郭旭/黄永光（2013 年）第 464 页等。

凡醉有所宜。醉花宜昼，袭其光也。醉雪宜夜，消其洁也。醉得意宜唱，导其和也。醉将离宜击钵，壮其神也。醉文人宜谨节奏章程，畏其侮也。醉俊人宜加觥盂旗帜，助其烈也。醉楼宜署，资其清也。醉水宜秋，泛其爽也。一云：醉月宜楼，醉暑宜舟，醉山宜幽，醉佳人宜微酡，醉文人宜妙令无苛酌，醉豪客宜挥觥发浩歌，醉知音宜吴儿清喉檀板。

第五则列举了成功举办一场酒宴的五种有利条件（"五合"）和十种不利条件（"十乖"）。有利条件包括：宜人的天气如凉风、好月、快雨、时雪；花开正好时新酒酿成；酒兴盎然；小酌后精神振奋；心境转忧为喜。十种不利条件包括：烈日与热风；情绪不佳；主人特地铺设排场，令客人感觉不自在；宾主互相拉扯，很不雅观；匆忙上酒上菜以便尽快结束宴席；内心不快，强作欢颜；繁文缛节、曲意逢迎；客人按时赴席但乌云密布暴雨倾盆；酒席离家很远，客人见快要天黑便匆忙饮酒告退回家。最后还有几种令人懊恼的情况：主人期盼的客人临时另有安排；能说会道的歌女要去别处为他人助兴；起初奉上的美酒后来被换成次等酒；烤肉虽香，但端上桌时已经放凉。

《觞政》第六则中列出了营造良好氛围的 13 个因素，很有启发性：时候适宜；主客久别重逢；酒好且主人庄重可敬；只在正式酒器中盛满酒时才咏歌；不会行令就感到羞耻；注意力集中在酒品而不是食物上；不随意更换座位；监酒官严格遵守规定，庄重沉着；主令官不被人情左右；不废弛规则；不以人的喜好代替规则；不借酒装疯；有善解人意的歌妓童奴助兴。

接着袁宏道列举了 16 个败兴的因素：主人吝啬；客人轻视主人；座次混乱；房间光线昏暗；乐工技艺不精，歌妓娇弱扭捏；席间批评时政和谈论家事；一再重复不得体的笑话；不断站起坐下；与邻座交头接耳低声私语；不遵守酒席规则；醉酒后喋喋不休地胡言乱语；身在筵席而神已外驰；摘下发巾随意倒卧；客人带来的儿童和仆人喧哗吵闹；夜深以后客人不告而别；怒目或侧目看人。任何其他扰乱欢饮酒宴的行为都必须受到惩戒，尤其是粗鲁的语言和无礼的行为。

第七则介绍了根据个人天赋与喜好举行饮酒比赛的各种方式，例如以杯盏比试酒量，在博弈游戏中争高下，抑或较量口才、赛诗、斗智等。

第八则指出应当按照以下顺序行酒礼：首先按照传统礼仪向祖先献酒祭，然后祭奠作为"酒圣""觞之祖"和"饮宗"的孔子，他曾经教导弟子"唯酒无量，不及乱"（见本书第五章）。接下来祭奠的对象依次是"四配""十哲"（见本书第七章）和李白等历史上著名的饮酒者（见本书第八章）。"四配"即阮籍、陶渊明、王绩和邵雍，"十哲"是郑泉、嵇康和刘伶等人。最后则要向以杜康和仪狄为代表的神话传说中酒的发明者致敬（见第本书第三章）。

第九则对历史上杰出的饮酒者进行了类型分类，如为国效忠者、放达者、心胸宽广者、才华横溢者、善饮的大文豪和儒学大师、嗜酒高僧和禅师、追求仙境或玄妙的饮者，以及酒后怡然自得或苦闷、呆滞、狂傲、愤懑、悲伤的饮者。尽管饮酒的动机不同，但他们的共同点都是借助酒来宣泄情感。这些饮者是中国酒文化历史上的典范人物。

第十则介绍了以酒为主题的文学作品，从《论语》和《孟子》等儒家典籍到众多酒经、文学和诗歌作品、历史和地理著作，再到明代长篇小说，不一而足。博学多才的袁宏道最后讽刺说，不懂这些典籍而只会狂饮滥醉者不能算是真正的"饮徒"。

在第十一则中，袁宏道承认，饮酒时不合礼法扰乱酒席的情况并不少见。他认为这些行为视情节轻重都应受到相应刑罚，比如烙刑、劓刑、宫刑，极端情况下甚至要处以斩首的极刑。当然这些都是袁宏道的戏谑之言，很可能他在写下这些文字的时候刚好酒兴正浓。

十二则等其余几节涉及酒的品质、饮酒的器皿、佐酒的各种小吃、聚会场所的布置和装饰。最后作者建议那些教育程度不高且举止粗俗的普通饮酒者都来阅读一下这本手册。

在明清两朝，酒不仅越来越多地出现在对正统礼教的政治性抗议中，饮酒也成为对僵化的理性主义、[①]功名富贵乃至整个封建社会制度的反抗。不仅持有异见的文人学者和艺术家热爱饮酒，酒更在普通民众的生活中扮演着重要角色，这种现象首先反映在民间文学作品中。自元代以来，尽管受到官方的蔑视和禁绝，这些话本故事、长篇小说、戏曲作品还是以口头和书面形式在民间四处传播，并日渐流行开来。其中的大部分作品直到近代才得到官方认可，成为中国文学宝库中的经典作品。其中包括至今仍广受人们喜爱的白话长篇小说，如《三国演义》（作者罗贯中，约 1330—约 1400）、《水浒传》（作者施耐庵，元末明初）、《西游记》（作者吴承恩，约 1500—约 1582）、《金瓶梅》（作者署名兰陵笑笑生，生卒年不详）和公认为白话叙事文学高峰的《红楼梦》（曹雪芹，约 1715 或 1721—约 1764）。这些作品大多来自口头流传的故事，选取一段历史时期作为时代背景，通过虚构的人物和情节，以生动逼真的现实主义手法并结合丰富的想象和讽刺，勾勒出明清或数世纪之前的社会与道德状况。在所有这些小说中或多或少流露出来的道德准则和宗教信条与戏剧化的人际关系、冲突乃至残酷的暴行和无耻的堕落形成对立，从中可以看到当时流行的佛道教思想如罪孽与赎罪观念对社会生活的影响。几乎每部作品都

---

① 意识形态上的抗议表达为"以情抗理"，是两大新儒家思潮之争的延续，而酒和欢饮醉酒则是反抗的工具，最终也是对晚清末日景象的一种逃避。见蔡毅（1993 年）第 221—222 页。

　　　　　　　　　　　　　　　琥珀光与骊珠：中国葡萄酒史

含有对支配全社会的儒家正统思想和束缚人心的僵化礼教的隐晦批判。它们的共同点是，主人公经历的事件和冒险活动都是在两种力量的撕扯中发生的，一种力量导致了暴乱、毁灭、放荡和堕落，另一种力量则引向禁欲和遁世。仅在那些长篇小说作品中就有数以千计的描写聚饮和狂饮烂醉的场景，十分戏剧性地凸显出人际冲突和情感冲动。[①]李汝珍（1763—1830）的小说《镜花缘》里出现了五花八门的酒精饮料，书中提到的酒名竟达七十多个。[②]

在以上及其他明清小说中一个十分典型的特征是对饮酒场面的铺陈渲染，这些场面往往出现在江湖好汉义结金兰、英雄豪杰逐鹿中原或者尸横遍野血流成河的鏖战之前，英雄史诗《三国演义》和《水浒传》尤为典型。在一些涉及情欲的作品中也有很多华丽细致的饮酒场景描写，如已翻译成多种文字、改编为大量影视剧或音乐作品的《红楼梦》和被归入色情文学的《金瓶梅》。《水浒传》中的"武松打虎"是明清小说中最有名的饮酒情节之一：在景阳冈上的小酒店里喝下十五碗（一说十八碗）"透瓶香"好酒后，武松借着酒劲徒手打死了一只猛虎，从此名震江湖。后来武松多次被小人暗算，而他对仇家的血腥报复也多发生在酒后。最终他在一次激战中失去一条胳膊，此后出家为僧，平静地度过了余生。另一位和武松一样身手不凡且强悍鲁莽的梁山好汉鲁智深在落草前曾经在佛教圣地五台山上做过几个月和尚，他完全无视佛门不得饮酒的戒律，喝得烂醉后殴打僧人，毁坏寺中建筑。《水浒传》还描写了大量典型的酒店场景，江湖好汉们在那里大块吃肉、大碗喝酒。关于《三国演义》和《水浒传》的作者身份尚有一些争议，但通常公认为罗贯中和施耐庵。据说二人都嗜酒如命。施耐庵是苏州人，有记载说他在与朋友的聚饮中收集了大量创作

---

① 宋书玉（2013年）第436页。

② 李争平（2007年）第12页。

素材，并总是在酒足饭饱后文思泉涌，下笔如神，这一点也许可以为这些小说的起源提供新的线索。[1]

《金瓶梅》和《红楼梦》中的主人公都喜欢在家庭节庆和男女私会的场合欢饮纵酒。"金瓶梅"这三个字中就包含了对财富（"金"）、饮酒之乐（"瓶"）和情色（"梅"）的意味深长的隐喻。《红楼梦》共描写了 29 个不同的酒宴场合，其中不乏一边饮酒一边吟诗作赋或者行酒令的情节。蔡毅甚至将其称为"酒中浸出的诗"。[2]明清两代的社会风气极为保守，女子很少参与公共生活和文人酒会，但这两部小说中的女性角色在酒宴中都是与男性平等的参与者。当然她们饮用的通常是味甜的低度酒，而不是火辣的白酒。[3]曹雪芹本人被普遍认为是一个热爱生活、在很多方面天赋很高的才子。他不但是杰出的小说家和诗人，同时还擅长歌唱，精通音律、绘画和书法。他人生的大部分时间在北京郊区过着穷困潦倒的生活。由于嗜酒，他有时竟然在全家三餐不继时将乞讨得来的钱拿去买酒，或者去村中的小酒店赊酒。妻子贫病交加死去时，他借酒浇愁，喝到烂醉。[4]无论是《红楼梦》还是《金瓶梅》，最后的结局都是家庭分崩离析一败涂地，这是天意的安排，也是体现了佛道中的赎罪观念。

《西游记》在今天的中国仍然拥有很多读者，书中唐僧的原型是唐朝高僧玄奘，他在 7 世纪时历尽艰难险阻来到印度学习佛法，求取真经。在《西游记》的奇幻故事中，寻求大彻大悟及降妖除魔之余，酒也扮演着一个重要角色。美猴王孙悟空以机智诙谐和神通广大位列

① 韩胜宝（2000 年）第 43、58 页等。

② 蔡毅（1993 年）第 221 页。根据崔利（1993 年）第 84 页中的统计，《金瓶梅》全书 100 回中有 98 回涉及酒，共出现 389 个饮酒场景，提及 23 种酒精饮料和 45 种酒器。

③ 马会勤（2010 年）第 218 页。

④ 韩胜宝（2003 年）第 116—117 页、李争平（2007 年）第 271—272 页。

琥珀光与骊珠：中国葡萄酒史

书中的第一主角，他违背天条，管理蟠桃园时偷吃可以让人长生不老的仙桃，[①] 又擅闯瑶池，把那里为王母娘娘蟠桃盛会准备的美酒佳肴拿去尽情享用，还戏耍众仙，将天宫搅得大乱。另一位重要角色猪八戒曾是天蓬大元帅，醉酒后调戏嫦娥而被贬斥人间，因投生在猪腹中而长成半人半猪的模样。

清代时，京剧形成并开始流行，唐玄宗与杨贵妃的爱情故事是京剧中反复出现的主题，如著名剧目《贵妃醉酒》，剧中表现杨贵妃被唐玄宗冷落，在花亭中自伤自饮，且歌且舞，最后醉倒在地。[②]

具体赞美葡萄酒的文字在明清文学中较为罕见，而且主要局限于中国北方。官员和学者徐学谟（1522—1593）在《醉中题醉人图》一诗中描写了与京城朋友分别时"瓮泼葡萄色如血，须臾吸尽三百壶"的情景。[③] 巧合的是，明朝初年也有一位名叫王翰的诗人，人们对他了解不多，只知道他与同名的唐代著名诗人王翰一样（见本书第八章）热爱葡萄美酒，并写下了一篇热情洋溢的《葡萄酒赋》。在他看来，葡萄酒比其他所有酒精饮料都更为高贵，它就像"金桨之露"，其滋味"甘寒清冽""气芳而德醇"，"此真席上之珍也"。[④]

明清两代宫廷的生活方式尽管都趋向于严格遵守正统礼教，但与酒有关的传统礼仪仍然得以延续。1739 年，乾隆皇帝下令制作"金瓯永固杯"，寓意大清的疆土政权千秋万代。这件金质酒器上镶嵌着许多宝石，杯身的一面錾篆书"金瓯永固"，高 12.5 厘米，口径 8 厘米，两侧各有一个龙形的手柄，龙头上嵌有珍珠。杯底有象首状

---

① 传说中能让人长生不老的"蟠桃"与发音相近的"葡萄"之间可能存在某种尚未证明的隐喻关联。"葡萄"古代写作"蒲桃"，第二个字即"蟠桃"的"桃"。

② 马会勤（2010 年）第 218 页。

③ 胡山源（1939 年）第 185—186 页。

④ 王玫（2010 年）第 181、184—185 页；胡山源（1987 年）第 147—149 页。

的三足。每年新年凌晨子时，乾隆以后的历代清朝皇帝都要在养心殿把金瓯永固杯放在紫檀长案上，在杯中注入屠苏酒，即一种按照专门配方添加多种草药制作的米酒，然后亲自点燃蜡烛，提起毛笔，书写祈求江山社稷平安永固的吉语。[1] 值得注意的是，鼎式三足造型一方面神似商代的青铜器，另一方面杯身繁复的装饰又让人联想到装饰华美的古波斯器皿。金瓯永固杯共有四件，如今分别藏于北京故宫博物院、台北故宫博物院和伦敦华莱士典藏馆。

另外一件珍品是现藏于苏州博物馆的明犀角杯，杯身用一整只特大犀角雕琢而成，长86厘米，重量超过6公斤，原为明武宗正德年间大学士王鏊的遗物。这种角杯相传是古代将军御马出征，皇帝送行赐酒时在马上饮用之杯，因此也叫"马上杯"。[2]

当葡萄酒文化在明清两代的中国逐渐式微之际，在欧洲却经历了历史性的蓬勃发展。中世纪晚期，修道院是推动葡萄酒业发展的最重要的力量，源于法国的熙笃会修道院尤其擅长酿造葡萄酒。僧侣们大规模种植葡萄，并通过技术革新从根本上改进了酿造工艺，使葡萄酒的质量显著提升。于是，从12世纪开始，法国、西班牙、葡萄牙和环地中海地区逐渐发展成直到今天仍然具有重要地位的葡萄酒产区。15—16世纪时，葡萄酒贸易也蓬勃发展起来，英国、葡萄牙和荷兰的船只甚至将葡萄酒和葡萄苗运到新大陆和海外殖民地。在这一时期，中国人逐渐形成了葡萄酒是来自遥远欧洲的昂贵舶来品并且专供外国人和中国上层人士享用的印象。直到今天，大部分中国人仍然保持着这种观念。[3]

---

[1] 新年饮屠苏酒的习俗可以追溯到3世纪。

[2] 韩胜宝（2000年）第145—146页。

[3] 关于中世纪晚期及文艺复兴时期欧洲葡萄酒文化的详细历史见 Estreicher（2006年）第51页等。

瑞典博物学家和探险家佩尔·奥斯贝克（Pehr Osbeck，1723—1805）在其 1765 年出版的《中国与东印度群岛之旅》（*A Voyage to China and East Indies*）中提到，东印度群岛的海上贸易利润丰厚，来自"Xeres"的葡萄酒，即雪利酒，在中国港口的售价几乎是原价的三倍。尽管在漫长的航运途中有酒桶破裂的风险，但由于雪利酒在热带地区的保质期长，且质量不会下降，因此成为一种非常适合中国贸易的商品。雪利酒的甜度和酒精含量较高，在很大程度上迎合了中国消费者的口味。葡萄牙和西班牙商人不仅向海外（如澳门和马尼拉）供应葡萄酒，也重点出售给清朝宫廷。[①]

18 世纪末，乾隆皇帝统治后期的大清帝国虽然仍是当时世界上最大、最繁荣的帝国，但它已经进入了由盛而衰的下降通道。正如它之前的历朝历代一样，清朝的衰落也伴随着政治、经济和社会状况的逐步恶化。宫廷和官员骄奢淫逸、贪污腐败、任人唯亲、结党营私，军费开支激增，朝廷不断提高税负，财政管理失控。多地堤防年久失修，严重的洪水灾害造成大量民众流离失所、饥寒交迫。事实证明，皇权高度集中的专制体制和帝国管理越来越缺乏效率，官僚体系僵化迟缓运转不灵。于是，一些地区的穷苦农民和走投无路的底层民众揭竿而起，也与"白莲教"等秘密组织结盟。此外，边境冲突如首次与沙俄的大规模领土争端、回民起义、西南少数民族的反抗以及欧洲殖民势力的日益增长都使得清廷左支右绌，疲于应付。在与其他全球大国和利益集团的对抗中，天朝上国的荣耀和天子的威仪及其统治合法性被严重动摇。随着第一次鸦片战争的爆发，英国以及随后的法国、葡萄牙、西班牙、意大利、俄国、德国和美国不断在中国攫取利益，扩大势力范围。清政府在与列强的冲突中节节败退，不得不一次次签

---

① Laufer（1919 年）第 239 页。

署丧权辱国的不平等条约。1894—1895年的中日甲午战争后，遭遇惨败的清政府最终也向日本人开放了港口和市场。欧美和日本殖民者在具有经济和战略意义的城市圈获得了势力范围和特权。鸦片走私贸易也使得大量白银从中国流出，清政府陷入财政危机。自此，中国及东亚长期自给自足闭关自守的局面被打破，中国沦为"半殖民地半封建社会"。人们越来越清楚地看到清朝统治者如何腐败无能，起初在城市居民和知识界中出现了一种新的民族主义和爱国主义，后来进一步扩大到农村人口中。人们的怒火越来越多地指向清朝统治者，并发展为无数的抗议和反抗运动，要求社会改革和国家的现代化，乃至彻底推翻清朝的统治和封建帝制。

1850—1864年的太平天国起义和1900—1901年的义和团运动是中国近代规模最大、影响最深远的社会运动。这两场运动的共同之处在于它们都有宗教乌托邦思想的因素，在穷苦农民和城市贫民中动员了数百万大军，并永久性地削弱了清朝的统一和中央集权。

太平天国能够在广西和东南的江浙鄂赣四省维持割据政权数年之久，它的理想是基督教救世主观念与中国民间秘密社团信仰的混合体，宣传反清、反儒教的政治理念，并在其统治区域内实施激进的社会革命，如禁止缠足、卖淫、赌博、烟草和鸦片，甚至包括饮酒，违者一律处死。抛开其强烈的宗教色彩不谈，这些方案的部分内容让人联想起明太祖朱元璋的治国理念。太平天国的领袖洪秀全（1814—1864）极富感召力和煽动力，他自封为"天王"，并将其政权所在地南京改为"天京"。他相信上帝召唤他在人间使用严酷无情的手段降魔除鬼——这其实就是从前在中国流行过的摩尼教教义。洪秀全所要祛除的各种鬼魔中也包括所有的酒精饮料。

半个世纪后，脱胎于"白莲教"和一些松散地方团体的义和团兴起，它和太平天国一样带有宗教色彩，起初反对清朝统治，但后来则专门针对所有外国人和基督教传教士。义和团的拳民相信可以通过习练武功和吞符念咒等手段获得超自然神力，练成刀枪不入之身。他们在中国北方攻击外国机构和教堂，也捣毁所有现代的新生事物，如电报线和铁路等，因为在他们看来，这些都是"洋鬼子的玩意儿"。欧美日八个国家组成的联军以消灭义和团为由攻入京津地区，劫掠民众，并在1901年9月迫使清政府签署屈辱的《辛丑条约》，支付巨额赔款和出让主权。作为白莲教的分支，义和团最初遵守佛教诫命，包括禁酒。总之，与其他秘密社团发动的起义一样，太平天国和义和团运动都以弃绝享乐和禁欲主义为特征。

中华文明大一统的理想产生于三千多年前。这个逐渐形成中的中央集权国家在历史的进程中屡屡受到外部威胁，也曾经多次解体，在疆域不断扩展的过程中，它的身份认知及生存在意识形态上通过上天赋予的统治合法性、君主绝对专制以及组织严密的官员体系和行政机构得到保证。中国在古代已经达到了无与伦比的规模，统治这样一个庞大国家只有借助一个正统的政权和社会体系才能实现，在这个体系中有一套针对各个社会阶层的礼节、规范和仪式机制在发挥作用，并对共同生活在这个帝国中的所有民族具有约束力。

我在前面章节的阐述力图说明，自人类文明起源以来，酒文化的发展与政治、社会和文化领域的方方面面都有着密不可分的联系，在这方面中国更是一个典型的例子。发酵饮料的生产和使用最初发端于欧亚大陆原始社会最早的巫术-宗教观念与习俗，酒在其中扮演着重要的角色，此后，生产和使用发酵饮料的程序和仪式越来越复杂。无论是酿酒所使用的以野生和人工栽培葡萄和驯化的大麦、大米、小米为主的原料，还是从葡萄酒到啤酒生产的日益复杂的技术工艺，都在欧亚大陆东西方的文明中心之间远距离传播。越来越多较新的考古发现证明，在不同文化之间存在广泛的物质交换和新知识的流通。至少在九千年前，混合型酒精饮料或"新石器时代鸡尾酒"就以类似的方式在中国、美索不达米亚、近东和埃及的巫术-宗教崇拜和社会生活中获得了核心重要性，由此看来，葡萄发酵是酒文化进一步发展和多样化的最重要的触发因素。五千多年前，啤酒酿造技术与人工驯化的大麦一起传入中国中原地区。从此，一种独立的发酵文化和酒文化开始在这里发展，历经数千年，并与新兴的国家和社会结构、天命与祖先崇拜以及哲学、宗教和文学思潮的萌芽一起，在两千多年前达到了世界范围内的一个无与伦比的顶峰。中国酒文化令人惊叹的复杂性显然源于欧亚大陆各地酒文化的影响，但随着中原王朝进入历史舞台，这里发展出了一种独具特色的丰富多样的酒文化。尽管专家学者们已经就这一主题发表了大量学术著作，但在这方面的探索仍然是远远不够的。一个广泛的共识是，酒文化始终是中国历史和文明不可分割的一部分，任何关于中国史前、古代、中古、近代和现代历史的讨论如果不涉及酒文化都是不够完整的。

如同在其他欧亚社会和文化中一样，中国人对酒这种麻醉品的使用一直充满矛盾心理，酒精消费常常被抑制，但有时社会风气也因道德礼仪或世界观-宗教观念而鼓励饮酒。早在神话传说中的三皇五帝时代就形成了一套礼仪制度，其中有详细的献祭和饮用规定，以及在各种社交场合使用不同酒类的规范，为防止滥用酒精和酒后乱性设置了严密的屏障。这种态度在奉行正统礼教的明清两朝尤为明显，在官员的圈子里，饮酒仍然受到限制甚至被唾弃，有时滴酒不沾甚至被视为一种美德，正如官员与学者方孝孺（1357—1402）所说：

　　酒之为患，俾谨者荒，俾庄者狂，俾贵者贱而存者亡。[1]

---

[1] 出自方孝孺《幼仪杂箴》，引自维基文库。另见张立华（2001 年）第 671 页。

文学家和茶道爱好者袁枚（1716—1798）在文艺批评著作《随园诗话》中提出反对诗歌与艺术创作中的一切无节制行为：

酒常知节狂言少，心不能清乱梦多。①

另一方面，中国人早就发现了酒精饮料有精神拓展和提高创造力的能力，也乐于利用这种能力。因此，除了少数几次短暂的例外情况，历朝历代都没有颁布过全面的禁酒令。儒家伦理以自我责任和道德规范为中心，由个人决定饮酒的上限，他们既不认可那些倾向道教并追求自由的诗人和艺术家圈子里所崇尚的放浪形骸，也不赞同正统佛教宗派和民间秘密宗教运动追随者所奉行的严格戒酒的禁欲主义，而是试图在二者之间寻找一条中间路线。从这个意义上说，小说《水浒传》中的梁山好汉为如何对待酒精的问题已经提供了一个永恒普适的答案：

酒不醉人人自醉。②

---

① 出自袁枚《随园诗话》第十二卷，见张立华（2001 年）第 672 页的相关引文。
② 见《水浒全传》第二十一回。

第十二章

品重醴泉：
新时期的葡萄酒先锋

中国葡萄酒文化直到 19 世纪末才终于翻开新的篇章，得以被视为全球葡萄酒业发展的组成部分，并与 19 世纪欧洲葡萄酒文化向拉丁美洲、北美、南非、澳大利亚、新西兰和日本等新兴葡萄酒生产地的扩展密切相关。中国近现代葡萄酒业的发展已经持续了一个多世纪，但经常因社会动荡和战争而中断，其特点是从欧洲引进葡萄苗和技术、与欧洲葡萄酒公司和专家顾问合作以及在工业化条件下进行葡萄栽培和葡萄酒生产。所有这些努力使得中国逐渐形成了葡萄酒市场的雏形以及相关的销售与消费网络，当然，这个过程是缓慢的，也一直伴随着挫折和失败。然而，在 1911 年清朝灭亡以前、动荡的民国时期以及中华人民共和国成立初期，中国葡萄酒业所取得的成就仍然十分有限。这个时期为数不多的几家葡萄酒制造商有一个共同点，即从最初的葡萄种植、葡萄酒酿造和酒窖管理到品控、广告和营销都完全采用欧洲模式，尤其是法国-意大利模式，这与其他新兴葡萄酒生产国并无二致。酒窖设备和装瓶机械最初主要从欧洲进口，也包括来自法国的橡木桶，这是中国葡萄酒使用橡木桶窖藏的开端，为持续发展至今的橡木桶文化奠定了基础。

晚清，特别是第二次鸦片战争以来，欧洲传教士在中国各地的定居点逐渐增多。他们中的一些人在住所附近种植葡萄以慰藉思乡之情，同时也为弥撒仪式供应葡萄酒。例如，山东的一些教堂附近开辟了小型葡萄园，后来有几十家葡萄酒厂便因为这些现成的优质资源而在此兴建酒庄。西藏东部与四川和云南两省交界的三角地带是最不同寻常的葡萄种植区，几个世纪以来，蜿蜒穿过西藏通往印度的"茶马古道"（又称"南方丝绸之路"）即从此地经过。19世纪60年代，法国传教士在盐井村①建造了西藏地区唯一一座至今仍在使用的天主教堂。今天盐井村有600多名藏族和纳西族信徒，他们不但仍在举行天主教礼拜仪式——一种与藏传佛教习俗的奇特结合，也将法国传教士带到此地的葡萄酒文化延续了下来。尽管此地的平均海拔在2 200—2 600米之间，纬度为南纬29度，但一个半世纪以来，这里一直有着繁荣的葡萄酒文化。最近，"盐井葡萄酒"成为中国国家地理标志产品。值得注意的是，除了赤霞珠、蛇龙珠（卡梅尼）和美乐外，当地还有西西里岛常见的 Nero d'Avola，其中文译名是契合中国神话传统的"黑珍珠"，这个品种尚未见于其他中国葡萄产区。此外，这里的葡萄酒企业还尝试利用冬季的冰霜酿造一种特殊的红冰酒。②法国传教士曾经活跃在此地以东的云南省，他们在当地发展出的葡萄酒文化近年来经历了一场以"云南红"品牌为代表的大复兴（更多信息见下文）。

从海外进口的葡萄酒主要供应中国的港口和大城市中的外国租界，此外还有一小部分顾客是中国本地的上层人士。他们乐于接受西方生活方式，并与外国商人和外交官保持着良好的关系。据说早在17和18世纪时，澳门和广州就主要通过英国东印度公司大量进口廉价的欧洲葡萄酒，其中也包括西班牙的雪莉酒。雪莉酒保质期长，易于运输，但在中国市场上的销量不尽如人意，购买者几乎都是外国人。中国人将这些来自海外的葡萄酒称为"洋酒"，这个说法带有一些轻视的意味。总之，中国国内的葡萄酒市场直到19世纪末都无从

---

① 地名全称：西藏自治区芒康县盐井纳西民族乡。"盐井"这个地名源于该地区数百年的传统制盐工艺。

② Z. Li（2011年）第56页。

谈起。[1]

然而，这个局面从 1892 年起开始被一步步打破。这一年，后来被《纽约时报》誉为"中国洛克菲勒"的华侨企业家、亿万富翁张弼士（1841—1916）成功地在中国的土地上创建了第一家现代葡萄酒公司。在晚清迅速衰落的动荡年代，张弼士几经波折，依靠贿赂打通人脉，得到了清廷权臣的关照，终于在山东北部沿海的芝罘（今烟台）获得了最初的几块土地，创立了以他的姓氏命名的张裕葡萄酒公司。[2]

如今，1892 年被视为中国现代葡萄酒业的开端，烟台市也定期举办大型周年纪念庆祝活动。例如，2002 年 8 月，在这座拥有700 万人口的风景秀丽的海滨城市举办了张裕公司成立 110 周年庆典，有来自国内外的嘉宾和当地数千人参加，国际葡萄与葡萄酒组织（OIV）[3]主席和全球葡萄酒界知名人士出席了隆重授予烟台亚洲第

---

[1] 1858 年《天津条约》签订后，欧洲人和美国人获准在中国各地建立新的传教站。除此之外，耶稣会士在 17 世纪开启的传教活动也得到了有限的延续，在传教活动的大背景下，中国一些地区也开始种植葡萄。详细信息见 Löwenstein（1991 年）第 20页等、Godley（1986 年）第 385—386 页。

[2] 关于张裕葡萄酒公司的历史和当代发展的信息可见以下来源：曾纵野（1980 年）第103 页等；Godley（1986 年）；Fei（1987 年）第 37 页；Löwenstein（1991 年）第22 页等；应一民（1999 年）第 131、133、166 页；孙利强 / 思弦（2002 年）；周洪江（2002 年）；朱林（2002 年）；李争平（2007 年）第 25、124—125 页；Z. Li（2011 年）第 50 页等；Weiß（2012 年）第 78 页等；Robinson（2015 年）第 174—175 页；张裕葡萄酒官网（www.changyu.com.cn）；维基百科词条"张裕葡萄酒"。我在张裕公司访问期间了解到更多详细信息，在此表示衷心感谢。

[3] 国际葡萄与葡萄酒组织（Organisation Internationale de la Vigne et du Vin，简称 OIV）目前有 45 个成员国，总部设在巴黎。张裕公司所在地烟台市于 2001 年获得了观察员地位。2002 年，OIV 在西北农林科技大学葡萄酒学院成立了一个葡萄酒技术发展中心，同时也对在此举办的国际会议提供赞助和支持，如 2016 年 4 月 20 日至 23 日举行的第九届国际葡萄栽培和葡萄酒酿造研讨会，与会者达数百人。关于国际葡萄与葡萄酒组织的信息见维基百科词条"国际葡萄与葡萄酒组织"。关于杨凌的学术会议和国际合作的开端另见柯彼德（2003 年 a、2003 年 b、2005 年）。

一座"葡萄酒城"荣誉称号的仪式。作为庆典的一部分，主宾也一起见证了中国第一座葡萄酒文化博物馆落成、中国最古老的"百年葡萄酒窖"修缮后重新开放、创始人张弼士雕像揭幕以及中国第一座法式葡萄酒庄竣工。此外还有一系列丰富多彩的活动，如葡萄酒业学术研讨会、招待宴会、国际葡萄酒品鉴会、公司开放日以及在烟台市体育馆举行的多位著名歌唱家和音乐家献艺的大型音乐会。①（见图12.1、图12.2）

图12.1　张弼士雕像，后面是中国第一座葡萄酒文化博物馆，山东烟台

图12.2　张裕公司在烟台的卡斯特酒庄，山东

如今，张裕不仅是中国和亚洲最大的葡萄酒企业，也位列世界十大葡萄酒公司。这个企业的成功始于一个17岁客家男孩发家致富的梦想——张弼士生于广东，从小家境贫寒。17岁时，他听说有人在"南洋"（即东南亚）发了大财，决定自己也去闯荡一

①　张裕酒文化博物馆是张裕公司历史建筑群的一部分，从博物馆可进入建于1894年的百年大酒窖。酒窖深七米，低于海平面一米，总面积2 666平方米，距离海滩仅约一百米，窖内有八个拱洞，以今天的眼光看来其仍不失为一座宏伟壮观的建筑。酒窖一年四季保持着14度的恒温，所贮存的一千多个橡木桶中部分可以追溯到张裕公司的始创年代。张裕卡斯特酒庄位于烟台郊外的渤海之滨，四周环绕着葡萄园，风景如画。该酒庄为中法合营，利用当地的类地中海气候根据"3S"（sea/sand/sun，即大海、沙滩和阳光）原则限量生产高价位的优质葡萄酒。酒庄同时也是当地的一个热门旅游景点，设有专门供游客参观的酒窖、品酒室以及专卖店。

　　　　　　　　　　　　琥珀光与骊珠：中国葡萄酒史

番。在巴达维雅（今雅加达）做了三年苦工后，他用积蓄在马来西亚的槟城开始了创业之路。靠着敏锐的商业嗅觉，张弼士逐步建立起自己的贸易帝国，成为南洋首富。他先后创建了几十家公司，几乎每家公司的名字里都含有代表财富的"裕"字。经过三十年的努力，张弼士已成为印尼、马来西亚、新加坡和中国之间最有影响力的贸易大亨。他很早就发现了进口欧洲葡萄酒供应外国人的市场和商机。他还经营地产、医药、矿业、银行和船运。在商界的声誉为他带来了很多头衔和官职，他甚至被任命为新加坡总领事，这有助于建立和拓展重要的人脉关系，对他后来在山东创办葡萄酒公司起了决定性作用。

面对满目疮痍的国家，张弼士迫切想为振兴祖国的经济和工业尽自己的力量，而一次偶然的谈话给了他在烟台创建葡萄酒公司的决定性推动力——1871年夏天的一个晚上，在法国驻雅加达领事的招待会上，领事随口向张弼士讲述了他在第二次鸦片战争期间参与英法联军驻扎烟台的经历。法国士兵从周围山上采集了大量野生葡萄，酿出了美味的葡萄酒，这让他们中的一些人萌生了后来在烟台创办葡萄酒公司的想法。[1]

将近二十年后，张弼士回想起这次谈话，派人前往烟台地区考察此地是否适合种植葡萄。[2] 在确认当地拥有优越的气候和土壤条件后，他通过李鸿章等权臣的关照和推荐，花费30万两白银向朝廷购得在烟台开办酿酒公司的许可。"张裕酿酒公司"这六个大字至今仍高悬在公司旧址的大门上方。之后，张弼士总共花费300万两白银在

---

[1] 对新石器时代"鸡尾酒"残留物的分析结果（见本书第二章）也证实了山东半岛自古以来一直盛产野生葡萄的情况。

[2] 山东拥有水果种植的天然优势，在张弼士创办张裕公司之前，德国和美国的传教士就已在山东尝试种植葡萄和酿造葡萄酒。此外，山东半岛最迟在唐朝时期就作为重要的葡萄种植区载入史册（见本书第八章）。不排除当地的野生葡萄品种中包含一些古老的中亚人工培育品种，这一点绝对值得研究。

烟台城郊的山坡上购买了大片土地用于开辟葡萄园，并在市中心购得一块地皮用于建造公司厂房和办公楼。1931 年公司建筑在火灾中被焚毁，次年得到重建，至今仍保存完好。张裕酿酒公司招聘了两千名工人，并购置了按照当时的标准非常先进的酿酒设备，如初期从奥地利进口的木桶和装瓶机，不过装瓶机直到张弼士建立了自己的玻璃瓶厂后才得以投入使用。

张裕公司的葡萄栽培起初经历了一连串失败。第一批购自美国的 2 000 株葡萄苗在收获季到来之前就枯萎了一半，剩下的植株只结出了又小又酸的果实。张弼士随即从欧洲购买了 64 万株葡萄苗，其中绝大部分来自奥地利。尽管得到了精心照管，这些葡萄苗的大部分还是感染了疾病，只有两三成存活下来。于是，张弼士决定从中国东北地区买来 5 万株本地野生葡萄，将其作为砧木与欧洲人工葡萄品种进行嫁接。不懈的努力终于得到了回报——这批嫁接葡萄株的 80%—90% 不但存活了下来，还在接下来的几十年间被确认为拥有抗病和抗寒能力。[①] 张裕公司总共从国外引进了 124 个酿酒葡萄品种，如此丰富的品种多样性在中国葡萄酒史上是前所未见的，它本身就预示着一个新时代的到来。

张裕公司面临的另一个难题在于找到一位合适的酿酒师作为专业顾问。起初数年遍寻无果，直到 1896 年才找到时任奥匈帝国驻芝罘领事的奥地利男爵马克斯·冯·巴保（Max von Babo）。巴保出身于一个贵族葡萄酒酿造世家，他的家族于 1860 年在维也纳郊区的克

---

① 据推测，嫁接时选用的砧木可能是抗病性较强的 *Vitis amurensis* 葡萄（见本书第二章和本章下文）。张裕公司购买的进口葡萄苗极有可能携带 1860 年以来肆虐整个欧洲的根瘤蚜（*Viteus vitifoliae* 或 *Phylloxera*），白粉病（*Oidium*）也许也是以这种方式进入了中国。此后张裕公司采用了与几乎所有欧洲葡萄酒产区相同的做法——通过嫁接抗根瘤蚜的美国野生葡萄保护欧洲本地的葡萄树，欧洲人直到如今仍依赖这种处理方法。

洛斯特新堡（Klosterneuburg）创办了世界上第一所专门培养葡萄栽培与酿酒人才的学校。他将自己的全部专业知识毫无保留地奉献给了张裕公司，在第一次世界大战爆发前的 18 年里带领公司取得了成功，尽管这期间中国经历了甲午战争、戊戌变法和义和团运动等一系列动荡。有一种广为流传的说法是，巴保对张裕公司倾注了全部心血，甚至将自己在领事馆的办公桌搬到了公司里。张弼士同时任命他的侄子张成卿（1872—1914）担任张裕公司总经理。他 24 岁在马来西亚槟城取得了工业制造和土木工程学位，后来凭借出色的领导才能和拼搏进取精神使公司迅速发展壮大，深受公司员工的爱戴，但民国初年因劳累过度在 42 岁时英年早逝。此后，张裕公司继续依靠来自欧洲的专业知识与技术支持发展壮大。1934 年，公司因无力偿还 1931 年火灾后从中国银行获得的贷款而被其接管，中国银行烟台分行经理徐望之担负起了张裕公司的管理责任。出于爱国情怀和对外国顾问与技术人员控制葡萄酒生产的不满，他聘请了中国第一位专业葡萄酒酿酒师朱梅。此时，朱梅刚刚完成在巴黎巴斯德研究所的深造，并有机会参观了一些欧洲国家的著名酒庄。从朱梅开始，中国第一代葡萄酒专家成长起来。稍后，巴斯德研究所的第二位中国毕业生朱宝庸也受聘于张裕，他把一生都奉献给了张裕公司，见证了公司半个多世纪的坎坷历程，并以顾问的身份一直工作到 20 世纪 90 年代。1939 年，朱宝庸与总经理徐望之一起创办了中国第一个葡萄酒产业协会"中国酿酒学社"和中国第一份在该领域的专业期刊《酿酒杂志》。中国酿酒学社吸引了越来越多公司内外的专家加入。抗战期间，烟台被日军占领，张裕公司在破产的边缘挣扎。此后，随着中华人民共和国的成立，中国葡萄酒业进入了一个新的时代。1958 年，在中国酿酒学会的基础上成立了"张裕酿酒大学"。尽管这所学校在中华人民共和国成立初期的困难环境中仅培养出一代葡萄酿酒师，但它的确在这一领域发挥了决定性的带头作用，张裕也因此被誉为中国"葡萄酒专业人才的摇篮"。

所有这些创业中的经验教训、挫折和成功最终奠定了中国现代葡萄酒业的基础，也促成了山东省以烟台地区为首的中国最大葡萄酒产区的崛起。张裕不仅是中国第一家葡萄酒制造商，也是晚清最早和最重要的工业企业之一，从一开始就得到了朝廷重臣和革命党人的极大关注和支持，他们纷纷前往烟台参观张裕公司，都带着一种爱国主义的自豪感高度评价这里首次在中华大地上酿造出的葡萄美酒，并挥笔题词以示嘉勉，如今这些充满诗意的书法题字都陈列在张裕酒文化博物馆中。

孙中山（1866—1925）是张裕公司首批重要访客之一。作为国民党的创始人和中华民国的思想先驱，1912年1月1日，孙中山当选为中华民国第一任临时大总统。同年8月，他乘船从上海出发赴北京与袁世凯商讨国事，途中在烟台短暂停留。他在那里拜访了最重要的赞助人之一张弼士，也参观了张裕公司。在隆重的接待仪式上，孙中山发表了简短的致辞，对张弼士开创性的工业成就表示钦佩，并用大幅题字赞美了张裕酒的卓越品质，今天这幅书法作品的原作珍藏在烟台酒文化博物馆中，是该馆最宝贵的藏品。本章标题的前半部分即借用了孙中山的题词"品重醴泉"。"品重"在此有双重含义，既赞美了张裕葡萄酒的卓越品质，也是对张弼士高尚人格的褒奖。"醴泉"则是按照名人题词引经据典的惯例对《礼记》的引用，意思是甘美的泉水，出自《礼记·礼运》中的"天降膏露，地出醴泉"①，这句话的

---

① 引自中国哲学书电子化计划。关于"醴"的解释见本书第四章。关于孙中山为张裕公司题词参见烟台市博物馆官方主页。关于"醴泉"见 bbs.hsw.cn/read-htm-tid-7396264.html. 文中也介绍了"天降膏露，地出醴泉"的多种变体，人们至今仍将其作为富裕和谐生活的祝福语。

上下文中描写了一个神话时代古圣先王治下的和谐美好的社会。

如本书第四章所述，"醴"原指一种用麦芽酿造的低度清甜酒精饮料，可以说是一种啤酒，在商代用于祭祀仪式。"醴"与"禮"（"礼"的繁体字）无论在字形还是语音上都十分相似，这绝非巧合。有时"醴泉"也写作"禮泉"，含有"用于祭祀的泉水"的意思。根据《礼记》的记载，夏朝的祭祀仪式中使用"明水"，即清水；殷商时使用"醴"，周朝使用曲法酿造的"酒"。中国文学作品自古以来就有清冽泉水的意象，说它有神奇的功效，味道像"醴"一样甘甜。现代白酒公司也依据这一文学传统强调其用于酿酒的水是公司专有的"神泉"，以此强调产品的超凡品质。"品重醴泉"四个字具有历史深度，赋予张裕葡萄酒"献给神的饮品"的神圣性，所以一个多世纪后的今天，孙中山的题词仍然是张裕公司最好的广告。（见图12.3）

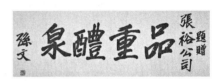

图12.3　孙中山1912年给张裕公司的题词，藏于烟台市博物馆

受孙中山先生的启发，民国初年，不少政界要人纷纷前来张裕公司参观，并手书题词或留下嘉勉之语。其中最著名的如维新变法精神领袖康有为（1858—1927）、少帅张学良（1901—2001）、民国大总统黎元洪（1864—1928）和军阀张宗昌（1882—1932）等。康有为在逝世前不久甚至还在烟台郊区的一座别墅中小住，每日与书籍和葡萄酒相伴。

1914年，张裕酿酒有限公司注册了"双麒麟"商标，商标图案以麒麟、橡木桶和葡萄藤为主要元素。当时，双麒麟商标不但印在酒瓶标签上，也镌刻在公司大门内的照壁上。除了葡萄酒的生产和销售，张裕还致力于开发在木桶中多年陈酿的优质白兰地。当时，张裕公司最大的客户群是居住在中国的外国人，比如停泊在烟台的外国军舰上的海军官兵。1915年，张裕葡萄酒第一次登上了世界舞台：张弼士率领一个公司代表团前往美国，在旧金山举行的"巴拿马太平洋万国博览会"上展示了张裕的顶级产品，其中的白兰地、一款红葡萄酒、味美思和雷司令白葡萄酒获得了金奖。中国的新兴葡萄酒产业不仅赢得了世界声誉，也在国内引发关注并获得认可，同时为张裕公司带来了大量海外订单。时至今日，张裕三星白兰地的酒标上仍骄傲地印有1915年的金质奖章。随着海外需求的增长，张裕在国际大都市上海开设了分公司，并从1918年开始在上海的报刊上刊登广告。第一幅广告画登在一份文艺月刊上，画面展示了一位衣着时髦的年轻中国女士坐在一张小桌旁，桌子上摆放着两瓶葡萄酒，女士手持一只葡萄酒杯，面带微笑。画面的边框由葡萄藤和一些贴有不同标签的酒瓶组成。值得注意的是，当时张裕就意识到需要吸引女性客户群，并将葡萄酒（尤其是红葡萄酒）定位为更受男士青睐的白酒的替代品，这一点在今天仍然具有现实意义。一直到20世纪20年代时，张裕始终在不断扩大其在国内外的分公司和销售网络，产品远销东南亚、美洲甚至欧洲，每年的销量高达150万瓶。

然而，此后中国陷入战乱，员工纷纷离开了张裕，技术设备停用，厂房中不再生产葡萄酒，葡萄园也完全荒废了，公司从前拥有的丰富多样的葡萄品种几乎荡然无存。

中华人民共和国成立后，政府认为，张裕公司是一个值得重视的项目，有助于展示新中国工农业发展的良好势头。从1952年起，张裕开始招聘年轻的专家和员工，他们富有进取精神，全力开展育苗和葡萄树栽培工作，并进行了大量实验室研究，在相当短的时间内就生产出了第一批品牌产品。同年，北京的一个专家评审团从两百多种酒品中选出了中国八大名酒，张裕公司的产品就占了三个：金奖白兰地、红玫瑰葡萄酒和味美思。[1]1954 年的日内瓦会议上，中国总理兼外交部长周恩来请与会者品尝张裕的金奖白兰地。1956 年，毛泽东指示大力推广葡萄栽培和葡萄酒生产，鼓励居民消费葡萄酒，[2]这可能也是在共和国成立初期人口迅速增长和粮食供应短缺的情况下减少白酒生产的一种经济策略。然而，张裕很快再次陷入了漩涡——在大跃进、人民公社运动和随之而来的"三年困难时期"以及几年后的"文化大革命"期间，人们轻易地将葡萄酒定性为带有资产阶级情调的奢侈品。尽管政府采取了一些促进葡萄酒发展的措施，中国新兴的葡萄酒业呈现向上发展的势头，也掀起过几次小高潮，但与苏联葡萄酒产区的情况类似，中国葡萄酒的生产更符合国家垄断性大规模供应的需要，在很长一段时间内无法满足全球质量竞争的现代要求。就品质而言，当时的中国葡萄酒不要说与其他国家相比，就是离张裕公司当初创立时制定的目标也相差甚远。到 1978 年改革开放后的很多年里，中国葡萄酒的声誉一直不高，基本上就是加糖的混合饮料，只有一些国内消费者购买，在国际市场上无人问津。尽管中国葡萄酒业从一开始就制定了严格的质量标准，要求采摘的葡萄必须生长发育良好，质量上乘，葡萄酒也必须在橡木桶中进行至少两年的后续发酵和贮存，但当时中国生产的二十多种葡萄酒绝大多数都添加糖水，部分还掺入白兰地以调配出酒精含量较高的甜葡萄酒，有时可达 15 度甚至更高。经历了数十年停滞僵化的计划经济后，张裕公司首先进入一个短暂的

---

[1] 其他五种名酒中除了绍兴加饭酒外均为传统白酒：茅台酒（贵州）、泸州大曲酒（四川）、汾酒（山西）和西凤酒（陕西）。它们至今仍被称为"中国四大名酒"。周恩来总理十分善饮，早在 1934—1935 年的长征期间茅台酒就成为他最喜爱的酒品。自1949 年以来，茅台酒一直享有国宝级品牌的美誉，是国宴专用酒（见李争平 2007年第 276 页等）。

[2] 参考中国新闻网的报道《国宴用酒：奠定国酒地位》（http://www.china.com.cn/fangtan/zhuanti/expo2010/2010-06/24/content_20337293.htm）。

调整阶段，这一时期主要迎合国内消费者对甜酒的喜好，这也是中国其他葡萄酒生产商的典型做法，但此举让中国葡萄酒在国内外留下了坏名声，其负面影响持续至今。后来，随着中国经济国际化程度的提高以及 80 年代中期开始与国际葡萄与葡萄酒组织（OIV）开展合作，再加上普遍质量标准的逐步贯彻实施，张裕才重新跻身于国际认可的葡萄酒生产商行列。

1982 年，张裕公司进行了体制改革，建立经理承包责任制，获得了外贸进出口自主权。自此，张裕一步步发展成为一个庞大的商业帝国，打造出一个丰富多样的产品体系，在国内外成立了众多分公司。[①] 传统的葡萄酒业务仍是该公司的主要部门，2011 年以超过 9 万吨的年产量跻身世界十大葡萄酒公司之列，党和国家领导人多次到张裕公司视察，并往往留下亲笔题词以示褒奖。除了自己生产葡萄酒，如最受欢迎的干型优质红葡萄酒，张裕还从国外（如智利）进口葡萄酒进行深加工并在国内销售，近年来也开始在法国、西班牙、意大利和新西兰与当地葡萄酒企业合资经营海外酒庄。此外，除烟台和山东北部沿海地区外，张裕近年来还在气候和土壤条件完全不同的省份和地区建立了更多葡萄种植区。与此同时，为了促进旅游业的发展，这些葡萄种植区所在地的政府也推出了涉及数亿美元投资的大型工程项目，吸引了来自国内外的企业合作建造欧洲风格的酒庄和葡萄酒小镇。酒庄专门从法国、奥地利、美国、意大利和葡萄牙聘请了酿酒专家，随时为葡萄树栽培和生产酿造提供建议，确保产品的高品质。他们酿造出的优质葡萄酒已经多次在国内外葡萄酒大赛上获奖，也成为重要外事活动中的国宴用酒。张裕公司近年来新开辟的葡萄种植

---

① 张裕公司全称为烟台张裕集团有限公司，1997 年作为烟台张裕葡萄酒股份有限公司上市，2007 年张裕集团的总营收额为 6.95 亿美元，2023 年为 43.85 亿元人民币，见中国经济网报道（http://m.ce.cn/bwzg/201910/25/t20191025_33437561.shtml）。

　　　　　　　　　琥珀光与骊珠：中国葡萄酒史

区和酒庄分别位于新疆天山北麓（石河子张裕巴保男爵酒庄，以公司第一代酿酒师巴保男爵命名）、宁夏贺兰山东麓（宁夏张裕摩塞尔十五世酒庄，以奥地利顾问伦茨·摩塞尔命名，他是一个酿酒世家的第十五代传人）、陕西（渭北张裕瑞那城堡酒庄，与意大利瑞那家族合作）、北京密云（张裕爱斐堡国际酒庄）和辽宁（张裕辽宁桓龙湖黄金冰谷酒庄，与加拿大奥罗丝冰酒有限公司合作）。黄金冰谷酒庄是中国最大的冰酒生产商，位于辽宁省桓仁县，每年冬季有稳定的霜冻，葡萄园面积超过 5 000 公顷，主要种植威代尔葡萄，收获的葡萄全部用于生产冰酒。张裕公司在全国各地的葡萄种植区的总面积已达到两万公顷。

位于烟台莱山区的张裕国际葡萄酒城是世界上最大的葡萄酒体验和娱乐中心，占地 400 多公顷，投资 10 亿美元。该项目规划建造两座专门用于展示葡萄酒和白兰地的城堡建筑群、数座带有葡萄园的园林、一个呈酒桶状的未来主义风格的葡萄酒研究和培训中心、一个巨型酒窖等。酒城中还设有多个展厅，在那里可以看到所有关于葡萄培育、葡萄品种和现代葡萄酒生产的方方面面的内容。游客们还可以参观拥有 15 个高科技装瓶设备的大型厂房，其中一台设备可以每小时装满 25 000 瓶葡萄酒。葡萄酒城的欧式小镇对于游客尤其具有吸引力，镇上有豪华温泉酒店、4D 电影院、剧院、画廊、婚庆场所、健身中心、儿童游乐场，还有一条店铺餐馆林立的商业街。烟台国际葡萄酒城是世界上同类项目中规模最大的，目标是每年吸引以中国人为主的超过一百万游客前来体验现代葡萄酒文化。与此同时，它还将成为一个国际贸易中心，预期年销量达到 4 亿公升，几乎占到全国总产量的四分之一。

张裕公司在创业之初就打造出一个品类相当丰富的红、白葡萄酒产品系列，近几十年来还在继续稳步拓展产品多样性，其中一个极具异域风情的例子是新西兰张裕凯利酒庄出产的多种葡萄酒。此外，早在张弼士在世时，公司就按照他的思路开发出红、白葡萄酒以外的多种产品。如今，这些产品包括各种类型的白兰地、起泡酒、香槟制法起泡酒、曲法发酵高粱和 / 或玉米酿造的白酒、按照传统配方添加中草药制作的保健酒和中成药、矿泉水、玻璃瓶、软木塞、瓶盖、礼品包装等。自 21 世纪初以来，张裕的葡萄酒部门每年业务量增长 15%。从 2006 年至今，张裕葡萄酒已出口到 28 个国家，其干红和高级红葡萄酒是绝对的畅销产品，根据国际品酒师的评级已经达到了波尔多优质葡萄酒的水平。①

目前，山东半岛北部沿海地区和烟台周边共有 50 多家葡萄酒公司，生产的葡萄酒约占中国总产量的四分之一。这些公司的成长基本上都借鉴了张裕公司的经验教训，也得到了其支持和帮助，它们的发展与张裕公司的成功密不可分。当然，该地区的类地中海气候、理想的土壤条件、悠久的水果种植传统以及欧洲传教士 19 世纪在此地种植葡萄的尝试也发挥了重要作用。张裕还对其他省份的葡萄酒产业起到了重大的推动作用，这些省份或利用现代工艺技术重振古老的葡萄酿酒传统，或建立工业化规模生产的新型酒企涉足新兴产业——这一趋势曾因历次政治运动而暂时放缓，但自 20 世纪 80 年代至今一直保持着可观的增长速度。②

最后还应强调，张弼士等先驱者引进的一百多个欧洲名贵葡萄品种对中国现代葡萄酒业发展所产生的持久影响不容低估。经过百年来的努力，中国已经拥有丰富的红、白葡萄品种，其中一些因风土条

① 自 2008 年以来，张裕葡萄酒已赢得包括一些酒店、连锁百货商场 Kaufhof 和汉莎航空在内的多家德国客户。张裕还在中国各地建立了许多销售网点。

② 关于山东省的葡萄酒业见李德美（2013 年 b）、Weiß（2012 年）。

琥珀光与骊珠：中国葡萄酒史

件不同而具有非常鲜明的特征，预计中国学者将来在葡萄育种领域还会取得许多新发现。与此相关，张裕公司还有一项鲜为人知的开创性成就，即为各种对中国人来说仍很陌生的"外来"葡萄及葡萄酒品种开发了一套自己的命名法，同时将其介绍给中国业界，并引入国内市场。这其中也包括在全国各地投放广告的市场营销策略，公司为此甚至从一开始就获取了官方商标保护。尽管一百多年来葡萄品种和葡萄酒术语在张裕公司内部和中国其他地区反复发生调整和改变，直到近年来才开始尝试进行标准化和规范化，但可以确定的是，在命名和广告方面，中国葡萄酒业近几十年来已经形成了一些惯例。尽管法律保护越来越周密，但在激烈的竞争中，张裕的命名创意经常被其他公司抄袭，甚至引发法律纠纷。

下面我将利用一些典型的例子来简要说明张裕公司在术语命名和葡萄及葡萄酒品种推介工作方面的成就和困难。这些示例也清楚表明，通过有意识地将葡萄酒与中国早期的历史—文学和美学传统联系起来，明清时期基本上无人关注的葡萄酒终于作为一种文化饮品得以重新呈现，而张裕公司是最大的推动者。为了在中国市场上抢占先机，这项文字工作从一开始就必须慎之又慎。即使是最早的张裕酒瓶标签也同时标注了外文原文和中文名称，前者面向消费者中的外国人，后者则面向中国人。

原则上，将葡萄品种名称译成中文有两种选择：音译和意译。音译的名称听起来带有"异国情调"，侧重于强调产品品质，因外国葡萄酒是高品质的象征。而意译的要求则高得多：首先，它的发音要悦耳，最好尽可能贴近原文发音；其次，它应唤起人们对文学和艺术史传统的美好联想，或至少传达出美学内涵。某些语言中的葡萄及葡萄酒名称，比如法语名称，即使对中国的葡萄酒专家来说也有辨识和发音上的困难，更不必说普通消费者，这时就绝对需要一套朗朗上口的中文名称。制定标准和规范对于建立葡萄酒法的法律框架也越来越重要，中国已经启动了这项工作。事实上，这项工作极其困难，因为不同国家的葡萄酒传统不同，其术语往往容易混淆，例如勃艮第葡萄品种在法国被称为"皮诺"（Pinot），如今这个名称在国际上也越来越多见。并非所有的早期中文译名都能较好地满足这些标准，因此有必要进行后续修正。总之，张裕在这方面为中国与现代国际葡萄酒文化的接轨做出了无可替代的先驱性贡献。[1]

张裕最初从奥地利、德国、法国和意大利进口的 124 个葡萄品种绝大部分都没能存活下来，在中国湮没无闻。不过，日本南满洲铁道株式会社 1915 年编纂了一份中国农业、工业和商业产品综合汇编，幸运的是，其中就有当时在中国种植的共计 98 个名贵葡萄品种的历史清单。[2] 在此列举一些今天仍具有现实意义的例子：

张裕在 19 世纪末和 20 世纪初进口及种植的葡萄株中有很大一部分是德国和奥地利品种，如：

- 雷司令（Riesling）：这其实是一个音译，由于它字面上带有战争和军事方面的含义，显得不够优美，因而受到批评，一些

---

[1] 在此应当指出中国的葡萄品种历史研究仍处于起步阶段。从前面章节的阐述可以看出，这项研究极其复杂，例如需要识别中国的几十种野生葡萄以及几千年前以各种名称从中亚和欧洲传入中国的人工培育葡萄品种和进一步培育而成的杂交种。

[2] 张裕早期的葡萄品种收录在《满洲之果树》一书中，直到 2016 年初才被重新发现，见中国新闻网报道（www.chinanews.com/wine/2016/01-11/7710400.shtml）。中文在线葡萄酒全科词典（www.wine-world.com）内容广泛丰富，收录了所有常见的葡萄品种。李华（2000 年第 43 页等）更详细地介绍了各个优质葡萄品种。张振文（2000 年）对中国及世界各地葡萄品种的原产地、多样性、特性、育种、杂交等问题进行了具体论述。有关世界各地葡萄品种的一般性及补充信息主要出自以下资料：Clarke/Rand（2001 年）、Brockhaus（2005 年）、Queruli（2011 年）、Robinson（2015 年）、www.jancisrobinson.com/learn/grape-varieties。

酒庄采用较为文艺的译法，如蕙丝琳、丽丝玲、蕙思林。[①] 但"雷司令"仍是今天最常见的译名。

- 琼瑶浆（Gewürztraminer）：在国际上通称为 Gewurztraminer，"琼瑶浆"是一个自由发挥的意译，与原文发音毫无关系。它能让人们联想起古典诗词中对葡萄美酒的诗意描写，所以这个译名直到今天仍然深受人们的喜爱并广为传播。

- 凉州牧（Blauer Portugieser）：这也是一个自由发挥的意译，要明白这个译名的含义需要对中国文学史有所了解：它出自唐朝诗人刘禹锡的著名诗篇《葡萄歌》。诗中说，葡萄酒非常珍贵，甚至可以用来换取凉州（今甘肃武威，传统葡萄酒产地）刺史这样的重要职位（见本书第八章）。如今，该品种通常被译为"葡萄牙人"。这个译法的问题在于会误导人们以为其原产地是葡萄牙。

- 白勃艮第（Weißburgunder）："白"被置于地名"勃艮第"前面，显明它起初是一个地道的法国葡萄品种。它最早的名称也是一个很有意思的意译，叫作"大宛香"。要理解这个名称的内涵需要一些中国古代史方面的知识：大宛（古音 Da-Yuan）是公元前4—前3世纪时亚历山大大帝的后继者在费尔干纳河谷建立的"伊奥尼亚"王国，汉代史料称其为"葡萄之国"（见本书第六章）。随着法国葡萄酒业影响力的不断扩

---

① 有时也写成"意思林"，但"意思林"其实是 Welschriesling、Italian Riesling 或者 Riesling Italico 的译名，这就造成了更多混乱（见李华 2000 年第 45 页）。虽然 Riesling 与 Welschriesling、Italian Riesling 或 Riesling Italico 没有亲缘关系，但由于名称相似很容易互相混淆。可能是出于避免混淆的原因，Riesling Italico 经常也被称为"贵人香"。近年来进口自德国的雷司令在广告中也使用了更有文艺气息的音译名"瑞思苓"。

大，白勃艮第在国际上通常被称为 Pinot Blanc，中文译为"白比诺""白皮诺"或"白品诺"，这是一半意译一半音译的处理方法。

- 蓝勃艮第（Spätburgunder/Blauburgunder）：过去叫作"大宛红"；今天译为"黑比诺"、"黑皮诺"或"黑品诺"，与上面的"白比诺"同理。

- 法国蓝（Blaufränkisch）：这个译名可能来自一位热爱法国的中国学者的误解。它实际上是一个古老的奥地利品种，在德国西南部被称为 Lemberger。这位学者误以为这个品种源自法国。张裕公司可能很早就放弃了种植法国蓝，它在其他地区也很少见。

- 灰比诺 / 灰皮诺 / 灰品诺（Grauburgunder/Ruländer）：这是一个法系译名，不足之处是没有考虑到该品种来源于德国（Speyer）和奥地利（Burgenland）。

- 西万尼（Grüner Silvaner/Sylvaner）：纯音译译名，是一个古老的奥地利品种，今天和雷司令、琼瑶浆一样都在中国广泛种植。

- 沙斯拉（Classelas Gutedel）：可能也是张裕公司从奥地利引进的品种，据说原产于古代埃及。最初意译为"冰雪丸"，后改为从德文转译的"古特德"，最后按照法文名称的发音译为"沙斯拉"。

不过，张弼士最初引进的奥地利和德国葡萄品种，除了今天仍在用于酿造优质白葡萄酒的旗舰品种雷司令外，大部分已让位于法国葡萄品种，另有一小部分意大利品种：

- 长相思（Sauvignon Blanc）：有时也译作白苏维翁，其中的

"苏维"让人联想到"苏维埃",带有政治怀旧色彩。而"翁"字则让人联想到自号"醉翁"的 11 世纪宋代大学者欧阳修（见本书第九章）；今天偶尔还能见到另一个迷人的译法"索味浓",有时也写成"缩味浓"。

- 赤霞珠（Cabernet Sauvignon）：中国文学中自古以来就有将葡萄比作珍珠的传统,"赤霞珠"也因此成为一个非常成功的译名。几十年来,中国所有的葡萄种植区都使用这个译名。此外,来自法国波尔多的赤霞珠本身就是一个"全能选手",是中国最常见的葡萄品种,也用于酿造多种混合型葡萄酒。

- 梅鹿辄（Merlot）：这是一个稍显拗口的译名,可能是中国葡萄酒市场上仅次于赤霞珠的第二大酿酒葡萄,它也有其他较流行的译名如梅洛、梅尔诺、美乐和梅乐。

- 品骊珠（Cabernet Franc）：这也是一个沿用到当代的成功译名,不过今天更常见的写法是"品丽珠",常用于酿造混合型葡萄酒。"骊珠"的典故出自《庄子》,即骊龙颌下的明珠（见本书第十章）。其他一些纯音译的译名则没有被大众接受。

- 佳美娜（Carmenère）：这个译名由代表美好的形容词"佳"与典型的女性名字"美娜"组成。它的一个缺点是容易与另一个葡萄品种"佳美"（Gamay）混淆。当然后者在中国目前尚不多见。佳美娜源自法国,根瘤蚜灾害过后主要在智利广泛种植,所以它是以另一种面貌进入了张裕产品系列（见下文）。Carmenère 还有一个听起来不太吸引人的音译名称"卡门"。

- 玛泊客（Malbec）：如今多采用纯音译名称"马（尔）贝克",这种红葡萄原产法国,在阿根廷的种植尤其成功,在中国比较少见。

- 西拉（Syrah/Shiraz）：这是一个简单好记的音译名称,西拉葡萄在中国常用于酿造混合型葡萄酒。虽然它原产于法国罗纳河谷，但在中国是常见的来自澳大利亚的进口商品，因此也叫 Shiraz。

- 白玉霓（Ugni Blanc）：这是一个特别成功的音译与意译结合的译名，"白玉"表明这是一个白葡萄品种，同时指向中国文化传统中玉与葡萄美酒的联系。"霓"让人联想起晶莹别透的玻璃杯所反射出的光芒。白玉霓是酿造张裕白兰地的最重要的原料。另一个同音译名"白羽霓"偏重于强调酒后那种飘飘然的愉悦享受。该品种原产于意大利，14 世纪时传入法国，实际上其更为人所熟知的名字是 Trebbiano，中文译名"特雷比奥罗"为纯音译，明显缺乏吸引力，在中国市场上很难得到关注。

- 霞多丽（Chardonnay）：这是最好的音、义结合的译名之一，因此在中国几乎所有葡萄酒产区一直沿用至今。不过，中国第二大葡萄酒制造商长城公司和个别酒庄使用了不太吸引人的纯音译"莎当妮"，大概是为了作为一个独立品牌与张裕的产品区分开来。霞多丽是中国种植最广泛的白葡萄品种，在国际上也是如此。

- 麝香（Muscat/Moscatel/Muscateller）："麝香"本是麝香鹿的芳香分泌物。从波斯语的 *meshk*[①] 到希腊语的 *μόσχος* 和拉丁语的 *muscus* 都是同一词源。另外两个音译名称"莫斯卡（特）"和"慕斯佳"广告效果不佳。香气浓郁的麝香葡萄是一个大家族，有白色、黄色、桃红色、红色、蓝色和黑色品种。在古

---

① 麝香鹿在波斯语中叫做 *āhu-e Khotan*，字面意思是"来自阗的狍鹿"，与丝绸之路之间存在值得深究的关联。

希腊罗马时代，麝香葡萄遍布地中海沿岸地区，数量远超其他葡萄品种。麝香葡萄甚至可能是世界上最早的人工培育葡萄。早在 1871 年，一位美国传教士就将麝香葡萄引入烟台。1892 年，张弼士又进一步培育麝香葡萄，并从欧洲引进了更多葡萄株。张裕最初有七个色泽上呈现细微差别的麝香葡萄品种，它们从一开始就构成了备受赞誉的张裕红葡萄酒的芳香基调，至今仍是干红和干白混合葡萄酒的重要原料，还开创了一个专门的麝香红葡萄酒品牌（张裕玫瑰红葡萄酒）。目前，麝香葡萄作为鲜食和酿酒葡萄在中国各地都很受欢迎，在葡萄酒酿造中具有相应香气的淡红色到红色品种通常被冠以"玫瑰香"的名称，它们在中国不同产区呈现出鲜明的个性。[①]

张裕早年以风味独特的优质红葡萄酒"Cabernet Gernischt"声名鹊起，酒瓶标签上同时标注了中文名称"蛇龙珠"。这个富有想象力的译名匠心独具，可能是对骊龙传说（见本书第十章）的致敬，也可能是借用了中国文学传统中以蛇和龙代表葡萄藤、以明珠形容葡萄果实的意象。蛇龙珠是张裕公司自 1892 年起陆续引进的 124 个葡萄品种之一，经过嫁接和进一步育种之后，这一奇特品种的起源已无从考证。1931 年首次装瓶推出的张裕干红葡萄酒一炮打响，在国际葡萄酒大赛上荣获奖项，这款名酒的主要原料除赤霞珠和品丽珠之外

---

① 见维基百科词条"麝香葡萄"。在中国，一部分玫瑰香葡萄可能是玫瑰麝香葡萄（*Moscato Rosa*）及／或汉堡麝香葡萄（*Muscat Hamburg*）的后代。玫瑰麝香葡萄的颜色为深粉色到红色，在意大利的南蒂罗尔和特伦蒂诺地区有少量种植。汉堡麝香葡萄的果皮颜色较深，广泛分布于东欧地区，因 1836 年使用这种葡萄酿造的酒首次在汉堡装瓶而得名。不同品种的麝香葡萄有不同的中文名称，通常包含"玫瑰"。

就是蛇龙珠。在很长一段时间里，这种葡萄被认为是只产于中国的本地品种。由于蛇龙珠在外观和口味上与赤霞珠、品丽珠和梅鹿辄相近，人们对此进行了几十年的猜测和推断，而直到近年来才有条件通过 DNA 鉴定确认，蛇龙珠与佳美娜（见上文）是同一品种。后者原产于波尔多，在根瘤蚜灾害后来到智利安家落户，最初也有人将其与其他品种尤其是美乐（梅鹿辄）相混淆。直到在后来的全球化的进程中，特别是在中国人越来越乐于购买和饮用智利葡萄酒的今天，人们才很容易地辨别出赤霞珠和佳美娜在色香味上的相似之处。张裕早年从奥地利引进蛇龙珠时可能犯了一个中文母语者在与拉丁字母打交道时常犯的错误，将"Gemischt"错拼成了"Gernischt"。近一个世纪以来，蛇龙珠一直被认为是张裕独家所有，它既可以用于酿造单一品种酒，也可以与其他品种一起酿造混合型葡萄酒。自 20 世纪 80 年代以来，中国其他葡萄酒产区也引进了蛇龙珠品种，例如烟台以外的山东其他地区、辽宁、河北怀涿盆地、河西走廊以及近年来的宁夏西北部。不过，中国蛇龙珠总种植面积的 70% 仍位于烟台及其周边地区。蛇龙珠最令人称道的优点是和美乐一样拥有浓郁的色泽，此外，它的丰富的芳香让人联想到黑醋栗和青椒的风味。

围绕张裕的旗舰品牌"解百纳"曾经有很多问题需要澄清，特别是品牌的中文命名问题。据传，张裕公司在 30 年代时的总经理徐望之继承了张弼士的遗志，致力于将中西葡萄酒文化完美融合在一起，并且从东晋文学家袁宏（328—376）的名言"海纳百川，有容乃大"[①]中汲取灵感，创造了这个著名的品牌名称。"百纳"是"海纳百川"的缩写，"解"在此处是"有能力"的意思。"解百纳"作为品牌名称表达了公司在葡萄树的培育、优选、采摘、酿造专业知识和技术

---

① 出自袁宏《三国名臣序赞》。

以及熟化和贮存等方面对东西方最高质量标准的追求。这款红葡萄酒也的确成为张裕的顶尖产品，近年来甚至被国际葡萄酒专家誉为"东方波尔多"。它自问世以来就是全球公认的中国新兴葡萄酒产业的旗舰产品，销售额以每年超过 50% 的速度快速增长。

"解百纳"这个名称显然特意贴近法语 Cabernet 的发音，毕竟从 19 世纪末开始，张裕就从法国引进了多种 Cabernet 系列的葡萄品种在烟台地区种植，如赤霞珠和品丽珠。同时，为了明确这不是一个葡萄品种，而是张裕出品的一款高品质红葡萄酒的独家品牌名称，公司在与竞争对手长达数年的法律诉讼中强调"解百纳"这个名称引自有 1 400 年历史的名人名言，同时也是张弼士最喜欢的格言，因此，张裕有权垄断"解百纳"这个品牌名称。此外，解百纳干红葡萄酒的主要成分是蛇龙珠葡萄（Cabernet Gernischt），这个品种以前为张裕公司独有，但现在也出现在其他葡萄种植区。由于一些新成立的后起之秀酒庄对"解百纳"品牌的盗用和滥用——总共有 30 多家公司在市场上销售质量低劣的解百纳，最便宜的一瓶只要十元就能买到——张裕公司提起诉讼，要求对自己的品牌商标实施保护。[①] 直到 2010 年法院才做出判决，除张裕以外只有六家葡萄酒公司可以使用"解百纳"名称，并与张裕就今后的市场占有率达成协议。值得注意的是，甚至在国际行业规范中，"解百纳"的拉丁化专业名称也只能写成 *Jiebaina*，而不能使用 *Cabernet*。因此，张裕最引以为豪的解百纳干红葡萄酒在全球销售门店、博览会和葡萄酒大赛中以 Jiebaina Dry Red Wine 的名称亮相，例如在 2008 年巴黎国际食品饮料展览会（SIAL）上，这款酒成为亚洲地区出产的唯一跻身世界前 30 名的葡萄酒。

---

① 早在 1937 年"解百纳"商标就已经注册。中华人民共和国成立后，张裕曾于 1959 年、1985 年和 1992 年三次提交注册申请，但都被一再推迟。

在 20 世纪上半叶的战争和动乱中，烟台以外的其他六七个葡萄酒产区虽然也有所发展，但规模很小。[1]

在山东，除了北部渤海海岸的烟台及其周边地区外，在南部黄海沿岸今青岛地区也形成了一个葡萄酒产区。青岛在 1897 年成为"德国胶州保护地"和德国在东亚实施殖民政策的中心，直到 1914 年被日本占领。个别德国传教士出于自用的目的栽种少量葡萄酿酒。1903 年，德国与英国商人合资在青岛创建了"日耳曼啤酒公司"，后来蜚声国际的"青岛啤酒厂"即是在此基础上发展起来的。1912 年，一个德国杂货商人在青岛开设了一家葡萄酒手工作坊，按照德国工艺酿酒。据说同年还修建了一个大酒窖用于储藏装在大橡木桶中的葡萄酒，今天这个酒窖被称为"百年葡萄酒窖"。此后，这家作坊还生产了其他酒类，并自豪地宣称出品了中国第一瓶起泡酒、第一瓶威士忌和第一瓶白兰地，显然比张裕还要早。1930 年，作坊被一家名为 Melcher & Co 的德国公司收购，由于公司简称"MelCo"，中文便翻译为"美口酒厂"，这是一个形神兼备的贴切翻译。1941 年太平洋战争爆发，葡萄酒进口停滞，该公司开始扩大橡木桶生产规模，制造的大量橡木桶也在上海、天津和东南亚设立的分公司进行销售。新中国成立后，本来由啤酒厂控制的葡萄酒厂与所有私营企业一样被收归国有，1959 年更名为青岛葡萄酒厂。从 2000 年起，该酒厂陷入经营危机，2005 年由青岛华东葡萄酿酒有限公司接手。[2] 这家公司是来自香港的英籍企业家迈克尔·百利（Michael Parry）与青岛市政府于 1985 年合资创办的，其法式葡萄酒庄园华东百利酒庄坐落在风景秀丽的崂

---

[1]　关于张裕以外的当代中国葡萄酒业见 Godley（1986 年）；Löwenstein（1991 年）第 27 页等；应一民（1999 年）第 131、133 页；Robinson（2015 年）第 174 页等。另见各酒庄官网的中（英）文介绍。

[2]　关于青岛华东葡萄酿酒有限公司见 Weiß（2012 年）第 87 页等。

山脚下，拥有数千株进口葡萄树的大型园区和享誉国际的优质葡萄酒（莎当妮和薏丝琳干白）吸引了众多游客。先进的技术设备和来自国外的知名酿酒师也赋予酒庄地道的欧式风格。近年来，华东百利酒庄还在烟台以西的蓬莱购买土地开辟葡萄园。[①]

自20世纪80年代兴起的河北昌黎葡萄酒产区位于长城的尽头，在北京以东将近三百公里处，隶属秦皇岛市，与同处环渤海湾地带的山东烟台遥相呼应。根据地方志记载，这里早在16世纪就开始种植鲜食葡萄，20世纪初开始小规模生产葡萄酒。如今当地最重要的品种是赤霞珠，其他波尔多葡萄品种只占很小的比例。昌黎葡萄酒产区中有四家占主导地位的大型酒庄和50多家小型酒庄，皆为大型集团的分支企业，[②]如历史最悠久的华夏葡萄酒公司与著名的长城公司都隶属于大型国企中粮集团。华夏葡萄酒公司的雷司令葡萄园可能最初是张裕公司的产业，如今还在扩大种植规模。2004年夏天，我在这里参观了中国当时最大的酒窖，里面储藏着一万个橡木桶，当然如今它早已被其他大型酒厂超越。酒窖附近有一个很有特色的公园，园内的葡萄园小径和微缩长城景观令人印象深刻。

北京地区也有种植葡萄酿酒的传统。早在1910年就有法国天主教神职人员在颐和园西北一带种植葡萄，每年生产五千至六千升红、白葡萄酒，专供教区使用。他们在教堂下面修建了一个酒窖，从法国聘请了一名酿酒师，也让教会成员参与酿造葡萄酒，甚至从1912年开始生产起泡葡萄酒。1933年，这间教会酒坊成为一家实业公司，以北平上义洋酒厂的名号经营，产品主要供应驻京外国代表、酒店

---

① 见"华东葡萄酒"官网（www.huadongwinery.com）。

② 关于河北的葡萄酒产业见"红酒世界"网站关于昌黎的介绍（www.wine-world.com/area/china/hebei/qinhuangdao/changli）、Lu（2015年）、李德美（2013年b）。

和船运公司，也出口到国外。20 世纪 50 年代，这家北京最古老的葡萄酒厂搬入更大更现代化的厂房，在官方主导下大幅扩大了葡萄种植面积，并更名为北京葡萄酒厂。这段时间该厂的产品除了葡萄酒品牌"中华"和"夜光杯"（关于唐朝诗人王翰的《凉州词》与葡萄酒的关联，见本书第八章）外，也有白兰地和多种勾兑型葡萄酒饮料，如"桂花陈酒"和"莲花白酒"。它们对葡萄酒的品质要求不高，并且最终又回到了几百年来在酒中添加中草药芳香成分的中国民间传统。与其他葡萄酒企业的情况类似，直到 20 世纪 80 年代该地区葡萄酒的品质才随着北京友谊葡萄酿酒有限公司的成立而获得了质的飞跃。这是一家中法合资公司，以法方投资为主，也聘请法国专家担任生产顾问，为公司带来了现代企业管理模式和先进的酿酒工艺。1988年，公司的产品达到了国际优质葡萄酒的水准，由于这一年是龙年，公司选择"龙徽"作为一个产品系列的品牌标志，在国内外赢得很高赞誉，并在诸多葡萄酒大赛上屡获奖项。2006 年，龙徽葡萄酒占到了中国葡萄酒出口总量的 39%。公司专门建造了一座博物馆，访客可以在这里回顾这家中国近现代史上创建时间第二长的葡萄酒公司的历史。[①]

　　1953 年，在轻工业部的推动下，北京城东也成立了一家葡萄酒厂，命名为北京东郊葡萄酒厂。为了避免混淆，上文所述的北京葡萄酒厂也被称为北京西郊葡萄酒厂。值得注意的是，北京东郊葡萄酒厂是中国第一家拥有现代化设备并由中国人自主经营的大型葡萄酒厂。该厂在北京周边 667 公顷的土地上种植了 20 种葡萄，酿造葡萄酒之余也同时生产含葡萄酒饮料、白兰地、白酒和啤酒。

　　近年来，一些葡萄酒生产商在北京周边地区安家落户。沿着通

---

① 我在 2000—2010 年对该公司的两次访问中获取了相关信息。

往河北省的公路向西南方向前行的途中可以看到坐落在房山上的波龙堡酒庄，元朝时马可·波罗前往太原时也经行这条路线，他在游记中描述过沿途所见的许多葡萄园。波龙堡酒庄规模虽小却声名远播，它的名字象征着中法葡萄酒文化的联合："波"即"波尔多"，"龙"则寓意酒庄昌盛兴隆。该公司1999年成立时也得到了法方的协助，2005年产品进入市场。公司以家族企业的形式运营，严格要求70公顷葡萄园和酒窖完全按照有机农业理念和环保标准经营，年产量限制在25万升，在广告宣传上定位为优质小众产品。波龙堡的成功证明北京周边的山区同样具有发展葡萄酒产业的潜力。[①]

　　本书第八章、第九章和第十一章中描述了包括著名的葡萄之乡宣化县在内的河北怀涿盆地"千年"葡萄种植区。清朝时该地区的葡萄种植继续发展，而1900年庚子之乱中慈禧太后和光绪皇帝在宣化的短暂停留与1909年京张铁路的修建使得该地区迅速成为著名的牛奶（又称马乳、马奶）葡萄培育及出口的最重要地区。从20世纪初开始，牛奶葡萄甚至成为进出口贸易中的高价货品，并在多个国内和国际展会上获得奖项。20世纪二三十年代，著名的宣化鲜食葡萄的种植达到了一个高峰，栽培面积超过一千公顷，周边诸多城镇都从中获益。[②] 但直到20世纪80年代初，随着改革开放的深入，宣化地区才成立了包括中法合资企业在内的几十家现代化葡萄酒厂，也开始在这个气候宜人、风景优美、历史悠久的地区栽培以法国品种为主的酿酒葡萄，并进行工业化葡萄酒生产。一些总部位于北京的葡萄酒公司也在宣化地区的山间和湖边开辟葡萄园。这其实是对当地古老葡萄种

---

① 2005年夏天，我得到波龙堡酒业有限公司原总经理邹福林及其子邹向农（曾在法国攻读葡萄酒学）的热情款待，感谢他们让我品尝到了回味无穷的新酿葡萄酒。关于北京的葡萄酒产业见李德美（2013年b）。

② 孙辉亮（2013年）第335页。

植传统的回归——两千年前，来自遥远西域的人工培育葡萄品种在怀涿盆地安家落户；而在一千年前的辽朝，这里的葡萄种植业一度十分兴旺。

怀来县政府所在地沙城位于怀涿盆地的中心，其众多的微气候区域完全可与法国的波尔多和美国的纳帕谷相媲美。新中国成立后成立的沙城葡萄酒厂早在 1960 年就开始生产葡萄酒，但直到 1983 年才作为中国第一家葡萄酒行业的中外合资企业运用当时最先进的技术工艺大规模酿造葡萄酒，此后逐渐成长为中国第二大葡萄酒制造商，并跻身全球葡萄酒巨头之列，这就是中国长城葡萄酒有限公司。蜿蜒在附近山脊上的长城正是公司名称的由来。[①] 气势恢宏的公司总部拥有一长排总容量达 10 万吨的巨大储藏罐、一个满是橡木桶的巨大酒窖以及大量研究和实验室设施。公司附近，一望无际的葡萄园向远方延展，总面积达一万两千公顷，种植的葡萄一半以上是龙眼葡萄。这里是世界上最大的龙眼葡萄种植区，龙眼历史悠久，大约一千多年前从西域传入中原。长城公司和该地区其他新兴酒庄使用龙眼葡萄酿造的葡萄酒和起泡酒是它们的特色产品，这些酒口感温和，酒体清亮，带有梨子和菠萝的异样香气。中国出产的第一瓶干白葡萄酒就是 1978 年长城公司使用龙眼葡萄酿造的。除了龙眼以外，长城公司的葡萄园也种植各种以欧洲品种为主的红葡萄，尤其是赤霞珠和美乐，用其酿造的干红很受消费者喜爱，也荣获过很多奖项。2012 年，长城以

---

① 长城公司隶属大型国企中国粮油控股有限公司（简称中粮集团），该集团主导中国的整个农业、食品和酒类行业，近年来通过结构改革拆分为多家子公司。另见 Löwenstein（1991 年）第 58 页等、李争平（2007 年）第 124 页、Z. Li（2011 年）第 55 页等、长城葡萄酒官网（www.greatwallwine.com.cn）。在长城公司访问期间我也获得了一些相关信息和资料。关于沙城白酒的早期历史另见曾纵野（1980 年）第 106—107 页。

5 400 万公升的年产量登上了一个新的高峰。中国约 40% 的葡萄酒出口来自长城公司。

目前，长城公司已经在河北当地以及山东等其他省份设立了多家分公司。公司最重要的招牌项目是沙城附近的长城桑干酒庄，因坐落于桑干河畔而得名。该酒庄严格遵守国际葡萄与葡萄酒组织制定的标准以及公司自主设立的规范进行绿色有机种植，100% 手工采摘，专门为国宴、重大国际性活动（如 2008 年北京奥运会和 2010 年上海世博会）提供优质精选葡萄酒，也出口到世界各国。长城桑干酒庄的国际名称是 Château SunGod GreatWall，"SunGod" 是 "桑干" 的音译。酒庄内设有一个葡萄育种研究站，从事新品种杂交等工作。游客可以在酒庄内的展馆了解关于葡萄酒和长城公司历史的信息。展馆毗邻的餐厅还设有品酒室和专卖店。

总体而言，长城葡萄酒可以说是 20 世纪 80 年代在国际化过程中逐步发展起来并征服国内市场的干型和半干型葡萄酒的先驱，尤其是过去不太被接受的白葡萄酒。由此也引发了针对质量标准维持和品质控制的呼声，并逐渐在国家和企业层面推行。长城早在 1979 年就派代表团前往巴黎参与国际葡萄与葡萄酒组织的活动，并于 1998 年出版了该组织制定的行业标准的中文译本。经过几十年的无序发展，如今在中国的葡萄酒市场上终于达成了共识：只有百分百使用葡萄汁酿造的饮料才能标注为 "葡萄酒"。此外，对任何添加剂都有详细的规定，在经历了一系列食品安全事件后新颁布的相关法规当然更为严格。尽管中国在 2024 年才成为国际葡萄与葡萄酒组织第 51 个成员国，但绝大多数葡萄酒生产商都早已遵守该组织制定的标准，并在广告宣传中强调这一点。①

---

① Z. Li（2011 年）第 51—52 页。

新中国成立的前三十年里，一直得到国家大力支持的大型酒厂片面追求工业化规模生产，忽视国际质量标准，产品质量难以得到保证。"纯正"的葡萄酒充其量只能在国宴上见到或作为出口商品满足有限的国外需求。大部分产品都是通常所说的添加芳香剂和中草药的"葡萄酒饮料"，或是加糖勾兑葡萄酒、气泡酒以及多种烈酒，除白酒外还包括白兰地和威士忌等常见的西方烈酒。中国葡萄酒业在这段时间的发展反映出当时在经济方面处处学习苏联的时代背景。作为农业和工业发展援助的一部分，苏联起初也帮助中国建立葡萄酒厂，提供技术装备，并派遣专家指导葡萄栽培和葡萄酒生产。今天的俄罗斯本身只在西南部、黑海（包括克里米亚和顿河流域）和高加索地区拥有值得一提的葡萄种植区，但在苏联时期则可以从格鲁吉亚、亚美尼亚和摩尔多瓦等加盟共和国蓬勃发展的葡萄酒文化中获益：这些地区的大型国有企业按照较高的计划指标，以牺牲质量为代价，大量生产葡萄酒供应俄罗斯母国。不过中苏友好同盟持续不久，因此中国的葡萄酒业很快就又走上了自己的道路，重新回归 19 世纪末以来的开创性探索乃至更古老的传统。然而，在 20 世纪六七十年代的政治动荡中，中国的葡萄酒业仍然主要呈现为集体所有制企业生产大众化工业产品的模式。

直到今天，我们仍能在当年从苏联引进的葡萄品种上看到俄罗斯短暂影响的痕迹。这些品种广泛分布于苏联全境，最初源自格鲁吉亚，如白葡萄品种 Rkatsiteli 和红葡萄品种 Saperavi。Rkatsiteli 的中文名称"白羽"（有时也译为"白翼"）是一个富有想象力的译名。Saperavi 葡萄颜色深红，富含单宁，中文译名是悦耳的"晚红蜜"，个别酒庄也采用繁琐的音译法。由于这两个葡萄品种耐寒能力相对较好，因此在北方地区很受欢迎。此外，1947 年，俄罗斯 Potapenko 葡萄栽培研究所培育出了一个更为健壮的 Saperavi 品种，叫作 Saperavi

　　　　　　　　　　　　　琥珀光与骊珠：中国葡萄酒史

Severny，具有产自中国东北的原生品种 *Vitis amurensis* 的遗传特征，表现出极强的抗寒能力（"severny"是"北方"的意思）。值得深思的是，新石器时代，人类的祖先利用葡萄果实制作酒精饮料。8 000 多年后，分别来自史前丝绸之路东西两端的葡萄品种如今结合在了一起，一个是在中国分布最广的野生葡萄品种，另一个则是格鲁吉亚的古老葡萄品种。这其中的象征意义可以解释为：早在史前时代，发酵工艺和配制精神饮料的技术在欧亚大陆上各地区间的交流和传播对于文化和文明的兴起就已经具有至关重要的意义。[①]

随着张裕和长城从近代的拓荒者一步步成长为享誉国际的葡萄酒业巨头，另一颗新星——中法合营王朝葡萄酿酒有限公司也蓬勃发展起来。王朝于 1980 年在天津成立，也是中国最早的合资企业之一。公司建立在由法国人头马（远东）公司直接转让技术和工艺的基础上，中法双方在相当短的时间内就达成协议，在天津城郊成立了这家中法合资公司，并首先在中国国内市场上推出了半干型王朝白葡萄酒，最初主要面向在中国的外国机构和公司，在获得国际知名度后也开始出口到二十多个国家。由此中国葡萄酒业形成了张裕、长城、王朝三驾马车齐头并进的局面，共占领了中国葡萄酒市场约 80% 的份额，并主导着整个出口市场。二十年间，到 2000 年时，王朝的销售量已从最初的 10 万瓶上升到约 2 300 万瓶，并增加了一种干白葡萄酒、一种红葡萄酒和一种桃红葡萄酒，也在葡萄酒之外推出了白兰地和药用利口酒。法国酿酒师从一开始就直接参与生产，这意味着该公

---

① 源自格鲁吉亚的葡萄品种 *Rkatsiteli* 和 *Saperavi* 在几乎所有的苏联加盟共和国和东欧国家都有大量种植，其历史和分布情况见 Brockhaus（2005 年）第 368、375、385 页；Robinson（2015 年）第 619、634、645—646 页；"红酒世界"网站关于白羽的介绍（www.wine-world.com/grape/rkatsiteli）；"红酒世界"网站关于晚红蜜的介绍（www.wine-world.com/grape/saperavi）。

司极为重视严格的质量控制，其产品也因此获得了众多国内和国际奖项。王朝公司在创立的最初几年与附近或更远地区的葡萄农签约，由其供应葡萄，但无论是供货还是品控都出现过问题。如今，王朝与张裕一样在公司总部以外的其他省份开设酒庄，如山东、宁夏和新疆等地。除了雷司令和汉堡麝香这两个德奥品种外，王朝旗下酒庄种植的葡萄均为法国品种：美乐、赤霞珠、品丽珠、白玉霓和霞多丽。近年来，王朝也借鉴其他成功的范例，在天津附近建造了一座地道波尔多风格的巨型酒堡，旨在为国内游客展示原汁原味的法国风情并展示关于葡萄酒的各种信息。在王朝公司总部巨大的酒窖中整齐地排列着七千多个橡木桶，里面存放着优质葡萄酒。①

张裕、长城和王朝三大巨头以及其他一些酒庄崇尚法国传统，在葡萄种植、建筑、旅游服务和广告方面有几乎照搬法国元素的做法，这无疑在一开始吸引到许多国内客户，并引发了公众对葡萄酒文化的某种兴趣，但后来却越来越走向极端，例如不断大肆建造法国风格的宫殿和欧式迪士尼乐园及葡萄酒小镇，其所提供的旅游服务也十分俗套。其中一些酒庄还提供精英葡萄酒俱乐部的会员资格，并为富有和显赫的客户窖藏私人拥有的瓶装或桶装葡萄酒。② 近年来，由于竞争不断升级，加上愈演愈烈的酒庄狂热③和巨额投资，开始出现越来越多批评的声音，反对者认为这一方面是对西方文化的盲目崇拜，

---

① 关于王朝公司，见 Löwenstein（1991 年）第 75 页等、李争平（2007 年）第 125 页、王朝公司官网（www.dynasty.com）。关于天津的葡萄酒业见李德美（2013 年 b）。我在对王朝公司的两次访问中获得了更多信息。

② Z. Li（2011 年）第 57—58 页。

③ 自 2002 年中国第一座法式酒庄在烟台落成以来，截至 2013 年，中国各地已新建 160 多座类似的酒庄，还有约 200 座正在筹建中。到 2015 年，仅在烟台及周边地区就建成 150 座酒庄。另见《中国日报》（China Daily）2013 年 9 月 29 日刊登的农业部报告："葡萄酒公司投入数十亿美元兴建酒庄。"

让人联想到殖民时代，另一方面也是对金钱和资源的巨大浪费，这两方面都会阻碍中国发展自己独特的葡萄酒文化。

与此形成鲜明对比的是，一大批酒庄正在努力追溯所在地区的深厚传统或在寻求"中国特色"葡萄酒文化的道路上另辟蹊径。鉴于过去一百年间的发展仍有许多值得探索的地方，而且与此相关的未来趋势似乎正在形成，在此有必要列举几个文字资料相当丰富的例子，同时也希望能够激发对个别案例的进一步研究的兴趣。这些例子表明，尽管自19世纪以来，中国一次次发生阶段性的动荡，但在其葡萄酒文化的发展中完全可以找到不断延续的传统和面向未来的巨大潜力。

在这一背景下，尤其值得将目光投向山西省太原市以南地区和本书第三章中已经详细探讨过的清徐县。该地区有着很多和葡萄酒有关的传说，但很长时间里都没有引起人们的重视。在清徐，千百年的葡萄栽培传统显然从未真正中断过，即使是在风雨飘摇的清朝末年、战乱频仍的民国和艰难起步的新中国成立之初也是如此。如前所述，根据当地的传说，清徐的葡萄酒文化可以追溯到汉代，甚至公元前一千年中期左右，最晚在唐代见诸史料，13世纪的马可·波罗游记中也有详细记载。山西中部和西南部的关键性地理位置使得来自北方草原、中亚和中国中原地区的各民族一直在这里穿梭迁徙，互相往来，再加上中国乃至整个东亚地区野生和人工培育葡萄品种独一无二的丰富性，这里造就了一种独特的葡萄酒文化。山西不仅被认为是中华文明的神话发源地，而且各种流传至今的民间传说故事以及大量考古发现都表明，这里的葡萄栽培可以追溯到史前时代——山西各地都曾挖掘出新石器时代的"欧亚式"尖底瓶和陶制酒器，它们甚至可能在啤酒诞生之前就被用于酿造或饮用葡萄酒了。[①] 在清徐本地及周边

---

① 见本书第一章到第三章的论述。

地区的村庄里，葡萄和葡萄藤的象征符号在房屋装饰、家具、瓷器、壁画、首饰、剪纸艺术中随处可见，许多流传至今的古老祝福语中也有很多和葡萄有关的内容。即使是在佛寺和道观中，包括部分19世纪重建的寺观也装饰有葡萄雕刻图案。在十多座天主教和新教教堂中同样随处可见葡萄酒的标志，这些教堂见证了18世纪以来该地区广泛深入的传教活动。

在清徐县的西部山区，直到数年前仍有三处占地数公顷的庄园，里面生长着藤蔓虬曲盘结的老葡萄树，当地的村民一直称其为"孔氏葡萄园"。园子最早的主人是孔祥熙（1880—1967），[①]他出身于山西太谷县名门望族，与孙中山和蒋介石都是姻亲。他少年时皈依基督教，并通过传教会前往美国，在耶鲁大学等高校就读。毕业后，他于1907年回到家乡，在美国公理会的支持下创办了铭贤学堂，自任校长。由于铭贤学堂的美方合作伙伴是位于俄亥俄州的欧柏林学院（Oberlin College），因此学堂的英文名称叫作 Oberlin Shansi Memorial School，直译为"欧柏林山西纪念学校"。后来1951年创办的山西农业大学就是在铭贤学堂的基础上成立的。学堂的课程设置以农业职业培训为重心，所以孔祥熙于20世纪30年代购得了三块土地用于开辟葡萄园和果园，并聘请当地一位经验丰富的酒农教导学生学习葡萄栽培技术。孔氏葡萄园中主要种植"黑鸡心"，除此以外也有当地传统品种"零蛋葡萄"。孔祥熙拥有的永益公司将园中收获的葡萄用于酿

---

① 1937年，孔祥熙以中华民国行政院临时院长的身份在柏林与希特勒会晤，商谈日本侵华等问题的应对，会谈没有取得成果。民国时期，孔祥熙担任过多个部长等重要职务，参与组建中国银行和金融体系。1948年退出政坛后，他先后移居中国台湾和美国。关于孔祥熙生平和孔氏葡萄园见郭会生（2010年）第70页等。遗憾的是，我上一次访问清徐时（2017年）得知，因此地修建公路，孔氏葡萄园被铲平。在清徐葡萄酒博物馆里可以看到当年孔氏葡萄园中巨型老葡萄树的照片和残枝，其中一株的枝干直径23厘米，长约30米，树龄估计超过300年。

造葡萄酒和白兰地。"黑鸡心"今天仍是该地区最重要的本土品种。

　　"黑鸡心"得名于葡萄颗粒的形状，它是一种欧亚属葡萄，学名叫作 *Vitis vinifera ssp. sylvestris*，其起源不详，也许可以追溯到史前时期的高加索或美索不达米亚地区。黑鸡心葡萄的表皮呈黑紫色，也被当地农民简单地称为"黑葡萄"或"紫光葡萄"。这种葡萄培植的难度较大，但抗病能力强，由于果实汁液丰富，只适合短途运输。自古至今，清徐人一直将黑鸡心葡萄用于增强葡萄汁和红葡萄酒的色泽，此外也可入药。近年来，研究人员确认黑鸡心葡萄富含抗氧化剂多酚，它的药用疗效得到了科学证实。[①] 清徐县境内和周边地区，尤其是西部的山区中据说仍有数棵几百年树龄的黑鸡心葡萄树。在 20 世纪 50 年代的土地改革和集体化改造中，"孔氏葡萄园"被交给当地村委会进行集体经营。"孔氏葡萄园"得以存留几十年，村民们一度自发在园中种植葡萄数年，主要出产至今仍在这一带广泛种植的黑鸡心葡萄。

　　1840 年第一次鸦片战争至 1911 年清帝退位期间，清徐的葡萄酒业一度急剧衰落。此后，该地区悠久而独特的葡萄酒生产传统从民国初年一直延续至今，即使在日据时期也几乎没有受到任何影响。[②] 清徐人在日军要求下重新开始了葡萄酒生产，甚至获得了收入与安全保障，直到日军投降。清徐葡萄产业启动后第一年就获得了五千吨葡萄的大丰收。从 1919 年起，当地的中型葡萄酒公司开始采取工业化生产方式，甚至在 1921 年引进了法国生产设备，并成立了益华酿酒公司，即今天的山西清徐葡萄酒有限公司的前身。该公司在经历了一系

---

① 郭会生（2010 年）第 90—91 页、郭会生 / 王计平（2015 年）第 193—194 页。关于"黑鸡心"和清徐的古老葡萄树见本书第三章。

② 关于近代的清徐葡萄栽培史，见郭会生（2010 年）第 169 页等、郭会生 / 王计平（2015 年）第 15 页等。

列改制措施和一段破产期后于 2004 年重新成立，随后进行了现代化改造。2010 年以来，以王计平为首的新管理层重新启用了已沉寂半个世纪的传统生产方式。①

　　然而，在 20 世纪上半叶，清徐周边村庄仍保留着家庭作坊式生产的古老传统。个别规模较大的作坊雇佣二三十名伙计，而大多数则完全由家庭成员经营。二三十年代时规模最大、声誉最隆的是东马峪村的孙家葡萄酒坊，有史料可证该酒坊已经传到第十三代，甚至可能更早。酒坊设备齐全，拥有几百个大陶罐，每年生产约 2.5 万公升葡萄汁及葡萄酒，所用的葡萄除了"黑鸡心"还有"龙眼"。"龙眼"是当时该地区第二大葡萄品种。孙家的葡萄园占地数公顷，在收获季节还会临时雇用几十名短工帮助采摘。有时孙家酒坊还根据需要向附近的农民购买葡萄。与当地其他酒坊一样，孙家酒坊使用新鲜采摘的葡萄手工制作葡萄汁、葡萄酒、白兰地和葡萄干。深秋时节，太原和天津的批发商驾着马车前来采购，他们的客户主要是富裕家庭、政府机构和基督教团体。运输时使用容量 20—25 公升的瓷瓶或 200—250 公升的木桶。后来还出现了贴有酒坊品牌的半公升玻璃瓶。（见图 12.4）

图 12.4　20 世纪五六十年代生产的清徐葡萄酒，藏于清徐葡萄酒博物馆

　　清徐葡萄酒业发展的另外一个推动力来自山西等地的基督教教会和传教站。他们的圣餐仪式需要使用葡萄酒来代表耶稣的宝血，常常不得不购买价格高得多的欧洲葡萄酒。有报道称，清徐

---

① 另见本书第三章。

一带，几个天主教教会经营自己的葡萄园和小型酿酒厂。距离清徐县城不到两公里的六合村是中国最大的天主教农村社区，[①] 那里的神父和一位修女至今仍在弥撒仪式中使用自酿的葡萄酒，并且酿酒所用的葡萄直到几年前都是产自教会拥有的葡萄园。（见图12.5）

图 12.5　六合村天主教堂，山西

　　如今，六合村天主教会几乎每年都要从附近的农户购买500—1 000 公斤葡萄，用最简单的工具酿造红葡萄酒：首先将葡萄在洗衣盆中清洗干净，用洗衣板挤压出葡萄汁，然后连同葡萄皮和葡萄籽一起倒入陶罐中，用石板和纸张盖住罐口，在 25—30 摄氏度的环境中自然发酵三天左右，然后将发酵液放入锅中加热，浓缩至三分之二左右，用亚麻布过滤后装入玻璃瓶中，用橡胶塞密封，置于阴凉处存放两个月。在这个过程中会有渣滓沉淀下来，需要将分离渣滓后的清澈酒液再次装瓶以长期保存，在此之前必须将酒瓶进行 20 分钟左右的消毒灭菌处理，以避免葡萄酒在储存过程中变质。这是当地的天主教修女传承多年的可靠方法，其实与清徐的传统酿酒工艺十分相似。[②]

---

① 六合村的 8 000 名居民中约有 90% 是天主教徒。该天主教社区拥有三百多年的历史。1985 年，六合村人在村子中心建造了一座气势恢宏的新哥特式大教堂，可容纳 2 000 多人，这可能是中国最大的教堂之一。在六合村的入口处矗立着一座纪念碑，上面有使徒彼得、马太和西门的雕像。村名"六合"寓意天、地及东南西北四方合而为一。

② 郭会生／王计平（2015 年）第 29—30 页。也有一些信息是我在当地访问时（2017年 10 月 5 日）获得的。

清徐及其周边地区的葡萄栽培和葡萄酒酿造传统在世界上是独一无二的，即使在中国也没有任何一个地区拥有这样的传统。它与西欧的葡萄酒传统大相径庭，这表明其深深地植根于本地人世代相传的实践经验。此外，每个村庄及家庭都遵循着世代相传的制作工艺，其中一些还是对外人保密的独家配方。①

清徐人酿造葡萄酒始于选择合适的葡萄品种，并根据各地的土壤条件和不同海拔高度的微气候条件进行栽培。特殊的葡萄树培植方法如"压条法"②、用木头和石块搭建棚架并用芦苇绳进行固定以及用马莲和稻草编绳捆扎葡萄藤等，也都是历史悠久的栽培技术的表现。此外，清徐地区还有许多为管理葡萄园和酒窖而特制的工具和器皿，如当地独有的一种葡萄镰刀③、带有肩杠的荆条方筐、八百年历史的陶罐、近代的木制酒桶（最初用楸木和竹子制成，50年代以来也使用橡木）、用于运输酒罐的木制手推车以及带有两个木辊的手摇式压榨机等。（见图12.6—图12.9）

不仅唐诗——唐代的山西诗人大多亲自栽培葡萄，宋元明清几朝的地方志也都体现出清徐及周边地区葡萄酒生产的特殊地位和方式，这证明清徐葡萄酒业在一千五百年间保持了令人惊叹的连续性。④

---

① 关于清徐葡萄栽培的地理、气候和传统特色见郭会生／王计平（2015年）第174页等，其中也总结了一份清徐地区最重要的葡萄种植区及其葡萄品种的列表。

② "压条法"指把葡萄树的侧枝埋入湿润的土壤中，生根发芽后长成新的植株，以此来扩大种植面积的方法。清徐及其周边地区葡萄栽培和葡萄酒酿造的特殊传统甚至入选中国非物质文化遗产名录，详细信息见郭会生（2010年）第155、169页等；郭会生／王计平（2015年）第9、152、159、201页等；www.ptj.sx.cn。

③ 这些工具和器皿都收藏在清徐葡萄酒博物馆中。我在那里参观时注意到一把葡萄收割刀，木柄末端是史前风格的人头造型，眼睛大而圆——这也许是2 500年前生活在当地的伊朗游牧部落的遗风余韵？

④ 见本书第八章。另见郭会生／王计平（2015年）第3、101页等；刘树琪（2016年）。

图 12.6　传统的木制手工压榨机，清徐葡
萄酒博物馆

图 12.7　传统的葡
萄镰刀，刀柄末端
是一个具有史前风
格的人头雕像，清
徐葡萄酒博物馆

图 12.8　传统的葡萄
酒发酵缸，底部有一
个用木塞塞住的孔洞，
清徐葡萄酒博物馆

图 12.9　乾隆时期的葡萄酒缸，清徐葡萄
酒博物馆

清徐葡萄酒的酿造过程是：首先将用木制压榨机榨取的葡萄汁倒入
并排放置在砖灶上的大砂锅中加热浓缩，然后将浓缩葡萄汁用纱布过
滤，倒入洗净的一排排陶罐中。发酵时加入当地酒曲作坊按照独家配

方使用小麦和豌豆制成的酒曲——除了葡萄的纯自然发酵外，这种工艺在清徐也很常见，让人联想起关于宋代发酵工艺的历史记载。[1] 由于发酵时会产生泡沫，陶罐不可盛满葡萄汁，还要盖上盖子。为了促进发酵过程，发酵室里会生火以提高室温。发酵缸的缸底上方几厘米处有一个用木塞封住的孔洞，发酵完成后拔掉木塞让葡萄酒流出，欧洲在古希腊罗马时代也有类似的工艺。缸底残留的渣滓与酒液经再次压榨后蒸馏成白兰地。从缸中流出的葡萄酒过滤后装入罐中或木桶中保存。不管是制作果汁和糖浆还是酿造葡萄酒时都可以根据需要添加一些白糖。如果葡萄汁和葡萄酒的颜色太浅则会加入"黑鸡心"和"零蛋葡萄"的萃取物。此外，村庄里还设有专门的储藏室和地窖，用于长时间保存秋季采摘的葡萄，尤其是鲜食葡萄。于是，村民在冬季也可以享用鲜美的葡萄或者拿到市场上售卖。从古至今，清徐人一直将一部分收获的葡萄悬挂在有火炉的房间里烘干制成葡萄干，这也是清徐的另一大特产。

清徐葡萄酒的制作工艺和在风味方面对保健功能的强调都源于当地居民的传统习惯，这种风味文化直到近年来才与逐渐渗入的全球化葡萄酒文化的影响发生碰撞。20世纪40年代末以前清徐主要生产以下三种葡萄酒：[2]（见图12.10）

（1）炼白酒，意思是"浓缩的白葡萄酒"，它是用手工采摘的几十年甚至几百年树龄的龙眼葡萄和牛奶葡萄酿制而成。压榨葡萄后去掉梗和籽，将葡萄汁倒入特制的大砂锅中加热。这种锅在当地的方言中叫做"㼲锅"[3]，放置在砖砌的长条形灶台上一字排开。熬煮后待

---

[1] 见本书第九章。

[2] 见郭会生 / 王计平（2015 年）第 9 页等的详细描述。

[3] "㼲"（pī）是一个罕见字，意为"大"，通常见于人名。"㼲锅"即"大锅"。

葡萄汁冷却，加入酒曲发酵，过滤后装瓶。这种特殊的浓缩法可以杀灭有害微生物，同时提高酒液中的糖分含量。发酵完成后的浓缩葡萄酒颜色金黄，甜度和果酸平衡，保质期长，口味类似德国和奥地利的逐粒精选酒。灶中烧的是当地常见的优质山西无烟煤，据说这也

图 12.10　灶台上的龆锅中熬煮炼白酒，清徐葡萄酒博物馆

为葡萄酒增添了一种独特风味。2010 年，山西清徐葡萄酒有限公司采用现代设备重新恢复了这一古老工艺，所生产的马峪炼白酒获得过多个奖项，也是公司销量最好的主打品牌。

（2）高红滔酒，意为"起泡红葡萄酒"，使用树龄较老的"黑鸡心"和"零蛋葡萄"作为原料，压榨后将葡萄皮和籽留在葡萄汁中，以增强葡萄酒的色泽。葡萄汁的加热方法与炼白酒相同，熬煮后同样加入酒曲，在低温条件下发酵。发酵完成后过滤装瓶。

（3）苦酒：顾名思义即"苦味葡萄酒"。与上述两种通过浓缩或添加砂糖来增加糖分含量的方法不同，这种酒只使用纯葡萄汁，完全经自然发酵酿造。酿造的葡萄酒也因此甜度较低而酸度较高。不过，这种生产工艺所需的成本、劳动力、工具和燃料要少得多。当然，从名称上就可以看出，这种酸味较重的葡萄酒并不符合当地人的口味喜好，因此通常会被进一步加工成利口酒或添加中草药制成药酒。

直到 20 世纪 40 年代，清徐一带几乎所有村庄都普遍使用上文所述（1）和（2）的工艺酿造炼白酒和高红滔酒。详细的配方在家族内部世代相传，秘不示人，因此这种特殊的酿酒工艺在山西以外几乎无人知晓。它的重新发现不仅为中国，也为世界范围内的葡萄酒文化

历史研究开辟了新的视角。

在韹锅中加热并浓缩葡萄汁的工艺源头不详，也许可以追溯到汉代后期发展起来的道教炼丹术。"炼白酒"中的"炼"即"炼丹术"的"炼"，有"熔化、浓缩、提炼"的意思。"炼丹"则指烧炼水银和硫磺制成"丹药"，据说这种工艺产生于汉代末年。8—9 世纪时，中国的炼丹术在阿拉伯-波斯世界也传播开来，并进一步传到欧洲，启发了那里的炼金术士。而中国道教炼丹术的目的是炼制可以让人长生不老的"灵丹妙药"。[1]

对于清徐人来说，健康比感官体验更重要，这一点也符合中国传统饮食文化的理念。所以当地在葡萄酒之外也生产一些添加各种药用成分的葡萄汁或葡萄酒混合饮料。时至今日，在清徐家庭酒坊和大型酒厂的产品中仍然可以看到当地人对甜葡萄酒的偏好。此外，这里的葡萄酒是人人都能消费得起的传统日常饮品，这是清徐地区的一大特色，与中国其他地区形成了鲜明对比——自古至今，在中国绝大部分地区，葡萄酒一直是价格不菲的奢侈品。

自 21 世纪初以来，清徐的葡萄和葡萄酒产业发展迅速，在省会太原也成立了一些企业和销售网点。人们开辟了更多葡萄园，种植面积不断扩大，企业配备了现代化设施，产品种类不断丰富，在延续古

---

[1] 中国历史上一些名人服用"灵丹妙药"（也叫"仙丹"）后不但没有延年益寿，反而因此早逝。然而，这种能使人羽化升仙的灵药与"醉仙"和"仙酒"（见本书第七章和第八章）传说之间有着显而易见的联系。本书第七章中提到的庾信（6 世纪）的《燕歌行》就是这种神秘联系的典型体现，它将饮用葡萄美酒与服用"金丹"相提并论，只要喝下一杯葡萄酒就可以长醉千日而进入仙境。"金丹"是朱砂与铅、硫磺等原料炼制而成的，主要成分是硫化汞，见维基百科词条"朱砂"。关于炼白酒的炼丹术背景见郭会生/王计平（2015 年）第 84 页等。拉齐斯是最知名的波斯炼金术士之一，曾成功地从葡萄酒中蒸馏出酒精（见本书第七章）。这是偶然的发现还是有针对性探索的结果尚不清楚。

老传统的同时也栽培进口葡萄品种，酿造欧美风格的葡萄酒。清徐人从 20 世纪初就使用木桶储存葡萄酒，保存至今的一只最老的酒桶历史超过百年，现藏于清徐葡萄酒博物馆。近年来，山西清徐葡萄酒有限公司为酒窖配备了 150 个新橡木桶。然而，传统的清徐葡萄酒要想在中国、亚洲甚至全球市场上引起关注，还有很长的路要走。一个关键的问题是炼白酒和高红滔酒的新式生产工艺是否以及在多大程度上能被视为文化遗产并达到国际质量标准。

与清徐的传统葡萄酒酿造形成鲜明对比的是 1997 年在位于太原以南 40 公里处的太谷县成立的怡园酒庄。[①] 这里离清徐不远，是由一对中国香港商人父女和法国波尔多的一位酿酒师合作创建的。酒庄规模虽小，但如今已享誉国际，成为中国中小企业中的一个明星。酒庄的葡萄园占地 660 公顷，种植典型波尔多品种，实施严格的质量监控，每年生产不到 40 万瓶在法国橡木桶中熟成的高品质红、白和桃红葡萄酒。位于山西西南部的黄土高原上、距离太原约 300 公里的戎子酒庄规模则大得多，创立十多年来已经取得了巨大成功。本书第三章中详细介绍了戎子酒庄在这片土地上的千年葡萄酒文化寻根之旅。[②]

山西省以西，在位于古老丝绸之路主干道上的甘肃省，几百年的葡萄酒传统也几乎一直存留至今。[③] 正如前面几章所述，自史前时代起，各民族就在这里定居和相互往来，利用横跨欧亚大陆的远程贸易网络进行商贸活动，并不断扩展这个网络的规模。该地区尚未得到

---

① 怡园酒庄的英文名字是 Grace Vineyard。此处陈述的酒庄相关信息是我于 2015 年 10 月在当地访问时获得的。

② 关于山西的葡萄酒产业见李德美（2013 年 b）。

③ 关于葡萄酒在甘肃，尤其是凉州／武威的历史参见武威市凉州区官网（http://www.gsliangzhou.gov.cn/）、新华网甘肃频道（http://www.gs.xinhuanet.com/）。

详尽研究的考古发现可以证明这一点。大约4 000年前，新石器时代晚期的齐家文化（见本书第二章）兴盛于甘肃和邻近省份，从墓葬中出土的许多陶器可以见证当时酒文化及葡萄酒文化的繁荣，如精美的动物造型酒壶、耳杯和双联杯等，这些器皿与中东和近东地区发现的陶器形状相似。

中国历史上有多个王朝的西部疆域止步于甘肃一带。但几个大的朝代，尤其是汉朝和唐朝成功地穿过河西走廊将其势力和领土延伸到西域和中亚。前2世纪，张骞打开了通往西域的通道，并将亚历山大大帝后人在费尔干纳河谷栽种的葡萄树和他们的酿酒技术带回甘肃和中原地区。中国历史上有几个朝代的统治氏族起源于这一地区，例如周人和秦人。在神话中，周人与生活在遥远西方的各民族有联系，秦人从这里征服了邻近的东方诸国，建立了中国历史上第一个统一的大帝国。最晚从波斯阿契美尼德帝国时期开始，波斯文化的影响就已经进入中国，其中也包括葡萄酒文化。它在甘肃地区肥沃的山谷黄土地中扎下了根，并一直延续至今。

唐代诗人王翰的名篇《凉州词》（见本书第八章）表明，在当时的认知中，这条通往西域的走廊是人们所熟悉的世界的尽头以及前往未知的危险世界的通道。同时，被誉为"玉液"的凉州葡萄美酒是远行者告别故土时的慰藉。历史上的凉州即今天甘肃中部的武威市，大量考古发现可以证明，那里自新石器时代起就有人类居住，如印欧人种的乌孙人（见本书第六章）。凉州从史前时代起就是一个重要的交通枢纽和贸易中心。中国历朝历代的大量文学作品和史料文献中有许多对名贵的凉州葡萄酒的描述，甚至有人称赞该地区是"中国葡萄酒文化的摇篮"。直到近代还有知名旅行者在游记中提到过这里甘醇的葡萄美酒，因此凉州也成了最高品质葡萄酒的代名词。事实上，在中国历史上，葡萄酒曾是如此珍贵和难得，用一斗葡萄酒甚至可以买到凉州刺史的官位，唐代诗人刘禹锡在他的《葡萄歌》中运用了这个典故来借古讽今（见本书第八章）。

1941 年，著名书法家、国民党元老于右任（1879—1964）在前往敦煌的途中经过武威镇，写下了"莫道葡萄最甘美"的诗句。1935 年的一份报告提到武威以西几公里处有一个天主教教区，那里的德国传教士自己种植葡萄并酿造葡萄酒。他们所酿的酒风味绝佳，十分诱人。

今天甘肃省共有六家规模较大的酒庄，都成立于改革开放以后，其中大部分是 2000 年后由大型企业在省政府的支持下创建的。它们就像一串珍珠点缀在历史悠久的丝绸之路沿线，从东端的天水附近经省会兰州、河西走廊的武威、张掖和嘉峪关（部分位于祁连山脚下），到最西端的沙漠之城敦煌，全长约一千公里。除了一家以传统白酒为主要产品的公司外，其他几家酒庄都使用从欧洲引进的赤霞珠、品丽珠、美乐、黑比诺、西拉、佳美、贵人香（薏丝琳、意思林）等红、白葡萄品种酿造优质葡萄酒，甚至还使用张裕公司大规模种植的蛇龙珠。甘肃地区干旱少雨，所以这里的葡萄栽培要求人工灌溉。不过，这种气候也将病虫害的风险降至最低，因此酒庄也启动了有机种植的尝试。沙土和黄土、来自法国等南欧国家的专业技术、部分葡萄树的持续修剪以及葡萄果实的手工采摘都意味着，在不久的将来这里将收获呈现鲜明地方风土特色的优质葡萄。由于海拔较高且年年冬季都有霜冻，这里已经酿造出了口味不俗的冰酒。甘肃的大多数酒庄都宣传该地区两千多年的葡萄栽培历史，并推出一系列旅游服务，为游客导览古老丝绸之路沿途的无数名胜古迹。[①]

2012 年夏天我访问了甘肃的两家葡萄酒公司，亲眼看到了这一

---

① 关于甘肃的现代葡萄酒产业见李德美（2013 年 c）。

地区葡萄酒文化复兴的潜力。[①] 在这次令人难忘的访问中，我首先参观了位于武威郊外约 40 公里处山脚下的莫高葡萄庄园。它成立于1983 年，是甘肃省第一家新型现代葡萄酒企业，在我到访时也是甘肃最大的葡萄酒公司和中国第五大葡萄酒制造商，拥有 650 公顷葡萄园。莫高葡萄庄园致力于延续"凉州美酒"的传统。公司名称中的"莫高"显然是指敦煌附近的丝绸之路上最重要的佛教石窟群。古代时，这里种植葡萄，出产葡萄酒，也是东西方商队歇脚停留的地方。在汉代土长城遗址的荫蔽下，伴着沙漠里吹来的暖风，我们坐在酒庄花园里品尝了用当地最重要的品种黑比诺和赤霞珠酿造的红葡萄酒，它们都是被寄予厚望的酒庄未来之星。我们也在葡萄园中看到了蛇龙珠和古老的格鲁吉亚品种晚红蜜。莫高同时也致力于生产白葡萄酒，白葡萄品种的种植规模几乎超过了中国其他任何酒庄，栽培了雷司令、霞多丽、白比诺、灰比诺、薏丝琳（贵人香）、白玉霓、白诗南、琼瑶浆以及与晚红蜜一样源自格鲁吉亚的白羽。莫高酒庄以其百分之百的有机种植而自豪。中国第一瓶冰酒也诞生在莫高酒庄——1999年莫高在中国市场上推出以雷司令和白比诺葡萄酿造的冰酒，被誉为"流金"。

从莫高酒庄西行 300 公里来到长城的尽头，在明代要塞嘉峪关附近，我们应邀参观了 2005 年刚成立的新兴企业紫轩酒业。那里有着一望无际的葡萄园，我们来到葡萄园后面的巨型魏晋墓葬群，这里有一千多个墓室，目前只发掘了很小一部分，其中一个墓室旁边建有一个博物馆，游客可以入内参观。墓室砖墙上的彩色壁画蔚为壮观，展示了将近两千年前的狩猎、耕作和厨房烹饪饮食场景。古代丝绸之

---

① 关于这两家葡萄酒公司的介绍基于我在当地访问时获得的大量书面资料和口头信息。在此对莫高公司经理牛育林先生和紫轩公司首席酿酒师花新闻先生的热情接待和详细讲解表示衷心感谢。

琥珀光与骊珠：中国葡萄酒史

路从这里出发进入茫茫沙海，这段开拓性的历史也在酒庄建筑的装潢设计中得到了体现。参观完酒庄后，经理和几位高管——他们都是训练有素的酿酒师，有的还拥有博士学位——带领我们来到据说是中国最大的橡木桶酒窖，在那里的品酒室里为我们呈现了一场令人回味无穷的品酒会。紫轩酒业出产赤霞珠和美乐干红，也有酒标上印有标志性的"戈壁"字样和张骞通西域的骆驼队图案的混酿型红葡萄酒，此外还有干白葡萄酒——我们品尝到了一款上好的薏丝琳（贵人香）晚摘酒。最令人惊艳的是一款用中国东北原生野葡萄品种 *Vitis amurensis*（山葡萄）酿造的红葡萄酒，果香浓郁，回味悠长。由于该地区几乎不存在葡萄病虫害，紫轩酒业也在尝试扩大有机葡萄的种植规模。

　　甘肃河西走廊以外的地区是通往中亚的贸易路线，即丝绸之路的必经之路，在中国古代史书中叫作"西域"，1884 年并入清朝版图后得名"新疆"。如前几章所述，在这片土地上，早在两千多年前，尤其是在塔里木盆地一带的绿洲聚居区、吐鲁番盆地、天山和阿尔泰山以及伊犁河谷，繁荣的葡萄酒文化就已经传播开来。13 世纪，回鹘等当地民族皈依伊斯兰教后，葡萄酒产量急剧萎缩，而鲜食葡萄与葡萄干的产量则相应大增，这种局面一直保持到 1959 年，19 世纪以来的多次回民起义以及苏联支持下短暂存在的势力也在其中发挥了部分作用。如今吐鲁番的主要产品仍然是优质鲜食葡萄和葡萄干——鲜食葡萄的品种竟多达 500 余个，葡萄干产量占全球总产量的 8%，且其品类之丰富在全世界独一无二。但近年来，当地的一些农民已转而种植酿酒葡萄，并为新兴的葡萄酒企业供货。[①] 中央政府加大对新疆的开发，此外还成立了"新疆生产建设兵团"，它既是保卫新疆的军事力量，同时也对这片地区进行经济大开发。这些举措都对新疆葡萄

---

① 杨明方 / 韩立群（2016 年）。

酒生产的逐步振兴起到了决定性作用。①不过，新疆地区的大型葡萄酒企业几乎都是近一二十年来新成立的，它们的投资额很大，例如上文提到的位于石河子的张裕巴保男爵酒庄。石河子是一个中型城市，位于乌鲁木齐以西150公里处的天山北麓准噶尔盆地中。它起初只是一个建设兵团驻地，后来发展为一个新兴经济区。这里的土壤富含矿物质，温度适宜，来自高山的丰沛水源保证葡萄园的灌溉，日照时间也非常充足，这些自然条件使得该地区十分适合种植红葡萄和酿造红葡萄酒，由于当地酒企获得的巨大成功，有人盛赞石河子是"中国红酒之都"，它甚至被宣传为与同纬度的波尔多和纳帕谷并列的世界著名葡萄酒产区。目前已有67家一流酒庄落户新疆，葡萄种植总面积约占全国的四分之一，但大部分集中在新疆西北部。中国的其他葡萄酒业巨头如长城和王朝也参与其中。新疆作为世界上最大的葡萄酒产区之一，在可预见的未来必将继续强劲扩张。

自1997年以来，新天国际葡萄酒业股份有限公司已发展成为中国乃至国际葡萄酒行业的巨头之一。它的英文名称是"Suntime International Wine Co. Ltd."，"Suntime"是"新天"的音译，2009年变更为"中信国安葡萄酒业股份有限公司"，为中国中信集团公司全资子公司，公司经营范围除葡萄种植、葡萄酒生产和销售外还涉及其他一系列领域。新天集团也由一支建设兵团管理，目前旗下拥有五家葡萄酒生产企业，都已成长为国际知名的葡萄酒制造商，获奖无数。它们均采用法国的专业技术和先进设备，从葡萄种植到酿酒的整个生产流程都在新疆完成。新天集团过去的产品标识的一大特色是在汉语名称旁边也标注以维吾尔语写成的"Suntime"字样。部分酒标的图案设计也充满西域风情，"尼雅""西域沙地""玛纳斯"（居住在新疆

① 除了我们在新疆各地收集到的丰富资料外，有关新疆葡萄栽培的最新信息见李德美（2013a、2013c）等。

的吉尔吉斯人的民族英雄）等富有想象力的名称让人联想到辉煌灿烂的古代西域文化。[①]2012年夏天，我们在玛纳斯县和霍尔果斯市参观了该集团旗下的酒庄，在那里看到，新疆葡萄酒业在短短几年间发生了翻天覆地的变化，几乎百分百采用波尔多模式使用赤霞珠、美乐、品丽珠、马瑟兰、西拉和佳美葡萄等知名葡萄品种酿造优质葡萄酒，偶尔也用霞多丽、雷司令和薏丝琳。与内地绝大多数酒庄不同的是，这里的酒庄基本不生产混酿酒，而是采用单一葡萄品种进行百分百单酿。此外，酒庄还引进了来自法国的专家顾问与技术设备，巨型酒窖里的酒桶也都是用法国橡木制作的，白兰地也用橡木桶储存。不过为了不破坏清新的果香，葡萄酒较少在橡木桶中进行熟成。此外，玛纳斯县的酒庄建在宽阔的河谷中，周围环绕着面积达一千公顷的巨型葡萄园，而霍尔果斯市的酒庄规模要小得多，地理位置也很特别——这里位于中国与哈萨克斯坦的边境线上，通往西部草原和中亚的千年古道从此地经过。作为"一带一路"倡议的一部分，霍尔果斯一带近年来成为中哈两国的合作中心和自由贸易区，同时也承担了从中国去往西部邻国和欧洲的绝大部分陆路交通运量。令人惊讶的是，在当地夏季炎热、冬季寒冷的半沙漠气候中，除了每家酒庄都会种植的赤霞珠以外，雷司令、薏丝琳和霞多丽等白葡萄品种在这里也能茁壮生长。在酒庄经理邀请我们品尝的几款葡萄酒中，2011年份的雷司令以极为独特的风土特征最受好评。[②]

塔克拉玛干沙漠东北边缘的焉耆回族自治县两千年前曾是丝绸

[①] 石河子附近的一个村庄也叫玛纳斯。在新疆西北部有很多吉尔吉斯人生活在十几个中国少数民族中。

[②] 在此我要特别感谢董新平先生、Fred Nauleau先生（玛纳斯）和于斌先生（霍尔果斯）的陪同和款待。我们也与其他几位同行进行了很有启发性的讨论，还在丰盛的宴会上品鉴了几款美味的葡萄酒。

之路北干道支线上的吐火罗王国焉耆的统治区域，今天在这里仍能看到众多历史遗迹。经过多年的筹备，私人投资者于 2010 年在此开设了天塞酒庄。酒庄"仅有"130 公顷葡萄园，坐落在沙漠边缘处陡峭的天山南麓，海拔 1 100 米，周围风景如画。不远处就是库尔勒市和中国最大的淡水湖博斯腾湖。天塞酒庄同样参照波尔多模式，不过它也继承了一些当地的传统推出了"戈壁天塞"品牌系列，使用手工采摘葡萄以天然有机工艺酿造红、白和桃红葡萄酒，在国内外受到了关注。天塞酒庄的一大特色是每年春节都会推出一款年份生肖纪念酒，如 2024 年生肖酒的酒标上印有"龙本原"双龙图案，寓意"回归本真，继往开来"。①

位于甘肃以北黄河河谷地带的宁夏回族自治区是一个新兴的葡萄酒产区，它也将本地区的葡萄酒业发展与丝绸之路的悠久传统联系在一起。在这方面，可追溯到史前时代的通往蒙古草原的贸易路线也扮演着一个重要角色。宁夏西依巍峨的贺兰山，过去三十年间，向阳的山坡上建起了许多酒庄，平均海拔达一千米。除了上文提到的张裕等几家葡萄酒巨头设立的大型酒庄外，还有两百多个中小型酒庄，耗费巨资开辟的葡萄园中主要种植知名的法国品种，也普遍建造了带有酒窖和园林的庄园建筑群。②产自宁夏的几款红葡萄酒在盲品赛事中甚至获得了比波尔多红酒更高的评价。国内外专家一致认为，宁夏属干旱到半干旱气候，但温度适中，日照充足，附近的黄河平原提供了便利的灌溉条件，所以拥有生产红葡萄酒的理想条件，发展潜力很大。宁夏也是全国第一个成立省级葡萄酒业管理部门的省份，该部门

① 在此我要感谢焉耆县委书记骆德新先生的热情招待并陪伴我们在焉耆及其周边地区游览风景名胜。

② 根据《人民日报》海外版 2024 年 1 月 8 日报道，宁夏酿酒葡萄种植面积已经达到 3.9 万公顷，有 228 家葡萄酒厂，葡萄酒产量几乎占全国总产量的一半。

琥珀光与骊珠：中国葡萄酒史

的任务是协调推进整个地区的葡萄酒产业发展，并持续助力相关的"绿色"旅游业发展，而在此之前宁夏一直是公认的贫困地区。[1] 所有乐观的预测早在我们2012年夏季访问该地区时就得到了充分证实。[2] 然而，宁夏葡萄酒业起初模仿波尔多，进而与其竞争的雄心壮志将来是否会让位于对该地区独特景观和丰富文化传统的更加务实的关注，我们仍需拭目以待。贺兰山峡谷中壮观的史前岩刻、丝绸之路远程贸易的历史遗迹、气势恢宏的"东方金字塔"西夏王陵以及粟特人、蒙古人、满族人和回族人文化交流的印迹等就是宁夏最具代表性的自然与人文景观。新项目"丝绸之路国际葡萄与葡萄酒合作联盟"与"张骞葡萄酒文化示范园"的推出体现出宁夏主动寻找自身文化传统之根并借此推动葡萄酒旅游业的新思路。此外，宁夏也与丝绸之路沿途的哈萨克斯坦、乌兹别克斯坦和匈牙利建立了相关商贸联系。[3]（见图12.11、图12.12）

---

[1] 据估计，宁夏适合葡萄栽培的土地面积约为10万公顷，相当于整个德国的葡萄种植面积！见Lu（2015年）、李德美（2013年c）等。继山东之后，宁夏自2012年起获得国际葡萄与葡萄酒组织观察员地位，并自2015年起与波尔多合作，在贺兰山东麓建立中法示范园区。见《人民日报》海外版《新丝路　新亮点》（2015年）。有关宁夏葡萄酒产业的信息和巨大发展潜力见Li /Bardaji（2016年）第15—16页和李德金（2018年），其中提到贺兰山上发现的225株百年以上树龄的古老葡萄树和旅游促进项目，此外还有宁夏葡萄酒业2018年的数据：宁夏共有200多个酒庄，聘请了来自23个国家的60位国际知名的酿酒师担任顾问，酿酒葡萄的种植面积占中国葡萄种植总面积的三分之一，年产量近10亿升（超过德国的葡萄酒总产量！），仅2018年就在国际葡萄酒大赛中获得150个最高奖项，占全中国获奖总数的一半以上。

[2] 在此特别感谢贺兰晴雪酒庄经理容健先生和张静女士以及志辉源石酒庄经理张军翔先生。

[3] 见《人民日报》海外版报道《新丝路　新亮点》（2015年）。"丝绸之路国际葡萄与葡萄酒合作联盟"的名称贴近"国际葡萄与葡萄酒组织"，这可能是有意为之。总之该合作联盟的成立可以理解为中国力图将来在丝绸之路战略框架中引领国际葡萄酒政策的信号。

图 12.11　位于丝绸之路沿途的紫轩酒庄酿造的有机美乐红葡萄酒，嘉峪关，甘肃　图 12.12　获得国际大奖的加贝兰红葡萄酒，贺兰晴雪酒庄，宁夏

　　中国东北地区，尤其是与朝鲜接壤的吉林省的葡萄酒文化拥有独特的历史。在那里的长白山脚下生长着大量的野生葡萄 *Vitis amurensis*，也叫"阿穆尔葡萄"，中国人称之为"山葡萄"。"阿穆尔"即中俄界河黑龙江，在俄语中叫作 Amur。[1] 居住在长白山山坡上的年长村民还记得一个尚未引起研究人员关注的传统，即在七月至九月的葡萄成熟期去林中采集野生葡萄酿制深红色的葡萄酒，这种酒象征着富贵长寿，专门用于庆祝男婴出生的满月宴。庆祝女婴出生所用的酒则是用五味子酿制的。五味子是中国东北随处可见的攀缘植物，其红色果实两千年来一直被视为一种重要的中药材。"五味子"顾名思义，集酸、甜、苦、辣、咸五种滋味于一身，[2] 很可能象征着女性作为母亲和主妇辛劳一生中的苦乐参半与五味杂陈。

---

[1]　见本书第二章、Robinson（2015 年）第 24 页、李德美（2015 年 c）、维基百科词条"山葡萄"。关于吉林的现代葡萄酒产业见李德美（2013 年 b）。

[2]　吉林省的一家农业研究所也在尝试用五味子（*Schisandra chinensis*）酿酒。见 Plocher et al.（2003 年）第 8 页。

琥珀光与骊珠：中国葡萄酒史

Vitis amurensis（山葡萄）主要生长于中国东北三省的山林中，也见于内蒙古、俄罗斯和朝鲜等邻近地区。它攀缘着树木生长，果实呈暗红色，7月至9月间成熟，可食用，味酸，用其酿造的葡萄酒也同样具有果酸味，不过没有美洲野生葡萄（*V. berlandieri*、*V. labrusca*、*V. riparia*、*V. rupestris* 等）特有的狐臭味。由于这一特性以及非同寻常的抗寒与抗真菌能力，*Vitis amurensis* 葡萄早在20世纪初就引起了葡萄育种学家和葡萄品种学家的研究兴趣。最初是苏联研究人员在20世纪30年代成功地从原本雌雄异株的植株中选育出了雌雄同株的变种。从20世纪50年代起，首先是苏联，然后中国以及世界各地的相关研究机构开始通过将 *Vitis amurensis* 与 *Vitis vinifera* 葡萄杂交来培育新品种，这些品种因其在寒冷地区的生存能力、不易受到病虫害侵袭以及较高的含糖量和较低的含酸量而备受关注。中国的研究人员将 *Vitis amurensis* 与赤霞珠、美乐、米勒-图高、雷司令、威代尔和白诗南等欧洲品种分别进行杂交，共培育出73个品种组合，其中一些极有发展前景的品种被进一步培育为酿酒葡萄和鲜食葡萄。最被看好的品种被赋予新的名称，目前在葡萄酒行家圈子里也还不太为人所知，如"双庆""双优""双丰""双红""北玫""北馨""北玺""雪兰红""公主白""黑山""内醇丰"和"熊岳白"等。[1] 其中的很多品种能够适应北方高纬度地区的气候，甚至抵御零下30度的低温，所以非常适合用于酿造红、白冰酒。中国农业科学院于1995年培育成功的杂交品种"北冰红"于2008年获得吉林省认证，是第一个专门用于生产冰酒的中国国产品种。来自加拿大，尤其是安大略省经验丰富的酿酒师为中国酒庄传授了酿造冰酒的专业技术，迄今为止，安大略仍是世界上冰酒产量最大的

---

① 熊岳是辽宁省营口市下辖的一个镇。

地区。①

　　在中国北方地区，与 *Vitis vinifera* 葡萄相比，抗寒的新型品种可以节省大量经济成本——不耐寒的品种必须在冬季埋土越冬，春季重新挖出绑扎上架，这些劳作消耗了三分之一的劳动力和资金成本。②除了经济因素以外，近年来中国葡萄酒学家与葡萄酒鉴赏家也主张长期发展一种具有中国特色的葡萄与葡萄酒文化，种植那些在中国东西部广袤国土上能够适应不同土壤与气候条件并能更好彰显当地风土特色的品种。同时也有越来越多专家提出批评，认为不应大面积栽培引进的赤霞珠葡萄并一味按照法国顾问的建议采用法国工艺在法式酒庄里进行葡萄酒生产。

　　Vitis vinifera 的栽培和工业化加工利用始于 1936 年成立的吉林长白山葡萄酒厂和 1937 年成立的吉林通化葡萄酒厂。这两家企业都是东北地区历史最长、规模最大的葡萄酒制造商，③也都是在日据时期由日本人出资创办的，位于当时的伪满洲国境内通化（吉林省东南部）一带，离朝鲜边境不远。1949 年后，葡萄栽培与葡萄酒酿造划归省轻工业部管理。2000 年前后，这两家葡萄酒厂都进行了彻底的重组和改建。长白山葡萄酒厂改制为一家拥有多个分公司和种植园的集团公司，通化葡萄酒厂则成为一家股份有限公司。除了用中国本土山葡萄（目前种植面积达数百公顷）酿制葡萄酒外，两家公司还生产

---

① 加拿大葡萄种植区的 *Mischurnitz* 和塞佛尼（Severny）其实是苏联人使用耐寒的 *Vitis amurensis* 葡萄株培育的杂交品种。我在加拿大新斯科舍省安纳波利斯山谷的 Domaine de Grand Pré 酒庄的珍藏陈列柜里见到一瓶 1980 年使用 *Vitis amurensis* 葡萄酿造的葡萄酒。在那里，来自法国的阿卡迪亚殖民者从 17 世纪末就开始种植葡萄酿酒。索莱莉（Solaris）是在德国培育的葡萄品种，自 2001 年起受到品种保护，它也是与 *Vitis amurensis* 杂交后产生的品种，近年来甚至在德国北部的叙尔特岛上栽培种植。

② 即使在与波尔多、莱茵河和摩泽尔河流域相同纬度的中国产区，由于冬季酷寒，再加上气候往往较为干旱，从山东到新疆之间的所有葡萄种植区通常都必须采用这种做法。

③ 关于通化葡萄酒厂见 Löwenstein（1991 年）第 62 页等。

琥珀光与骊珠：中国葡萄酒史

多种酒精和非酒精饮料，包括用当地其他野生水果如五味子、越橘、野梨、野草莓、山楂等酿制的果汁、葡萄酒、利口酒、白兰地、威士忌以及该地区常见的人参酒等保健酒。

几十年来，由于培训、经验和设备不足，缺乏质量标准以及管理不善，这些用野生葡萄（山葡萄）以及近年来用新型杂交葡萄品种酿造的葡萄酒迄今尚未成为令人满意的佳品。厂家往往在葡萄酒中大量添加糖分和白兰地以改善口感和延长保质期。其实当地早在1943年就开始使用类似方法生产一种波特酒。不过，近年来国家推动的现代化改造措施带来了创新性生产工艺，相信在不久的将来会生产出具有本地风土特色的高品质产品，如通化品牌的山葡萄冰酒就有着广阔的发展前景。

1949年新中国成立之初，通化红葡萄酒作为革命胜利和民族团结的象征被赋予了特别的政治意义。9月30日，在中国人民政治协商会议第一届全体会议的闭幕宴会上，662名会议代表以通化红葡萄酒佐餐。次日，即10月1日，在庄严宣告中华人民共和国成立的开国大典后，它再次作为一种促进身份认同的饮料出现在800名来宾举杯共饮的宴席上。1954年，通化干红首次装瓶，周恩来总理携带数箱作为国礼用品出席日内瓦会议。随后，通化品牌的干红葡萄酒首次大量出口到苏联和其他社会主义国家。1955年1月的中央政治局会议后，毛泽东与著名核物理学家钱三强用通化红葡萄酒为中国核能事业的发展干杯——1964年第一颗原子弹爆炸成功，1967年第一颗氢弹爆炸成功。1959年中华人民共和国成立十周年之际，周恩来总理亲自指定通化红酒为"国庆酒"，酒厂专程将一万箱红酒送到北京用于庆祝活动。1966—1969年"文革"初期，通化葡萄酒的生产不但没有停滞，相反还推出了一个带有"文革"酒标和皇冠式瓶盖的特别版红酒。1972年和1982年，美国总统尼克松和英国首相撒切尔夫人分别对中国进行了历史性访问，招待宴会上主宾也以通化红葡萄酒互致敬意。[①] 在现代化的进程中，通化酒厂于 2001 年推出中国第一款冰红葡萄酒。2010 年，随着管理层的变动，酒厂向市场推出了更多更优质的产品，并致力于以更加有机和环保的方式进行生产。自此，通化葡萄酒业与中国的整个葡萄酒产业经历了令人惊叹的迅猛发展，然而，通化红酒的革命光辉从未被遗忘，今天更为公司树立了爱国主义品牌形象。

目前在吉林、辽宁，甚至在寒冷的黑龙江已经成立了数家酒庄，主要致力于生产前景广阔的冰酒，欧亚葡萄（*Vitis vinifera*）与山葡萄（*Vitis amurensis*）的杂交品种，尤其是"北冰红"以及在加拿大一直表现良好的威代尔看来能为这些酒庄带来光明的未来。[②] 由于冰酒契合中国消费者的口味，几年前，张裕公司也紧跟这一新趋势，在辽宁东部的桓龙湖边开辟了张裕黄金冰谷冰酒酒庄。这里地处辽宁、吉林和朝鲜接壤的三角地带，坐落在平均海拔 380 米的长白山山坡上，占地 330 公顷。当地的土壤和气候条件十分理想，冬季的气温长期保持在零度以下，葡萄园中种植的威代尔葡萄专门用于生产高档冰酒，年产量达 100 万公升，占全世界总产量的一半。[③] 同时酒庄还制定了在一位加拿大酿酒师指导下酿造出世界上最好的冰酒的目标。如今，张裕冰酒已出口到多个国家，德国汉莎航空自 2012 年起在商务舱中为乘客提供张裕冰酒。[④]

---

① 本段叙述参考了通化葡萄酒官方主页（https://tonhwa.com/）等资料的说法。

② 关于黑龙江和吉林的葡萄酒研究项目的起始见 Plocher（2003 年）第 6 页等。

③ 可比较：加拿大安大略省是迄今为止世界上最大的冰酒产区，每年生产 90 万升冰酒，见 Robinson（2015 年）第 368 页。中国和欧洲与加拿大一样实行"冰酒"名称保护，只有使用经历最高零下七摄氏度的冬季自然霜冻的冰冻葡萄作为原料并满足糖分含量要求的葡萄酒才能称为"冰酒"。

④ 见"红酒世界"网站关于张裕黄金冰谷冰酒酒庄的介绍。

在河南、安徽和江苏北部交界处的黄河故道中华文明中心地带，政府从20世纪50年代起开始推广葡萄种植业，张裕公司培养的专业人员也参与其中。这一带是传统的水果种植区，自明代以来就出产鲜食葡萄，在此基础上迅速涌现出一系列小型葡萄酒厂。然而，低洼地区气候潮湿，夏季闷热，容易滋生真菌和害虫，因此杀虫剂和杀真菌剂的使用便无法避免。我在多年前参观了该地区的几家葡萄酒厂，品尝了他们的产品，结果是令人失望的：厂房破旧，葡萄酒储存在老式的水泥缸里，厂区四处弥漫着50年代的社会主义集体生产的氛围，使用蛇龙珠、美乐、法国蓝、宝石卡本内、白玉霓、赛美蓉、白巴科酿制的红、白葡萄酒带有醋味和陈化味。当地占主导地位的传统饮料是白酒，此外也生产多种酒精饮料。许多其他地区的典型问题在这里也很突出：为酒厂供应葡萄的农民中很大一部分没有经过专业培训，他们获得的报酬也是根据供货的数量而不是质量。该地区的葡萄酒产业近年来经历了一次衰退，在全国范围内的激烈竞争中处于无望的落后状态，这里出产的葡萄酒在各大城市的市场上几乎没有立足之地。①

西藏东部和云南北部的葡萄种植区是19世纪法国天主教传教士宣教活动的遗产。该地区大概位于北纬24到28度之间，纬度远低于全球"葡萄种植黄金地带"。由于山区1 600—3 000多米的海拔高度，加上四季常春的气候，在茂盛的高山植被和肥沃的红土地上形成了一种非常特殊的葡萄酒文化。云南两个最大的葡萄种植区分别位于与西藏和缅甸交界的西北角以及距离越南一两百公里处的南部地区。

---

① 我在访问河南民权县和兰考县的大型酒厂以及安徽萧县的古井双喜葡萄酒有限责任公司时获得了相关信息。后者位于黄河故道的黄土地上，是安徽省唯一一家葡萄酒制造商。我得到上述企业负责人的热情接待，并在他们的陪伴下在当地经历了一次历史文化之旅，在此表示诚挚感谢。

图 12.13 茨中村的天主教堂及周围的葡萄园，云南西北部

进入 21 世纪以来，云南最大的几家葡萄酒公司相继在这两个大种植区落户。

云南西北角的葡萄种植区位于澜沧江畔的迪庆藏族自治州德钦县附近，澜沧江下游在越南境内的河段被称为湄公河。根据传说，佛经中记载的圣地香格里拉就藏身于这个偏远的高山峡谷地带。二十余年前，中甸县更名为香格里拉，大约同时在迪庆州成立了香格里拉酒业股份有限公司。这一带本是藏族和其他少数民族聚居的经济落后地区，主要以种植青稞和玉米为生。为了推动经济发展，地方政府、云南省政府和中国商务部与一家香港上市公司和当地农民合作，自 2000 年起开始大力投资种植葡萄，从而催生了香格里拉酒业股份有限公司。它采用法国葡萄品种和酿造工艺，产品以干红葡萄酒（主要使用赤霞珠和美乐）为主，也生产桃红和白葡萄酒。此外还有几款地方特色系列：使用青稞和红葡萄酿制的"青稞干红"用和用从东北地区引进种植的 *Vitis amurensis*（山葡萄）酿制的"天籁干红"。从德钦县向北 80 公里越过云南与西藏的交界线就是上文提到的法国传教士建立的天主教社区盐井，这里仍在延续当年传教士种植葡萄酿酒的传统，近年来还扩大了种植面积。从盐井再往南，在澜沧江的深谷中坐落着茨中村，村里有一座教堂，也是由法国天主教神父在 19 世纪末建造的，1905 年在一场火灾中被焚毁，之后得到重建。如今，这座教堂和周围的葡萄园一起成为当地的旅游胜地。值得关注的是传教士当年从法国带来的一个叫作 *Rose Honey* 的红葡萄品种，中文直译为

"玫瑰蜜"，在欧洲似乎早已绝迹，所有的葡萄品种登记簿上都找不到这个名字。然而，这个欧洲葡萄品种在西藏高原特殊的地理和气候条件下存活了下来，如今在中国强势复出，结合现代工艺酿造出了甜美的葡萄酒，获得葡萄酒行家的赞誉。茨中村如今居住着六百多人，80%以上都是信奉天主教的藏人和其他少数民族。他们几乎家家户户都用自家种植的玫瑰蜜葡萄按照传统配方手工酿造葡萄酒，供自家人饮用。这里直到近年来才引进了赤霞珠等国际知名葡萄品种。2019年，德钦地区已经拥有约1 400公顷葡萄园，不过大量分散在狭窄的山谷中和陡峭的山坡上。以经营高端奢侈葡萄酒著称的法国路威酩轩集团（LVMH Moet Hennessy Group）自2013年起也开始涉足德钦地区的葡萄酒业。①

1997年成立的云南红酒集团有限公司在云南省南部的弥勒市一带生产"云南红"葡萄酒，如今已畅销全国。该集团由省政府和地方政府参与管理，总部所在地距离省会昆明约一小时车程，旗下拥有数家子公司。2008年，弥勒市建造了一座带有教堂的酒庄，其成为一个知名景点和举办西式婚礼的热门场所——这是对法国传教士给这一

---

① 关于云南葡萄酒的概况见李德美（2013年c）、李德美（2018年）、"红酒世界"网站关于云南的介绍（www.wine-world.com/area/china/yunnan）。关于德钦产区和香格里拉葡萄酒见李德美（2014年a）、香格里拉网报道（www.xgll.com.cn/xwzx/2015-09/02/content_189478.htm）等。关于葡萄品种Rose Honey（玫瑰蜜）见"红酒世界"网站关于玫瑰蜜的介绍（www.wine-world.com/grape/rose-honey）。关于"云南红"见该公司官网（www.yunnanhong.com）。我在2019年底的云南之行中采摘了Rose Honey葡萄树叶子，并送到德国Geilweilerhof葡萄栽培研究所进行基因分析。经鉴定，这是一个法国杂交葡萄品种，可能是1902年培育的黑巴科（*Baco Noir*）。作为脱贫攻坚战的一部分，近年来当地政府在毗邻的西藏东部怒江峡谷推广葡萄栽培，成立了一批小型企业，据说那里拥有近千年的用野生红葡萄酿酒的传统，见《人民日报》（海外版）2020年10月13日。最近，政府也鼓励在四川的高山峡谷进行葡萄栽培，以便为当地居民开辟新的收入来源。

多民族聚居地带来的天主教和葡萄酒文化的某种追忆。[1]

近年来，在中国的亚热带气候地区也启动了几个项目，开辟或扩大葡萄园和酒庄。不过，这些项目在很大程度上仍处于试验阶段。然而，初步的成果已经让人看到这些传统落后地区通过葡萄酒业和旅游业走向美好未来的希望。因此，这些项目最近也被纳入国家和地方的扶贫计划。

直到数年前人们才重新发现广西仫佬族（汉藏语系）有着采集野生毛葡萄酿酒的古老传统。他们集中居住在广西中部和北部喀斯特山区的罗城仫佬族自治县，可能已经将这一传统延续了很多代。毛葡萄数百万年来广泛分布于东亚南方地区，学名叫作 *Vitis quinquangularis Rehd.*，缠绕在树上或在山坡上攀缘生长，无论是低谷还是海拔三千米的高山上都能发现毛葡萄的踪影。它结实不多，然而拥有非常强的抗病能力。罗城县一带的毛葡萄特别多，因此被称为"毛葡萄之乡"，据说那里有一些树龄三百多年的野生葡萄树。毛葡萄的果皮呈暗红色，八月份开始成熟，可以鲜食，特点是果酸含量高、糖分低，但所含的多酚、花青素、类黄酮和微量元素等有益健康的成分是普通葡萄的两到三倍。在罗城，毛葡萄也被称为"木龙珠"。有文字记载，1661 年，一代廉吏于成龙来到罗城担任知县，他品尝了当地出产的葡萄美酒后大为赞赏，于是下令禁止百姓使用粟米酿酒，而改用毛葡萄大量酿造葡萄酒。

由于野生毛葡萄是雌雄异株，广西农业科学院（位于南宁）新成立的葡萄与葡萄酒研究所正在对其进行品种改良，目前已成功培育出一个雌雄同株品种，并在喀斯特地貌山区的向阳坡上种植，其产量大约比野生毛葡萄提高了十倍，酸性降低且更耐高温和潮湿。2017年 10 月，我有机会与研究所的两位所长一起从南宁出发，经过约四

---

[1] 越南近年来基于法国天主教社区传统在山区重振葡萄酒文化的尝试也取得了显著成果，见 Robinson（2015 年）第 782 页。

　　　　　　　　　　　　　琥珀光与骊珠：中国葡萄酒史

个小时的车程来到北部山区的罗城县，观摩了那里栽培的毛葡萄新品种。当地的葡萄园四周有群山环卫，风景如画，总种植面积已超过五千公顷，计划在未来几年扩大到近一万五千公顷。作为未来旅游项目的一部分，这里当时刚刚建成一座观景台，游客可以在台上欣赏一望无际的葡萄园与远处喀斯特山区的美景。坐落于罗城郊外山谷中的中天酒庄（Château Chungtien）于 2016 年获准使用野生葡萄酿造红葡萄酒，是第一个也是唯一一个获得相关资质的酒庄。经过数年的试验和审批程序后，目前每年生产七千多吨不同品质和熟成等级的有机葡萄酒，甚至还推出了不含酒精的葡萄酒，酒瓶上贴有引人注目的酒标。此外，在罗城郊外的葡萄种植区里还有一个由二十多位当地农民组成的合作社，他们用简单的方法——可能就是当地几百年前使用的方法——将毛葡萄放在带盖的大陶罐中自然发酵，酿造出一种深红色、果味浓郁的葡萄酒。[1]（见图 12.14—图 12.16）

图 12.14　罗城郊外的葡萄园（毛葡萄），广西西北部

图 12.15　喀斯特山区的野生毛葡萄，罗城，广西西北部

---

[1] 葡萄酒在仫佬族的语言中叫作 *lakyüt*，这或许是青铜器时期的饮料酪（见本书第三章）在汉藏系语言中的遗存？

图 12.16　使用毛葡萄酿造的密洛陀牌葡萄酒，都安，广西西北部

到达罗城县的第二天，在与县长和本县知名人士共进早餐后，我们驱车向西南行驶约两个小时来到距离越南边境仅有 150 公里处的瑶族自治县都安。50 多年前成立的都安密洛陀野生山葡萄酒厂于 2003—2005 年进行了大规模投资扩建，改制为都安密洛陀野生葡萄酒有限公司，使用毛葡萄生产多种红葡萄酒和一种葡萄利口酒。[1] 该公司当时有 72 名员工，每年生产 1.2 万吨葡萄酒。除此之外，都安当地还有一些小型家庭酒厂仍在延续明显已有数百年历史的瑶族酿酒传统，使用简单的方法进行生产，年产量仅有几吨。他们所用的特殊工艺包括低温发酵、延长熟成期以及用浓缩野生葡萄汁酿造葡萄酒等。[2]

　　2017 年秋季，我在中国南方游览期间还偶然发现了贵州省唯一的酒庄：阳菲[3] 酒庄（Château Sun'fei）。它成立于 2012 年，是贵州省发展促进工程中的一个示范项目，从一开始就配备了现代化的生产设施。酒庄坐落在省会贵阳以北海拔 900—1 300 米的山区中，那

---

[1]　其中还包括毛葡萄和赤霞珠的混酿酒以及一款不含酒精的甜型红酒。毛葡萄与人工培育品种如一种麝香红葡萄的杂交品种（临时名称：桂葡 6 号）很可能拥有良好的发展潜力。

[2]　有关罗城县、都安县以及野生葡萄的信息见李德美（2015 年 a）、广西都安密洛陀野生葡萄酒有限公司官网（jiushui3993.jiushui.tv）等。"密洛陀"在当地语言中意为"原母"，即神话中的创世女神。

[3]　该酒庄的英文名和中文简称不同，但均源自投资方的名称。公司的英文全称是 Guizhou Red Crag Ecological Wine Industry Co Ltd（贵州红岩生态葡萄酒业有限责任公司）。

琥珀光与骊珠：中国葡萄酒史

里有多个不同的微气候区，土壤呈现红色，富含矿物质。此外，阳菲酒庄在贵州省的其他地区还拥有三个葡萄园，致力于建立生态种植质量标准、帮助少数民族（如水族）致富并重振他们的葡萄酒传统。[1] 这个种植区的总面积将近 900 公顷，年产葡萄酒 2 000 吨，都是用单一葡萄品种制造的单酿酒，除了以野生山葡萄为原料的红葡萄酒外，还有用贵州本地的鲜食葡萄品种"水晶葡萄"和"蜂蜜葡萄"生产的白葡萄酒。

总之，中国南方亚热带地区正在展现出一种新的发展态势，即在回归具有悠久历史的少数民族传统（这些传统仍有待更深入的研究）的同时，利用现代技术生产有朝一日可能在国际葡萄酒市场成为难得珍品的优质葡萄酒，并与遥远的东北地区的 *Vitis amurensis* 共同助力形成一种"中国特色"的葡萄酒文化。

以上是对近现代中国葡萄酒文化在衰落的晚清、动荡的民国和新兴的共和国三个历史时期发展历程的概述，从中可以看到这其中涉及何等深广的经济与地理的层面，也有多少开拓者和先驱者进行了不懈的探索。从张弼士最初的想法到一些非常古老甚至几乎被遗忘的传统的复兴，再到 1949 年以后在政府大规模推动下建立起的新型葡萄酒业，一个多世纪过去了。自 20 世纪 80 年代改革开放以来，葡萄酒已成为正在崛起为世界强国的新中国的身份象征。起初，红葡萄酒和它那晶莹耀目的红色不仅立刻吸引了中国消费者，被视为一种绝佳的健康饮品，还获得了象征国家繁荣昌盛与大踏步走进现代化的政治意义。近年来，中国一些葡萄酒产区已经证明可以与波尔多、加利福尼亚、澳大利亚、智利等世界著名葡萄酒产区相媲美。在不远的将来

---

[1] 贵州省南部的三都水族自治县是中国唯一的一个水族自治县，这里盛产葡萄。有一种说法认为，拥有本民族文字的水族人是大约 3 000 年前迁徙到中国南方的商朝人的后裔。从这个角度来看，他们的酒文化传统也许很有研究价值。

中国葡萄酒就会在欧洲、美洲及世界其他地方赢得大量拥趸。中国的葡萄种植拥有世界上独一无二的地域、品种多样性以及风土条件的差异性，令人惊叹。当然，在这方面蕴藏的潜力仍需要进一步研究和发掘。

对葡萄栽培和酿酒人才的专业培训始于1958年，当时在烟台成立了"张裕酿酒大学"。毕业于山东农业大学化学和发酵技术专业的工程师陈朴先女士1952年成为张裕公司的技术管理负责人，并建立了中国第一个酿酒研究实验室。她与经验丰富的葡萄栽培专家一起创建了一套双元制半工半读教学计划，但由于随后发生的动荡，张裕酿酒大学只培养出一届毕业生，共计40名。他们随后进入张裕及全国各地的葡萄酒公司，为葡萄栽培和酿酒学的教学和研究带来了乘数效应。

1994年，在"四个现代化"的推动下，西北农林科技大学成立了葡萄酒学院，它是当时中国和亚洲在该学科的唯一一所高等教育机构。西北农林科技大学是一所享有很高声誉的重点高校，位于西安市以西约100公里处的杨凌农业高新技术产业示范区，该区如今是古丝绸之路主干道沿途最大的经济区之一，因此在国际发展项目中发挥着关键性作用。

该学院的创办者李华是第一位获得葡萄栽培及葡萄酒学博士学位的中国人。从这所学院走出来的数百名葡萄酒专业人才如今几乎都在中国各个葡萄酒庄担任领导职务。李华先在四川农学院取得农学学士学位，其后前往法国波尔多第二大学攻读为期三年的博士课程，学成归国后立即着手开展教学和研究工作。如今，学院拥有大型研究实验室和试验栽培基地，分别攻读葡萄栽培及葡萄育种、葡萄酒学、葡萄酒技术和葡萄酒市场营销等专业的四百多名本科生与硕士生和近百名博士生。学院可以自豪地说，它已经实现了成为世界上最大的葡萄栽培和葡萄酒学高等学府的目标。在中央政府的支持下，中国葡萄酒业实现质的飞跃的宏伟目标可能在不远的将来成为现实。

　　作为中国现代葡萄酒业的先驱和屡获殊荣的葡萄酒大师，李华不仅开创了以波尔多为榜样的新时代，在打造先进的葡萄酒产业和引入国际葡萄酒生产质量标准方面发挥了关键作用，还成功地推动了葡萄酒在中国社会日益增长的接受度和专业品酒师的培养。近年来，中国以葡萄酒为主题的新闻专栏、行业杂志和电视节目大量增加。过去几年中我曾多次到杨凌访问并参与学术会议，也曾多次与昔日的西北农林科技大学葡萄酒学院学子、如今在全国各地葡萄酒企业担任领导职务的中国专业酿酒人会面，目睹了葡萄酒学院对中国葡萄酒文化的快速发展和国际化进程所做的贡献——学院从成立之初就与国际葡萄与葡萄酒组织建立起密切的合作关系，在国际交流方面也特别重视派遣学生和教师到世界葡萄酒生产国的相关科研中心和公司进行学习和研究访问。该学院每年培训酿酒葡萄栽培及葡萄酒学各个领域的近五百名专业人才，供职于全国各地的葡萄酒制造商。

　　西北农林科技大学葡萄酒学院如今仍然是全国酿酒葡萄栽培与葡萄酒学的教学和科研大本营。近年来，中国农业大学、北京农学院、山西农业大学和宁夏大学等几所高校也开设了相关专业课程，只是招生规模较小。[①] 此外，越来越多大型葡萄酒企业也成立了自己的培训和研究中心，并派遣员工到国外进修和实习。北京农学院是今天中国葡萄酒领域学术人才培养的一个很好的范例：毕业于西北农业大学并曾在法国（波尔多）国立农业工程师学院进修的葡萄酒学家李德美在食品科学与工程学院开创了酿酒工程系。北京农学院在位于北京

---

① 见 Li/Bardaji（2016 年）第 10、12 页，其中列出了 2015 年中国 16 所开设葡萄栽培
　学和葡萄酒学专业的高校。

以北、长城外侧的怀来县拥有一所用于教学研究的酒庄，其葡萄园占地约 100 公顷，海拔 500 米。这位李华从前的高徒现在是中国公认的"葡萄酒大师"，也是中国迄今为止为数不多的专业侍酒师之一。[1]

　　中国葡萄酒文化的最新发展也体现在葡萄种植规模的大幅扩张上：[2]在 20 世纪 50 年代初，中国的葡萄园总面积还不足 1 万公顷，在之前的战争年代里可能要少得多。新中国成立初期，政府大力推广葡萄种植，很多地方的山坡上都栽种了葡萄树，但由于管理不善，特别是在大跃进和随后的"三年困难时期"，大量葡萄园荒废。此后几年间虽然经历了短暂的复苏，但葡萄种植面积在"文革"期间回落到 1.7 万公顷，直到 20 世纪 70 年代后半期才恢复增长，1978 年达到约 3 万公顷，1979 年进一步增长到约 3.4 万公顷。随着改革开放的推进，中国的葡萄种植面积开始从 1984 年的 4.5 万公顷以及 1986 年的 6.4 万公顷迅速扩大到 1999 年的 20 万公顷和 2002 年的 25 万公顷。进入千禧年后，中国葡萄种植面积的扩张更为迅猛，与过去相比甚至出现了成倍增长：2012 年为 66 万公顷，2014 年为 79.9 万公顷，到 2019 年继而猛增至 87.5 万公顷。中国因而成为超过法国（78.8 万公

---

[1]　关于李德美的信息及著述见李德美（2013—2017 年）。

[2]　包括用于酿酒、鲜食和制作葡萄干的所有葡萄种植区。近年来，鲜食葡萄的种植面积大幅扩大，而据估计其中最多只有 15% 的产量用于酿酒。见 Lu（2015 年）、Robinson（2015 年）第 174 页。相关数据直到近年来才具备较高的可信度，20 世纪 80 年代之前的数据有时并不准确或相互矛盾。见 Jansen/Jansen（1986 年）第 53 页；Löwenstein（1991 年）第 42 页；Colin（2005 年）第 233 页等；Lu（2015 年）；Robinson（2015 年）第 173、853 页；OIV（2018 年 a）；OIV（2018 年 b）；Anderson/Pinilla（2018 年）第 466 页；Anderson（2020 年）；OIV 2019 Statistical Report on World Vitiviniculture（2020）。较早的报告见 www.oiv.int。然而，在将中德葡萄产业规模进行对比时应当注意，德国的葡萄种植面积约为 10.3 万公顷，所出产的葡萄几乎全部用于酿酒。法国的情况也是如此，酿酒葡萄占葡萄总种植面积的 90% 以上，从比例来看仍然远超中国。

顷）、仅次于西班牙（略超过 100 万公顷）的世界第二大葡萄种植国。鉴于一些大型葡萄酒公司，尤其是宁夏和新疆的行业领军者的雄心勃勃的扩张计划，中国的葡萄种植面积赶超西班牙成为世界第一只是时间问题，而且酿酒葡萄在其中所占的比例也会越来越大。

在新的爱国主义的背景下，中华人民共和国的缔造者们在 20 世纪 50 年代初开始的农业和轻工业改造中自然首先着力推动中国传统酒精饮料的生产，即所谓"国酒"。相比之下，葡萄酒在共和国成立以后的相当长一段时间内仍然保持着"洋酒"的形象。[①] 早在晚清时期黄酒和白酒的生产就经历了一次工业化转型，质量也随之提高，并获得了国际认可，如在上文提到的 1915 年美国旧金山"巴拿马太平洋万国博览会"上就有多种白酒和米酒获得一系列大奖。在国内的一些商贸活动上也出现了黄酒的评比和颁奖项目，如杭州市于 1929 年举办的"西湖博览会"和"农产展览竞赛会"（於潜县），二者都属于国内最早的供消费者参观访问的展销会。20 世纪上半叶，在以北京、上海和杭州为代表的大城市出现了拥有分店和酒馆的大型黄酒厂。共和国成立后不久，周恩来总理大力推动黄酒产业，下令进行大规模投资，并在国际舞台上推广黄酒。其后的中国最高领导人也关心黄酒，据说邓小平晚年钟爱饮用黄酒，江泽民也公开倡导传承和保护绍兴黄酒这一古老的文化遗产。[②]

与黄酒一样，白酒作为一种民族文化饮品以及新的民族身份和革命精神的象征在新兴的共和国获得了强有力的价值提升。在 1952

---

① 然而，应一民（1999 年第 172 页）基于葡萄酒在中国的悠久传统认为其也应位居"国酒"之列。不过，由于法国葡萄酒一直占据主导地位，多数中国消费者并不认同这一点。

② 关于黄酒见曾纵野（1980 年）第 74 页等；李争平（2007 年）第 32、80—81 页；Z. Li（2011 年）第 23 页等；Sandhaus（2019 年）第 129 页等。

年第一次全国性品酒会上评选出的八大国家名酒中，白酒占了一半，而早在 20 世纪初就已经出现了规模较大的白酒企业，1949 年以后更是迅速建设了一批大型白酒厂。1979 年以来，中国对白酒生产过程和产品口味的质量要求越来越高，这得益于工厂与高校研发中心的成立、质量标准的制定以及对不同曲法发酵和多达 16 种香型的分类和定义，白酒企业不断提高产品质量，努力满足消费者日益增长的要求。早在黄酒之前，白酒就已经是中国最常见的酒精饮料，即使在最贫困的年代和最偏远的乡村的人们也能喝得起白酒。在无数的小说和电影中，白酒激发出英雄主人公的勇气，带给弱者安慰。从 1949 年到 1996 年这将近半个世纪的时间里，白酒年消费量从约 1 亿升提高到 80 亿升，增长了 80 倍。此后不久白酒以"国酒"的闪亮形象和精美包装开始了新一轮的进军，并将其优势保持至今。中国白酒年产量在 2020 年为 98.1 万千升，由于出口量极低，几乎全部在国内消费。[①] 据统计，截至 2020 年全国共有 20 万家白酒相关企业，其中大部分是中小企业，它们推出的新品牌不计其数。借助于日益丰富的产品种类和高价优质白酒，少数大型企业的年利润以高于平均水平的速度增长，而较小的私营酒厂则面临严峻的市场竞争形势。纳税对它们来说也是不小的负担，毕竟，政府对白酒征收的税金一向是所有酒精饮料中最高的。总的来说，中国的现代白酒生产呈现出技术创新、生产过程的进一步机械化、符合新型标准的质量优化、环保工艺、粮食原料的节约利用、更加以市场和消费者需求为导向以及积极推出低度（小

---

① 见中商情报网《2020 年中国白酒产量数据统计分析》(www.askci.com/news/data/chanxiao/20210121/1056431335291.shtml)。中国的白酒消费总量约为葡萄酒的八倍，这意味着白酒无与伦比的领先优势和更大的影响力。Sandhaus（2014 年）第 18 页称，白酒的产量占世界蒸馏酒总产量的三分之二，销售量是世界第二大蒸馏酒伏特加的两倍。

于 40%，低于传统白酒 50%—60% 的酒精含量）的白酒替代产品等
特征。[1]

　　最名贵的中国白酒毫无疑问当属贵州茅台。[2] 新中国成立后周恩
来总理特别批示大力扶持贵州茅台酒发展，将其打造成民族品牌，由

---

[1]　关于白酒见曾纵野（1980 年）第 7 页等；李争平（2007 年）第 32—33、76 页等；
　　Z. Li（2011 年）第 30 页等；Sandhaus（2014 年）。与其他全球流行的蒸馏酒（伏特
　　加、威士忌、杜松子酒、白兰地等）相比，中国的烈酒消费量最高，约占全球消费
　　量的三分之一。在改革开放以来白酒行业飞速发展的过程中，市场出现了部分失控
　　的情况。高端品牌的价格成倍增长，成千上万家质量存疑的小酒厂如雨后春笋般涌
　　现。贵州茅台集团跃升为世界上规模最大、资本最雄厚的蒸馏酒厂，销量超过了伏
　　特加和威士忌的全球销量总和，而其销量的 99% 来自中国国内市场——与此形成鲜
　　明对比的是，在中国之外，几乎没有任何饮酒者听说过白酒。不合规的添加剂和假
　　冒伪劣产品导致了一系列食品安全事故，有时甚至造成了致命后果；宴请文化刺激
　　了酒精成瘾和酗酒行为，奢侈品牌的价格被过分推高。中国大力推行反腐倡廉运动，
　　这也对白酒行业产生了影响。由于官方活动禁止举办酒宴，所谓的"高档酒"价格
　　暴跌。近年来，白酒的年产量已稳定在 110 亿升左右，不过这仍然意味着人均消费
　　量接近一升。有关中国白酒的发展历程、统计数据、酗酒现象、市场情况和质量问
　　题，见 Sandhaus（2019 年）第 2—3、159、168、178、196 页等。而白酒占中国酒
　　类总消费量（以容积计算）的 55%，啤酒占 41%，葡萄酒远远落后，仅占 4%（见
　　Anderson 2020 年第 761—762 页）。

[2]　2017 年 9 月，我应茅台集团的邀请访问了这个贵州小镇，我所了解的关于茅台酒的
　　大部分信息都来自这次难忘的访问，在此对茅台集团的热情款待和关照表示衷心的
　　感谢。主人在接待宴会上为我们奉上了 50 年前酿造的茅台酒。当我得知一瓶 1955
　　年的茅台酒在 2011 年以 126 万人民币的天价出售（见 Shen 2011 年）时，我才真正
　　体会到茅台酒的珍贵。——关于茅台酒见韩胜宝（2003 年）第 180 页等、李争平
　　（2007 年）第 89 页等、Z. Li（2011 年）第 34 页等、Sandhaus（2014 年）第 102 页
　　等、Sandhaus（2019 年）第 95 页等以及大量相关网络文章。关于茅台酒的起源有
　　多种传说，鉴于茅台酒与汾酒的生产工艺和成分相似，三百多年前一位山西盐商将
　　汾酒（见本书第八章，中国最古老的传统白酒）的蒸馏工艺带到贵州茅台镇的说法
　　似乎最为可信。然而，考古证据显示，这一地区在此之前，最晚在明朝就已经运用
　　蒸馏工艺生产白酒。根据张琰光 / 宋金龙（2015 年）第 539 页，明朝初年，朝廷为
　　发展农业将近百万农民从山西迁移到其他地区，其中不乏经验丰富的酿酒师，他们
　　将汾酒发酵工艺以及蒸馏技术传播到全国各地。

此开启了一段无与伦比的成功创业史，今天的贵州茅台集团也达到了惊人的生产规模。茅台镇位于贵州西北部，坐落在赤水河（又称"美酒河"）的之字弯处，周围风景如画，镇上遍布木结构建筑。这里距离四川和重庆不远，地处中国酒厂密度最高的神奇三角地带，数百年来，这里的酒厂一直得益于优越的气候、水和土壤资源。全镇三万居民中，仅茅台集团的员工就达两万人，其他居民则在私人作坊里生产白酒。这数百家酒坊塑造了小镇的风貌，连空气中都长年弥漫着典型的 53 度茅台酒的香气。1935 年春，毛泽东在长征途中率领红军四渡赤水，成功抵御了国民党军队的进攻。在战斗中茅台酒发挥了宝贵的作用，它一方面鼓舞了红军的士气，另一方面作为消毒剂挽救了很多伤员的生命，它也因此名垂青史。今天，赤水河畔的四渡赤水纪念馆以及河上的一座吊桥仍在讲述着那些英勇壮烈的往事，也让人们再次看到重大历史事件与白酒之间命运攸关的联系。其实，在此之前的几个世纪里，茅台镇就已经作为四川盐业贸易的重要中心繁荣起来，为该地白酒业的发展和成为"中国第一酒镇"奠定了基础。

　　生产茅台酒的原料是一种当地特产的淀粉含量极高的红高粱，发酵所使用的大曲是用同样生长在该地区的小麦制作的。茅台人结合传统秘方与现代工艺酿造出不同等级的高品质白酒，年产量已超过 4 000 万升，并且还制定了进一步扩大产能的长远计划。此外，过去的传统是用赤水河上游受到严格保护的富含矿物质的水来酿造茅台酒，如今，茅台酒厂从自己的水井中取水。一瓶最高品级的茅台酒售价可达数千元。圆柱形的白瓷瓶是茅台酒的典型包装，在茅台镇附近的山上矗立着一座 31 米高的酒瓶造型的观景塔，迎接游客的到来。茅台酒厂也在小镇的中心区域建造了一座世界上规模最大的酒文化博物馆，展出 5 000 多件珍品，展示了自古至今的中国酒史、少数民族的饮酒习俗和茅台酒的生产过程。①

茅台酒在 20 世纪初就获得了国内外广泛赞誉，自 50 年代以来一直拥有"国酒"的尊贵地位，是国宴用酒和赠送外宾的贵重礼品。可以预见，在很长一段时间里，即使是最精美的国产葡萄酒也

图 12.17　中国的"白酒之乡"茅台镇，贵州

无法撼动茅台酒的地位。饮用茅台酒时，主人用很小的酒杯向客人敬酒，这正是《礼记》等典籍中记载的古老中华传统礼仪的体现。②（见图 12.17）

茅台酒的例子表明，白酒文化与葡萄酒文化之间存在着明显的相似之处，如"风土"（气候、土壤、自然资源）塑造出产品的独特品质；鲜明的地方色彩植根于充满历史传说的悠久传统；熟成与贮存条件以及具有相似感官标准（外观、香气和口感）的独特芳香香型的发展。

20 世纪初，一个可以与"国酒"和"洋酒"分庭抗礼的强劲对手横空出世：啤酒。为了给它命名，有人根据德语"Bier"的字头发音专门创造了"啤"这个汉字。啤酒在短短几十年间就征服了中国人的心和味蕾，这是中国历史上其他任何文化饮品所未曾做到的。我们

①　博物馆建筑群命名为"国酒文化城"。当地的观景塔设计成茅台酒瓶的样式，号称"天下第一瓶"。茅台酒瓶的造型有着 250 多年的历史传承。国酒文化城和天下第一瓶均被载入《吉尼斯世界纪录大全》。茅台酒的酿造过程持续数年，包括窖藏熟成和精选年份酒的调配等，因过于复杂无法在此进行一一论述。

②　见本书第五章。

只能猜测，五千年前美索不达米亚的大麦及大麦酿酒技术一并传到中原，这种文化记忆是啤酒在中国获得巨大成功的深层原因。在商代的甲骨文中，用麦芽酿造的清甜可口的饮料称作"醴"，它既是献给神灵的祭品，也用于日常享受。[①] 到了 20 世纪后半叶，啤酒超过其他的酒精饮料，成为仅次于茶的大众饮品。

　　20 世纪初，外国投资者在中国的土地上建立了第一批啤酒厂，最初的目的是供应本国侨民和商人。其中历史最悠久的是 1900 年俄国人在哈尔滨创立的乌卢布列夫斯基啤酒厂，新中国成立后更名为哈尔滨啤酒厂，同名啤酒销往全国各地。1903 年，德国人在青岛与英国商人共同创建了"日耳曼啤酒公司"，其后来成为著名的青岛啤酒厂，如今已发展为世界第六大啤酒制造商。自 1972 年以来，青岛啤酒出口到世界各地，约占中国啤酒出口量的 50%，是国际上知名度最高的中国啤酒品牌。1910—1930 年，一大批大大小小的酿酒厂相继建立，主要集中在北京、上海、天津、沈阳和广州等大城市，那里外国人较多，市民中已经形成了一个中产阶层，他们也对啤酒这种起初被视为具有异域风味的饮料产生了浓厚的兴趣。直到 1949 年中国啤酒的产量仍然有限，但在此之后，由于有针对性地扩大了大麦和啤酒花的种植，啤酒产量得到了大幅提升。[②] 最早的 13 家啤酒厂今天已经发展成为有外资参与的大型企业，此外还有数百家小公司参与市场竞争，近年来也有很多外国品牌在中国投资设厂，进口啤酒对国产啤酒造成了一定的冲击。[③] 中国啤酒的特点是酒精含量相对较低，只有

---

① 关于啤酒在中国的历史见曾纵野（1980 年）第 133 页等；李争平（2007 年）第21—22、82 页等；Z. Li（2011 年）第 45 页等；维基百科词条"青岛啤酒"。关于醴酒见本书第三章和第四章。关于中国啤酒的信息另见 Oliver（2012 年）第 245—246页，不过其中的一些表述有待商榷。

② 中国的啤酒花产量约占全球产量的 15%。

③ 全球十大啤酒制造商中有三家是中国企业。

　　　　　　　　　　　　　　琥珀光与骊珠：中国葡萄酒史

3.5% 左右，所用的原料除了大麦以外也有大米。柏龙、百威、嘉士伯、喜力和朝日等国际知名品牌如今也已进军中国市场，部分以中外合资公司的形式出现。持续强劲的需求为其带来了大量订单，城市中日益兴起的啤酒酿造和酒吧文化也起到了推动作用。数年前首创于青岛的"国际啤酒节"得到了全国各地其他城市的效仿。这些定期举办的啤酒节很受欢迎，吸引了大量访客。

在过去 40 年的现代化建设中，啤酒产量实现了每年约 30% 的快速增长。1949 年，中国的寥寥数家啤酒厂只生产了 760 万升啤酒，而到了 2014 年，中国的啤酒制造商增长到 419 家，产量达 492 亿升。20 世纪 80 年代初至今的短短 40 年，中国人的人均啤酒消费量从 2 升大幅增长到 32 升，中国于 2003 年成为世界第一大啤酒消费国。中国的人均啤酒消费量则排在捷克、德国、美国和日本之后，位居世界第五。预计中国的啤酒消费量仍将以每年 3%—4% 的速度继续增长。中国葡萄酒的年产量为 13.8 亿升，也就是说啤酒年产量是葡萄酒的 35 倍左右。近年来，葡萄酒逐渐进入超市，这一现象似乎表明，如果葡萄酒的价格能够让城市葡萄消费者承受得起，而不再只是少数人才能享用的奢侈品，那么葡萄酒生产在中国显然还有巨大的增长空间。

在现代中国的觉醒年代，黄酒和白酒不仅作为民族身份的象征发挥了重要作用，而且在现代文学中也成为批判"自欺欺人、自我麻醉、认知扭曲、拒绝直面现实以及所有社会弊病"的手段。[1]鲁迅在新文化运动中创作的小说《孔乙己》[2]（1919）和《阿 Q 正传》（1921）

---

[1] 见 Wippermann（2012 年）第 55 页以及她对莫言小说《酒国》的全部评论文章。

[2] 小说《孔乙己》中的故事发生在绍兴，即作者鲁迅的故乡。孔乙己所喝的酒正是著名的绍兴黄酒。今天人们借用孔乙己的形象和故事来为绍兴黄酒及咸亨酒店进行广告宣传。

是这方面最鲜明的体现——孔乙己和阿Q都是小酒馆的常客，每次他们喝下赊来的酒后总是在酒精的作用下感觉自己在道德和智力上高人一等。当代著名作家、诺贝尔文学奖得主莫言出生成长于盛产葡萄酒的山东，他的小说《酒国》（1992）描绘了一幅图景：这是一个酒气熏天的国度，人们在宴会和酒局中沉醉于灿烂的文化和文明传统，同时对现实中的陋习与积弊，尤其是社会不公视而不见。[1] 虚构的"酒国"以及对其社会政治形势的勾勒让人立刻联想到乌有之乡以及中国古代的诗人和思想家在酒精的刺激作用下对社会现实所做的犀利勇敢的批判。

秉承古老传统，中国现代艺术家也从"酒"中汲取灵感和创造力。画家、漫画家、散文家及翻译家丰子恺（1898—1975）和画家傅抱石（1904—1965）[2] 就是两个突出的例子。丰子恺不可一天不饮绍兴老酒，可说是无酒不成文，无酒不成画。傅抱石也嗜酒如命，甚至自刻闲章"往往醉后"钤在得意之作上。1959年，周恩来总理委托他为北京人民大会堂创作一幅巨型山水画。由于当时物资供应紧张买不到酒，他常常终日枯坐而难落一笔，一直等到周总理派人送来了好酒才开始灵感勃发，下笔如飞。他感动于总理的理解与体贴，美酒润笔，真情动心，在激情勃发的酒兴中创作出了非凡的山水画杰作《江山如此多娇》。

毛泽东本人喜饮中国传统酒类，虽然经常饮酒但总是适可而止，他也是中国传统酒业的积极推动者。他在青年时代所做的《菩萨蛮·黄鹤楼》以澎湃的革命激情结尾，与神话中上古明君的祭天仪式遥相呼应：

---

① Wippermann（2012年）第55、56页。

② 邱佩初（1993年）第306页。

把酒酹滔滔，心潮逐浪高！ ①

"酹"字的字形显示一只握持酒瓶的手，特指向上天和祖先敬献精神饮料，这也正是数千年来中国祈祷国泰民安的仪式。

1976 年 9 月 9 日，毛泽东去世，这标志着一个历史时代的结束。同年 10 月，制造了十年"文革"动乱的"四人帮"被打倒并押到了历史的审判台上，神州大地一片欢腾。1977 年，韩伟作词、著名作曲家施光南谱曲的《祝酒歌》唱响大江南北，众多歌唱家无数次在舞台上用这首激昂欢快的歌曲点燃了亿万观众的心：

美酒飘香啊歌声飞，/ 朋友啊请你干一杯，请你干一杯。/ 胜利的十月永难忘，/ 杯中洒满幸福泪⋯⋯/ 十月里响春雷，/ 八亿神州举金杯，/ 舒心的酒啊浓又美，/ 千杯万盏也不醉⋯⋯/ 征途上战鼓擂，/ 条条战线捷报飞，/ 待到理想化宏图，/ 咱重摆美酒再相会。

这首歌的歌词汲取了中国古典文学中屡见不鲜的主题：芬芳醇厚的美酒、金杯、喜庆欢宴上千杯不醉、胜利后共饮庆功酒⋯⋯尽

---

① 黄鹤楼始建于 3 世纪，今天的黄鹤楼是 1981 年另外选址重建的，高高耸立于武汉市长江南岸的蛇山之巅。作为中国诗歌中的一个重要主题，诗人们借歌咏黄鹤楼抒发各种不同的情感，它也因此成为一个著名的旅游景点。中国历史上有数百位诗人创作了以黄鹤楼为题的诗歌，这其中就包括唐代大诗人李白。在对中国共产党命运攸关的 1927 年（国共分裂、国民党政府在上海和其他城市屠杀工人运动领袖和共产党员、南昌起义、秋收起义），毛泽东登上了黄鹤楼，如同那些古代诗人一样，面对滔滔江水触景生情，写下了这首《菩萨蛮·黄鹤楼》，表达了对国家统一的热切期盼和坚定的革命决心。这首词后来编入《毛泽东诗词选》，是其中的第二首作品，"文革"期间为人民群众所熟知。关于这首诗的阐释见肖向东（2013 年）第 454 页。

管歌词中只使用了"酒"作为历史和政治意义上的象征符号，不过，"美酒飘香"和"金杯"等表达与早在 2 500 年前就从波斯阿契美尼德王朝传入中原的葡萄酒完全吻合。最后我还想特别强调的是，现代中国的命运转折之年 1976 年也开启了中国葡萄酒文化一个前所未见的新阶段。

第十三章

走向世界之巅：
中国葡萄酒生产与消费的当代发展

中国当代知名酿酒师和侍酒师李德美[1] 曾发出这样的感慨:"要搞懂中国葡萄酒,似乎比学习中文还要困难。"他在著作中批评中国媒体对葡萄酒产业的报道十分混乱,主要原因在于媒体人曲解事实以及缺乏相关知识。信息的混乱和不透明不但给中国专家和公众,也给相关国际组织和人士造成了困扰,如需要每年编纂全球数据的国际葡萄与葡萄酒组织。

首先我们应当从根本上厘清"酒""葡萄酒""红酒""白酒"和"黄酒"这些概念。"酒"泛指各种酒精饮料,但在英文中常被误译为"wine";"葡萄酒"对应外文如英语的 wine,德语的 Wein,法语的 vin;"红酒"通常是"红葡萄酒"的缩略说法,但有时也可以指"红米酒";"白酒"既可以指曲法发酵的原酒进一步蒸馏而成的烧酒,也可以是"白葡萄酒"的简称;"黄酒"通常指小麦、高粱、大米等谷物经曲法发酵制成的非蒸馏酒,但在极少数情况下也可以指一种颜色金黄的晚熟或精选葡萄酒,相应的法语为 vin jaune,英文为 yellow wine。

在此之外,中国本土与国际葡萄品种丰富多样,外来品种的中文译名五花八门,再加上专有品牌名称和广告中使用的专业术语纷繁复杂,所有这些不仅在普通消费者中,也在葡萄酒专家当中导致了无

---

① 李德美(2016 年 a)。另见下文提及的问题,尤其是葡萄种植区的问题。——来自德国莱茵-黑森地区的酿酒师 Stefan Fleischer 在中国工作数年,他作为从业者从专业角度对中国葡萄酒业提出了独到的见解,尽管他的部分看法已经不能反映最新的形势。

数曲解和谬误。在此无法详细论述广告宣传中在勾兑酒，特别是混酿型红葡萄酒的命名和营销方式中的不透明做法，[1] 如第十二章中论及的"解百纳"。在中国只占葡萄酒总需求 10% 的"桃红葡萄酒"也是这方面的一个典型示例——"桃红"可能会让缺乏相关知识的消费者产生和桃子有关的错误联想，此外，商家也没有具体说明其所销售的桃红葡萄酒是经过浅色处理的纯红葡萄酒还是白葡萄酒与红葡萄酒的混酿。此外，几乎所有的葡萄酒公司都在销售一些含葡萄酒的饮料，它们的名称往往华而不实。不过，政府已经出台了法律规定：首先，"葡萄酒"必须百分之百采用新鲜成熟的葡萄压榨发酵，不含任何添加剂，酒精含量不低于 7%，酒标中的信息必须符合国际惯例；其次，不允许使用受国际原产地名称保护的"香槟酒"，而要代之以"起泡酒"或"气泡酒"；再次，"冰酒"必须使用在最高零下七摄氏度的冰冻状态下采摘的葡萄酿造，不得添加任何糖分。[2]

尽管中国近年来在标准化和规范化方面做出了种种努力，但仍

---

[1] 缺乏透明度和市场统计数据失真的原因是：首先，以大公司为主的中国葡萄酒企业将国产红葡萄酒与从国外（如智利）进口的散装葡萄酒混合在一起，不在酒标上进行详细标注，而是作为"中国产品"出售。为了逃避关税和降低成本，一些企业也经常进口外国葡萄汁并勾兑到葡萄酒中；另外还有重复计算的问题，即一个省的葡萄酒产品可能与另外一个省的产品混杂在一起。（见 Anderson/Pinilla 2018 年第 467、469、471—472 页；Anderson/Harada 2018 年第 199—200 页；Anderson 2020 年第 769 页）。还应警惕的是，与整个中国食品行业一样，假冒伪劣葡萄酒仍屡禁不止，最恶劣的造假者甚至会添加有毒的染色剂或甲醇，酒瓶上则贴有几可乱真的拉菲酒标（见 Sandhaus 2019 年第 175 页）。

[2] 2003 年生效的《中国葡萄酿酒技术规范》做出了相关规定。该规范对允许使用的原料、葡萄种植和葡萄酒生产进行了详细定义和规范。见罗国光（2010 年）第 64 页。西北农林科技大学葡萄酒学院根据中国国家标准和国际葡萄与葡萄酒组织规范发布了大量质量标准和相关法律的参考资料和建议，见 wenku.baidu.com/view/8e30f5bb69eae009591bec3c.html。然而，鉴于快速发展所带来的不确定性，制定一部全面的国家葡萄酒法和各省级单位的详细规定变得日益迫切，这其中也包括葡萄酒分级制度。见 Li/Bardají（2016 年）第 8 页等。

琥珀光与骊珠：中国葡萄酒史

存在大量其他问题亟待解决，对此相关政府机构争论不休，争论总是一再归结于葡萄品种问题，主要涉及年份、原产地标签、符合国际公约的质量信息和标准及其法律保护。

　　自中华人民共和国成立以来，与葡萄酒产品相关的官方职权范围一直很难厘清。尽管在近几十年的机构改革过程中透明度有所提高，但仍然给从业人员和市场带来了诸多难题。轻工业部（2001年改组为中国轻工业联合会，简称CNLIC）一向负责监管葡萄酒生产，而农业部管理葡萄种植业，商务部则主管葡萄酒销售。政府部门之外还有成立于1991年的由多个国家部委控制的中国酒业协会（CADA）、成立于1994年的中国农学会（CAASS）葡萄分会以及一些地区级的专业协会和组织。葡萄酒属于食品范畴，所以中国食品工业协会（CNFIA）也参与葡萄酒产业管理。中华人民共和国标准化管

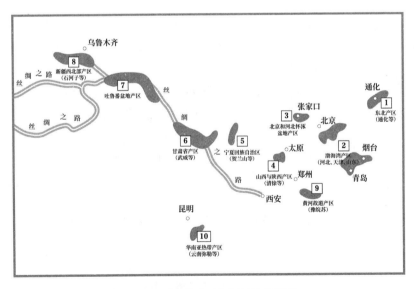

图 13.1　中国的大型葡萄种植区示意图

理委员会（SAC）及其下属的各个小组委员会负责所有标准化与规范化问题，也在世贸组织的框架内发挥作用。此外，国营或部分国营的大型葡萄酒公司各自制定本公司的质量控制、标准化和信息政策。不难想象，尽管近年来取得了长足进步，但从整体来看，在计划与市场相结合的决策过程中，只占国民经济很小比例的葡萄酒行业仍面临诸多障碍，无论是技术管理水平还是信息透明度都有待提高。《中华人民共和国统计法》（2009 年修订，2010 年起施行）等逐步出台的法律新规以及不断变化的法规使得企业在公布数据方面越来越谨慎。这就解释了为什么制定一部既符合国际要求，又顾及相对复杂的中国国情的葡萄酒法是如此艰难。近年来发生了多起食品安全事故后，中国目前正在这方面严格执法，在葡萄酒领域也对"绿色""有机"和"环保"等营销用语进行监管——当今的消费者对绿色环保产品的需求不断增多，销售广告也越来越强调这些理念。①

个别地区或公司的葡萄收成与葡萄酒产量的统计数据也可能不准确，或因酿酒葡萄和葡萄汁运输到其他省份而发生数据失真，例如，宁夏的葡萄或葡萄汁运往山东，然后在山东加工成葡萄酒并装瓶；一些大公司通过添加进口葡萄酒（尤其是南美葡萄酒）来"调配"或"优化"产品，并标注为国产葡萄酒，这时情况就会变得更加不透明。

目前业界的一个紧迫的核心议题是根据欧洲 DOC 分类的模式来

---

① 李德美（2016 年 a）特别谈到了上级国家机关的权限困境以及相关法律规定的问题。1991 年开始起草的《中华人民共和国酒类管理条例》基于"酒是一种特殊商品，也是日常生活中比较重要的消费品"对酒的生产销售权、品牌和消费者权益保护制定了总体规范（第二条）。至于葡萄酒，只规定必须标明葡萄汁的占比（第四条第二款第九句）。关于 1949 年以来中华人民共和国的酒类政策见李争平（2007 年）第 44 页等。

定义葡萄种植区和受控原产地名称。以下是几种可用的分类模式：①

地域归属

历史上形成并流传下来的生产工艺

风土特征

典型产品与代表性葡萄酒品种

当地企业的声誉

政府部门和专业协会的职权范围

其他的地区性特色

由于缺乏其他方案，迄今为止，中国葡萄种植区大多根据行政区划进行分类，通常会相应地划分出十个大区，其中的大部分我已在本书第十二章中作了详细介绍。以下的总结性列举不仅基于行政区划，也考虑到地理和气候特征。目前，中国共有数百家葡萄酒生产企业，几乎全部位于北纬 32 度到 44 度之间的"黄金地带"：②

---

① 意大利的"原产地命名控制"或"原产地命名控制和保证"（DOCG）制度也以类似形式适用于其他国家。李德美（2016 年 a、2016 年 b）解释了专家们的各种标准和观点，包括建立大产区（area）、产区（region）和次产区（sub-region）分级制度的建议。关于葡萄种植区的分类另见朱琳（2016 年）。

② 比较：在欧洲，大多数葡萄种植区位于北纬 40 至 50 度之间。关于葡萄栽培的气候带见 Brockhaus（2005 年）第 248 页、Robinson（2015 年）第 412—413 页。关于 1979—1986 年中国各省葡萄种植区的面积数据见 Löwenstein（1991 年）第 43 页等，这些数据是很好的参照依据，由此可以跟踪自现代化政策开始以来的快速发展。关于 20 世纪 80 年代的情况见 Fei（1987 年）第 37 页等。关于 2005—2006 年各省的葡萄酒生产见"Wine in China 2009: A Market Analysis"（2009 年第 41—42 页）。有关葡萄酒行业现状的相对详细的信息见李德美（2013 年 b；2013 年 c；n. d.）、Lu（2015 年）。Li/Bardají（2016 年）第 5 页中的表格总结了自 2009 年以来 25 个中国省份的葡萄酒生产情况。关于中国葡萄酒生产企业的总数仍然没有官方统计数据。中国葡萄酒市场上最成功的 50 家企业见《2024 胡润中国葡萄酒酒庄 50 强》（转下页）

（1）东北产区：主要集中在吉林省通化地区，辽宁省和黑龙江省也有少量葡萄种植区，那里的冬季霜冻时间长，气温最低可达零下摄氏 30—40 度。特点：使用生长在长白山区的耐寒野生葡萄品种（*Vitis amurensis*）酿制葡萄酒；目前已成为世界上最大的冰酒生产区（使用加拿大威代尔葡萄和较新的杂交品种酿制）。

（2）渤海湾沿岸的河北、天津和山东产区：该地区拥有类地中海气候以及张裕、王朝和华夏等大型企业。山东半岛南部海岸与北部渤海湾自然条件相似，青岛的华东葡萄酒厂前临黄海，后依崂山，地理位置得天独厚。山东省的葡萄种植面积约占全国一半，是中国最大、最重要的葡萄酒产区，主要集中在北部渤海湾的烟台和蓬莱。此外，山东在历史上形成的葡萄品种多样性在全国也是首屈一指的。这里气候温和，日照充足，雨量充沛，是典型的"3S"（大海、沙滩、阳光）地区。尽管由于夏季潮湿，偶尔会出现葡萄树病虫害，但总体而言，山东出产的葡萄品质极佳。与绝大多数其他葡萄产区不同的是，渤海湾沿岸地区冬季相对温和，不需要对葡萄树采取特殊的保护措施。

（3）北京和河北怀涿盆地产区：该地区气候理想，土地肥沃，拥有著名葡萄酒品牌长城（河北沙城）和众多中小型酒庄。特色产品是使用当地传统的龙眼葡萄酿造的葡萄酒和起泡酒。此外，北京西南的房山山区和其他几个京郊辖区也开展了鼓励葡萄种植的新项目，但种植面积仍然有限。河北和山东两省的葡萄酒产量约占中国的一半，但随着宁夏和新疆的崛起，其占比开始呈现下降趋势。

（4）山西与陕西产区：在山西，传统的葡萄种植区位于太原以

（接上页）（https://www.hurun.net/zh-CN/Rank/HsRankDetails?pagetype=cwineries），其中宁夏产区有 27 家酒庄上榜，领跑中国葡萄酒业。Anderson/Pinilla（2018 年）第469—470 页提供了关于中国葡萄种植区、地理和气候条件及产业扩张的最新概述。

琥珀光与骊珠：中国葡萄酒史

南的清徐及其周边地区，平均海拔 800—900 米，在唐朝时期就拥有十分兴盛的葡萄种植业。山西省西南部的黄土高原上，传统葡萄酒文化近年来得到了复兴（戎子酒庄）。当地酿酒人在适宜的气候和土壤条件下进行了许多尝试，努力继承和发扬拥有数百年历史的葡萄酒酿造传统，打造独具特色的中国葡萄酒文化，在这方面的发展前景十分广阔。太原南部的怡园酒庄则是一家仿效法国模式的新兴酒庄。位于陕西杨凌的西北农林科技大学拥有中国第一所也是世界上规模最大的葡萄酒学院，为全国各地的葡萄酿酒业培养出众多一流专家，学院也拥有自己的葡萄园和酿酒厂。在发现了中华民族祖先"蓝田人"的西安蓝田县，新成立的玉川酒庄也相当成功，其独具特色的建筑吸引了众多游客。西安郊外的张裕瑞那城堡酒庄是中国与意大利的合作项目，投资近 9 000 万美元。由于传统不同，山西和陕西两省也可被视为两个独立的葡萄种植区。

（5）宁夏回族自治区产区：银川以南的贺兰山东麓一带较为干燥，但除此以外气候条件优越，土壤肥沃，附近的黄河提供充沛的灌溉水源。自 20 世纪 80 年代以来，该地区的葡萄种植和酿酒业迅速发展壮大，种植面积已达 4.4 万公顷，酿造的葡萄酒屡获国际大奖。知名葡萄酒企业如位于宁夏北端贺兰山脉与内蒙古戈壁滩接壤处的汉森酒庄，成立于 21 世纪初，葡萄种植面积达 6 600 公顷，在沙质土壤上采用有机方法种植法国葡萄品种。葡萄酒生产已成为宁夏的主要经济部门，政府也已认识到这一产业的巨大潜力，并为未来的发展制定了宏伟目标，同时致力于促进葡萄酒、文化和旅游业综合发展，相关项目如 2018 年在银川落成的贺兰山东麓国际葡萄酒博物馆。为将宁夏葡萄酒品牌推向中国第一、世界第四的高峰，达到酒庄产量居全国之首，自治区政府成立了宁夏贺兰山东麓葡萄酒产业园区管委会、宁夏贺兰山东麓葡萄与葡萄酒联合会以及银川市葡萄酒产业发展服务中心，大力推动相关基础设施建设和专业人才培养。

（6）甘肃省产区：河西走廊西北部和古丝绸之路主干道沿线近年来出现了许多新兴的葡萄酒公司，其中大多数都致力于将现代化生产与当地两千多年的葡萄种植传统结合起来。这里的气候和土壤条件也值得称道，且夏季没有高温酷暑。

（7）新疆吐鲁番盆地产区：吐鲁番盆地及周边地区气候条件恶劣，冬季酷寒，夏季酷热，但当地拥有悠久的葡萄种植传统，至少可追溯到汉朝。

（8）新疆西北部产区：数个葡萄种植区沿着丝绸之路北部支线和天山山脉经玛纳斯盆地、石河子盆地和伊犁河谷一直延伸到哈萨克边境。位于天山南麓焉耆回族自治县的天塞酒庄也是中国最知名的葡萄酒企业之一。新疆西北部产区的几个大规模投资项目已经取得了初步成功，开辟了大型葡萄园，并按照法国模式酿造出了优质葡萄酒。目前，新疆的葡萄种植总面积计划到2025年达到6.6万公顷，位居全国之首。

（9）黄河故道产区（豫皖苏）：尽管河南、安徽和江苏三省北部的黄河故道沿岸地区有着悠久的水果种植传统，种植葡萄的历史也达数百年之久，但由于该地区气候潮湿、葡萄树易受虫害、前国有企业基础设施陈旧以及缺乏创新型经营管理，该地区生产的葡萄酒一直品质不佳。

（10）华南亚热带产区：在纬度远低于"黄金地带"的南方亚热带地区，一些独具特色的小型种植区和酒庄开始在葡萄酒市场上占据一席之地，其中最重要的是云南中部弥勒市（出产果香浓郁的"云南红"）以及西藏自治区和四川省交界的部分海拔超过2 000米的山谷地带。该地区葡萄种植的特点是小块土地多，高山河谷种植难度大。这里的一大特色产品是法国传教士19世纪引进的葡萄品种 Rose

　　　　　　　　琥珀光与骊珠：中国葡萄酒史

Honey（玫瑰蜜）。最近，广西壮族自治区以及湖南、江西等南方省份的小型酒庄开始尝试使用当地的野生葡萄和人工培育的新品种酿造葡萄酒。

1996—2001 年、2001—2006 年中国葡萄酒业每年的增长率分别高达 58% 和 68%。此后还以每年 20%—30% 的速度继续增长。这在中国以及世界历史上都是前所未有的。但是，可能由于新冠疫情的影响，葡萄酒消费在 2019 年—2023 年下跌了 55%。[①] 近年来的统计数据同样体现出这种高速发展，但鉴于上文所述的信息混乱的情况，在分析这些数据时始终应保持一定程度的谨慎。国际葡萄与葡萄酒组织定期收集和发布的参考数据相对可靠：[②]

中国官方统计数据乐于强调近年来中国葡萄种植规模的大幅增长，总计 87.5 万公顷的种植面积使中国成为仅次于西班牙的世界第二大葡萄生产国，中国的葡萄种植面积占全球葡萄种植总面积的 11%。[③]

---

① 罗国光（2010 年）第 60 页、维基百科词条"中国葡萄酒"、葡萄酒信息网（www.winechina.com）。关于 1980—2014 年中国葡萄酒产量和葡萄种植面积的增长概况见 Li/Bardají（2016 年）第 7 页。

② 此处引用国际葡萄与葡萄酒组织 2018 年 4 月 24 日新闻发布会上公布的数据（OIV2018 年 a、2018 年 b）。另见"中国葡萄酒消费量增幅居全球首位"（2017 年 b）。Anderson/Pinilla（2018 年）第 466 页等介绍了中国葡萄酒业的详细数据，同时也以亚洲葡萄酒业为背景介绍了中国葡萄酒业的情况。从这些论述中可以看出，中国是整个亚洲唯一一个在葡萄酒生产、进口和消费方面具有决定意义和充分活力的市场。

③ OIV（2018 年 a）第 1 页、OIV（2018 年 b）第 3 页等。转折点出现在 1999/2000 年，当时中国的葡萄种植面积不到全球总面积的 4%，约为 20 万公顷（见 Colin 2005 年第 234 页）或 30 万公顷（Robinson 2015 年第 853 页）。当时，出产酿酒葡萄的种植面积比例估计在 15% 到将近 22% 之间。见耿姚林（2002 年）第 26 页。如果追溯到几十年前这一趋势就更加明显：20 世纪 70 年代即改革开放之前，中国仅有 3 万公顷葡萄种植园，也就是说现代化建设的四十多年来，葡萄种植面积增长了近 30 倍！

然而，这种增长不仅来自酿酒葡萄产量的大幅增加，鲜食葡萄和葡萄干也在其中占有很大份额。鲜食葡萄的利润高于苹果等水果品种，果农更乐于种植葡萄，有时会导致生产过剩和价格下跌。此外，大型葡萄酒厂的建立以及西部（主要是甘肃、宁夏和新疆）新种植区的开发也对葡萄种植面积的快速增长起到了决定性作用。尽管如此，87.5万公顷种植园中出产的葡萄中最多只有15%用于酿酒，这意味着中国的葡萄种植面积仅与德国（10.2万公顷，全部用于酿酒）相当，但仍远远落后于其他葡萄酒大国，如西班牙（约100万公顷，其中约90%用于酿酒）。

就葡萄酒产量而言，中国也已跻身"世界十强"，年产量1080亿升，目前排名全球第九位。[①]

2019年，中国的葡萄酒消费量跃居全球第五位，占世界各国总消费量的7%。[②] 在各种葡萄酒中，中国人对红葡萄酒的偏爱是显而易见的：自2013年以来，中国一直是世界上最大的红葡萄酒消费国，每年消费约14亿升。[③] 从法国等欧洲国家、澳大利亚和智利进口的国际知名品牌红葡萄酒在中国市场上正占据越来越重要的地位。富裕阶

[①] 不过与2016年（11.4亿升）相比最近几年略有下降趋势。以下数据作为对比（OIV 2018年a第1—2页、2018年b第5页等）：意大利：42.5亿升，法国：36.7亿升，西班牙：32.1亿升，美国：23.3亿升，德国：7.7亿升，世界总产量：250亿升。自1978年改革开放以来，中国的葡萄酒年产量增长了超过17倍！

[②] 根据OIV的信息（2018年a第2页、2018年b第9页），2017年中国的葡萄酒消费量为17.7亿升。相比之下，美国的葡萄酒消费量在全球遥遥领先，占13%（32.60亿升）。紧随其后的是法国，占11%（27亿升），意大利占9%（22.6亿升），德国占8%（20.2亿升）。根据Anderson/Pinilla（2018年）第474页和Anderson（2020年）第764、769页的数据，以下六个国家主导着对中国的葡萄酒出口：法国、澳大利亚、西班牙、智利、意大利和美国。

[③] 另见Chow 2014年。根据OIV的信息（2018年b第12—13页），中国已成为全球第五大葡萄酒进口国，进口量达7.5亿升（德国以15.2亿升位居第一）。

层和中产人士倾向于购买世界知名品牌，较少选择国内产品，即便国产葡萄酒已经被公认达到了相同的质量水准且价格低于进口产品。一个明显的证据是，中国目前已成为仅次于美国的世界第二大葡萄酒进口国。进口红葡萄酒在中国消费者中越来越受欢迎，对国内

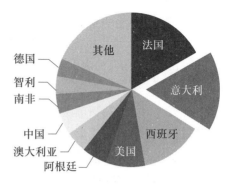

图 13.2 世界十大葡萄酒生产国

葡萄酒业形成了日益严峻的挑战；不过与此同时中国葡萄酒业也在向世界市场进军，频频亮相国际博览会，并已出口到许多国家。然而，从根本上讲，即使考虑到预计每年生产和消费的同步增长这一动态因素，中国的葡萄酒产量其实仅能满足国内消费者的需求。也就是说，如果有一天中国消费者能够减少对天价拉菲的偏爱，转而对更加多样化且同样优质的国内产品感兴趣，那么理论上，中国的葡萄酒市场就可以实现自给自足，并在很大程度上减少进口和出口。

尽管近年来中国葡萄酒产量和消费者数量都有大幅增长，但仍有很大的上升空间，对此我在第十二章已经有所论及。我们可以通过比较每年的人均葡萄酒消费量清楚地看到这一点：2002 年的人均年消费量仅为 0.25 升，2004 年为 0.3 升，2005 年增长到 0.5 升，2012 年达到 1.6 升。[①]

如果中国葡萄酒消费量继续增长，可能将在世界排名中升至第

---

① 目前尚无中国人均葡萄酒消费量的准确数据，可能仍然明显低于两升。世界上人均葡萄酒消费量最高的国家是卢森堡（60 升），其次是法国（58 升）。德国的人均消费量超过 28 升。见 Robinson（2015 年）第 858—859 页。

二位，仅次于美国。中国葡萄酒进口量在不远的将来也会超过美国。①
因此，在接下来的几年中，中国一方面可以满足日益增长的国内需求——由于14亿人的庞大人口基数，如果人均增加四分之一或半升葡萄酒就将产生巨大影响；另一方面，增加进口可以一举两得：不仅有助于缓解全球葡萄酒市场供过于求的压力，还有助于提升中国自身葡萄酒生产的数量和质量，既满足日益增长的国内需求，又在国际竞争中越来越多地展示中国的优质葡萄酒。②

　　国家之间的双边协议会对葡萄酒贸易产生重大影响。例如，作为"新丝绸之路"倡议的一部分，时任国务院副总理张高丽于2016年4月访问格鲁吉亚，达成了多项合作协议，其中就包括促进葡萄酒贸易的相关事宜。③格鲁吉亚虽然只是一个高加索地区的小国，但却拥有世界上最古老且从未间断的葡萄酒文化。自苏联解体后，格鲁吉亚人发掘本国独特的葡萄酿酒传统，重新推出优质葡萄酒。在丝绸之路的两端之间有过数千年的交流往来，当然也包括发酵工艺和酿酒技术的传播，如今这条古老的商路正在葡萄酒领域经历着

① 一些当时的预测数据见"2020年中国将成第二大葡萄酒市场"（2017年a）。由于这些预测是由最高官方机构发布，而且是在国家发展计划框架内进行，因此可以视为相对可靠。就葡萄酒销售额而言，中国将仅次于美国（386亿美元），但领先于英国（193亿美元）和法国（160亿美元）。侍酒师吴书仙曾在2009年非常乐观地说："毕竟，中国人是一个很会享受生活的民族。如果13亿中国人突然都迷上了葡萄酒，那将会形成一个深不可测的市场，我们必须清楚地看到这一点。"见Schloemer（2006年）。

② 自20世纪90年代以来，国际葡萄与葡萄酒组织一直在警告生产过剩的问题，尤其是新兴葡萄酒生产国，并敦促中国限制产量以提高质量。然而，当时几乎没有人预见到中国自身需求的发展速度。见应一民（1999年）第143、145、147页。Löwenstein（1991年）第94页总结了中国啤酒消费量的惊人增长，使得人们开始期盼葡萄酒市场也会有类似的高速发展。——印度、巴西和墨西哥的葡萄酒市场也拥有很大潜力，葡萄酒消费呈上升趋势。

③ 白洁/李铭（2016年）。

　　　　　　　　　　　　　　　　　琥珀光与骊珠：中国葡萄酒史

象征性的复兴。

目前，与世界其他葡萄酒产区相比，中国在种植条件、生产和质量管理方面仍有许多不足之处。统计数据和官方发展计划表明，中国葡萄酒产业未来数年将会稳步增长，特别是随着全国平均收入和城市富裕中产阶层的不断增加，这一趋势将长期延续。

中国的啤酒市场在过去三十几年中经历了非同寻常的扩张，增长了 100 倍，已跻身世界前列。葡萄酒市场在中国可能也会经历类似的飞速发展，越来越多地进入中国人的日常生活。如今红葡萄酒仍在所有葡萄酒类中占据主导地位，占葡萄酒总消费量的 80% 以上，白葡萄酒的潜力尚未得到充分开发。

加入世贸组织意味着中国经济和社会进入了一个新时代，葡萄酒业也从中受益匪浅。无论是从国外进口葡萄酒还是将中国葡萄酒出口到国外，税收和贸易壁垒都大大降低。自葡萄酒市场开放以来，中国的葡萄酒生产从劣质批量生产向高质量生产转变，这在一定程度上也来自国际葡萄与葡萄酒酒组织的促成。然而，接下来仍有许多问题亟待解决，如确定中国和国际质量标准；建立全国范围的质量控制；以气候、土壤条件和各个酒庄种植面积等因素为参考界定主要产区和原产地；对使用的葡萄品种、新杂交品种及其审批制度做出规定；在葡萄酒生产中对原料、发酵流程、技术和生态提出要求；对年份和酒标做出规定；制定在国内外进行广告宣传和市场营销的战略和措施等。在处理上述问题的过程中，一个议题一再成为人们关注的重心：中国葡萄酒业是应当继续效仿波尔多模式，专注于生产波尔多小桶陈酿赤霞珠红葡萄酒，与欧洲、美国、澳大利亚和新西兰进行全球竞争？还是应当致力于延续数百年的本地传统，走自己的路，强调葡萄品种和风土的独特性与多样性，彰显海滨、河谷、半沙漠和高山等不同种植区的微气候差异，并将这些特色在国际葡萄酒舞台上展现出来?[1]

　　尽管中国葡萄酒产业拥有大量中小型企业,其中不乏富有进取心和开拓精神的企业家,但葡萄酒市场和出口仍然由大约十家大型制造商主导,[2]它们通常是国企控股的股份有限公司,要么无法对日益增长的质量要求和葡萄酒爱好者的愿望做出即时反应,要么反应迟缓。由于外国葡萄酒企业的参与和施加影响,一种追求国际化和以市场为导向的灵活性的新趋势正在形成。目前还难以预测中国在线贸易(电子商务)的快速增长将如何影响葡萄酒的销售以及葡萄酒和葡萄酒知识的普及。互联网上已经有许多综合性或专营葡萄酒的电商公司,主要针对普通消费者提供各种价格适中的国产与进口葡萄酒,电商已经成为葡萄酒销售中的重要渠道。[3]

　　在中国改革开放和现代化建设的大背景下,尤其是进入新世纪以来,日常生活中几乎没有任何领域比饮食文化变化更快。随着一些古老的或在社会主义集体经济时期形成的习俗发生改变甚至被抛弃,有两种趋势正在中国民众中悄然兴起,它们可能会为本土葡萄酒文化注入新的活力:一方面是对中国自身传统的批判性反思,随着中国人在国际舞台上的自信心日益增强,这些传统以新的面貌获得复兴,葡萄酒本身也可以作为一种独有的文化资产被重新发现——从前面几章中所述的众多历史传说和地方传统即可见一斑;另一方面,对外开

---

[1] 2015 年底在上海举行了一场以"风土复兴"为主题的国际研讨会,吸引了许多国内外葡萄酒专家参与。一些与会者批评中国几乎所有地区都在千篇一律地过度种植赤霞珠葡萄,即使在气候条件不利的地区也是如此。他们紧急呼吁通过栽培适合本地土壤和微气候的葡萄品种来开创地区特色。见 D'Agata(2016 年)。

[2] 见 Li/Bardají(2016 年)第 17 页中 2009 年以来市场占比最高的十家公司名单。

[3] 见 Li/Bardají(2016 年)第 14—15、24 页。另见 Anderson/Pinilla(2018 年)第 486 页:"因此,在未来几年,信息和通信技术革命可能对中国的葡萄酒消费产生比其他地方更深远的影响。"

琥珀光与骊珠:中国葡萄酒史

放和近年来蓬勃兴旺的旅游业引发了中国人对世界其他文化传统的强烈好奇心，这种好奇心也推动了葡萄酒旅游业的发展，不少地区投入巨资兴建了许多酒庄、葡萄酒小镇、葡萄酒主题公园、葡萄酒博物馆和酒窖建筑。中国国内的葡萄酒产区旅行项目方兴未艾，此外，越来越多渴望学习葡萄酒知识的中国游客也纷纷前往法国、西班牙、意大利、美国加利福尼亚、加拿大和智利的著名葡萄酒产区。中国上流社会的葡萄酒爱好者更是将波尔多等著名产区的一些酒庄连带员工整个买下。[①]

在中国的富豪阶层中，红葡萄酒被视为尊贵之物和奢侈礼品。他们购买最昂贵的波尔多葡萄酒并专门为其修建酒窖，也注册成为知名葡萄酒俱乐部的会员。但这一切常常是附庸风雅之举，他们对葡萄酒的风味及其文化背景并没有真正的兴趣或体验。[②]除了富裕阶层以外，中国城市居民对葡萄酒的好奇心和求知欲也在近年来不断增强，他们摆脱了"拉菲崇拜"的束缚，通过互联网从国内外订购葡萄酒，也光顾如今已随处可见的超市葡萄酒专柜或正规的葡萄酒专卖店，与朋友一起品尝和评论葡萄酒，甚至参加葡萄酒培训课程，思考如何用合适的葡萄酒搭配菜肴。人们越来越重视葡萄酒的个性，即原产地、年份、品种纯度和无懈可击的酿造工艺。在这种情况下，对高品质、天然纯净和有机生产的葡萄酒需求也在不断增加。

---

① 根据王赞（2015年）的统计，中国投资者已经在波尔多地区购买了一百多个葡萄酒庄，酒庄的价格在500万—1500万欧元之间，涉及的葡萄种植总面积相当于波尔多地区的1.5%左右。一般情况下，易主后的酒庄生产事宜和人员结构保持不变，酿造的葡萄酒大部分都会进入中国市场。

② 我的一位中国酿酒师朋友批评这些客户只对"洋气、洋味、洋样"感兴趣。他将这种彰显身份的礼品葡萄酒十分贴切地称为"面子酒"。Anderson（2020年）第768页和Anderson/Pinilla（2018年）第470页都提到了媒体推动的非理性的"波尔多葡萄酒情结"。与之相应，香港成为世界上最重要的奢侈品葡萄酒转运中心（第467页）。

在过去的 20 年里，中国人的口味也同样发生了很大的变化。从前人们主要饮用甜型葡萄酒，对品质要求不高，有时也会在葡萄酒中加入可乐和冰块。而如今，越来越多的中国人偏爱高品质的半干型和干型葡萄酒。[1] 尽管红葡萄酒（一半以上以赤霞珠为原料）的消费量仍占 80%—90% 左右，但它独占鳌头的局面也开始逐渐被动摇。清爽的白葡萄酒，温度适宜（8—12 摄氏度）的霞多丽、雷司令甚至龙眼葡萄酒现在越来越受到青睐，尤其是作为中式菜肴（如海鲜）的佐餐酒。过去一直被轻视、市场份额不足 10% 的桃红葡萄酒也开始摆脱小众地位。有关葡萄酒的专著、杂志、菜谱、电视节目和互联网信息几乎以爆炸性的速度增长。当今中国的知名侍酒师完全可以与国际同行一较高下，而新一代训练有素的葡萄酒鉴赏家也逐渐成长起来。这一切都表明，葡萄酒已经在中餐和中国饮食业中占据了一席之地。[2]

1999 年出版的《葡萄美酒夜光杯》是第一本尝试展现整个中国葡萄酒文化历史发展全貌的书籍。书中分析了两千多年来葡萄酒文化对中国社会和文化生活的影响，阐释了其与欧洲和全球葡萄酒历史的联系和区别，也介绍了和葡萄酒有关的一般性知识和信息。书名出自唐代诗人王翰的《凉州词》。这首诗脍炙人口，千载传诵，而王翰也正是一位葡萄酒爱好者。作者应一民有意选取诗句"葡萄美酒夜光杯"作为书名，旨在唤醒人们对中国本土葡萄酒传统的记忆。我们可以看到，尽管在改革开放与现代化建设的前二十年间，中国葡萄酒产业已经经历了根本性的结构调整和每年两位数的增长，但新的历史性突破其实发生在 21 世纪初。近 20 年来，中国的葡萄酒产业发生了翻

---

[1] 罗国光（2010 年）第 64 页中描述了中国消费者越来越青睐干型葡萄酒的趋势。

[2] Eijkhoff（2000 年）。

天覆地的变化，①这不仅体现在中国各地都能感受到的全球化的影响，也体现在中国广大民众越来越愿意在众多新事物中涉足葡萄酒这一话题，追溯自己的传统，并将发展独立的葡萄酒文化视为一种义不容辞的传承。

20 世纪 80 年代，中国修改了国宴标准，不再使用白酒等烈性酒，代之以啤酒、葡萄酒或其他饮料。②在这之后的一段时间里，不仅在国家领导人出席的招待会和节庆活动中，较小的官方场合和私人庆祝活动中都更多选择国产红葡萄酒。张裕、长城和王朝等大型葡萄酒公司抓住这一契机，在全国范围内大力进行广告宣传。然而，2013年和 2014 年，葡萄酒销售意外陷入停滞，严厉的反腐运动冲击了作为奢侈礼品和高档宴席佐餐酒的昂贵国外红葡萄酒的进口，也对国内生产造成了一定影响。不过这种停滞只是暂时的，中国葡萄酒持续增长的态势无法阻挡，并且似乎正因为这种短暂的冲击，与进口产品相比更为物美价廉的国产葡萄酒趁机赢得了口碑。此外，中国大城市中已经形成了目前世界上最大的中产阶层，他们借助电商平台购买性价比较高的进口葡萄酒或直接从国外商家订购原装洋酒，不过波尔多葡萄酒的购买量逐年减少，中国消费者越来越倾向于购买产自西班牙、意大利、澳大利亚、新西兰、智利、阿根廷和南非的葡萄酒。从这个角度看，反腐倡廉运动为中国葡萄酒世界带来了总体来说积极的结构性变化，促使人们摒弃了对天价奢侈葡萄酒的盲目跟风，培养了一批

---

① Bader（2006 年）谈到，鉴于中国葡萄酒产业每年 20%—25% 的增长，一场"文化变革"即将开启。Kupfer（2011 年 a）也谈到了现代中国葡萄酒文化令人惊叹的强势复兴。

② 白酒曾被用于国宴，比如 1972 年周恩来总理宴请尼克松时就使用了茅台酒。参见《新中国 60 年国宴变迁：从淮扬风味到与国际接轨》（http://www.china.com.cn/photo/txt/2009-08/06/content_18289899_3.htm）、《漫话国宴文化：中国最顶级饭局》（https://news.12371.cn/2014/01/12/ARTI1389484577790398.shtml）。

新的葡萄酒消费者和鉴赏家，他们乐于学习，也有批判精神，有能力对国内外产品的质量和价格进行比较和评估，从长远来看，他们将在葡萄酒常识的普及与国内葡萄酒生产的多样化和优化中发挥作用。[①]

2007年，科研人员在中国东北的一项田野调查中发现了一个有趣的现象，该现象对于理解葡萄酒在当代中国社会的接受度很有启发性：[②]自20世纪80年代末以来，沈阳等城市的工人和退休者家庭中形成了自酿葡萄酒的新风俗，当时正值葡萄种植的高峰期，市场上积压了大量价格低廉的龙眼葡萄。许多家庭趁机选购优质葡萄，或者直接从农户家中购买没有喷洒农药的有机葡萄，彻底清洗干净后用手挤碎，然后将葡萄果肉和果皮装入消杀处理后的容器中，再加入蜂蜜或糖。随后葡萄浆开始自然发酵，当葡萄籽下沉而果皮上浮后，过滤发酵液，倒入玻璃容器或塑料方桶中密封保存。[③]人们会在节庆场合尤其是春节期间享用这种家酿，亲朋好友邻居之间也会互相馈赠自家酿制的葡萄酒，由此显然形成了一种新型的馈赠习俗。也有人在葡萄酒的酿造过程中添加高粱酒，以阻止发酵，所得到的混合酒拥有一种特别的"中西合璧"风味。

---

① 美国之音（2015年11月3日）的文章对反腐运动的后果和葡萄酒市场的暂时低迷进行了报道："Fine Wines Languish in China Warehouses as Consumers Cool"（"消费者冷淡，名酒在仓库中积压"），见 www.voanews.com/articleprintview/3035594.html 以及 Sandhaus（2019年）第203页等。Sandhaus 也提到了反腐运动对白酒市场的影响。值得注意的是，在2021年2月11日的国务院春节团拜会上没有供应酒水和食品，这可能是中国历史上的第一次。20世纪90年代以来，德国葡萄酒制造商和机构做出了一些打入中国市场的尝试，不过他们的行动常常过于谨小慎微且不够专业。尽管德国葡萄酒种类繁多，口味丰富，价格也相对低廉，深受中国葡萄酒行家的喜爱，但德国葡萄酒在中国市场上所占的比例仍然微乎其微。见 Susanne Wu（2006年）的文章。

② Flitsch（2010年）第240页等。

③ 这种生产工艺令人联想起山西西南部的传统（见本书第三章）。

东北人自酿葡萄酒的动机可以从多个方面来解释：经历过物质匮乏的老一辈人习惯于囤积物资和将季节性食品加工后长期储存，中国家庭也一向有着通过简单的方法将食物发酵后加工保存的传统，例如制作豆腐。中国人特别关注各种食物的营养价值和保健作用，这也符合预防胜于医疗的传统观念，因为医疗对于那时候的人们来说往往意味着很大一笔支出。此外，当时在国际和国内媒体上出现了很多关于适量饮用红葡萄酒能够促进健康和血液循环的报道，受到中国民众的关注，引发了热烈讨论。人们由此回想起中医传统中对于葡萄酒的认识，尤其是伟大的药学家李时珍在《本草纲目》中关于葡萄酒药用价值的详细阐述。西方医学家和药学家发现葡萄酒的保健作用要比李时珍晚得多。[1]

此外还应强调的是，东北地区的主妇们在酿造葡萄酒时获得了一种自豪感——她们用简单的方法在自己家里酿造出健康和喜庆的饮品，而这类饮品若在超市购买，一方面需要花费不少金钱，另一方面也没有天然纯净的质量保证。可以说，她们在中国的现代化进程中也扮演了一个小小的角色。吉林省通化地区的野生山葡萄（*Vitis amurensis*）被公认为保健价值特别高，在价格适中的情况下是家酿葡萄酒的首选原料。当地酒厂生产的通化葡萄酒则不太受欢迎，据说其中掺加了其他葡萄酒。正如本书第十二章所述，通化一带的农村地区有使用山葡萄酿酒的古老习俗。该地区还有一种深受人们喜爱的"通化人参葡萄酒"，有两种配方，一种是将当地出产的号称"东北三宝"之一的人参与山葡萄一起发酵，另一种是将人参在山葡萄酿造的酒中浸泡至少一年。[2]

---

① 见本书第十一章。

② 曾纵野（1980年）第119—120页。

家酿葡萄酒作为一种业余爱好，与葡萄酒享受和对葡萄酒文化的热爱关系不大。它是中国家庭和酒馆自给自足经济的一部分，几百年来，中国人习惯用瓶瓶罐罐储存保健药剂和药酒，在白酒中浸泡草药和兽骨等药材，有时也使用低度酒，包括价格低廉的红葡萄酒。在酒中浸泡植物枝叶根茎和花卉制作"露酒"或"香花药酒"的传统可以追溯到三千多年前，如甲骨文记录的"鬯"就是这样一种酒精饮料，它也用于祭祀仪式。[1] 今天，几乎所有的中国白酒和葡萄酒公司都在主打产品之外提供药酒，并很受消费者欢迎。从这一悠久传统可以看出，中国人对葡萄酒作为文化财富的期待与欧洲人仍有着本质区别。

在数千年古老传统与近年来充满活力的全球化趋势的张力之间，中国葡萄酒文化的未来前景如何？如何向其他国家的葡萄酒文化靠拢？

正如上文中的预测所示，中国的葡萄种植和葡萄酒消费在未来几年里将继续扩大，尽管新冠疫情对葡萄酒产业造成了一些冲击，但扩张的趋势不可阻挡，疫情后将迅速恢复并持续相当长的时间。目前主要是大型葡萄酒公司与央企和省属国企以及有影响力的国外葡萄酒制造商密切合作，投入巨资开发新的葡萄种植区、购买超现代化的生产设备、建设酒庄和旅游基础设施。不过，市场的持续快速开放也将在不远的将来让中国及其他国家的中小型企业有机会利用专业知识从事葡萄栽培。富裕的农民可能会看到葡萄种植的商机，进入这个利润更高的领域，避开在某些地区已经饱和的水果市场，毕竟葡萄种植的附加值可能是苹果的数倍。此外，中国还有无数气候和土壤条件理

---

[1] 见曾纵野（1980年）第102—103页，另见本书第四章。关于药酒见Sandhaus（2019年）第112页等。

琥珀光与骊珠：中国葡萄酒史

想、风土多样、前景广阔的地区有待开发。正如本书第十二章中列举的华南和西南地区的例子所示，葡萄栽培恰恰是贫困地区人口脱贫致富的一个有效途径。对此葡萄种植专业人才的培训就显得非常重要，而拥有大学学位和国外经验的新一代葡萄种植专家已经开始准备大显身手。

中国政府和媒体曾不断宣传号召民众更多饮用葡萄酒，减少传统高度白酒的消费量，因为白酒生产消耗了相当大比例的粮食产量，这既是经济问题，也是社会问题。目前，中国的啤酒产量和消费量都已超过世界上其他所有国家，这意味着在不远的将来，中国的啤酒产量和消费量将达到饱和。根据营养价值评估日常饮食并以此作为健康生活准则的古老传统仍在现代中国社会中发挥作用，同时生活水平的日益提高也助推了新型美食的推广，非传统的创造性烹饪风格和城市中随处可见的美食城和美食街都在刺激着中国新葡萄酒文化的繁荣和热情的葡萄酒消费者群体的成长。[1] 国内旅游市场近年来不断扩张，为大型葡萄酒企业推广葡萄酒旅游和相应的文化项目创造了更多有利条件。

即使从全球角度来看，在全世界葡萄酒消费暂时停滞，国际市场竞争激烈，特别是美国加利福尼亚、智利、澳大利亚和南非等新兴葡萄酒生产地被迫暂时采取痛苦的限产措施的背景下，中国是全球唯一的仍在扩张的葡萄酒市场，国内需求还在不断增长，未来前景相对较好。

阻碍中国普通消费者更多饮用葡萄酒的最大障碍是长期以来的习惯和偏见。在中国人的心目中，葡萄酒仍是"洋酒"和"舶来品"，

---

[1] 纵观中国的图书市场，与健康相关的葡萄酒文化与饮食文化的结合也越来越多地成为书刊的热门话题。2004 年 7 月，中国首个该主题的研讨会在武汉市举行，此后相继出现了大量此类研讨会。

因此价格昂贵。今天的饮酒礼仪源自周朝，通常以小酒盅饮用高度白酒，所以在社交活动中往往也在葡萄酒杯中只倒入少量葡萄酒，或者用小酒盅饮葡萄酒，并且碰杯后必须一饮而尽，有品位的葡萄酒爱好者会对此感觉不寒而栗。这种饮酒仪式在中国人的待客之道中根深蒂固，甚至一些经验丰富的葡萄酒专家也不得不对此做出妥协。尽管如此，公众如今乐于学习如何正确品鉴葡萄酒，如选择合适的酒杯、注意正确的储藏和饮用温度以及"观其色、闻其香、品其味"的感官享受。归根结底，这些其实都与中国的美学和美食文化传统不谋而合。①

　　中国人，特别是城市居民随着媒体的宣传启蒙逐渐认识到，葡萄酒是人类最古老、最重要的文化饮品，它的独特个性可以带来所有的感官享受。葡萄酒的独一无二的特性在于其不同的生物化学成分含有一千多种不同的芳香物质，在风味的丰富性和多样性方面没有其他任何一种水果可以与葡萄相提并论。在不同的土壤和气候条件下，结合各个国家、地区和家族的传统工艺产生了无限丰富的芳香和口味组合，而每位葡萄酒饮用者因个体条件不同，感受到的荷尔蒙刺激和享受都是独一无二的。只有以更为敏锐的目光看待中国自身的文化遗产和多维度文化，不断提高对质量和原创性的敏感度，在葡萄酒中找到与席卷全球的"可口可乐浅薄文化"相抗衡的力量，才能启动一种引导机制，鼓励中国葡萄酒制造商不断追求高品质，摒弃批量生产低价低质的大路货葡萄酒的做法。

　　很多中国葡萄酒爱好者并不知晓葡萄酒是世界上多种高度发达的古老文明的遗产，也是其独特的历史和文化的产物，而且葡萄酒比茶和白酒更古老。要想让中国人接受上述事实还需要很多宣传启蒙工

---

① 应一民（1999 年）第 233 页等。

作。与近东和欧洲地区一样，中国的葡萄酒文化可以追溯到中华文明的开端，并可能在其发展过程中发挥了重要作用。在公元后的第一个千年间，葡萄酒文化发展到了顶峰，并持续了很长时间，在中国的历史、社会和文学中留下了许多印记，影响深远，但人们在这方面的了解和研究仍然太少。

现代化和全球化的浪潮席卷了中国的中上层阶级，在饮食领域体现得尤为明显。在这个过程中，葡萄酒的地位在全国范围内经历了前所未有的跃升。过去二三十年间，在媒体报道、广告宣传和电视节目的影响下，葡萄酒在普通大众中获得了非常正面的形象。然而，由于中国的文化和历史背景与欧洲完全不同，并且有着延续数千年的独特饮酒传统，要想让葡萄酒作为文化饮品在中国被广泛接受，同时在普罗大众中产生一种"葡萄酒享受文化"仍然前路漫漫。在中国担任顾问的法国葡萄酒专家米歇尔·罗兰（Michel Rolland）甚至认为这将是一场"长征"，是"经年累月"的努力后才能实现的目标。[1] 考虑到中国是目前世界上酒精饮料消费量最高的国家，葡萄酒占全部酒类2%的份额仍然显得微不足道。[2]

总的来说，可能阻碍这种发展或将其引向其他方向的最重要因素列举如下：[3]

（1）尽管出现了各种新趋势，但人们仍然对葡萄酒持有刻板印

---

[1] Hellmann（2014 年）。

[2] 啤酒是最受中国人喜爱的饮料，年消费量为 500 亿升。此外中国人每年还消费约 136 亿升白酒和 20 亿升黄酒（仅略高于葡萄酒）。根据 2011 年的统计数据，59% 的中国人经常饮用白酒，44% 注重白酒质量。见宋书玉（2013 年）第 438—439 页、李德美（2015 年 b、2014 年 c）。关于中国葡萄酒消费的发展和未来的巨大潜力见 Anderson/Pinilla（2018 年）第 474 页等。

[3] 关于此处讨论的因素见陈尚武（2010 年）。

象，认为它是一种舶来品或进口奢侈品。这就导致葡萄酒主要用于节庆宴会或被视为贵重的馈赠礼物，在城市中尤其盛行。除了几个以拉菲为代表的国际大牌，几乎没有中国葡萄酒爱好者能够识别和记住进口葡萄酒酒标上的法语、西班牙语、意大利语、英语和德语名称，就连它们的中文名称也是如此。最终，选择进口产品时最看重的仍然是价格和精致的包装，而不是葡萄酒本身。

（2）政府为抑制过度消费白酒而采取的葡萄酒健康推广措施获得了成效，特别是红葡萄酒的形象在民众中得到显著提升。如今，红葡萄酒更受女性和老年人的青睐，大多数男性的酒精消费则仍以啤酒和白酒为主，[①] 而很多人也出于保健的需求饮用葡萄酒——我在上文中提到，中国人有家庭制作滋补药剂的传统，一些城市居民自己在家中酿造葡萄酒。按照"良药苦口利于病"的古训，家酿葡萄酒主要出于保健的目的，其风味和感官享受不是人们关注的重点。不过红葡萄酒的颜色却很重要，因为在中国人的世界观中，红色代表幸福与活力，会带来积极的疗效。这个医学角度也正可以解释为什么白葡萄酒在中国人中的接受度和认可度远不如红葡萄酒。

（3）按照几千年来的待客礼仪以及其中蕴含的餐桌和饮酒习俗，在节庆活动中，即使杯中盛的是葡萄酒，主宾在敬酒时也会随着一声响亮的"干杯！"一饮而尽。无论是菜肴还是酒品的选择，主人都要尽量展现自己的财力和慷慨的待客之道，所以葡萄酒的品牌和价格就成为最关键的因素。通常情况下主人会为一桌酒席准备几瓶葡萄酒。至于葡萄酒的口感、芳香和色泽则几乎无人在意。因此，餐馆仍是高档葡萄酒的主要消费场所，也是葡萄酒行业目前最重要的

---

① 李德美（2014 年 c）指出中国欠发达地区和发达地区居民有着不同的酒精消费行为，这一趋势在全球范围内也可以观察到。在发达地区，白酒消费日益减少，越来越多的人选择酒精度较低的饮料。

客户。[1]

（4）一些中国葡萄酒专家认为，在肉类和重油重盐菜肴占主导的饮食文化中，含有丰富酸性物质的葡萄酒是最好的佐餐酒。尽管近年来肉类消费急剧增加，但基于阴阳五行学说的食疗传统仍在发挥作用——中国人的日常饮食以"五谷"（北方面食，南方米饭）为本，辅以"五菜"和"五果"，而"五畜"（肉类）只在有限的范围内作为点缀存在。这意味着碳水化合物一直是饮食的主体，而肉类、蛋白质和脂肪类食物则处于从属地位。[2] 这种饮食传统的延续使得一些人推测，葡萄酒在中国永远不会像在法国、意大利或德国那样获得日常饮品的地位。然而，已经有迹象表明，在餐馆文化蓬勃发展、蛋白质和脂肪类食物消费增加的背景下，肉类和海鲜消费的大幅增长导致近年来越来越多的中国人选择葡萄酒作为佐餐酒。[3]

（5）葡萄酒怀疑论者的另一个论据是茶文化仍占统治地位且不可动摇。然而，大多数中国人并不知晓，茶文化其实是伴随着佛教的传播发展起来的，即在唐朝起步，自宋朝起逐渐形成一个博大精深的体系。仔细观察就会发现，茶与酒之间有着惊人的相似之处：二者的历史起源都可以追溯到不能直接饮用生水的时代，泡茶须用沸水，而葡萄酒中的酒精有杀菌消毒的功效，二者都代表着卫生方面的进步。由此，葡萄酒和茶分别发展为各自所在文化中的日常饮料和佐餐饮品。[4] 和葡萄酒一样，茶叶也被一小部分资深爱好者视为独一无二

---

[1] 陈尚武（2010年）第237页。

[2] 《论语·乡党》："肉虽多，不使胜食气"，引自中国哲学书电子化计划。

[3] Löwenstein（1991年）第94页的结论"葡萄酒成为中国人的日常饮品还有很长的路要走"肯定可以适用于普通民众，不过对于一部分喜欢在餐馆就餐的社会群体则明显不合适。

[4] 陈尚武（2010年）第237页。

的享受品，对于"风土"，即茶叶种植的土壤和气候、采摘时间、加工过程以及茶叶品种的感官特征有着充分丰富的了解，也以一种庄重虔诚的态度沏茶和品茶。如同葡萄酒在西班牙、法国和意大利，茶在中国数百年来一直毫无争议地占据着所有文化饮品中的首位。即使烹饪革命席卷中国，茶文化的地位也不会动摇。然而，与茶文化的比较可以帮助人们，特别是那些追求生活品质的人更好地理解作为新型享受品的葡萄酒。这两种文化饮品之间的相似性对于葡萄酒来说意味着逐渐超越其现有形象的机会，不再仅仅作为一种用于彰显身份、节庆和宴客的高级饮品或者某些社会群体的滋补品和保健品而存在。近年来，中国人的生活水平日益提高，在各地都能明显观察到人们对美食的好奇心，这一切都将进一步推动这一趋势的发展。

（6）在此不应低估源自欧洲文化区的葡萄酒术语的跨文化问题，例如在描述芳香和风味的细微差别时使用的"黑醋栗""鹅莓""黑莓""薄荷"或"松露"等说法是中国人很难理解的，所以一些专家建议使用贴近中国文化的词汇，如"酱油""绿茶叶""熏豆腐干""竹笋""大枣"和"干蘑菇"等。[①] 在全球化不断深入的过程中，上述中国风味以异域食品或化妆品的形式进入了西方世界。同时，更多外国水果和蔬菜也进入中国超市，葡萄酒术语的问题似乎不再显得那么严重。相反，中文词汇的加入为葡萄酒术语的扩展提供了条件，有利于增强国际上对于中国这个未来的葡萄酒市场大国的了解。

然而，要让普通中国消费者认识到葡萄酒是一项拥有无与伦比

[①] 见 Hellmann（2014 年）以及 Ümit Yoker 2015 年 7 月 13 日对葡萄酒顾问 Fongyee Walker 女士的采访 "Noten von Tofu und Sojasauce"（"葡萄酒的豆腐与酱油香气"）。该访谈录载于 www.nzz.ch/wissenschaft/bildung/noten-von-tofu-und-sojasauce-1.18578830。Sandhaus（2019 年第 216 页等）则指出了另外一个问题，即国际上缺乏关于白酒风味的词汇，这阻碍了其他国家的烈酒爱好者认识和了解中国白酒。

的多样性和丰富历史文化内涵的泛文化财富，最终还需要大量的宣传启蒙工作。也许有一天，中国人会回想起葡萄酒也是本国的历史文化遗产，甚至早在茶和白酒出现之前，无数古代著名诗人就已经从这种人类最古老的文化饮品中获得灵感，写下了千古传诵的名篇。

中国有一句经典习语："妇女能顶半边天。"的确，自20世纪20年代以来，特别是1949年共和国成立以来，中国女性撑起了社会生活的"半边天"，而在酒类产业领域也同样如此，她们不仅在酒类消费中与男性有着平等的地位，而且往往在啤酒、葡萄酒和白酒企业中担任领导职位。当然，啤酒和白酒的消费主体仍然是男性。[1] 张裕公司早在1918年的首次广告宣传中就将优雅的年轻女性作为其葡萄酒销售的目标群体。[2]

年轻一代在保健功能之外对葡萄酒有着更多感官和美食享受方面的期待。如今，在情人节、订婚或结婚周年纪念时开一瓶葡萄酒已成为年轻人的时尚，这也是中国新时代葡萄酒文化的一个重要信号。这些新成长起来的客户群一方面不会将葡萄酒作为一种身份象征的奢侈饮品来消费，另一方面也拒绝旧式的全桌人集体干杯的白酒风气。他们开始追求一种"民主"的餐桌和饮酒文化，选择与菜肴相配的特色葡萄酒，注重多样性和个性化。[3] 值得注意的是，恰恰是大学生群体中的大多数人对新时代葡萄酒文化尤其感兴趣。在这种文化中，优雅的果香怡人的白葡萄酒比浓郁的带有橡木桶香气的红葡萄酒更受青睐。最终，健康因素在享用葡萄酒的过程中不再扮演任何角色。这一最新趋势的出现使得人们需要修正过去对中国葡萄酒市场所做的评估。[4]

---

① 关于该话题见马会勤（2010年）第223页。

② 见本书第十二章。

③ 李德美（2015年b）。

④ 李德美（2014年c）。

发展创新型葡萄种植项目和小规模创业活动如上所述仍需克服许多结构性障碍。一部分原因在于参与的各级中央与地方机构的权限错综复杂，标准也不透明。迄今为止，几乎只有与中央和地方部门及协会关系密切的大型投资者才有可能建立较大规模的葡萄种植园和酿酒厂。为了在日趋激烈的国内和国际竞争中生存下来，中小型企业在更好的框架条件之外还需要更多的专业知识和从业经验，也要关注和思考当地的传统和特色，充分掌握地理和气候条件、如何选择合适的优质葡萄品种的专业知识、种植和采摘中的严格质量控制、现代加工技术和方法的应用以及适当的市场策略和销售网络——这些几乎全部都是欧洲传统葡萄种植区世代相传的经验。[1] 因此，即使中国葡萄酒业持续充满活力，但仍需数年时间才能让富有历史传承、地区特色和个性的小型企业在具备规模的大型葡萄酒生产商周围成长起来。只有在这种公开竞争的背景下，未来中国市场上才会出现价格合理的优质葡萄酒。

一再有中国葡萄酒专家向我表示，兴建小型酒庄的最大难题在于土地的国有属性。[2] 尽管近年来通过优厚的长期租约放宽了用益物权，但如果没有事实上的继承权，小投资者的问题几乎无解，因为葡萄栽培的规划不是以几年或几十年计，而是涉及几代人。在一些个案中，原本很有发展前景的项目因为其他的开发计划而流产。例如，两

---

[1] Löwenstein（1991 年）第 93—94 页、Robinson（2015 年）第 175 页。根据 Li/Bardají（2016 年）第 2 页，主要问题之一是高成本与低产出之间的不平衡。这可能不仅仅是缺乏管理经验的结果，最大的原因是，在中国大多数种植区的冬季和春季都需要将葡萄藤埋入土中防止冻伤，这项工作约占劳动力成本的三分之一。Hellmann（2014 年）当时甚至认为中国的葡萄栽培和酿酒技术仍处于"蛮荒之地"。除了这两方面的严重缺陷外还存在产品假冒问题。尽管中国在打击假货方面做出了巨大努力，但这一问题可能会在未来很长一段时间内继续存在。

[2] 从历史上来看这也不是新规定，早在帝制时代，帝王即已对农民的土地拥有最终处置权。

　　　　　　　　　　琥珀光与骊珠：中国葡萄酒史

名德国发展援助计划的专家与甘肃省天水市张家川回族自治县周家村的村民合作，在河谷黄土地中开辟了数公顷葡萄园。当地村民积极参与该项目，在2005—2011年开始收获并成功酿酒装瓶。然而由于该地区修建铁路，这块土地被征用，所有私人投资化为乌有。[①]

　　尽管计划经济的后遗症和曾经的物质匮乏导致中国葡萄酒至今仍然没有完全摆脱加糖勾兑饮料的负面形象，但我们也不应忘记，在20世纪70年代，几乎世界上所有的葡萄种植区都在大规模生产品质平平的廉价葡萄酒，在北美、南美和南非甚至直到20世纪80年代和90年代都是如此。而几乎与此同时，作为现代化政策的一部分，中国在通往世界顶级葡萄酒之巅的险路上迈出了勇敢的第一步。鉴于迄今为止的迅猛发展，我们可以预见，中国葡萄酒企业将很快成为全球参与者。[②]然而，具有决定意义的是，中国要逐渐找到自己的方式，利用历史文化、地理气候和科学技术潜力，发展"有中国特色"的现代葡萄酒文化。

　　全世界的葡萄酒爱好者有一些共同特征，如终其一生的好奇心、不断探索的乐趣和强烈的学习意愿——这些都是孔子早在2500年前就一再强调的美好品质。与此同时，他们也彼此尊重对方的传统，这在许多西方地区的葡萄酒文化中早已存在，如在德国、法国、意大利、西班牙、希腊、罗马尼亚、格鲁吉亚、南美、北美、澳大利亚、新西兰和南非等。因此，中国的葡萄酒文化史完全值得西方人关注和了解。如果不懂得中国的葡萄酒文化史，对全球葡萄酒文化遗产及其

---

① 德国《南德意志报》对该项目的起始阶段进行了报道，见 Strittmatter（2005年）。

② 基于中国最重要的葡萄种植省份山东的重大发展，Weiß（2012年）第93页等主张对中国葡萄酒市场进行差异化评估，认为中国葡萄酒市场早已告别了负面形象，正在经历与几十年前传统葡萄酒生产国相似的转型，并在质量方面迅速迎头赶上。见Li/Bardají（2016年），文中标题已经将中国称为新的"葡萄酒超级大国"。

历史的认识就是不完整的。东（中）西方葡萄酒文化的双方都经常出现两极化的看法，导致了一些根本性的错误判断，而用单一标准评判世界上各种葡萄酒文化只会助长刻板印象和偏见。所以全球葡萄酒爱好者需要有一种开放的心态，一种了解并学习其他葡萄酒文化的历史成因和风格特色的意愿。我在前面的章节中已经明确指出，葡萄酒文化应被理解为整个人类文明史中的一种普遍的物质及非物质遗产，一些西方知名侍酒师们所持的殖民主义态度和对中国葡萄酒的命令式质量要求是不合适的。与所有跨文化接触一样，葡萄酒作为一种特殊的文化资产也需要人们的宽容和接受不同风味传统与美食评判标准的开放性。从这个意义上说，中国葡萄酒文化未来的发展方向还有待观察。不过有一点可以肯定：中国葡萄酒文化的发展将一直是令人兴奋和引人入胜的。对于那些以开放的心态和好奇心追随其发展的人来说，这将是一场激动人心的旅程。中国地理和气候的多样性至少可与欧洲媲美。在这片草原、沙漠、黄土高原、山林、河谷和海岸线交错的广袤土地上，未来将形成在国际上独具魅力的葡萄种植区，拥有中国的特色葡萄品种和无与伦比的风土条件，很可能也会根据各地传统采用不同的酿造方法。在不久的将来，中国也将能够在全国各地打造出许多新的葡萄酒文化旅游热点。[1]

基于古老的中国智慧，中国现代外交提出了"求同存异"的指导原则。愿人们都能够运用这一智慧，认识到葡萄酒可以作为跨文化交流的一种古老而高贵的象征物，并将这一独特的世界文化遗产发扬光大。

---

[1] 2006 年，我受中国著名作家、画家、文化学家和中国文化遗产推广者冯骥才先生的邀请，来到天津大学冯骥才文学艺术院讲学，就中国古老的葡萄酒传统作为值得发扬光大的物质和非物质文化遗产，与冯先生和他的同事们展开了热烈的讨论（见柯彼德 2006 年）。

　　　　　　　　　　　琥珀光与骊珠：中国葡萄酒史

参考文献

《西汉美酒发掘现场回眸　两千年美酒能否饮用》，新浪网·每日新报 2003/07/01

《2013 年中国考古六大新发现新鲜出炉》，中国考古网 2013/12/27

《报告：2020 年中国将成第二大葡萄酒市场》，新华社伦敦 2017/03/01

"9,000-year History of Chinese Fermented Beverages Confirmed", www.sciencedaily.com/
　releases/2004/12/ 041206205817.htm

Allsen, Thomas T.: "Ögedei and Alcohol", *Mongolian Studies* 29 (2007), 4−6

Allsen, Thomas T.: "Notes on Alcohol in Pre-Russian Siberia", *Sino-Platonic Papers 277* (April
　2018); sino-platonic.org/complete/spp277_alcohol_ in_pre_russian_ siberia.pdf

"Ancient Chinese Pottery Shows 5,000-year Old Beer Brew", www.scmp.com/lifestyle/food-
　drink/article/1952450/ancient-chinese-pottery-shows-5000-year-oldbeer-brew (2016/05/24)

Anderson, E. N.: *Food and Environment in Early and Medieval China*. Philadelphia 2014

Anderson, Kym: "Asia's Emergence in Global Beverage Markets: The Rise of Wine." *The
　Singapore Economic Review* 65.4 (2020), 755−779

Anderson, Kym & Vicente Pinilla (eds.): *Wine Globalization. A New Comparative History*.
　New York: Cambridge University Press, 2018

Anderson, Kym & Kimie Haranda: "How Much Wine Is Really Produced and Consumed in
　China, Hong Kong and Japan?", *Journal of Wine Economics* 13.2 (2018), 199−220

Antony, David W.: *The Horse, the Wheel, and Language: How Bronze-Age Riders from
　Eurasian Steppes Shaped the Modern World*. Princeton 2010

Arnold, John P.: *Origin and History of Beer and Brewing: From Prehistoric Times to the
　Beginning of Brewing Science and Technology*. Chicago 1911

Avril, Tom: "Age-Old Remedies", *The Philadelphia Inquirer* 2009/04/20

Bader, Werner: "Kultur-Revolution", *Weinwelt*, Juli 2006, 20−25

Bahnsen, Ulrich: "An der Wiege des Rausches", *ZEIT* 2004/12/22

《张高丽访问格鲁吉亚》，新华社第比利斯 2016/06/04

Bailey, H. W.: "Madu: A Contribution to the History of Wine", *Silver Jubilee Volume of the
　Zinbun-Kagaku Kenkyusyo Kyoto University*, Kyoto 1954, 1−11

《宝鸡石鼓山西周墓地再次出土大量青铜器》，人民网 2013/12/25

冽玮：《宝鸡西周墓出土神秘液体 有学者推测为红酒》，中国新闻网 2012/08/10

《陕西西周古墓出土青铜卣　内存液体或为 3000 年美酒》，中国新闻网 2012/07/06

Barber, Elizabeth Wayland: *The Mummies of Ürümchi*. New York/London 1999

Barnard, Hans (et al.): "Chemical Evidence for Wine Production around 4000 BCE in the Late Chalcolithic Near Eastern Highlands", *Journal of Archaeological Science* 38.5 (2011), 977–984

Bauer, Wolfgang: *China und die Hoffnung auf Glück: Paradiese, Utopien, Idealvorstellungen in der Geistesgeschichte Chinas*. München 1974/1989

Bayar, Dovdoi: „Gedenkstätten und Steinskulpturen der Alttürkischen Zeit", *Dschingis Khan und seine Erben: Das Weltreich der Mongolen*. Bonn/München 2005, 69–80

Bayarsaikhan, Dashdongdog: "Drinking Traits and Culture of the Imperial Mongols in the Eyes of Observers and in a Multicultural Context", in: Schottenhammer 2017, 161–172

Bazin, M. (et al.): "Angūr", *Encyclopædia Iranica*, II/1, 70–74, www.iranicaonline.org/articles/angur-grapes (2011/08/05)

BBC (ed.): "'World's Oldest Brewery' Found in Cave in Israel, Say Researchers", BBC News 2018/09/12, www.bbc.com/news/world-middle-east-45534133

Benjamin, Craig: "The Yuezhi: Origin, Migration and the Conquest of Northern Bactria", Silk Road Studies", 14, Turnhout 2007

Berger, Lee R.: "Wine at the Dawn of Civilization", www. winemag.com/2002/11/01/wine-at-the-dawn-of-civilization

Boisseau, Peter: "How Wine-Making Spread through the Ancient World", *U of T News*, 2015/06/15, www.utoronto.ca/news/how-wine-making-spreadthrough-ancient-world-u-t-archaeologist

Bower, Bruce: "China's fermented past: pottery yields signs of oldest known wine", *Science News* 166.24, 371, www.sciencenews.org/articles/20041211

Boyle, John Andrew (transl.): *The Successors of Gengis Khan*. Translated from the Persian of Rashid al-Din, New York 1971

Brinkmann, Stefanie: "Wine in Ḥadīth: From Intoxication to Sobriety", in: Fragner et al. 2014, 71–135 Brockhaus (ed.): *Der Brockhaus Wein: Rebsorten, Degustation, Weinbau, Kellertechnik, internationale Anbaugebiete*. Leipzig/Mannheim 2005

蔡毅：《论中国古代诗与酒之关系》，载四川省酒类专卖事业管理局、中国绵竹剑南春酒厂、中华酒文化研究所编：《辉煌的世界酒文化》，成都：成都出版社，1993，211—222

曹幸穗、张苏：《宣化葡萄历史 1800—1900 年》，载孙辉亮主编：《宣化葡萄香天下》，北京：中国文联出版社，2013

Cavalli-Sforza, Luigi Luca: *Gene, Völker und Sprachen: Die biologischen Grundlagen unserer Zivilisation*. München 2001

Chakrabarty, Phani Bhushan: "Parallelism between IndoIranian 'Soma Haoma' Rituals & the 'Chi-Dyo Rituals of the Lepchas of Sikkim", *Bulletin of Tibetology* 30.2 (1994), 31–41, himalaya.socanth.cam.ac.uk/collections/ journals/ bot/pdf/bot_1994_02_03.pdf

Chang, K. C. (ed.): *Food in Chinese Culture: Anthropological and Historical Perspectives.* New Haven/London 1977

陈尚武：《中国大众饮食结构和文化礼仪对葡萄酒消费的影响》[The Influence of Dietary Structure and Cultural Habits on Grape Wine Consumption in Chinese Society], in: Kupfer 2010, 225‒239

陈驹声：《中国酿酒技术的过去、现在与将来》，载《辉煌的世界酒文化》，1—10

陈廷湘：《论中国酒文化的基本精神》，载《辉煌的世界酒文化》，249—258

陈习刚：《关于中国古代葡萄酒历史文化的记载及其研究 —— 两宋以前的葡萄酿酒术》 [Historical Records and Research on Ancient Chinese Wine Culture before the two Song Dynasties], in: Kupfer 2010, 128‒162

程光胜：《从酒麴看中国利用微生物的成就》[Jiuqu Fermentation Techniques and Achievements in Using Microorganisms in China], in: Kupfer 2010, 79‒86

Chiao, Wei: „Jiu: Wein in China", *Almanach für Weinfreunde*, 1994.4‒5, 6‒7

China Internet Information Center (CIIC): „Ältester Wein der Welt in China entdeckt", 24. Dezember 2004, www.china.org.cn/german.

Chinese Text Project: ctext.org

Chow, Jason: "China is now World's Biggest Consumer of Red Wine", *The Wall Street Journal* 2014/01/29

Chuluun, Dalai: „Die historische Rolle Cinggis Khans als Gründer des Mongolischen Großreichs", *Dschingis Khan und seine Erben: Das Weltreich der Mongolen,* Bonn/ München 2005, 14‒17

Clarke, Oz, Margaret Rand: *Clarke's grosses Lexikon der Rebsorten*, München 2001

Clinton, J. W.: "Bāda", *Encyclopædia Iranica*, III/4, 353‒354, www.iranicaonline.org/articles/ bada-pahl (19.08.2011/08/19)

Colin, Gérard (2005): "Le Marche Mondial du Vin"，载李华主编：《第四届国际葡萄与葡萄酒学术研讨会论文集》，西安：陕西人民出版社，2005，233—239

崔利：《饮酒的社会功能》，载《辉煌的世界酒文化》，81—86

Curry, Andrew: "Our 9,000-Year Love Affair With Booze", *National Geographic* 2017.2, www. national geographic.com/magazine/2017/02/alcohol-discovery-addic tion-booze-human-culture/

D'Agata, Ian: "On the Search for Wine Terroir in China", www.decanter.com/wine-news/ opinion/guest-blog/ian-dagata-on-the-search-for-wine-terroir-in-china287059 (2016/01/07)

Darwin, John: *Der imperiale Traum: Die Globalgeschichte großer Reiche 1400‒2000*, Frankfurt/New York 2010 (English edition: 2007)

Damerow, Peter: *Sumerian Beer: The Origins of Brewing Technology in Ancient Mesopotamia*,

Cuneiform Digital Library Journal, 2012.2, cdli.ucla.edu/pubs/cdlj/2012/cdlj2012_002. html

Decker, Heinz/König, Helmut/Zwickel, Wolfgang (eds.): *Wo aber der Wein fehlt, stirbt der Reiz des Lebens: Aspekte des Kulturguts Wein*, Mainz 2015

„Der Rausch begann vor zehn Millionen Jahren", www.spiegel.de/wissenschaft/medizin/ alkoholkonsum-begann-vor-zehn-millionen-jahren-a-1006022.html (2014/12/01)

Diamond, Jared: *Arm und Reich: Die Schicksale menschlicher Gesellschaften*, Frankfurt 1999 [English edition 1997]

Dietler, Michael: "Alcohol: Anthropological/Archaeological Perspectives", *Annual Review of Anthropology* 35 (2006), 229–249, PDF via www.michaeldietler.com/articles

Dietler, Michael and Ingrid Herbich: "Liquid Material Culture: Following the Flow of Beer among the Luo of Kenya", in: *Grundlegungen: Beiträge zur europäischen und afrikanischen Archäologie für Manfred K. H. Eggert,* hg. von Hans-Peter Wotzka, Tübingen 2006, 395–407, PDF via www.michaeldietler.com/articles

Dietrich, Oliver/Manfred Heun/Jens Notroff/Klaus Schmidt/Martin Zarnkow: "The Role of Cult and Feasting in the Emergence of Neolithic Communities; New Evidence from Göbekli Tepe, Southeastern Turkey", *Antiquity* 86 (2012), 674–695, www.researchgate.net/ publication/2357 99794/download

Dönges, Jan: „Georgien: Seit 8000 Jahren wird Wein getrunken", *Spektrum der Wissenschaft* 2017.11, www.spektrum.de/news/seit-8000-jahren-wird-weingetrunken/1518869 (2017/11/13)

Dreyer, Axel (ed.): *Wein und Tourismus: Erfolg durch Synergien und Kooperationen.* Berlin 2011 *Dschingis Khan und seine Erben: Das Weltreich der Mongolen*, Bonn/München, 2005

Dunbar, William: "Beer and Blood Sacrifices: Meet Caucasus Pagans Who Worship Ancient Deities", *The Independent Online* 1508.2015, www.independent.co.uk/news/world/ europe/beer-and-blood-sacrifices-meet-the-caucasuspagans-who-worship-ancient-deities-10451756.html

Eberhard, Wolfram: *Lexikon chinesischer Symbole:Geheime Sinnbilder in Kunst und Literatur, Leben und Denken der Chinesen*, Köln 1983

Eis, Björn: „Honigsüße Stutenaugen auf ex. Berauscht von Yisiling und Shadangni: China, das Land der Tee-und Biertrinker, hat den Wein entdeckt", *Zeit* 2002.75, VII

Eijkhoff, Pieter: "Wine in China: Its History and Contemporary Developments", www.eykhoff. nl/Wine in China.pdf (2000/10/15)

Emmerich, Reinhard (ed.): *Chinesische Literaturgeschichte.* Stuttgart/Weimar 2004

Estreicher, Stefan K.: *Wine: From Neolithic Times to the 21st Century.* New York 2006

Falk, Harry: "Making Wine in Gandhara under Buddhist Monastic Supervision", *Bulletin of the Asia Institute*, N.S. 23 (2009) [*Essays in Honor of Richard Salomon's 65th Birthday*], 65−78

方心芳、方闻一:《中华酒文化的创始与发展》, 载《辉煌的世界酒文化》, 103—108

方秀珍:《酒器源流刍议》, 载《辉煌的世界酒文化》, 95—102

Fei, Kaiwei: "A Brief Introduction to Viticulture in China", *Notae Accademia Italiana della Vite e del Vino* 4.1 (1987), 36−44

Filip, Sonja/Alexandra Hilgner (eds.): *Die Dame mit der Phönixkrone: Tang-zeitliche Grabbeigaben der Adeligen Li Chui (711−736)*, Regensburg/Mainz 2013 [English translation: *The Lady with the Phoenix Crown: Tang-Period Grave Goods of the Noblewoman Li Chui (711−736)*, Regensburg/Mainz 2014]

Fleischer, Stefan: „Von Mainz nach China und wieder zurück: Beobachtungen zu einem neuen Weinmarkt (Interview)", in: Decker et al. 2015, 246−255

Flitsch, Mareile: "Grape Wine Production in Urban Northeast China: Between Do-it-yourself and Everyday Participation in Modernity", in: Kupfer 2010, 240−252

Fox, Maggie/Karine Simonian: "Oldest ever Wine Press Found in Armenian Cave", www.azatutyun.am/a/2273215.html (12.01.2011/01/12)

Fragner, Bert G./Ralph Kauz/Florian Schwarz (eds.): *Wine Culture in Iran and Beyond.* Wien 2014 Franke, Otto: *Geschichte des chinesischen Reiches: Eine Darstellung seiner Entstehung, seines Wesens und seiner Entwicklung bis zur neuesten Zeit.* 5 Bde. Berlin/Leipzig 1965

Franken, Christina: „Die Brennöfen im Palastbezirk von Karakorum", in: *Dschingis Khan und seine Erben: Das Weltreich der Mongolen,* Bonn/München 2005, 147−167

Fuchs, Annine: „Met & Co.:Alkopops bei den Nordmännern", *Spektrum der Wissenschaft* 2015.1, 62−64

Gabain, Annemarie von: *Das Leben im uigurischen Königreich von Qoco (850−1250).* Wiesbaden 1979

Galet, P.: "Rapport sur la viticulture en Afghanistan", *Vitis* 8 (1969), 114−128, www.vitis-vea.de/admin/volltext/e006150.pdf

Gandhara: Das buddhistische Erbe Pakistans. Legenden, Klöster und Paradiese. Mainz 2008.

耿姚林:《中国葡萄酒行业的现状与发展》[The Status Quo and Development of the Wine Industry in China], 载《国际葡萄与葡萄酒发展论坛论文集》, 26—28

Gernet, Jaques: *Die chinesische Welt: Die Geschichte Chinas von den Anfängen bis zur Jetztzeit*, Frankfurt am Main 1979

Giemsch, Liane/Svend Hansen (eds.): *Gold und Wein: Georgiens älteste Schätze,* Mainz 2018

Godley, Michael R.: "Bacchus in the East: The Chinese Grape Wine Industry, 1892−1938", *Business History Review*, 60.3 (1986), 383−409

Gong, Yuxuan/Li Li/Gong Decai/Yin Hao/Zhang Juzhong: "Biomolecular Evidence of Silk from 8,500 Years Ago", doi.org/10.1371/journal.pone.0168042 (2016/12/12)

贺新辉主编:《古诗鉴赏辞典》, 北京: 中国妇女出版社, 1988

桂娟:《揭开汉字起源之谜》,《人民日报》海外版 2011/07/14

郭沫若:《李白与杜甫》, 北京: 人民文学出版社, 1971

郭会生:《清徐葡萄》, 北京: 中国文联出版社, 2010

郭会生、王计平编著:《清徐马峪炼白葡萄酒》, 太原: 北岳文艺出版社 2015

郭旭、黄永光:《醉不忘真 —— 袁宏道酒诗文中的生活意趣》[Drunk yet keep the truth: Charming of life in the alcoholic poetry written by Yuan Hongdao], 载徐岩主编:《2013 年国际酒文化学术研讨会论文集》, 北京: 中国轻工业出版社, 2013, 463—470

《国际葡萄与葡萄酒发展论坛论文集 2002》(International Development Forum on Viticulture and Wine), 烟台 2002

《国家名酒评论》/ Nation Wine Reviews, 山西杏花村 2015

Hamon, Caroline/Mindia Jalabadze/Gautier Broux: „Der neolithische Fundplatz Gadachrili gora und sein kulturelles Umfeld", in: Giemsch/Hansen 2018, 50–55

韩胜宝编:《姑苏酒文化》, 苏州: 古吴轩出版社, 2000

韩胜宝编著:《华夏酒文化寻根》, 上海: 上海科学技术文献出版社, 2003

Hansen, Svend/Alfred Wieczorek/Michael Tellenbach (eds.): Alexander der Große und die Öffnung der Welt: Asiens Kulturen im Wandel, Mannheim/Regensburg 2009

Hansen, Svend/Barbara Helwing: „Der Beginn der Landwirtschaft im Kaukasus", in: Giemsch/Hansen 2018, 26–41

罗竹风主编:《汉语大词典》, 上海: 汉语大词典出版社, 1986—1993

汉语大字典编辑委员会编纂:《汉语大字典》, 成都: 四川辞书出版社, 武汉: 湖北辞书出版社, 1986—1990

郝勤:《携壶酌流霞, 举觞蹑太清 —— 酒与道教》, 载《辉煌的世界酒文化》, 59—67

Harris, David R.: "Jeitun and the Transition to Agriculture in Central Asia", Archaeology International, 1997/11/23, dx.doi.org/10.5334/ai.0109

何冰:《中国酿酒文化之源再探》[Reconsideration of the Origin of Chinese Alcoholic Beverage Culture], 载徐岩主编:《2015 年国际酒文化学术研讨会论文集》, 北京: 中国轻工业出版社, 2015, 547—553

何聪、王梅:《青海省乐都柳湾彩陶博物馆 —— 古老的彩陶流成河》,《人民日报》海外版 2016/02/27

Heine, Peter: Weinstudien: Untersuchungen zu Anbau, Produktion und Konsum des Weins im arabisch-islamischen Mittelalter. Wiesbaden 1982

Hellmann, Norbert: „Der lange Marsch zur gehobenen Weinkultur: Chinesische Weine entwickeln allmählich Charakter, dennoch haben die Winzer einen schweren Stand bei den

Konsumenten", *Neue Zürcher Zeitung*, 2014/01/11

《河南濮阳出土西汉美酒　迄今国内历史最久远（图）》, https://news.cntv.cn/map/20110511/105816.shtml

Hermann, Marc/Christian Schwermann (eds.): *Zurück zur Freude: Studien zur chinesischen Literatur und Lebenswelt und ihrer Rezeption in Ost und West. Festschrift für Wolfgang Kubin*, St. Augustin 2007

Hirst, K. Kris: *The Gushi Kingdom: Archaeology of the Subeixi Culture in Turpan. The First Permanent Residents of the Turpan Basin in China*, www.thoughtco.com/gushi-kingdom-subeixi-culture-in-turpan-169398 (2017/03/08)

History of Wine, en.wikipedia.org/wiki/History_of_wine

Höllmann, Thomas O.: *Schlafender Lotos, trunkenes Huhn: Kulturgeschichte der chinesischen Küche*, München 2010

Hoffmann, Birgitt: „Das Ilkhanat: Geschichte und Kultur Irans von der mongolischen Eroberung bis zum Ende der Ilkhanzeit (1220–1335)", in: *Dschingis Khan und seine Erben: Das Weltreich der Mongolen*, Bonn/München 2005, 244–293

Hoffmann, Dieter: "China on Its Way into a Global Wine World, in: Kupfer 2010, 255–268

胡普信:《基于"调鼎集·酒谱"—论述清代绍兴酒成熟的酿造体系》["The Discussion to the Brewing Theory of Shaoxing Wine on the Book of Cooking and Brewing"], 载《2015 年国际酒文化学术研讨会论文集》, 396—407

胡山源编:《古今酒事》, 上海: 世界书局, 1939

Huang, Hsing-Tsung: *Fermentation and Food Science. Science and Civilisation in China* (founded by Joseph Needham), vol. 6: Biology and Biological Technology, part 5, Cambridge 2000 [中文翻译见 黄兴宗 2008]

Huang, Hsing-Tsung: „The Origin of Alcoholic Fermentations in Ancient China", in: Kupfer 2010, 41–56

黄新:《黄帝陵与酒文化》,《人民日报》海外版 2012/09/27

黄兴宗:《发酵与食品科学》, 载李约瑟主编:《中国科学技术史》, 第六卷第五分册《生物学及相关技术》, 北京: 科学技术出版社, 2008

黄永健:《从李白的觞咏看唐代的酒文化》, 载《中国文化研究》2002.2, 25—33

《湖南玉蟾岩遗址》, 中国考古网 2010/08/06

Huppertz, Josephine: „Die chinesische Hochseeflotte und die Ursache ihres Verbotes im Jahr 1424 (II) ", *Mitteilungsblatt der Deutschen China-Gesellschaft* 2005, 2, 30–36

Hüttel, Hans-Georg: „Karakorum: eine historische Skizze", in: *Dschingis Khan und seine Erben: Das Weltreich der Mongolen*, Bonn/München 2005, 133–137

Jäger, Ulf: „Rhyta im präislamischen Zentralasien (4.–8. Jh. n. Chr.), Form und Funktion. Einfache Trinkgefäße oder Libationsgefäße in synkretistischen Religionssystemen?",

Iranica Antiqua 2006, 187−220

Jäger, Ulf: "Wine on the Northern Silk Road in Pre-Islamic Times", in: Fragner et al. 2014, 43−51

Jäger, Ulf: „Dionysisches in Gandhara: Zu einem bemerkenswerten Gandhararelief der Kuschanzeit (ca. 2.−3. Jh. AD) in der Sammlung Florence Gottet/ Schweiz", *Berliner Indologische Studien* 22 (2015), 103−122

Jansen, Michael/Jansen, Peter-Erwin: „Saure Trauben. Wein belebt Konsum und Export", *das neue China* 1986.2, 53−55

Jettmar, Karl: „Ein nuristanischer Silberpokal im Linden-Museum", *Tribus* 21 (1972), 25−34

Jiang, Hong-En et al.: "A New Insight into Cannabis sativa (Cannabaceae) Utilization from 2500-year-old Yanghai Tombs, Xinjiang, China", *Journal of Ethnopharmacology* 108. 3 (2006), 414−422

Jiang, Hong-En et al.: "Evidence for Early Viticulture in China: Proof of a Grapevine (Vitis vinifera L., Vitaceae) in the Yanghai Tombs, Xinjiang", *Journal of Archaeological Science* 36.7 (2009), 1458−1465 Jiang, Jianfu et al. "The Wild Relatives of Grape in China: Diversity, Conservation Gaps and Impact of Climate Change", *Agriculture, Ecosystems and Environment* 209 (2015) 155−163

《江苏发现世界最早古稻田　距今 8000 多年》, kknews.cc/zh-my/agriculture/vmbxlq.html

金锐、陈舒:《海昏侯墓四大未解之谜》,《人民日报》海外版 2016/03/05

Jing, Z. B./Wang X. P./Cheng, J. M.: "Analysis of genetic diversity among Chinese wild Vitis species revealed with SSR and SRAP markers", *Genetics and Molecular Research* 12.2 (2013), 1962−1973, www.funpecrp.com.br/gmr/ year2013/vol12-2/pdf/gmr 2588.pdf

Kandel, Jochen (ed. & transl.): *Das chinesische Brevier vom weinseligen Leben: Heitere Gedichte, beschwingte Lieder und trunkene Balladen der großen Poeten aus dem Reich der Mitte,* Bern/München/Wien 1985

Katz, Solomon H./Mary M. Voigt: "Bread and Beer: The Early Use of Cereals in the Human Diet", *Expedition* 28.2 (1986), 23−34

柯彼德:《德国的葡萄酒生产、发展与经营》, 载《佳酿资讯》[China Wine Information], 2003.2, 22−30; www.grape vinewine.com.cn/magazine [柯彼德 2003a]

柯彼德:《德国葡萄酒行业在欧盟中的地位》, 载《华夏酒报》2003/02/28, 5 [柯彼德 2003b]

柯彼德:《休闲、游览、探索——葡萄酒文化、葡萄酒特色旅游与葡萄酒宣传》, 载《第四届国际葡萄与葡萄酒学术研讨会论文集》, 240—249

柯彼德:《葡萄美酒与丝绸之路的酒文化遗产》[Magnificent Grape Wine Culture and the Heritage of Alcohol Culture along the Silk Road], 载《2015 年国际酒文化学术研讨会论文集》, 357—370

琥珀光与骊珠：中国葡萄酒史

Kempa, Thomas: „„Auf einen Rutsch trink ich ein Maß, nach dem fünften macht's erst richtig Spaß.' Die Übersetzung des Kapitels 233 ‚Vom Wein' des Taiping guangji", in: Schindelin/ Poerner 2012, 69−90

Klimburg, Max: *The Kafirs of the Hindu-Kush: Art and Society of Waigal and Ashkun.* Stuttgart 1999

Klimburg, Max: "Viticulture in Kafiristan", in: Fragner et al. 2014, 53−70

Klimscha, Florian: „Die ältesten Wagen im Kaukasus", in: Giemsch/Hansen 2018, 176−181

Kochhar, Rajesh: "The Rgveda Soma Plant", in: Subbarayappa 2001, 724−739

König, H./H. Decker (eds.): *Kulturgut Rebe und Wein*, Heidelberg 2013

Kramarovski, Mark G.: „Die frühen Jöciden: Die Entwicklungslinien einer Kultur zwischen Asien und Europa", in: *Dschingis Khan und seine Erben: Das Weltreich der Mongolen*, Bonn/München 2005, 223−240

Krochmal, A./A. A. Nawabi: "A Descriptive Study of the Grapes of Afghanistan", *Vitis* 2 (1961), 241−256, www.vitis-vea.de/admin/volltext/e054407.pdf

Kulturstiftung Ruhr Essen, Villa Hügel (ed.): *Das alte China: Menschen und Götter im Reich der Mitte, 5000 v. Chr.− 220 n. Chr., Kulturstiftung Ruhr Essen, Villa Hügel*, München 1995

Kuhnen, Hans-Peter: „Wasser predigen: Wein trinken: Die frühen Kalifen und der Wein", in: Decker et al. 2015, 80−89

Kupfer, Peter: „Chinesische Weinkultur aus interdisziplinärer Perspektive", Geilweilerhof aktuell 35.1 (2007), 28−44 [Kupfer 2007a]

Kupfer, Peter: „Putaojiu: Neuere Einblicke in die Kulturgeschichte des Traubenweins in China", In: Hermann/Schwermann 2007, 589−624. [Kupfer 2007b]

Kupfer, Peter (ed.): *Wine in Chinese Culture: Historical, Literary, Social and Global Perspectives* /《中国的葡萄酒文化 —— 历史、文学、社会与全球视角的研究》, Berlin 2010

Kupfer, Peter: "'Magnificent Wine of Grapes': New Perspectives of China's Wine Culture in the Past and in the Present", in: Kupfer 2010, 3−26

Kupfer, Peter: „Tradition und Renaissance der Weinkultur Chinas", in: Dreyer 2011, 185−196 [Kupfer 2011a]

Kupfer, Peter: „Neue Weinkultur und Wandel der Gastlichkeit in China", in: Wierlacher 2011, 375−385 [Kupfer 2011b]

Kupfer, Peter: „Weinstraße vor der Seidenstraße? − Weinkulturen zwischen Georgien und China", in: König/Decker 2013, 3−17 [Kupfer 2013a]

Kupfer, Peter: „Jadenektar und Bernsteinglanz: Wein im alten China", in: Filip/Hilgner 2013, 86−89 [Kupfer 2013b]

Kupfer, Peter: „Rethinking the History of China's Grape Wine Culture", in: Fragner et al. 2014, 23–42 [Kupfer 2014a]

Kupfer, Peter: "Jade Nectar and Amber Sparkle: Wine in Ancient China", in: Filip/Hilgner 2014, 87–89. [Kupfer 2014b]

Kupfer, Peter: „Der älteste Wein der Menschheit in China: Jiahu und die Suche nach den Ursprüngen der eurasischen Weinkultur", in: Decker et al. 2015, 12–25 [Kupfer 2015a]

Kupfer, Peter: „Wein in Chinas Goldenem Zeitalter", *Konfuzius Institut* 2015.5, 25–30 [Kupfer 2015b] Kupfer, Peter: *Amber Shine and Black Dragon Pearls: The History of ChineseWineCulture*, Sino-Platonic Papers 278 (2018), sino-platonic.org/complete/ spp278_chinese_wine_culture _history.pdf Kupfer, Peter: *Ursprünge, Überlieferungen und Entwicklungen der Weinkultur und des Weinbaus in China: Eine Entdeckungsreise durch neun Jahrtausende.* Schriften zur Weingeschichte 200, Wiesbaden 2020

Kuzmina, Elena E. *The Prehistory of the Silk Road*, ed. by Victor H. Mair, Philadelphia 2008

Kvavadze, Elisa: „Das organische Material aus dem Kurgan Nr. 3 von Ananauri", in: Giemsch/ Hansen 2018, 190–195

赖睿:《2013 年考古新发现 隋炀帝墓等六大项目入选》,《人民日报》海外版 2014/ 01/10

Laufer, Berthold: *Sino-Iranica: Chinese Contributions to the History of Civilization in Ancient Iran. With Special Reference to the History of Cultivated Plants and Products*, Chicago 1919 [reprint: Delhi 2017]

Legge, James: *The Chinese Classics: The Shoo King or The Book of Historical Documents* (Volume 3), The She King (Volume 4), Shanghai 1935

Leriche, Pierre: „Das Baktrien der 1.000 Städte", in: Hansen et al. 2009, 155–168

Lewis, Mark Edward: *China's Cosmopolitan Empire: The Tang Dynasty.* Cambridge, Mass./ London 2009

Li, Chunxiang et al.: "Ancient DNA Analysis of Desiccated Wheat Grains Excavated from a Bronze Age Cemetery in Xinjiang", *Journal of Archaeological Science* 38.1 (2011), 115–119, www.researchgate.net/publication/223387830

Li, Chunxiang et al.: "Ancient DNA Analysis of Panicum Miliaceum (Broomcorn Millet) from a Bronze Age Cemetery in Xinjiang, China", *Vegetation History and Archaeobotany* 25.5 (2016), 469–477, www.researchgate.net/publication/ 295686858

李德金:《宁夏葡萄诱游人》,《人民日报》海外版 2018/09/20

Li, Demei 李德美: www.decanterchina.com/en/columns/demeis-view-wine-communication-from-a-chinese-wine maker. 作者于 2013—2017 年发表的中英文章:

———: "Xinjiang: An Ancient yet Young Wine Region" (2013/08/20) [Li Demei 2013a]

———: "Chinese Wine Regions: Part 1" (2013/11/12) [Li Demei 2013b]

————: "Chinese Wine Regions: Part 2" (2013/11/26) [Li Demei 2013c]

————: "Musailaisi: The Mysterious Xinjiang Wine" (2013/12/10) [Li Demei 2013d]

————: "The Shangri-La I Remember" (2014/01/21) [Li Demei 2014a]

————: "Dragon Eyes" (2014/05/13) [Li Demei 2014b]

————: "How to Attract the New Generation of Consumers" (2014/11/11) [Li Demei 2014c]

————: "Chinese Wines Made from Native 'Furry Vines'" (2015/02/17) [Li Demei 2015a]

————: "Why Do We Drink Wines in China?" (2015/08/04) [Li Demei 2015b]

————: "The Chinese Vitis Amurensis" (2015/09/01) [Li Demei 2015b]

————: "A Guide to Chinese Wine Regions" (2016/01/26) [Li Demei 2016a]

————: "Defining theChineseWineRegions" (2016/05/19) [Li Demei 2016b]

————: "Wine Regions in China: 2017 Vintage Report" (2018/03/29) [Li Demei 2018]

————: "Wine Regions in China" (undated), www. decanterchina.com/en/regions/china

李华主编：《葡萄与葡萄酒研究进展——葡萄酒学院年报（2000）》，西安：陕西人民出版社，2000

李华：李华专栏：第二辑：葡萄酒的起源和传说，第三辑：古代葡萄酒文化，第四辑：古代中国葡萄酒生产，www.winechina.com (2004)

李华主编：《第四届国际葡萄与葡萄酒学术研讨会论文集》(Proceedings of the Fourth International Symposium on Viticulture and Enology)，西安：陕西人民出版社，2005

李敬斋：《宣化葡萄史话》，载《宣化葡萄香天下》，366—378

李学勤、冯克坚主编：《第五届中国文字发展论坛论文集》，郑州：中州古籍出版社，2015

Li, Yuanbo/Isabel Bardají: "A New Wine Superpower? An Analysis of the Chinese Wine Industry", American Association of Wine Economists (AAWE) Working Paper 198 (June 2016), oa.upm.es/48028/1/INVE_MEM_ 2016_262148-pppp.pdf

李争平：《中国酒文化》，北京：时事出版社，2007

Li Zhengping: Chinese Wine, Cambridge 2011

Liang, Yong: „Gast und Gastlichkeit im Chinesischen: Ein Einblick in die kulturhistorischen Kontexte", in: Schindelin/Poerner 2012, 15–32

林继山：《酒与中国古代文学》，载《辉煌的世界酒文化》，317—322

林琳：《浅谈"周礼"中的酒官制度》，《古籍整理研究学刊》2014.4, 97—99

林梅村：《汉帝国艺术所见近东文化因素》["Near Eastern Elements Observed in the Art of the Han Empire"]，载叶奕良编：《伊朗学在中国论文集（第三集）》，北京：北京大学出版社，2003, 60—66

凌纯声：《中国酒之起源》["The origin of wine in China"]，载："中研院"历史语言研究所集刊 [Bulletin of the Institute of History and Philology] 29 (1958), 883—901

刘崇怀、马小河、武岗主编：《中国葡萄品种》[Grape Varieties in China]，北京：中国农业出版社，2014

Liu, Junru: *Chinese Food*, Cambridge 2011

刘莉：《早期陶器、煮粥、酿酒与社会复杂化的发展》，载《中原文物》2017.2, 24—34

Liu, Li/Chen Xinggan: *The Archaeology of China: From the Late Paleolithic to the Early Bronze Age*, Cambridge 2012

Liu, Li/Jiajing Wang/Huifang Liu: "The brewing function of the first amphorae in the Neolithic Yangshao culture, North China", *Archaeological and Anthropological Sciences* 118 (2020.12), 1–15, https://doi.org/10.1007/s12520-020-01069-3

Liu, Li/Yongqiang Li/Jianxing Hou: "Making beer with malted cereals and qu starter in the Neolithic Yangshao culture, China", *Journal of Archaeological Science: Reports* 29 (2020), 1–9

刘莉（等）：《仰韶文化的谷芽酒 —— 解密杨官寨遗址的陶器功能》，载《农业考古》2017.6, 26—32

刘莉（等）：《仰韶文化大房子与宴饮传统 —— 河南偃师灰嘴遗址 F1 地面和陶器残留物分析》，载：《中国文物》2018.1, 32—43

Liu, Li (et al.): "The Origins of Specialized Pottery and Diverse Alcohol Fermentation Techniques in Early Neolithic China", *Proceedings of the National Academy of Sciences of the United States of America* 116.26 (2019/06/25), 12767–12774, www.pnas.org/cgi/doi/10.1073/pnas.1902668116

刘莉（等）：《黄河中游新石器时代滤酒陶壶分析》，载《考古与文物研究》，2019.6, 55—61

刘亮明：《陶寺，四千三百多年前的"尧都" —— 诉说最早"中国"的故事》，《人民日报》海外版 2016/07/09

Liu, Mau-tsai: *Kutscha und seine Beziehungen zu China vom 2. Jh. vor bis zum 6. Jh. nach Christus*. Wiesbaden 1969

刘树琪：《葡萄与葡萄酒在中原地区的传播和发展》，载《中国酒》2016.2, 46—53

刘晓芳：《甘肃礼县大堡子山遗址 —— 早期秦文化研究的宝库》，《人民日报》海外版 2016/04/02

Liu, Xinru: "Viticulture and Viniculture in the Turfan Region", *The Silkroad* 3.1 (2005), 23–27, www.silkroadfoundation. org/newsletter/vol3num1/srjournal_v3n1.pdf

刘迎胜：《蒙元时代的葡萄酒文化及其生产与贸易》[Wine Culture, Production and Trade in Mongol-Yuan China], in: Kupfer 2010, 105–127

Löwenstein, Andreas: *Weinbau in der Volksrepublik* China, Saarbrücken-Scheidt 1991

Lordkipanidze, David: „Grußwort", in: Giemsch/Hansen 2018, 12–13

Lordkipanidze, David: „Georgien: Ein Land im Kaukasus mit großer Geschichte und faszinierender Kultur", in: Giemsch/Hansen 2018, 18–23

Lu, Jiang: "Grape Wine Today in China", video.ucdavis. edu/media/Jiang+Lu/0_u4cek00z/25823402 (PPT-lecture), March 2015

琥珀光与骊珠：中国葡萄酒史

Lubotsky, Alexander: "Tocharian Words in Old Chinese: Chariots, Chariot Gear, and Town Building", in: Mair 1998, 379–390

吕春瑾、王吉怀：《从双墩陶符探研中国文字的起源》，载《第五届中国文字发展论坛论文集》，58—70

吕庆峰、张波：《先秦时期中国本土葡萄与葡萄酒历史积淀》，载《西北农林科技大学学报（社会科学版）》13.3 (2013), 157–162

罗国光：《中国葡萄栽培的发展对葡萄酒历史文化的影响》["The Influence of the Development of Viticulture on the History and Culture of Grape Wine in China"], in: Kupfer 2010, 57–68

马会勤：《试论中国女性与酒》["Chinese Women and jiu: a Historical Perspective"], in: Kupfer 2010, 213–224

麦戈文 [Patrick E. McGovern]（等）：《山东日照市两城镇遗址龙山文化酒遗存的化学分析——兼谈酒在史前时期的文化意义》["A Chemical Analysis of the Longshan Culture Fermented Beverage Unearthed from the Liangchengzhen Site in Rizhao City, Shandong: Also on the Cultural Significance of Fermented Beverages in Prehistoric Times"], 载《考古》2005.3, 73—85

Mair, Victor H.: "Old Sinitic *Myag, Old Persian Maguš and English Magician", *Early China* 15 (1990), 27–47

Mair, Victor H. (ed.): *The Bronze Age and Early Iron Age Peoples of Eastern Central Asia*. Washington/Philadelphia 1998

Makharadze, Zurab: „Die Frühe Kurgan-Kultur", in: Giemsch/Hansen 2018, 166–175 [Makharadze 2018a]

Makharadze, Zurab: „Der Großkurgan Nr. 3 von Ananauri", in: Giemsch/Hansen 2018, 182–189 [Makharadze 2018b]

Mallory, James P./Victor H. Mair: *The Tarim Mummies: Ancient China and the Mystery of the Earliest Peoples from the West*. London 2000.

Mallory, James P./Victor H. Mair: "The Problem of Tocharian Origins: An Archaeological Perspective", *Sino-Platonic Papers* 259 (Nov. 2015); sino-platonic.org/complete/spp259_tocharian_origins.pdf

Manassero, Niccolò: *Rhyta e corni potori dall'Età del Ferro all'epoca sasanide: Libagioni pure e misticismo tra la Grecia e il mondo iranico*, Oxford 2008

Mather, Richard B.: *Shih-shuo hsin-yü: A New Account of Tales of the World*, Minneapolis 1976

McGovern, Patrick E. (et al.): "The Beginning of Winemaking and Viniculture in the Ancient Near East and Egypt", *Expedition* 39.1 (1997), 3–20

McGovern, Patrick E./Stuart J. Fleming/Solomon H. Katz (eds.): *The Origins of Ancient History of Wine*, London/New York 2000 (1ˢᵗ edition 1995)

McGovern, Patrick E.: *Ancient Wine: The Search for the Origins of Viniculture*, Princeton/ Oxford 2003 McGovern, Patrick E. (et al.): "Fermented Beverages of Pre- and Protohistoric China", *Proceedings of the National Academy of Sciences of the United States of America* 101.51 (2004), 17593–17598, www.pnas.org/content/101/51/17593

McGovern, Patrick E. (et al.): "Chemical Identification and Cultural Implications of a Mixed Fermented Beverage from Late Prehistoric China", *Asian Perspectives* 44.2 (2005), 249– 275

McGovern, Patrick E.: *Uncorking the Past: The Quest for Wine, Beer, and other Alcoholic Beverages.* Berkeley 2009

McGovern, Patrick E./Armen Mirzoian/Gretchen R. Hall: "Ancient Egyptian herbal wines", *Proceedings of the National Academy of Sciences of the United States of America* 106.18 (2009), 7361–7366, www.pnas.org/content/106/ 18/7361

McGovern, Patrick E.: "Uncorking the Past: The Archaeological and Chemical Discovery of the World's Oldest 'Wine'", in: Kupfer 2010, 29–40

McGovern, Patrick E.: "Iranian Wine at the 'Dawn of Viniculture'", in: Fragner et al. 2014, 11– 21

McGovern, Patrick E.: "Uncorking the Past. The Quest for China's Ancient Fermented Beverages", 载《2015 年国际酒文化学术研讨会论文集》, 374—387

McGovern, Patrick E. (et al.): "Early Neolithic Wine of Georgia in the South Caucasus", *Proceedings of the National Academy of Sciences of the United States of America* 13 (2017), www.pnas.org/content/114/48/E10309

McLaughlin, Raoul: *The Roman Empire and the Indian Ocean.* Yorkshire 2014

McLaughlin, Raoul: *The Roman Empire and the Silk Routes.* Yorkshire 2016

孟西安:《西汉酒器见天日，千年美酒香扑鼻 —— 西安考古有重大发现》,《人民日报》海外版 2003/06/21 [Meng Xi'an 2003a]

孟西安:《西汉美酒今犹在》,《人民日报》海外版 2003/07/31 [Meng Xi'an 2003b]

孟西安:《西汉美酒能饮否》,《人民日报》海外版 2003/08/01 [Meng Xi'an 2003c]

Metcalfe, Tom: "5,000-Year-Old Chinese Beer Recipe Had Secret Ingredient", www.livescience.com/54834-ancient-chinese-beer-recipe-reconstructed.html

Meußdoerffer, Franz/Martin Zarnkow: *Das Bier: Eine Geschichte von Hopfen und Malz.* München 2016 [1ˢᵗ edition 2014]

缪元朗:《浅论魏晋士大夫的饮酒风尚》, 载《辉煌的世界酒文化》, 323—330

Mühlbauer, Peter: „Chinesen brauten bereits vor 5.000 Jahren Bier", www.heise.de/tp/ artikel/48/48345/1.html (2016/05/25)

Müller, Claudius: „Von der ‚Straße der Seide bringenden Serer‘ zur Pax Mongolica", in:

Dschingis Khan und seine Erben: Das Weltreich der Mongolen, Bonn/München 2005, 198–202

Mullally, Erin: "Letter from Ireland: Mystery of the Fulacht Fiadh", *Archaeology* 65.1 (2012), archive.archaeology.org/1201/letter/fulacht_fiadh_ale_bronze_age_ireland.html

Narimanishvili, Goderdzi/Nino Shanshashvili/Dimitri Narimanishvili: „Die Trialeti-Kultur: Das Leben, der Tod und die Prozessionsstraßen in die Ewigkeit", in: Giemsch/Hansen 2018, 202–225

Neef, Reinder: „Eine Liane erobert die Welt: Die Weinrebe (Vitis vinifera)", in: Giemsch/ Hansen 2018, 86–99

Newitz, Annalee: "Neolithic Party Times in China: This 5,000-year-old Recipe for Beer Actually Sounds Pretty Tasty", *ArsTechnica* 2016/05/23, arstechnica.com/science/2016/05/this-5000-year-old-recipe-for-beer-actually-sounds-pretty-tasty

Nevid, Mehr A.: „Wenn die Liebe trunken macht: Bemerkungen zum Wein in der persischen Literatur", in: Fragner et al. 2014, 277–309

Nickel, Lukas: „Tonkrieger auf der Seidenstrasse? Die Plastiken des Ersten Kaisers von China und die hellenistische Skulptur Zentralasiens", *Zurich Studies in the History of Art/Georges Bloch Annual* 13–14 (2006–2007), 124–149, eprints.soas.ac.uk/id/eprint/8637

《新丝路　新亮点》,《人民日报》海外版 2015/01/09

牛立新:《保藏三千年的葡萄酒》, 载《酿酒》1987.5, 14

Norman, Jerry: *Chinese,* Cambridge 1988

OIV (Organisation Internationale de la Vigne et du Vin) (ed.): *Conjoncture viticole mondiale: évolutions et tendances. Production historiquement basse, consommation bien orientée, poursuite de l'internationalisation des échanges,* Paris 2018/04/24, www.oiv.int/public/medias/5950/frcommuniqu-de-presse-oiv-24-avril-2018.pdf [OIV 2018a]

OIV (ed.): *State of the Vitiviniculture World* Market, Paris April 2018, www.oiv.int/public/medias/5958/oiv-state-of-the-vitiviniculture-world-market-april-2018.pdf

"Oldest Grapevine Discovered in Turpan", www. china.org.cn/english/culture/92511.htm (2004/04/08)

Oliver, Garret (ed.): *The Oxford Companion to Beer.* Oxford / New York 2012

ORF ON Science: News: „Alkohol in China schon vor 9.000 Jahren bekannt", 2004/12/07, science.orf.at/science/news

Orjonikidze, Alexander: „Die Kurgane von Bedeni", in: Giemsch/Hansen 2018, 196–201

Park, Hyunhee 朴賢熙: "The Rise of Soju 烧酒: The Transfer of Distillation Technology from 'China' to Korea during the Mongol Period (1206–1368)", in: Schottenhammer 2017, 173–204

Palumbi, Giulio: „Die Kura-Araxes-Kultur im supraregionalen Kontext", in: Giemsch/Hansen

2018, 102−119

Pirayech, Purandocht (transl.): *Gol-o-Bolbol (Rosen und die Nachtigall): Ausgewählte Gedichte aus zwölf Jahrhunderten.* Teheran 1999

Plocher, Tom/Gordon Rouse/Mark Hart: "Discovering Grapes and Wine in the Far North of China", *Northern Winework* 2003, web.archive.org/web/20110714195056/http://www.northernwinework.com/images/extra/chinatrip/Chinatrip.pdf

Podbregar, Nadja: „Hunde-Ahnen waren Europäer", www. wissenschaft.de/leben-umwelt/biologie/-/journal_content/ 56/12054/2464247/Hunde-Ahnen-waren-Europäer (2013/11/14)

Pohl, Karl-Heinz (transl. & ed.): *Tao Yuanming. Der Pfirsichblütenquell: Gesammelte Gedichte*, Köln 1985

Polo, Marco: *Die Wunder der Welt: Die Reise nach China an den Hof des Kublai Khan. Il Milione*, üs. von Elise Guignard, Frankfurt am Main/Leipzig 2003

Prüch, Margarete (ed.): *Schätze für König Zhao. Das Grab von Nan Yue.* Unter Mitarbeitt von Stephan von der Schulenburg. Frankfurt/M. 1998

齐东方:《伊斯兰玻璃与丝绸之路》["The Islamic Glass Unearthed in China"],载《伊朗学在中国论文集（第三集）》,114—127

邱佩初:《酒与中国社会生活》,载《辉煌的世界酒文化》,303—307

Queruli, Carlo (ed.): *English-Chinese-Italian-French-German Oenological Dictionary* / 英汉意法德 "葡萄酿酒之桥", Xi'an 2011

Reichholf, Josef H.: *Warum die Menschen sesshaft wurden: Das größte Rätsel unserer Geschichte,* Frankfurt am Main 2008

任新建:《青稞酒与藏族酒文化》,载《辉煌的世界酒文化》,179—186

Rincon, Paul: "'Earliest writing' found in China", news.bbc.co.uk/go/pr/fr/-/2/hi/science/nature/2956925.stm

Robinson, Jancis (ed.): *The Oxford Companion to Wine,* assistant editor: Julia Harding. New York, 2015

Rohrer, Maria: "The Motif of Wine-Drinking in the Poetry of Tao Yuanming (365−427)", in: Kupfer 2010, 195−210

Rohrer, Maria: „Vom Genuss der Pflanzen in der chinesischen Dichtung. Tao Yuanming und die Chrysantheme", in: Schindelin/Poerner 2012, 109−118

荣新江:《中古中国与粟特文明》,北京：生活·读书·新知三联书店,2014

Rossabi, Morris: "Alcohol and the Mongols: Myth and Reality", in: Fragner et al. 2014, 211−223

Rusishvili, Nana: *The Grapevine Culture in Georgia on Basis of Palaeobotanical Data,* Tblisi 2010

Sachse-Weinert, Martin: „Wein und Religion: Ein interkultureller Vergleich", in: Decker et al.

2015, 90–103

Sagaster, Klaus: „Der mongolische Buddhismus: Geschichte", in: *Dschingis Khan und seine Erben: Das Weltreich der Mongolen,* Bonn/München 2005, 342–347 [Sagaster 2005a]

Sagaster, Klaus: „Das Kloster Erdeni Joo (Erdenezuu)", in: *Dschingis Khan und seine Erben: Das Weltreich der Mongolen,* Bonn/München 2005, 348–351 [Sagaster 2005b]

Sakaguchi, Kinichiro 坂口謹一郎:《中国古代的麴型与日本的麴霉》["Ancient Chinese Yeast Types and the Japanese Aspergillus"],载《辉煌的世界酒文化》,11—19

Saldadze, Anna: *Georgischer Wein: 8000 Jahre, 525 Sorten,* Graz/Stuttgart 2018

Sandhaus, Derek: *Baijiu: The Essential Guide to Chinese Spirits,* Melbourne/Beijing 2014

Sandhaus, Derek: *Drunk in China: Baijiu and the World's Oldest Drinking Culture,* Lincoln: University of Nebraska, 2019

Santini, Jean-Louis: "Une bière brassée en Chine il y a 5000 ans", www.lapresse.ca/vins/ bieres/201605/23/01-4984237-une-biere-brassee-en-chine-il-y-a-5000-ans.php (2016/05/23)

Sarianidi, Victor I.: "Margiana and Soma-Haoma", *Electronic Journal of Vedic Studies (EJVS)* 9 (2003), www. heritageinstitute.com/zoroastrianism/merv/sarianidi.htm

Schafer, Edward: *The Golden Peaches of Samarkand: A Study of T'ang Exotics,* Berkeley/Los Angeles/London 1963

Schäfer, Dagmar: "Introduction", in: Schottenhammer 2017, 133–142

Schindelin, Cornelia/Michael Poerner (eds.): *Sprache und Genuss: Beiträge des Symposiums zu Ehren von Peter Kupfer,* Frankfurt am Main 2012

Schloemer, Hans: „Wein trinken auf chinesisch", *Welt am Sonntag* (08.01.2006/01/08), www. welt.de/print-wams/article136893/Wein-trinken-auf-chinesisch.html

Schmidt-Glintzer, Helwig: *Geschichte der chinesischen Literatur,* Bern u. a. 1990

Schmidt-Glintzer, Helwig: *China: Vielvölkerreich und Einheitsstaat,* München 1997

Schottenhammer, Angela (ed.): *Recovery of Traditional Technologies: A Comparative Study of Past and Present Fermentation and Associated Distillation Technologies in Eurasia and Their Roots,* Special Issue: *Crossroads: Studies on the History of Exchange Relations in the East Asian World* 14 (2016), Gossenberg, 2017

Schottenhammer, Angela: "Distillation and Distilleries in Mongol Yuan China", in: Schottenhammer 2017, 143–160 [Schottenhammer 2017a]

Schwarz, Florian: "Preliminary Notes on Viticulture and Winemaking in Colonial Central Asia", in: Fragner et al. 2014, 239–249

Schwermann, Christian/Wang Ping 王平: "Female Human Sacrifice in Shang-Dynasty Oracle-Bone Inscriptions", *The International Journal of Chinese Character Studies* 1.1 (2015), 49–83

Shen, Andrew: "Realtiy Check: The Chinese Government Spends as Much on Alcohol as

National Defense", www.businessinsider.com/china-spends-three-times-more-on-drinking-than-national-defense-2011-11 (2011/11/16)

Shi, Baoyin/Qi, Xin: "Report: Prehistoric Silk Found in Henan", China Daily, 2016/12/26, www.chinadaily.com.cn/ china/2016-12/28/content_27795732.htm

Sino-Platonic Papers, www.sino-platonic.org (since 1986)

Smart, Richard: "Grapegrowing in China", *Wine Industry Journal Australia*, 13.1 (1998), 69−70

Smith, John Masson: "Dietary Decadence and Dynastic Decline in the Mongol Empire", *Journal of Asian History* 34.1 (2000), 35−52

宋书玉：《弘扬中华文化，传承白酒经典》，载《2013 年国际酒文化学术研讨会论文集》，435—440

Standage, Tom: "Beer in Mesopotamia and Egypt", in: *A History of the World in 6 Glasses*, New York 2006, 14−36, stravaganzastravaganza.blogspot.com/2012/02/beer-in-mesopotamia-and-egypt.html

Sterckx, Roel: "Alcohol and Historiography in Early China", *Global Food History* 1.1 (2015), 13−32, http://dx.doi. org/10.1080/20549547.2015.11435410

Stevens, William K.: "Does Civilization Owe a Debt to Beer?", *New York Times,* 1987/03/24, www.nytimes.com/1987/03/24/science/does-civilization-owe-a-debt-to-beer.html

Stöllner, Thomas (unter Mitarbeit von Irina Gambashidze und Moritz Jansen): „Das älteste Gold in Georgien im Kontext", in: Giemsch/Hansen 2018, 120−139

Stöllner, Thomas/Irina Gambashidze: „Das Goldbergwerk von Sakdrissi am Kachagani-Hügel in Georgien: Ein außergewöhnlicher Fundplatz", in: Giemsch/Hansen 2018, 140−149 [Stöllner/Gambashidze 2018a]

Stöllner, Thomas/Irina Gambashidze: „Das prähistorische Siedlungsplateau Dzedzwebi nahe Balitschi in Unterkartli", in: Giemsch/ Hansen 2018, 150−157 [Stöllner/Gambashidze 2018b]

Strittmatter, Kai: „Denn Wein ist keine Schnapsidee. Literweise Herzblut, unbeschnittene Neugier: Wie ein Sachse und ein Bayer den Bauern in der Wüstenprovinz Gansu den Rebensaft nahebringen", *Süddeutsche Zeitung* 2005/03/17, 3

Strohm, Harald: *Die Geburt des Monotheismus im alten Iran: Ahura Mazda und sein Prophet Zarathushtra.* Paderborn 2015

Stumpfeldt, Hans: *Einundachtzig Han-Gedichte.* Gossenberg 2009

苏振兴：《论古代中西交流中的葡萄和葡萄酒文化》["On the Exchange of Ancient Chinese and Western Grape and Grape Wine Culture"], in: Kupfer 2010, 163−174

Subbarayappa, B. V. (ed.): *Medicine and Life Science in India.* New Delhi: Centre for Studies in Civilization, 2001

Sugama, Seinosuke 菅间诚之助：《日本正宗烧酒的起源及其发展》，载《辉煌的世界酒文

化》，117—128

孙利强主编、思弦编著：《张裕往事》，香港：经济导报社，2002

太原市文物考古研究所编：《隋代虞弘墓》，北京：文物出版社，2005

唐满先选注：《陶渊明诗文选注》，上海：上海古籍出版社，1981

《唐诗鉴赏辞典》，上海：上海辞书出版社，1983

Tchabashvili, Levan: „Fundplatz Trialeti: Der Silberbecher aus Grab V", in: Giemsch/Hansen 2018, 228−233

Trombert, Éric: "Bière et bouddhisme: La consommation de boissons alcoolisées dans les monastères de Dunhuang aux VIIIe-Xe siècles", *Cahiers d'Extrême-Asie* 11 (1999) *[Nouvelles études de Dunhuang]*, 129−181

Trombert, Éric: "La vigne et le vin en Chine: Misères et succès d'une tradition allogène. Première partie: De la vigne au vin: un chemin difficile", *Journal Asiatique* 289.2 (2001), 285−327

Trombert, Éric: "La vigne et le vin en Chine. Misères et succès d'une tradition allogène, Deuxième partie: Vin, vignes et vinerons de Tourfan", *Journal Asiatique* 290.2 (2002), 485−563

Tso, Ta-Hsun/Ih-Wei Yuan: "La distribuzione geografica ed utilizzazione del genere Vitis L. in Cina", traduzione dall'inglese di E.Egger, *Riv. Vitic. Enol. Conegliano* 1986.1, 95−113

Unterländer, Martina (et al.): "Ancestry and Demography and Descendants of Iron Age Nomads of the Eurasian Steppe", *nature communications* 8 (2017), dx.doi.org/10.1038/ncomms14615

Vallee, Bert L.: „Kleine Kulturgeschichte des Alkohols", *Spektrum der Wissenschaft Dossier* 2004.4, 54−59

Wan, Yizhen/H. Schwaninger/Dan Li/C. J. Simon/Yuejin Wang/Chaohong Zhang: „A Review of Taxonomic Research on Chinese Wild Grapes", *Vitis: Journal of Grapevine Research* 47.2 (2008), 77−80 [Wan et al. 2008a]

Wan, Yizhen/H. Schwaninger/Dan Li/C. J. Simon/Yuejin Wang/Chaohong Zhang /Puchao He: "The Eco-Geographic Distribution of Wild Grape Germplasm in China", *Vitis: Journal of Grapevine Research* 47.2 (2008), 81−88, www.vitis-vea.de/admin/volltext/w1 08 892.pdf [Wan et al. 2008b]

Wang, Jialing/Li Liu/Terry Ball/Linjie Yu/Yuanqing Li/Fulai Xing: "Revealing a 5,000-y-old Beer Recipe in China", *Proceedings of the National Academy of Sciences of the United States of America*, 113.23 (2016/06/07), 6444−6448; www.pnas.org/content/113/23/6444

王克林：《酒起源的考古学新探》，太原：北岳文艺出版社，2015

王玫：《葡萄酒与中国古代文学》["Grape Wine in Ancient China Literature"], in: Kupfer 2010, 177−194

王明德、王子辉：《中国古代饮食》，西安：陕西人民出版社，1988

王庆伟：《论中国葡萄酒文化》["Theory of Chinese Wine Culture"]，载《2015 年国际酒文化学术研讨会论文集》，554—566

王炎：《儒家酒文化论略》，载《辉煌的世界酒文化》，49—58

王炎、何天正主编，四川省酒类专卖事业管理局、中国绵竹剑南春酒厂、中华酒文化研究所编：《辉煌的世界酒文化——首届国际酒文化学术讨论会论文集暨剑南春国际酒文化征文获奖作品选》[A Collection of Articles on Brewage, Drinking of Wine and Human Culture. The First International Symposium on Alcoholic Beverages and Human Culture, Chengdu, China, May 1991]，成都：成都出版社，1993

王一丹：《拉施特与汉学》，载《伊朗学在中国论文集（第三集）》，211—218

王悦：《女性与酒》，载《辉煌的世界酒文化》，279—292

王赞：《中国人购酒庄个性秘密——重庄轻酒偏爱田园》，《人民日报》海外版 2015/03/20

王震中：《藁城台西邑落居址所反映的家族手工业形态的考察》["Reviewing the Family-handicraft-industry Conformation from the Settlement of Taixi Site, Gaocheng"]，《东方考古研究通讯》2006.10，33—34

王致涌：《诗情恰在醉鬼中——陆游酒诗论》，载《辉煌的世界酒文化》，309—316

卫斯：《试论唐代以前葡萄种植及葡萄酿酒在我国西域的传播与兴起》["Grape Cultivation and Winemaking in the Western Regions of China in the Pre-Tang Period"]，in: Kupfer 2010, 89–104

Weiß, Julia C.: *Bestandsaufnahme des chinesischen Weinmarktes unter besonderer Berücksichtigung der Provinz Shangdong als Weinbauregion* (unpublished MA thesis), Hamburg 2012

Werning, Jeanette: „Chinas Kaisergeschenke in die Westlande und ihr Einfluss bis zum frühen Buddhabild", in: Hansen (et al.) 2009, 201–210

Wieczorek, Alfred/Christoph Lind (ed.): *Ursprünge der Seidenstraße: Sensationelle Neufunde aus Xinjiang, China*, Stuttgart 2007

Wieloch, Jutta: „Spelzen, Speichel und Urin: Vor 12000 Jahren begann der Mensch im Vorderen Orient, Getreide anzubauen – aber nicht für Brot, sondern für Bier", *Bild der Wissenschaft* 2017.3, 58–63

Wiens, Frank/Annette Zitzmann: "Chronic Intake of Fermented Floral Nectar by Wild Treeshrews", *Proceedings of the National Academy of Sciences of the United States of America* 2008/07/29, www.pnas.org/content/105/30/10426

Wierlacher, Alois (ed.): *Gastlichkeit. Rahmenthema der Kulinaristik*, Wissenschaftsforum Kulinaristik, Bd. 3, Berlin 2011

Williams, Sarah C. P.: "Ability to Consume Alcohol May Have Shaped Primate Evolution", *Science* 2014/12/01, news.science mag.org/biology/2014/12/ability-consumealcohol-may-have-shaped-primate-evolution

Wine in China, en.wikipedia.org/wiki/Wine_in_China

Wine in China 2009: A Market Analysis, Bristol/Shanghai/Kuala Lumpur: Access Asia Limited, 2009

"Wine Used in Ritual Ceremonies 5000 Years ago in Georgia, the Cradle of Viticulture", ScienceDaily, www.sciencedaily.com/releases/2016/06/160614 083839.htm

Wippermann, Dorothea: „Genuss in China oder Ungenießbares auf Chinesisch: Mo Yans Roman Jiuguo [Die Schnapsstadt]", in: Schindelin/Poerner 2012, 51–67

吴德铎:《阿剌吉与蒸馏酒》, 载《辉煌的世界酒文化》, 109—116

《五千年前的米家崖遗址发现中国最早夯土建筑》,《西安日报》2016/06/15

吴书仙:《慢品味, 乐生活: 非常葡萄酒经》, 上海: 上海人民出版社, 2009

Wu, Susanne: „Neues Lifestyle-Gefühl: Wein statt Maotai, Erguotou und Co.", *ChinaContact* 2006.12, 38–39

www.guoxue.com

www.gushiwen.org

www.wine-world.com/grape/

肖向东:《酒与中国哲学的文化解读》, 载《2013 年国际酒文化学术研讨会论文集》, 454—470

肖向东:《"酒品"知人, "诗品"知味 —— 论"中国诗酒文化"》["Drinking Wine" to Understand the Character and "Reading Poetry" to Understand the Taste: On the "Chinese Wine and Poem Culture"], 载《2015 年国际酒文化学术研讨会论文集》, 388—395

《新疆发现唐代葡萄园遗址》,《人民日报》海外版 2005/02/07

许赣荣:《古代杰出的黄酒酿造专著——北山酒经》, 载《辉煌的世界酒文化》, 147—153

许赣荣、包通法:《中国酒大观》 [Grandiose Survey of Alcoholic Drinks and Beverages], 58.213.155.174:81/HTMLFile/320000/File/2011-08-23/947a0fff-17e9-4699-ba3a-92681e3ce178/zuguo/12/08/000.htm [中文], www.spiritsoftheharvest. com/2014/03/grandiose-survey-of-chinese-alcoholic.html [English translation]

徐岩主编:《2013 年国际酒文化学术研讨会论文集》, 北京: 中国轻工业出版社, 2013

徐岩主编:《2015 年国际酒文化学术研讨会论文集》, 北京: 中国轻工业出版社, 2015

颜诚:《宣化葡萄历史溯源》, 载《宣化葡萄香天下》, 379—387

颜诚:《宣化葡萄、葡萄酒考古发掘记》, 载《宣化葡萄香天下》, 388—394

阎金铸、阎玉明、杜明杰、卫建忠、陈飞虎:《晋文公庙历史文化丛书》, 第一册:《庙宇胜景》, 第二册:《历史传奇》, 第三册:《成语故事》, 山西: 山西戎子酒庄有限公司, 2009

杨国军:《文学艺术与戏曲音乐视野中的绍兴酒》, 载《2013 年国际酒文化学术研讨会论文集》, 475—481

杨明方、韩立群：《吐鲁番的葡萄熟了》，《人民日报》海外版 2016/09/16

杨荣新：《从考古发现谈巴蜀酒文化》，载《辉煌的世界酒文化》，171—177

杨义：《李白诗的生命体验和文化分析》，载《新华文摘》2006.4，92—94

叶奕良编：《伊朗学在中国论文集（第三集）》，北京：北京大学出版社，2003

应一民：《葡萄美酒夜光杯》，西安：陕西人民出版社，1999

于翠玲：《论古代文人的饮酒方式及酒文学》，载《辉煌的世界酒文化》，377—383

宇宏、唐怡：《中国酒文化走向世界》，载《辉煌的世界酒文化》，233—241

于嘉：《中德学者在内蒙古发现距今 2000 年阿拉伯战马岩画》，《人民日报》海外版 2017/01/05

禹明先：《川黔地区两件酒史文物考释》，载《辉煌的世界酒文化》，331—335

俞为洁：《酿 造江南米酒的草曲》，《饮食文化研究》2003.4，75—80

曾纵野：《中国名酒志》，北京：中国旅游出版社，1980

Zhang, Fengqin/Luo, Fangmei/Gu, Dabin: "Studies on Germplasm Resources of Wild Grape Species (Vitis spp.) in China", *Vitis, Special Issue* 1990 (*Proceedings of the 5th International Symposium on Grape Breeding*, 12–16 Sept. 1989, St. Martin/Pfalz, FR of Germany), 50–57, ojs.openagrar.de/index.php/VITIS/article/view/5470/5231

Zhang, He: "Is Shuma the Chinese Analog of Soma/Haoma? A Study of Early Contacts between Indo-Iranians and Chinese", *Sino-Platonic Papers* 216 (2011), sinoplatonic.org/complete/spp216_indo_iranian_chinese.pdf

张晖：《试解三星堆之谜——中西交流与融合的第一个见证》["Unveil the Mystery of San Xing Dui Archaeological Site: Eyewitness of the Exchange and Assimilation between China and the West"]，载《伊朗学在中国论文集（第三集）》，223—236

Zhang, Junke: „Weinbau in China: Vergangenheit, Gegenwart und Zukunft", *Mitteilungen des Instituts für Rebenzüchtung Geilweilerhof* 35.1 (2007), 20–27

张居中、蓝万里：《贾湖古酒研究论纲》["Research on the Fermented Beverage Discovered in Jiahu"], in: Kupfer 2010, 69–77

张力：《古人酒量辨析》，载《辉煌的世界酒文化》，87—94

张立华编撰：《古代文苑名言类典》，北京：中国青年出版社，2001

张萍、陆三强：《唐长安酒业》，载《辉煌的世界酒文化》，223—232

张庆捷：《虞弘墓石椁图像中的波斯文化因素》["The Persian Cultural Elements on the Images of the Stone Coffin of Yuhong"]，载《伊朗学在中国论文集（第三集）》，237—255

张庆捷：《胡商、胡腾舞与入华中亚人—解读虞弘墓》，太原：北岳文艺出版社，2010

张庆捷：《山西北朝唐代名酒考略》，（尚未发表手稿）2016

张铁民：《书法与酒》，载《辉煌的世界酒文化》，357—362

张肖：《考古学视角下的中国酒文化》，载《2013 年国际酒文化学术研讨会论文集》，458—462

Zhang, Xiping: *Following the Steps of Matteo Ricci to China*, 北京：五洲传播出版社，2006

张学明：《张掖西城驿遗址入围 2013 中国考古 6 大发现》，《甘肃日报》2014/01/24

张琰光、宋金龙：《中国酒鬼》，载《2015 年国际酒文化学术研讨会论文集》，535—541

张远晴、徐蕾：《贺兰山下的“紫色梦想”——宁夏打造世界级葡萄酒产业带》，《人民日报》海外版 2016/05/25

张振文主编：《葡萄品种学》，西安：西安地图出版社，2000

张紫晨：《酒在中国》，载《辉煌的世界酒文化》，43—48

Zhao, Laura: "Chinese Archaeologists May Have Stumbled onto the Fabled 'Greatest Palace That ever was'", *South China Morning Post* 2016/06/10, www.businessinsider.de/chinese-archaeologists-may-have-stumbled-onto-thefabled-greatest-palace-that-ever-was-2016-6?r=UK

赵志军、张居中：《贾湖遗址 2001 年度浮选结果分析报告》，载《考古》2009.8，84—93

钟立飞：《两汉之酒与酒文化》，载《辉煌的世界酒文化》，391—398

刘亚玲、田军、王洪主编：《中国历代诗歌鉴赏辞典》，北京：中国民间文艺出版社，1988

《中国葡萄酒消费量增幅居全球首位》，《人民日报》海外版 2017/04/13

《中国人酿造葡萄酒有近 5000 年历史》，和讯网 2008/08/05

周洪江：《张裕的过去、现在与未来》["The History, Present and Future of Changyu"]，载《国际葡萄与葡萄酒发展论坛论文集 2002》，36—39

朱林：《中国酿酒葡萄的现状及栽培技术进展》["Present Situation of Wine Grape and Progress in Viticulture in China"]，载《国际葡萄与葡萄酒发展论坛论文集 2002》，45—48

朱林：《中国葡萄酒十大产区》，wenku.baidu.com/view/5b1b279ee45c3b3566ec8b4c.html (2016/05/31)

Zieme, Peter: „Die Alttürkischen Reiche in der Mongolei", in: *Dschingis Khan und seine Erben: Das Weltreich der Mongolen,* Bonn/München 2005, 63–68

Zorn, Bettina/Alexandra Hilgner (eds.): *Glass along the Silk Road from 200 BC to AD 1000: International Conference within the Scope of the "Sino-German Project on Cultural Heritage Preservation" of the RGZM and the Shaanxi Provincial Institute of Archaeology, December 11th–12th, 2008,* Mainz 2010

Zwickel, Wolfgang: „Weinanbaugebiete in biblischer Zeit", in: Decker et al. 2015, 38–53

守 望 思 想　　逐 光 启 航

LUMINAIRE
光启

琥珀光与骊珠：中国葡萄酒史

[德] 柯彼德 著

王南南 译

责任编辑　肖　峰

营销编辑　池　淼　赵宇迪

装帧设计　甘信宇

出版：上海光启书局有限公司

地址：上海市闵行区号景路 159 弄 C 座 2 楼 201 室　201101

发行：上海人民出版社发行中心

印刷：山东临沂新华印刷物流集团有限责任公司

制版：南京展望文化发展有限公司

开本：880mm×1240mm　　1/32

印张：21.375　字数：559,000　插页：2

2025 年 6 月第 1 版　　2025 年 6 月第 1 次印刷

定价：149.00 元

ISBN：978-7-5452-2038-4/T·4

图书在版编目 (CIP) 数据

琥珀光与骊珠：中国葡萄酒史 / (德) 柯彼德著；

王南南译 . -- 上海：光启书局，2025. -- ISBN 978-7
-5452-2038-4

Ⅰ . TS262.6-092

中国国家版本馆 CIP 数据核字第 2025TU4973 号

本书如有印装错误，请致电本社更换 021-53202430